KB181737

# 헬리콥터 일반

HELICOPTER GENERAL

# PREFACE

인류는 하늘을 자유롭게 날아다니는 새를 보면서 “어떻게 하면 나도 새처럼 날수 있을까?” 생각하면서 끊임없는 연구와 시도를 하게 되었고, 오늘날 우리가 편리하고 안전하게 이용하고 있는 비행기를 탄생시켰습니다.

비행의 역사는 육상이나 해상 운송수단의 역사에 비하면 일천하지만, 현재는 우리의 지구 공간을 넘어 우주로 그 영역을 확장하고 있고, 그 한계를 상상하기 쉽지 않은 시대에 우리는 살고 있습니다.

항공 운송수단에 이용되는 비행기는 하늘을 날기 위해서는 비행기, 연료 및 승객 등 비행기에 실린 총 무게를 능가하는 양력(Lift)이 필요한데, 양력을 어디서 주로 확보하는가에 따라 흔히 일컫는 비행기인 고정익기(Fixed-wing Aircraft)와 헬리콥터인 회전익기(Rotary-wing Aircraft)로 대별합니다. 비행기는 대량 운송에 적합하여 항공사가 상업적으로 여객을 운송하든가 화물을 운송하면서 이익을 창출합니다. 비행기를 운용하기 위해서는 대규모 투자가 필요한 공항 및 활주로가 구비되어야 합니다. 이에 반해 헬리콥터는 이 착륙에 필요한 최소한의 공간만 있으면 되기에, 대형 건물 옥상이나 산 꼭대기 등 어디든지 설치가 가능합니다. 헬리콥터는 민수 영역에서 기업 VIP가 이용한다든가, 의료기관, 산림청, 소방대 등 특수 목적에 사용하고, 군사적 목적으로는 병력 이동이나 무기 수송 등에 다양하게 이용합니다.

헬리콥터는 비행기와 달리 수직 상승(Ascending), 하강(Descending), 정지 비행(Hovering), 전진(Forward), 후진(Backward), 측면(Side) 비행 등이 가능하여야 하기 때문에 이를 위한 비행 시스템이 훨씬 복잡합니다. 양력은 회전 날개인 주로우터(Main Rotor)에서 발생되는데, 날개를 회전시키게 되면 동체가 반대로 회전하게 됩니다. 동체 회전을 상쇄하기 위해 후미에 작은 회전 날개를 달아야 합니다. 조종은 상승·하강·정지 비행 시스템과 전진 비행 시스템이 별도로 구비되어 있습니다. 비행기에 대해 잘 이해하고 있어도 헬리콥터를 잘 이해한다고 이야기하기 어려운 이유가 여기에 있습니다.

필자는 헬리콥터 제작 현장에서 부품 조립, 검사, 최종 비행 시험 그리고 고객 지원 업무까지 두루 경험하였고, 퇴임 후에 대학에서 미래의 항공인들에게 강의를 해 왔습니다. 비행기에 대한 정보는 비교적 많이 보급된 반면 헬리콥터에 대한 교재는 많이 부족하다고 생각하게 되었습니다. 평생을 항공인으로 살아온 필자는 실무를 통해 경험하고 획득한 유익한 정보를 헬리콥터 업무에 새로 입문하거나, 실무에 종사하는 분들에게 효율적으로 전달하고자 책을 출간하게 되었습니다. 필자는 독자의 입장에서 유익한 가이드가 되도록 최선을 다해 집필하고자 많은 노력을 경주하였습니다. 독자 여러분께서 본 저서로 공부하면서 주시는 충고는 책의 완성도를 위해 적극 반영하도록 하겠습니다.

마지막으로 본 저서가 나오기까지 아낌없는 지원과 참여해주신 동료 여러분께 지면을 통해 감사드립니다.

집필자

# CONTENTS

## Chapter 01 정비일반



## Chapter 02 FLIGHT PRINCIPLE & CONTROL & ATTITUDE

## Chapter 03 MAIN ROTOR & TAIL ROTOR SYSTEM & POWER TRAIN SYSTEM



## Chapter 04 HYDRAULICS SYSTEM & AFCS



## Chapter 05 HELICOPTER STABILITY

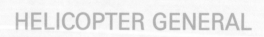

# HELICOPTER GENERAL

# Chapter 01

# 정비일반

## 01 헬리콥터 개발사

### 1. 15세기

15세기 무렵 새의 뼈, 근육, 깃털의 구조에 관한 연구를 시작하여 이를 통해 회전하는 물체에서 양력이 발생한다는 원리 자체는 기원전에 이미 밝혀졌다. 레오나르도 다 빈치(Leonardo di ser Piero da Vinc)도 연구를 하였으나 동력 문제 때문에 실제로 만들지는 못했다.

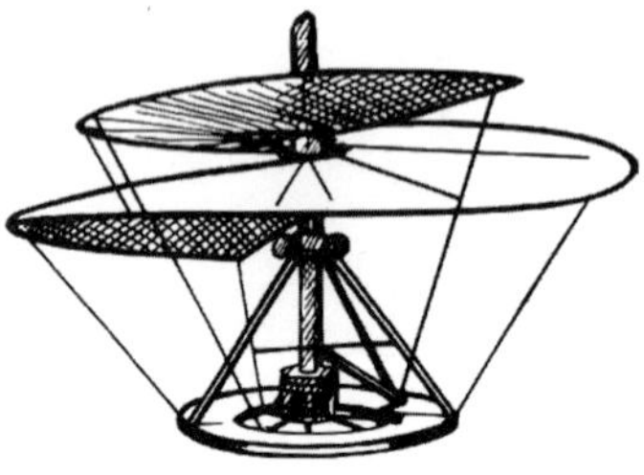

레오나르도 다빈치의 동력 비행기

1843년 영국의 조지 케일리 경이 구상했던 증기기관을 이용한 움직이는 헬리콥터 "Aerial Carriage"

[그림 1-1]

### 2. 2차 세계대전 이전

(1) 프랑스의 항공기 선구자인 "루이 샤를 브레게(Louis Charles Breguet)"와 "자크 브레게(Jacques Breguet)" 형제는 1907년 9월에 4개의 회전날개를 이용하여 떠오르는 쿼드콥터(Quadcopter) 방식을 사용한 자이로 플레인(Gyro-plane)으로 시험비행에서 약 1분 동안 60[cm] 정도 떠오르는데 성공하였지만 비행 안정성이 부족하여 실용화에는 실패하였다.

(2) 완전한 최초의 비행을 한 헬리콥터로는 프랑스의 "Paul Cornu"가 1907년에 20초 정도 비행을 하는데 성공하였다.

(3) 에스파냐의 기술자 "후안 데 라 시에르바"가 오토자이로를 제작하여 회전 날개 깃의 각도를 변화시켜 조종하는 것이 가능해지면서 헬리콥터는 비약적인 발전을 하게 되었다.

[그림 1-2]

(4) 라울 파테라 페스카라(Raùl Pateras Pescara)

하나의 회전축에 2개의 회전날개가 서로 반대방향으로 회전하는 동축 반전(Coaxial) 방식의 헬리콥터를 개발하였으며 회전날개의 각도를 조종하는 기술은 이후 헬리콥터 개발에 큰 영향을 주었으며, "페스카라"가 개발한 2번째 헬리콥터는 1922년에 제자리 비행에 성공하였고, 3번째에는 1924년 4월 18일에 738[m]를 비행하는데 성공하였다.

(5) 코라디노 다스카니오(Corradino D'Ascanio)

이탈리아의 항공기술자이며 1930년에 D'AT 3라고 불리는 동축 반전식으로 상, 하, 좌, 우의 비행조종은 회전날개에 달린 작은 날개(Servo tab)로 조종하도록 설계하였으나 실용화에는 이르지 못하였고, 이러한 조종 기술은 나중에 미국으로 건너가 "찰스 카만(Charles Kaman)"이 개발한 헬리콥터에 사용되었다.

(6) 후안 데 라 시에르바(Juan de la Cierva)

스페인의 기술자이며 고정익과 회전익 항공기를 결합한 오토자이로(Autogyro)를 개발하였으며 고정익 항공기와 비슷하게 동체에 Propeller를 장착하여 전진하면서 동체 위에 장착된 회전 날개 회전에 의해 양력을 발생시켜 상승했으나, 정지비행은 불가능하였고 전진 비행 시 전진속도 증가에 따라 기수가 한쪽으로 기울어지는 양력 불균형 현상이 발생, 불완전하지만 수직비행에 가깝게 이륙이 가능하고 활주거리가 매우 짧아 군사용으로 일부 사용되었으며 회전날개를 이용하는 수직비행이라는 기초적인 기술을 확립하는데 크게 기여하였다고 할 수 있다.

(7) 루이 브레게(Louis Breguet)와 르네 도랑(René Dorand)

동축 반전식인 자이로 플레인(Gyro plane)을 개발하여 1935년 6월에 비행에 성공하였으나, 2차 대전이 일어나면서 후속 개발이 중단되고 말았다.

## 3. 2차 세계대전 이후

(1) 하인리히 포케(Heinrich Focke)

독일의 기술자이며 1936년 6월에 자신이 개발한 FW 61 헬리콥터의 첫 비행에 성공하였으며 하나의 회전날개를 가진 오토자이로를 2개의 회전날개로 개량한 FW 61은 완전한 형태의 헬리콥터는 아니었으나 FW 61은 실용화에 성공한 최초의 헬리콥터로 인정을 받으면서 FW 61에서 발전한 "포케-아크겔리스(Focke-Achgelis) FA.223" 헬리콥터는 1940년 8월에 첫 비행에 성공하였다.

(2) 안톤 플레트너(Anton Flettner)

2개의 회전날개가 서로 엇갈리면서 회전하는 독특한 기술인 교차 반전식(Intermeshing rotors)으로 동축 반전식보다 기계적인 구조가 간단하며, 꼬리 회전날개(Tail rotor)가 필요 없는 획기적인 방식으로 1942년에 개발한 FL.282 헬리콥터의 첫 비행에 성공하였으며 교차 반전식을 적용한 헬리콥터인 "싱크롭터(Synchropter)"를 개발하였다.

(3) 찰스 카만(Charles Kaman)

안톤 플레트너(Anton Flettner)의 교차 반전식 기술을 도입하여 새로운 헬리콥터인 HH-43 허스키(Huskie)를 개발하였으며 꼬리 회전날개가 없어 좁은 지역에서 구조용 헬리콥터로써 안전하다는 특징이 있다.

(4) 이고르 시콜스키(Igor Sikorsky)

러시아에서 출생한 기술자로 미국으로 망명하여 1939년 9월 14일에 자신이 개발한 VS-300(S-46) 헬리콥터는 회전날개가 회전하면서 반대 방향으로 기체가 회전하는 현상을 방지하기 위해서 꼬리 부분에 작은 회전날개(Tail rotor)를 추가하는 방식을 고안하여 전, 후, 좌, 우 비행 및 정지비행에 성공한 후 현재까지 대부분의 헬리콥터에 적용되는 방식으로 헬리콥터의 발달사에서 가장 큰 업적을 남긴 사람으로 기록되고 있고 "VS-300 헬리콥터"를 개량하여 1940년 5월 13일에 자유롭게 비행하는데 성공하였고 헬리콥터의 기초가 되었다.

(5) 프랭크 피아제키(Frank Piasecki)

단일 회전날개(Single main rotor) 방식의 "PV-2 헬리콥터"를 연구하던 프랭크 피아제키는 꼬리 회전날개(Tail rotor)를 사용할 경우 동력의 손실이 커서 많은 화물을 적재하기 힘들다는 문제점을 발견하여 직렬 방식으로 회전날개를 설치하면 꼬리 회전날개가 필요하지 않아 동력을 절약할 수 있고, 기체를 좀 더 크게 제작하는데 유리하여 "V자형"으로 기체를 만들어 뒷 부분에 대형 엔진을 탑재하고 앞부분에 조종사와 화물을 배치한 독특한 형태의 피아제키 "HRP 헬리콥터"를 개발하는데 성공하였다.

(6) 최초 터보 사프트 엔진(Turbo shaft engine)

세계 최초로 터보샤프트 엔진을 탑재한 헬리콥터는 "카만 K-225 헬리콥터"를 개조한 "XHTK-1 헬리콥터"는 보잉 YT 50 터보샤프트 엔진을 탑재하였으며 1951년 12월 첫 비행에 성공한 카만 HTK 기종이다.

(7) 틸트 헬리콥터(Tilt helicopter)

복합동력 헬리콥터와 다른 방식인 틸트 로터(Tilt rotor) 기술로 미국은 1977년에 벨 XV-15 틸트 로터 실험기가 비행에 성공하였으며, 2007년에는 개량형인 벨/보잉 V-22 오스프레이(Osprey) 틸트 로터 항공기가 실전에 처음 배치되었으며 현재 벨 헬리콥터는 V-22 틸트 로터 항공기를 축소한 V-280 밸러(Valor) 틸트 로터 항공기를 개발 중이다.

## 02 헬리콥터 장·단점과 문제점

### 1. 회전익의 장·단점

(1) 회전익 장점

제자리 비행(Hovering), 전진, 후진, 상승, 하강, 선회를 마음대로 할 수 있어 수직으로 이·착륙할 수 있으므로 활주로가 필요 없고, 회전속도만 있으면 수직방향의 공기력인 양력을 받아 공중에서 제자리비행(Hovering)을 할 수 있다.

(2) 회전익 단점

(a) Main rotor blade에서 발생되는 양력으로 모든 중량을 유지하기 때문에 속도가 느리고 대형화하기 어려우며 같은 무게일 경우 연료 소모량이 더 많아 항속거리가 짧으며 Blade 실속으로 인해 최대속도에 제한이 있다.

(b) Main rotor blade 회전에 의한 반작용으로 동체가 반대방향으로 회전하려는 회전력(Torque)이 발생하므로 이를 상쇄시키는 방법은 아래와 같다.

① 메인 로터 회전 방향을 서로 반대로 회전시키는 방법
상대적으로 항공기 무게가 증가하므로 더 많은 출력을 필요로 한다.

② 테일 로터(Tail rotor)를 장착하여 토큐를 상쇄시키는 방법
테일 로터 추력을 발생시켜야 하므로 엔진 출력손실이 발생한다.

(c) 저밀도 지역인 고고도에서는 공기밀도가 낮아 공기의 양이 희박해져 양력을 발생하기가 어려움이 있다.

(d) 기온이 급강하 하여 날개와 회전축에 얼음이 발생되어 고고도 비행이 불가하다.

## 2. 헬리콥터의 문제점

(1) 동력 문제

헬리콥터의 실용화 과정에서 고정익의 경우 양력을 발생하는 주 날개가 있어 작은 엔진으로도 충분한 양력을 얻을 수 있으나, 헬리콥터는 엔진의 힘으로 회전날개(Main rotor)를 회전시켜 양력을 얻기 때문에 엔진의 출력 부족이 가장 큰 문제점이었다.

2차 대전 당시에 가스터빈 엔진(Gas turbien engine)이 개발되어 연료가 많이 소모되고 불완전한 성능에도 불구하고 획기적인 동력장치로 주목을 받기 시작했으며 2차 대전이후 제트엔진 연구개발은 계속 되어 신뢰성이 높은 고출력 엔진으로 발전하였다.

헬리콥터의 작은 기체에 적합하도록 가스터빈 엔진을 개조하여 배기가스의 추력을 회전축으로 전달하는 방식인 터보 샤프트 엔진 개발로 기존의 왕복엔진 보다 훨씬 가볍고 출력이 높아 헬리콥터의 엔진 문제를 해결할 수 있었다.

(2) 속도 문제

오늘날 가스터빈 엔진과 항공전자 기술이 발전하면서 헬리콥터의 성능도 이전보다 크게 향상되었으나 헬리콥터는 회전날개를 회전시켜 양력을 발생하여 기체의 모든 무게를 엔진과 회전날개의 힘에 의해 비행하므로 전진비행 속도를 높일수록 헬리콥터의 회전날개를 앞으로 더 기울여야 하고 그로 인해 회전날개와 기체가 접촉되므로 기울이는 각도에 한계가 있는 기체구조 문제와 회전날개가 음속에 근접하게 되면 전진익 날개 끝에서는 전진속도와 회전속도의 합성속도가 증가하여 초음속에 도달하여 충격파 발생으로 실속이 발생하고, 후퇴익 날개 끝에서는 합성속도 감소로 양력 불균형을 해소하기 위해 받음각 증가로 인해 역류흐름이 증가하여 실속이 발생되는 문제점이 있다.

이러한 문제점으로 헬리콥터의 비행속도는 고정익 항공기와 비교할 때 매우 느리며 일반적으로 최대속도는 300[km/h]를 넘지 않는 수준이었으나 오늘날 항공기술자는 헬리콥터의 속도를 높이는 방법을 연구하는데 힘을 기울이고 있으며 "AH-56 샤이엔(Cheyenne)"이라고 불린 새로운 공격 헬기는 1967년에 392[km/h] 속도기록을 세우고도 개발비용이 비싸고 기술적인 결함이 발견되어 개발이 중단되었으나 안정적으로 회전하는 회전날개(Rigid rotor)와 함께 뒤에 푸셔 프로펠러(Pusher propeller)를 장착하여 고속비행이 가능해졌다.

고속 헬기 기술을 테스트하기 위해 제작된
테스트기 "X-49 SPEED HAWK Super Lynx"
가 세운 400[km/h]를 가볍게 갱신하였다.

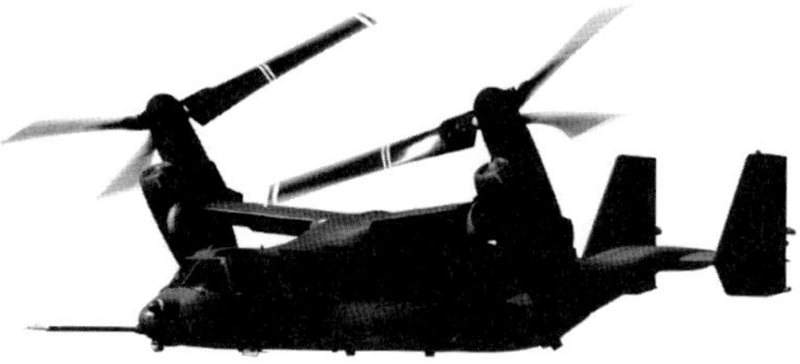

TILT AIRCRAFT

[그림 1-3]

## 03 용도

### 1. 민간용

이·착륙 지형의 영향을 덜 받고, 공중에 정지해 있거나 매우 느리게 날 수 있는 장점으로 소방용, 경찰용, 구조용, 환자수송용, 공중촬영용, 인원수송용, 관광용 등에 사용하였다.

### 2. 군사용

무장헬기, 공격헬기, 수송헬기용으로 사용하고 있으며, 최근에는 고정익에 회전익의 비행원리를 접목한 틸트 로터(Tilt rotor) 항공기 개발에 성공하여 실용화 되고 있다.

## 01 유체와 공기흐름

### 1. 유체

(1) 이상유체

액체나 기체 즉, 유체가 운동을 할 때 실제의 유체에서는 부피와 밀도가 변하지 않고(비압축성), 점성에 의한 마찰력이 작용하는데 점성이 없는 가상의 유체(비점성 유체)를 이상 유체라 한다.

기체는 압축성이고 액체는 비압축성이며, 기체에서 유속이 매우 크지 않으면 비압축성으로 간주한다.

(2) 압축성 유체

물체에 외력이 가해지면 부피, 밀도, 온도 등이 크게 변하는 유체로써 물체의 부피가 줄어들거나 밀도 변화가 일어나는 유체를 말한다.

(3) 비압축성 유체

물체에 외력이 가해지면 부피, 밀도, 온도 등이 크게 변하지 않는 유체를 말한다.

### 2. 공기흐름

(1) 층류

공기가 일정 방향으로 층을 이루는 흐름을 말한다.

(2) 난류

공기가 무질서하고 방향이 일정하지 않은 층을 이루는 흐름을 말한다.

(3) 와류

공기 흐름이 진행하는 방향과 반대방향으로 소용돌이치는 현상을 말한다.

(4) 천이

공기의 흐름이 층류에서 난류로 바뀌는 것을 말하며 공기의 흐름은 저속에서는 층류 흐름 상태이지만, 고속에서는 난류 흐름 상태로 바뀌는데 날개에서도 처음에는 층류로 흐르다가 곡률(Airfoil camber) 형상 때문에 날개 윗면에서는 속도가 빨라져 난류로 변하므로 천이 현상이 날개 뒤쪽에 생기게 해야 양력이 증가한다.

(5) Stall(실속)

날개의 윗면을 흐르는 공기가 표면으로부터 떨어져 나가는 현상을 박리라고 한다.
이런 박리 현상으로 양력이 급속하게 감소하고 항력이 증가하여 비행속도, 비행자세, 헬리콥터 무게에 상관없이 항상 일정한 받음각(임계 받음각을 초과)에서 발생하며 항공기의 무게, 외장, 기동상태에 따라 변한다.

## 02 유체의 법칙

### 1. 연속의 법칙

비압축성 유체가 관 속을 흐르고 있는 정상 흐름에서는 관의 면적과 유체의 흐름 속도, 유체의 밀도와의 관계를 나타내는 것으로 유체가 관을 통해 흐를 때 유체의 속도와 면적은 반비례 하며, 입구에서 들어오는 유체의 유량과 출구의 나가는 유량은 같다.

$A$ : 관의 면적, $\rho$ : 유체의 밀도, $V$ : 유속일 때

$\rho_1=\rho_2$ 이므로 $Q=\rho_1 \cdot A_1 \cdot V_1=\rho_2 \cdot A_2 \cdot V_2=$일정

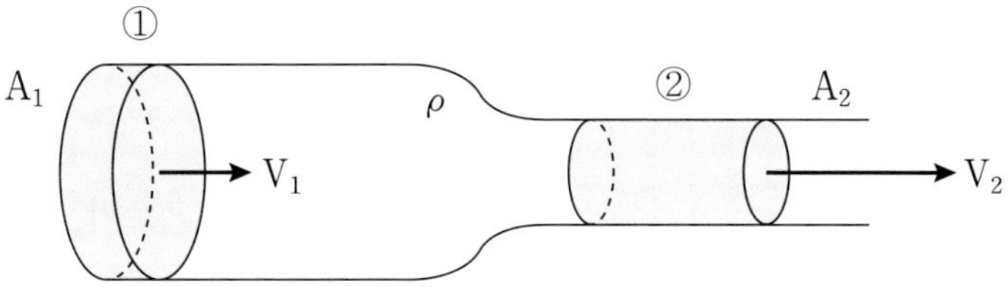


[그림 2-1]

### 2. 베르누이 법칙(Bernoulli's Law)

유체의 흐름속도와 압력의 관계를 나타내는 것으로 유체는 좁은 곳을 통과할 때에는 유속이 빨라져서 압력이 감소하고, 넓은 곳을 통과할 때에는 속력이 느려져서 압력이 증가하는 법칙을 말한다.
유체의 정압(위치에너지)과 동압(운동에너지)의 합은 항상 일정하다.

$$Pt(\text{전압})=Ps(\text{정압/위치에너지})+\frac{1}{2}\rho V^2(\text{운동에너지})$$

# 03 헬리콥터 비행 특성

## 1. Magnus Effect

Bernoulli's law에 의해 나타나는 현상으로 회전체의 표면 속도 방향과 유속 방향이 일치하는 쪽(아래면)에서는 유체의 속도가 커져서 압력이 감소하고, 일치하지 않은 반대쪽(윗면)에서는 유속이 작아져서 압력이 증가하며 높은 쪽에서 낮은 쪽으로 휘어져 나가는 현상을 말한다.

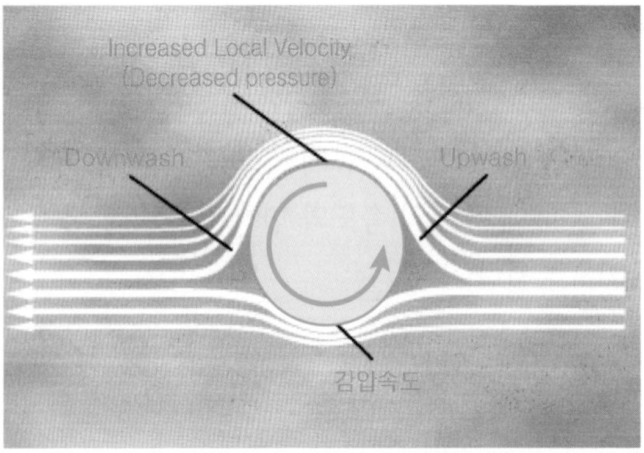


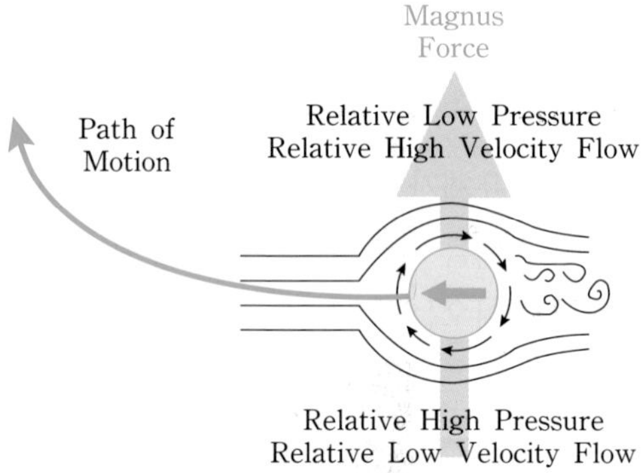


[그림 2-2]

## 2. 코리오리스 효과(Coriolis Effect)

각 운동량법칙(Law of Conservation of Angular Momentum)으로써 각 운동량을 보존하기 위해 질량 중심이 회전축에서 멀어지면(Blade down flapping 현상) 블레이드 회전속도가 감속하고 가까워지면(Blade up flapping 현상) 회전속도가 증가하는 현상을 말한다.
두 개의 블레이드가 장착된 헬리콥터는 블레이드가 로터 헤드(Rotor head)에 메달려(Under-slung) 있기 때문에 관절형(Articulated rotor) 계통보다 회전축까지 거리가 작아서 훨씬 작은 Coriolis Effect를 받는다.

> 각 운동량(Angular momemtum)=관성 모멘트(질량×반지름$^2$)×각속도(Angular velocity)

각속도의 변화는 회전체의 질량 중심이 회전축에 더 가깝게 또는 더 멀리 이동할 때 발생하며 회전체의 각 운동량은 외력이 가해지지 않으면 변화하지 않는다.

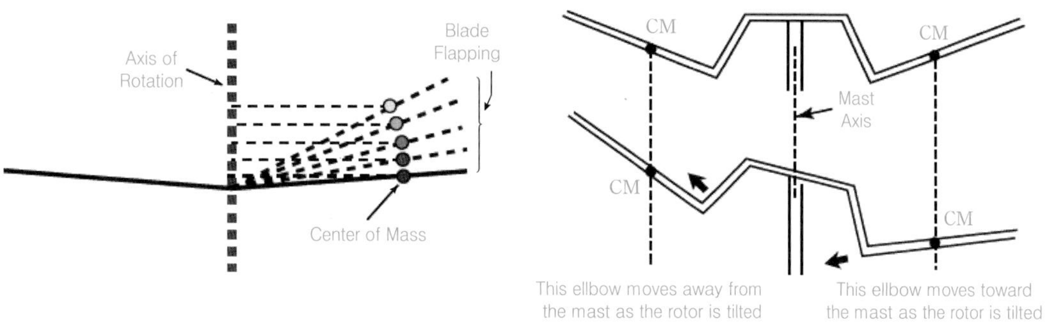


[그림 2-3]

## 3. Gyroscopic 특성

(1) 강직성(Rigidity)

자유자이로(Free gyro)가 3개의 회전축으로 연결되어 있을 때 어떤 위치로 장착되어 있든 내부 자이로는 회전을 계속하는 한 일정한 방향을 향해서 넘어지거나 기울어지지 않고 유지하고 있는 성질을 말한다.

(2) 세차성(Precession)

회전하는 자이로의 어느 한 지점에 힘을 적용했을 때 회전방향으로 90°를 지난 지점에서 회전면이 반응하는 것(Phase lag/위상지연)을 말하며 헬리콥터에서 나타나는 회전운동의 세차현상은 기수 상향일 때는 우 횡요, 기수 하향일 때는 좌 횡요 현상이 일어난다.

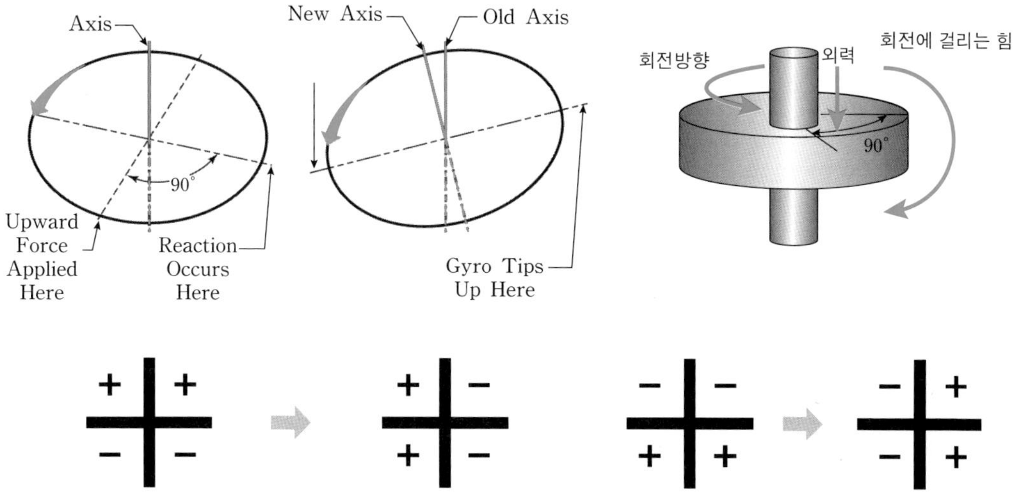


[그림 2-4]

## 4. Pendular action(진자 운동)

헬리콥터는 질량이 매우 큰 동체가 하나의 점에 매달려 있는 것과 같아서 한번 흔들리면 시계추와 같이 전, 후, 좌, 우로 흔들리는 진자운동을 하는 현상이 발생하므로 헬리콥터에서의 과도한 조작은 진동을 더 크게 하므로 부드럽게 조작하여야 한다.

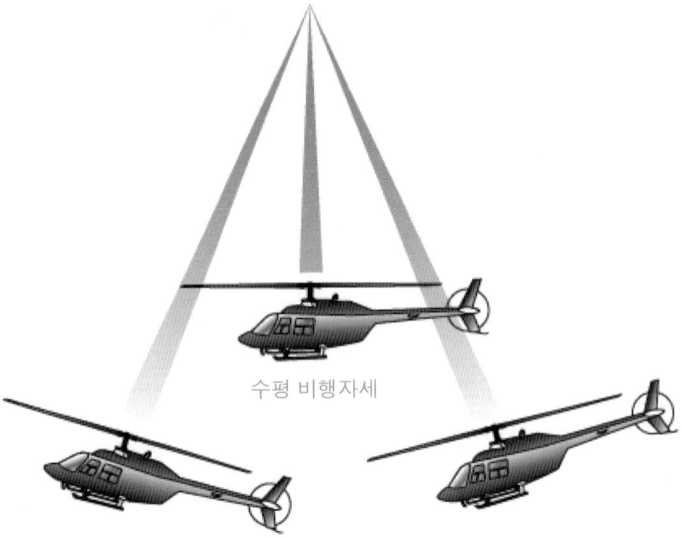


[그림 2-5]

## 04 원운동(Circular Motion)

물체의 속도 벡터는 계속적으로 방향을 바꾸기 때문에 움직이는 물체는 회전 중심 방향으로 구심력에 의해 가속 되고 있으며, 가속도가 없으면 물체는 뉴턴의 운동법칙에 따라 직선으로 움직이고 각속도 $\omega$에서의 균일한 원 운동에서 속도 $V$와 가속도 $a$이면 속력은 일정하지만 속도는 항상 궤도에 접하며 가속도는 일정한 크기이면서 항상 회전 중심을 가리킨다.

등속 원운동

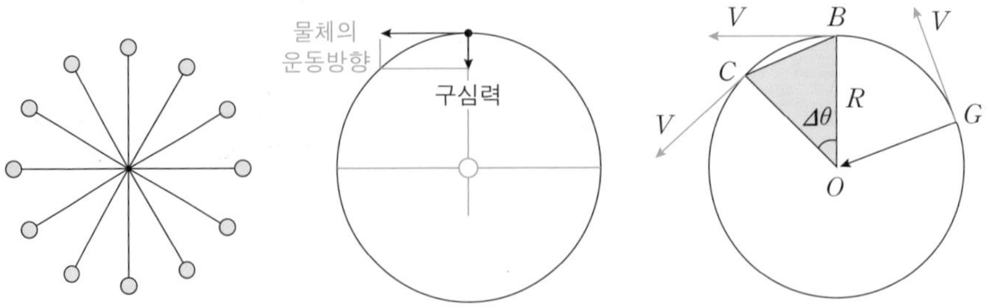


[그림 2-6]

## 1. 등속 원운동(Uniform Circular Motion)

물체가 반지름이 일정한 원둘레를 일정한 속력으로 회전하는 운동을 말하며 질량이 $m$인 물체가 반지름이 $r$인 상태로 원운동을 할 때 각속도($\omega$), 선속도($V$), 구심 가속도($a$), 구심력($F$), 주기($T$), 진동수($f$)라고 할 때 각속도는 단위 시간당 변화한 각 변위를, 각 가속도는 단위 시간당 변화한 각속도를 나타내므로 직선운동에서

$$\text{속도} = \frac{\text{이동변위(거리)}}{\text{시간}}, \quad \text{가속도} = \frac{\text{속도변화량}}{\text{시간}}$$

- 원운동에서 $S$(거리)=속도($V$)×시간이므로, 선속도 $V = \frac{dS}{dt} = \frac{rdS}{dt} = r\omega = \frac{2\pi r}{T}$
- 회전운동의 움직인 $S$(거리)=반지름($r$)×움직인 각($\theta$)$=2pr$
- $t$시간 동안에 $\theta$만큼 회전했을 때 각속도($\omega$)는 $\omega = \frac{\text{이동거리}}{\text{시간}} = \frac{\Delta\theta}{\Delta t} = \frac{\theta}{t}[\text{rad/sec}] = \frac{2\pi}{T}$

> **참고** 1 radian : 원에서 호의 길이와 반지름의 길이가 같을 때, 그 호의 중심각을 말하며
> 모든 원에서의 $\frac{\text{호}}{\text{원주}} = \frac{\text{중심각}}{360}$ 이므로 반지름이 $r$, 중심각이 1[rad] 부채꼴에서 보면
> 부채꼴의 호 길이=반지름=$r$이므로 $r/2\pi r$=중심각/360°, $1/2\pi$=중심각/360°
> 중심각=$360°/2\pi = 180°/\pi$, $1[\text{rad}] = 180°/\pi$ $\quad\therefore \pi[\text{rad}] = 180°$
> 1 radian(중심각)$= \frac{180°}{\pi}$, $\pi$(radian)=180°, $2\pi$(radian)=360°

반경 $r$의 회전운동의 경우

원주길이=$\pi$(원주율)×$2r$(원의지름)=$2\pi r$이며, 1 회전의 주기가 $T$라면, $T$초에 1회전($2\pi$)하므로

각속도는 $\omega = \frac{2\pi}{T} = 2\pi f = \frac{d\theta}{dt}[\text{rad/sec}]$, 선속도 $V = r\omega = \frac{2\pi r}{T} = r \times \frac{\theta}{T}$

$\Delta V \neq V\Delta\theta \quad dV \fallingdotseq Vd\theta$로 보면, 구심 가속도 $a = \frac{dV}{dt} = \frac{Vd\theta}{dt} = V\omega = r\omega \cdot \omega = r\omega^2$

$$a = \frac{V^2}{r} (a = V\omega \;\; V = r\omega\text{에서 } \omega = \frac{V}{r})$$

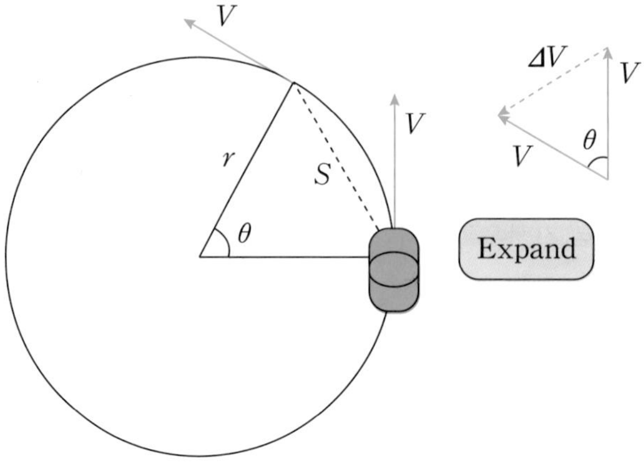


[그림 2-7]

## 2. 각 운동량 법칙(Conservation of Angular Momentum)

각 운동량 보존에 대한 법칙으로 회전하고 있는 물체는 외부로부터 회전력이 작용하지 않는 한 물체의 각 운동량이 항상 일정하게 보존된다.

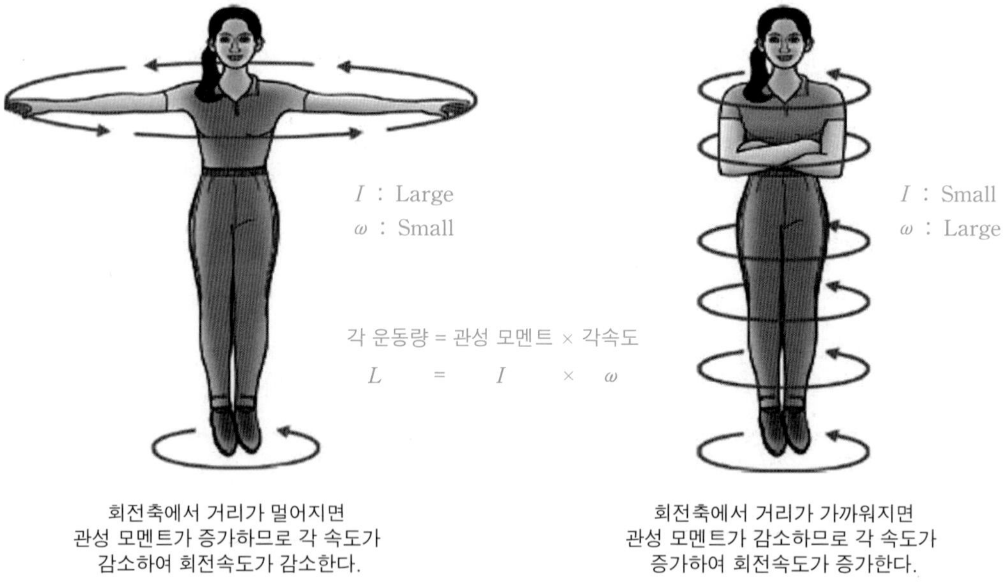

I : Large
ω : Small
각 운동량 = 관성 모멘트 × 각속도
L = I × ω
I : Small
ω : Large
회전축에서 거리가 멀어지면
관성 모멘트가 증가하므로 각 속도가
감소하여 회전속도가 감소한다.
회전축에서 거리가 가까워지면
관성 모멘트가 감소하므로 각 속도가
증가하여 회전속도가 증가한다.


[그림 2-8 Ice dancer의 각 운동량 보존]

## 01 날개꼴(Airfoil) 용어 정의와 종류

날개꼴은 추력이나 양력을 발생하는 날개의 형상을 말하며 항공기의 프로펠러(Propellers)와 고정익의 날개(Wings), 헬리콥터의 메인 로터 블레이드(Main rotor blade)와 테일 로터 블레이드(Tail rotor blade)도 같은 형상을 갖고 있다.

### 1. 에어포일 정의(Airfoil Definitions)

(1) 블레이드 스팬(Blade span)
Blade root 부근에서 Blade tip까지의 블레이드의 길이 방향

(2) 리딩 엣지(Leading edge)
에어포일의 전방 모서리

(3) 트레일링 엣지(Trailing edge)
에어포일의 후방 모서리

(4) 시위선(Chord line)
날개의 앞전(Leading edge)과 뒷전(Trailing edge)을 직선으로 연결한 선

(5) 곡률(Chamber)
에어포일의 곡면의 굽은 정도를 나타내며 평균 곡률선을 곡률로 간주

(a) 평균 곡률선(Mean camber line)
에어포일의 상면과 하면 사이 중간부분을 이은 선으로 익형 단면의 공기 역학적 특성을 결정하는데 중요

(b) 최대 곡률(Maximum camber)
시위선에서 평균 곡률선에서 거리가 가장 큰 지점

(c) 양의 곡률 에어포일(Positive cambered airfoil)
평균 곡률선이 시위선 위에 있는 에어포일

(d) 음의 곡률 에어포일(Negative cambered airfoil)
평균 곡률선이 시위선 아래에 있는 에어포일

(6) 종횡비(Aspect ratio)

스팬과 평균 시위선과의 비를 말하며 길고 좁은 날개는 가로 세로 비율이 크고, 짧다. 넓은 날개는 가로 세로 비율이 작으며 "AR"이 클수록 유도항력이 작다.

$S$ : 날개면적, $b$ : 날개 span, $c$ : 평균 chord라 하면 종횡비$(AR)=\frac{스팬(b)}{평균시위(c)}=\frac{b^2}{S}$이며 날개면적$(S)=b\times c$이다.

$$유도항력\ 계수\ C_{Di}=\frac{{C_L}^2}{\pi AR}$$

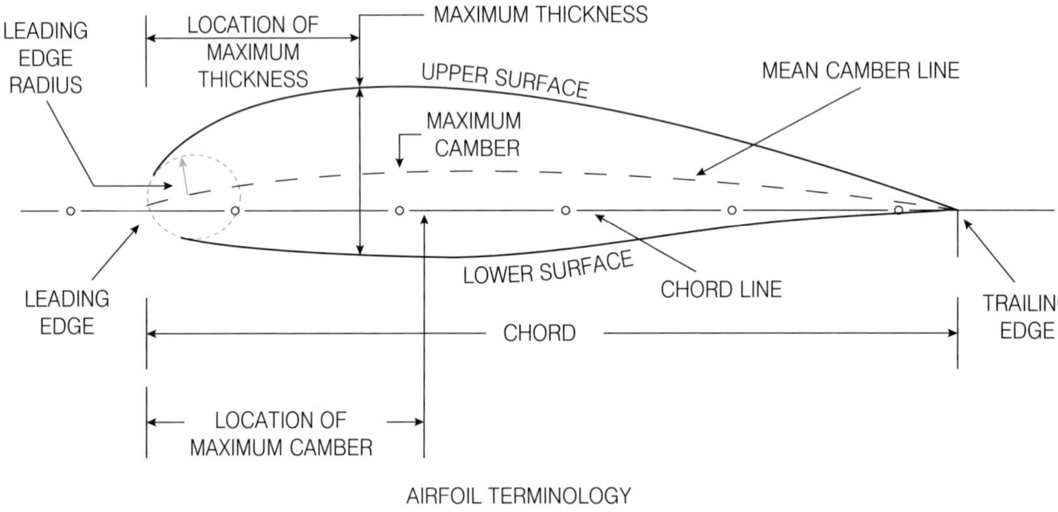


[그림 3-1]

## 02 날개꼴(Airfoil) 종류와 특징

### 1. 날개꼴 형태(Airfoil Type)

(1) 대칭형 익형(Symmetrical airfoil)

시위선(Chord line)을 기준으로 상, 하면 캠버(Camber) 곡률이 같아 평균 캠버 선(Mean camber line)과 시위선(Chord line)이 일치하는 날개꼴을 말한다.

(a) 장점

① 받음각이 변해도 압력중심이 변하지 않는다.

② 받음각의 범위를 크게 갖도록 설계가 가능하다.

③ 받음각이 변하면 압력 분포가 변하지만 양력 위치 및 압력 중심은 어떤 받음각에도 공기력 중심(Aerodynamic center)에 위치한다.

④ 안정적이고 블레이드 플래핑 현상(Flapping)과 리드 래그 현상(Lead-lag)이 적다.

⑤ 블레이드 뿌리(Blade root)에서 끝(Tip)까지 모든 속도 범위에서 최고의 양항비(Lift-drag ratio)을 제공한다.

⑥ 제작이 쉽고 저 비용이다.

(b) 단점

① 영의 받음각(Zero angle of attack)에서는 양력발생이 없다.

② 동일한 받음각에서는 양력발생이 적다.

③ 상대적으로 바람직하지 않은 실속 특성을 갖는다.

(2) 비대칭형 익형(Unsymmetrical airfoil)

시위선을 기준으로 위 캠버(Upper camber) 곡률이, 아래 캠버(Lower camber) 곡률보다 크고 평균 캠버선과 시위선이 불일치한 날개꼴을 말한다.

(a) 특징

① 받음각이 증가함에 따라 압력중심이 앞쪽으로 이동하고, 받음각이 감소하면 압력중심이 후방으로 이동해서 헬리콥터 진동(Vibration)의 원인이 되는 비틀림 현상을 초래한다.

② 대부분 고정익 항공기에 적용되며 음의(-) 받음각에서도 양력을 발생한다.

③ 양항비가 커서 실속특성이 좋다.

④ 영점 AOA에서 양력을 발생하나 Chord line의 최대 20[%]의 압력 중심이동 및 제작 비용이 증가하는 단점이 있다.

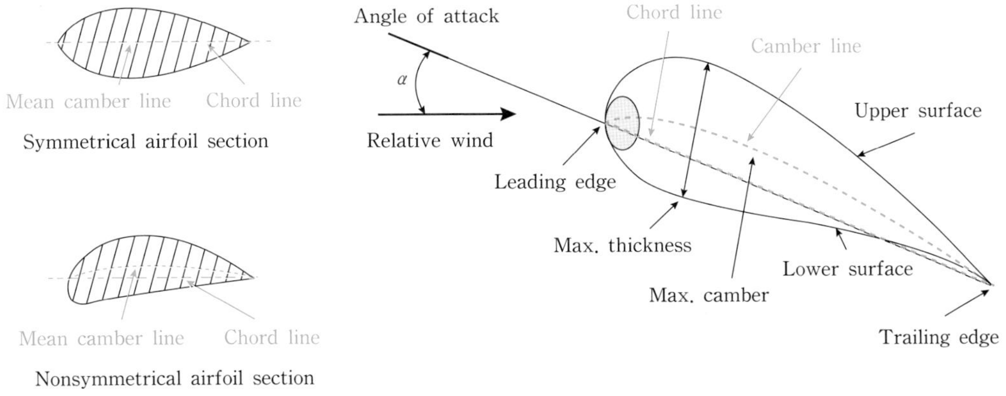


[그림 3-2]

> **참고** 대칭형 익형에서 압력의 중심은 받음각이 커짐에 따라 앞으로 이동하여 압력 중심이 날개의 앞전(Leading edge)을 더 들어 올리는 기수 상향 피칭 모멘트(Pitching moment) 현상으로 날개에 잠재된 불안정성을 발생시키며, 받음각이 감소할 때는 압력 중심이 뒤로 이동하여 기수 하향 피칭 모멘트가 발생하는데 날개꼴 앞쪽의 하향력(Down-force)은 뒤쪽의 상향력(Up-force)에 의해 균형을 이루므로 서로 같이 상존한다.

## 03 양력(Lift)

날개꼴의 위 캠버(Upper chamber) 쪽은 공기의 속도가 증가하여 압력을 감소시키고 아래 캠버(Lower chamber) 쪽은 공기속도를 감소시켜 압력이 증가하는 베르누이의 원리(Bernoulli's Principle) 또는 벤추리 효과(Venturi Effect)에 의한 속도 차이로 발생되는 압력의 차이에 의해 발생하는 공기력인 힘을 말하며, 양력은 속도의 제곱으로 변하므로 속도가 증가할수록 위, 아래 캠버에서 보다 큰 압력 차가 발생한다.

양력(Lift)$=C_L\rho V^2S$

$C_L$=양력계수, $\rho$=공기 밀도(Air density)

$S$=총 블레이드 면적(Total blade area), $V$=헬리콥도 속도(Airspeed)

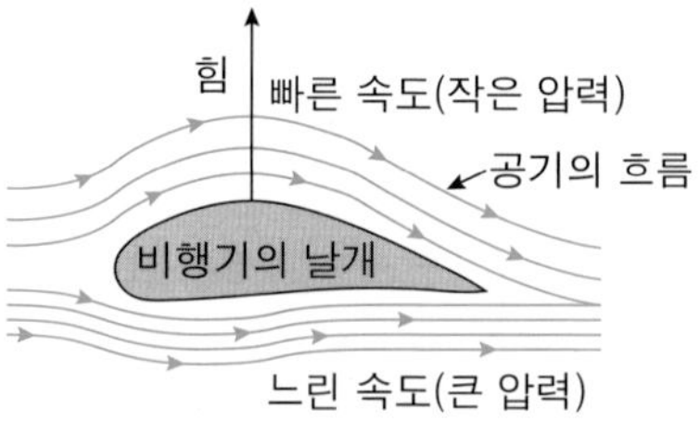


[그림 3-3]

### 1. 압력중심(Center of Pressure)

날개꼴 주위의 공기흐름속도 변화로 날개꼴에 작용하는 시위선의 어느 한 지점에서 수평성분과 수직성분의 합성력이 작용하는 합력점인 양력이 발생되는 점을 압력중심이라 한다.

받음각이 증가하면 앞쪽으로, 감소하면 뒤쪽으로 이동, 헬리콥터 속도가 증가할수록 압력중심 위치가 뒤로 이동하며 기수가 내려가는 현상이 발생한다.

## 2. 공기력 중심

받음각이 변하더라도 피칭 모멘트 크기가 변하지 않는 날개꼴의 기준점인 시위선의 어느 한 지점을 말하며 앞전에서 25[%] 지점에 위치하고, 공기력 중심이 무게중심보다 앞에 있을 때는 받음각이 커지며 양력이 증가하면서 받음각이 커지는 방향으로 피칭모멘트가 발생하므로 세로안정성이 불안정하다.

(1) 공기력 중심의 특징

아음속 비행 시에는 시위선 전방 1/4(25[%])지점에 위치하여 양력을 발생하며, 받음각이 변해도 피칭 모멘트는 실속이 일어나기 전 까지는 일정한 특성을 지니고 있지만, 초음속 비행 시에는 공기력 중심이 변한다.

## 3. 총 공기 역학적 힘(Total Aerodynamic Force)

총 공기 역학적 힘은 수직 성분인 양력과 수평 성분인 항력의 두 힘의 합성력이다. 수직 성분인 양력은 공기가 블레이드를 지날 때 발생되는 유도 흐름(Indused flow)에 의한 블레이드 합성, 상대풍과는 수직 방향으로 날개꼴에 작용하고, 항력은 날개꼴의 운동에 저항하는 블레이드 회전속도와 헬리콥터 전진속도로 나타나는 수평 성분인 힘으로 비행경로와는 반대 방향이며 수평으로 날개꼴에 작용한다.

## 4. 붙임각(Angle of incidence/Blade pitch angle)과 받음각(Angle of attack)

붙임각(또는 피치각)은 기계적인 각도로써 블레이드 시위선과 메인로터 헤드(Main rotor head)에 의해 결정되는 회전면 사이의 각을 말한다.

전진속도 및 유도흐름이 없는 경우에는 상대풍이 없으므로 붙임각과 받음각이 동일하며 받음각은 공기 역학적인 각으로써 블레이드 시위선과 상대풍 방향과 사이 각을 말하고 유도흐름이나 전진 속도가 변할 때마다 상대풍이 변하여 받음각도 따라 변하므로 컬렉티브와 싸이클릭 스틱을 조작하여 피치각과 받음각을 변화시킬 수 있다.

> **참고** 피치각이 증가하면 받음각도 증가하고, 감소시키면 받음각도 감소하므로 블레이드 피치각을 변경함으로써 받음각을 증감시킬 수 있으며 비행 중 받음각에 영향을 미치는 요소에는 상대풍과 회전 시 나타나는 블레이드 플래핑 운동 및 블레이드 유연성(Flexing) 등이며 받음각은 날개꼴에 의해 생성되는 양력과 항력의 크기를 결정하는 주요 요인 중 하나이다.

## 04 추력 이론

추력을 발생시키기 위해 엔진 동력으로 회전하는 메인 로터는 공기를 아래로 보내게 되는데 로터 디스크를 통과할 때 공기를 가속시켜 뉴톤의 제3법칙인 작용·반작용 법칙에 따라 반대 방향으로 작용하는 힘이 메인 로터의 양력이면서 추력이다.

### 1. 운동량 이론에 의한 추력 산출

메인 로터 회전면을 통과하는 전체 공기 흐름의 운동량 차이에 의해 로터의 추력을 계산하는 방법으로 로터면 전체에 대한 개략적인 해석을 하는데 편리하다.

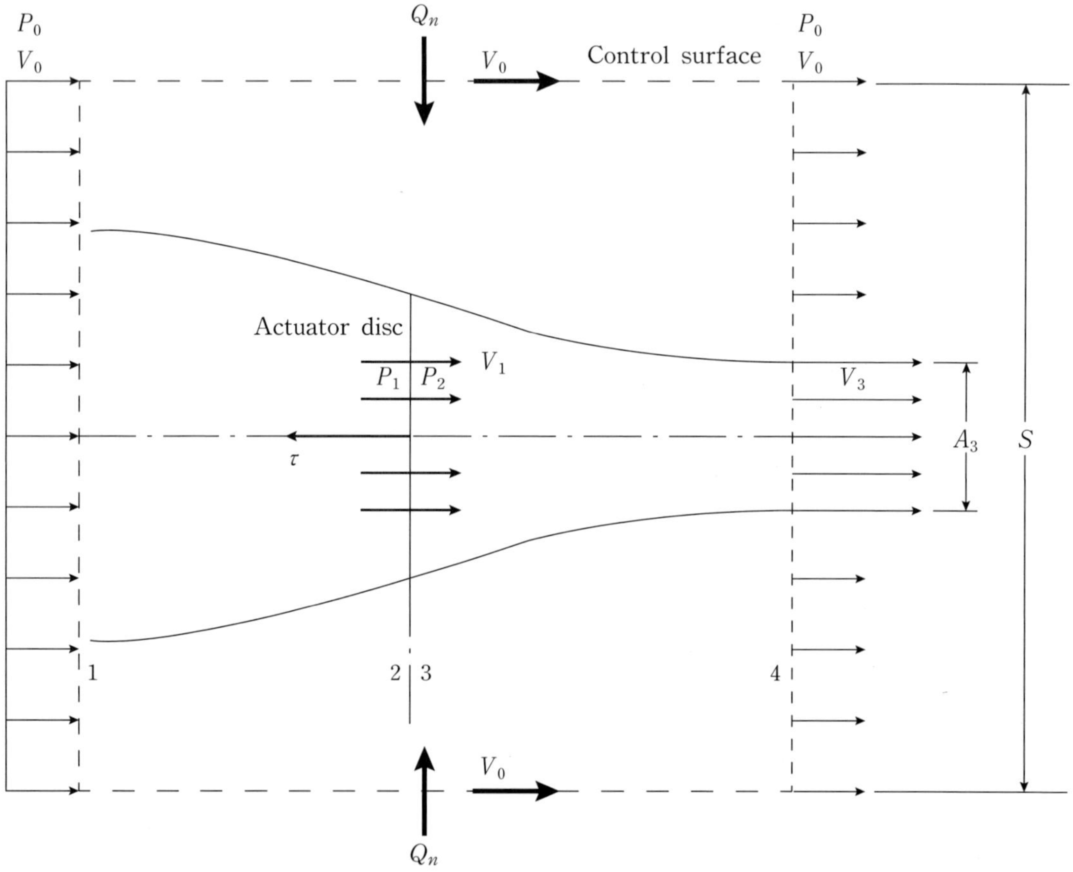

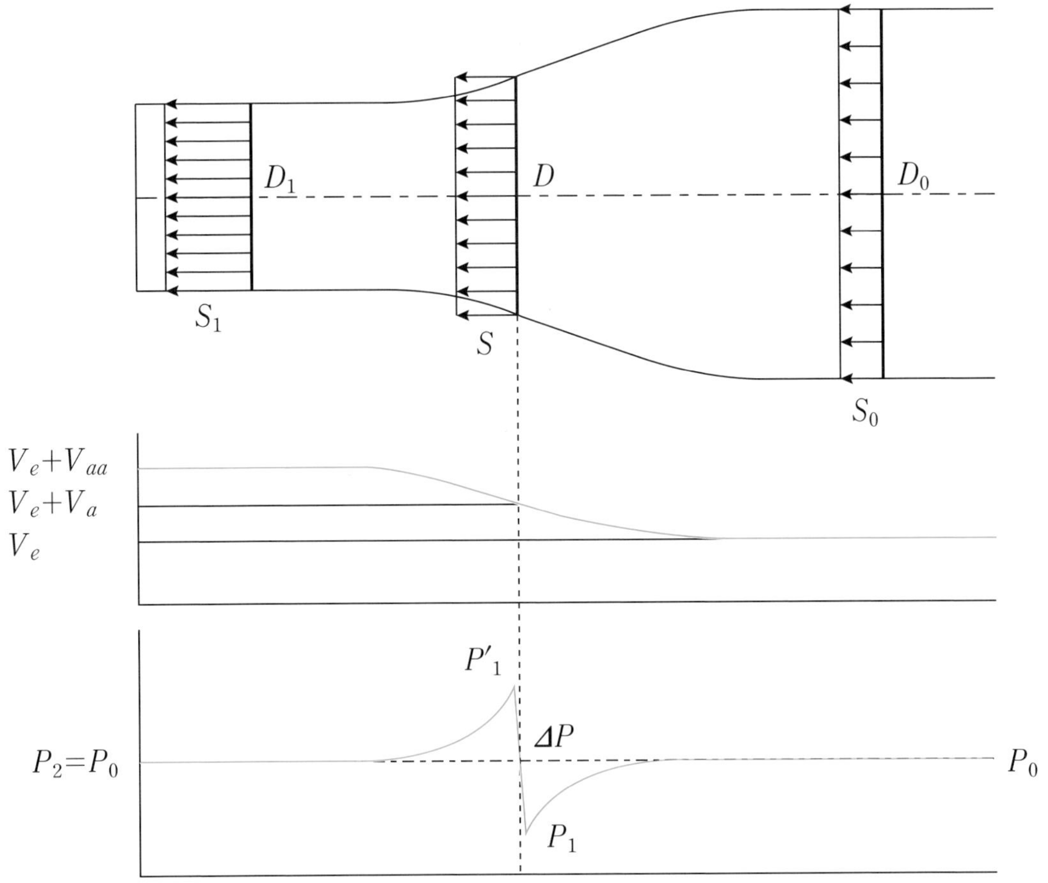


[그림 3-4]

헬리콥터의 로터는 매우 빠른 속도로 회전할 때 공기를 아래로 밀어내는 얇은 판(Disk)을 회전면이라한다. 회전면 앞과 뒤에서 압력과 속도가 어떻게 변하는지를 알아보면, 압축효과를 생략하고 베르누이 정리를 이용한다.

회전면 앞 $P_0+\frac{1}{2}\rho v_0^2=P_1+\frac{1}{2}\rho v_1^2$이고, 회전면 뒤 $P_0+\frac{1}{2}\rho v_3^2=P_2+\frac{1}{2}\rho v_2^2$ 된다.

여기서 디스크는 무시할 수 있을 정도로 얇기 때문에 $v_1=v_2$ 이다.

$\frac{1}{2}\rho(v_3^2-v_0^2)=P_2-P_1$이 된다.

**추력 공식** 어떤 면에 미치는 힘은 그 면에 작용하는 압력과 면이 차지하는 면적과의 곱이다. 그러므로 디스크의 경우 상향으로 밀어 올리는 힘은

$F=(P_2-P_1)A=\frac{1}{2}\rho(v_3^2-v_0^2)A$이다.

로터 디스크 또한 추력을 발생시키기 위해 공기(질량)를 하방으로 밀어 내리므로, $\dot{m}$을 디스크를 통과하는 단위 시간당 공기(질량)의 유동량이라 할 때

$T=\dot{m}(v_3-v_0)=\rho Av_1(v_3-v_0)$이 된다.

헬리콥터가 정지 비행(Hovering) 상태이면 $F=T$이므로

$A\frac{1}{2}(v_3^2-v_0^2)=\rho Av_1(v_3-v_0)$이며, 상단 끝에 있는 공기는 움직임이 없기 때문에

$v_0=0$이므로 $v_3=2v_1$이 된다.

처음의 추력 산출 공식으로 가면, $T=\rho Av_1(v_3)=2\rho Av_1^2$이다.

**동력 산출** 추력 공식 양변에 $T^2$을 곱하면 $T\times T^2=2\rho A(v_1^2\times T^2)$, $Tv_1=P$이므로

$T^3=2\rho AP^2$

$P=\sqrt{\frac{T^3}{2\rho A}}$

## 2. 깃 요소 이론(Blade Element Theory)

깃 요소에 대한 양력 및 항력을 적분하여 추력과 회전력(Torque)을 구하는 방법으로 깃의 형태와 회전조건에 따른 영향이 반영되므로 실제적인 로터를 설계하거나 성능을 계산하는데 편리하다. 블레이드 요소는 각각의 실측된 양력계수($C_L$) 및 항력계수($C_L$)값을 갖는 익형으로 구성되며, 실제로는 많은 수의 각기 다른 에어포일이 하나의 블레이드를 만드는데 쓰여지며 각각의 이런 요소들은 그 만의 특정 양력 및 항력 특성을 가져야 한다.(그림 3-5)

추력은 $dT=dL\cos\phi-dD\sin\phi=\frac{1}{2}\rho V_R^2cdr(C_l\cos\phi-C_d\sin\phi)$

토크는 $dQ=(dL\sin\phi+dD\cos\phi)\cdot r=\frac{1}{2}\rho V_R^2crdr(C_l\sin\phi+C_d\cos\phi)$

$\sin\phi=\frac{V_\infty}{V_R}$ → $V_R=\frac{V_\infty}{\sin\phi}$ 로 표현할 수 있고 동압은 $q=\frac{1}{2}\rho V_\infty^2$ 이므로

단위 추력을 다시 쓰면 $dT=dL\cos\phi-dD\sin\phi=\frac{qcdr}{\sin^2\phi}(C_l\cos\phi-C_d\sin\phi)$

단위 토크는 $dQ=(dL\sin\phi+dD\cos\phi)\cdot r=\frac{qcrdr}{\sin^2\phi}(C_l\sin\phi+C_d\cos\phi)$이다.

블레이드 추력은 블레이드 뿌리부터 끝까지 그리고 블레이드 수를 적분함으로써

$$T=qB\int_0^R \frac{cdr}{\sin^2\phi}(C_l\cos\phi-C_d\sin\phi)$$

$$Q=qB\int_0^R \frac{crdr}{\sin^2\phi}(C_l\sin\phi+C_d\cos\phi)$$

총 추력과 토크는 블레이드 수와 코오드 길이에 직접 비례함을 알 수 있다.

그러나 블레이드 수가 많아지고, 그리고 블레이드 폭이 넓어질수록 더 많은 표면이 필요하게 되고, 그로 인해 공기 흐름이 방해를 많이 받게 되면 이에 따라 공기역학적 손실을 초래하기 때문에 실제로 적용할 수는 없다.

최적의 블레이드 수는 별도로 구해야지 블레이드 요소 이론만으로 구하면 안 된다.

블레이드 효율은 $\eta_{el}=\frac{\text{추력}\times\text{속도}}{\text{가해진 토크}}$ 이므로

$$\eta_{el}=\frac{u\cdot dT}{2\pi n\cdot dQ}=\frac{V}{2\pi nr}\times\frac{C_L\cos\phi-C_d\sin\phi}{C_L\sin\phi+C_d\cos\phi}=\frac{C_L\cos\phi-C_D\sin\phi}{C_L\sin\phi+C_D\cos\phi}\times\tan\phi$$

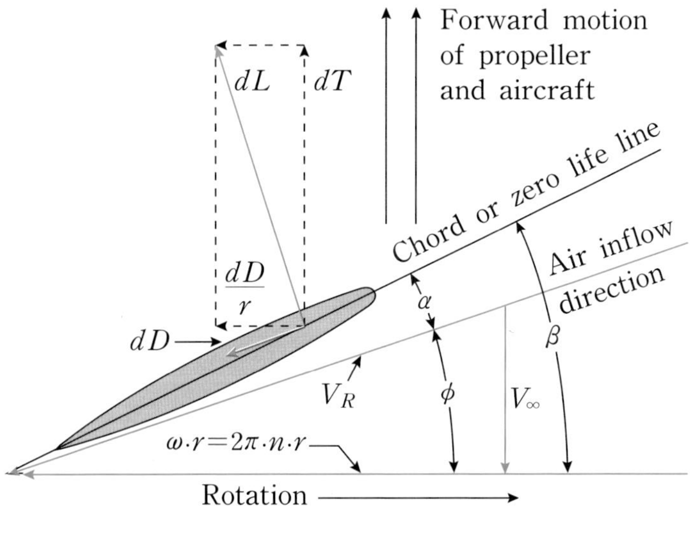


[그림 3-5]

최대 효율, $\eta_{el}$−max는 $\phi=\frac{\pi}{4}=\frac{C_D}{2\cdot C_L}$ 일 때 얻어진다.

[그림 3-6]은 단위요소 성능을 블레이드의 스팬 방향(뿌리에서 끝)으로의 길이 별 $dC_T/dX$와 $dC_Q/dX$를 도표로 표시한 것이다.

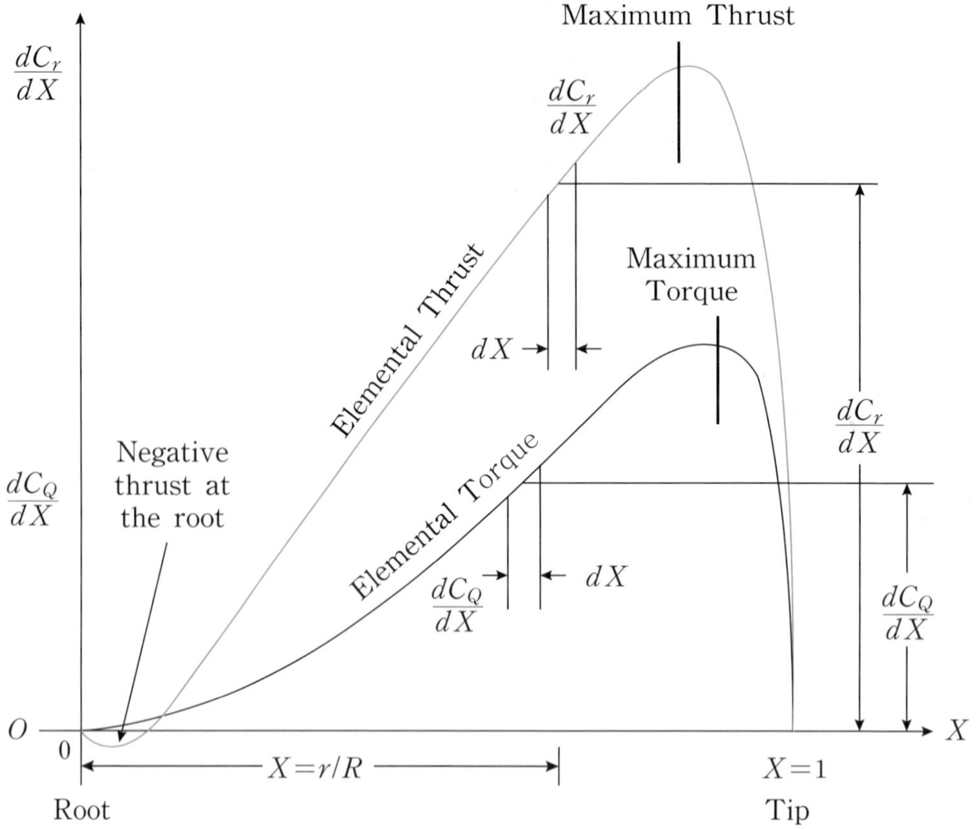


[그림 3-6]

## 3. 와류이론

깃의 뒷전으로 떨어지는 와류로 인한 영향까지를 포함하여 깃에서 정확한 유도속도를 계산하는 방법이다.

## 01 기체에 작용하는 힘과 구조

### 1. 기체에 작용하는 힘과 응력

항공기 구조의 주요부분은 기체, 동력장치, 전기·전자 장치로 구분되며, 헬리콥터 기체구조는 동체, 메인 로터 계통, 동력전달 계통, 테일 로터 계통 및 착륙장치 계통으로 나누어진다.
항공기 구조 부재는 하중을 견디거나 응력에 견딜 수 있도록 물리적 특성을 고려하여 설계되므로 단일 구조 부재라도 여러 다른 응력의 조합에 견딜 수 있어야 한다. 그러므로 부적절한 수리를 통해 원래의 설계가 변경되지 않도록 해야 한다.

(1) 항공기가 받는 주요 응력(Stress)

항공기에 작용하는 하중에는 기체와 탑재물 무게에 의한 중력, 공기력인 양력과 항력, 관성력, 가속력, 착륙 시 지면의 반력인 충격력 등이 있으며, 항공기가 받는 주요 응력(Stress)은 외부 하중 또는 힘으로 인해 발생하는 변형에 대응하는 재질의 내부 저항 또는 반발력이고, 단위 면적당 힘으로 측정하며 아래와 같은 응력이 작용한다.

(a) 인장력(Tension)

인장은 힘을 가하여 구조 부재를 당겨질 때 당겨지지 않으려는 저항을 응력이라 하고 동일한 직선을 따라 반대 방향으로 잡아당기는 힘에 의해 발생되며 항공기를 앞으로 당기는 추력과 추력에 반대로 작용하는 항력으로 인해 인장력이 발생한다.

(b) 압축력(Compression)

압축은 두 개의 힘이 같은 방향으로 서로를 향해 작용할 때 발생하며 착륙 시 착륙 지지대(Landing struts)에서 나타난다.

(c) 비틀림력(Torsion)

비틀림은 뒤틀림에 대한 저항이며 왕복기관의 "Crankshaft"가 회전할 때 회전축 내부에 비틀림 응력이 발생한다. 회전축 중심에서는 "0"이고 중심에서 멀어질수록 증가한다.

(d) 전단력(Shear)

전단력은 서로 고정된 두 개의 금속 조각이 서로 반대 방향으로 미끄러져 분리될 때 가해지는 응력이며, 재료의 전단 강도는 인장 강도 또는 압축 강도와 같거나 그보다 작으며 리벳(Rivet)에는 전단력만 작용하고 볼트(Bolt)는 전단력과 인장력이 함께 작용한다.

(e) 굽힘력(Bending)

굽힘은 인장력과 압축의 조합으로 발생하며 굴곡부의 내부 곡선은 압축 응력이 작용하고 외부 곡선은 인장 응력이 발생하는 것으로 중심선을 경계로 전단응력이 발생하는 복합응력으로 주 회전익(Main rotor blade)에 작용한다.

참고

- **강도(Strength)**

  재료에 하중이 걸린 경우, 재료가 파괴 되기까지의 변형에 대한 저항을 재료의 강도라고 한다.

- **경도(Hardness)**

  재료의 단단함의 정도로 물체를 다른 물체로 눌렀을 때 그 물체의 변형에 대한 저항력의 크기를 말한다.

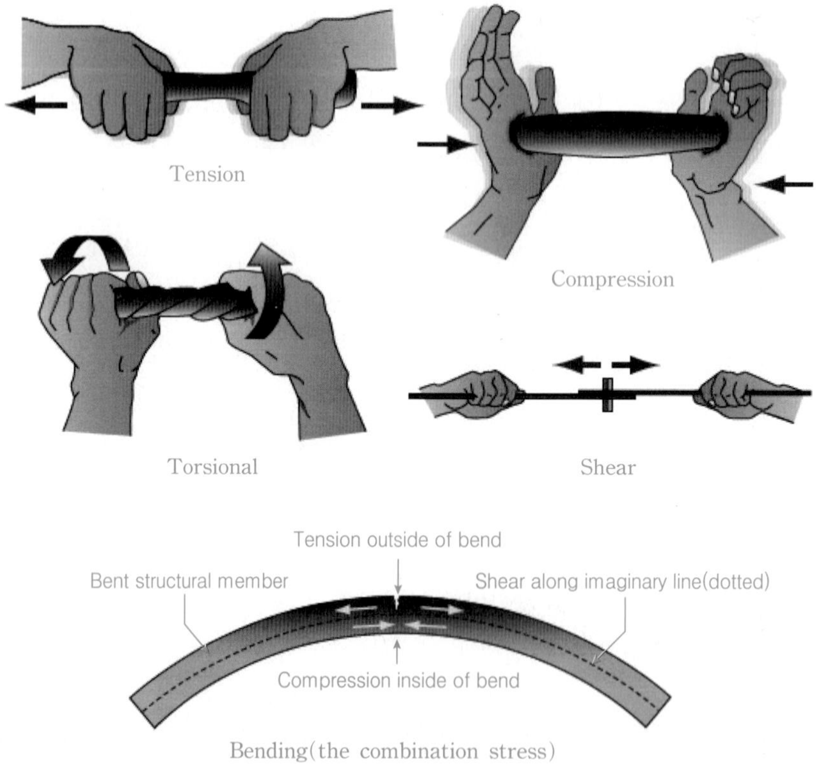


[그림 4-1]

# 02 항공기 동체 구조 형식

## 1. Truss type

경비행기에 사용되는 구조로써 인장과 압축의 두 힘을 모든 부재가 담당하며 천이나 얇은 합판 또는 금속판의 외피는 유선형 형태를 유지한다. 장점은 구조, 설계가 간단, 제작이 용이하고 가격이 저렴하나 단점은 내부 공간이 협소하고 외형을 유선형으로 제작하기 곤란하다.

(1) Pratt truss type

세로대와 수직 및 수평 Web의 대각선 사이에 보강선을 설치하여 강도를 유지하며 최초의 동체 구조형태이며 무게가 크고 유선형으로 하기 어렵다.

(2) Warren truss type

저탄소강이나 니켈, 크롬, 몰리브덴 등을 사용하여 강재 Tube의 접합점을 용접하므로 보강선의 설치가 필요 없는 구조이며, Pratt truss 구조보다 공간 확보가 유리하고 강도 및 견고함이 크며 유선형으로 할 수 있다.

## 2. Monocoque type

Bulk-head와 Former 및 Skin으로 구성되어 응력 및 하중을 외피가 담당하므로 충분한 강도 및 무게로 인해 동체 구조 형태로는 부적합하여 많이 사용되지는 않으며 Missile에 사용된다.
장점은 내부 공간 마련이 용이하고 유선형으로 제작이 가능하며, 단점은 중량이 무거우며 작은 손상에도 전체 구조에 영향을 미친다.

## 3. Semi-monocoque type

항공기의 동체 구조로 가장 많이 사용되고 있으며 Frame 및 Bulk-head가 동체의 형태를 구성하며 길이 방향으로는 Longeron과 Stringer를 보강하여 골격을 만든 위에 외피를 씌운 구조로써 외피가 항공기의 형태를 유지하면서 하중의 일부분을 담당하는 구조

(1) 장점

(a) 최소 무게에 최대 강도가 크다.

(b) 내부 공간 확보에 유리하며 유선형 제작이 가능하다.

(c) 정밀공차 제작이 가능하며, 수리가 간단하다.

(d) 가로방향부재(Frame, Bulkhead), 세로방향부재(Stringer)로 구성되어 굽힘 응력 및 인장, 압축 등 기타 모든 하중을 담당하고 Gusset은 강도를 높이는데 사용된다.

(e) 외피-전단 응력 담당

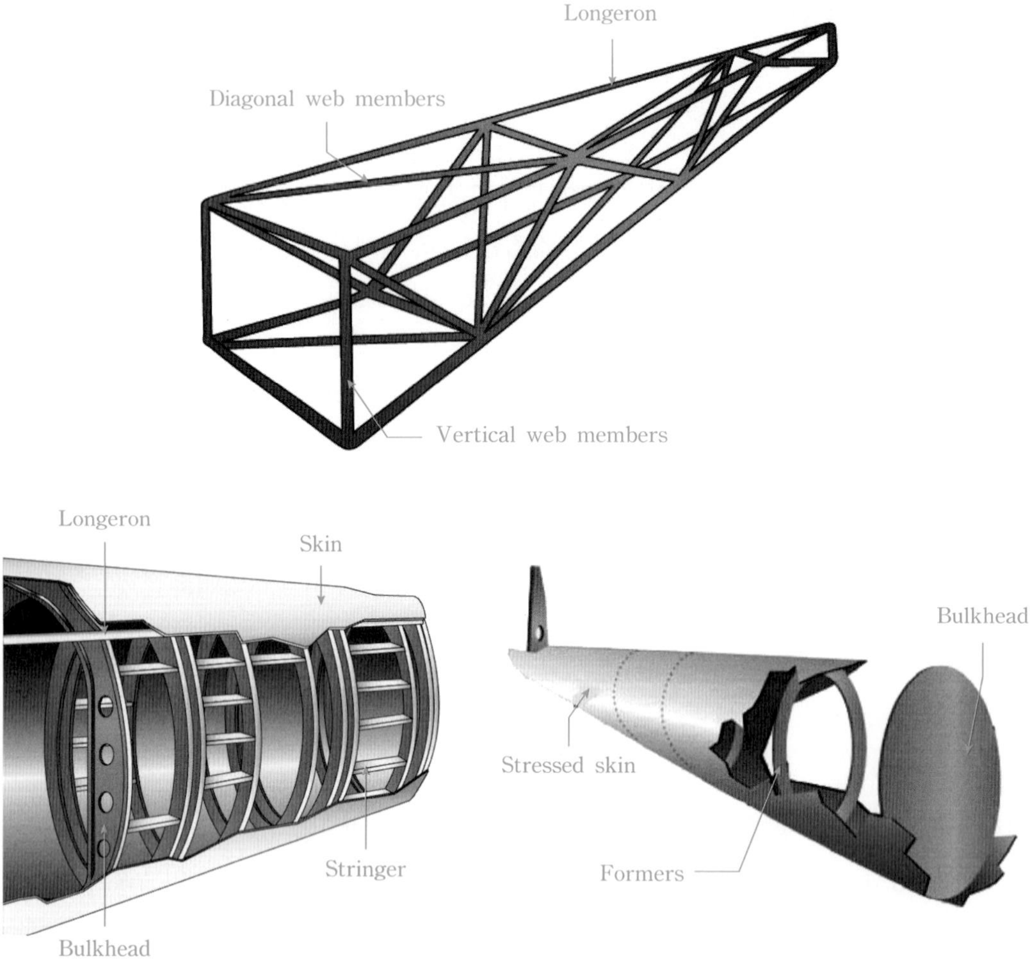


[그림 4-2]

## 03 항공기 구조와 구성품

### 1. 1차 구조(Primary Structure)

1차 구조물은 주요 하중을 지지하는 구조물로 파손되면 구조에 치명적인 손상을 초래하여 엔진 고장 또는 항공기 제어 기능 상실 및 탑승자의 인명 피해를 유발시킬 수 있으며 동체의 Bulkhead, Frame, Engine mount 등이 해당된다. 또한, 승객의 안전과 밀접한 관계가 있는 의자 고정용 레일(Seat rail) 및 이와 관련된 보조 구조물도 해당된다.

## 2. 2차 구조(Secondary Structure)

2차 구조물은 파손되더라도 구조적 파손, 엔진 파워 및 제어 기능 상실 또는 탑승자의 인명 피해를 발생시키지 않는 구조적인 부품들로 비교적 적은 하중을 담당하는 부분으로 손상되더라도 항공역학적인 성능 저하를 초래하나 바로 사고와 연결되지는 않는다.

## 3. 3차 구조(Tertiary Structure)

3차 구조는 손상이 발생해도 안전에 큰 영향을 미치지 않거나 탑승자에게 상해를 입히지 않는 구조 부품으로, 예를 들면 페어링, 발판 등이 여기에 속한다.

## 4. Fail-safe Structure

구조물의 한 부분이 피로파괴가 일어나거나 그 일부분이 파괴되더라도 나머지 구조가 하중을 담당하여 치명적인 파괴, 과도한 변형을 방지하는 구조를 말한다.

(1) 다경로 하중 구조(Redundant Structure)
일부 부재가 파괴되더라도 다른 부재가 하중을 분담

(2) 이중 구조(Double Structure)
작은 부재를 2개 이상 결합시켜 하나의 부재와 같은 강도를 가지게 한 구조로서 어느 부분의 손상이 부재 전체의 파손에 이르는 것을 예방하는 구조

(3) 백업(대치) 구조(Back-up Structure)
부재의 파손에 대비하여 예비 부재를 삽입시켜 안전성을 보완한 구조로서 예비 부재는 동시에 다른 기능을 수행할 수 있도록 설계

(4) 하중 경감 구조(Load Dropping Structure)
큰 부재 위에 작은 부재를 겹쳐 만든 구조로서 파괴가 시작된 부재의 완전 파단이나 파괴를 방지할 수 있도록 설계된 구조

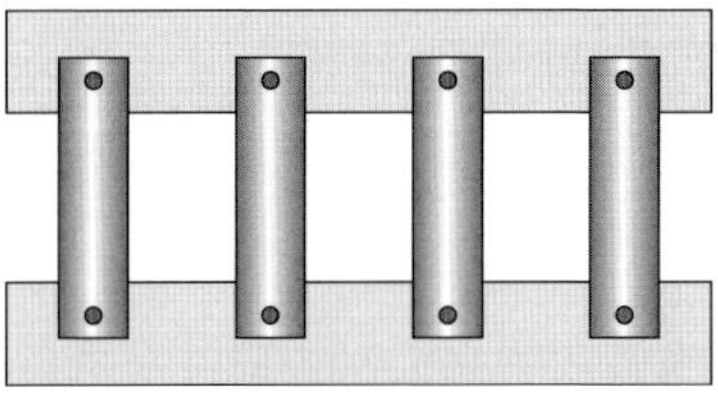
다경로 하중 구조(Redundant structure)

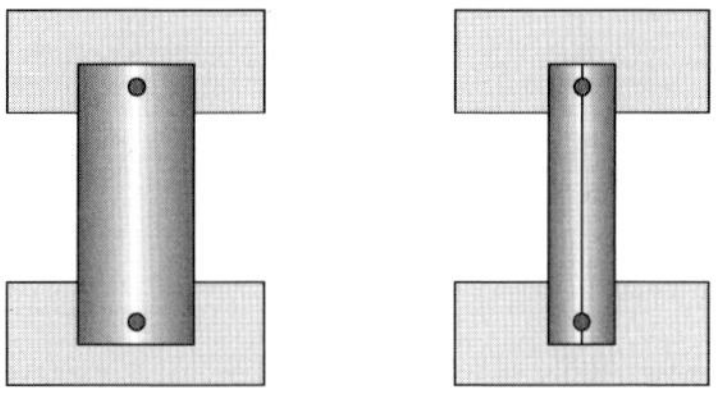
이중 구조(Double structure)

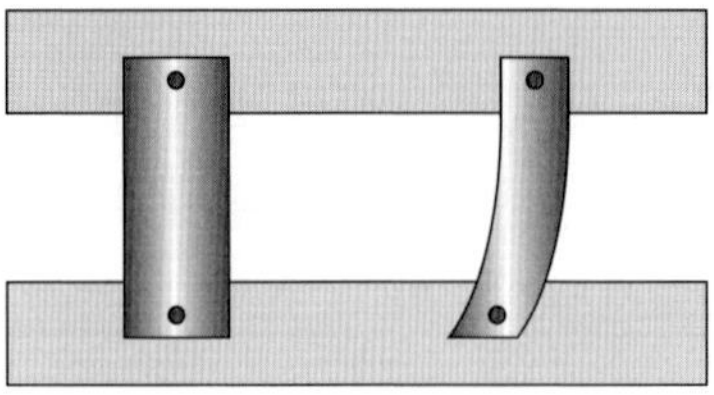

백업 구조(Back-up structure)

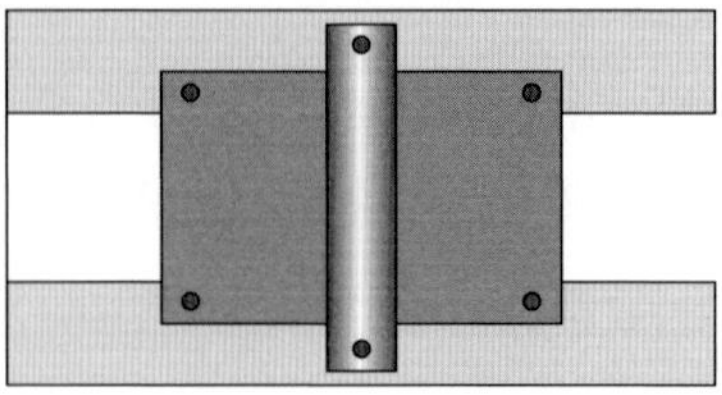

하중 경감 구조(Load dropping structure)

[그림 4-3]

## 5. 주요 구조 구성품

(1) 세로 방향의 골격

(a) 세로대(Longeron)

세로 방향의 주 구조재로 동체의 길이 방향에서 1차 굽힘 하중을 담당

(b) 세로지(Stringer)

세로 방향의 보강재로 Ring과 함께 외관을 작은 직사각형으로 분할 지지함으로서 외피의 주름(Buckling)를 방지하며, Stringer와 Longeron은 동체에 작용하는 굽힘 모멘트에 의한 인장 응력과 압축 응력에 대하여 충분한 강도를 가져야 하므로 부재의 단면이 i, z, t, n, h자 모양으로 제작된다.

(2) 가로 방향의 골격

(a) 가로격판(Bulk-head)

Ring, Former와 같이 강도가 크고 두꺼운 재료를 사용하여 동체의 원형모양을 유지하면서 동체의 비틀림 변형에 저항하고 동체가 받는 집중 하중을 외피에 전달한다.

(b) 프레임(Frames)

경량 또는 중간 정도의 강도를 가지고 동체의 형상을 유지시키는 구조물에 사용되고, 강한 프레임은 동체, 변속기 기어 토션 박스, 엔진, 파이론, 안정판 및 착륙 장치 장착 부분 등에 사용되고 있으며 무게 절감을 위해 라이트닝 구멍(Lightening hole)이 있다.

(c) 원형틀(Ring)

가로 방향의 보강재로써 Stringer와 합쳐 일정한 간격으로 배치되며 동체의 외형 유지 및 Stringer와 함께 외피의 주름을 방지한다.

(d) Fommer(정형재)

합금 판으로 성형 동체의 형태를 구축한다.

## 04 주요 구조 구역(Main Structuresection)

1. Canopy section
2. Bottom structure & Cabin floor section
3. Body section
   (1) Rear structuresection
   (2) Tail boom section
   (3) Tail unit section
   (4) Horizontal stabilizer
   (5) Vertical stabilizer
4. Landing gear section

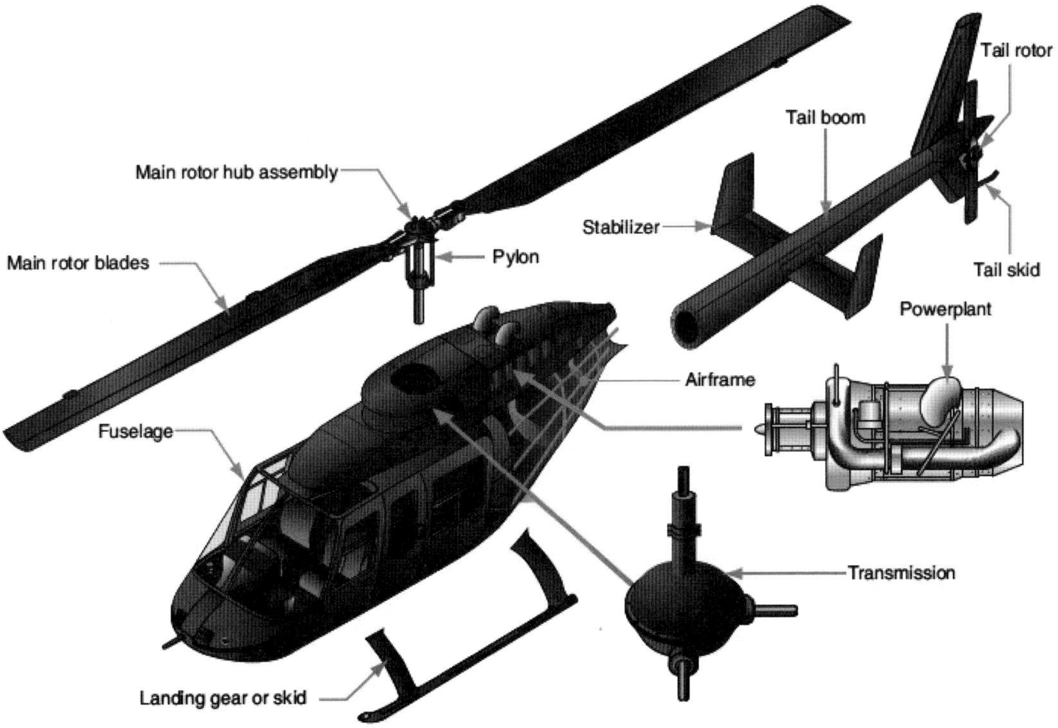


헬리콥터의 주요 구성 요소는 기체, 동체, 착륙 기어, 동력 장치/변속기, 메인 로터 시스템 및 안티토크 시스템 등이다.

[그림 4-4]

## 05 Zone Number(구역 번호)와 Stations Number(위치 번호)

고정익과 마찬가지로 헬리콥터의 점검 또는 결함 발췌 및 수리 작업을 하거나 개조작업을 수행하는 단계에서 부품의 위치 파악을 쉽게 찾을 수 있도록하고, 헬리콥터 무게와 평형 작업을 할 때 무게중심을 찾기 위해서 기준선과 부품과의 거리를 알아야하며, 모멘트 계산 시 필요하다.

### 1. Zone number

동체 전부분을 세 자리수 단위로 표기하여, 주요 구역(Major zones)은 100 단위 숫자, 10 단위 숫자는 하위 단위, 1 단위 숫자는 그 하위 단위로 세분하여 나누어진다.

(1) ATA Zone No

항공기의 정확한 위치를 알 수 있도록 사용하는 표기 방식으로서, Datum Line(기준선)으로부터 떨어진 거리를 [inch] 또는 [mm] 단위로 표시한다.

- 100 : Lower Fuselage
- 200 : Upper Fuselage
- 300 : Empennage
- 400 : Powerplant & Nacelle Strut
- 500 : Left Wing
- 600 : Right Wing
- 700 : Landing Gear & Landing Gear Doors

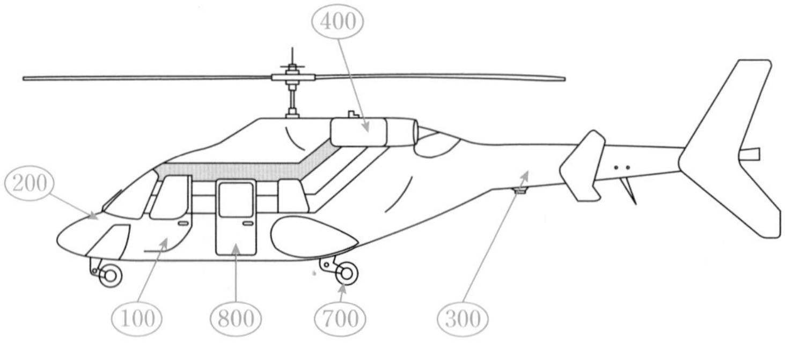


[그림 4-5]

### 2. Stations Number

(1) FS(Fuselage Station)

규정된 기준선으로부터 헬리콥터의 세로축 방향으로 떨어진 거리를 나타내며 기준선의 정확한 위치는 헬리콥터 설계 제원에 명시되어 있다.

기준선보다 앞쪽은 (−) 값으로, 기준선보다 뒤쪽은 (+) 값으로 표기한다.

(2) WL(Water Line)

헬리콥터 아래쪽으로 일정 거리에 위치하는 지점의 수평 방향의 축(Normal axis)을 기준선으로 하여 수직 위쪽 방향을 (+)로, 아래쪽 방향을 (−)로 한다.

(3) BL(Buttock Line)

동체 세로 방향의 중심선으로 부터 좌·우로 떨어진 거리를 나타낸다. 중심선으로부터 좌측으로 측정되는 값을 LBL(−), 우측으로 측정되는 값을 RBL(+)로 표기한다.

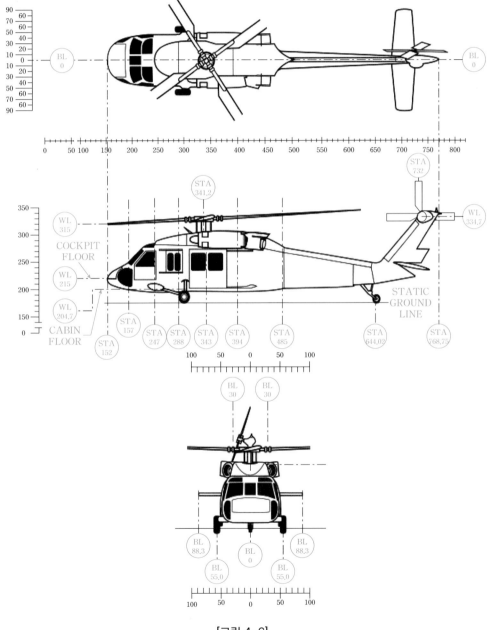

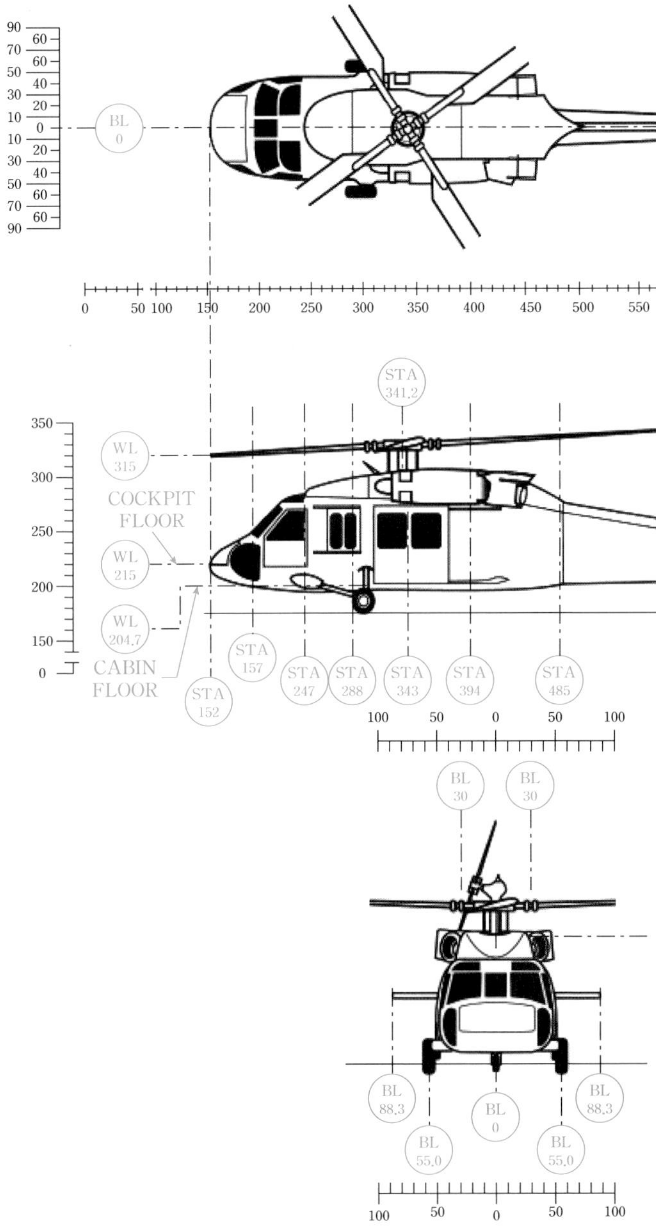


[그림 4-6]

# 06 주요 구성품

## 1. Main Rotor System

Main rotor shaft, Main rotor head, 고정익의 날개와 같은 역할을 하는 Main rotor blade로 구성되어 동체에 장착된 Engine으로부터 동력을 전달 받아 양력을 동체에 전달한다.

## 2. Transmission & Drive System

동력전달장치로써 Engine과 Main rotor system 및 Tail rotor system 사이에 위치하여 Engine rpm를 감소시키고 Main rotor blade 및 Tail rotor blade를 회전시키며 관련 보기류를 구동시킨다.

(1) Main gear box 장착

동체에 로터 블레이드 진동이 직접 전달되는 것을 방지하고 탑승자의 안락함과 헬리콥터 구조의 내구성을 위해 진동을 흡수하여야 하며, 또한 동체 상부의 Main gear box deck에 전진비행 시 발생되는 Blow back 현상을 제어하기 위해 3° 정도 전방으로 기울어져 장착되어 있으며(기종마다 기울기가 다르다.) 진동 완충 방법에 따른 장착 방법은 (그림 4-7)과 같다.

(a) Nodal beam type(BELL계열 헬리콥터)

메인 기어 박스와 메인 로터 회전축은 Nodal beam과 Gear box stop에 의해 동체와 분리시켜 장착되는 수동 진동 분리 방법(Passive vibration isolation method)으로 기존의 수동형 절연방법보다 작동 주파수(Operating frequency)에서 정적 편향(Static deflection)이 적고 진동 전달율이 낮으며, 탄성 빔(Elastic beam)은 진동원(Vibrating source)에 의해 진동이 발생하는 노드 점(Nodal points)에 진동 물체를 장착하는 방법으로 구동 시스템(Driven system)의 질량을 독립적으로 격리시키는 주파수 대역에서 주행 시스템(Driving systems)과 구동 시스템을 동적으로 분리하여 헬리콥터 메인 로터 계통에서 오는 진동을 분리, 흡수하여 동체 진동을 감소시켜서 Main gear box deck에 장착된다.

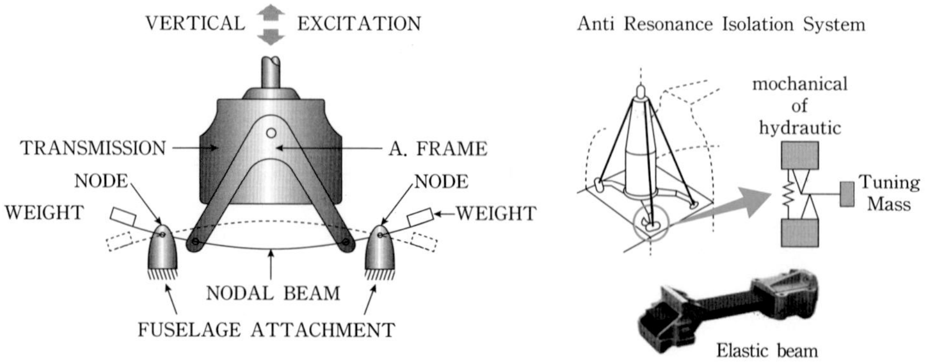


[그림 4-7]

(b) Suspension bar type

메인 로터 헤드의 양력을 동체에 전달하기 위해 메인 기어 박스는 동체의 앞, 뒤 두 지점에 4개의 고정바(Rigid bar)로 연결되며 메인 기어 박스 밑 부분과 동체 사이에 Flexible suspension(Elastomeric bearings)을 두어 세로 및 가로 방향의 힘과 모멘트 및 회전력을 흡수하여 진동을 감소시킨다.

MAIN GEARBOX SUSPENSION(Cont'd)

The MGB is suspended like a pendulum and oscillates about the point O (where the 4 suspension bars intersect).

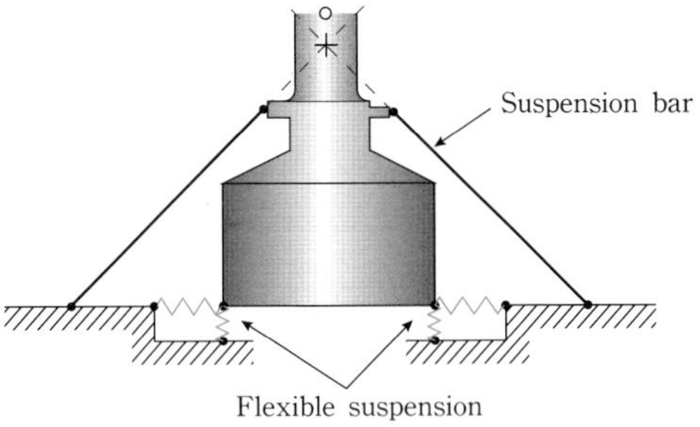


The basic element of the flexible suspension is a laminated cylindrical pad consistion of a bonded stack of thin rubber and light alloy disks.

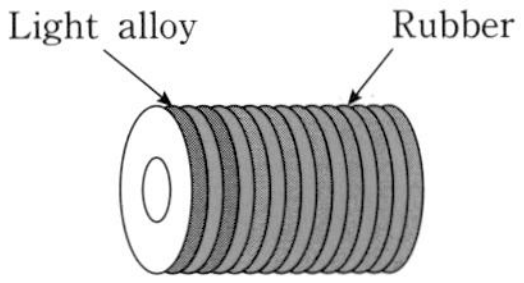


One end of each of the 4 laminated pads is fixed to the MGB and the other to the airframe.

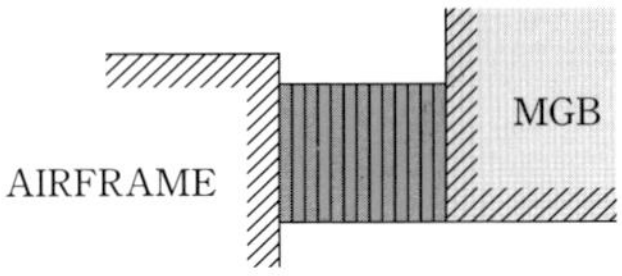


The vibrations are absorbed radially by the pads which deform in shear.

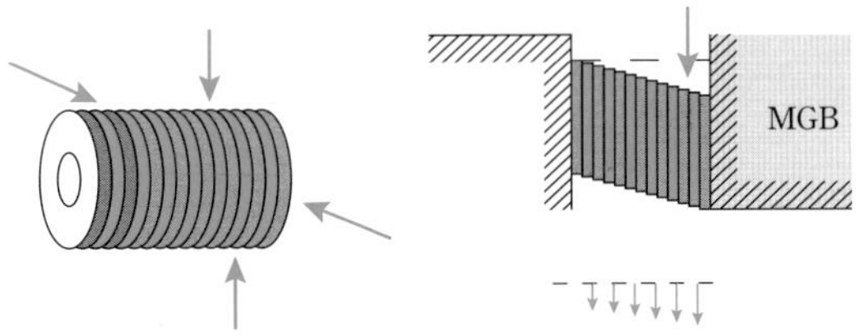


The laminated pads are flexible in shear

The main rotor counter-torque ($C_R$) is transmitted through the pads by compression.

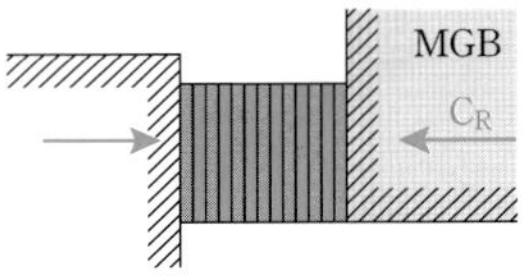


The laminated pads are stiff in compression

[그림 4-8]

① 탄성 베어링(Elastomeric bearings)

구조 강도 및 하중계수에 따라 알루미늄, 스테인리스 스틸, 티타늄 등과 같은 얇은 금속 층(Metal laminate)과 탄성체인 고무(Rubber)층으로 제작되며 회전이 없는 구조물의 변형이나 가로, 세로방향의 하중과 충격에 의한 손상(Brinelling 현상) 등에 견디며 진동 차단 기능이 있어서 메인 로터 헤드, 엔진 마운트, 계기판의 충격흡수 장치 등에 사용된다.(그림 4-9)

ⓐ 종류

㉠ Cylinderical bearing

원주 방향의 큰 하중을 흡수하므로 메인 로터 계통에 사용한다.

㉡ Spherical bearing

3축에 대한 움직임을 제공하며 큰 비틀림 하중을 흡수하므로 테일 로터 블레이드 피치 변경 장치에 사용된다.

㉢ Conical bearing

원주 방향과 축 방향 움직임 제공 및 하중을 흡수하므로 완전 관절형 헤드 계통에 사용된다.

ⓑ 장점

㉠ 윤활이 필요 없으며 장착이 간단하고 유지 보수가 필요 없다.

㉡ 베어링이 노출되어 있어서 분해 없이 검사를 할 수 있다.

㉢ 탄성체이므로 진동과 충격에 강하며 고착(Seizure)이 없다.

㉣ 일반 베어링에 비해 수명이 길다.

ⓒ 단점

㉠ 시간이 지남에 따라 성능이 저하되므로 교환이 필요하다.

㉡ 제작공정이 복잡하여 가격이 비싸다.

㉢ 하중이나 움직임의 크기가 변수이므로 일반 베어링에 비해 크다.

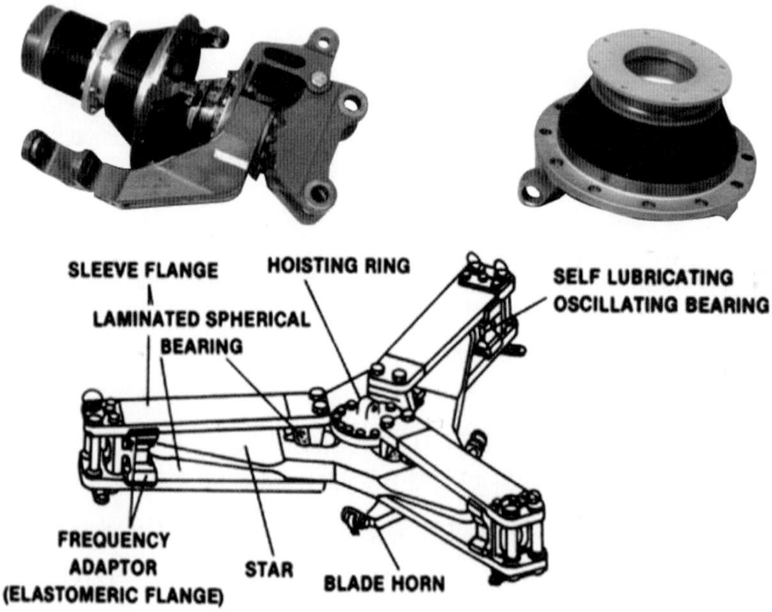


[그림 4-9]

## 3. Stabilizer(안정판)

(1) Vertical stabilizer(수직 안정판)

테일 로터 장착방향과 반대 방향으로 공기력(추력)을 발생하는 에어포일 형태의 수직 안정판을 장착하여 고속비행에서 테일 로터의 추력(Anti-torque)을 크게 줄일 수 있어서 메인 로터 시스템을 구동하는데 더 많은 엔진 출력을 사용할 수 있으며 방향 안정성을 증가시킨다.

(a) Lower vertical stabilizer

대칭형 에어포일 형태이며 착륙 시(Nose up landing) 동체를 보호하는 테일 스키드(Tail skid)가 있다.

(b) Upper vertical stabilizer

① 비대칭형 에어포일 형태이며 전진 비행 시 메인 로터 토큐(Main rotor torque)를 완화시켜 테일 로터 시스템을 구동하는데 필요한 동력을 줄이는 힘을 발생한다.

② 자동활강(Auto-rotation)시 전진속도로 인한(Running/Roll-on landing) 방향 안정성을 제공한다.

③ 싱글 로터 형식(Single-rotor type)에서 방향 안정성를 돕기 위해 사용되며 비행 중 방향 안정성을 위해 수직 안정판 면적이 너무 크면 테일 로터 추력이 차단 될 수 있고 속도가 저속일 때와 제자리 비행 시에 방향 조절이 더 어려워진다.

(2) Canted tail rotor type

Vertical fin과 테일 로터가 위로 20° 기울임으로써 테일 로터 어셈블리의 중량은 반대 방향으로 비틀림 하중을 가하고 테일 로터 추력의 수직 성분이 테일 로터의 중량을 전달하여 테일 붐 응력을 감소시키며 테일 로터 추력의 일부가 위쪽으로 향하여 추가 양력이 발생하여 Yaw 방향의 추력은 6[%]로 감소하고, Pitch 방향은 테일 로터 추력의 30[%] 이상이다.

(a) 장점

① 제자리 비행에서 기수 상승 현상을 감소시켜 세로방향 균형 유지가 쉽다.

② CG 범위가 넓어져 Main rotor mast(Shaft) 뒤에 더 많은 부하(병력, 연료 등)를 적재할 수 있다.

(b) 단점

기울어진 테일 로터는 요와 피치 사이에 교차 결합이 발생한다.

(3) Horizontal stabilizer

헬리콥터 동체는 메인 로터 헤드 아래에 매달려 진자운동을 하므로 로터 회전면(Rotor disk) 기울기에 따라 전체 공기 역학적 힘과 비행 방향에 따라 회전면 축(Axis of rotor disk)과 메인 로터 회전축(Shafrt axis/기계적 축)과의 불일치가 발생하는데 이 때 회전축과 무게 중심이 회전면 축과 일치시키려고 하는데 회전축은 동체와 고정되어 있으므로 고속 전진 비행 시에는 로터 회전면의 기울기와 피칭 모멘트로 인해 기수가 낮아져서 불안정하므로 Tail boom쪽 날개꼴(Airfoil)의 수평 안정판을 캠버가 아래로 향하게 장착하여 양력이 아래로 작용하는 하향력으로 기수 내림 현상(Nose down)을 상쇄시켜 세로 안정성(Longitudinal stability)을 증가시키는 역할을 한다.

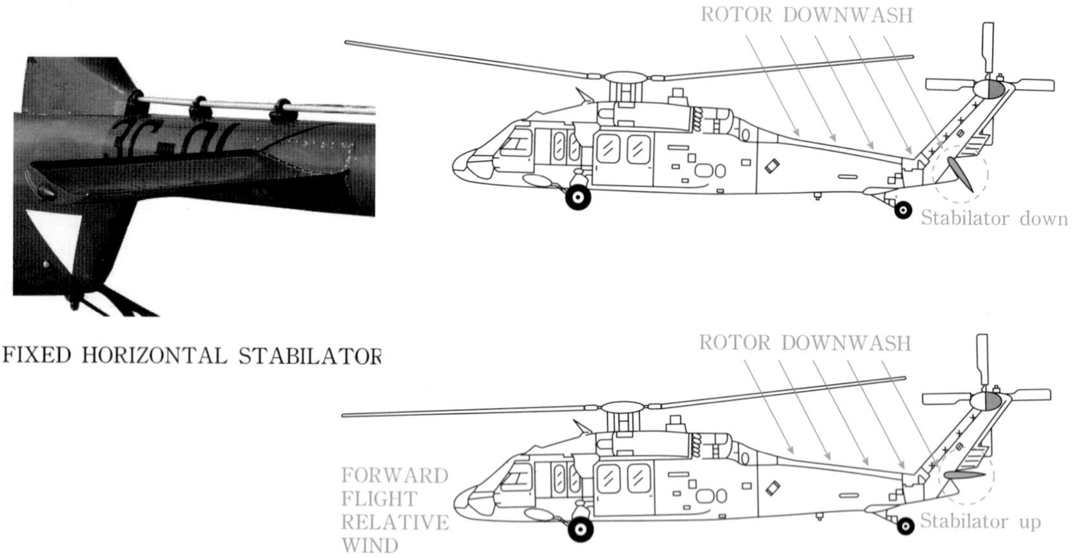


[그림 4-10]

참고

- **회전축(Main rotor shaft axis)**

  Main rotor head(Hub)를 통과하는 중심선으로서 로터 블레이드가 회전할 때 중심이 되는 축선이다.

- **회전면 축(Axis of rotor disk)**

  회전면 축은 로터 블레이드가 회전하면서 회전면이 기울어졌을 때의 중심선을 말하며, 제자리 비행 시에는 로터 디스크가 기울어지지 않아 회전축과 회전면 축이 일치하지만, 다른 비행자세에서는 로터 디스크가 기울어져서 회전축과 회전면 축이 더 이상 일치되지 않고 경사지게 된다.

(a) Fixed horizontal stabilizer

비대칭형 Airfoil이 Tail boom에 장착되어 전진비행 시 기수 하향(Nose down) 현상을 억제하며 헬리콥터의 비행자세를 유지해준다.

(b) Variable horizontal stabilizer(Synchronized elevator)

전진비행 시에 속도를 증가 시킬수록 Cyclic stick을 앞으로 더 이동해야 하므로 이를 연동시켜서 헬리콥터 속도변화에 따라 자동으로 순항비행 시 비행자세(Pitch up/down)를 유지해준다.

## 4. Tail Rotor

Main rotor blade 회전으로 인한 반작용으로 동체가 반대방향으로 돌아가려는 힘, 즉 Torque를 상쇄시켜 주며, 테일 로터의 장착 위치는 전체 모멘트의 균형을 맞추는데 필요한 가로방향 기울기 크기에 영향을 미친다. 테일 로터가 메인 로터 허브와 일직선으로 장착되면 롤링 모멘트가 거의 발생하지 않는다.

## 5. Tail Rotor Skid

Hard landing 시 또는 Nose up landing 시에 지면과의 접촉으로 인한 Tail rotor blade 손상을 방지한다.

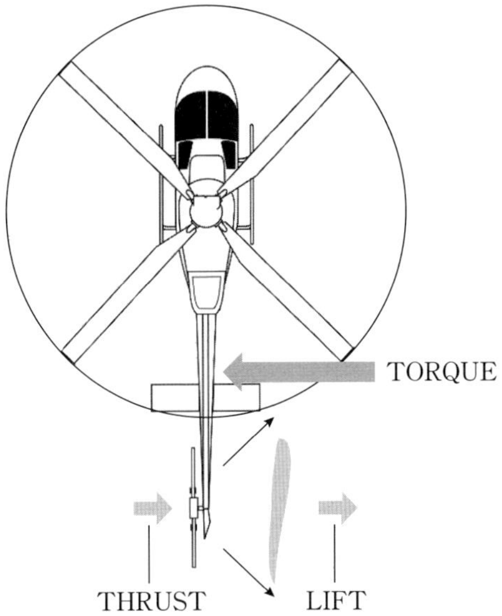

[그림 4-11]

## 07 Helicopter Configuration(형상)

### 1. Anti-Torque 작용에 따른 분류

(1) 오토 자이로(Auto gyro)

De la cierva가 개발한 것으로 고정익처럼 전진비행은 가능하나 메인 로터 블레이드는 전진비행 시에는 무동력으로 회전하므로 제자리 비행이 불가능하다.

(2) Tip jet rotor

메인 로터 블레이드 끝에 Ram jet engine을 장착하여 반작용으로 메인 로터 블레이드를 구동하여 비행을 한다.

(a) 장점

① Ram jet 엔진에서 분출되는 연소가스 반동력을 이용하므로 Anti-torque 장치가 불필요 하다.

② Ram jet 엔진이므로 별도의 동력전달 장치 불필요 하다.

③ 조종계통이 간단하며 동체 크기를 작게 할 수 있어 저항이 적다.

(b) 단점

① Ram jet 엔진의 회전속도 제한으로 효율이 감소한다.

② 연료소모율이 커서 항속거리 제한된다.

③ 소음문제가 있다.

(3) Single rotor

메인 로터 블레이드가 양력을 발생하는 것과 같은 방식으로 Tail rotor pedal를 작동하여 회전력을 상쇄시키기 위해 테일 로터 추력을 반대방향으로 발생시키며 테일 로터 블레이드 받음각을 증감하여 테일 로터 블레이드 추력의 크기를 증감시켜서 방향유지 및 방향 조절(Yaw control)를 한다.

테일 로터는 메인 로터에 비해 보통 6:1 정도의 회전비를 가지고 있어 메인 로터보다 6배 빠른 속도로 회전하므로 테일 로터 블레이드를 크게 할 필요 없이 메인 로터 회전력을 보상 할 수 있으며 엔진 동력의 약 10[%]가 테일 로터 블레이드 구동에 소모된다.

(a) 장점

① 메인 로터 블레이드 회전력을 상쇄시키기 위해 메인 로터 중심축과 테일 로터 중심축과의 거리가 길어서 테일 로터의 동력이 적어도 된다.

② 조종계통이 단순하여 고장율이 적다.

③ 조종성이 양호하다.

(b) 단점

① 동력의 손실(양력 발생이 없으면서 최대 30[%] 소모)

② 지상안전에 위험요소 증가

③ 동체 크기와 무게 제약

④ 난기류와 측풍(Cross-winds)에는 테일 로터가 일정 방향을 유지하는 것이 어렵다.

## 2. Fenestron(Fan-in-tail) 방식

(1) 테일 로터 블레이드가 슈라우드(Shroud) 안에 있기 때문에 지상안전이 좋고 비행 시 테일 로터 블레이드 팁 와류(Tip vortex)가 감소하여 항력이 적어서 최대 출력을 낼 수 있다.

(2) 덕트 팬(Duct fan)에는 8~18개의 블레이드가 불규칙한 간격으로 배열되어 있어 서로 다른 주파수로 소음이 분산되며 반대편의 블레이드와는 대칭적으로 배열된다.

(3) 기존의 테일 로터 블레이드보다 작은 크기를 가질 수 있어 높은 회전 속도를 허용한다.

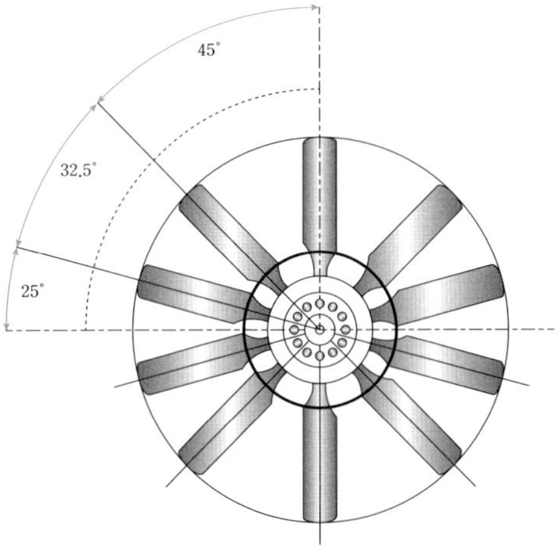


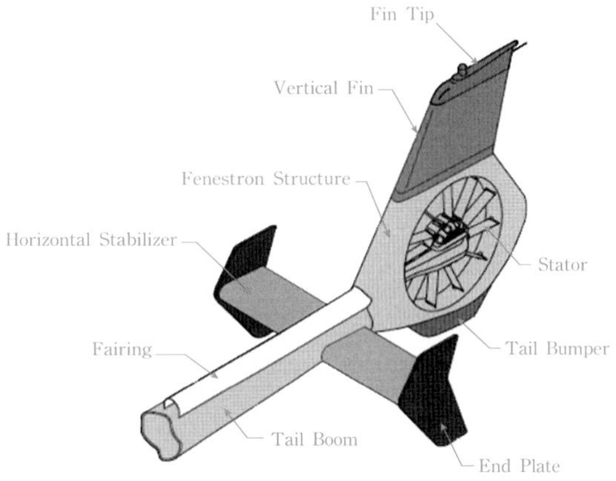


[그림 4-12]

## 3. NOTAR(No Tail Rotor) 방식

(1) 엔진에 의해 구동되는 Fan으로부터 나오는 저압의 대량의 공기를 Tail boom으로 공기를 밀어 넣고, 일부는 오른쪽 Tail boom slot에서 방출하여 Coanda effect를 발생시켜 Main rotor down-wash와 함께 Tail boom 우측면에서는 더 높은 속도와 낮은 압력이, 좌측면에서는 더 낮은 속도와 더 높은 압력이 발생되어 메인 로터 회전력 상쇄 및 방향 제어를 한다.

(2) 나머지 공기는 Tail boom에 있는 제어 가능한 회전 Nozzle에서 고속으로 분출되어 메인 로터 회전력을 상쇄시키는 추가적인 추력을 발생한다.

> 참고 **Coanda effect**
>
> Nozzle로부터 나오는 유체가 인접하여 평평한 표면 또는 곡면을 따라 흐르면서 주변의 유체를 끌어 들여 압력이 낮아지는 현상을 말한다.

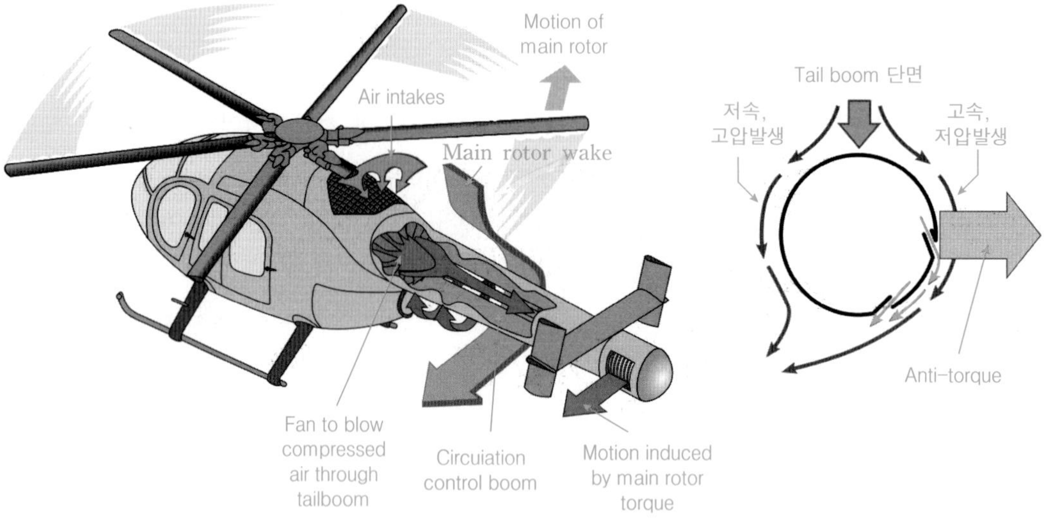


[그림 4-13]

(4) Dual rotor(그림 4-14)

두 개의 메인 로터 블레이드가 서로 반대방향으로 회전하여 회전력이 상쇄되므로 테일 로터(Tail rotor)가 필요하지 않고 두 개의 메인 로터 블레이드 배열 방법에 따라 분류 된다.

(a) 동축 반전익(Coaxial rotor)

메인 로터 블레이드를 서로 반대방향으로 회전시켜 각각의 블레이드에서 발생되는 회전력를 상쇄시키는 방식이다.

① 장점

ⓐ 모든 메인 로터 블레이드가 많은 양력을 얻을 수 있어 동력 효율이 높다.

ⓑ 조종성이 우수하다.

ⓒ 동체의 크기가 메인 로터 블레이드의 크기에 따라 결정되므로 출력에 비해 크기를 줄일 수 있다.

ⓓ 지상안전에 위험요소를 감소한다.

② 단점

ⓐ 동일 축에 연결되어 조종계통이 복잡하다.

ⓑ 메인 로터 블레이드 회전에 의해 와류 발생으로 성능이 저하된다.

ⓒ 메인 로터 블레이드 회전에 의한 충돌을 방지하기 위해 기체 높이가 증가한다.

(b) 직렬식(Tandem rotor/앞,뒤 회전)-CH 47 기종

메인 로터 블레이드를 동체 앞과 뒤에 두고 각각의 회전방향을 반대로 하여 회전력을 상쇄하는 방식이다.

① 장점

ⓐ 동력효율이 높다.

ⓑ 무게중심의 이동범위가 커서 하중의 배치가 용이하다.

ⓒ 앞, 뒤 배열로 인해 세로 안정성이 좋다.

ⓓ 대형의 수송헬기에 주로 사용된다.

② 단점

ⓐ 앞, 뒤 배열로 인해 동력전달기구가 복잡하다.

ⓑ 가로 안정성이 나빠 수직안정판이 필요하다.

ⓒ 전방 메인 로터 블레이드 회전에 의한 와류현상으로 유도손실이 증가한다.

(c) 병렬식(Side by side rotor/좌, 우 회전)

메인 로터 블레이드를 동체 좌, 우에 두고 각각의 회전방향을 반대로 하여 회전력을 상쇄하는 방식이다.

① 장점

ⓐ 가로 안정성이 좋고 동력을 모두 양력 발생에 사용한다.

ⓑ 기체 길이를 짧게 할 수 있다.

ⓒ 좌, 우 메인 로터 블레이드에 의한 와류현상이 적다(수평비행 시 유도손실 감소).

ⓑ 단점

ⓐ 전면 면적이 커서 유해항력이 크다.

ⓑ 세로안정성이 좋지 않아 테일 로터가 필요하므로 무게 중심(C.G)의 세로방향 이동범위가 좁아 대형기에 부적합하다.

(d) 교차식(Intermeshing rotor)

메인 로터 블레이드가 서로 충돌하지 않도록 서로 다른 각도로 회전하도록하고, 각각의 메인 로터 회전축에 장착되어 서로 반대 방향으로 회전하는 방식이다.

① 장점

메인 로터 블레이드가 경사져서 회전하므로 좁은 공간에서 운용하기에 적합하다.

(5) Tilt rotor(경사회전익)

고정익의 날개 끝 쪽에 엔진을 장착하여 이·착륙 시에는 엔진을 위로 향하게 하고, 회전익 형식을 순항 비행 시 엔진을 진행방향으로 향하게 하여 추력을 발생하는 프로펠러 역할을 하여 고정익과 회전익의 혼합형이다.

Coaxial rotor

Side by side rotor

Intermeshing rotor

Tandem rotor

Single rotor

AUTO GYRO

TIP JET ROTOR

TILT ROTOR

[그림 4-14]

## 08 헬리콥터 형상에 따른 방향 제어(Yaw Control)

### 1. Tandem Rotor Flight Control

전방 Transmission은 9° 전방으로, 후방 Transmission은 4° 전방으로 기울어져 있어서 추진력은 전방으로 작용하며, Single rotor와 달리 Tail rotor가 없으므로 방향 제어를 위해 페달 입력은 입력 방향으로 기수를 움직이고, Cyclic control 계통은 Single rotor와 같지만 Collective control 계통에는 DCP(Differential Collective Pitch) 장치가 있어서 전, 후방 Rotor pitch를 서로 다르게 증가, 감소시켜서 기수 상승, 하강 시킬 수 있고 후미도 같은 방법으로 상승, 하강 시킬 수 있으며 속도를 변경하지 않고 상승하려면 두 시스템에 동시에 더 많은 피치를 제공해야 하며 각 로터 계통에서 피치의 양은 속도와 고도를 결정한다.

(1) 비행 자세 제어

(a) 수직 상승 및 하강

전, 후방 로터 시스템이 모두 수평으로 회전하는 제자리 비행 자세에서 양력과 추력을 제어하는 Collective stick을 위로 움직이면 전, 후방 블레이드의 Collective pitch가 증가하여 상승하고 아래로 움직이면 전, 후방 블레이드의 Collective pitch를 감소시켜 하강하며 전, 후방 블레이드가 반대 방향으로 회전하기 때문에 토크 효과가 없으며 모든 블레이드의 Pitch가 동시에 증가, 감소한다.

(b) Pitch axis(Forward and aft cyclic)

전방 및 후방 로터의 차동 추력(집단 피치)으로 가로방향 축에 대한 동체의 피치 자세 변화가 발생하는데 전방 Cyclic 입력은 전방 로터 시스템의 추력(Collective pitch)을 감소시키고 후방 로터 시스템의 추력을 증가시켜 기수를 아래로 향하게 하고 비행 속도를 증가시키며, 후방 Cyclic 입력은 전방 로터의 스러스트가 증가하고 후방 로터 시스템의 추력을 감소시켜 기수를 위로 향하게 하고 비행속도가 감소하는데 이것을 DCP(Differential Collective Pitch)라고 한다.

(c) Lateral 제어(Roll 운동/left, right cyclic)

가로 방향 제어는 전, 후방 로터 디스크의 좌, 우측 기울기에 의해 동체가 세로축을 중심으로 롤 운동을 하게 되는 데 좌측 Cyclic 입력은 전, 후방 로터 디스크를 동일하게 왼쪽으로 기울여서 좌측 수평이동을 하고, 우측 Cyclic 입력은 전, 후방 로터 디스크를 동일하게 우측으로 기울여서 우측 수평이동을 하는데 방향 제어를 유지하기 위해 Cyclic stick과 함께 해당 페달 입력을 동시에 사용하며 Cyclic stick과 Pedal의 역할은 로터 시스템에 입력을 넣어 둘 다 같은 방향으로 기울이도록 하는 것이다.

(d) 회전

기수부분을 중심으로 좌회전 시키려면 좌측 페달과 우측으로 Cyclic을 조작하면 전방 로터 시스템이 수평이고 후방 로터 시스템이 기울어져 기수를 중심으로 좌회전하며 반대로 우회전 시키려면 우측 페달과 좌측으로 Cyclic을 조작하면 전방 로터 시스템이 기울어지고 후방 시스템이 수평이므로 후미부분을 중심으로 회전하며 무게중심(Center cargo hook 위치)을 중심으로 회전하려면 Pedal만을 사용하여 페달을 밟으면 Cyclic 입력이 전, 후방 로터 시스템에 반대 방향으로 배치되어 두 로터 시스템은 동일한 입력을 수신하므로 Cyclic stick를 사용하지 않고 좁은 공간에서 회전을 할 수 있으며 헬리콥터 기수는 페달 입력 방향으로 움직인다.

(e) Vertical 축 제어(Yaw 운동/Directional pedals)

Pedal 입력은 전, 후방 로터 디스크를 서로 다른 가로방향 기울(Differential lateral tilting)에 의해 헬리콥터가 수직축 중심으로 회전하게 되는데 좌측 페달 입력은 좌측이 전방 로터 디스크로, 우측이 후방 로터 디스크로 기울어지게 하여 좌 선회를, 우측 페달 입력은 전방 로터 디스크를 우측으로, 후방 로터 디스크를 좌측으로 기울게 하여 우선회할 수 있다.

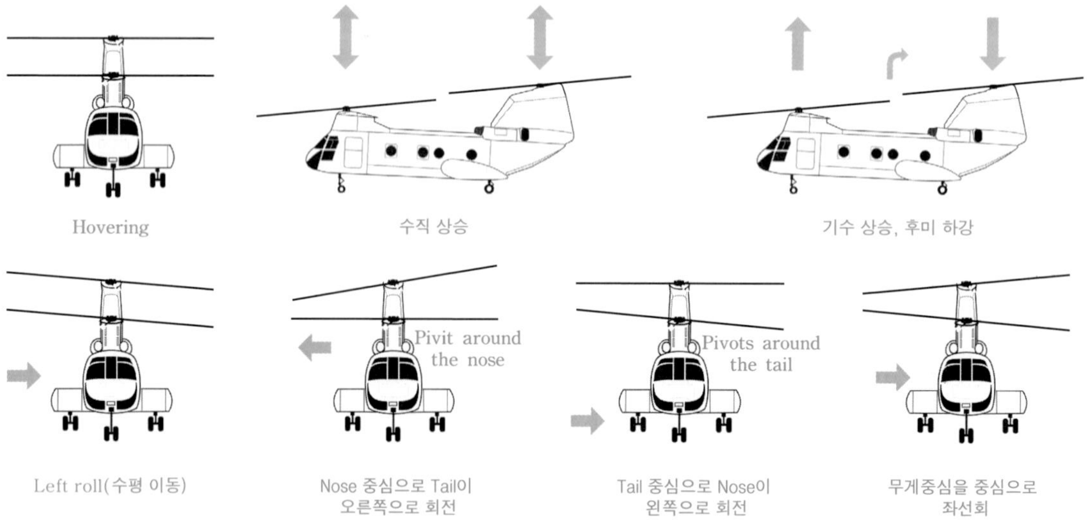


[그림 4-15]

## 2. 헬리콥터 형상에 따른 방향 제어(Yaw Control)

(1) 두 개의 회전날개에서 발생되는 토크는 서로 상쇄된다.

(2) 동일한 축에 두 개의 주회전 날개를 부착시키므로 조종기구가 간단해 진다.

(3) 기체의 높이를 매우 낮게 할 수 있다는 점이 장점이다.

(4) 조종성이 나쁘고 주회전 날개에 의해 발생되는 양력도 작은 것이 특징이다.

## 01 헬리콥터 무게와 평형

비행 성능은 총 중량 및 무게중심의 위치에 따라 영향을 받으므로 성능에 따라 무게 운용 범위가 정해져 있으며 헬리콥터는 비행기보다 C.G 범위가 훨씬 더 제한적이므로 무게중심과 평형이 허용범위 안에서 비행하여야 하며 벗어나서 비행하면(3[inch]) Helicopter의 Structural integrity이 손상되고 비행성능에 악영향을 끼치고 운용범위를 초과하여 운용 시에는 이·착륙속도 및 거리 증가, 상승률 및 상승각 감소, 항속 거리 감소, 순항 속도 감소, 실속 속도 증가와 같은 취급 특성(Helicopter's handling characteristics)이 변하기 때문에 중요하므로 벗어나서 비행해서는 안된다.

### 1. 항공기 중량 용어 정의

(1) 최대허용총중량(Maximum Gross Weight)

항공기 자체의 중량과 가용하중을 합한 중량으로 항공기가 실제로 비행하는데 매우 중요한 중량으로 항공기 기체의 무게뿐만 아니라 연료, 윤활유, 승객, 화물 등 모든 탑재물 무게로써 허용되는 최대 하중이며 실제 비행 시에는 이보다 줄여서 안전하게 비행한다.

(a) Internal maximum gross weight

Helicopter structure에 적재할 수 있는 Weight

(b) External maximum gross weight

Helicopter external에 적재할 수 있는 Weight로써 외부 최대 무게는 장착된 위치에 따라 다를 수 있으며 대형 화물 Helicopter에는 Sling Load이나 Winch operations에 대한 장착점이 여러 곳이 있으므로 장착점이 C.G 바로 아래에 있을 때 많은 양의 무게를 들어 올릴 수 있다.

(2) Maximum Empty Weight(MEW)/Manufacturer's Empty Weight(MEW)

제작사에 의해 설정된 항공기의 기본 구조인 엔진 및 동체 등의 중량을 나타낸다.

(3) Basic Empty Weight(BEW) (MEW＋STD ITEMS)

MEW에 항공사 정책에 따른 기본적인 장착/장탈 품목인 Standard Items(Fixed equipment, Fuel, Operating fluids)을 추가한 것이며 무게와 평형 측정 시 기본이 되는 중량이므로 주기적인 정기계측을 통해 관리한다.

참고 **STD ITEMS(Standard items/표준 물품들)**

항공기의 구성 요소로서의 부품으로 간주되지 않는 장비품 및 유체 등을 말하며 다음과 같은 물품들이 포함될 수 있다.

① 사용 불가능한 연료 및 기타 사용 불가능한 액체들
② 엔진 오일
③ 화장실 액체 및 화학물질
④ 소화기, 조명탄, 및 비상용 산소 장비품
⑤ 주방(Galley), 찬장(Buffet) 및 바(Bar)의 구조물
⑥ 보조용 전자 장비품

(4) Operating Empty Weight(OEW)/SOW(Standard Operating Weight)
BEW에 승무원이나 Cabin service item(Potable water, Lavatory fluids) 등의 Operating Items(Emergency equipment, Spare parts, Passenger service equipment, Normal oil & Drainable fuel)을 추가한 것이며 운영구간 및 노선 성격에 따라 변동이 될 수 있다.

(5) Zero Fuel Weight(ZFW/무연료중량)(OEW/SOW＋PAYLOAD)
OEW에 Payload(항공사 수입의 근원으로 승객, 화물의 양/연료무게만 뺀 무게)를 추가한 것이며 항공기의 구조적인 제한 중량인 최대무연료중량(MZFW) 를 초과해서는 안 된다.(최대유상탑재량＝MZFW－OEW이다)

참고 **Maximum Zero-Fuel Weight (MZFW)**

MZFW(Maximum Zero Fuel Weight)는 항공기의 사용 가능한 연료를 제외한 최대 허용 중량으로 항공기의 총 중량과 모든 내용물을 뺀 총 연료 중량을 말하며 승무원, 승객, 화물이 적재되는 경우 Zero fuel weight가 Max zero fuel weight를 초과하지 않는 것이 중요하며 제작 시 MTOW를 최적화하고 MZFW를 지정하여 동체의 과부하를 방지하며 소형 항공기는 지정되지 않는다.

(6) Take off Weight(TOW)(ZFW＋TAKEOFF FUEL)
ZFW에 이륙 시 탑재되는 연료량 (Take off Fuel)을 추가한 것으로 이륙할 수 있는 최대 중량으로 항공기의 구조적인 중량 Maximum Take off Weight(MTOW/최대이륙중량)를 초과해서는 안 되며 총중량에서 비행준비 및 지상 활주에 사용되는 연료와 윤활유의 무게를 뺀 무게 또는 항공기 자체 중량(Empty weight)에 가용 하중(Useful load)을 더한 무게로써 이륙 시의 항공기는 이륙중량을 초과할 수 없으며 활주로의 해면고도, 기압, 기온, 습도, 풍향, 엔진출력 및 양력에 영향을 미친다.

(7) LW(Landing Weight)(TOW－BURN OFF FUEL)

TOW에 예비 소모연료(Trip Fuel)를 감한 것으로 안전한 착륙을 보장할 수있는 항공기의 구조적인 최대 착륙 중량으로 착륙 순간의 무게가 아니라 착륙 시에 가질 수 있는 무게의 상한치를 의미하며 Maximum Landing Weight(MLW/최대착륙중량)를 초과해서는 안 되며 총중량에서 이륙 및 비행에 쓰인 연료와 윤활유의 무게를 제한 무게이며 착륙 중에 항공기의 무게가 초과하면 구조적 손상을 주므로 만일 이 무게를 초과할 때는 연료를 배출하든지 더 소모하여 착륙중량 이하가 되어야 착륙을 할 수 있다.

(8) 가용하중(Useful load)/유효하중(Pay Load)

항공기 이륙 중량과 표준 운항중량(OEW) 간의 차이로써 항공기 자체 무게를 제외하고 Maximum gross weight 범위 내에서 적제 가능한 무게로서 조종사, 승무원, 승객, 화물, 가용 연료 및 오일 등이 포함 된다.

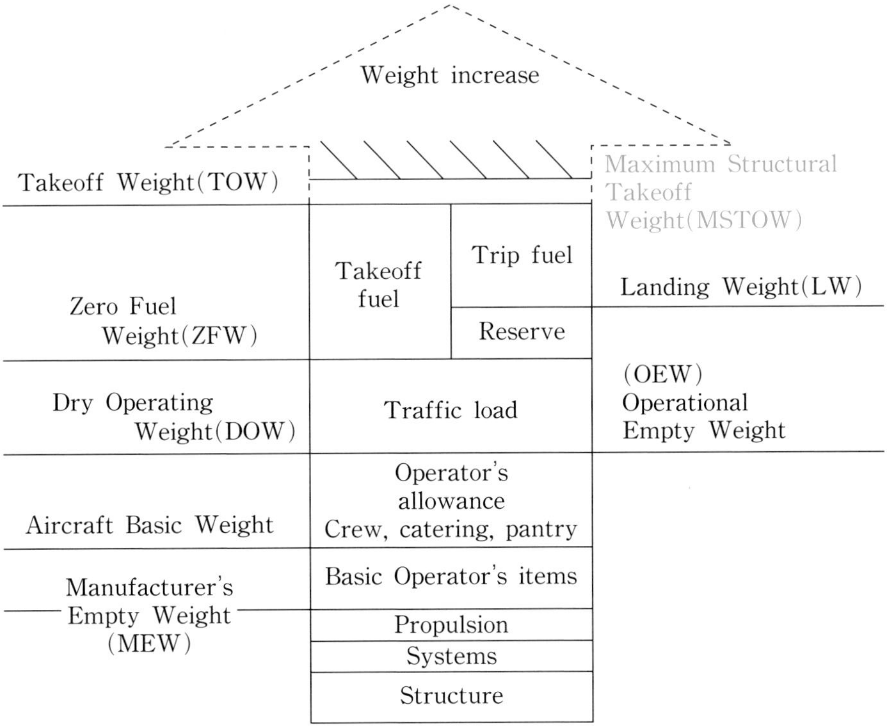


[그림 5-1]

## 02 무게와 평형 계산

### 1. 용어 정의

(1) Center of gravity(C.G/무게중심)

무게중심을 기준선으로 잡으면 앞쪽과 뒤쪽의 무게가 같아서 모든 모멘트의 합의 "0"이 되는 위치로 헬리콥터에 작용하는 3개의 축이 만나는 점이 되며 이 점에서 균형이 이루어지는 평형점을 말하고, 무게중심점은 기준점으로부터 측정되고 인치로 표기하며 Single main rotor인 경우에는 Main rotor mast(Hub/Head 중심) 부근이 C.G 위치이며 한계치를 벗어나면비행 제어 계통 및 기동성에 문제가 발생하고 무게중심의 반대편으로는 Cyclic계통의 효과가 작아지고 무게균형을 잘 맞추면 제자리 비행 시에 무풍일 때도 수평유지가 수월하다.

(2) 평형(Balance)

(a) Longitudinal balance

① C.G가 허용범위 앞에 있는 경우

기수 하향 현상으로 수평 비행을 유지하려면 수평 안정판의 하향력을 크게(수평 안정판 받음각 증가) 하므로 항력이 증가하여 순항속도가 감소하며 Cyclic stick을 뒤로 작동해야 하므로 비상시 Cyclic stick 후방 쪽 이동거리가 작아지는 Cyclic longitudinal 효과가 감소하여(Cyclic stick aft margin이 작다) 뒤로 작동시킬 수 없으며 실속속도가 증가한다.

② C.G가 허용범위의 후방에 있는 경우

기수 상향 현상으로 수평 비행을 유지하려면 수평 안정판의 하향력을 작게(수평 안정판 받음각 감소) 하므로 항력이 감소하여 순항속도가 증가하며 Cyclic stick을 앞으로 작동해야 하므로 비상시 Cyclic stick 전방 쪽 이동거리가 작아지는 Cyclic longitudinal 효과가 감소하여(Cyclic stick fwd margin이 작다) 앞으로 작동시킬 수 없으며 세로방향의 정적 및 동적 안정성이 감소(무게중심이 뒤로 갈수록 안정성은 감소)하고 스핀 상태에서 회복력이 감소한다.

> **참고** UH-60 기종은 이러한 단점을 해소하기 위해 수평 안정판이 상하로 움직이는 가변형으로 속도에 따라 받음각은 속도증가 시 감소하고 속도감소 시에는 증가시킨다.

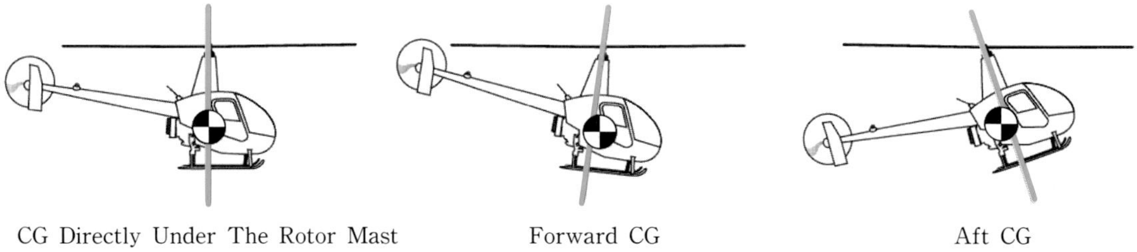


The location of the center of gravity influences how the helicopter handles

[그림 5-2]

(b) Lateral balance

동체가 좁고 대부분 부품들이 세로방향을 따라 장착되므로 큰 영향은 없으나 Hoist 작업 시 또는 중량운반 시 수평 비행할 때에는 Cyclic stick 좌, 우 방향 이동거리가 작아지는 Cyclic lateral 효과가 감소한다.

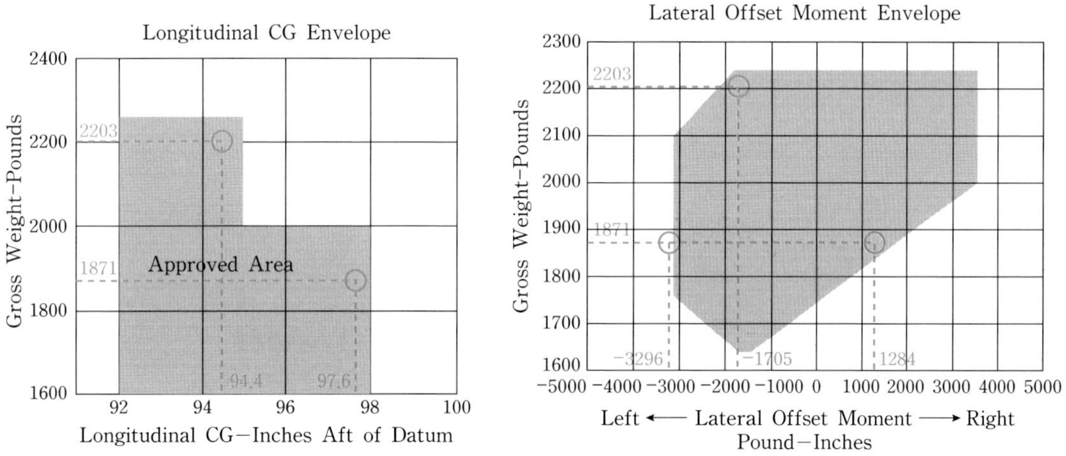


[그림 5-3]

(3) Reference datum(기준선)

제작 시 모든 제원의 기준점이 되는 가상의 수직선(Vertical line)으로 어떤 부품의 위치를 나타낼 때 사용하며 기수(Nose) 쪽을 기준으로 하며, 무게중심의 측정은 기준선으로 부터 시작되며 Balance는 C.G의 위치에 따라 결정되며 [inch] 단위로 표시한다.

(a) Horizontal reference datum

수평 기준 기준은 가상 수직 평면으로 무게와 균형 측정을 목적으로 모든 수평 거리를 측정하는 헬리콥터의 세로 축을 따라 임의로 고정된 지점이며 위치에 대한 고정 규칙은 없고, 헬리콥터의 기수와 로터 마스트에 위치할 수 있으며 헬리콥터 앞쪽 공간일 수도 있다.

(b) Lateral reference datum

Lateral reference datum은 일반적으로 헬리콥터 중심에 위치하고, 위치는 제조업체가 설정하며 Flight manual에 정의되어 있다.

(4) Arm

Reference Datum을 기점으로 구성품, 탑재품 까지의 수평거리를 말하며 구성품이 Reference Datum 뒤에 있으면 +로, Datum 앞에 있으면 −로, 좌측은 −로, 우측은 +로 표시한다.

(a) 위치(Station : STA)

항공기의 각 지점별 위치를 기준점으로부터 측정한 거리를 인치로 표시하며 기준선을 "0" 위치(Station 0)로 나타내며 Arm의 측정 거리와 같은 값이나 Arm과 달리 양성 및 음성 값으로 나누어 지지 않고 단지 거리만 표시된다.

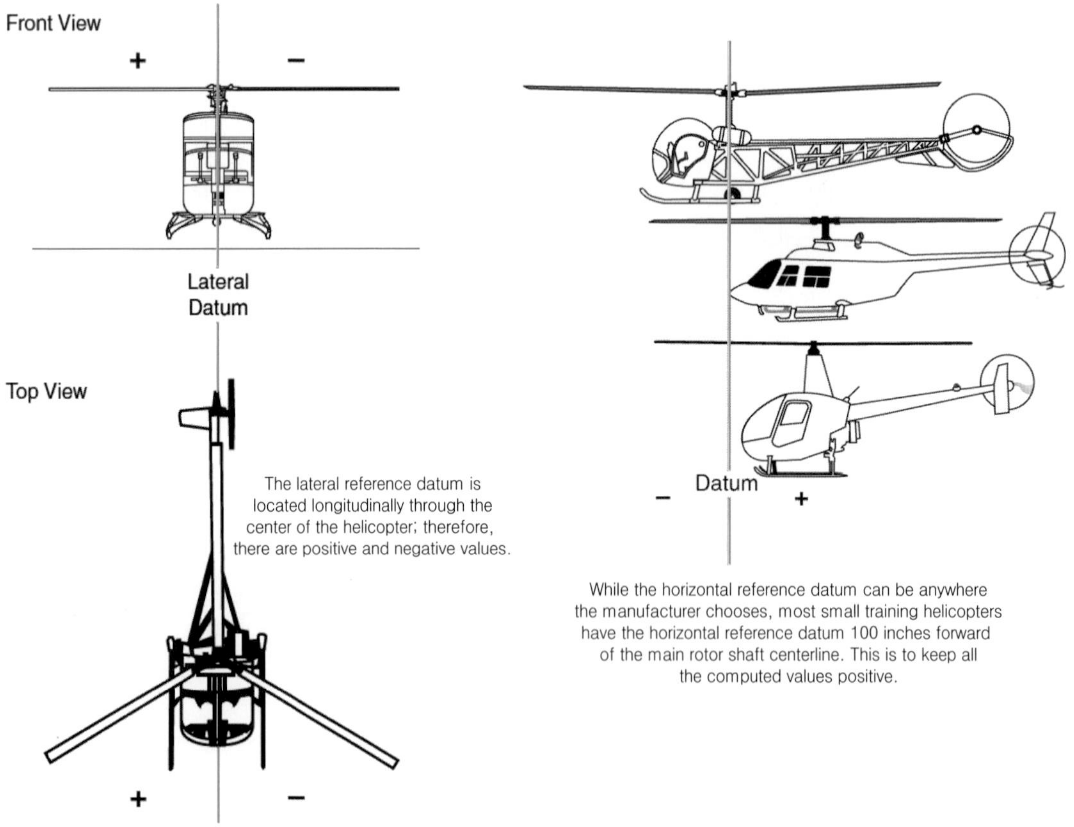


[그림 5-4]

(5) Moment(회전력)

물체를 회전시키려고 하는 힘을 말한다. 기준점에서 멀수록 크며 어떤 무게에 의한 회전력(토크 값)을 의미한다.

Moment＝Weight×Arm

(6) Center of gravity limit(무게중심 한계)

무게중심 값은 헬리콥터의 총 모멘트를 총 무게 값으로 나누어 얻은 값을 말하며 Center of gravity limit의 무게중심은 어느 한 점이지만, 전, 후, 좌, 우로 허용하는 한계치가 제작사에 의해 지정된다.

## 2. Center of Gravity Computation(무게중심계산)

모든 구성품과 적재물의 무게와 Moment를 합하면 어느 점에서 평형이 이루어지는지 알 수 있으며 총 Moment를 총 무게로 나누면 평형을 이루는 무게중심을 알 수 있다.

(1) 절차

(a) 작업 시 필요한 장비

- 저울, 호이스트, 잭
- 저울 위의 항공기를 고정하기 위한 블럭, 촉, 모래 주머니 등
- 곧은자, 수준기, 수직추, 분필, 테이프 등
- 항공기 규격, 무게와 평형 계산 시트

(b) 무게를 측정 시 헬리콥터 상태

- 사용 불가능한 연료를 제외한 모든 연료는 배출한다.
- 엔진 오일은 항공기 빈 무게에 포함하며 형식증명 자료에 잔류 오일만 빈 무게에 포함했다면 오일을 배출하거나 오일의 무게만큼 계산에서 제외한다.
- 기타 모든 것은 비행 상태의 위치

(c) 작업 순서

① 실 중량 측정방법은 먼저 항공기를 세 개의 지지대(Jack) 위에 들어 올려 평형추를 이용하여 평형추가 객실 바닥에 있는 ＋Plate에 일치시키면 Longitudinal 및 Lateral 축에 평형을 이룬 상태이므로 각각의 지지대에서의 무게를 측정하며, 지지대에서의 무게는 Load cell(특수한 저울)에 무게에 따른 전기적 신호를 컴퓨터에 보내어 무게 값을 측정한다.

ⓐ Jack type

항공기 아래의 3개의 점에 지지대를 이용하여 들어 올려 평형을 이룬 뒤 무게를 측정하는 방법으로 헬리콥터의 특성에 따라 3개 이상의 지점을 사용한다.

ⓑ Platform type

Landing gear tire 아래에 넓고 평평한 저울을 받쳐서 무게를 측정하는 방식이다.

② 무게와 평형측정

ⓐ 3회 측정, Load Cell시계방향 이동, 단위 : [lb], [mm]

ⓑ 1차 측정, 2차 측정, 3차 측정(평균 Jack Point)

참고

- FS[mm](Fuselage Station : 앞뒤방향 거리, 항공기의 가장 앞이 FS 0[mm])
- BL[mm](Buttock Line : 좌우방향 거리, 헬리콥터 중심을 기준으로 − 방향이 왼쪽, + 방향이 오른쪽을 표시)

| | 1차 측정 | 2차 측정 | 3차 측정 | 평균 | Jack Point |
|---|---|---|---|---|---|
| Nose | 5,531 | 5,531, | 5,536 | 5,532 | FS2919, BL 0.0 |
| Main(왼쪽) | 2,819 | 2,794 | 2,794 | 2,802 | FS6815, BL−670 |
| Main(오른쪽) | 2,736 | 2,759 | 2,759 | 2,748 | FS6815, BL+670 |
| Total | 11,086 | 11,084 | 11,074 | 11,082 | |

[수리온 시제 2호기 중량측정 값, 단위 : (lb)]

ⓐ Fuselage Station 무게중심(세로방향)

$(5,532 \times 2,919) + (2,802 \times 6,815) + (2,748 \times 6,815) = (11,082 \times arm)$

$arm = 4,870[mm]$

ⓑ Buttock Line 무게중심(가로방향)

$(5,532 \times 0) + (2,802 \times (-670)) + (2,748 \times 670) = (11,082 \times arm)$

$arm = -3.24[mm]$

ⓒ 무게중심 위치

항공기의 총 무게는 11,082[lb]이고, 무게중심은 FS : 4,870[mm], BL : −3.24[mm]에 위치하고 있다.

[3개의 지지대 위에 항공기를 들어 올려 평형을 이룬 상태]

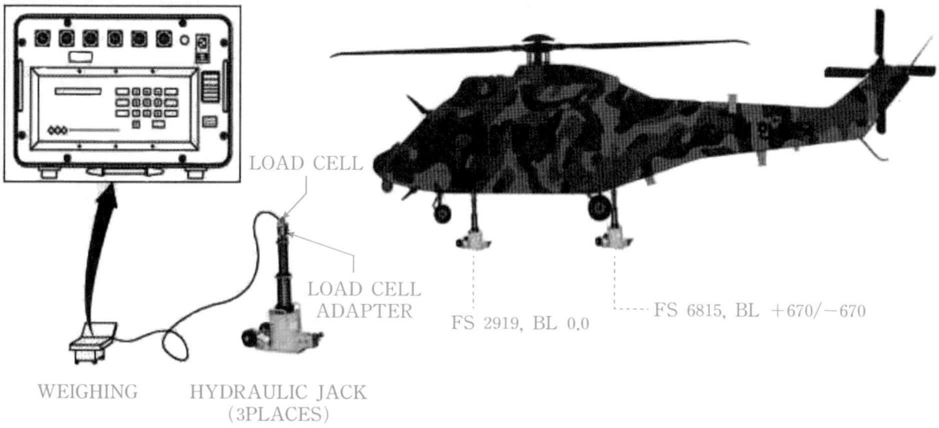


[그림 5-5 Load cell을 이용한 무게측정]

지상(수면) 위에서 정적 하중을 지지, Main rotor 회전 시에 발생되는 지상진동을 완화, 이·착륙 시 또는 지상 활주 시에 Rolling 발생을 억제하여 안정적인 자세를 제공, 착륙 시 수직 속도 성분인 운동에너지를 흡수하여 충격을 흡수하고, 제동 및 조향 기능을 제공하며 착륙 장치는 많은 응력을 받으므로 구조적 강도와 신뢰성을 필요로 한다.

## 01 랜딩 기어 형식(Landing gear Type/착륙장치)

### 1. 구조에 따른 종류

(1) 스키드 형식(Skid type)

(a) 기능 및 형식

지면에 정지 시에 항공기 무게를 스키드 전체에 분산할 수 있고 무게가 가볍고 단순하여 유지보수 비용이 적고 비행임무 시에 플랫홈(Platform)을 제공하는 장점이 있으나, 높은 충격 강도를 만족시킬 수 없고 지상 이동시에는 그라운드 휠(Ground wheel)을 사용해야 하는 단점이 있다.

형식에는 전, 후방에 크로스 튜브 형식(Cross tube type)과 하이드로릭 랜딩 기어 댐퍼 형식(Hydraulic landing gear damper type)이 있다.

(b) 구성

포워드 크로스 튜브(Forward cross tube), 리어 크로스 튜브(Rear cross tube) 및 스키드 튜브(Skid tubes)로 구성되며 크로스 튜브 및 스키드 듀브의 크기는 착륙 속도를 기준으로 결정되며, 착륙 시 발생되는 에너지는 동체 브라켓(Structural brackets)에 연결된 2개의 크로스 튜브의 휨(Deflection)에 의해 흡수되며 스키드 튜브의 바닥에 장착된 스키드 슈(Skid shoes) 및 스키드 프레이트(Skid plate) 또는 어브레션 스트립(Abrasion strip)은 동체와 지면과의 마찰에 의한 스키드 손상을 방지한다.

(2) 휠 형식(Wheel type)

공기 저항을 줄이고 순항 속도를 높일 수 있으며, 늪지 같이 단단하지 못한 지역에서 착륙 시에는 항공기 무게가 Wheel 쪽으로 집중되어 항공기 불균형을 초래하지만 높은 충격 강도를 견딜 수 있고, 지상 이동 시에는 자체 바퀴로 이동할 수 있는 장점이 있고, 단점은 복잡하고 무거워서 많은 유지보수 비용이 필요하다.

(a) 고정식 착륙장치(Fixed landing gear/Non-retractable landing gear)

착륙장치가 기체의 외부에 부착되어 비행 할 때 항공기의 속도가 증가함에 따라 항력이 증가하는 단점이 있으며, 항력을 줄이기 위해 유선형 덮게로 장착되어 있고 저속 항공기에 적합하다.

(b) 접이식 착륙장치(Retractable landing gear)

유압 작동식(Hydraulically operated)은 위, 아래로 접고 펼칠 수 있도록 Actuator, 랜딩 기어를 고정시키는 잠금장치(Up lock)/Down lock), 하이드로릭 셀렉터 밸브(Hydraulic selector valve), 업·다운 마이크로 스위치(Up/Down micro switch), 조종실에 있는 업 다운 스위치(Up/Down switch), 지시계기(Indicator) 및 비상 시 랜딩 기어를 작동시킬 수 있는 이머전시 익스텐션(Emergency extension) 장치가 있으며, 항력의 감소로 인한 상승 속도 증가와 높은 순항 속도를 낼 수 있는 장점이 있다.

(c) Aircraft landing gear wheel type

① Single type landing gear

② Double type landing gear

③ Tandem type landing gear

④ Bogie type landing gear

ⓐ 장점

- 하중 분산의 넓은 영역에 항공기 중량을 분산시킨다.
- 이·착륙 시 타이어 중 하나가 터졌을 경우 안전성을 제공한다.
- 브레이크의 추가 제동력을 증가시킨다.

ⓑ 단점

- 움직이는 부품이 많아서 유지보수 비용이 증가한다.
- 회전 중에 타이어가 마모 경향이 있다.
- 타이어 마모를 방지하거나 줄이려면 회전 반경이 더 커야 하므로 이동 공간이 더 많이 필요하다.

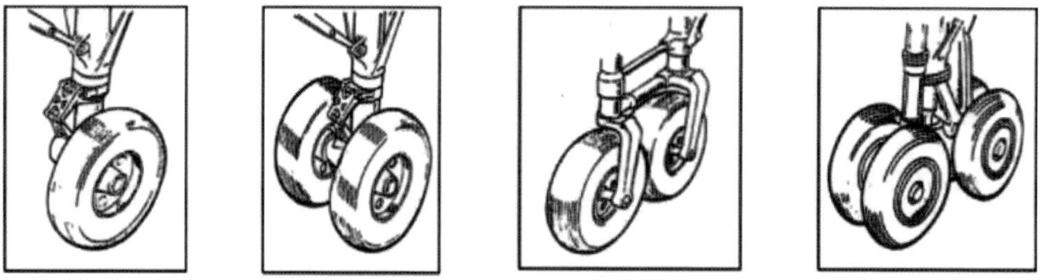

Single Type Landing Gear | Double Type Landing Gear | Tandem Type Landing Gear | Bogie Type Landing Gear

[그림 6-1]

(3) 플로우트 형식(Float type)

수면에서 이·착륙을 할 수 있도록 스키드에 질소 가스로 충전된 고무 튜브(Rubber tube)를 사용되며 Fixed type과 Inflated type이 있다.

(4) 스키 형식(Ski type)

눈 위에서 이·착륙 할 수 있도록 한 장치를 말한다.

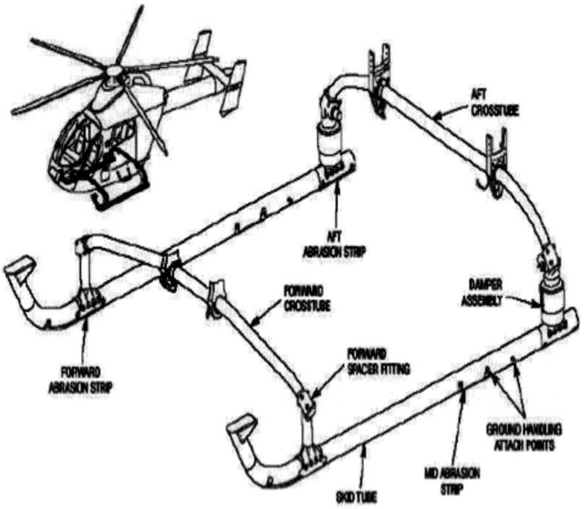


[Cross tube type]

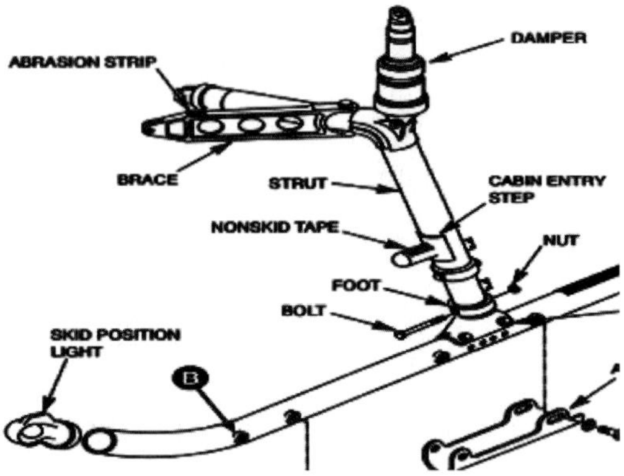


[Damper type]

[Wheel type]

[Float type]

[Ski type]

[그림 6-2]

## 2. 랜딩 기어 배치에 따른 분류

(1) Tricycle type system

(a) 대형기의 삼각형 모양으로써 조종이 가능한 1개의 Nose gear와 무게중심 후방에 위치하는 2개의 Main gear로 구성되며 장점은 착륙 시에 안정적이어서 제동을 빨리할 수 있으며 착륙 및 이륙 시 조종사 시야가 좋고 무게중심이 Main gear 앞에 있으므로 Ground loop 현상을 방지하여 일직선 주행을 가능하게 한다.

> **참고** Ground loop
>
> 착륙 시에 지상에서 항공기의 방향이 통제되지 않는 현상을 말한다.

(2) Conventional type(Tail wheel airplane)

역 삼각형 모양으로 2개 Main(Nose) gear와 무게중심 후방에 위치하는 1개 Tail gear로 구성되며 장점은 착륙 시에 후미부터 착지되므로 항력이 증가하여 착륙거리가 짧아지고, 단점으로는 브레이크 작동이 늦게 이루어지므로 기수 상향 현상을 방지해야 하며 활주 시 조종사 시야가 제한되고 무게중심이 Main gear 뒤에 있으므로 Ground loop 현상이 나타난다.

(a) Tail landing gear 구성품

① Dual wheel

② 360-degree swiveling type

③ Tubeless tires

④ Tie-down ring

⑤ Shimmy damper

⑥ Tail-wheel lock

⑦ Air/Oil shock-strut(Aft touchdown 시 착륙 충격을 완충)

(3) Quadri-cycle type

전면에 2개의 Landing gear가 설치되고 항공기의 후면에 2개의 Landing gear로 구성되며 이·착륙 시에 수평자세가 필요하고 또한 Roll, 측풍에 매우 민감하며 장점은 바닥이 지면과 매우 가까워 화물을 쉽게 싣고 내릴 수 있으나 무게와 항력의 증가가 발생한다.

(4) Multi-bogey type

Landing gear strut에 여러 바퀴를 사용하는 것으로 타이어 파열 시 안전과 조향 제어를 제공하며 대형 수송기에 적합하다.

Conventional type(Tail wheel)

Tricycle type

Quadri-cycle type

Multi-bogey type

[그림 6-3 랜딩기어의 분류]

## 02 Shock Absorber(충격흡수장치)

Shock absorber의 기능은 기체에 부과된 가속도가 허용 수준으로 감소되는 정도까지 충격 운동 에너지를 흡수하고 방출하며 충격흡수를 위해서 Main gear는 Tubular spring steel strut를 사용하며 Nose gear는 Air/Oil shock strut를 사용한다.

### 1. Shock Strut Absorber 종류

(1) Rigid Struts

바퀴를 동체에 용접하는 것으로 강한 충격 하중 전달이 동체로 직접 전달되는(Hard touch down) 단점이 있으며, 공기 주입식 타이어를 장착하기 시작하여 충격 하중을 완화한다.

(2) Spring Steel Struts(Plate spring) type

강철, 알루미늄 또는 복합 재료와 같은 강하고 유연한 재료를 사용하여 착륙할 때 동체에 전달하기 전에 스프링이 위쪽으로 구부러져 착륙 시에 충격 하중을 분산시키고 흡수하여 기체에 전달하므로 간단하고 가벼우며 유지 관리가 거의 필요하지 않다.

(3) Bungee cords(Rubber) type

기체 프레임과 기어 시스템 사이를 고무 또는 탄성 코드로, 항공기에 손상을 주지 않는 속도로 기어가 항공기에 충격 하중을 전달할 수 있도록 하며, 일부 항공기는 도넛형 고무 쿠션을 사용하지만 대부분은 충격을 분산시키기 위해 탄성 소재를 많이 사용한다.

(4) Fluid spring type

Gas 또는 Oil이 채워져 있는 유체와 Spring을 사용하여 착륙 시 충격을 완화시킨다.

(5) Oleo-pneumatic shock absorber type

가장 널리 쓰는 방식으로 Cylinder에 질소(공기)와 작동유를 채워서 가스의 운동에너지와 공기의 압축성을 이용하여 충격을 흡수한다.

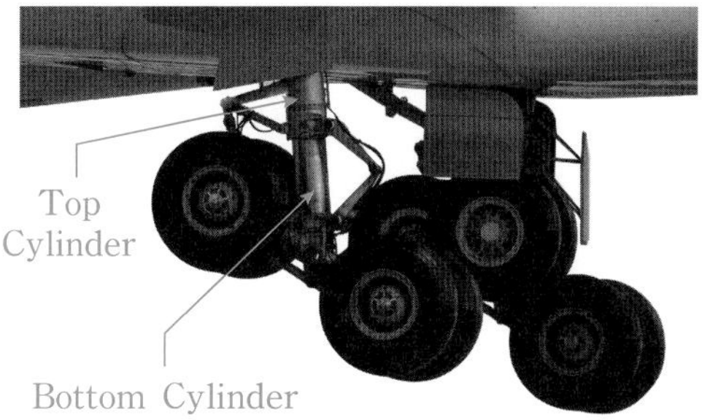


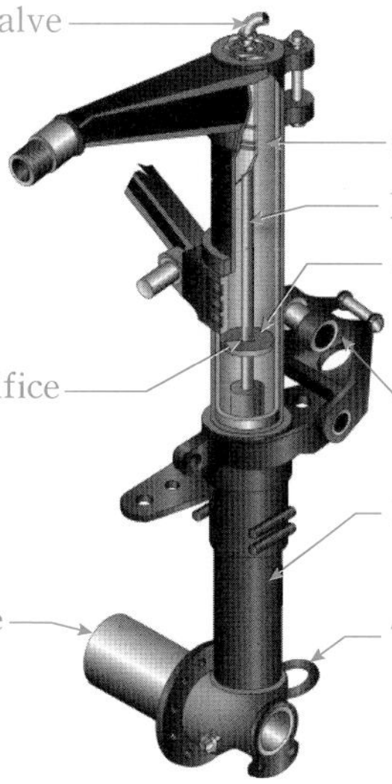


[Oleo Strut]

[그림 6-4]

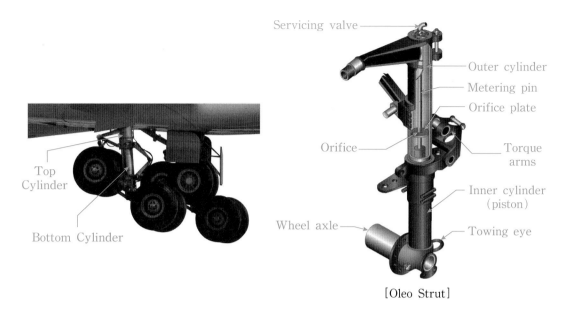

## 03 Oleo-pneumatic Ahock Strut 작동원리

상부 Cylinder는 동체에 고정되어 움직이지 않고 하부 Cylinder(Piston) 상부 Cylinder의 내부로 자유롭게 움직이는 하부 Chamber는 작동유로 채워지고 상부 Chamber는 질소가 채워진 2개의 Chamber로 구성되며 2개의 Cylinder 사이에 위치한 Orifice는 Strut이 압축될 때 하부 Chamber로 부터 상부 Cylinder chamber로 들어가기 위한 유체 통로를 제공하여 짧은 시간에 많은 양의 충격 에너지를 흡수하는 효율성으로 착륙장치에 많이 사용된다.

### 1. Compression Stroke(압축행정/Retraction)작동원리

Landing gear wheels이 접지되면 무게중심이 아래쪽으로 향하면 Strut이 압축되고 하부 Cylinder(Piston)가 상부 Cylinder로 밀어 올려주며 Metering valve는 Orifice를 통해 위로 이동하며 Orifice는 Strut 반력을 완충시키고 압축공기로 인한 진동을 감소시키며 Tapered metering valve(Pin)는 피스톤과 함께 움직이면서 Orifice 크기를 변경하여 작동유가 상부 챔버로 들어가는 속도를 조절하며 착륙 순간에는 더 높은 유속을 허용하고 Strut가 최대 압축 지점에 도달함에 따라 속도를 낮추며 상부 Cylinder가 내려올 때 상부 Cylinder의 압축공기(질소)가 더 압축되어 최소한의 충격으로 Strut의 압축 행정을 제한하며 Taxing(지상 활주)할 때 Tire 공기압과 Strut의 완충작용으로 주행할 수 있다.

## 2. 팽창 행정(Extension Stroke)

압축 행정 완료 후 상부 Cylinder의 압축공기(질소)에 저장된 Energy는 하부 Cylinder가 내려올 때(이륙 시) 작동유는 Orifice를 통해 하부 Cylinder로 내려간다.

### Physics of Shock Absorption

Force during landing : $F=ma=m\frac{dV}{dt}$ Rate of change in velocity

Stress during landing : $\sigma=\frac{F}{A}=\frac{m\,dV}{A\,dt}$　$dt\uparrow$　$\sigma\downarrow$

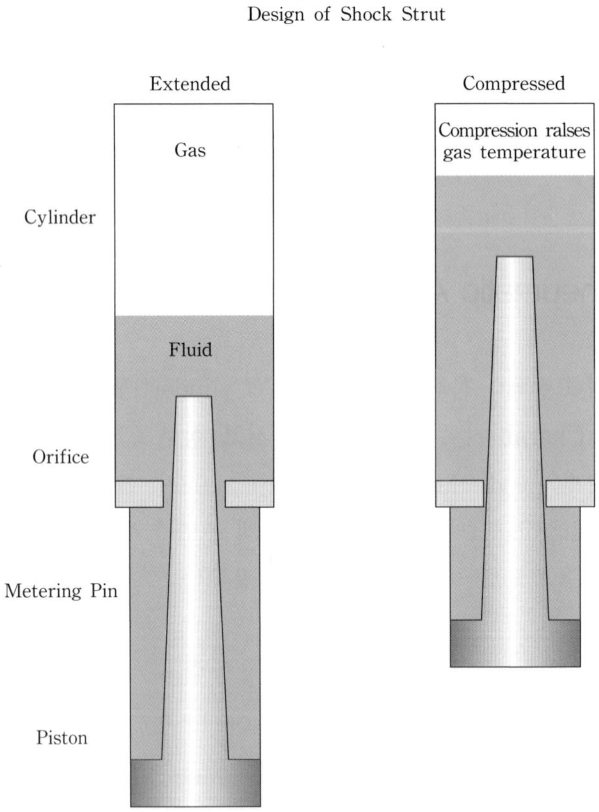


충격하중을 전달하는 데 걸리는 시간을 늘리면 구조 부재의 응력이 감소합니다.

[그림 6-5]

## 3. Landing Gear Shock Strut Fluid Level 확인 및 보급

Shock strut에 불충분한 작동유 또는 공기(질소)가 있으면 Compression stroke이 완벽하게 이루어지지 않아 Shock strut가 밑바닥에 부딪쳐져서 충격력이 기체로 직접 전달되므로 효율적인 작동을 위해서는 일정한 작동유량 및 공기 압력을 유지해야 하며 일반적인 절차는 아래와 같다.

(1) 동체를 들어 올린 후에 상부 실린더 상단에 있는 Air valve를 열어 공기(질소)를 빼낸다.(스트럿이 압축되었는지 확인)

(2) Filler valve에 튜브를 장착하고 Strut을 압축 및 팽창시켜 작동유를 적절한 수준까지 채운다.

(3) 공기(질소)로 Strut를 지정된 압력까지 팽창시킨다.

(4) Air valve를 잠금 후에 Strut의 누출 및 적절한 확장 여부를 검사한다.

> 참고 대부분의 Strut를 완전히 압축된 위치에서 해야 하며, Shock strut를 압축시키는 것은 위험한 작업이므로 주의를 해야 한다.

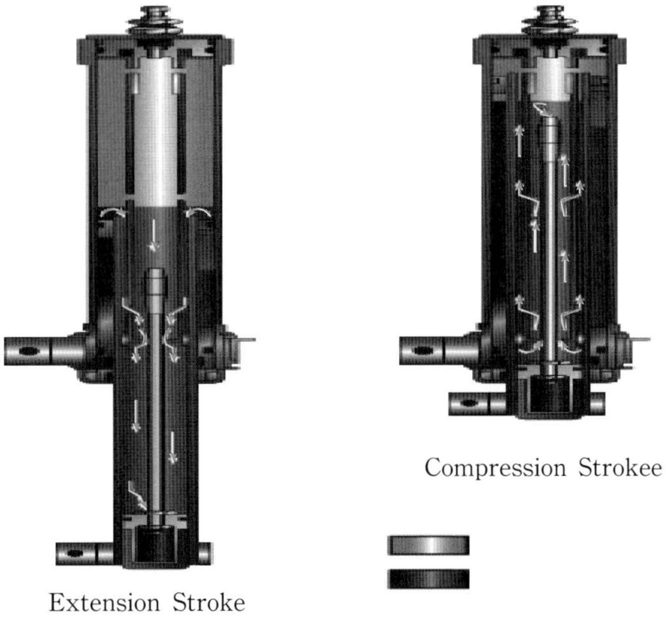


[그림 6-6]

## 04 주요 구성품과 기능

### 1. Drag Braces

Drag brace는 상, 하부 Brace로 구성되며, Landing gear retraction 시 Brace가 착륙 및 지상에서 Landing gear가 계속 연장된 상태를 유지하도록 하는 것이며 상부 Brace는 동체 구조에 장착되어 Trunnion을 중심으로 회전하고 하부 Brace는 Shock strut outer cylinder의 하부에 연결된다.

(1) Drag braces/Drag link/Drag struts
착륙 기어를 안정화시키고 항공기 구조를 세로 방향으로 지지한다.

(2) Side brace(Link)/Side struts
착륙 기어를 안정화시키고 항공기를 가로방향으로 지지한다.

(3) Over−center link/Downlock struts/Jury struts
Drag braces 또는 Side Brace Link의 중앙 피벗 조인트에 압력을 가하여 Drag braces와 Side brace를 'Down' 및 'Locked' 위치에 고정하며 Bungee cylinder는 유압식으로 Bungee springs은 기계적으로 작동한다.

### 2. Torque Link(Torque Arm/Torsion Link/Scissors Assembly)

Torque link의 한쪽 끝은 고정된 상단 Cylinder에 연결되고 다른 쪽 끝은 하부 Cylinder(Piston)에 장착되어 회전을 방지하며 Piston 공회전을 방지하고 Connecting rod와 Bolt의 측면 간격과 끝 간격을 최소로 하여 Cylinder와 바퀴를 일직선으로 유지하며 Link는 또한 이륙 후 Strut이 연장될 때 상단 Cylinder의 끝 부분에서 Piston이 외부로 더 나오지 않도록 유지하며 정렬 불일치 보정은 Spacer 또는 두께가 다른 Shim을 장착한다.

### 3. Shimmy Damper

항공기의 이·착륙 시 또는 지상 활주 시에 지면과 바퀴 밑면의 가로축 방향의 변형과 Wheel이 좌·우방향으로 진동을 발생하는 현상을 Shimmy 현상이라 하며 이런 현상을 흡수, 완화시켜주는 Hydraulic snubbing 장치를 말하며 댐퍼 실린더와 피스톤 사이의 블리드 홀은 압축하는 동안 유압유의 흐름을 조절하여 시미 현상을 방지하며 마모된 올레오 또는 느슨한 토크 링크는 이륙 또는 착륙 중 방향 제어 손실을 유발할 수 있다.

### 4. Trunnion

Retraction(수축) 및 Extension(연장) 시에 Bearing, Bushing에 의해 Landing gear가 회전할 수 있도록 한다.

## 5. Actuator

착륙 기어를 올리고 내리며 지속적인 압력이 작용 시에는 'Down lock'으로도 사용할 수 있으며 'Up lock' 위치는 착륙 기어를 올려서 내려가지 않도록 하고 'Down lock' 위치는 착륙 기어를 내려서 올라가지 않도록 하는 고정 장치이다.

## 6. Centering Cam

Landing gear가 접히기 전에 Wheel을 "Up" 위치로 정렬한다.

## 7. Steering Actuator

조종사가 활주 시에 Nose landing gear를 통해 항공기를 제어하거나 조종할 수 있도록 한다.

## 8. Toe in/Out System

헬리콥터가 필요한 방향으로 방향을 잡기 위해 바퀴를 회전시키는데 사용되며 작동은 수동 작동식 유압 핸드 펌프가 QDC(Quick Disconnecting Couple)를 통해 Toe in/Out actuator의 Pressure 및 Return line에 연결된 상태에서 수동으로 수행되며 Toe in/Out 위치를 선택하면 Nose wheel이 90°, Main wheel은 36° 회전하고 수동으로 잠기며 속도는 초당 약 20°이며 전방 및 후방 위치를 선택하면 모든 휠이 전방 및 후방을 기준으로이동한다.

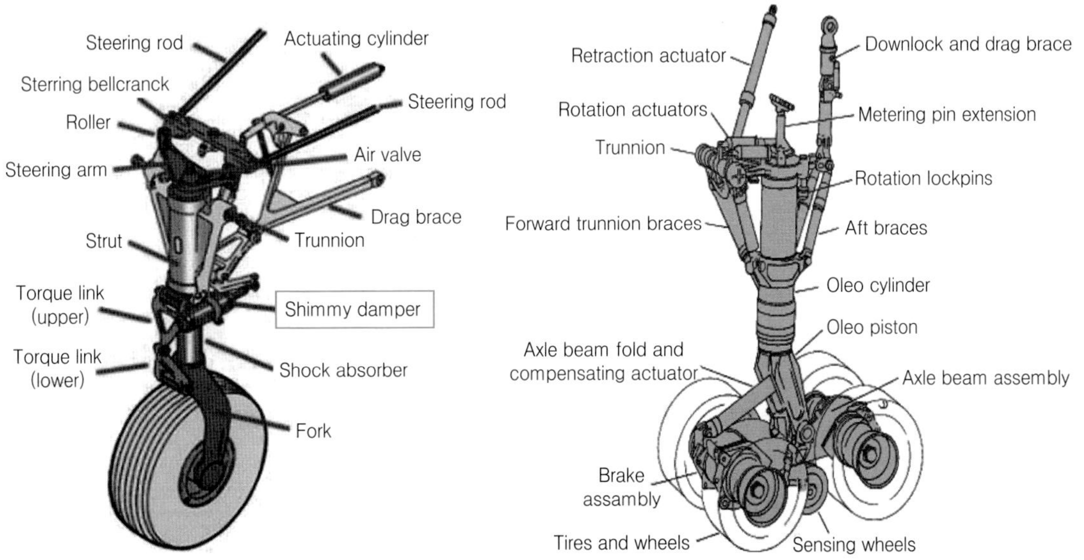


[그림 6-7]

## 05 Landing Gear System Operation

Landing gear lever를 아래로 내리면 Hydraulic pump가 Low pressure line에 작용하여 Actuator의 피스톤을 아래로 밀어내려 Landing gear는 아래로 내려가고, Down limit switch와 접촉이 되면 Landing gear 위치 지시계에 Un-safe light에 3개의 Green light로 점등되며, Landing gear lever를 위로 올리면 Up limit switch에 의해 Landing gear position light가 꺼지고 Un-safe light에 붉은색 Light가 Off 된다.

### 1. Thermal Relief Valve

OAT(Outside Air Temperature)가 높을 때 High pressure line에서 작동유가 팽창할 경우 남아도는 양을 다시 Reserver로 보내는 역할을 한다.

### 2. Emergency Free Fall Gear Valve

Lading gear가 내려오지 않을 때 수동으로 Landing gear가 내려오도록 하는 역할을 한다.

### 3. Electro-Selector Valve(4방향 3위치 Valve)

2개의 Solenoid valves와 Distributor valve로 구성되어 Utility system에서 유압 공급을 받고 Landing gear의 Retraction 및 Extension을 위해 3개의 Landing gear actuators에 작동유를 공급하며 Valve 위치는 중립에 있다.

### 4. Manual Selector Valve

5방향 2위치 Valve이며 정상 상태에서 Utility system pressure은 Electro-selector valve에 의해 Manual selector를 작동시킨다.

(1) 구성품 기능

(a) Double acting actuators

Single acting actuators는 3way valve로 제어하지만 Double acting actuators는 4way valve에 의해 제어되며 선택 밸브가 ON(Extraction) 위치에 있을 때 유체는 작동 실린더의 왼쪽 챔버로 압력을 받아 피스톤이 오른쪽으로 이동함에 따라 리턴 유체를 오른쪽 챔버 밖으로 밀어내고 선택 밸브를 통해 Reservoir로 이동하며, 반대로 선택 밸브가 Retraction 위치에 있으면 유체 압력이 오른쪽 챔버로 들어가 피스톤이 왼쪽으로 이동함에 따라 리턴 유체를 왼쪽 챔버 밖으로 밀어내고 선택 밸브를 통해 Reservoir로 이동하며 선택 밸브가 "Off" 위치에 있을 때는 피스톤의 양쪽에 있는 챔버에 압력이 작용하므로 중앙에 멈춘다.(Inter locking)

(b) 잠금장치는 Inner cylinder 외부에 위치한 Look cylinder를 통해 유압식으로 해제되며 수축 또는 팽창 정지 위치에 도달하면 6개의 Segments가 Spring loaded locking sleeve에 의해 반경 방향으로 작용하여 Retraction actuator를 기계적으로 위/아래로 잠그며 Locking sleeve는 Microswitch를 작동시켜 조종실에 잠긴 상태를 알려준다.

(c) 정상 작동 시 수축, 팽창은 Actuator에 장착된 Shuttle valve의 Normal ports에 작동유을 공급하나 비상 시 팽창(Emergency extension)의 경우에는 작동유는 Shuttle valve의 Emergency port를 통해 Retraction actuators에 공급한다.

(d) Landing gear의 Extension/Retraction 속도를 제어하기 위해 Actuator 내부에 양 방향 제한 장치(Two-way restrictors)가 있으며 2개의 Micro switch가 Cylinder에 장착되어 상, 하 위치 잠금 상태를 제공한다.

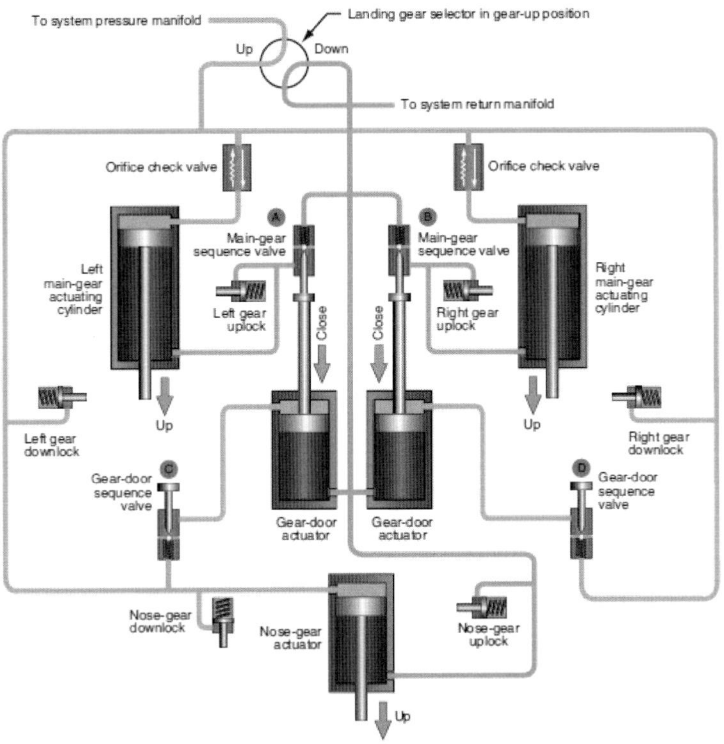


Landing gear up/down operation

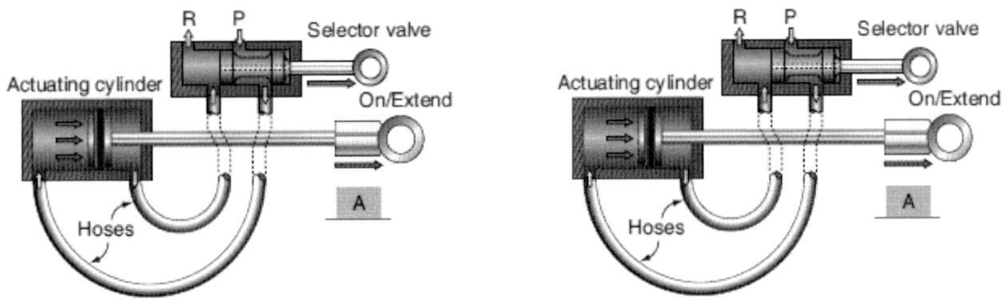


Liner actuator operation

[그림 6-8]

# 06 Nose Wheel Centering

## 1. 기능

Wheel type landing gear에는 조향을 위해서 Nose landing gear의 Steering jacks을 이용해서 능동 조향(Active steering)을 하거나, Tail rotor thrust을 이용하여 방향전환(Yawing)을 하도록 Nose wheel이 자유롭게회전하도록 하는 Passive steering을 제공하며 Steering manifold는 Jacks, Cockpit controls 장치 및 Indicators에 대한 유압 공급을 제어한다.

## 2. 작동

(1) 항공기는 Taxiing을 위해 조종 가능한 Nose wheel gear assemblies를 가지고 있으므로 Shock strut 구조에 내장된 Centering cams은 retraction 전에 Nose gear를 정렬하는 기능이 있으며 Upper cam은 Landing gear가 완전히 팽창 될 때 Lower cam recess와 일치되어 자유롭게 결합 할 수 있으므로 Landing gear가 수축하도록 정렬되며 착륙 후 중량이 바퀴로 돌아오면 Shock strut가 압축되고 Centering cams이 분리되어 Lower shock strut (Piston)이 Upper strut cylinder에서 회전 할 수 있으므로 이 회전은 항공기를 조종(Steering) 하도록 제어된다.

(2) 소형 항공기는 때때로 Strut에 External roller 또는 Guide pin을 갖고 있어서 Retraction 시 Strut가 Wheel well로 잘 접힐 때, Roller 또는 Guidepin은 Wheel well 구조에 장착된 Ramp 또는 Track과 맞물리며 Ramp/Track은 Nose wheel이 wheel well에 잘 들어가도록 곧게 펴지는 방식으로 Roller 또는 Pin을 안내한다.

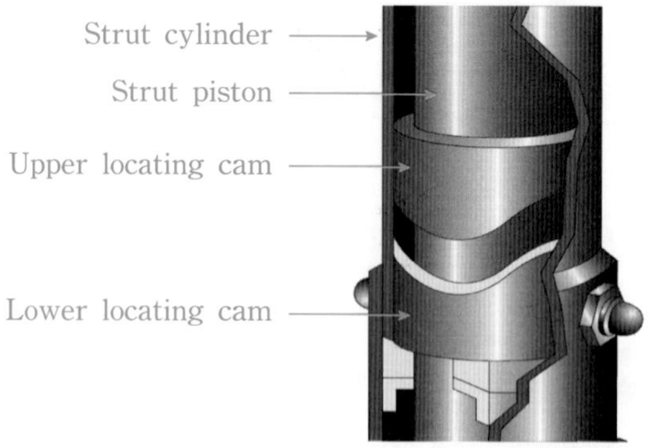


A cutaway view of a nose gear internal centering cam

[그림 6-9]

## 07 Emergency Operation

Emergency position에서 Electro-selector valve의해 정상 공급이 차단되고 Emergency accumulator pressure이 Shuttle valve를 통해 3개의 Landing gear actuators에 제공되며 Manual selector valve는 비상 시스템을 선택하여 착륙 한 후에는 지상 승무원이 정상 위치로 재설정해야한다.

## 08 Wheel Brake System

### 1. 일반사항

(1) 마찰에 의해 운동량의 에너지를 흡수 또는 전달함으로써 감속 또는 정지 시 사용하며 Main wheel에만 Hydraulically actuated disc-type brake 장착하며 Tail rotor pedal 윗쪽 부분을 밟으면 Brake로 사용되어지고 오른쪽, 왼쪽 분리 사용하며 앞으로 밀면 Tail rotor thrust control 기능을 한다.

(2) Utility 유압 계통의 206[bar]로 작동되고, Brake system 압력은 Pressure reducing valve를 통해 얻어지는 68[bar]로 작동되며 Brake pedals에 의해 작동되는 Master cylinder의 작동에 의해 제어된다.

(3) Main pressure line은 Pressure reducing valve와 50[bar]의 질소 압력으로 충전되어 있는 Brake accumulator를 통해 이루어지며 적어도 10번의 Wheel brakes 작동을 위해 사용된다.

(4) Brake unit에는 Brake pedals을 통해 Master cylinders에 가해지는 힘에 비례하여 Brake control valve로부터 유체가 공급되며 Wheel brake의 압력은 조종실에 있는 Triple pressure indicator에 표시된다.

### 2. Wheel Brake system

(1) Normal Brake system

일반 브레이크 유압 시스템은 우측 유압 계통에 의해 구동되며 브레이크 페달은 좌측 및 우측 브레이크를 독립적으로 제어하고 브레이크 페달을 밟으면 각 브레이크 미터링 밸브가 열리고 압력은 Anti-skid Valves를 통해 각 휠에 제공된다.

(2) Auto brake system

자동 브레이크 시스템은 접지 후 사전 선택된 감속도로 자동으로 작동되며(감속도를 선택 가능) 최대 자동 브레이크 감속률은 완전한 수동 제동에 의해 생성되는 속도보다 낮으며, Normal/Reserve Brake 계통이 작동 중일 때만 작동하고 자동 브레이크 작동 중에는 Anti-skidprotection 기능이 제공되며 자동 브레이크 시스템이 해제되거나 작동하지 않을 경우 Auto brakes 권고 메시지가 표시된다.

(3) Alternate brake system

대체 브레이크 유압 계통은 자동으로 선택되며 왼쪽 유압계통에 의해 작동되고, 오른쪽 유압 계통 압력이 낮으면 Alternate selector valve가 자동으로 열리고 좌측 유압계통이 자동으로 Alternate brake system에 압력을 공급하며, 브레이크 페달을 밟으면 각각의 Alternate brake metering valve가 열리고 Alternate antiskid valves를 통해 유압을 브레이크로 보낸다.

(4) Reserve brakes system

좌, 우측 유압 시스템 압력이 모두 손실될 경우 브레이크에 유압을 공급하며 Reserve brakes switch를 누르면 우측 유압계통의 Electric pump로 예비 유압 오일이 공급되고, 펌프는 다른 우측 시스템 구성 요소로부터 격리되어 펌프 압력이 Normal brakes system에 독점적으로 공급되며 Normal 및 Alternate brake system 압력이 모두 낮을 경우 경고등이 켜지고 권고 메시지가 표시된다. Reserve brakes가 작동하면 표시등이 꺼진다.

(5) Parking brake

주차 브레이크는 Normal/Reserve 또는 Alternate brake 계통에서 설정할 수 있고 이 계통에서 가압 되지 않으면 Parking brake 압력은 우측 유압계통에 의해 Brake accumulator에 의해 공급되어 Accumulator 압력은 Brake press 지시계에 표시되며 주차 브레이크는 양쪽 브레이크 페달을 완전히 밟으면서 동시에 주차 브레이크 핸들을 위로 당기고 브레이크 페달에서 발을 떼면 페달이 눌린 위치에서 기계적으로 잠기고 Brake metering valve가 열리며 Anti-skid return line의 Parking brake valve가 닫히도록 명령하여 Anti-skid 계통이 브레이크 압력이 빠지는 것을 방지하며, 주차 브레이크 핸들이 풀릴 때까지 페달을 밟으면 주차 브레이크가 해제되고 Parking brake가 설정되면 Parking brake 권고등이 표시된다.(주차 브레이크 밸브 개방되지 않음)

(6) Brake Pressure Indicator

브레이크 압력 표시기는 브레이크 어큐뮬레이터의 압력을 보여주며 충전은 표시기의 황색 밴드(1,300[psi])로 표시되며 황색 밴드 이하일 때는 사용할 수 있는 브레이크 어큐뮬레이터 압력이 없음을 나타낸다.

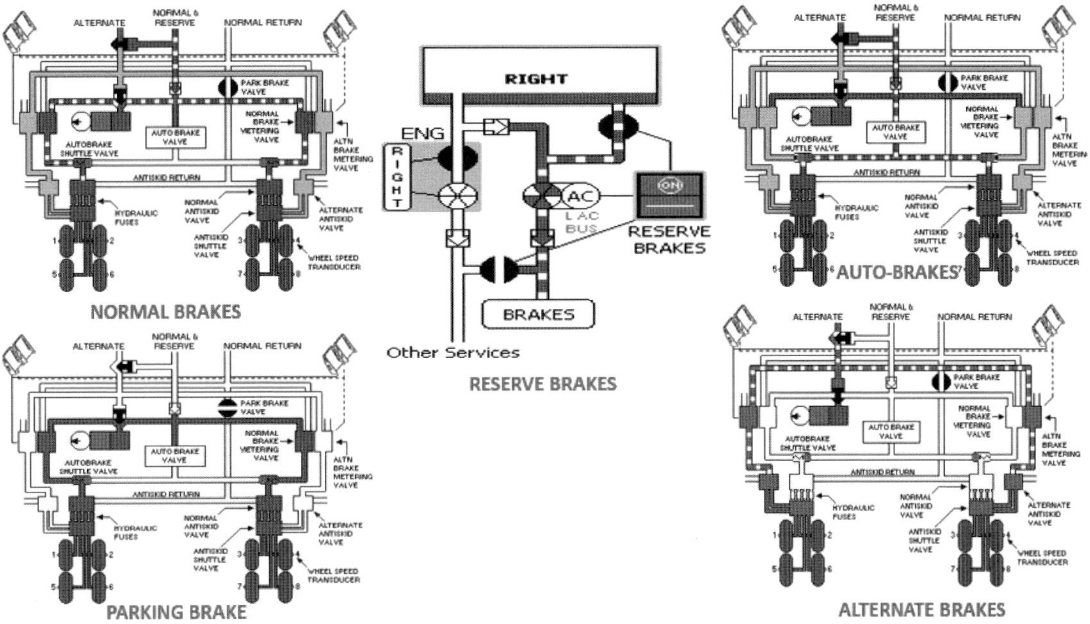


[그림 6-10]

## 09 Emergency Gear Extension Systems

Main power system 고장 시에 착륙장치를 작동시키기 위해 조종석에 Emergency release handle이 있으며 기계적으로 연결된 Up-locks 장치를 해제하여 자체 중량에 의해 내려오도록(Extension)하거나(Hand crank), Up-lock release cylinder로 향하는 압축 Gas를 사용하여 Up-lock을 해제하는 방법이 있으며 비상 작동을 위한 유압은 Hand pump, Accumulator, 또는 전동 유압 Pump(Electrically powered hydraulic pump)에 의해 제공 될 수 있다.

### 1. Auto Extended Off Light

Gear position light 위의 주황색 Light로 표시되며 항상 Emergency landing down switch가 고정되어 있는데 Release되어 있으면 Light off되므로 비행 전 또는 착륙 시에 항상 확인해야 한다.

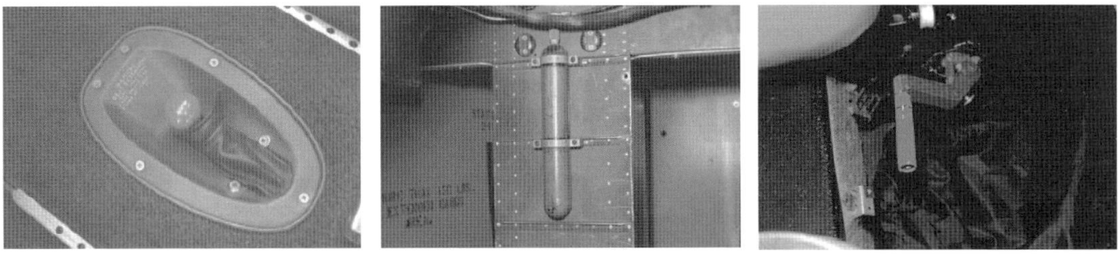

Hand Pump　　Compressed Gas　　Hand Crank

[그림 6-11]

## 10 Landing Gear Safety Devices

Landing gear의 우발적인 Retraction은 기계식 Down-locks, Safety switches 및 Ground locks와 같은 장치로 방지할 수 있고, 기계식 Down-locks은 Gear retraction system의 기본 구성 요소이며 자동으로 작동된다.

### 1. Gear Warning Horn

착륙 시에 착륙 장치가 내려가지 않고 잠길 때(Landing gear가 수축 상태)경고음이 울린다.

### 2. Squat Switch

Landing gear strut의 Extension 또는 Retraction에 따라 Open, Close되는 Switch이며 지상에서 Landing gear가 Retraction되는 것을 방지한다.

(1) Ground condition

Main landing gear strut retraction(Landing gear up)을 방지 목적으로 Ground에서 Landing gear strut가 Compression되면 Squat Switch가 Open되어 Landing gear position selector를 통해 Solenoid shaft가 Lock pin을 돌출시켜 Landing gear가 Up(Retracted/수축)되는 것을 방지한다.

(2) Air condition

Main landing gear up을 목적으로 이륙 후에 Main landing gear strut가 Extension되어 Squat switch가 Close되고, Landing gear position selector를 통해 Solenoid shaft가 Lock pin을 수축시켜 Landing gear를 들어 올릴 수 있도록 한다.

> **참고** 고성능 항공기에서는 근접성에 따라 전압차를(가까우면 돌아오는 전압이 낮다.) 이용한 근접 Sensor를 사용하므로 접촉이 없더라도 일정한 위치에 있을 때 작동되므로 먼지와 습기로 오염 될 수 있는 환경에서 오작동을 줄이므로 유용하다.

### 3. Ground Locks

비행기가 지상에 있는 동안 착륙 장치가 Down위치에서 Lock 상태를 유지시키기 위해 Lock pin으로 고정하는 이중 안정장치이며 Ground locks 장치에는 비행 전에 제거하도록 적색 깃발로 부착되어 있다.

## 4. Landing Gear Position Indicators

Instrument panel의 Gear selector handle 부근에 위치하며 조종사에게 각 Landing gear마다 위치를 알려주며 Landing gear와 Landing gear selector 위치가 불일치 할 경우와 Landing gear door 상태(Open/Close)를 Monitoring하여 볼록한 부분과 파랑색 원 부분이 Touch 여부로 Landing gear 움직임을 파악하여 조종사에게 정보를 제공한다.

(1) Green light on : Landing gear down 후 Locked 상태

(2) Red light on : Landing gear가 위치 선정이 안되어 있을 때

(3) No light : Landing gear up 후 Locked 상태

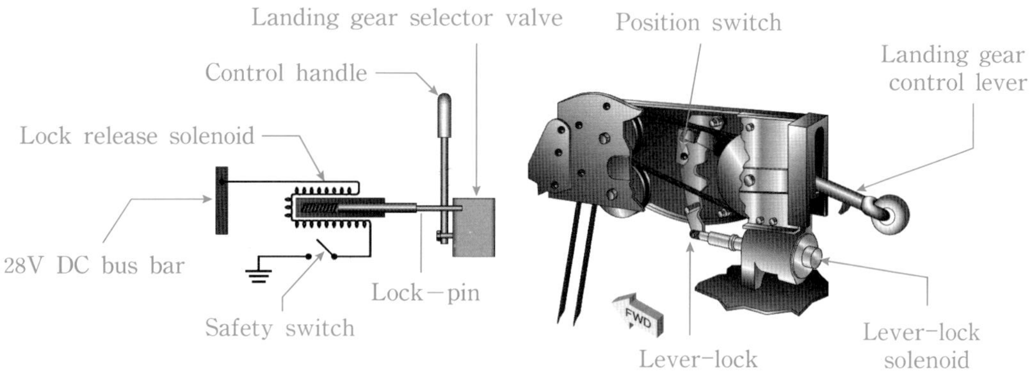


[그림 6-12]

## 10 WOW(Weight On Wheel) Switch

왼쪽 Main landing gear에 위치하며 지상 점검(Ground check) 시에만 가능하고, 비행 중 Hydraulic leak tests의 수행을 방지하며 누출 점검 작동 시에는 "BACK-UP RSVR LOW" 주의등이 점등되며 WOW switch는 비행 중일 때는 BACK UP HYD PUMP switch 위치에 관계없이 Back up pump를 자동으로 작동시켜 Back up pump thermal switch를 비활성화 한다.

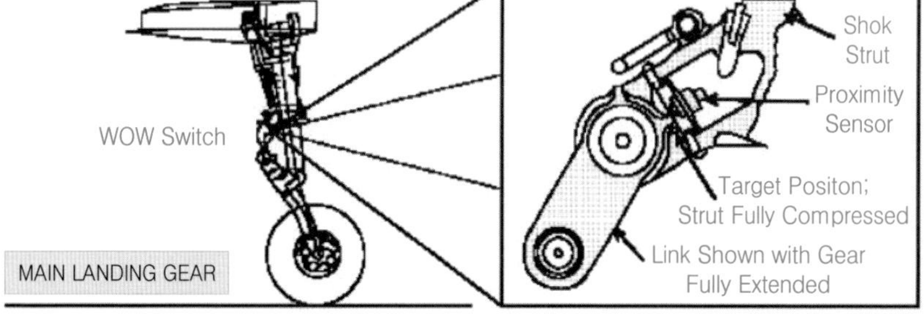

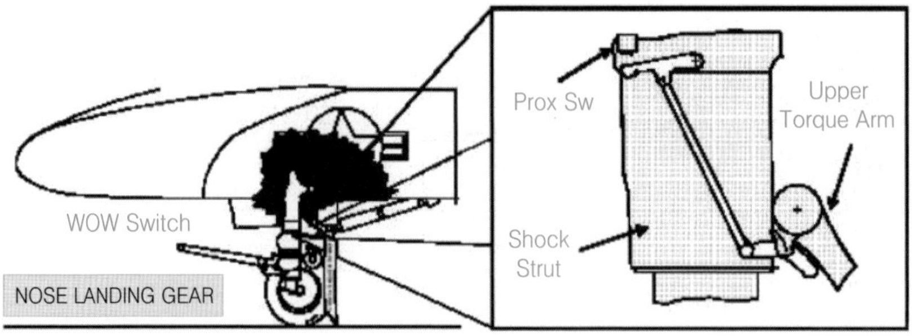
Prox Sw
Upper
Torque Arm
WOW Switch
Shock
Strut
NOSE LANDING GEAR

[그림 6-13]

## Chapter 01 정비일반

# 단원별 출제 예상문제

제1장 HELICOPTER HISTORY
제2장 LAWS OF PHYSICS
& FLIGHT CHARACTERISTICS
제3장 AERODYNAMIC
& THRUST THEORY
제4장 AIRFRAME & CONFIGURATION
제5장 WEIGHT & BALANCING
제6장 LANDING GEAR SYSTEM

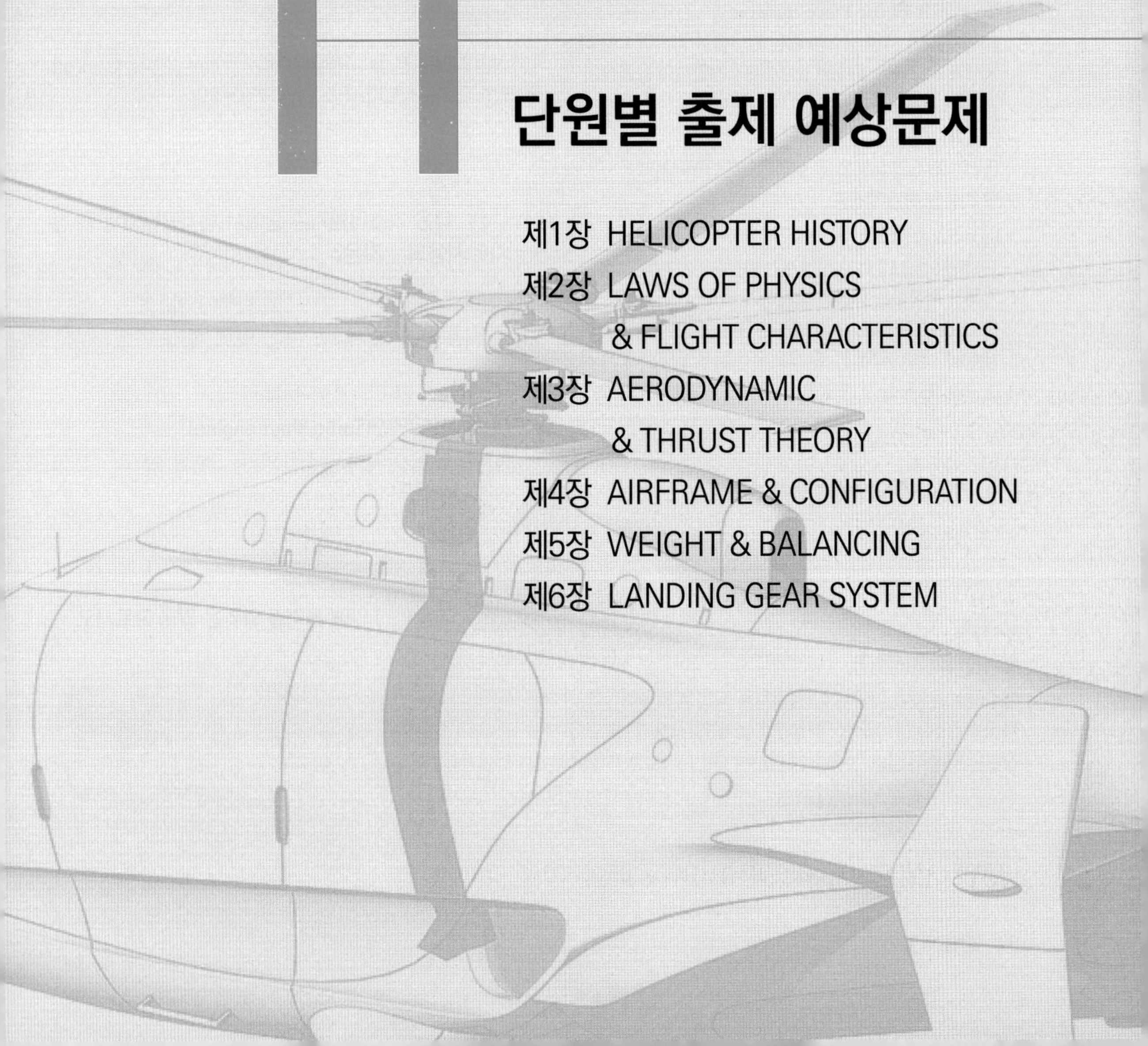

## 1장 HELICOPTER HISTORY

**01 헬리콥터가 공중에 뜰 수 있다는 것을 처음 밝힌 사람은 누구인가?**

① 레오나르도다빈치
② 케일리
③ 코르뉘
④ 시크르스키

해설

**헬리콥터 주요 개발사**

- Leonardo di ser Piero da Vinc
  15세기 무렵 새의 구조에 관한 연구를 시작하여 회전하는 물체에서 양력이 발생한다는 원리에 착안하여 동력장치 개발 미비로 실현되지 못 했음
- Paul Cornu
  완전한 최초의 비행을 한 헬리콥터로써 1907년에 20초 정도 비행을 하는데 성공
- Igor Sikorsky
  1939년 9월 14일에 회전날개가 회전하면서 반대 방향으로 기체가 회전하는 현상을 방지하기 위해서 꼬리 부분에 작은 회전날개(Tail rotor)를 추가하는 방식을 고안하여 1940년 5월 13일에 전, 후, 좌, 우 비행 및 정지비행에 성공

**02 헬리콥터의 지상취급에 속하지 않는 것은?**

① 도색작업 ② 견인작업
③ 계류작업 ④ 잭작업

해설

**헬리콥터의 지상취급**

헬리콥터 운항에 따른 지상 정비지원 작업을 말하며 헬리콥터를 취급하거나 소모성 액체(연료 및 윤활유) 및 기체 보급, 지상이동, 계류, Jack 작업, 세척, 부식처리 작업 등이 있다.

**03 헬리콥터의 지상 정비지원은 어디에 속하는가?**

① 운항정비 ② 시한성정비
③ 공장정비 ④ 벤치체크

해설

문제 2번 참고

**04 헬리콥터의 최소 견인 인원은?**

① 1명 ② 2명
③ 3명 ④ 4명

해설

견인 시에는 전, 후, 좌, 우, Towing car 탑승자, Cockpit 탑승자로 구성된다. 최소 견인 인원은 4명

**05 다음 가스터빈기관 중에서 헬리콥터의 동력 장치로 사용되는 것은?**

① 터보 샤프트 ② 터보 프롭
③ 터보 팬 ④ 터보 제트

해설

**터보 샤프트 엔진(Turbo shaft engine)**

동체가 작은 헬리콥터에 적합하도록 개발된 것으로 엔진 크기에 비해 동력이 크다.

**06 다음 ( ) 안에 들어갈 알맞은 말을 고르시오.**

[보기]
헬리콥터는 수직 이·착륙과 ( ) 특성 때문에 다양한 용도로 사용된다.

[정답] 1장 01 ① 02 ① 03 ① 04 ④ 05 ① 06 ②

① 장거리 비행 ② 공중 정지 비행
③ 고고도 정속 비행 ④ 중량물 수송 비행

해설

① **회전익의 장점**
- 회전속도만 있으면 제자리 비행(Hovering) 및 전진, 후진, 상승, 하강, 선회비행 가능하다.
- 수직으로 이·착륙이 가능하여 활주로가 필요 없다.

② **회전익 단점**
- Main rotor blade에서 발생되는 양력으로 모든 중량을 유지하기 때문에 속도가 느리고 대형화하기 어렵다.
- 같은 무게일 경우 연료 소모량이 더 많아 항속거리가 짧다.
- Blade 실속으로 인해 최대속도 제한이 있다.

### 07 헬리콥터 비행에 대한 설명 중 틀린 것은?

① 저 밀도 고도에서도 비행이 가능하다.
② 전진익에서 일정 비행속도 이상이면 실속이 발생한다.
③ 후퇴익에서 일정 비행속도 이상이면 실속이 발생한다.
④ 고고도 비행 시 동체 및 날개에 얼음이 발생되어 고고도 비행이 불가하다.

해설

저밀도 지역인 고고도에서는 공기밀도가 낮아 공기의 양이 희박해져서 양력 발생이 어려우며 기온이 급강하로 인해 동체와 날개 및 회전축에 얼음이 발생되어 고고도 비행이 불가하다.

## 2장 물리법칙 및 헬리콥터 비행 특성

### 01 베르누이의 방정식의 설명으로 맞는 것은?

① 일정한 속도에서 공기의 운동에너지가 높이 변화에 따라 변화한다.
② 일정한 높이에서의 속도 변화에 따라 정적 압력이 변화한다.
③ 일정한 높이에서 속도 변화에 따라 운동에너지 및 위치에너지가 변화한다.
④ 속도 변화에 따라 운동에너지 및 위치에너지 변화가 없다.

해설

**베르누이의 정리**

일정한 높이에서 속도가 변화하면 정압이 변화한다는 것이므로 속도가 증가하면 정압이 감소하고, 반대로 속도가 감소하면 정압이 증가한다.

### 02 유체 법칙 중 연속의 법칙에 대한 틀린 내용은?

① 비압축성 유체가 관속을 흐르고 있는 정상 흐름에서는 관의 면적과 유체의 흐름 속도 및 밀도와의 관계를 나타낸다.
② 유체가 관을 통해 흐를 때 유체의 속도와 면적은 반비례한다.
③ 입구에서 들어오는 유체의 유량과 출구로 나가는 유량은 같다.
④ 속도 변화에 따라 운동에너지와 위치에너지 변화를 나타낸다.

해설

**연속의 법칙**

비압축성 유체가 관 속을 흐르고 있는 정상 흐름에서는 관의 면적과 유체의 흐름 속도, 유체의 밀도와의 관계를 나타내는 것으로 유체가 관을 통해 흐를 때 유체의 속도와 면적은 반비례하며 입구에서 들어오는 유체의 유량과 출구의 나가는 유량은 같다.

[정답] 07 ① 2장 01 ② 02 ④

$A$ : 관의 면적, $\rho$ : 유체의 밀도, $V$ : 유속일 때 $\rho_1 = \rho_2$ 이므로 $Q = \rho_1 \cdot A_1 \cdot V_1 = \rho_2 \cdot A_2 \cdot V_2$ = 일정

**03 Venturi를 통한 유체의 흐름이 비압축성일 때 Throat에서 유체의 유속이 빠르면 나타나는 현상은?**

① 정적 압력 감소를 한다.
② 일정한 체적 흐름 속도를 유지한다.
③ 정적 압력 증가를 한다.
④ 정압과 동압이 증가한다.

해설

비압축성 유체는 좁은 곳을 통과 시에는 유속이 빨라져서 압력이 감소하고, 넓은 곳을 통과 시에는 속력이 느려서 압력이 증가하며 유체의 정압(위치에너지)과 동압(운동에너지)의 합은 항상 일정하다.

- $Pt$(전압) $= Ps$(정압/위치에너지) $+ \frac{1}{2}\rho v^2$(운동에너지)

**04 Magnus Effect를 잘못 설명한 것은?**

① Bernoulli's law에 의해 나타나는 현상이다.
② 회전체 표면의 속도 방향과 유속 방향이 일치하는 쪽(아래면)에서는 유속이 커져서, 압력이 감소한다.
③ 회전체 표면의 속도 방향과 유속 방향이 일치하지 않은 반대쪽(윗면)에서는 유속이 작아져서 압력이 증가한다.
④ 압력이 낮은 쪽에서 높은 쪽으로 휘어지면서 나가는 현상을 말한다.

해설

**Magnus Effect**

회전체의 표면 속도 방향과 유속 방향이 일치하는 쪽에서는 유체의 속도가 커져서, 압력이 감소하며, 일치하지 않은 반대쪽에서는 유속이 작아져서 압력이 증가하여 높은 쪽에서 낮은 쪽으로 휘어지면서 나가는 현상을 말한다.

**05 코리오리스 효과(Coriolis Effect)를 잘못 설명한 것은?**

① 각 운동량법칙(Law of Conservation of Angular Momentum)으로써 각 운동량을 보존하기 위해 회전체의 각 운동량은 외력이 가해지지 않으면 변화하지 않는다.
② 질량 중심이 회전축에 멀어지면 블레이드 회전속도가 감속하고 가까워지면 회전속도가 증가하는 현상을 말한다.
③ 각 운동량은 관성 모멘트×각속도이다.
④ 각속도의 변화는 회전체의 질량 중심하고는 상관이 없다.

해설

**각 운동량법칙(Law of Conservation of Angular Momentum)**

각 운동량을 보존하기 위해 질량 중심이 회전축에 멀어지면(Blade 회전 시에 Down flapping 현상 발생) 블레이드 회전속도가 감속하고 가까워지면(Blade 회전 시에 Up flapping 현상 발생) 회전속도가 증가하는 현상을 말한다.

- 각 운동량 = 관성 모멘트(질량)×각속도이다.

**06 Gyroscopic 특성을 잘못 설명한 것은?**

① 강직성은 우주공간에 대해 일정한 자세를 유지하려는 성질을 말한다.
② 세차성(Precession)은 회전하는 자이로의 어느 한 지점에 힘을 적용했을 때 회전방향으로 90도를 앞선 지점에서 회전면이 반응하는 것을 말한다.
③ 헬리콥터에서 나타나는 위상지연(Phase lag) 현상을 말하며 세차 현상은 기수 상향일 때는 우 횡요가 기수 하향일 때는 좌 횡요 현상이 일어난다. (메인 로터 블레이드, 반 시계방향 회전)
④ 세차성(Precession)은 회전하는 자이로의 어느 한 지점에 힘을 적용했을 때 회전방향으로 90도를 지난 지점에서 회전면이 반응하는 것을 말한다.

[정답] 03 ① 04 ④ 05 ④ 06 ②

해설

강직성은 외부의 힘이 작성하지 않으면 자세를 계속 유지하려는 것으로 세차성(섭동성)은 어느 한 지점에 힘을 가하면 회전방향으로 90도를 지난 지점에서 반응이 나타나며 현상을 말한다.

- 강직성을 이용한 계기
  Vertical indicator, direc-tional indicator
- 세차성을 이용한 계기
  Turn coordinator(선회 경사계)
- 강직성과 섭동성을 이용한 계기
  Artificial horizon indicator

**07 메인 로터 블레이드가 반시계방향으로 회전하는 헬리콥터에서 나타나는 현상으로 틀린 것은?**

① 기수 상향일 때는 우 횡요(Right roll)가 일어난다.
② 기수 하향일 때는 좌 횡요(Left roll) 현상이 일어난다.
③ 좌, 우 요가 발생하는 것은 자이로의 세차성 때문이다.
④ 코리오리스 효과로 인해 블레이드 회전운동이 일어난다.

해설

기수 상향일 때는 메인 로터 블레이드 회전면이 전방 쪽은 위로 후방 쪽은 아래로 기울어지게 되는 현상이 세차성(위상지연)으로 인해 회전면이 9시 방향에서는 위로 3시 방향에서는 아래로 향하게 되어 우 횡요가 발 생하며 기수하향일 때는 반대 현상이 발생한다.

**08 메인 로터 블레이드 회전운동 시 나타나는 현상이 아닌 것은?**

① Magnus Effect
② 코리오리스 효과(Coriolis Effect)
③ Gyroscopic 특성인 세차성(Precession)
④ 베르누이 법칙(Bernoull's law)

해설

베르누이 법칙(Bernoulli's law)은 날개 모양에서 양력발생과 관련이 있으며 유체흐름은 좁은 면적에서는 속도가 증가, 압력이 감소하며 넓은 면적에서는 속도가 감소하면서 압력이 증가하는 법칙으로 양력 발생 원리와 관련이 있다.

**09 헬리콥터에서 정지비행 시 회전 날개의 회전축으로부터 $r$의 위치에 있는 깃 단면의 회전 선속도 $Vr$의 표현 식은? (단, Ω은 회전 날개의 각속도, $r$는 회전축으로부터 깃 단면까지의 거리)**

① $Vr=\Omega\cdot r^2$
② $Vr=\Omega\cdot r$
③ $Vr=\dfrac{r^2}{\Omega}$
④ $Vr=\dfrac{\Omega}{r^2}$

해설

원운동에서 $S$(거리)=속도($V$)×시간이므로

선속도 $V=\dfrac{dS}{dt}=\dfrac{rd\theta}{dt}=\Omega r=\dfrac{2\pi r}{T}$

**10 헬리콥터 회전날개의 각속도가 50[rad/sec]이고 회전축으로 부터 깃 끝까지 거리가 5[m]일 때 회전날개 끝 선 속도는 몇 [m/s]인가?**

① 200
② 250
③ 300
④ 350

해설

선속도 $V=r\omega$

$=50\times5=250[\text{m/s}]$

[정답] 07 ④ 08 ④ 09 ② 10 ②

## 3장 헬리콥터 공기역학과 추력

### 1. AIRFOIL

**01 에어포일의 윗면(Upper camber)의 공기 속도가 감소하면 어떻게 되는가?**

① 압력이 증가하고 양력이 감소한다.
② 압력이 증가하고 양력이 증가한다.
③ 압력이 감소하고 양력이 증가한다.
④ 압력이 감소하고 양력이 감소한다.

해설

Upper camber의 공기속도가 감소한 만큼 압력 증가에 비례해서 Low camber와의 압력차가 적어서 양력이 감소한다.

**02 에어포일에서 Chord line의 정의는?**

① 에어포일의 앞쪽 가장자리 중앙에서 끝 가장자리까지의 직선
② 에어포일의 상부 표면과 하부 표면 사이의 중간 길이
③ 한쪽 에어포일의 날개 끝에서 다른 에어포일 끝까지
④ Blade root 부근에서 Blade tip까지의 블레이드의 길이 방향

해설

**Chord line**

날개의 앞전(Leading edge)과 뒷전(Trailing edge)을 직선으로 연결한 선을말한다.

**03 높은 가로 세로 비의 날개는?**

① 높은 Profile 및 낮은 Induced drag
② 낮은 Profile 및 높은 Induced drag
③ 낮은 Profile 및 낮은 Induced drag
④ 높은 profile 및 높은 induced drag

해설

가로 세로 비율이 높으면 Induced drag(날개 팁 효과 감소)가 낮고, 활공 및 순항 성능이 우수하며 전체 면적 영역이 크면 Profile drag도 커진다.

• 유도항력 계수는 $C_{Di}=\frac{C_L^2}{\pi AR}$

**04 가로 세로 비율(Aspect ratio)이 8:1일때 맞게 설명한 것은?**

① Span이 64이고 Chord line이 8을 의미한다.
② 평균 Chord line이 64, span이 8을 의미한다.
③ Span 제곱 64이고, Chord line이 8을 의미한다.
④ 평균 chord line이 8, span이 64을 의미한다.

해설

가로 세로 비율은 스팬 대 chord line 비율이다.
$S$ : 날개면적, $b$ : 날개 Span, $c$ : 평균 Chord라 하면

종횡비(AR)$=\frac{\text{스팬}(b)}{\text{평균시위}(c)}=\frac{b^2}{S}$이며

날개면적($S$)$=b\times c$이다.

**05 로터 블레이드의 날개꼴(Airfoil) 선택 시에 고려사항은?**

① 압렵중심이 매우 느리게 움직이여야 한다.
② 압력중심이 안정적이어야 한다.
③ 압력중심이 피치 변화에 따라 빠르게 움직이어야 한다.
④ 압력중심은 받음각이 증가하면 뒤쪽으로 이동해야 한다.

해설

받음각이 증가하면 앞쪽으로, 감소하면 뒤쪽으로 이동함에 따라 헬리콥터 속도가 증가할수록 압력중심 위치가 뒤로 이동하여 기수가 내려가는 현상을 발생한다.

[정답] 3장 1. AIRFOIL 01 ① 02 ① 03 ① 04 ① 05 ②

**06 대칭형 날개의 단점이 아닌 것은?**

① 영의 받음각(Zero angle of attack)에서는 양력 발생이 없다.
② 동일한 받음각에서서는 양력발생이 적다.
③ 상대적으로 바람직하지 않은 실속 특성을 갖는다.
④ 받음각이 변해도 압력중심이 변하지 않는다.

해설

받음각이 변해도 압력중심이 변하지 않는 것은 대칭형 익형의 장점이다.

**07 헬리콥터에 사용되는 대칭형 블레이드의 장점은?**

① 받음각의 변화에 따른 압력중심의 움직임은 고정 날개의 움직임보다 크다.
② 페더링 축의 위치와 압력중심 및 무게중심이 일치하여 안정성을 제공한다.
③ 압력중심은 받음각의 변화와 함께 앞으로 이동한다.
④ 양항비가 커서 실속특성이 좋다.

해설

**대칭형 블레이드 장점**

- 받음각이 변해도 압력중심이 변하지 않는다.
- 받음각의 범위를 크게 갖도록 설계가 가능하다.
- 받음각이 변하면 압력 분포가 변하지만 양력 위치 및 압력중심이 어떤 받음각에도 공기력 중심(Aerodynamic center)에 위치한다.
- 안정적이고 블레이드 플래핑 현상(Flapping)과 리드 래그 현상(Lead-lag) 현상이 적다.
- 블레이드 뿌리(Blade root)에서 끝(Tip)까지 모든 속도 범위에서 최고의 양항비(Lift-drag ratio)을 제공한다.

**08 메인 로터 블레이드의 날개꼴은 블레이드가 대칭형인 이유로 맞는 것은?**

① 자동 회전 특성이 좋다.
② 받음각 변화에 따라 압력중심이 안정적이다.
③ 제자리 비행 시에 가능한 가장 높은 양력계수를 갖는다.
④ 받음각 변화에 따라 압력중심이 불안정적이다.

해설

문제 7번 해설 참고

**09 평균 Camber line과 airfoil chord line의 설명 중 맞는 것은?**

① 둘 다 직선적이 아니다.
② 둘 다 곡선일 수 있다.
③ 평균 Camber line은 직선이고 Airfoil chord line은 곡선이다.
④ 평균 Camber line은 곡선이고 Airfoil chord line은 직선이다.

해설

에어포일의 윗면과 아랫면 사이 중간부분을 이은 곡선으로 익형 단면의 공기 역학적 특성을 결정하는데 중요하다.

## 2. CENTER OF PRESSURE

**01 다음에서 압력중심(Center of pressure)에 대한 설명 중 틀린 것은?**

① 날개꼴에 작용하는 공기력이 시위선의 연장선의 어느 한 지점에서 수평성분과 수직성분의 합성력이 작용하는 합력점을 말한다.
② 받음각이 증가하면 앞쪽으로, 감소하면 뒤쪽으로 이동한다.

[정답] 06 ④ 07 ② 08 ② 09 ④ 2. CENTER OF PRESSURE 01 ④

③ 헬리콥터 속도가 증가할수록 압력중심 위치가 뒤로 이동하여 기수가 내려가는 현상을 발생한다.
④ 받음각이 증가하면 뒤쪽으로, 감소하면 앞쪽으로 이동한다.

해설

**압력중심(Center of pressure)**
시위선의 어느 한 지점에서 공기력의 수평성분과 수직성분의 합성력이 작용하는 합력점으로 양력이 발생되는 지점을 말하며 받음각이 증가하면 앞쪽으로, 감소하면 뒤쪽으로 이동하며 속도가 증가하면 압력중심 위치가 뒤로 이동하므로 기수가 내려가는 현상을 발생한다.

**02 Center of pressure(압력중심)의 설명으로 맞는 것은?**

① 양력이 작용하는 점을 말한다.
② 회전 3축이 만나는 점을 말한다.
③ 항공기의 모든 힘이 작용하는 점을 말한다.
④ 항공기의 모든 모멘트가 "0"이 되는 점을 말한다.

해설

문제 1번 해설 참고

**03 에어로 포일의 압력중심은 어느 지점에 위치하는가?**

① Leading edge로 부터 Chord line의 30~40[%] 앞쪽
② Leading edge로 부터 Chord line의 50[%] 뒷쪽
③ Leading edge로 부터 Chord line의 30~40[%] 뒷쪽
④ Leading edge로 부터 Chord line의 50[%] 앞쪽

해설

**압력중심 위치**
Leading edge로 부터 Chord line의 뒷쪽 약 30~40[%]에 위치

**04 날개꼴(Airfoil)에서 날개 상 · 하면에 흐르는 공기 흐름으로 맞는 것은?**

① 윗면에서는 공기의 흐름이 빠르고, 아래 면에서는 공기의 흐름이 느리다.
② 윗면의 공기 흐름은 느린 반면에 아래 면의 공기 흐름은 빠르다.
③ 윗면과 아랫면 모두 공기의 흐름 속도는 같다.
④ 날개꼴과 관계없다.

해설

Airfoil의 Upper chamber 쪽은 길이가 길고 Lower chamber 쪽은 짧기 때문 에 유체가 양쪽을 같은 시간에 지나게 되면 상대적으로 경로가 긴 Upper chamber 쪽의 흐름이 빨라져 압력이 낮아지므로 양력이 발생

**05 날개꼴(Airfoil)에작용하는 양력과 항력이 작용하는 기준점으로 받음각이 변화하더라도 모멘트 값이 변하지 않는 점을 무엇이라 하는가?**

① 압력중심(Center of pressure)
② 공기력 중심(Aerodynamic center)
③ 양력 중심
④ 무게중심(Center of gravity)

해설

압력중심은 받음각 변화에 따라 이동하지만 공기력 중심은 모멘트 크기가 변하지 않는다.

**06 날개꼴(Airfoil)에서 실속(Stall)은 어떤 현상이 일어나는가?**

[정답] 02 ① 03 ③ 04 ① 05 ②

① 양력이 감소하고 항력이 증가한다.
② 양력과 항력이 증가한다.
③ 양력이 증가하고 항력이 감소한다
④ 양력과 항력이 감소한다.

해설

실속은 받음각이 일정 지점까지 증가하면 블레이드 윗면에서는 흐름이 원활하지 않아 표면에서 떨어지는 박리현상이 와류를 발생시켜서 층류 흐름이 손실되고 난류 공기 흐름이 증가하여 윗면에 압력 증가를 초래하여 양력이 감소하고 항력이 증가하는 현상으로 실속은 속도, 비행자세, 무게에 상관없이 항상 일정한 받음각에서 일어나는데 이때의 받음각을 임계 받음각(실속각)이라 한다.

**07 Main rotor blade 실속 속도(Stalling speed)는 언제 빨라지는가?**

① 헬리콥터 무게가 증가함에 따라 감소한다.
② 헬리콥터 무게 변화에 영향을 받지 않는다.
③ Main rotor blade 받음각하고는 무관하다.
④ 헬리콥터 무게가 증가함에 따라 증가한다.

해설

실속속도는 총 중량, 하중 계수, 전력 및 무게중심 위치와 같은 요소들에 의해 영향을 받는데 실속 속도는 무게가 증가함에 따라 증가하는데, 이는 날개가 주어진 비행 속도에 충분한 양력을 발생시키기 위해 더 높은 받음각으로 비행해야 하기 때문이다.

## 3. ANGLE OF ATTACK

**01 날개의 입사각(Angle of incidence) 설명 중 틀린 것은?**

① Chord line과 세로축에 평행하다.
② Chord line과 수직축에 평행하다.
③ Wing setting angle(날개 설정 각도)로써 변하지 않는다.
④ 메인 블레이드가 또는 테일 블레이드의 Chord line과 세로축이 이루는 각도

해설

입사각은 메인 로터 헤드에 장착 시 블레이드 장착 각도(Blade setting angle)를 말하며 이는 블레이드를 조절(Rigging)을 완료 했을 때 수평면 또는 항공기 중심선(세로축)과 메인 블레이드 또는 테일 블레이드의 Chord line과 이루는 각을 말한다.

**02 입사각(Angle of incidence)은 언제 받음각과 같은가?**

① 절대로 같을 수가 없다.
② 하강 중일 때
③ 상대 기류가 세로축에 평행인 경우
④ 상승 중일 때

해설

입사각은 메인 로터 헤드에 장착 시 블레이드 장착 각도(Blade setting angle)를 말하므로 상대 기류가 세로축에 평행인 경우 같다.

**03 블레이드의 받음각이 증가할 경우에 나타나는 현상은?**

① 양력만 증가 ② 양력과 항력이 증가
③ 항력만 증가 ④ 양력과 항력이 감소

해설

받음각이 증가하면 양력도 증가하지만 따라서 항력이 증가하여 메인로터 레이드 회전수를 감소시키므로 일정한 회전수로 돌아가야만 하는 헬리콥터서는 받음각 증가로 인한 회전수 감소를 유지하기 위해 자동으로 증가시키 장치가 Droop compensator system 또는 anticipator system이 있다.

[정답] 06 ① 07 ④ 3. ANGLE OF ATTACK 01 ② 02 ③ 03 ②

## 04 받음각이 "0"일 때 양력이 발생되는 경우는?

① 날개가 대칭형이다.
② 날개가 Camber를 갖고 있을 때
③ 날개가 양의 입사각을 갖고 있을 때
④ 날개가 양의 피치각을 갖고 있을 때

해설

Camber를 갖고 있으면 받음각이 "0"이어도 양력이 발생된다.

## 05 받음각(AOA)이 증가하여 흐름의 떨어짐(Separation) 현상이 발생하면 양력과 항력의 변화는?

① 양력과 항력이 모두 증가한다.
② 양력과 항력이 모두 감소한다.
③ 양력은 증가하고 항력은 감소한다.
④ 양력은 감소하고 항력은 증가한다.

해설

양력은 임계 받음각(실속각)까지는 양력이 증가하지만 초과하면 공기흐름이 Airfoil에서 박리되면서 실속에 도달하여 양력은 감소하고 항력이 증가한다.

## 06 헬리콥터의 메인 로터 블레이드의 회전면과 진행방향이 이루는 각을 무엇이라 하는가?

① 원추각 ② 코닝각
③ 받음각 ④ 피치각

해설

- 받음각은 공기역학적인 각으로 시위선과 상대풍 사이 각
- Blade angle(Incidence angle)은 회전면과 시위선 사이 각
- Pitch angle은 상대풍과 회전면 사이 각
- Blade angle은 기계적인 각(장착 시 설정)으로 Blade angle 증감은 Pitch angle도 같이 증감시키므로 동일시한다.

## 07 Blade의 받음각은 무엇인가?

① 시위선과 회전면 사이의 각도
② 회전축과 상대풍 사이의 각도
③ 시위선과 상대풍 사이의 각도
④ 시위선과 회전축 사이의 각도

해설

Airfoil leading edge 쪽으로 들어오는 공기흐름을 상대풍이라 하는데 헬리콥터에서는 Main rotor blade가 회전할 때 발생되는 상대풍을 회전 상대풍이라 하며 회전 상대풍은 유도흐름에 의해 변경되어 수평 및 수직 방향의 두 힘의 합성력을 합성 회전 상대풍이라 하며 일반적으로 헬리콥터에서는 Main rotor blade가 회전할 때 발생되는 합성회전 상대풍을 상대풍이라 하며 합성 회전 상대풍과 시위선과 이루는 각을 Angle of attack(받음각)이라 한다.

# 4. 날개꼴(Airfoil)에 작용하는 힘

## 01 다음 중 양력은 어느 방향에 수직으로 작용하는 공기역학적인 힘의 합인가?

① 중력에 대해
② 위쪽으로의 힘에 대해
③ 비행경로(공기흐름방향)에 대해
④ 수평선에 대해

해설

양력은 상대풍 흐름 방향에 수직인 힘으로 상대풍 흐름 방향에 평행한 항력이 발생되며 양력은 중력 방향이 아닌 흐름 방향으로 정의되기 때문에 중력에 대해 모든 방향이 될 수 있으며 직선 및 수평 비행으로 순항 할 때 대부분의 양력은 중력에 반대 방향으로 작용하지만 선회 시에 상승, 하강 또는 할 때 양력은 수직에 대해 기울어진다.

[정답] 04 ② 05 ④ 06 ④ 07 ③ 4. 날개꼴(Airfoil)에 작용하는 힘 01 ③

**02 다음 설명 중 맞는 것은?**

① 양력은 상대풍에 수직 상방으로, 중량은 수직 하방으로 작용한다.
② 양력은 날개 코드 라인(Chord line)에 직각으로 작용하고 무게는 수직으로 아래로 작용한다.
③ 양력은 날개 코드 라인(Chord line)에 수평으로 작용하고 무게는 수직으로 아래로 작용한다.
④ 양력은 상대풍에 수직 상방으로, 중량은 헬리콥터 중심선에 수평으로 작용한다.

해설

문제 1번 해설 참고

**03 다음 양력(Lift)에 대한 설명 중 틀린 것은?**

① 날개면적이 클수록 양력은 증가를 한다.
② 공기밀도가 높을수록 양력은 증가를 한다.
③ 대기속도가 증가할수록 양력은 증가를 한다.
④ 양력은 날개면적이 작고, 공기밀도가 낮을수록 증가를 한다.

해설

양력 발생 공식 $L=\frac{1}{2}C_L\rho V^2S$

**04 다음 양력에 관한 내용 중 틀린 것은?**

① 양력은 압력중심에 작용한다.
② 대기온도 상승은 양력을 감소시킨다.
③ 습도 증가는 양력을 감소시킨다.
④ 밀도가 증가하면 양력이 감소한다.

해설

양력은 밀도에 따라 변하는데, 습도가 높아지고 온도가 높아지면 밀도가 감소하며, 압력이 증가하면 밀도가 증가한다.

**05 Blade가 발생하는 양력 증가의 경우가 틀린 것은?**

① 공기 밀도와 블레이드 면적이 클수록 증가한다.
② 받음각이 클수록 계속 증가한다.
③ 블레이드 회전속도와 받음각이 클수록 어느 한계점까지 증가한다.
④ 블레이드 표면이 매끄러울수록 유해항력(Parastic drag)이 감소하여 양력이 증가한다.

해설

양력은 받음각이 증가할수록 증가하는데 어느 일정값 이상이면 항력만 증가하는 실속상태가 된다.

**06 양력에 영향을 미치는 모든 요인으로 맞는 것은?**

① 받음각, 속도, 날개 면적, 에어포일 형태, 공기 밀도
② 받음각, 공기 온도, 속도, 날개 면적
③ 받음각, 공기 밀도, 속도, 날개 면적
④ 받음각, 날개 면적

해설

문제 3번 해설 참고

## 5. 추력이론

**01 다음 중 헬리콥터 회전날개의 추력을 계산하는데 사용되는 이론은?**

① 엔진의 연료 소비율에 따른 연소 이론
② Main rotor blade coning angle의 속도변화 이론
③ Main rotor blade의 회전 관성을 이용한 관성 이론
④ Main rotor blade 회전면 앞에서의 공기유동량과 회전면 뒤에서의 공기 유동량의 차이를 운동량에 적용한 이론

[정답] 02 ① 03 ④ 04 ④ 05 ② 06 ① 5. 추력이론 01 ④

해설

**추력 이론**

- 운동량 이론에 의한 추력 산출
  메인 로터 회전면을 통과하는 전체 공기흐름의 운동량 차이에 의해 로터의 추력을 계산하는 방법으로 로터면 전체에 대한 개략적인 해석을 하는데 편리하다.
- 깃 요소 이론(Blade element theory)
  깃 요소에 대한 양력 및 항력을 적분하여 추력과 회전력(Torque)을 구하는 방법으로 깃의 형태와 회전조건에 따른 영향이 반영되므로 실제적인 로터 를 설계하거나 성능을 계산하는데 편리하다.
- 와류이론은 깃의 뒷전으로 떨어지는 와류에 의한 영향까지를 포함하여 깃에서 정확한 유도속도를 계산하는 방법이다.

**02** **헬리콥터 정지 비행 시 회전면에 의해 가속되는 유도속도가 $V_1$이라면 회전면 후방으로 가속된 공기의 압력이 대기압($P0$) 상태가 되었을 때 그 지점에서의 속도는 어떻게 되는가?**

① $V_2=V_1$ ② $V_2=2V_1$
③ $V_2=4V_1$ ④ $V_2=0$

해설

후류 속도는 유도 속도의 2배이다.
운동량 이론에서 헬리콥터가 정지 비행(Hovering) 상태이면 $F=T$이므로 $A\frac{1}{2}(v_3^2-v_0^2)=\rho Av_1(v_3-v_0)$이며,
상단 끝에 있는 공기는 움직임이 없기 때문에 $v_0=0$이므로 $v_3=2v_1$이 된다.

**03** **전진하는 회전날개 깃에 작용하는 양력을 헬리콥터 전진속도($V$)와 주 회전날개의 회전속도($v$)로 옳게 설명한 것은?**

① $(v+V)^2$에 비례한다.
② $(v-V)^2$에 비례한다.
③ $\left(\frac{v+V}{v-V}\right)^2$에 비례한다.
④ $\left(\frac{v-V}{v+V}\right)^2$에 비례한다.

해설

양력 발생 공식 $L=\frac{1}{2}C_L\rho V^2S$에서 헬리콥터는 전진속도와 회전속도의 합이므로 헬리콥터 양력은 (전진속도 $V$ + 회전속도 $v$)$^2$에 비례한다.

[정답] 02 ② 03 ①

# 4장 AIRFRAME & CONFIGURATION

## 1. STRUCTURE & STRESS

**01 헬리콥터 Main rotor blade에서 주로 받는 주요 응력(Stress)은?**

①굽힘력 ②인장력
③전단력 ④압축력

해설

Main rotor blade에서 주로 받는 응력은 양력과 무게에 의한 굽힘력이다.

**02 다음 응력에 대한 설명 중 틀린 것은?**

① 전단력은 서로 고정된 두 개의 금속 조각이 서로 반대 방향으로 미끄러 져 분리될 때 가해지는 응력이다.
② 굽힘력은 인장력과 압축의 조합으로 발생하며 굴곡부의 내부 곡선은 압축 응력이 작용하고 외부 곡선은 인장 응력이 발생한다.
③ 비틀림력은 뒤틀림에 대한 저항으로 회전축 중심에서는 최대이고 중심에서 멀어질수록 감소한다.
④ 압축력은 두 개의 힘이 같은 방향으로 서로를 향해 작용할 때 발생한다.

해설

비틀림력은 뒤틀림에 대한 저항으로 회전축이 회전할 때 회전축 내부에 비틀림 응력이 발생하며 회전축 중심에서는 크기가 "0"이고 중심에서 멀어질수록 증가한다.

**03 Semi-monocoque 구조에 대한 설명 중 틀린 것은?**

① 현재 항공기의 동체 구조로 가장 많이 사용
② Frame및 Bulk-head가 동체의 형태를 구성한다.
③ 길이 방향으로는 Longeron와 Stringer를 보강하여 골격을 형성한다.
④ 외피가 항공기의 형태를 유지하면서 하중의 일부분을 담당하지 않는다.

해설

Skin은 형태를 유지하면서 항공기에 작용하는 하중의 일부분을 담당한다.

**04 Monocoque structure에서 어떤 구조재가 대부분의 하중을 담당하는가?**

① Longerons ② Stringers
③ Skin ④ Spar

해설

Monocoque structure 특징

- Bulk-head와 Former 및 Skin으로 구성되어 응력 및 하중을 외피가 담당
- 장점은 내부 공간 마련이 용이하고 유선형으로 제작이 가능
- 단점은 강도에 대한 무게비가 크다.
- 작은 손상에도 전체 구조에 영향을 미치므로 동체 구조 형태로는 부적합.

**05 Semi-monocoque structure의 장점이 아닌 것은?**

① 최소 무게로 최대 강도를 보장한다.
② 가로방향 부재(Frame, Bulkhead), 세로방향 부재(Longeron, Stringer)는 굽힘 응력을 담당한다.

[정답] 4장 1. STRUCTURE & STRESS 01 ① 02 ③ 03 ④ 04 ③ 05 ④

③ 정밀공차 제작이 가능하며, 수리가 간단하다.

④ 모든 하중을 Skin이 담당한다.

해설

**Semi-monocoque structure 장점**

- 최소 무게로 최대 강도가 크다.
- 가로방향부재(Frame, Bulkhead), 세로방향부재(Stringer)로 구성되며 굽힘 응력 및 인장, 압축 등 기타 모든 하중을 담당하고 Gusset은 강도를 높이는데 사용된다.
- Skin은 일부 하중인 전단 응력 담당을 담당한다.
- 정밀공차 제작이 가능하며, 수리가 간단하다.

### 06 헬리콥터의 동체 구조물에 궁극적인 피로 수명에 영향을 좌우하는 것은 무엇인가?

① Flight Hours

② Max pressure Cycles

③ Landings Cycle

④ Starting Cycle

해설

비행시간이 많을수록 기체구조에 피로현상이 누적되므로 정기적인 주기검사를 실시한다.

### 07 Helicopter structure에 작용하는 주요 힘으로 이루어진 것은?

① Tension, Compression, Twisting, Shear

② Tension, Compression, Torsion, Strain

③ Tension, Compression, Torsion, Shear

④ Tension, Compression, Centrifugal force

해설

항공기에 작용하는 응력은 인장력, 압축력, 전단력, 굽힘력, 비틀림력이 있다.

### 08 기체 수리 방법 중에 Stop hole를 하는 이유는?

① 균열이 시작 후에 균열 확산 속도를 늦추기 위해

② 균열이 시작 후에 균열 확산 속도를 빠르게 하기 위해

③ 균열이 시작 전에 응력 분산 및 균열 확산 속도를 빠르게 하기 위해

④ 균열이 시작 전에 응력을 집중시키기 위해

해설

균열이 더 확산되지 않기 위해 원형으로 하여 응력을 분산시켜 균열 확산을 지연시킨다.

### 09 Stringer 구조재는 헬리콥터 어떤 동체 구조에서 사용되었는가?

① Semi-monocoque type

② Monocoque type

③ Truss type

④ Monocoque type과Truss type

해설

Longeron와 Stringer는 길이 방향 구조재로서 Semi-monocoque type에 사용되어 압축력과 인장력을 담당한다.

### 10 Semi-monocoque 구조에서 Buckling을 담당하는 구조재는 무엇인가?

① Frames ② Stringers

③ Bulkheads ④ Rib

해설

Buckling은 높은 압축 응력을 받았을 때 구조재 측면에 나타나는 현상으로 Stringer가 담당한다.

[정답] 06 ① 07 ① 08 ① 09 ① 10 ②

**11 헬리콥터의 구조물 중에 3차 구조를 옳게 설명한 것은?**

① 높은 응력을 받고 있으며, 파손될 경우 항공기의 고장 및 인명 손실을 초래할 수 있는 구조재이다.
② Fairing, Wheel shield, Bracket 등과 같이 가볍게 응력이 가해지는 구조재이다.
③ 높은 응력을 받지만 손상될 경우 항공기 고장을 일으키지 않는 구조재이다.
④ 적은 응력을 받지만 손상될 경우 인명 손실을 초래할 수 있는 구조재이다.

해설

- 1차 구조물
주요 하중을 지지하는 구조물로 파손되면 구조에 치명적인 손상을 초래하여 엔진 고장 또는 항공기 제어 기능 상실 및 탑승자의 인명 피해를 유발시킬 수 있다.
- 2차 구조물
파손되더라도 구조적 파손, 엔진 파워 및 제어 기능 상실 또는 탑승자의 인명 피해를 발생시키지 않는 구조물로 비교적 적은 하중을 담당하는 부분으로 손상되더라도 항공역학적인 성능 저하를 초래하나 바로 사고와 연결되지는 않는다.
- 3차 구조물
손상이 발생해도 안전에 큰 영향을 미치지 않거나 탑승자에게 상해를 입히지 않는 구조물로 페어링, 발판 등이 있다.

**12 Bending stresses는 어느 응력과의 조합으로 발생되는가?**

① Torsional과 Compression stresses
② Tension과 Shear stresses
③ Tension과 Compression stresses
④ Tension과 Torsional

해설

**Bending stresses발생**
인장력과 압축의 조합으로 발생하며 굴곡부의 내부 곡선은 압축 응력이 작용하고 외부 곡선은 인장 응력이 발생하는 것으로 중심선을 경계로 전단응력이 발생하는 복합응력이다.

## 2. 주요 구성품

**01 Tail rotor를 지지하는 Pylon의 목적은?**

① 전진 비행 시 헬리콥터 Rolling 및 방향 안전성을 향상시킨다.
② 전진 비행 시 헬리콥터 Drift 현상을 증가시킨다.
③ 전진 비행 시 Pitching 현상을 증가시킨다.
④ 전진 비행 시 Pitching 현상을 감소시킨다.

해설

**Pylon/Vertical stabilizer(수직 안정판)**
테일 로터 장착방향과 반대 방향으로 공기력(추력)을 발생하는 에어포일 형태의 수직 안정판을 장착하여 고속비행에서 테일 로터의 추력(Anti-torque)을 크게 줄일 수 있어서 메인 로터 시스템을 구동하는데 더 많은 엔진 출력을 사용할 수 있으며 방향 안정성 향상 및 Rolling 현상을 제어한다.

**02 Horizontal stabilator의 기능은 무엇을 위한 것인가?**

① 전진 비행 중에 동체의 과도한 Pitch up 현상을 방지하기 위해
② 전진 비행 중에 동체의 과도한 Pitch down 현상을 방지하여 세로 안정성을 증가시키기 위해
③ 제자리 비행 시에 Tail rotor 기능을 도와준다.
④ 전진 비행 중에 동체의 과도한 Rolling 현상을 방지하여 가로 안정성을 증가시키기 위해

해설

**Horizontal stabilator의 기능**
고속 전진 비행 시에는 로터 회전면의 기울기와 피칭 모멘트로 인해 기수가 낮아져서 불안정하므로 Tail boom쪽에 날개꼴(Airfoil)의 수평 안정판을 캠버가 아래로 향하게 장착하여 양력이 아래로 작용하는 하향력으로 기수 내림 현상(Nose down)을 상쇄시켜 세로 안정성(Longitudinal stability)을 증가시키는 역할을 한다.

[정답] 11 ② 12 ③ 2. 주요 구성품 01 ① 02 ②

## 03 Composite materials는 어떻게 전도성을 갖게 하는가?

① 전도성을 갖는 특수 Paint를 칠한다.
② Copper wire로 연결한다.
③ Aluminium wire로 연결한다.
④ 전도성을 갖는 모든 금속으로 연결한다.

해설

Composite materials은 전도성을 갖고 있는 특수 페인트를 칠한다.

## 04 다음 중 헬리콥터 위치를 나타내는 것 중 틀린 것은?

① Fuselage Station line은 Helicopter fuse-lage에서 세로방향
② Buttock line은 Helicopter fuselage 중심에서 가로방향
③ Water line은 Helicopter fuselage 중심에서 수직방향
③ Water line은 Helicopter fuselage에서 세로방향

해설

**동체 위치표시**

- FS(Fuselage Station)
  규정된 기준선으로부터 헬리콥터의 세로축 방향으로 떨어진 거리를 나타내며 기준선보다 앞쪽은 (-)값으로, 기준선보다 뒤쪽은 (+)값으로 표기한다.
- WL(Water Line)
  헬리콥터 아래쪽으로 일정 거리에 위치하는 지점의 수평방향의 축(Normal axis)을 기준선으로 하여 수직으로 위쪽 방향을 (+)로, 아래쪽 방향을 (-)로 한다.
- BL(Buttock Line)
  동체 세로방향으로의 중심선으로 부터 좌우로 떨어진 거리를 나타내며 중심선으로부터 좌측으로 측정되는 값을 LBL(-), 우측으로 측정되는 값을 RBL(+)로 표기한다.

## 05 ATA Zone NO를 바르게 표현한 것은?

① Lower fuselage-100
② Upper fuselage-300
③ Horizontal stabilator-400
④ Engine-700

해설

**ATA Zone No**

항공기의 정확한 위치를 알 수 있도록 사용하는 표기 방식으로서, Datum Line(기준선)을 기준으로부터 떨어진 거리를 [Inch] 또는 [mm] 단위로 표시한다.

- 100 : Lower Fuselage
- 200 : Upper Fuselage
- 300 : Empennage
- 400 : Powerplant & Nacelle Strut
- 500 : Left Wing
- 600 : Right Wing
- 700 : Landing Gear & Landing Gear Doors
- 800 : Doors로 나눌 수 있다.
  간혹 900번대가 있는데 이는 Lavatory 및 Galley로 구분되어 있습니다.

# 3. TAIL ROTOR SYSTEM CONFIGURATION

## 01 오토자이로가 헬리콥터처럼 공중에서 비행할 수 없는 비행의 종류는?

① 전진 비행 ② 하강비행
③ 상승비행 ④ 정지비행

해설

고정익처럼 전진 비행은 가능하나 메인 로터 블레이드는 전진 비행 시에는 무동력으로 회전하므로 양력 증가효과로 이·착륙거리가 단축되는 장점이 있으나 제자리 비행이 불가능하다.

[정답] 03 ① 04 ④ 05 ① 3. TAIL ROTOR SYSTEM CONFIGURATION 01 ④

**02 다음 중 제트 반동 회전날개 헬리콥터의 장점이 아닌 것은?**

① 토크 보상장치 불필요
② 동력 전달기구 복잡
③ 조종계통 간단
④ 저항이 적다.

해설

**Tip jet rotor**

메인 로터 블레이드 끝에 Ram jet engine을 장착하여 반작용으로 메인 로터 블레이드를 구동하여 비행을 한다.

▶ **장점**

- Ram jet 엔진에서 분출되는 연소가스 반동력을 이용하므로 Anti-torque 장치가 불필요 하다.
- Ram jet 엔진이므로 별도의 동력전달 장치 불필요 하다.
- 조종계통이 간단하며 동체 크기를 작게 할 수 있어 저항이 적다.

**03 동축 반전익(Coaxial rotor)의 장점이 아닌 것은?**

① 모든 메인 로터 블레이드가 많은 양력을 얻을 수 있어 동력 효율이 높다.
② 동일 축에 연결되어 조종계통이 단순하다.
③ 동체의 크기가 메인 로터 블레이드의 크기에 따라 결정되므로 출력에 비해 크기를 줄일 수 있다.
④ 지상안전에 위험요소 감소한다.

해설

**동축 반전익(Coaxial rotor)장·단점**

▶ **장점**

- 모든 메인 로터 블레이드가 많은 양력을 얻을 수 있어 동력 효율이 높다.
- 조종성이 우수하다.
- 동체의 크기가 메인 로터 블레이드의 크기에 따라 결정되므로 출력에 비해 크기를 줄일 수 있다.
- 지상안전에 위험요소 감소한다.

▶ **단점**

- 동일 축에 연결되어 조종계통이 복잡하다.
- 메인 로터 블레이드 회전에 의해 와류 발생으로 성능이 저하된다.
- 메인 로터 블레이드 회전에 의한 충돌을 방지하기 위해 기체 높이가 증가 한다.

**04 동축 역회전식 회전날개 헬리콥터에 대한 설명으로 가장 올바른 것은?**

① 두 개의 회전날개에서 발생되는 토크는 서로 상쇄된다.
② 동일한 축에 두 개의 주 회전 날개를 부착시키므로 조종기구가 간단해 진다.
③ 기체의 높이를 매우 낮게 할 수 있다는 점이 장점이다.
④ 조종성이 나쁘고 주회전 날개에 의해 발생되는 양력도 작은 것이 특징이다.

해설

동축 반전익(Coaxial rotor)은 동일 축에서 메인 로터 블레이드를 서로 반대방향으로 회전시켜 각각의 블레이드에서 발생되는 회전력를 상쇄시키는 방식이며 서로 다른 축에서 전, 후 방향(직렬식/Tandem rotor)에서, 좌, 우 방향(병렬식/Side by side rotor)에서 서로 반대방향으로 회전하여 Torque가 발생하지 않으면서 양력을 발생시킨다.

**05 헬리콥터의 진행방향에 대해 앞뒤로 회전날개를 설치한 것은?**

① 직렬 형　② 일회전 날개 형
③ 동축 역회전 형　④ 병렬 형

해설

**직렬식(Tandem rotor/앞, 뒤 회전)**

메인 로터 블레이드를 동체 앞과 뒤에 두고 각각의 회전방향을 반대로 하여 회전력을 상쇄하는 방식이다.

[정답] 02 ② 03 ② 04 ① 05 ①

▶ **장점**

- 동력효율이 높다.
- 무게중심의 이동범위가 커서 하중의 배치가 용이
- 앞, 뒤로 배열로 인해 세로 안정성이 좋다
- 대형의 수송헬기에 주로 사용된다.

## 06 직렬식 회전날개 헬리콥터의 특징으로 잘못된 것은?

① 세로안전성이 좋다.
② 무거운 물체운반에 좋다.
③ 가로안전성이 좋다.
④ 정면에서 본 단면적이 적다.

해설

문제 5번 해설 참고

## 07 직렬식 회전날개 헬리콥터의 장점이라고 할 수 없는 것은?

① 대형화와 중량물 운반에 적합하다.
② 세로 안정성이 좋다.
③ 동력 전달 기구가 단순하다.
④ 구조가 간단하고 기체의 폭이 작으므로 유해 항력이 작다.

해설

Dual rotor system은 Single rotor system보다 동력전달 계통이 복잡하다.

## 08 직렬식(Tandem rotor)에 대한 설명 중 틀린 것은?

① 메인 로터 블레이드를 동체 앞과 뒤에 두고 각각의 회전방향을 반대로 하여 회전력을 상쇄하는 방식이다.
② 동력효율이 높고 앞, 뒤로 배열로 인해 세로 안정성이 좋다.
③ 무게중심의 이동범위가 작아서 하중의 배치가 용이하다.
④ 메인 로터 블레이드가 많은 양력을 얻을 수 있어 동력 효율이 높다.

해설

무게중심 이동범위가 넓어 안정성이 높고 Torque를 상쇄시킬 필요가 없어 메인 로터 모두 양력 증가에 기여한다.

## 09 헬리콥터의 종류 중 회전날개의 방향에 대하여 좌·우로 배치하여 가로 안정성을 좋게 한 형식은?

① 단일 회전날개 헬리콥터
② 동축 회전날개 헬리콥터
③ 병렬식 회전날개 헬리콥터
④ 직렬식 회전날개 헬리콥터

해설

**병렬식(Side by side rotor/좌, 우 회전)**

메인 로터 블레이드를 동체 좌, 우에 두고 각각의 회전방향을 반대로 하여 회전력을 상쇄하는 방식이다.

▶ **장점**

- 가로 안정성이 좋고 동력을 모두 양력 발생에 사용한다.
- 기체길이를 짧게 할 수 있다.
- 좌우 메인 로터 블레이드에 의한 와류 현상이 적다.

## 10 병렬식 회전날개 헬리콥터의 장점 사항으로 틀린 것은?

① 가로 안전성이 매우 좋다.
② 기체의 길이를 짧게 할 수 있다.
③ 저속 수평비행 시 추가양력을 발생시켜 준다.
④ 수평비행 시 유도손실이 적다.

해설

문제 9번 해설 참고

[ 정답 ] 06 ③ 07 ③ 08 ③ 09 ③ 10 ③

**11 단일 회전날개 헬리콥터의 장점이 아닌 것은?**

① 조종계통이 간단하다.
② 출력계통 고장이 적다.
③ 조종성능이 비교적 양호하다.
④ 지상 작업자가 안전하다.

해설

**단일 회전날개 헬리콥터의 장점**

- 메인 로터 블레이드 회전력을 상쇄시키기 위해 메인 로터 중심축과 테일 로터 중심축과의 거리가 길어서 테일 로터 동력이 적어도 된다.
- 조종계통이 단순하여 고장율이 적다.
- 조종성이 양호하다.

**12 다음 중 단일 회전날개 헬리콥터의 단점이라고 볼 수 없는 것은?**

① 동력의 손실이 적다.
② 난기류와 측풍에 방향 유지가 어렵다.
③ 동체 크기와 무게에 대한 제한이 있다.
④ 지상안전에 위험요소 증가

해설

**단일 회전날개 헬리콥터의 단점**

- 동력의 손실이 크다.(양력 발생이 없으면서 최대 30[%] 소모)
- 지상안전에 위험요소 증가
- 동체 크기와 무게 제약
- 난기류와 측풍(Cross-winds)에는 테일 로터가 일정 방향을 유지하는 것이 어렵다.

**13 헬리콥터의 종류 중 꼬리회전날개(Tail Rotor)가 필요한 헬리콥터는?**

① 단일 회전날개 헬리콥터
② 동축 역회전식 회전날개 헬리콥터
③ 병렬식 회전날개 헬리콥터
④ 직렬식 회전날개 헬리콥터

해설

**Single rotor와 Dual rotor system 차이**

- Single rotor
  Main rotor system과 Tail rotor system으로 구성되어 Tail rotor 계통에서 Torque를 상쇄시키며 Single rotor 계통에는 Fenestron type, NOTAR type이 있다.
- Dual rotor system
  두 개의 Main rotor system이 서로 반대방향으로 회전하여 Torque를 상쇄시키는 것으로 Coaxial rotor type, Tandem rotor type, Side by side rotor type, Intermeshing rotor type이 있다.

**14 Single rotor의 장점이 아닌 것은?**

① 회전력 상쇄를 위해 메인 로터 중심축과 테일 로터 중심축과의 거리가 길어서 테일 로터 동력이 적어도 된다.
② 조종계통이 단순하여 고장율이 적다.
③ 조종성이 양호하다.
④ 동력 손실이 없다.

해설

Single rotor 계통에는 Torque를 상쇄시키는 Tail rotor 계통이 필요하므로 엔진 동력으로 회전시켜야 하므로 동력 손실이 있다.

**15 Fenestron(Fan-in-tail) 방식 설명 중 틀린 내용은?**

① 테일 로터 블레이드가 슈라우드(Shroud) 안에 있기 때문에 지상안전이 좋다.
② 비행 시 테일 로터 블레이드 팁 와류(Tip vortex) 손실이 감소하고 항력이 적다.

[정답] 11 ④ 12 ① 13 ① 14 ④ 15 ④

③ 8~18개의 블레이드가 불규칙한 간격으로 배열되어 있어 서로 다른 주파수로 소음이 분산된다.
④ 반대편의 블레이드와는 비대칭적으로 배열되어 있다.

해설

**Fenestron(Fan in tail/Shroud tail rotor type) 방식 특징**

- 테일 로터 블레이드가 슈라우드(Shroud) 안에 있어서 지상안전이 좋다.
- 비행 시 테일 로터 블레이드 팁 와류(Tip vortex)가 감소하여 항력이 적어서 최대 출력을 낼 수 있다.
- 덕트 팬(Duct fan)에는 8~18 개의 블레이드가 불규칙한 간격으로 반대편의 블레이드와는 대칭적으로 배열되어 있어 서로 다른 주파수로 소음이 분산되어 소음이 적다.
- 기존의 테일 로터 블레이드보다 작고 많은 수의 블레이드를 장착할 수 있어 높은 회전 속도를 허용한다.

## 16 Shrouded tail rotor(Fenestron) 설명 중 틀린 것은?

① 기류가 증가하여 방향타(Rudder)로 요를 제어할 수 있다.
② 피치 및 요를 제어한다.
③ Cyclic feathering의 필요성을 줄인다.
④ 비행 시 테일 로터 블레이드 팁 와류(Tip vortex)가 증가하여 항력이 커서 최대 출력을 낼 수 없다.

해설

문제 15번 해설 참고

## 17 NOTAR(No Tail Rotor) 방식 설명 중 틀린 내용은?

① 엔진에 의해 구동되는 Fan으로부터 나오는 저압의 대량의 공기를 Tail boom으로 공기를 밀어 넣고, 일부는 Tail boom 오른쪽의 slot에서 방출한다.
② Main rotor down-wash와 함께 Tail boom 측면에서 더 높은 속도와 낮은 압력을 발생시키고 Tail boom 왼쪽은 더 높은 압력으로 메인 로터 회전력 상쇄 및 방향 제어를 한다,
③ 유체가 평평한 표면 또는 곡면을 따라 흐르면서 주변의 유체를 끌어 들여 압력이 낮아지는 현상인 Coanda effect를 이용한다.
④ 가로 안정성이 좋아 대형 수송기에 적합하다.

해설

세로 안정성이 좋은 것은 세로방향이 긴 직렬식이며 가로 안정성이 좋은 것은 가로방향이 긴 병렬식이다.

## 18 다음 진동 흡수장치에 대한 설명 중 틀린 것은?

① Vibration absorber는 착륙 시 발생되는 충격하중 및 진동을 흡수하기 위한 Landing gear 계통의 Shock struts absorber가 있다.
② 착륙 시 충격으로 인해 발생된 진동 주파수와 동체의 고유 주파수가 서로 달라서 발생되는 진동을 Ground resonance이라고 한다.
③ Main rotor 계통에는 진동 흡수를 위한 Main rotor blade dampers, Elastomeric bearings, Bifilars 등이 있다
④ Vibration isolation은 Main rotor, tail rotor, main transmission 계통 및 Engine 계통에서 회전으로 인한 회전 부품의 진동이 동체에 직접 전달되지 않도록 진동 Energy를 분리시키는 방법이다.

해설

**Ground resonance**

완전 굴절식 로터 시스템에서 착륙 시에 고유 주파수와 메인 로터 블레이드 위상 불일치로 발생되는 진동수와 일치하면 기체 구조를 파괴시킬 정도의 진동으로 발전하는 것으로 착륙장치의 비대칭 지면 접촉이나 Lead-lag damper 불량,

[정답] 16 ④ 17 ④ 18 ②

Oleo strut 불량, Wheel Tire 압력 불일치할 때 발생할 가능성이 더 크며 2개의 블레이드가 있는 Semi-rigid head type에서는 발생하지 않으며 발생 시에는 재이륙하면 해소되므로 회전면을 안정화시킨 후에 착륙하여야 한다.

## 19 비상위치송신기 설명 중 틀린 내용은?

① 항공기에 의무적으로 설치해야 하며 고유 등록 정보인 항공기 기종, 소유자 및 연락처 정보 등을 식별하여 등록되어 있다.
② 신호는 세계적인 육상 해상 공중 재난구조 긴급통신 지원 계통의 위성으로 전 세계 어느 곳에서나 수신이 가능하여 항공기 수색 및 인명구조 작업을 목적으로 사용된다.
③ 항공기의 가로방향으로 장착되며 항공기 전기계통으로 작동된다.
④ G-force sensor는 항공기 사고 시 충돌과정에 5G 이상의 충격이 감지되면 자동으로 406.025[MHz] 주파수로 50초마다 신호를 전송한다.

해설

세로축 방향으로 장착되며 전기계통과 별도로 작동되는 독립적인 Battery 전원으로 작동하며 5G 이상의 충격에서 작동한다.

## 20 다음 설명 중 틀린 내용은?

① FDR은 항공기 사고 시 사고 조사와 재발 방지를 위한 원인규명을 위해 항공기 비행 상태, 엔진 작동 상태를 활주 시작부터 끝날 때까지 작동된다.
② FDR은 해저에서 위치 탐지가 가능하도록 37.5[khz] 저주파로 수면으로부터 수신이 가능 거리가 6km에 이르려야 한다.
③ CVR는 Parking brake off 시 자동으로 작동하며 운항 중에 발생된 조종사 교신 내용, 조종사 간 대화, 엔진 소음 및 각종 음성 및 음향 정보를 엔진 가동 시부터 정지 시까지 기록한다.
④ CVR는 데이터를 지우면서 기록하는 방식이며 사고 후 무의미한 소음도 기록하며 2시간의 정보를 유지하도록 한다.

해설

사고 후 무의미한 소음이 기록되지 않도록 사고 시에는 기록되지 않으며 2시간의 정보를 유지한다.

## 21 HEALTH AND USAGE MONITORING SYSTEM(HUMS)에 대한 설명 중 틀린 내용은?

① 헬리콥터의 비행임무에 따른 중요 부품의 상태를 감시하여 건강상태를 아는 방법으로 누적된 하중을 분석하여 안전성을 증가시킨다.
② 비행 하중 모니터링(FLM/Flight Loads Monitoring)은 Gear box bearing, Gear teeth 마모 상태, 동력전달 계통이나 회전계통에서 오는 진동에 의한 균열 등을 분석하여 다양한 구성 요소와 시스템의 상태를 점검한다.
③ 사용량 모니터링(Usage monitoring)은 비행 조건(Flight Condition Monitoring)과 비행 하중 모니터링(FLM)의 두 가지 유형이 있다.
④ 비행 조건 모니터링은 비행 중 발생하는 비행 조건을 결정함으로써 비행 조건과 그 결과로 오는 피로 손상 사이의 어떤 연관성을 찾는 방법이다.

해설

Health monitoring(HM/상태 모니터링)은 주요 구성품의 작동 및 진동 상태를 감시하는 것이고 비행 하중 모니터링(FLM/Flight Loads Monitoring)은 비행 중에 주요 구성품에 걸리는 부하가 어떤 영향을 미치고 있는가를 감시하는 방법이다.

[정답] 19 ③ 20 ④ 21 ②

## 22 번개 보호 장치(Lightning Strike Protection)에 대한 설명 중 틀린 것은?

① 낙뢰 시에는 높은 전압과 전류가 흘러 전기 및 전자시스템, 통신시스템, 엔진 제어 계통에 중대한 결함을 유발를 방지한다.
② 낙뢰 손상 부위는 보통 2곳 또는 그 이상의 장소에서 발생되는데 한 곳은 낙뢰가 들어 온 곳이고 다른 곳은 방전이 이루어진 곳이다.
③ 손상 형태는 보통 붉은 반점 형태로 표면이 변색된다.
④ 방지방법으로는 동체에 부분품 장착 시에는 전기적으로 접지(Electric bonding)를 시킨다.

해설

낙뢰 손상 부위는 보통 2곳 또는 그 이상의 장소에서 발생되는데 한 곳은 낙뢰가 들어 온 곳이고 다른 곳은 방전이 이루어진 곳이다.

**손상 형태**

- 보통 검은 반점 형태로 표면이 변색되거나
- 고열에 의해 구멍이 발생
- 타버리거나 일부분이 떨어져 나가는 손상(로터 블레이드, 스테빌라이저 등)

# 5장 WEIGHT & BALANCE

## 01 헬리콥터 무게와 평형에 대한 설명 중 틀린 내용은?

① 헬리콥터는 비행기보다 C.G 범위가 훨씬 더 제한적이다.
② 무게중심과 평형이 허용범위 밖에서 비행하여도 큰 문제가 없다.
③ 세로방향 및 가로방향의 C.G 제한이 있다.
④ 비행 성능은 총 중량 및 무게중심의 위치에 따라 영향을 받는다.

해설

운용범위를 초과 운용 시에는 이, 착륙속도 및 거리 증가, 상승률 및 상승각 감소, 항속 거리 감소, 순항 속도 감소, 실속 속도 증가와 같은 취급 특성(Helicopter's handling characteristics)이 변하기 때문에 벗어나서 비행해서는 안 된다.

## 02 중량에 대한 용어 정의 중 틀린 내용은?

① 최대허용총중량(Maximum Gross Weight)은 헬리콥터 자체의 중량과 가용하중을 합한 중량으로 항공기가 실제로 비행하는 중량이다.
② Maximum empty weight(MEW)은 제작사에 의해 설정된 항공기의 기본 구조인 엔진 및 동체 등의 중량을 나타낸다.
③ 기본적인 장착/장탈 품목인 Standard Items (Fixed equipment, Fuel, Operating fluids)을 추가한 것이며 무게와 평형 측정 시 기본이 되는 중량이므로 주기적인 정기계측을 통해 관리한다.
④ Standard items(표준 물품)은 헬리콥터 구성 요소로서의 부품으로 간주되지 않는 장비품 및 유체 등을 포함하지 않는다.

[정답] 22 ③ 5장 01 ② 02 ④

해설

**Standard Items에 포함되는 것**

- 사용 불가능한 연료 및 기타 사용 불가능한 액체
- 엔진 오일
- 화장실 액체 및 화학물질
- 소화기, 조명탄, 및 비상용 산소 장비품
- 주방(Galley), 찬장(Buffet), 및 바(Bar)의 구조물
- 보조용 전자 장비품

**03 Takeoff Weight(TOW)에 대한 설명 중 틀린 것은?**

① ZFW(Zero Fuel Weight/무연료중량)에 이륙 시 탑재되는 연료량 (Takeoff Fuel)을 뺀 것으로 이륙 할 수 있는 최대 중량이다.
② 활주로의 해면고도, 기압, 기온, 습도, 풍향, 엔진 출력 및 양력에 영향을 미친다.
③ 총 중량에서 비행준비 및 지상 활주에 사용되는 연료와 윤활유의 무게를 뺀 무게 또는 항공기 자체 중량(Empty weight)에 가용 하중(Useful load)을 더한 무게이다.
④ Maximum Takeoff Weight(MTOW/최대 이륙중량)를 초과해서는 안 된다.

해설

Takeoff Weight = ZFW + TAKEOFF FUEL

**04 Center of gravity(C.G/무게중심)에 대한 설명 중 틀린 것은?**

① 헬리콥터에 작용하는 세 개의 축이 만나는 점이 되며 균형이 이루어지는 평형점을 말한다.
② 제자리 비행 시에 무풍일 때는 무게균형이 안 맞아도 수평유지가 수월하다.
③ Single main rotor인 경우에는 Main rotor mast (Hub/Head 중심) 부근이 C.G 위치이다.
④ 무게중심을 기준선으로 잡으면 앞쪽과 뒤쪽의 무게가 같아서 모든 모멘트의 합의 "0"이 되는 위치이다.

해설

헬리콥터의 무게와 평형은 비행자세, 바람의 영향을 불문하고 세로방향과 가로방향이 한계치 이내에 있어야 한다.

**05 무게중심이 압력중심 후방 쪽에 있는 경우 나타나는 현상은?**

① 항공기가 압력중심 앞으로 작용하는 공기역학적 힘인 Yaw을 발생한다.
② 양력의 변화는 양력 변화를 증가시키는 피칭 모멘트를 생성한다.
③ 항공기가 옆으로 미끄러질 때(Sideslips), 무게중심은 기수가 Sideslips으로 돌리게 하여 복원 모멘트를 적용한다.
④ 기수 상향 현상이 양력을 더욱 감소시킨다.

해설

양력의 변화는 양력 변화를 증가시키는 피칭 모멘트를 발생하는데 무게중심이 압력중심에서 후방으로 있을 경우(정상적이지는 않지만) 기수 상향이 양력을 더욱 증가시킨다.

**06 무게중심이 전방 쪽에 있으면 착륙 시 항공기에 어떤 영향을 미치는가?**

① Stall 속도를 증가시킨다.
② Stall 속도를 감소시킨다.
③ 착륙 시에는 아무런 영향도 없다.
④ 이륙 시에는 아무런 영향이 없다.

해설

무게중심이 전방 쪽에 있으면 기수 하향 현상이 발생하므로 기수 상향을 위해서는 헬리콥터 후미 부분이 더 많이 내려와야 되므로 날개 하중을 더 증가시켜 헬리콥터는 더 높은 속도에서 실속이 일어난다.

[정답] 03 ① 04 ② 05 ② 06 ①

## 07 비행 중에 무게중심이 변하는 중요 원인 중 맞는 것은?

① 승객 이동 ② 연료 및 오일 소모
③ 화물 이동 ④ 변화가 없다.

해설

연료와 오일 소비는 비행 중에 무게중심을 움직이게 한다.

## 08 무게중심(CG/Center of Gravity limit) 한계와 안정성에 대한 설명 중 틀린 것은?

① 무게중심 위치와 실제 무게중심 위치 사이의 거리를 무게중심 한계라고 하며 안정적으로 작동하려면 무게중심 여유가 양수(+)이여야 한다.
② 무게중심이 뒤에 있으면 수평 안정판 기능이 떨어져서 헬리콥터가 작은 제어 움직임에 너무 크게 반응하므로 안정성이 증가한다.
③ 무게중심이 앞에 있으면 안정성이 너무 커서 조종간을 최대로 움직여도 원하는 비행 자세를 유지할 수 없다.
④ 무게중심은 모멘트가 작용하는 점으로 앞쪽 무게중심 한계(Forward CG limit)는 뒤쪽 무게중심 한계(AFT CG limit) 보다 크다.

해설

무게중심이 뒤에 있으면 수평 안정판 기능이 떨어지므로 작은 제어 움직임에 너무 크게 반응하므로 안정성이 떨어진다.

## 09 아래의 도표와 같을 때 무게중심을 구하시오.

| | 평균 무게 | Jack point |
|---|---|---|
| Nose | 550 | FS 2900 BL 0.0 |
| Main L/H | 280 | FS 6000 BL −600 |
| Main R/H | 260 | FS 6000 BL +600 |

해설

**모멘트=무게×거리**

ⓐ Fuselage Station 무게중심(세로방향)
(5,500×2,900)+(2,800×6,000)+ (2,600×6,000)
=(10,900×arm)
(15,950,000+16,800,000+15,000,000)=(10,900×arm)
47,750,000=(10,900×arm)
arm=4,380.7[mm]

ⓑ Buttock Line 무게중심(가로방향)
(5,500×0)+(2,800×(−600))+(2,600×600)
=(10,900×arm)
(0)+(−1,680,000)+(1,560,000)=(10,900×arm)
−120,000=(10,900×arm)
arm=−9.3[mm]

ⓒ 무게중심 위치
헬리콥터 총 무게는 10,900[lb] 이고,
무게중심은 FS : 4,380.7[mm], BL : −9.3[mm]에 위치하고 있다.

[정답] 07 ② 08 ② 09 무게중심은 FS : 4,380.7[mm], BL : −9.3[mm]에 위치

## 6장 LANDING GEAR SYSTEM

**01 과도한 착륙 중량으로 착륙 시에 나타나는 현상은?**

① 착륙 시 과도한 연료 소모 감소
② 착륙 시 무게중심이 이동한다.
③ 착륙 시 운동에너지가 너무 많다.
④ 착륙 시 과도한 오일 소모

해설

**Landing gear 기능**

- 지상에서 헬리콥터 정적 하중을 지지
- Main rotor 회전 시에 발생되는 지상진동을 완화
- 이, 착륙 시 또는 지상 활주 시에 Rolling 발생을 억제하여 안정적인 자세를 제공
- 착륙 시 수직 속도 성분인 운동에너지를 흡수하여 충격을 흡수하고, 제동 및 조향 기능을 제공

**02 헬리콥터의 스키드 기어형 착륙장치에서 스키드 슈(Skid-shoe)의 사용 목적을 가장 올바르게 표현한 것은?**

① 휠(Wheel)을 스키드에 장착할 수 있게 하기 위해
② 회전날개의 진동을 줄이기 위해
③ 스키드가 지상에 정확히 닿게 하기 위해
④ 스키드의 부식과 손상의 방지를 위해

해설

**Skid shoe**

Auto-rotations 시 또는 Running landings 시에 Landing gear skid 손상을 방지하며 거친 지형에 착륙할 때 움푹 패이거나 구부러지는 것을 방지한다.

**03 Wheel type 착륙장치에 대한 장점 설명 중 틀린 것은?**

① 공기 저항을 줄이고 순항 속도를 높일 수 있다.
② 늪지 같이 단단하지 못한 지역에서도 착륙이 가능하다.
③ 높은 충격 강도를 견딜 수 있다.
④ 지상 이동 시에는 자체 바퀴로 이동할 수 있다.

해설

단단하지 않은 지역에서 헬리콥터 무게가 Wheel 쪽으로 집중되어 이륙이불가능 할 수 있으므로 주의해야 한다.

**04 헬리콥터 착륙장치 중에서 수면위에서 사용하는 형식은?**

① Float type ② Ski type
③ Wheel type ④ Skid type

해설

**Float type**

수면에서 이 · 착륙을 할 수 있도록 스키드에 질소 가스로 충전된 Rubber tube를 사용되며 Fixed type과 Inflated type이 있다.

**05 Oleo landing gear에 사용되는 작동유 선택 시 고려사항은?**

① Seal 재질의 유형
② 시스템 작동 시 발생하는 열
③ 가장 쉽게 사용할 수 있는 유체 유형
④ 시스템 작동 시 발생하는 압력

해설

올레오 스트럿의 유체 유형은 작동 시 발생하는 열에 따라 달라진다.

[정답] 6장 01 ③ 02 ④ 03 ② 04 ① 05 ②

## 06 Landing gear 구성품 설명 중 틀린 것은?

① Centering cam은 Landing gear가 접히기 전에 Wheel을 Up 위치로 정렬한다.
② Torque link의 한쪽 끝은 고정된 상단 Cylinder에 연결되고 다른 쪽 끝은 하부 Cylinder(Piston)에 장착되어 회전을 방지한다.
③ Shimmy damper는 이, 착륙 시 또는 지상 활주 시에 지면과 바퀴 밑면의 가로축 방향의 변형과 Wheel이 좌우방향으로 진동을 발생하는 현상을 흡수한다.
④ Trunnion은 Retraction 및 Extension 시에 Lan-ding gear가 회전하는 것을 방지한다.

해설

**Trunnion**

Retraction 및 Extension 시에 Bearing, Bushing에 의해 Landing gear가 회전할 수 있도록 한다.

## 07 Brake de-booster valve의 기능은?

① 압력을 증가시키고 브레이크를 빠르게 적용한다.
② 브레이크 압력을 천천히 가하고 브레이크를 빠르게 해제한다.
③ 압력을 감소시키고 브레이크를 천천히 해제한다.
④ 브레이크 압력을 빠르게 가하고 브레이크를 천천히 해제한다.

해설

Brake de-booster valve는 작동 시에는 압력을 천천히, 해제 시에는 압력을 빨리 해제시킨다.

## 08 Brake system에서 나타나는 Spongy 현상의 원인은?

① 계통 내부에서 작동유 누출
② 계통에 공기가 있을 때
③ 계통 외부에서 작동유 누출
④ 작동유 부족

해설

유압계통에서 계통내에 공기가 차면 작동 시에 압력전달이 제대로 안 되는 현상으로 공기를 제거하는 작업을 Air bleeding이라 한다.

## 09 타이어(Tire) 보관 방법으로 틀린 것은?

① 어둡고 직사광선, 습기, 오존을 피해야 한다.
② 습한 공기는 산소와 오존의 공급을 증가시켜 고무의 수명을 단축시키므로 피해야 한다.
③ 가능한 Tire rack에 수직으로 세워서 보관해야 한다.
④ 가능한 Tire rack에 수평으로 세워서 보관해야 한다.

해설

**Tire 보관 방법**

- 이물질을 제거하기 위해 세척을 한다.
- 균열 및 찌어짐 등과 결함을 확인한다.
- 고무재질이므로 직사광선을 피하고 그늘진 곳에 보관한다.
- Tire rack에 수직으로 보관하는 이유는 지면에 닿는 면적을 최소화하여 Stress, 찌그러짐 방지를 위함 이다.

## 10 Tire 공기압이 너무 높으면 손상될 수 있는 부품은?

① Wheel Hub ② Wheel Flange
③ Brake Drum ④ Brake disk

해설

Tire압력이 높으면 직접 접촉되는 Flange부분에 응력이 발생한다.

[정답] 06 ④ 07 ② 08 ② 09 ④ 10 ②

**11 Tire specification에서 32×10.75-14에서 10.75가 의미하는 것은?**

① Overall diameter
② Section Width
③ Bead diameter
④ Section length

해설

- 첫 번째 숫자는 Tire diameter
- 두 번째 숫자는 Section Width
- 세 번째 숫자는 Rim diameter를 표시한다.

**12 Shock absorber의 Flutter plate의 목적은?**

① 압축 중에 오일이 자유롭게 흐르게 하고 팽창 중에 오일 흐름을 제한한다.
② 공기 압축을 제한한다.
③ 오일을 공기와 분리한다.
④ 압축 중에 오일을 공기와 분리하고, 팽창 중에 오일과 공기를 혼합시킨다.

해설

압축 시에는 작동유 흐름을 좋게 하고 팽창 중에 오일 흐름을 제한한다.

**13 Oleo-pneumatic shock strut 작동원리를 설명한 것 중 틀린 것은?**

① 상부 Cylinder는 동체에 고정되어 움직이지 않고 하부 Cylinder 상부 Cylinder의 내부로 자유롭게 움직인다.
② 하부 Chamber는 질소로 채워지고 상부 Chamber는 작동유가 채워진 두 개의 Chamber로 구성된다.
③ 압축 행정 시에는 2개의 Cylinder 사이에 위치한 Orifice는 하부 Chamber로 부터 상부 Cylinder chamber로 들어가기 위한 유체 통로를 제공한다.
④ 팽창 행정 시에는 상부 Cylinder의 압축공기에 저장된 Energy는 하부 Cylinder가 내려올 때 작동유는 Orifice를 통해 하부 Cylinder로 내려간다.

해설

Upper cylinder에는 질소가, Lower cylinder에는 작동유로 채워진다.

**14 Landing gear shock strut fluid level 확인 절차로 맞는 것은?**

ⓐ 동체를 들어 올린 후에 상부 실린더 상단에 있는 Air valve를 열어 공기를 빼낸다.
ⓑ 공기(질소)로 Strut를 지정된 압력까지 팽창시킨다.
ⓒ Filler valve에 튜브를 장착하고 Strut을 압축 및 팽창시켜 작동유를 적절한 수준까지 채운다.
ⓓ Air valve를 잠금 후에 Strut의 누출 및 적절한 확장 여부를 검사한다.

① ⓐ, ⓒ, ⓑ, ⓓ ② ⓒ, ⓑ, ⓐ, ⓓ
③ ⓒ, ⓐ, ⓑ, ⓓ ④ ⓐ, ⓓ, ⓒ, ⓑ

해설

**작동유 보급절차**
① Jacking 작업으로 동체를 들어 올린 후에 Air valve를 열어 공기(질소)를 제거
② Filler valve를 통해 Strut을 압축 및 팽창시켜 작동유를 적절한 수준까지 채운다.
③ 공기(질소)로 Strut를 지정된 압력까지 팽창시킨다.

[정답] 11 ② 12 ① 13 ② 14 ①

## 15 Landing Gear drag braces에 대한 설명 중 틀린 것은?

① Drag braces는 상·하부 Brace로 구성되며, Land-ing gear retraction 시 Brace가 착륙 및 지상에서 Retraction 상태를 유지하도록 한다.

② 상부 Brace는 동체 구조에 장착되어 Trunnion을 중심으로 회전하며 하부 Brace는 Shock strut outer cylinder의 하부에 연결된다.

③ Side brace(link)/Side struts는 착륙 기어를 안정화시키고 항공기를 세로방향으로 지지한다.

④ Over-center link는 Drag braces의 중앙 피벗 조인트에 압력을 가하여 Drag braces와 Side brace를 Down 및 Locked 위치에 고정한다.

해설

- **Drag braces(Drag link/Drag struts) 기능**
  착륙 기어를 안정화시키고 항공기 구조를 세로방향으로 지지한다.
- **Side brace(Link)(Side struts) 기능**
  착륙 기어를 안정화시키고 항공기를 가로방향으로 지지한다.

## 16 Landing gear 구성품에 대한 설명 중 틀린 것은?

① Torque link의 한쪽 끝은 고정된 상단 Cylin-der에 연결되고 다른 쪽 끝은 하부 Cylinder에 장착되어 회전을 방지한다.

② Torque link는 Piston 공회전을 방지하고 Cylinder와 바퀴를 일직선으로 유지한다.

③ Shimmy damper는 가로축 방향의 변형과 Wheel이 좌우방향으로 진동 발생하는 현상을 완화시킨다.

④ Trunnion는 Retraction 및 Extension 시에 Bearing, Bushing에 의해 Landing gear가 회전하는 것을 방지한다.

해설

**Trunnion 기능**

Landing gear를 동체에 연결시키며 Retraction(수축) 및 Extension(연장) 시에 Bearing에 의해 Landing gear가 회전하면서 접히고 펼수 있도록 한다.

## 17 다음 설명 중 틀린 것은?

① Thermal relief valve는 OAT가 높을 때 High pressure line에서 작동유가 팽창할 경우 남아도는 양을 다시 Pump inlet로 보낸다.

② Emergency free fall gear valve는 Lading gear가 내려오지 않을 때 수동으로 Landing gear가 내려오도록 한다.

③ Electro-selector valve는 Utility system에서 유압 공급을 받고 Landing gear의 Retraction 및 Extension을 위해 3개의 Landing gear actuators에 작동유를 공급하며 Valve 위치는 중립에 있다.

④ Landing gear lever를 위로 올리면 Up limit switch에 의해 Landing gear position light가 꺼지고 Un-safe light에 붉은색 Light가 꺼진다.

해설

**Thermal relief valve**

OAT(Outside Air Temperature)가 높을 때 High pressure line에서 작동유가 팽창할 경우 남아도는 양을 다시 Reserver로 보내는 역할을 한다.

[정답] 15 ③ 16 ④ 17 ①

**18** **Landing gear safety devices에 대한 설명 중 틀린 것은?**

① Landing gear position indicators는 Instrument panel의 Gear selector handle 부근에 위치하며 조종사에게 각 Landing gear마다 위치를 알려준다.
② Gear warning horn은 착륙 시에 착륙 장치가 내려가지 않고 잠길 때(Landing gear가 수축 상태) 경고음이 울린다.
③ Ground locks은 지상에 있는 동안 착륙 장치가 Down위치에서 Lock 상태를 유지시키기 위해 Lock pin으로 고정하는 이중 안정장치이다.
④ Squat switch는 Landing gear strut의 Extension 또는 Retraction에 따라 Open, Close 되는 Switch이며 지상에서 Landing gear up 되는 것을 방지 목적으로 Squat switch가 Close 된다.

해설

- Ground condition
  Main landing gear up을 방지 목적으로 Landing gear strut가 Compression되면 Squat switch가 Open된다.
- Air condition
  Main landing gear up을 목적으로 이륙 후에 Main landing gear strut가 Extension되어 Squat switch가 Close된다.

**19** **Landing gear position indicators 표시 내용 중 틀린 것은?**

① Green light on은 Landing gear down 후 Locked 상태이다.
② Red light on은 Landing gear가 위치선정이 안되어 있을 때이다.
③ No light는 Landing gear up 후 Locked 상태이다.
④ Yellow light는 Landing gear up, Down 상태가 진행 중일 때이다.

해설

Landing gear position indicators

- Green light on : Landing gear down 후 Locked 상태
- Red light on : Landing gear가 위치선정이 안되어 있을 때
- No light : Landing gear up 후 Locked 상태

[정답] 18 ④ 19 ④

# HELICOPTER GENERAL

# Chapter 02

## FLIGHT PRINCIPLE & CONTROL & ATTITUDE



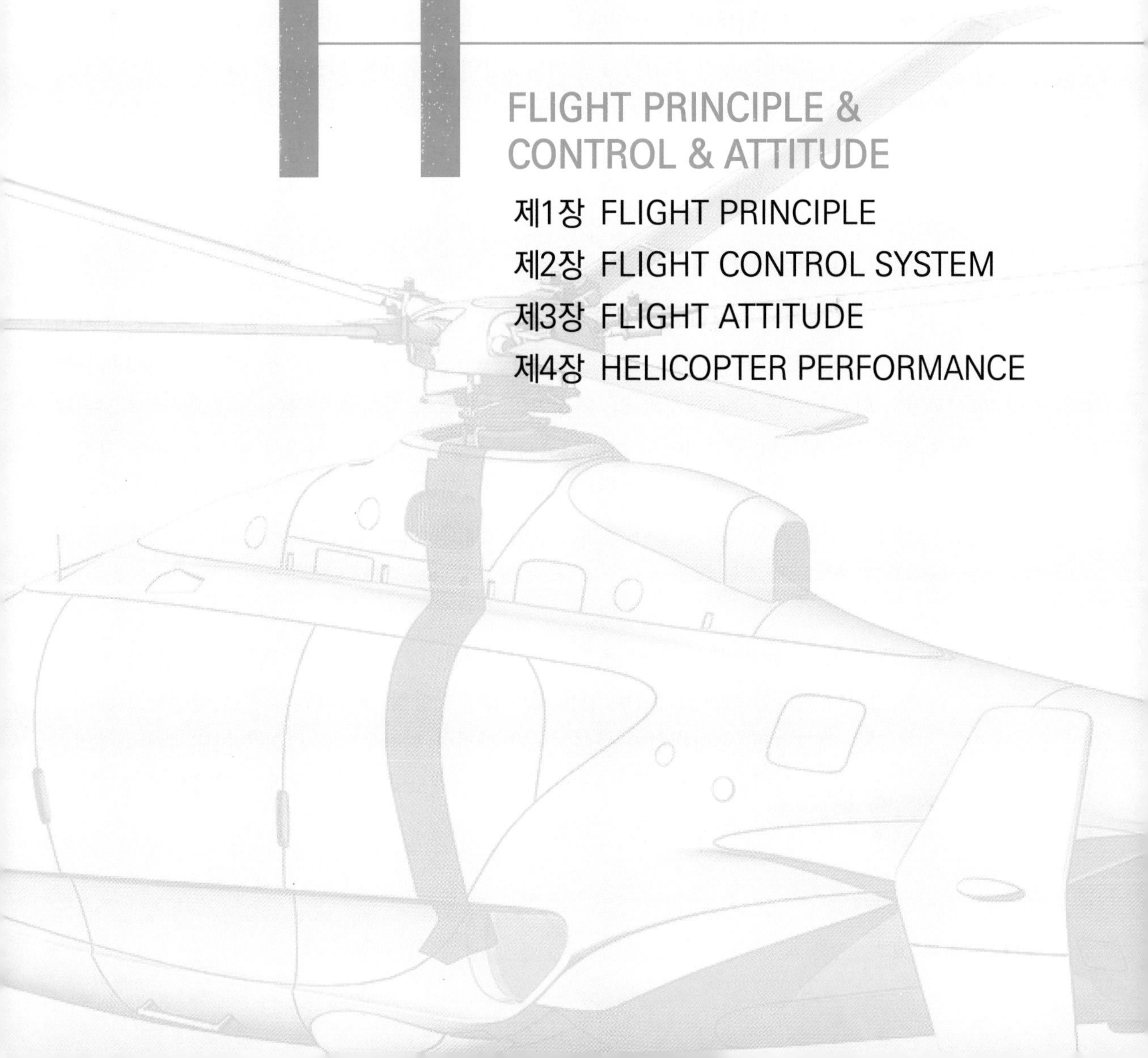

# 01 헬리콥터 비행특성

헬리콥터에 작용하는 주요 힘으로는 양력, 추력, 항력, 중량의 4가지 힘이 작용하는 것은 고정익과 같으나 양력을 발생시키는 Main rotor blade(고정익의 날개 역할)를 일정한 속도로 회전시키는 회전력이 있으며 또한 헬리콥터는 비행방향과 같은 방향으로 회전하는 Advancing blade(전진익)은 Blade tip쪽에서 공기의 고속흐름으로 인해 발생되는 공기 압축성 효과와 고속 비행 시에는 음속에 가까워져 충격파로 인한 실속이 발생하고 비행방향과 반대 방향으로 회전하는 Retreating blade(후퇴익)에서는 공기의 역방향 흐름으로 인해 발생되는 양력 불균형을 해소하기 위해 받음각을 증가시켜야 하므로 공기흐름의 역류현상으로 동적 실속이 발생되고, 앞서가는 Blade 와류가 다음에 다가오는 Blade에 공기흐름을 간섭하게 되는 Blade−vortex interaction(선행, 후행 Blade간 와류 간섭현상)이 일어나며 하나의 Blade가 회전방향과 비행방향이 같을 때와 다를 때가 교대로 일어나며 블레이드 회전으로 일어나는 소음발생과 동체 진동으로 인한 부품의 피로 수명에 영향을 끼치고 승객과 조종사의 탑승감에 악영향을 주므로 고정익과 달리 여러 비행특성이 발생되므로 헬리콥터는 비행원리 및 비행자세 제어 방법이 다르다.

## 1. 고정익과 헬리콥터의 차이

고정익은 날개가 동체에 고정되어 항공기 전진속도에 의해 날개의 위, 아래면에서 공기압력 차이로 발생되는 양력으로 비행을 하나, 회전익(Rotary wing)은 엔진의 힘으로 Main rotor blade를 회전시키는 회전속도에 의해 날개의 위, 아래면의 공기압력 차이로 양력이 발생되므로 전진속도 없이 회전속도만 있으면 제자리에서 비행(Hovering)을 할 수 있는 장점이 있으며, 또한 고정익 익형은 압력 중심이 받음각에 따라 변하는 비대칭 익형인데 반해 회전익 익형은 압력중심이 변하지 않는 대칭 익형을 사용하고 있으나 현재는 복합소재(Composite material)개발로 비대칭 익형도 사용하기도 한다.

> **참고** 고정익, 회전익, Propeller airfoil의 차이점은 고정익은 비대칭형 날개가 동체에 고정되어 일정한 속도로 전진비행을 하면 수직방향의 공기력인 양력을 발생하고 회전익은 대칭형 또는 비대칭형 블레이드가 일정한 회전속도로 회전을 하면 수직방향의 공기력인 양력을 발생시키며 Propeller는 날개모양의 프로펠러를 회전시켜 수평방향의 공기력인 추력을 발생시킨다.

## 02 Main Rotor Blade 회전운동 시 발생되는 현상

### 1. Rotational Velocities(회전속도/RPM)

Main rotor blade가 회전할 때의 회전수를 말하며, Main rotor blade에 걸리는 부하에 상관없이 항상 일정하고 Main rotor drive shaft(회전축)의 중심으로 부터 날개 끝 쪽으로 갈수록 회전속도는 빨라진다.

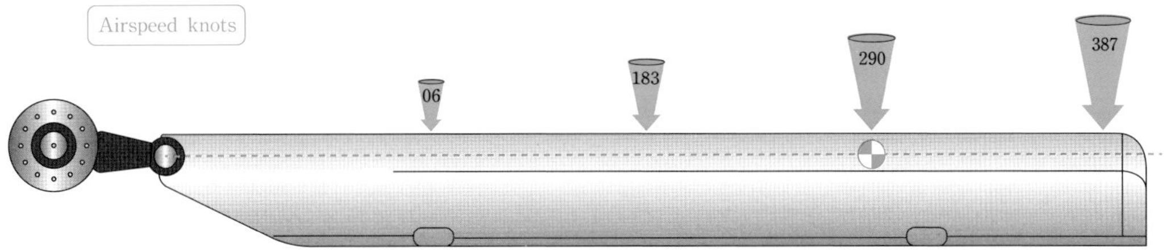


[그림 1-1]

### 2. Indused flow(유도흐름) 또는 Down Wash(내리흐름) 발생

Main rotor blade가 회전 시에는 Blade 상부에서 내려오는 공기흐름은 Blade root 쪽에서 Tip 쪽으로 따라 흐르는 기류의 영향을 받아서 수직 하방으로 흐르는 공기흐름을 유도흐름(내리흐름)이라 하며, 유도흐름이 수직적으로 흐를수록 유도흐름 속도가 커져서 받음각이 감소하는 효과와 수평적으로 흐를수록 유도흐름 속도가 작아서 받음각이 증가하는 효과가 있다.

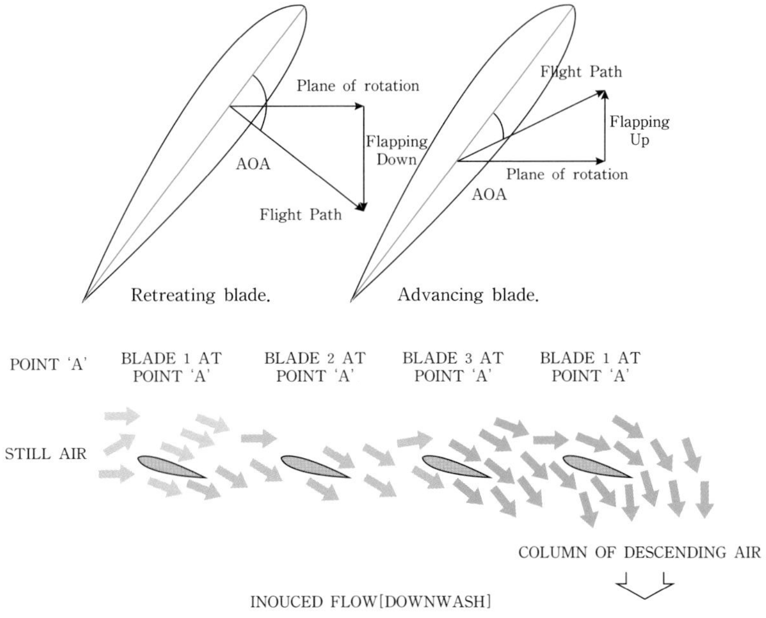


[그림 1-2]

### 3. Rotational Relative Airflow(회전 상대풍)/Resultant Relative Wind(합성 상대풍)

Airfoil leading edge 쪽으로 들어오는 공기흐름을 상대풍이라 하는데 헬리콥터에서는 Main rotor blade가 회전할 때 발생되는 상대풍을 회전 상대풍이라 하고 회전 상대풍이 유도흐름에 의해 변경되어 수평 및 수직 방향의 두 힘의 합성력을 합성 회전 상대풍이라 하며 일반적으로 헬리콥터에서는 Main rotor blade가 회전할 때 발생되는 합성회전 상대풍을 상대풍이라 한다.

합성 회전 상대풍과 시위선과 이루는 각을 Angle of attack(받음각)이라 한다.

### 4. Blade Tip Vortex(날개 끝 와류)

Blade 회전 시에 공기흐름은 Blade tip 쪽에서는 압력이 높은 아랫면의 공기가 압력이 낮은 윗면으로 유입되어 양력을 발생시키는데 유도흐름 영향으로 Blade trailing edge 쪽에서는 Blade의 저압 영역(윗면)에서 고압 공기가 형성되어 Blade tip 쪽 공기흐름이 아래에서 위로 올라가지 못하고 나선형의 날개 끝 와류를 형성하여 아래로 떨어지는 현상을 말한다.

Blade tip vortex는 원점에서 멀어질수록 속도가 감소되며 제자리 비행 시에는 한 회전의 와류가 다음 회전의 와류와 서로 부딪혀 파괴되면서 Blade tip vortex를 연속적으로 발생시켜 소용돌이가 고르지 못한 비정상 흐름 상태를 유발하여 유도 속도에 영향을 주므로 제자리 비행을 유지하기 위한 자세를 수정해야 하므로 출력을 증가시켜야 한다.

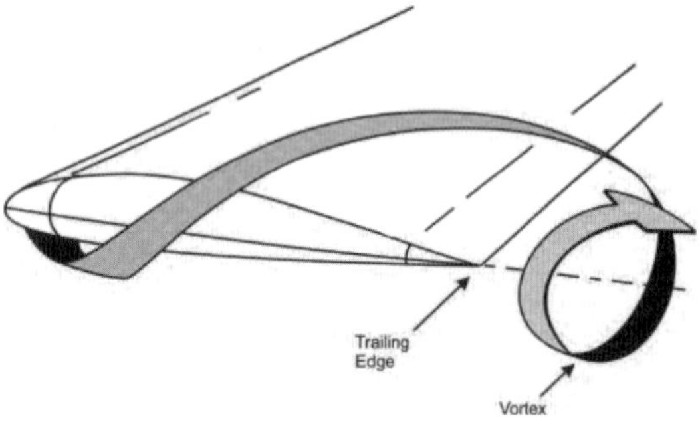


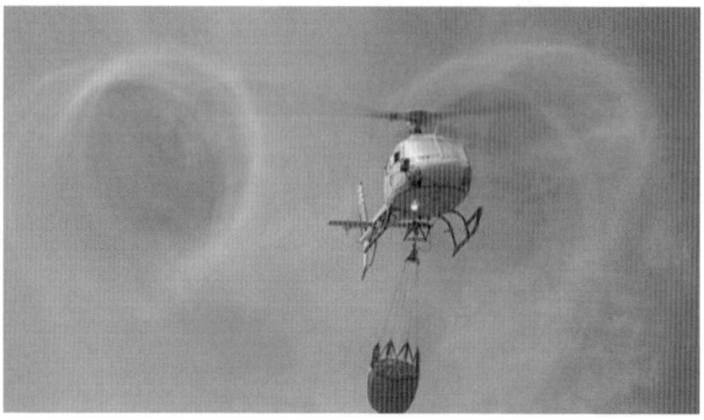

[그림 1-3]

### 5. Compressibility of Air(공기 압축성) 영향

전진익은 전진속도와 회전속도가 추가되어 후퇴익보다 상대속도가 빨라서 블레이드 팁 속도는 음속에 가까워질 때까지(충격파 발생 전) 양력을 발생하지만, 마하 0.5 정도에서는 공기가 압축되기 시작하면서 블레이드 아랫면(Lower chamber)에서는 충격파가 발생하고 마하 0.9부터는 윗면(Upper chamber)에서도 충격파가 발생되는 현상을 공기 압축성이라고 한다.

마하 0.9에 도달하면 음속에 근접하게 되어 블레이드 루트(Root) 쪽보다 공기 압축성 효과가 빨리 나타나고 블레이드가 충격파에서 발생되는 응력을 견디지 못하게 되므로 훨씬 낮은 속도로 비행해야 하기 때문에 최대속도에 제한을 받는다.

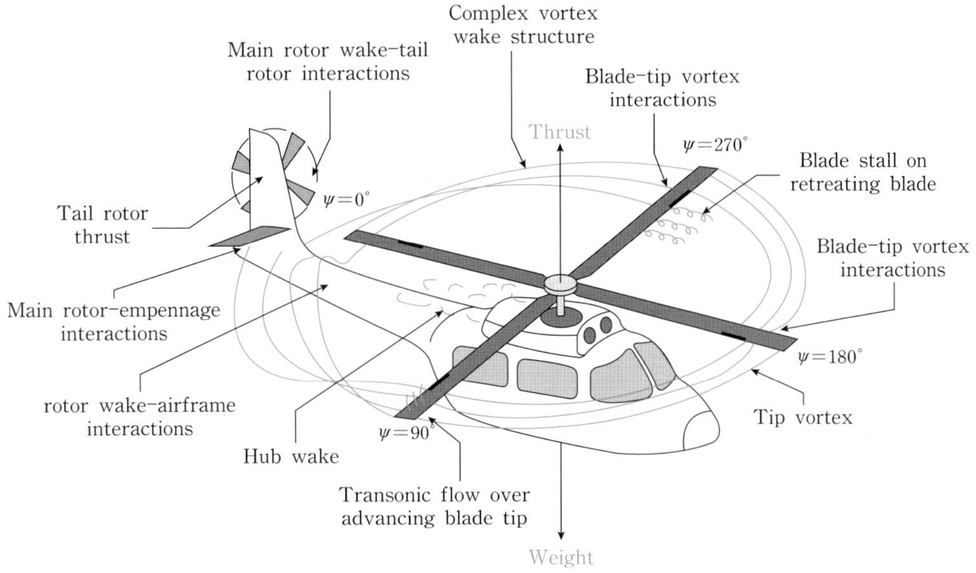


[그림 1-4]

## 6. 메인로터 블레이드 운동

(1) 블레이드 플래핑(Flapping) 운동 & 플래핑 힌지(Hinge/X축) (그림 1-5)

블레이드 플래핑 운동은 블레이드가 회전면을 중심으로 위, 아래로 움직이는 것을 말하며 제자리 비행에서는 양력 불균형 현상이 나타나지 않지만 전진 비행 시에는 전진익과 후퇴익의 상대속도 차이로 양력 불균형 현상이 나타나는데 전진익은 전진속도에 회전 속도가 추가되어 상대속도 증가로 양력이 증가되어 블레이드가 위로 올라가는 Up flapping 현상이 나타나서 유도흐름(유도속도)이 증가하여 받음각 감소 효과로 인해 양력을 감소시키고, 후퇴익은 반대 현상으로 상대 속도 감소로 인해 양력이 감소되어 블레이드가 아래로 내려가는 Down flapping 현상이 나타나서 유도흐름이 감소하여 받음각 증가 효과로 인해 양력을 증가시키며 양력은 원심력과 균형을 이룰 때 까지 증가, 감소시켜서 양력 불균형 현상을 해소시키며 블레이드 플래핑 운동을 허용하는 장치를 플래핑 힌지라 한다.

> **참고** 전진익(Advancing blade)은 전진 비행 시 헬리콥터 진행 방향과 메인로터 블레이드 회전방향이 같은 방향으로 회전하는 블레이드를 말하며 후퇴익(Reatreating blade)은 진행방향과 회전방향이 다른 방향으로 회전하는 블레이드를 말한다.

(a) 플래핑 힌지 장점

블레이드 루트 부근에서 추력-굽힘 모멘트(Thrust-force bending moment)가 발생되지 않아 블레이드에 하중이 걸리지 않으므로 블레이드 굽힘력과 피로 응력(Fatigue stresses)이 감소되어 블레이드 사용 수명이 길어지며 방위각 변화에 의한 블레이드 추력 변동과 진동을 감소시키고 메인 로터 및 헬리콥터제어를 단순화하고 정적 안정성을 증가시킨다.

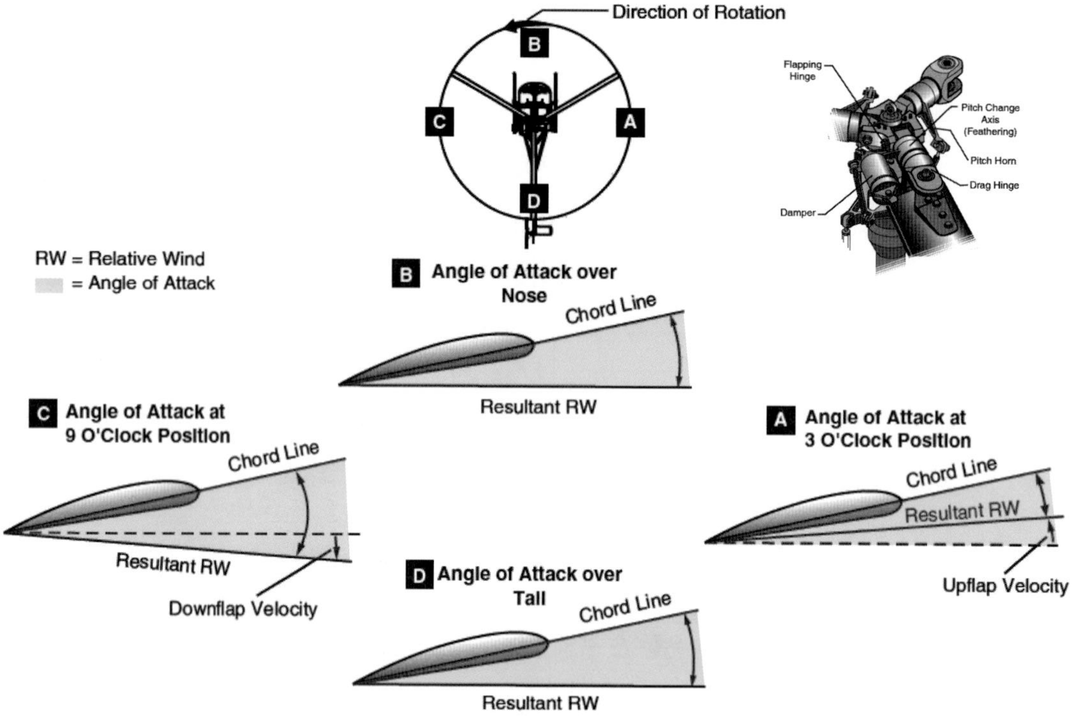


[그림 1-5]

(b) 세로방향 플래핑(Longitudinal flapping) (그림 1-6)

전진 비행 시에 전진익과 후퇴익의 상대속도 차이로 인하여 좌, 우측 양력 불균형이 일어나서 블레이드 회전면이 우측은 3시 방향에서 블레이드 업 플래핑 운동으로 최대로 상승하여 원추각이 크고 좌측은 9시 방향에서 블레이드 다운 플래핑 운동으로 최대로 하강하여 원추각이 작아지는 현상이 위상지연으로 인해 기수 정면에서 후방 쪽으로 회전면이 뒤로 기울어져서 기수가 올라가는 것을 블로우 백(Blow back) 현상이라 하고, 이러한 가로방향에서 발생된 좌, 우측 양력 불균형을 해소하기 위한 블레이드 운동을 세로방향 플래핑 운동이라 한다.

(c) 가로방향 플래핑(Lateral flapping) (그림 1-6)

전진 비행 시에 가로흐름 효과(Transverse flow effect)와 Cyclic feathering 효과가 복합적으로 발생되는 현상이 위상지연으로 9시 방향에서는 양력이 크고 3시 방향에서는 양력이 작아서 세로방향에서 발생되는 전, 후측 양력 불균형으로 동체가 오른쪽으로 회전하려는 현상(Right roll)을 해소시키는 것을 가로방향 플래핑 운동이라 한다.

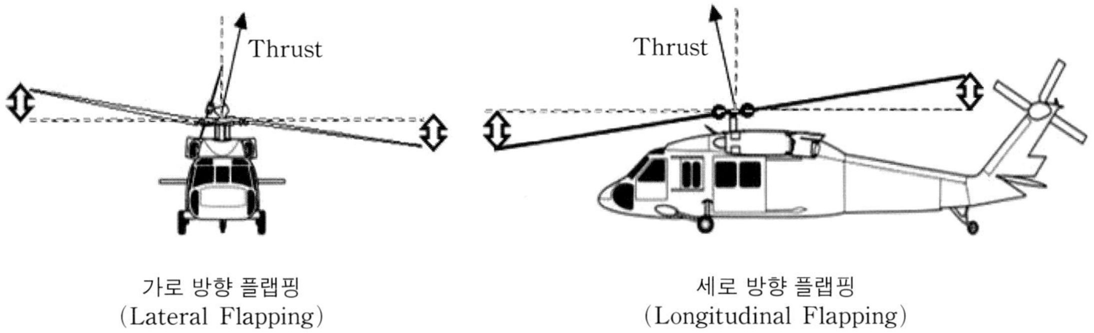


[그림 1-6]

(d) 위상지연

전진익은 최고속도 지점인 90°(3시 방향)에서 Blade up flapping 현상이 최대로 발생하지만 실제로 최대로 나타나는 위치는 자이로(Gyro) 세차성으로 회전방향에서 90° 지난 후 정면에서 나타나는 것을 위상지연이라 하며 헬리콥터가 좌 선회 시에는 3시 방향에서 최대 양력을 9시 방향에서는 최소 양력을 발생시켜야 하므로 최대피치각(받음각)은 6시 방향에서 발생해야 하고 최소 피치각(받음각)은 12시 방향에서 발생해야한다.

| CYCLIC DISPLACEMENT | GREATEST BLADE PITCH /FORCE/ FLAPPING V UPWARD | HIGHEST FLAPPING DISPLACEM ENT | LEAST BLADE PITCH /FORCE/ FLAPPING V DOWN WARD | LOWEST FLAPPING DISPLACEMENT /DIRECTION OF DISK TILT |
|---|---|---|---|---|
| FORWARD | 9 O' CLOCK | 6 O' CLOCK | 3 O' CLOCK | 12 O' CLOCK |
| LEFT | 6 O' CLOCK | 3 O' CLOCK | 12 O' CLOCK | 9 O' CLOCK |
| AFT | 3 O' CLOCK | 12 O' CLOCK | 9 O' CLOCK | 6 O' CLOCK |
| RIGHT | 12 O' CLOCK | 9 O' CLOCK | 6 O' CLOCK | 3 O' CLOCK |

(2) 리드-래그(Lead-lag/Drag/hunting) 운동 & 리드-래그 힌지(Hinge/Z축)

(a) 블레이드 리드-래그(Blade lead lag) 운동(그림 1-7)

블레이드 플래핑 운동으로 인해 코리오리스 효과(Coriolis Effect)가 나타나는데 Blade up flapping일 때는 블레이드 질량 중심이 회전축 중심(Main rotor drive shaft)쪽으로 가까워져서 회전속도가 증가하여 블레이드가 앞서가려는 Blade lead 현상과 Blade down Flapping일 때는 반대 현상으로 질량 중심이 회전축 중심으로부터 멀어져서 늦게 가려는 현상을 Blade lag 현상이라 하며, 이런 운동을 허용하는 장치를 Lead-lag hinge라 하고 블레이드 질량 중심이 회전 중심에서 동일한 거리가 아닐 때 회전면 전반부와 후반부의 기하학적 불균형을 발생시켜 가로 방향 진동(Lateral vibration)을 초래하여 심한 진동과 블레이드 시위 방향의 굽힘력으로 뿌리부분에 응력이 발생한다.

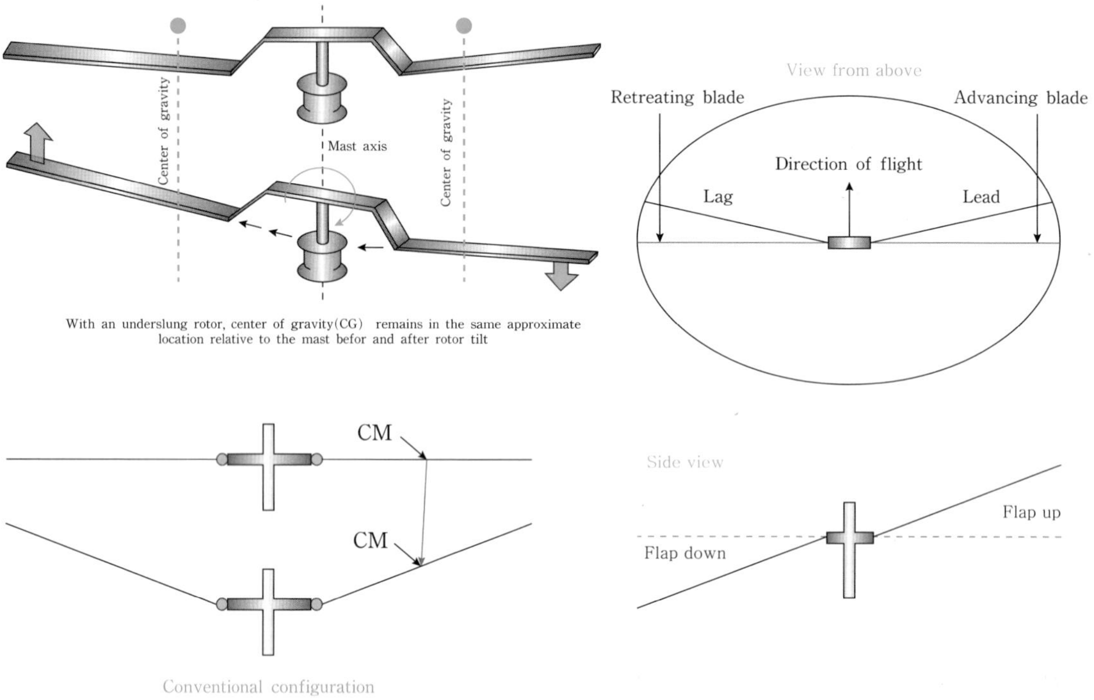


[그림 1-7]

(3) 블레이드 페더링(Blade feathering) 운동 & 페더링 힌지(Hinge/Y축) 피치 체인지 로드(Pitch change rod)의 상하운동에 의해 블레이드 길이 방향(Span-wise)의 축을 중심으로 회전하여 블레이드 각(Blade angle)이 변하는 것을 말하며 블레이드 각이 변하도록 회전운동을 허용하는 장치를 페더링 힌지라 한다.

(a) 컬렉티브 페더링(Collective feathering)

Collective feathering은 모든 Main rotor blade pitch angle이 동시에 같은 크기로 변화시켜 추력의 크기가 변하는 것을 말한다.

(b) 사이클릭 페더링(Cyclic feathering)

Cyclic feathering은 Main rotor blade pitch angle이 어느 한 지점에서 주기적으로 증가, 감소시켜서 추력의 방향을 변화시키는 것을 말한다.

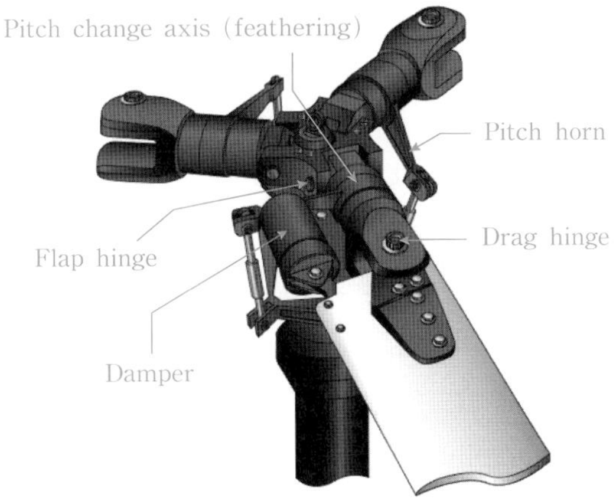


[그림 1-8a]

(4) Delta hinge

Plain flapping hinge는 Flapping hinge가 Blade span에 직각으로 장착되어있으므로 블레이드가 플래핑 할 때에도 피치가 변경되지 않으나 Delta hinge는 플래핑 시에 블레이드가 Up-flapping하면 피치각이 감소하고 블레이드의 받음각이 감소하는 경향이 있어 양력 비대칭 해소를 위한 플래핑 운동을 할 때 회전면의 경사가 크게 발생하지 않기 때문에 헬리콥터 로터 헤드의 안정성이 향상된다.

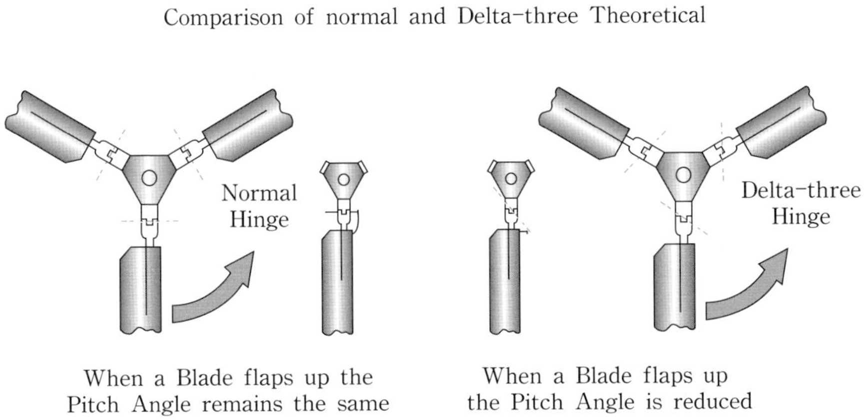


(그림 1-8b)

## 7. 원심력(Centrifugal Force)과 원추각(Conning Angle) 현상

(1) 원심력

메인 로터 블레이드 회전 시 블레이드 무게로 인해 회전체 질량이 회전 중심에서 멀어지려는 원심력과 회전체를 회전축에서 일정한 반경을 유지하려는 구심력(Centripetal force)이 발생하는데 메인 로터 블레이드는 원심력에 견딜 수 있도록 강성과 무게를 견디는 강도를 갖도록 제작되므로 메인 로터 블레이드가 구조적 한계를 초과하지 않도록 최대 회전수를 제한 한다.

(2) 원추각

메인 로터 블레이드가 평 피치(Flat pitch/Zero pitch)로 회전할 때는 양력을 발생하지 않지만 이륙 시와 비행 중에는 블레이드 피치 증가로 수직방향으로 발생하는 양력과 수평방향으로 작용하는 원심력에 의해 블레이드 회전면이 수평원판을 이루지 못하고 원추형으로 되는 현상을 Corning이라 하며 수직방향으로 작용하는 양력과 수평으로 작용하는 원심력과의 두 힘의 합성력이 회전면과 이루는 각을 원추각(Corning angle)이라 한다. 원추각은 양력과 무게에 비례하고, 회전수(Revolution per minute), 총 무게 및 비행 중 발생되는 G부하에 따라 결정된다.

(a) 과도한 원추 현상의 원인

① 회전수가 일정할 때 총 무게와 중력(G-force)이 증가할 때

② 총 중량과 중력이 일정 할 때 회전수가 감소될 때

③ RPM이 너무 낮을 때, 회전면에 작용하는 원심력이 적을 때

④ 비행 중 갑작스런 돌풍을 맞을 때

⑤ 과격한 기동 시에

(b) 과도한 원추 현상의 결과

① 블레이드에 과도한 하중이 작용하여 블레이드 응력이 발생되어 손상을 초래

② 원추각이 너무 크게 되면 블레이드 유효 회전 면적이 감소하여 양력 발생이 적어진다.

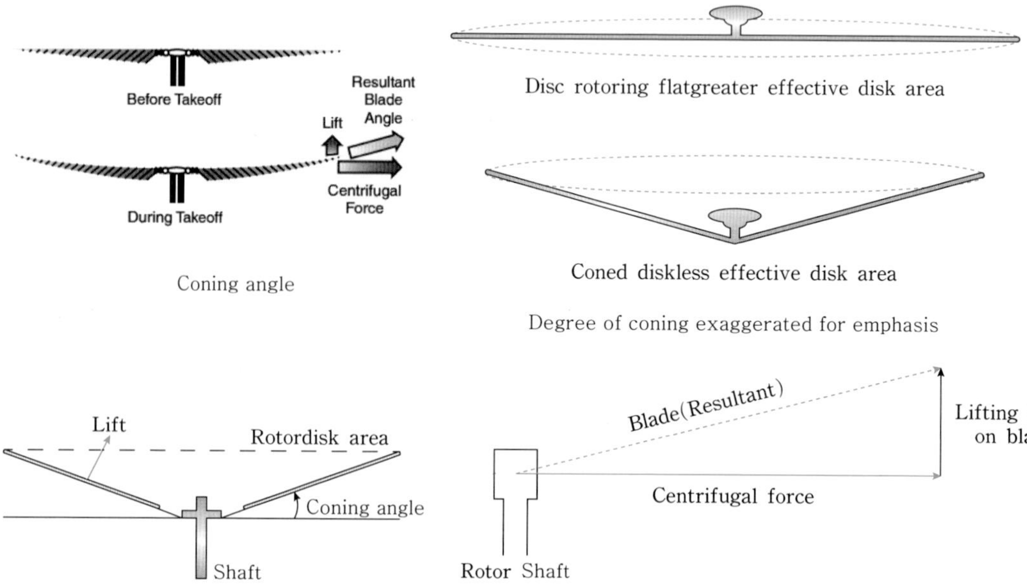


[그림 1-9]

## 03 헬리콥터에 작용하는 힘과 영향

### 1. 양력(Lift)

유체의 흐름은 날개꼴에 의해 날개 윗면의 공기의 흐름은 아랫면의 흐름속도가 빨라서 윗면에 작용하는 압력이 아랫면에 작용하는 압력보다 작아서 수직방향으로 공기력이 발생하는 힘을 말한다.

또한 공기흐름이 날개꼴 표면에 붙어서 흐르기 때문에 윗면의 공기흐름은 윗면을 지난 다음 그 일부가 Trailing edge 쪽으로 흐르는 힘이 아래로 향하기 때문에 작용, 반작용 법칙에 의해 앞전이 위로 향하는 또 다른 힘이 발생한다.

(1) 양력에 영향을 주는 요소

(a) 공기 밀도(Density altitude)

공기의 밀도는 양력 및 항력에 영향을 주는 중요한 요소로서 밀도는 고도와 대기에 따라 온도, 압력, 습도의 변화로 공기밀도가 변하며 밀도가클수록 양력이 증가하며 동일한 고도일지라도 온도, 압력 또는 습도의 대기 변화로 인해 공기 밀도가 다를 수 있다.

(b) 공기속도

일정한 받음각에서 공기속도 증가는 실속각에 도달할 때까지 계속 양력을 증가시킨다.

(c) 피치각(Pitch angle)과 받음각(Angle of attack) (그림 1-10)

피치각이 없이(Zero pitch) 회전할 때는 양력이 발생하지 않지만 블레이드 피치각을 증가, 감소시키면 받음각이 증가, 감소되므로 피치각을 증가시키면 받음각이 증가하여 실속각(Stall angle)에 도달할 때까지 양력은 증가 한다.

> 참고
> - Blade angle(AOI/Angle Of Incidence)
>   =Pitch angle(Indused Velocity)+AOA
> - 유도 흐름 및 항공기 속도가 없는 경우에는 AOA와 AOI는 동일

(d) 블레이드 회전면적(Blade disk)

블레이드 회전면의 반경은 블레이드 길이와 같으므로 회전면 크기가 클수 록 양력과 항력이 비례하여 증가하므로 많은 동력을 필요로 하며, 날개꼴은 정상적인 속도 범위 내에서는 최대 양력과 최소 항력을 발생시키도록 설계되어진다.

(e) 블레이드 매끄러움(Blades smoothness)

블레이드 표면이 매끄러울수록 유해항력(Parasitic drag)이 감소하여 양력이 증가한다.

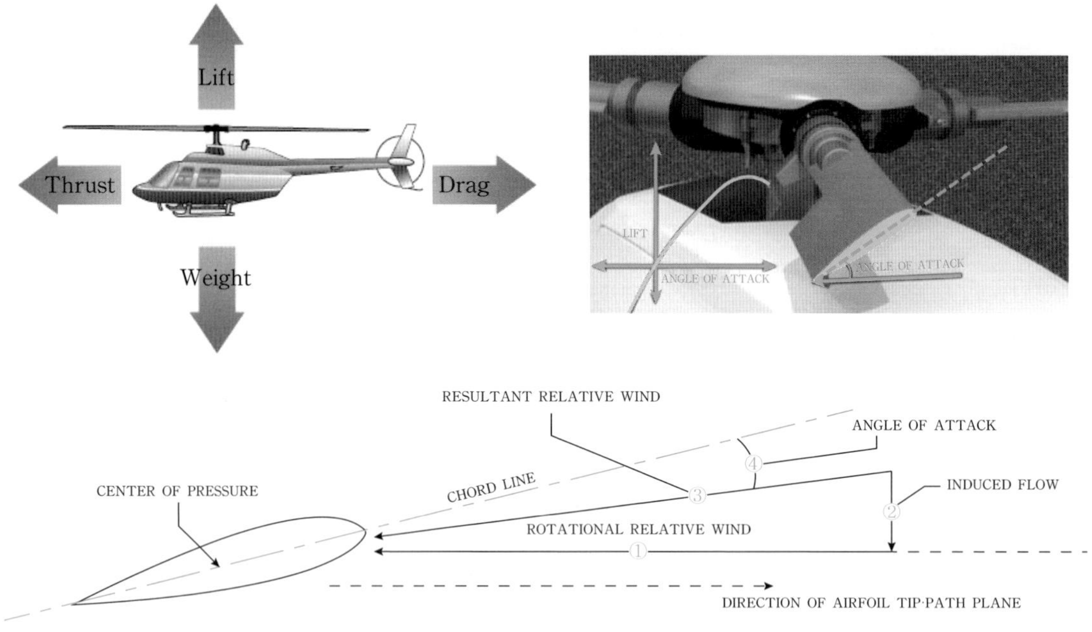


[그림 1-10]

## 2. 무게(Weight)

양력의 반대방향으로 작용하며 중력이 아래방향으로 작용하는 힘으로 헬리콥터 무게가 증가함에 따라 상승을 하기 위해서는 증가된 무게만큼 메인 로터 블레이드 피치각(Main rotor blade pitch)를 증가시켜서 양력을 증가시켜야 하는데 피치각이 증가하면 따라서 항력도 증가하므로 일정한 회전수를 유지하기 위해서는 엔진 출력(Engine power)를 증가시켜야한다.

(1) 하중계수(Load factor) (그림 1-11)

일정한 고도와 속도로 수평비행 시에는 블레이드에 걸리는 하중은 일정하지만 제자리 비행 자세에서 방향 전환(Hovering turn)을 제외한 모든 기동 시 특히 선회 비행 시에는 발생되는 원심력으로 인해 선회각(Bank angle)에 따라 블레이드에 가해지는 하중이 증가하게 되는데 선회각 30° 까지는 상대적으로 작으나 선회각이 60°인 경우(1/cos60=2)에는 2배 정도가 증가하므로 선회비행 시에는 하중계수가 초과되지 않도록 주의해서 비행하여야 한다.

따라서 헬리콥터 구조 및 메인 로터 블레이드가 회전 시 응력에 견딜 수 있는 강도로 제작되어야 한다.

$$\text{하중계수는}(LF)=\frac{1}{\text{선회각}(\cos 60)}=2$$

(a) 영향을 주는 요인

난기류에 의해 발생된 수직 돌풍이 갑작스런 받음각을 증가시켜서 관성에 저항하는 블레이드 하중을 증가시킬 때, 저 밀도 고도, 과도한 총 중량 등과 같은 상황에서 발생하며 고도와 속도를 유지하는데 더 많은 동력이 필요하다.

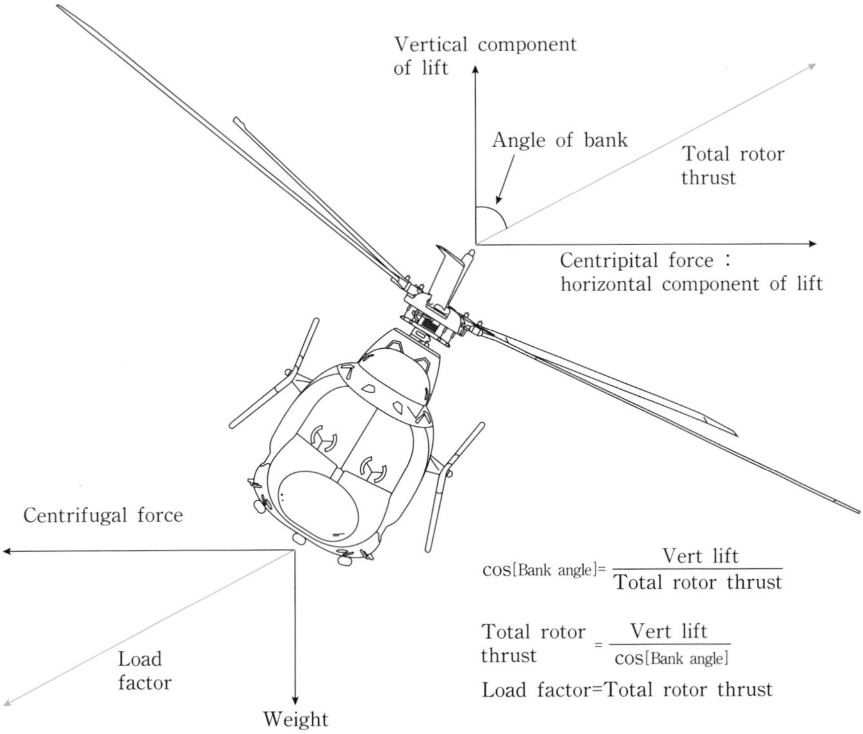


[그림 1-11]

참고 급강하 및 급상승 시에는 무게중심에서 원심력이 발생하여 총중량이 증가하는 효과로 인해 추력 감소현상이 발생하므로 추력 감소가 일어나지 않도록 컬렉티브 스틱을 피치각을 최적으로 조절해서 회전면과 추력 방향이 일정하게 유지되도록 해야 하며 급선회 시에는 사이클릭 스틱을 조절하여 옆 미끄림(Side slip/Skid)이 일어나지 않도록 선회하고자 하는 방향의 반대쪽 블레이드 양력을 더 증가시켜야 한다.

(2) 원판하중(Disk load)

헬리콥터 무게[W/kg]를 메안 로터 회전면적[$m^2$]으로 나눈 값을 원판하중이라 하며 원판 하중이 클수록 정지 비행을 하거나 수직으로 상승할 때 큰 동력을 필요로 한다.

$$DL = \frac{\text{항공기 무게}}{DISK\text{면적}} = \frac{W}{\pi R^2}[\mathrm{kg/m^2}]$$

(3) 마력하중(Horse power loading)

항공기 무게를 마력으로 나눈 값

$$마력하중 = W/HP = W/75[\mathrm{kg/m}]$$

> **참고** **익면하중**
>
> 고정익에서는 항공기 무게를 항공기의 날개 면적으로 나눈 값을 말한다.

## 3. 추력(Thrust)

비행물체를 진행방향으로 밀고 나아가는 힘으로 메인 로터 블레이드에 작용하는 공기력(Aero-dynamic force)은 상대풍에 대해 수직으로 발생하는 양력과 항력에 반대방향으로 작용하는 추력을 합한 합성력이 추력 방향으로 제자리 비행 시에는 회전축과 회전면 축(추력방향)이 일치하는데 전, 후, 좌, 우 비행 시에는 회전면 축(추력 방향)을 싸이클릭 스틱을 비행방향으로 이동하면 Swash-plate가 이동방향으로 기울어져서 추력방향이 변하여 원하는 비행을 할 수 있다.

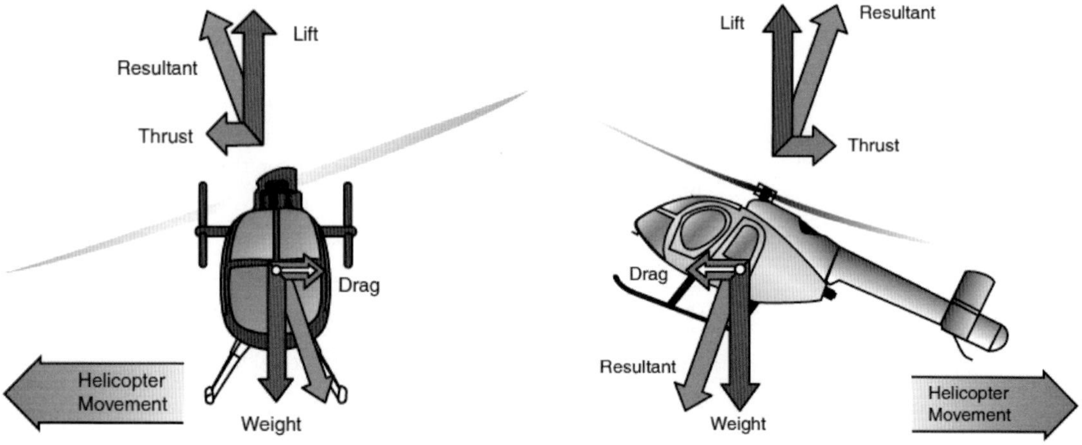


[그림 1-12]

## 4. 회전력(Torque)

메인 로터 블레이드 회전으로 인해 뉴톤의 제3법칙인 작용·반작용에 따라 힘의 크기가 같고 방향이 반대인 힘이 헬리콥터 동체에 발생되는 힘을 회전력이라 하며 엔진 출력이 클수록 회전력이 커지고 회전력을 상쇄시키기 위해서 메인 로터 블레이드를 서로 반대로 회전시키던지 아니면 테일 로터 블레이드를 장착하여 테일 로터 추력을 발생시켜 상쇄시키는 것을 안티-토큐(Anti-torque) 작용이라 하며 헬리콥터 방향제어(Yaw control)에도 이용하며 엔진 정지 시(Auto-rotation 시)에는 회전력이 발생되지 않는다.

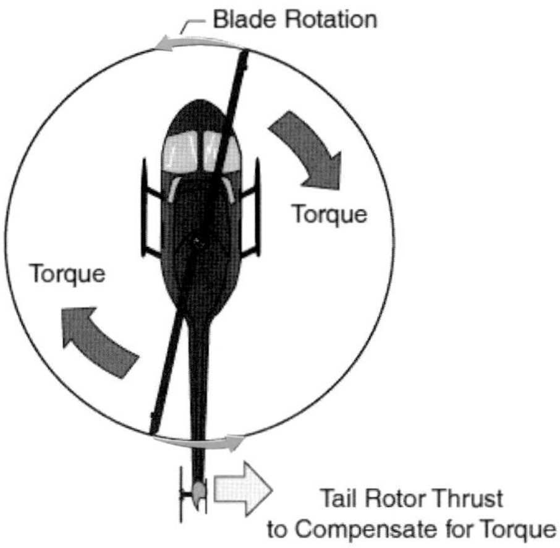


[그림 1-13]

## 4. 항력(Drag)

항력은 공기속을 통과하는 블레이드의 회전 운동에 대항하는 공기 저항으로써 추력과 반대방향이면서 평행하고 상대풍과는 같은 방향에서 작용하는 힘을 말하며 받음각이 증가함에 따라 양력도 같이 증가하며 비행 중에 발생되는 항력은 유도항력(Induced drag)과 유해항력(Parasite drag)의 합이다.

(1) 항력 종류

(a) 유도항력(Induced drag)

유한한 가로 세로 비를 갖는 블레이드의 내리 흐름(Down-wash)에 의해 양력 발생 시 불가피하게 발생되는 항력으로 더 많은 양력을 발생하기 위해 받음각을 증가시키면 양력과 함께 유도항력도 증가한다.

(b) 유해항력(Parasite drag)

양력발생에 상관없이 비행을 방해하는 표면 마찰 및 표면의 모양 등에 의해 발생되는 공기 저항을 말하며 크기는 공기 흐름의 속도의 제곱으로 비례하여 증가하고 유도항력은 속도의 제곱에 반비례 한다.

① 형상항력(Profile drag)

압력항력과 마찰항력의 합으로써 물체의 단위 길이 당 작용하는 유체의 저항으로 양력을 발생하지 않는 동체, Cockpit, Main rotor head(Hub), 접이식 착륙장치(Fold landing gear), Tail boom, Engine cowlings 등과 같은 부분에서 발생하는 항력과 블레이드가 회전할 때 공기 마찰로부터 발생하는 항력을 말하며 받음각에 따라 크게 변하지 않지만 대기 속도가 증가함에 따라 완만하게 증가하므로 헬리콥터의 외부형태는 공기의 저항을 최소화 할 수 있도록 설계되어야 한다.

ⓐ 압력항력(Pressure drag)

유선형과 같이 공기흐름이 층류흐름일 때는 물체 표면을 따라 흐르므로 크게 발생하지 않으나 공과 같이 뒷부분이 잘린 형태라든지 블레이드의 받음각이 커질 때 공기흐름이 물체 표면에서 떨어져 난류흐름으로 바뀌면서 일어나는 항력을 말한다.

ⓑ 마찰항력(Friction drag)

공기 마찰력에 의해 발생한 항력이며 물체의 표면이 거칠수록 마찰항력이 커진다.

② 조파항력(Shock wave/충격파)

충격파는 진행하는 파동의 한 종류로서 파동이 액체, 기체, 플라스마 등의 유체 속을 음속보다 빠르게 지나갈 때 그 파동을 충격파라고 하며 초음속 흐름에서 충격파에 의해 발생하는 항력을 말한다.

③ 간섭항력(Interference drag)

항공기 각 부분을 통과하는 공기 흐름이 서로 간섭을 일으켜 발생하는 항력으로 고정익 항공기에서는 동체와 날개의 장착 위치에 의한 간섭이 크므로 윙 필렛(Wing fillets)를 장착하여 항력을 감소시킨다.

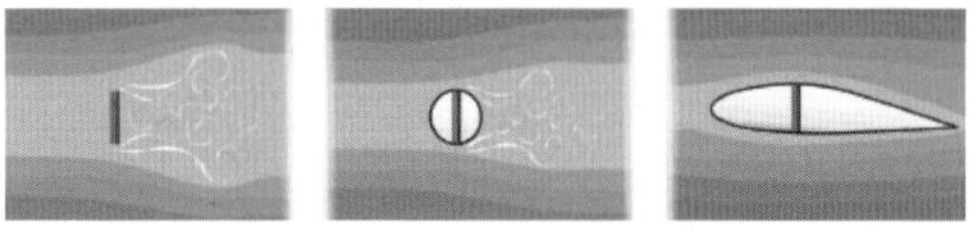

It is easy to visualize the creation of form drag by examining the airflow around a flat plate. Streamlining decreases form drag by reducing the airflow separation.

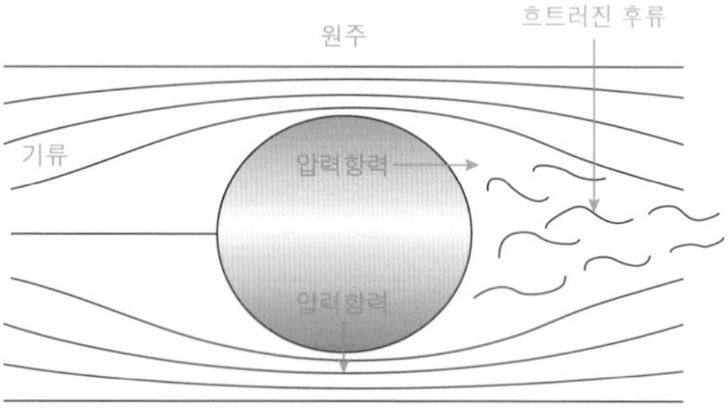

Shock wave발생

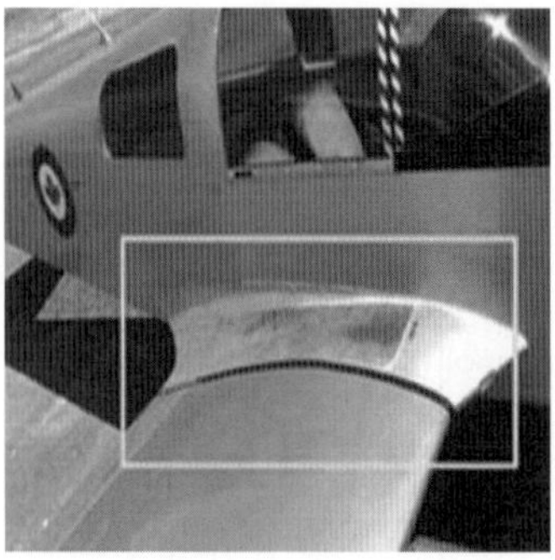

Wing fillets

[그림 1-14]

(2) 항공기의 속도에 대한 항력의 관계(그림 1-15)

$$D = C_D \rho V^2 S$$

$C_D$ : 항력 계수, $\rho$ : 공기밀도, $v$ : 속도, $S$ : 날개면적

(a) 곡선 **"A"**는 유해항력 곡선으로 저속에서는 매우 낮고 대기 속도가 증가 할수록 증가한다.

(b) 곡선 **"B"**는 유도항력 곡선으로 헬리콥터 속도가 증가함에 따라 유도항력이 감소하며 제자리 비행 시 또는 저속에서 유도 항력이 가장 높고 속도가 증가하면서 공기흐름이 좋아져 감소한다.

(c) 곡선 **"C"**는 형상항력 곡선으로 속도 범위 전반에 걸쳐 상대적으로 일정하게 유지되며 더 높은 속도에서는 약간 증가한다.

(d) 곡선 **"D"**는 세 항력 곡선의 합인 총 항력을 보여 주고, 총 항력이 가장 낮은 **"E"**는 최저 속도를 나타내며 이 속도에서 총 양력(Total lift)은 최대량이 되고 최대 활공 거리(Maximum glide distance) 및 최저의 항력으로 비행이 가능한 속도가 되며 최대 항속시간 및 항속거리(Endurance & range)를 계산하는데 매우 중요하며 최대 내구성, 최고의 상승 속도 및 자동회전 활강(Auto-rotation)의 최소 강하 속도에 가장 적합한 속도이다.

(e) **"E"**지점의 속도보다 증가하면 유해 항력이 증가함에 따라 총 항력은 증가하고 **"E"**지점보다 속도가 감소하면 유도 항력이 증가하여 총 항력도 증가한다.

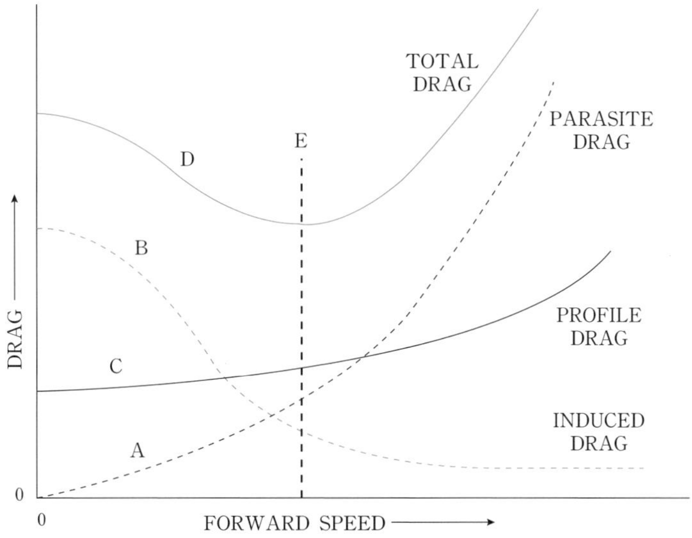


[그림 1-15]

## 04 실속(Stall)

받음각이 일정 지점까지 증가하면 과도한 공기흐름 변화로 블레이드 윗면에서는 흐름이 원활하지 않아 표면에서 떨어지는 박리현상이 와류를 발생시켜서 층류 흐름이 손실되고 난류 공기 흐름이 증가하여 윗면에 급격한 압력 증가를 초래하여 양력이 감소하고 항력이 크게 증가하는 현상을 블레이드 실속이라 한다.

실속은 속도, 비행자세, 무게에 상관없이 항상 일정한 받음각에서 일어나는데 이때의 받음각을 임계 받음각(실속 각)이라 하며 실속 상태가 되며 실속각에서의 속도는 항공기의 무게, 외장, 기동상태에 따라 변하며 메인 로터 회전수(rpm)가 낮고 1,000[ft] 이하인 경우와 임계 받음각을 넘을 때 실속이 발생하며 저 밀도 고도일 때 발생하기 쉽다.

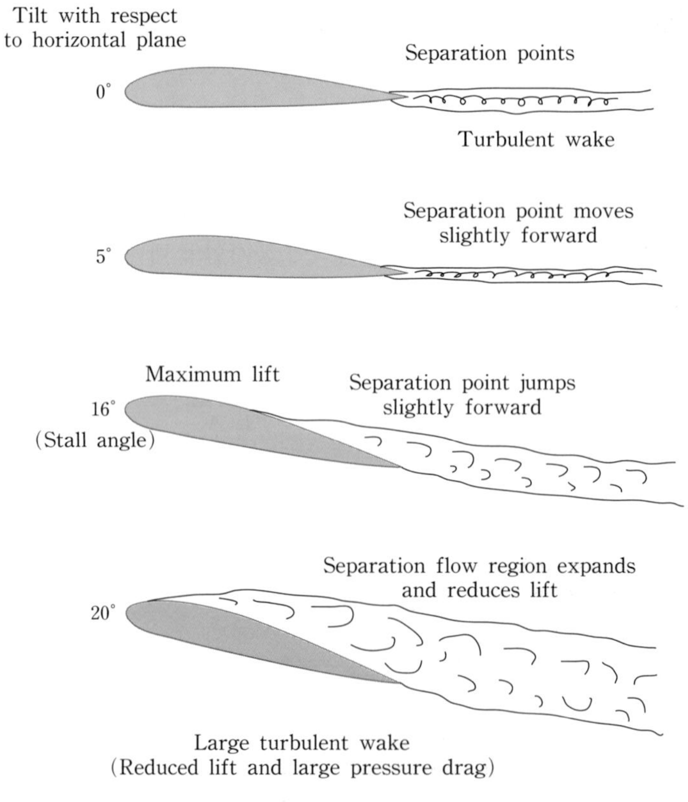


[그림 1-17]

제2장

# FLIGHT CONTROL SYSTEM

## 01 비행제어 방식(Flight Control System Method)

조종사, 부 조종사간 동시에 동일한 움직임을 갖는 듀얼 시스템(Dual system)으로 조종간(사이클릭, 컬렉티브 스틱, 테일 로터 페달)을 움직여서 헬리콥터를 원하는 대로 조종면을 조작하여 비행할 수 있도록 조종력을 전달하는 장치를 말하며 자동 비행장치(Autopilot)가 장착된 헬리콥터는 조종사가 요구한 만큼 유압 또는 전기로 작동되는 작동기(Actuators)를 사용하여 조종면을 이동시킨다.

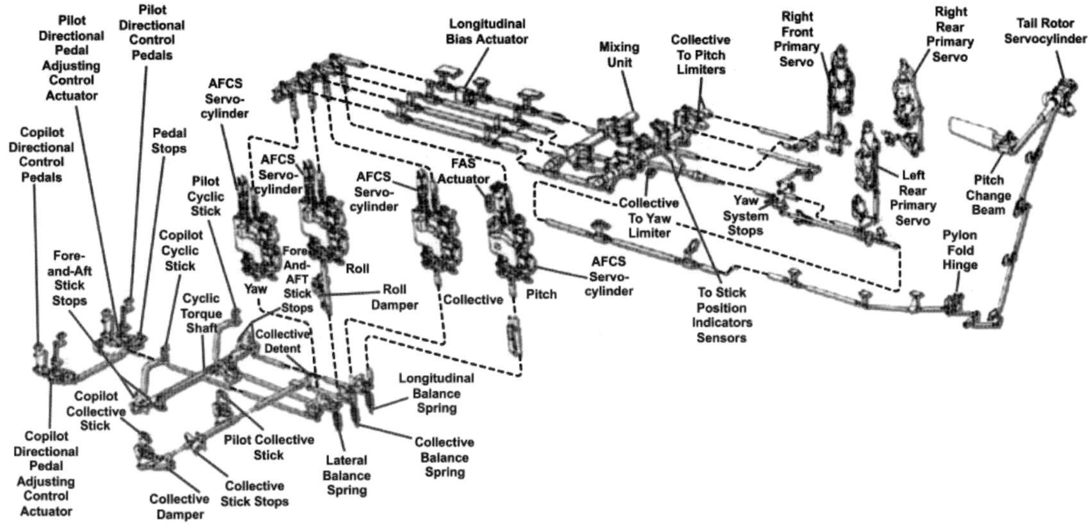


[그림 2-1 비행 제어 시스템(Flight control system)]

### 1. 비행 제어방식 종류

(1) 기계적 케이블 제어 방식(Mechanical cable control systems)

조종간의 움직임을 기계적인 움직임으로 조종력을 전달하는 방식으로 Cable, Turnbuckle, Pulley, Fairlead, Quadrant, Torque tube, Bellcrank, Push-pull rod를 사용하여 소형기에 적합한 기계적인 조종 계통을 말한다.

(2) 기계적 유압 제어 방식(Mechanical-hydraulic method)

기계적인 움직임을 유압으로 작동되는 전기 유압 작동기(Electro-hydraulicactuator)를 이용해서 조종사가 원하는 대로 조종면을 조작할 수 있으며 고속비행에서는 조종력 감소효과가 있으나 유압으로 작동되기 때문에 조종사가 느끼는 감각이 약하다는 단점을 보완하기 위해 스프링 장력(Spring force)을 이용하여 조종간 움직임에 따라 스프링이 수축, 팽창하여 조종사에게 움직임의 느낌을 주는 그레디언트 유닛(Gradient unit)과 마그네틱 브레이크 유닛(Magnetic brake unit)를 병용해서 비행 제어 계통에 사용한다.

(3) 플라이 바이 와이어 제어 방식(Fly By Wire Method/F.B.W)

기계적 연결 장치를 제거하고 대신 조종사와 조종면 사이에 전자 인터페이스를 사용하여 조종간 움직임에 의해 생기는 각 변위, 감지된 신호 등을 수신하여 계산하고 분석하여 전기적인 신호를 유압으로 작동되는 작동기에 제공하여 조종면을 조종하는 방식으로 자동비행제어 계통 및 엔진 제어계통에도 사용되며 컴퓨터에 의해 제이된다.

(a) 특징

① 조종사의 조종력을 경감시켜준다.

② 인공감각장치(Ariticicial feel system)를 사용하므로 기계적인 연결 부품 등이 없어서 무게가 감소한다(연료량 감소).

③ 전기신호를 이용하므로 물리적인 조정(Rigging) 불필요하다.

④ 전원 차단 시에는 조종이 불가능하는 단점을 보완하기 위해 이중, 삼중의 Back up system으로되어 있다.

(4) 플라이 바이 라이트 제어 방식(Fly by light method)

비행제어 및 엔진 제어를 위해 많은 자료를 신속하게 감지, 수신, 분석하여 조종면을 움직이기 위해 구리선 대신 광섬유로 대체해 보다 높은 신뢰성과 안전성을 높이고 기상이변이나 인위적인 전파의 간섭에 의한 자료 손실을 최소화 할 수 있는 장점이 있다.

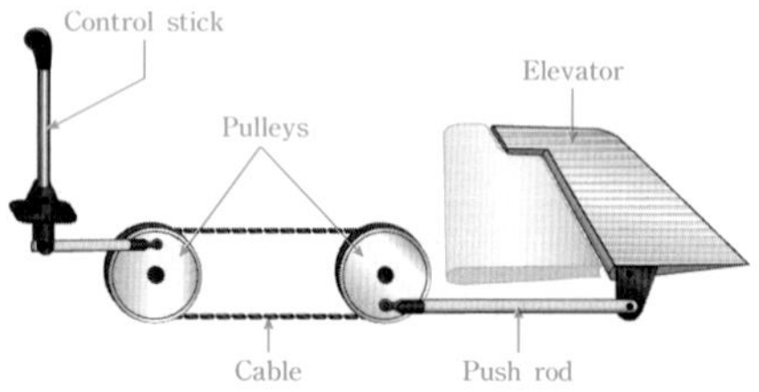


(Fly by mechanical cable method)

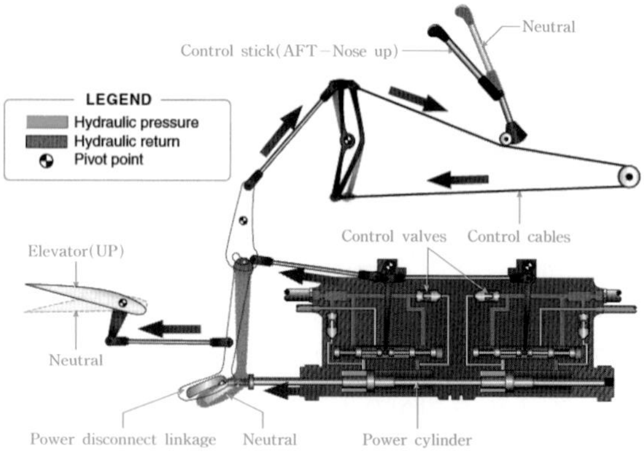


(Fly by mechanical-hydraulic method)

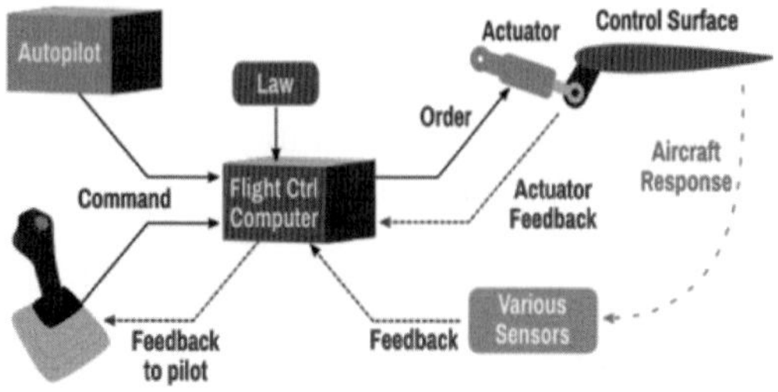


(Fly by wire method)

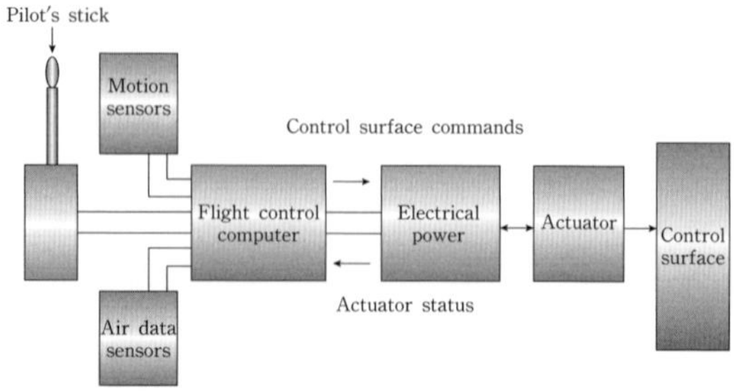


(Fly by light method)

[그림 2-2]

## 02 비행 제어 계통(Flight Control System) 구성품과 기능

### 1. 케이블(Cable)

강하고 가볍고 유연성이 있으며 유격(Back lash) 없이 운동을 전달하는 장점이 있으나 온도변화에 따라 늘어나므로 주기적으로 장력을 조절하는 것이 단점이며, 취급 시 주의사항은 제작 시에 윤활유를 스며들게 하여 제작하므로 Solvent를 사용해서 세척하면 안 되고 천으로 닦은 후에는 부식방지용 규정된 Compound를 바른다.

(1) Cable 종류

(a) 7×19 Cable

19개의 Wire를 꼬아서 1개의 다발을 만들고 1다발 7개를 꼬아서 1개의 Cable을 만들며 초가요성 Cable이라 하며, 강도가 높고 유연성이 매우 좋아 주 조종계통에 사용된다.

(b) 7×7 Cable

7개의 Wire를 꼬아서 1다발을 만들고 1다발 7개를 꼬아서 1개의 Cable을 만들며 가요성 Cable이라 하고, 유연성은 중간 정도로 내마멸성이 크며 Trim tab, Engine control 등에 사용된다.

(c) 1×19 Cable

19개의 Wire을 꼬아서 1개의 Cable을 만들며 유연성이 없어 구조 보강용 Cable로 사용한다.

(d) 1×7 Cable

7개의 Wire을 꼬아서 1개의 Cable을 만든다.

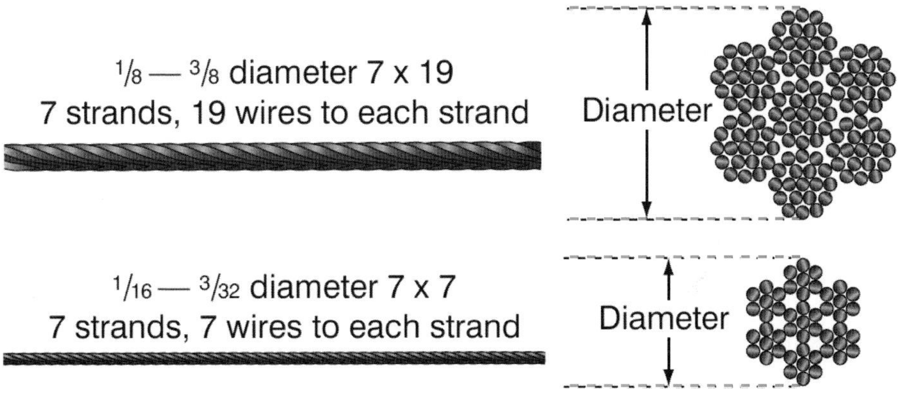


[그림 2-3]

(2) Cable 결함

Pulley, Fairlead와 접촉되는 Cable 부근에는 절단이 자주 일어나며 Cable의 최소 손상은 각 가닥의 Wire 숫자, 가닥의 숫자, 호칭지름에 의해 결정되며 내부부식 결함 발견 시에는 장력을 줄인 후 꼬인 반대방향으로 비틀어서 확인하고, 부식이 있으면 교환하여야 하며 외부부식은 Fiber brush 또는 거친 헝겊으로 제거한다.

(a) Kink cable

Wire나 Strand가 굽어져 영구 변형된 상태를 말하며 강도에 영향을 주므로 교환하여야 한다.

(b) Bird cage

Cable이 부분적으로 새 집처럼 풀려 있는 상태로 장착되어 있는 상태를 말하며 장력으로 인해 발견되지 않으며 보관 또는 취급 불량에서 오는 결함이다.

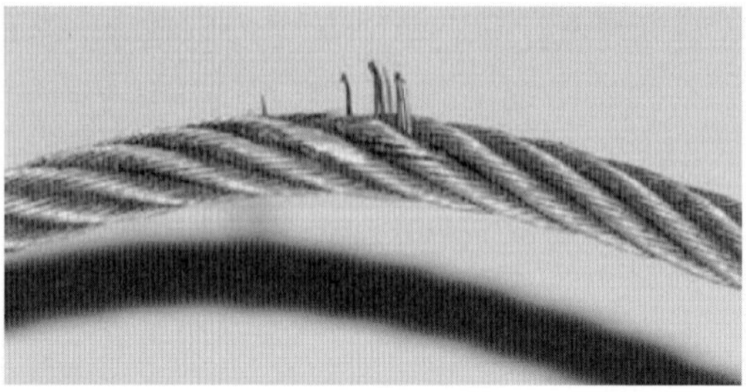

(Broken cable)

(Bird caging cable)

(Corrosion cable)

(Kink cable)

[그림 2-4]

(3) 장력 측정(그림 2-5)

주기적인 장력 측정뿐만 아니라 케이블 장력이 크게 변경된 경우에는 구성품에 대한 비정상적인 마모를 확인하며 구성품을 교체할 때마다 다른 부품에 영향을 줄 수 있으므로 제어장치가 정상적인 움직임이 있을 때 까지 교정된 케이블 장력 측정기로 리깅을 확인하고 조정해야 하며 또한 케이블 장력은 온도에 따라 변함므로 점검 시 온도를 고려한 케이블 장력 차트를 제작사 정비 매뉴얼에 따라 수행해야 한다.

(a) 장력 차트 보는 법

2번 Riser를 사용하여 직경 5/32[inch] 케이블의 장력을 측정하면 판독값이 30이면 케이블의 실제 장력은 70[lbs]이며 1번 Riser는 1/16″, 3/32″ 및 1/8″ 케이블에 3번 Riser에는 7/32″ 또는 1/4″ 케이블을 측정하는데 사용한다.

(b) 온도 차트 보는 법

조정할 케이블의 크기와 주변 공기 온도를 결정한 후 케이블 크기가 7×19 케이블인 1/8″ 직경이고 주변 공기 온도가 85[°F]라고 하면 1/8″ 케이블의 곡선과 교차하는 지점까지 85[°F] 선을 위로 따라가면 교차점에서 차트의 오른쪽 가장자리까지 수평선을 확장하면 이 지점의 70파운드 값이 케이블에 설정되는 장력을 나타낸다.

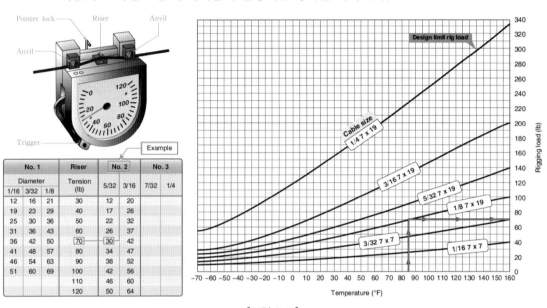

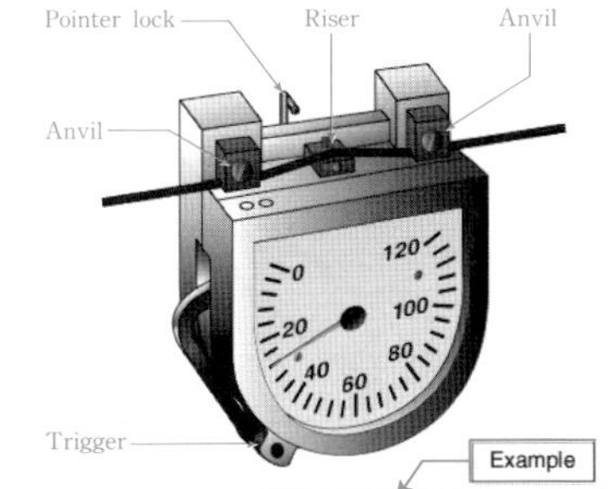


| No. 1 | | | Riser | No. 2 | | No. 3 | |
|---|---|---|---|---|---|---|---|
| Diameter | | | Tension (lb) | 5/32 | 3/16 | 7/32 | 1/4 |
| 1/16 | 3/32 | 1/8 | | | | | |
| 12 | 16 | 21 | 30 | 12 | 20 | | |
| 19 | 23 | 29 | 40 | 17 | 26 | | |
| 25 | 30 | 36 | 50 | 22 | 32 | | |
| 31 | 36 | 43 | 60 | 26 | 37 | | |
| 36 | 42 | 50 | 70 | 30 | 42 | | |
| 41 | 48 | 57 | 80 | 34 | 47 | | |
| 46 | 54 | 63 | 90 | 38 | 52 | | |
| 51 | 60 | 69 | 100 | 42 | 56 | | |
| | | | 110 | 46 | 60 | | |
| | | | 120 | 50 | 64 | | |

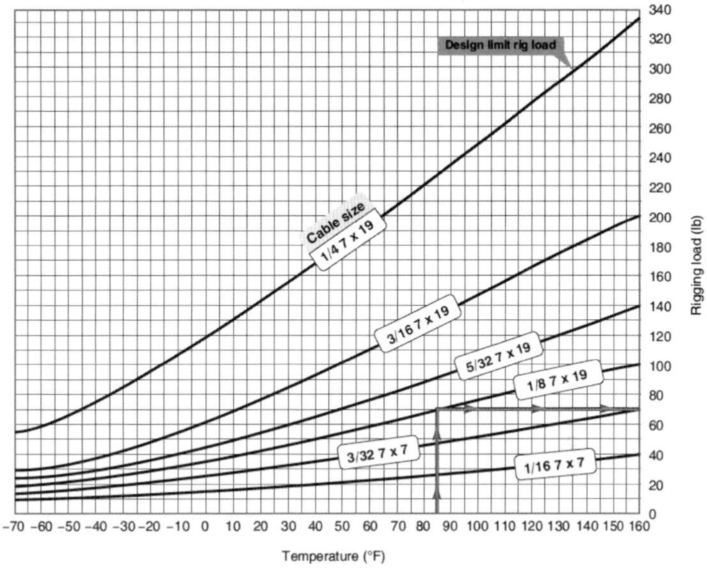


[그림 2-5]

(4) Cable 제어 계통 구성품

(a) Cable connector

케이블 길이를 시스템에서 빠르게 연결하거나 분리할 수 있다.

(b) Cable drum

주로 트림 탭 시스템에 사용되며 Control wheel를 시계 방향 또는 시계 반대 방향으로 움직이면 케이블 드럼이 감기거나 풀리면서 트림 탭 케이블이 작동한다.

(c) Pulley

조종력을 긴 거리로 Cable의 움직임을 전달할 때 방향을 전환 시에 Cable을 지지한다.

(d) Fairlead

Phenolic 또는 Alumium으로 제작되어 Cable 진동을 감쇄시키고 Bulkhead에 있는 Cable hole을 통과할 때 Air seal을 장착하여 Cable 위치를 일정하게 유지시키며 Fair-lead는 절대로 Cable 방향을 바꾸기 위해서 사용해서는 안 되며 직선으로부터 3° 이상 방향이 바뀌어서는 안 된다.

(e) Turnbuckle

Cable 길이 및 장력을 조절하는 장치로 오른 나사와 왼 나사로 된 2개의 나사산 Terminal과 나사산 Barrel로 구성되며 조절 후 Terminal 나사산은 Barrel 양끝 쪽에서 3개 이상의 나사산이 남아서는 안된다.

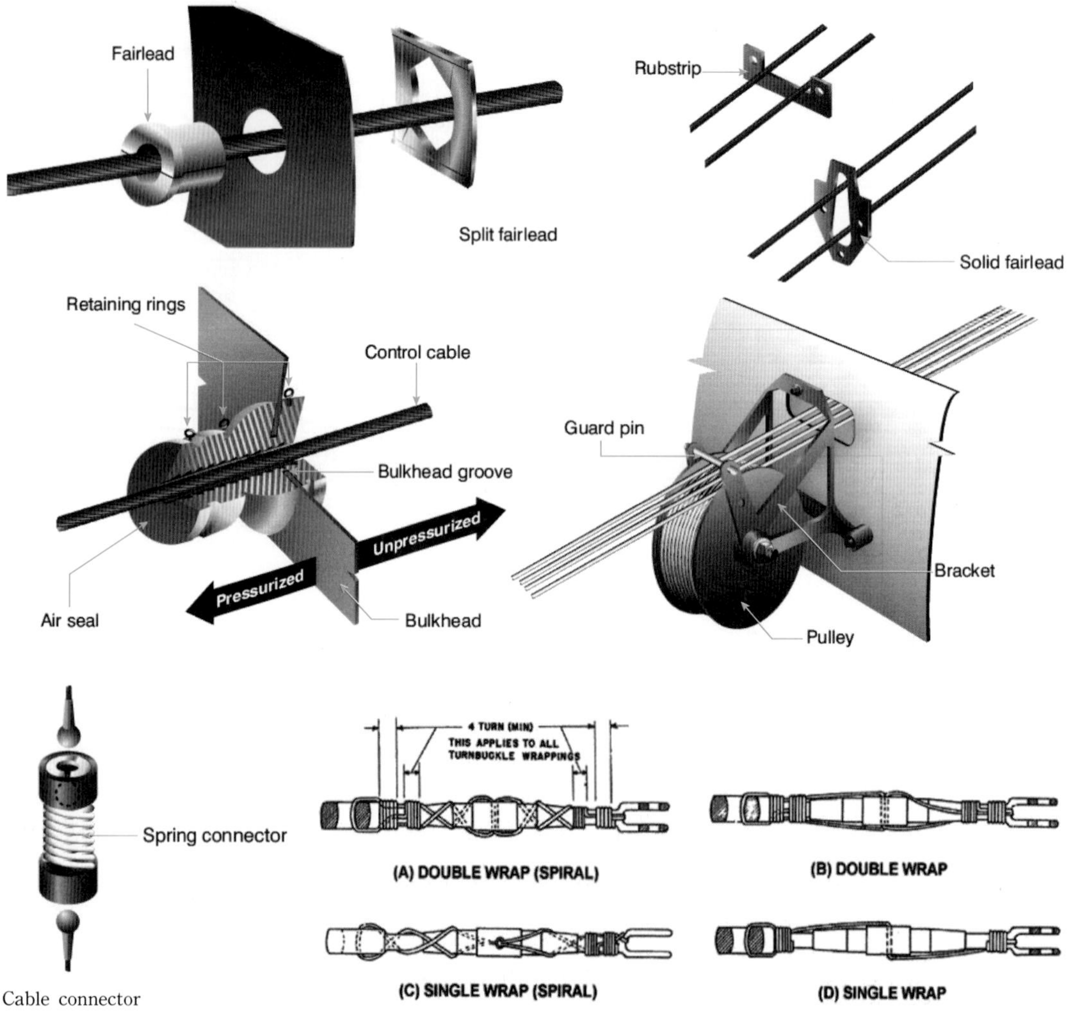


[그림 2-6]

## 2. Push-pull rod/tube

Rod 길이를 조절할 수 있도록 Rod end bearing 또는 Fork 형태로 Tube 끝 부분은 밀봉(Pro-seal/Metal-seal) 되어 습기를 방지하여 튜브 내부 부식을 방지하고, 정밀한 조절이 필요한 곳에는 한쪽은 큰 나사산으로 다른 쪽은 정밀 나사산으로 되어 있으며 직선운동을 전달하고 케이블 방식은 당김으로만 조종이 가능하지만 푸쉬 로드방식은 밀고 당김이 모두 가능하고 장력 변화가 없다는 것이 장점이다.

## 3. Torque Tube

양쪽 끝은 항공기 동체 구조물인 Saddle에 고정된 Bearing에 의해 축의 부분적 회전이 가능하게 장착되어 Collective stick을 위, 아래로 움직일 때 회전운동을 직선 운동으로 변환시킨다.

## 4. Bell-Crank

Torque tube와 Push-pull rod와 함께 Rod 또는 Cable의 운동방향 전환 시 사용되며 각도 전환은 0°에서 360°까지 갖는 Angle이 있으나 보통 90°로 꺾인 형태로 꺾인 지지점(Pivot point)에서 한쪽 끝에서 받은 운동이나 움직임을 변경하여 다른 한쪽 끝을 통해 다른 구성품에 전달한다.

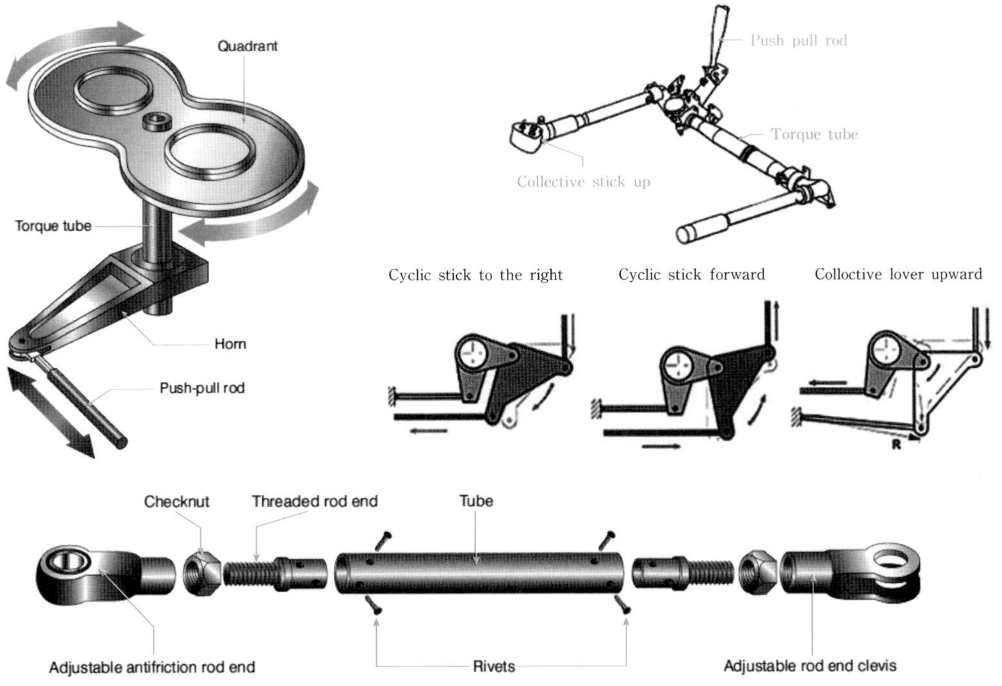


[그림 2-7]

## 5. Mixing Unit(혼합장치)

(1) 구조

가장 단순한 형태의 혼합 장치는 Torque tube 형태로 중앙 축에 장착된 3개의 벨 크랭크가 모두 작동할 수 있도록 베어링에 장착되어 Collective stick 입력 신호(상, 하 움직임/피치 증감)가 있을 때 제어 입력 손실 없이 3개의 메인 로터 액추에이터(Cyclic stick/Longitudinal, Right lateral, Left lateral) 움직임에 영향을 주지 않으면서 전, 후, 좌, 우 움직임의 입력 신호를 Summing bell-crank를 통해서 3개의 Main rotoractuator에 전달하여 메인 로터 추력 방향을 제어하고 또한 잠재적 제어 연동성(Inherent control coupling/어느 한 조종간을 움직이면 연동되어 움직이려고 하는 경향)을 최소화하고 조종사 작업부하를 감소시키는 기계식 제어 혼합 기능을 제공한다.

(2) 작동원리

Collective stick을 위로 움직이면 Swashplate가 위쪽으로 움직일 때 Cyclic 조종 계통 움직임(A, B 및 C)은 같은 양, 같은 방향으로 Swashplate가 원래 위치에서 평행하게 위로 이동하여 피치 각이 증가하고 아래로 움직이면 피치 각이 감소하는데 두 경우 모두 이동 비율이 일정하게 유지하고, 사이클릭 믹싱(Cyclic mixing)은 블레이드 피치를 특정한 지점에서 변경하며 컬렉티브 믹싱(Collective mixing)은 블레이드 피치를 동시에 변경한다.

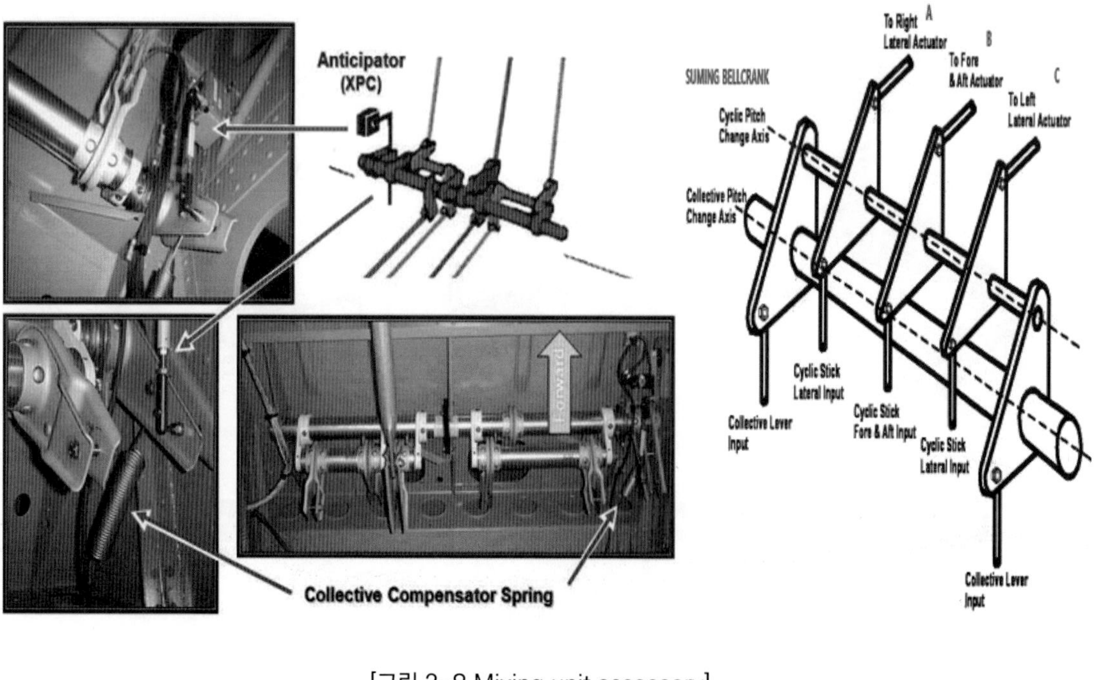


[그림 2-8 Mixing unit accessory]

## 6. Flight Control Actuator/Servo(비행제어 작동기)

헬리콥터는 Main rotor blade 및 Tail rotor blade 계통에서 오는 높은 제어력을 극복하여 조종사의 업무량과 피로를 덜어주기 위해 각 비행 제어 계통을 제어하는 작동기를 말한다.

(1) Electro-hydraulic servo motor(전자-유압 서보 모터)

조종면 엑추에이터를 움직이는데 필요한 유체 압력을 지시하는 조절 밸브(Control valves)와 자동 비행 장치의 오류신호 수정(Error correction)을 하기 위해 후속신호를 제공(Feedback)해 주는 Transducers로 구성되며 자동 비행 장치가 작동하지 않을 때도 작동유가 정상 작동을 위해 비행 제어 계통으로 흐르도록 하며 자동 비행 장치 컴퓨터 신호에 의해 전원이 공급된다.

(2) Electric servo motor(전기 서보 모터)

전자 유압식 액추에이터 시스템에는 유압식 서보 밸브와 액추에이터 및 각 액추에이터로 이어지는 유압 라인이 있는 중앙 유압 전원 공급 장치 및 감속 기어(Reduction gears)와 2개의 자석 클러치(Magnetic clutches)로 구성되며 모터 출력 축(Output shaft)에 연결되어 자동 비행 컴퓨터의 전기신호 명령에 따라 액추에이터로 전달되는 작동유 양을 결정하고 서보 밸브를 제어하여 한쪽 clutches에는 모터 회전력이 전달되어 한 방향으로 회전하고 다른 한쪽 Clutches는 반대 방향으로 출력축을 회전시켜(Start, Stop, Reverse) Back-lash 없이 매우 높은 힘을 발생할 수 있다.

(3) Electro-pneumatic servo motor(전자-공압 서보 모터)

전자-자석 밸브(Electro-magnetic valve)와 출력 연결 장치(Output linkage)로 구성되며 Cable로 작동되는 비행 제어 계통을 구동하는데 사용되며 자동 비행 장치의 증폭기(Autopilot amplifier)로 부터 전기 신호에 의해 제어되고 또한 터빈 엔진의 콤프레서 블리드 에어(Turbine engine compressor bleed air)를 이용한 공압 계통에도 사용된다.

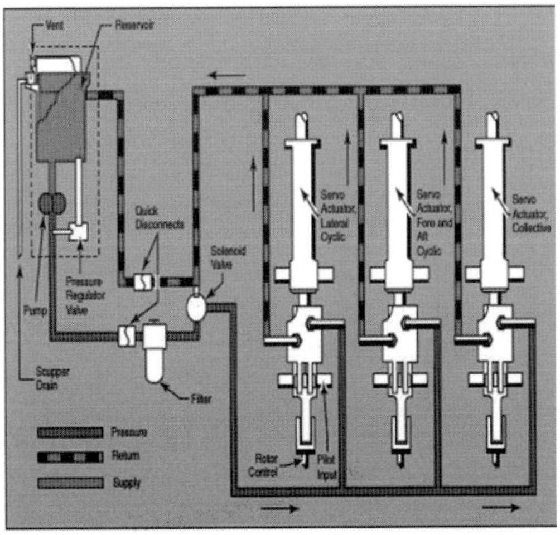


(Typical hydraulic system for light helicopter)

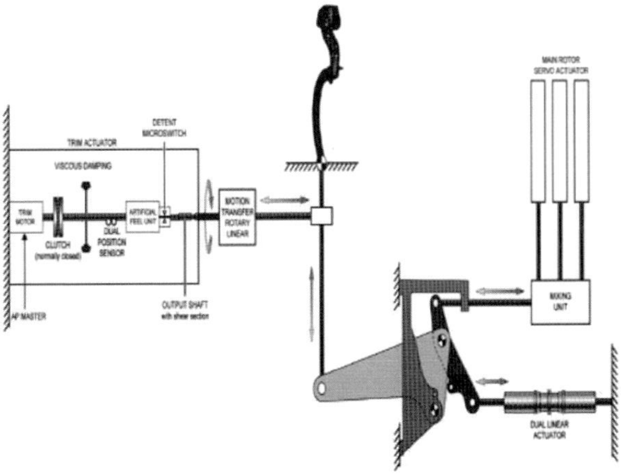


(Flight Control Linear Actuator On Aw139)

[그림 2-9]

## 03 기계적 혼합장치 기능(MMU/Mechanical Mixing Unit) (UH-60)

비행 중 비행조종계통 조작 시에 기우려지게 장착된 테일 로터(Canted tail rotor) 측면에 작용하는 힘과 Tail rotor에서 발생되는 양력의 영향으로 세로 방향에서 발생되는 피치 자세변화인 잠재적 제어 연동성(Inherent control coupling)을 4개 Chanel의 Yaw, Roll, Pitch 및 Collective의 제어 입력을 수신한 신호 크기에 비례한 출력을 Main rotor blade와 Tail rotor blade에 제공하여 조종간 연동성을 최소화하여 조종 부하를 감소시키는 기능을 말한다.

### 1. Collective to Pitch Mixing(컬렉티브 대 피치 혼합)

Collective pitch가 증가함에 따라 테일 붐(Tail boom) 및 수평 안정판(Stabilator)에 작용하는 메인 로터 유도흐름(Main rotor indused flow/Down-wash) 증가로 기수 상향(Nose up) 현상을 방지하기 위해 Main rotor disk을 앞으로 기울어지게 하고(기수 하향) Collective pitch가 감소함에 따라 유도흐름이 감소하므로 기수 하향(Nose down) 현상을 방지하기 위해 Main rotor disk를 뒤로 기울어지게 하는 것으로 Collective pitch 증감에 따라 기수 올림, 기수 내림 현상을 보상한다.

### 2. Collective to Roll Mixing(컬렉티브 대 롤 혼합)

테일 로터 추력 변화에 따른 Rolling moment와 전이 성향(Translating tendency/Drift)인 우측 편류 현상을 보상하기 위해서 Collective pitch가 증가하면 Cyclic stick을 좌측으로 이동하도록 신호를 제공한다.

### 3. Collective to Yaw Mixing(컬렉티브 대 요 혼합)

Collective pitch가 증가함에 따라 Torque 상쇄를 위해 Tail rotor pitch가 증가하면 테일 로터 추력이 증가하고, Collective pitch가 감소하면 Tail rotor pitch가 감소하여 추력이 감소하므로 동체 측면으로 작용하는 힘의 증감에 따라 메인 로터 회전력 효과(Main rotor torque effect)를 보상한다.

### 4. Yaw to Pitch Mixing/Canted Tail Rotor Type(요 대 피치 혼합)

Tail rotor pitch가 증가함에 따라 테일 로터 추력 및 양력이 증가하여 기수 하향을 보상하기 위해 Cyclic stick을 뒤로 이동시킨다.

## 5. Collective to Airspeed to Yaw/Airspeed Electronic Coupling(컬렉티브, 속도 대 요 혼합)



기계적 혼합 장치 기능은 아니지만 SAS/FPS 컴퓨터와 별개의 기능으로 컬렉티브 위치가 일정할 때 속도가 60[KIAS] 이상으로 증가하면 테일 로터 블레이드와 캠버(Camber)를 갖고 있는 수직 페어링(Cambered vertical fairing/Vertical stabilizor 역할)의 효율성이 높아져서 테일 로터 피치가 더 적게 필요하므로 0~60[KIAS]에서는 속도-전자 커플링(Airspeed-electronic coupling)은 요 트림 서보에 테일 로터 블레이드 피치가 최대 입력 값이 적용되며 속도가 증가함에 따라 60~100[KIAS]에서는 입력 값이 감소하기 시작해서 100[KIAS] 이상에서는 테일 로터 블레이드 피치 입력 값은 "0"으로 감소한다.

참고

- UH-60 같은 기종은 테일 로터 양력 발생이 3항 Collective to yaw mixing 현상의 가로방향 힘과 4항의 Yaw to pitch mixing 현상의 세로방향의 힘이 추가적으로 발생되므로 헬리콥터 무게중심보다 테일 로터 장착 위치가 위에 있도록 설계되어 후미 무게중심(Center of gravity) 구성요소를 상쇄 할 수 있다.
- Canted tail rotor 장점
  - 기울어진 각도는 20°로써 Vertical axis에서의 Tail rotor 추력은 총 추력의 30[%] 이상이며 Horizontal axis은 총 추력의 약 94[%]를 유지(1~2명의 탑승 여유가 생겨서 비용절감)
  - Tail rotor 추력의 일부가 위로 향하여 항공기의 전체 양력에 기여
  - Tail rotor 양력이 항공기의 C.G 변화에 따라 세로축에 대한 균형 유지 기능을 제공한다.(H-60 and H-53E)
- Air speed(Thrust)감소 → 날개 위의 공기 흐름 속도가 감소 → Down wash감소 → Stabilator 받음각이 감소하여 Stabilator lift 감소 → Nose up 현상 발생

| FROM | TO | REASON |
|---|---|---|
| COLLECTIVE | YAW | ANTI-TORQUE |
| COLLECTIVE | LATERAL | LONGITUDINAL(RIGHT TRANSLATION) |
| COLLECTIVE | LONGITUDINAL | ROTOR DOWNWASH ON STABILATOR |
| YAW | LONGITUDINAL | TAIL ROTOR LIFT VECTOR |

ELECTRICAL

| | | |
|---|---|---|
| COLLECTIVE | YAW | CAMBER OF VERTICAL STABILIZER VARIES SIDE LOAD WITH AIRSPEED |

MMU(Mechanical Mixing Unit)

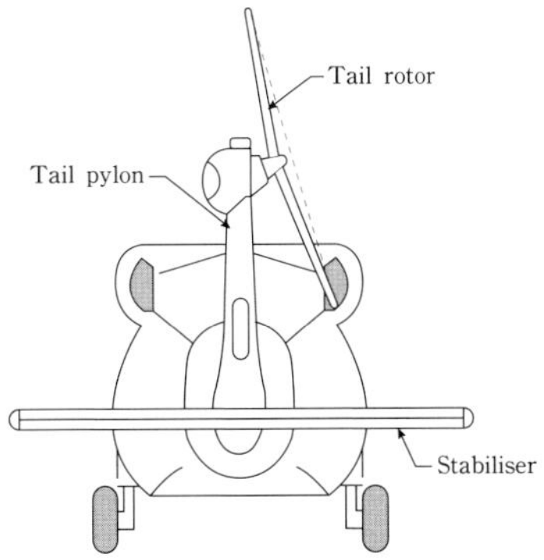


Canted Tail Rotor 20 Degrees[26]

[그림 2-10]

## 04 메인 로터 제어 계통(Main Rotor Control System)

### 1. Cyclic Stick

- 헬리콥터가 모든 방향으로 자유롭게 비행하기 위해서는 Cyclic stick을 전, 후, 좌, 우로 움직이면 Swashplate의 회전면과 Main rotor blade 회전면이 움직인 방향으로 경사지게 하여 경사진 방향은 Blade pitch angle이 감소하고 반대편은 증가시켜서 전, 후, 좌, 우 비행이 가능하게 하며 세로방향 Pitching 운동을 제어하여 전, 후진 비행을, 가로방향 Rolling 운동을 제어하여 좌, 우측 비행을 할 수 있게 한다.
- 전, 후, 좌, 우 비행 시에 수평성분으로 작용하는 힘인 추력과 수직방향으로 작용하는 힘인 양력과의 합성력은 회전면에 항상 수직으로 작용하며 크기에는 영향을 주지는 않지만 힘의 방향 변화로 속도와 자세에만 영향을 준다.

(1) Cyclic stick의 작동 스위치

(a) Cyclic trim actuator switch

Cyclic stick grip 상단에 위치하며 Main rotor 계통으로 전달되는 공기 역학적인 힘을 완화시키고 돌풍이나 불균일하게 분산된 화물에 의한 불균형 상태를 보상하는 조종력 경감 장치로써 전, 후, 좌, 우로 움직일 수 있도록 하며 중앙은 정지 위치이다.

(b) Radio & Ics(Internal communication system) switch

2단계 스위치로 1단계는 관제탑과 무선교신을 할 수 있고 2단계는 승무원과 의사소통을 위한 통신 스위치이다.

(c) Adjustable friction

비행 중 Cyclic stick의 불필요한 움직임을 방지하기 위해 손으로 조여 원하는 작동 마찰력을 조절하여 Cyclic stick의 움직임을 제한한다.

(d) Cargo release switch

화물운반 시에 카고 훅(Cargo hook) 고리를 해제하는 스위치

(e) Hoist switch

인명구조 시에 사용되는 호이스트 와이어를 감고 푸는 스위치

(f) Armament fire control switch

군사용 목적으로 기관총 및 미사일 등을 발사하는 스위치

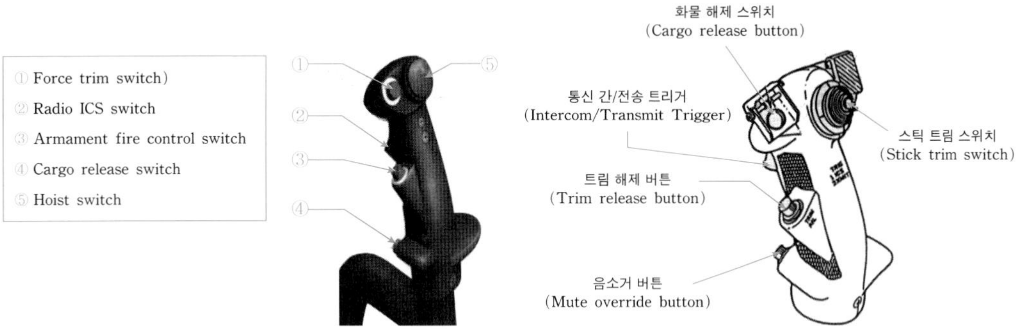


[그림 2-11]

(2) 원 웨이 록(One way lock)

메인 로터에서 공기역학적인 힘이 싸이클릭 스틱에 전달되는 피드 백(Feed back)을 차단하여 싸이클릭 스틱의 불필요하게 후방으로 밀리는 것을 방지한다.

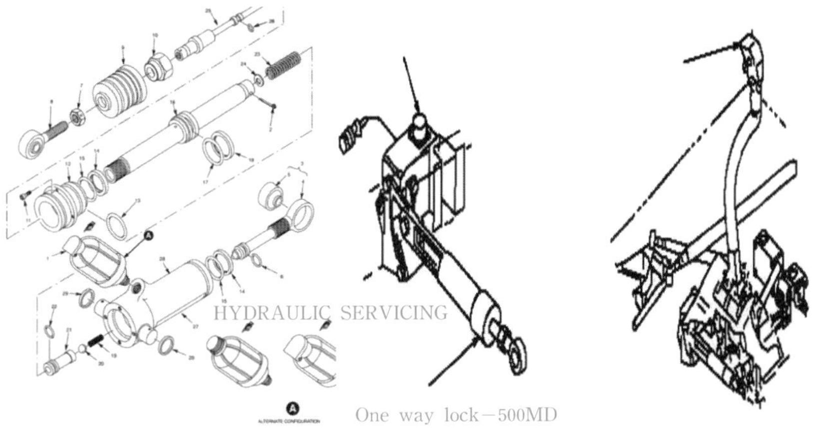


[그림 2-12]

## 2. Collective Stick/Pitch Lever

(1) 기능

Collective stick을 들어 올리면 올린 양 만큼 Swash-plate가 위로 올라가서 모든 Blade pitch angle이 동시에 증가하여 받음각이 증가하므로 양력이 증가되어 동체가 상승하고 Collective stick을 내리면 반대 현상으로 모든 Blade pitch angle이 동시에 감소하여 받음각이 감소하므로 양력이 감소되어 동체가 하강한다.

(2) 주요 구성품

(a) Adjustable friction 장치

비행 중 컬렉티브 스틱을 원하는 위치에 고정시키고 불필요한 움직임을 방지하기 위해 손으로 조여 원하는 마찰력을 조절하여 움직임을 방지하는 잠금 장치이다.

(b) Throttle control lever/Twist grip)

일정한 메인 로터 회전수를 유지하기 위해 엔진 출력(회전수)를 제어하며 Release button (해제 버튼)은 “Idle” 위치에서 “Cut off” 위치로 이동할 때 엔진 정지를 방지하는 안전장치로써 Button을 누른 후에만 차단 위치로 이동이 가능하다.

① Throttle control lever position

ⓐ Cut off position

연소실의 연료 노즐로 들어가는 연료를 차단하여 엔진 정지 시에 사용

ⓑ Idle position

엔진 자립회전속도를 유지하기 위해 일정한 연료량을 제어한다.

ⓒ Flight position

연료제어장치(Fuel Control Unit)의 Metering valve를 완전히 열어 엔진 출력이 최대가 되도록 연료량을 제어하고 연료제어장치의 Governor는 Main rotor 부하에 상관없이 항상 Main rotor rpm를 일정하게 유지하기 위해 연료 양을 제어한다.

ⓓ Emergency position

비상시에는 엔진 Rpm 및 EGT, Torque를 정상 작동범위 내에서 작동하도록 수동으로 엔진으로 가는 연료량을 조절하고 총 연료 흐름양을 늘릴 수는 없으며 엔진 또는 메인 로타 회전수가 너무 높거나, Governor 고장, Tail rotor 고장 시에 착륙할 경우에 필요한 Torque 양을 발생시킬 때 사용한다.

(c) Power trim switch(동력 미세조절 스위치)

엔진 회전수를 증가, 감소시켜 조종사가 원하는 엔진 회전수를 설정하여 엔진 회전수를 일정하게 유지할 수 있으며 Beep range는 회전수가 상, 하한 한계치를 벗어나면 조종사에게 경고음을 준다.

(d) Idle release button

엔진 동력 증가를 위해 Throttle lever를 Off 위치에서 Idle 위치로 전진시킨 후에 Off 위치로 되돌아오는 Roll back을 방지하여 Flame out 발생을 방지하는 일종의 Stopper 역할 장치이며 Idle에서 Off위치로 Roll back 시에는 Button 누르고 해제할 수 있다.

(e) Starter button

엔진 시동 시 Starter-generator(시동-발전기)를 작동시킬 때 사용하며 시동 시에는 시동기 역할을 하며 자립 회전속도(Idle rpm)에 도달하면 발전기 역할을 하여 축전지(Battery)에 충전을 하며 Engine motoring 시에도 사용한다.

(f) Landing light switch

이·착륙 시에 시야 확보를 위해 조명을 하기 위해 작동하는 스위치를 말한다.

- 꺼짐 위치(Off position) : 착륙등을 끌 때 사용(Landing light off)
- 전방 위치(Forward position) : 전방 착륙등 작동
- 양 방향 위치(Both position) : 전방과 하부 착륙등 작동

(g) Searchlight switches

- 꺼짐 위치(Off position) : 써치 라이트를 끌 때 사용(Landing light off)
- 전방 위치(Forward position) : 전방 써치 라이트를 작동
- 양 방향 위치(Both position) : 전방과 하부 써치 라이트를 작동

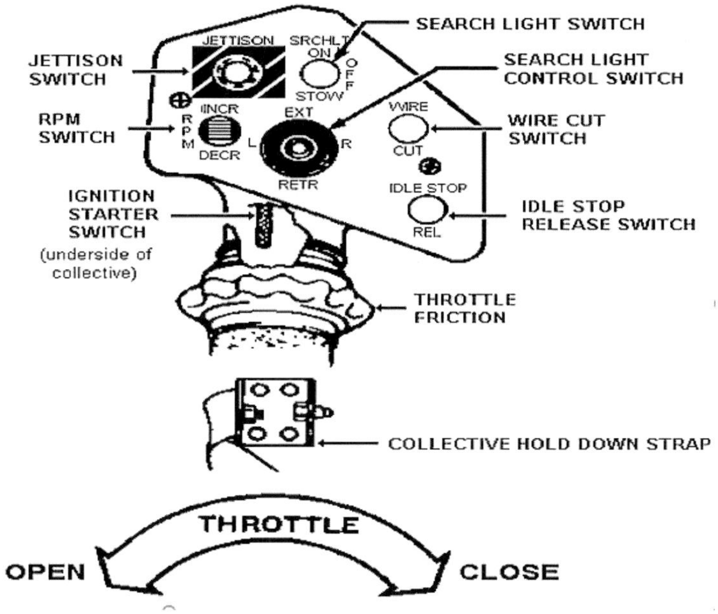


[그림 2-13]

(3) Collective stick load 경감 장치

비행 중 메인 로터 블레이드에서 오는 공기역학적인 힘이 컬렉티브 스틱에 전달되어 컬렉티브 스틱이 올라가거나 내려오려는 경향을 방지하기 위해 힘의 균형을 유지해 준다.

(a) Collective 1G spring assembly(UH-60, AH-64)

Collective 1G spring은 Collective control stick 하단부에 연결되며 Spring의 상부 Bearing 끝은 Canted bulkhead에 Spring clevis쪽은 ARDD(Automatic Roller Detent De-coupler) bell-crank에 연결되며 압축 시 약 24.5[kg]의 힘을 발휘하는 스프링을 포함하는 실린더로써 비행 중 Collective load가 무겁거나 가벼우면 조절할 수 있도록 하단부에 조정 가능한 Clevis를 갖고 있다.

> **참고** Automatic Roller Detent De-coupler
>
> 정상 작동 중에는 ARDD는 기계적 연결구로서 작동하다가 기계식 비행 제어 장치가 걸리면(Jamming) ARDD는 Flight control rods를 Collective stick과 분리되며 FMC(Flight Management Control)에 신호를 보내고 Fly-by-wire Back Up Control System(BUCS)를 작동시킨다.

(b) 컬렉티브 번지 스프링(Collective bungee spring/500 MD)

컬렉티브 스틱을 올리거나 내릴 때 블레이드 피칭 모멘트(Blade pitching moment)로 인해 메인 로터 헤드 스트랩 팩 토션(Main rotor head strap pack torsion)에 피드 백(Feed back)되는 힘을 상쇄하여 비행 중에 선택된 컬렉티브 스틱 위치를 유지하여 조종 성능을 향상시키며 이러한 장치로는 사이클릭 트림 엑추에이터, 테일 로터 번지 스프링 등이 있다.

(C) 컬렉티브 번지 스프링 장력 조절

지상에 있을 때만 장력 조절이 허용되며 장력 조절은 메인 로터 계통에 영향을 주므로 메인 로터 블레이드가 궤적이 일치하고(Main rotor blade on track) 자동 활강 회전수(Auto rotation rpm)이 한계치 내에 있을 때 실시한다.

> **참고**
> - Collective up load(Light) ➜ Collective가 가벼워서 올라가는 현상
> - Collective dn load(Heavy) ➜ Collective가 무거워서 내려오는 현상

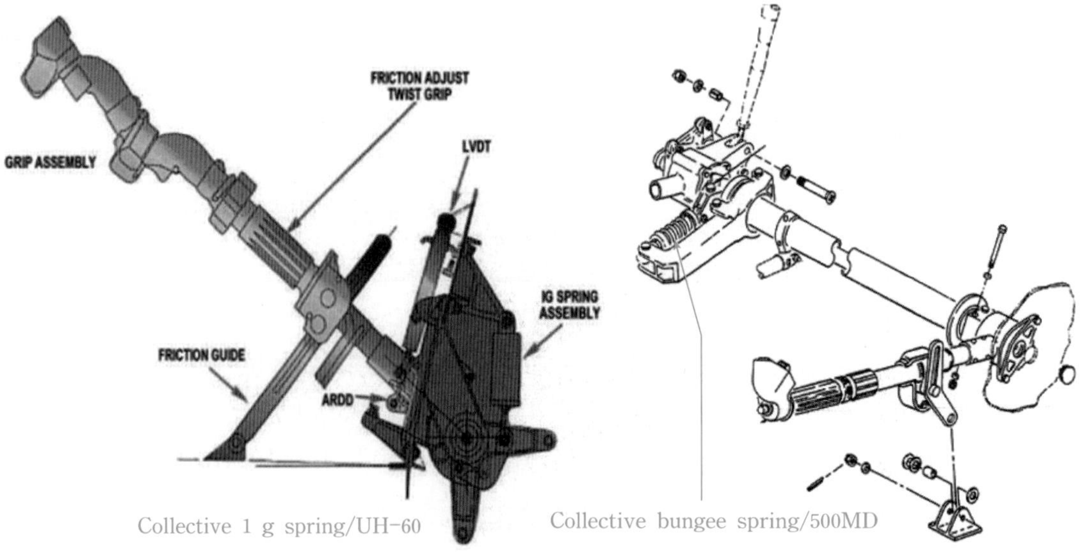


Collective 1 g spring/UH-60

Collective bungee spring/500MD

[그림 2-14]

## 3. 회전수 보상 장치(Droop Compensator/Anticipator System) 기능

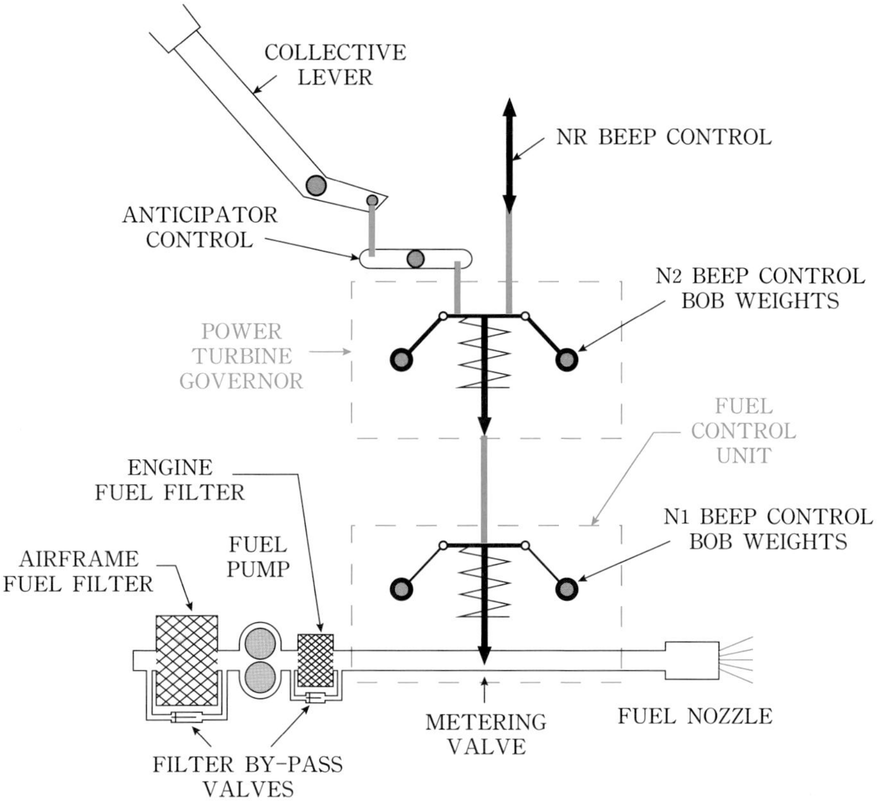


[그림 2-15]

(1) 가스터빈 엔진

비행 중에 블레이드에 걸리는 부하에 상관없이 메인 로터 블레이드 회전수가 항상 일정해야 하는데 블레이드 부하에 따라(피치 증감) 엔진 동력이 증감하는 현상을 스태틱 드롭(Satic droop)이라 하며 컬렉티브 스틱을 들어 올리면 블레이드 피치각과 받음각 증가와 함께 항력도 증가하여 블레이드 회전수 및 엔진 회전수가 감소되는 것을 보상하기 위해 연료조절장치의 거버너(Governor)와 컬렉티브 스틱과 기계적으로 직접 연동시켜 움직임에 따라 엔진 동력을 자동으로 증감시켜 주는 장치이다.

(a) 작동원리

메인 로터 피치가 증가하면 항력이 증가되어 엔진 회전수가 감소되어 맞물려 있는 거버너 회전수가 감소되므로 Governor fly weight의 원심력이 감소되어 Governor spring 장력이 커져서 연료 흐름량 증가로 엔진 회전수가 증가되어 메인 로터 블레이드 회전수를 원 상태로 회복시켜 메인 로터 회전수의 순간적인 감소 방지와 변동을 최소화시킨다.

(2) 피스톤 엔진(Piston engine)

컬렉티브 스틱 사용에 따른 블레이드 피치 변화는 블레이드 회전수와 엔진 회전수를 증감시켜서 메니폴드 압력(Manifold pressure)에 영향을 주며 스로틀 레버(Throttle lever) 위치는 엔진 회전수에 영향을 주고, 블레이드 피치 변화는 엔진 회전수를 변화시키고 스로틀 레버도 메니폴드 압력에 변화를 주므로 엔진 회전수를 자동으로 조절하는 거버너가 장착되지 않은 헬리콥터는 회전 속도계와 다기관 압력계기를 보면서 엔진 회전수가 증가하면 스로틀 레버를 감소시키는 쪽으로 감소하면 엔진 회전수를 증가시키는 쪽으로 작동시키며 메니폴드 압력이 높으면 켈렉티브 스틱을 내려서 블레이드 피치를 감소시켜 항력을 줄어 회전수를 증가시켜서 메니폴드 압력을 감소시키고 메니폴드 압력이 낮으면 반대로 켈렉티브 스틱을 올려서 조절해야 한다.

## 05 Swash-Plate Assembly

Stationary swash-plate와 Rotating swash plate로 구성되며 한 쌍의 Spherical bearing으로 서로 연결되며 Collective와 Cyclic stick의 움직임을 Pitch change rod(link)를 통해 Main rotor pitch horns(Housing)과 연결되어 메인 로터 블레이드에 전달한다.

### 1. Stationary Swash-Plate

Collective stick 상하운동으로 각 Blade pitch angle(받음각)을 동시에 변경하는 Collective feathering과 사이클릭 스틱을 전, 후, 좌, 우 방향으로 움직이면 Stationary swash-plate 회전면이 경사져서 전, 후, 좌, 우 비행을 가능하게 하고 전진익과 후퇴익의 양력 불균형을 해소하기 위해 주기적으로 일정 지점에서 Blade pitch angle을 증가, 감소해주는 Cyclic feathering을 하게 한다.

### 2. Rotating Swash Plate

Pitch change rod로 Blade pitch horn에 연결되어 각 Blade의 Pitch angle를 변화시키고 추력벡터의 크기와 각도를 변화시킬 수 있으며 Rotating scissors link와 연결되어 Main rotor 회전축과 같이 회전을 한다.

### 3. Scissors Links

Stationary scissors link와 Rotating(upper) scissors link로 구성되며 Swash plate가 Main rotor 회전축을 따라 상하운동 및 회전을 할 수 있게 하며 Stationary scissors link는 Stationary swash-plate에 장착되어 회전하지 못하도록 회전축에 고정되어 있고 Rotating scissors link는 위쪽에 Rotating swash plate에 연결되어 Main rotor blade와 같은 각속도로 회전을 한다.

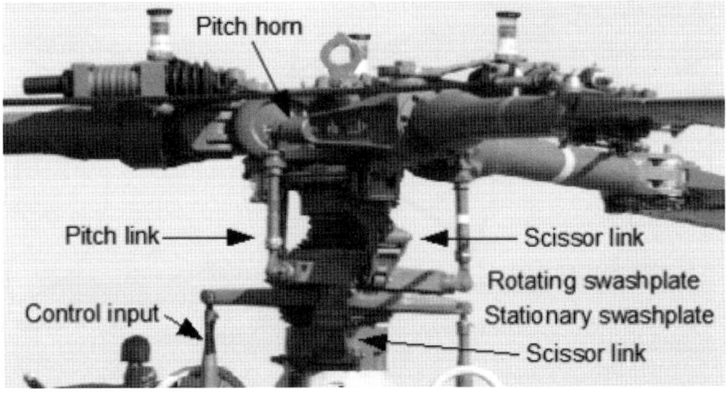


[그림 2-16]

## 06 Tail Rotor/Anti-Torque Control System

동체의 방향 전환 및 유지 기능과 동체가 메인 로터 회전으로 인해 반대 방향으로 회전하려는 Torque를 상쇄시키는 기능을 하며 최대 양의 피치각(Max positive pitch angle)이 최대 음의 피치각(Max negative pitch angle)보다 크며, 메인 로터 회전방향이 반시계방향이면 동체는 시계방향으로 회전하려고 하므로 테일 로터 피치각을 감소시키면(동체가 시계 방향으로 회전을 못하게 하는 테일 로터 추력이 감소)동체가 시계 방향으로 회전하므로 테일 로터 피치각을 변화시켜(Thrust 증감) 방향 전환을 할 수 있다.

### 1. Tail Rotor Pitch

(1) Positive pitch angle(Anti-torque) 기능

좌측 Pedal를 작동하면 테일 로터 블레이드 피치가 증가(테일 로터 추력 증가)하여 기수가 좌측 방향(메인 로터 블레이드 회전 방향)으로 이동한다.

(2) Neutral position(중립위치)

제로 피치각(Zero pitch angle)으로써 메인 로터 Torque와 테일 로터 추력의 크기가 같다.

(3) Negative pitch angle

우측 Pedal을 작동하면 테일 로터 피치가 감소(Tail rotor thrust 감소)하여 기수가 우측 방향(Main rotor torque 방향)으로 이동한다.

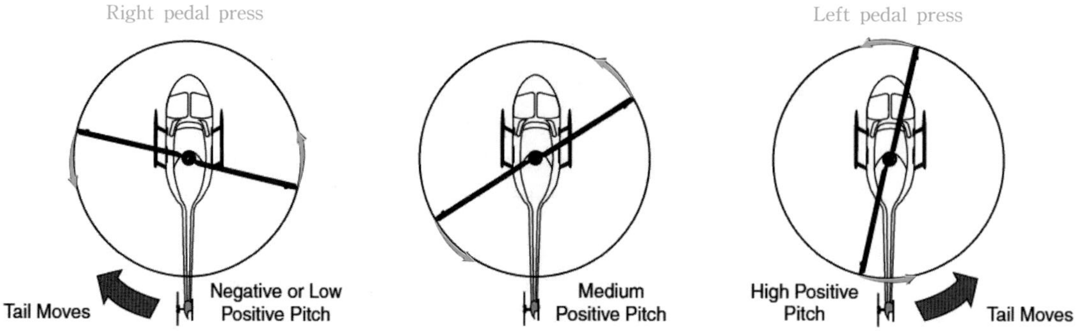


Pedal Control Position And Thrust At Tail Rotor

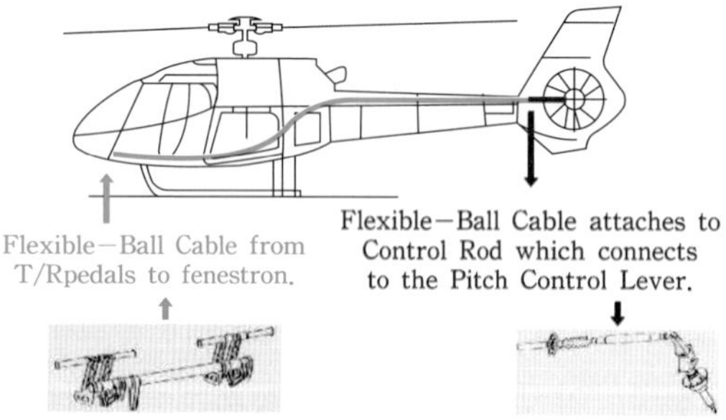


Tail Rotor Controls

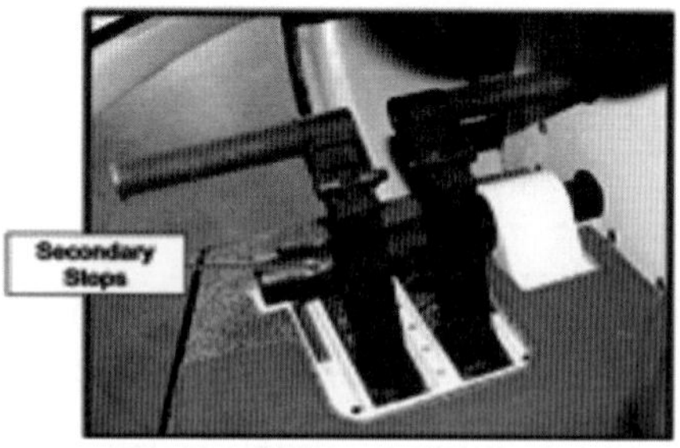


Tail Rotor redals

[그림 2-17]

## 2. Flight Controls System과 Flight Attitude

| 항 목 | 직접 제어 | 1차 효과 | 2차 효과 | |
|---|---|---|---|---|
| Cyclic stick (Longitudinal) | 전, 후 운동으로 메인 로터 블레이드 피치를 변경 | 메인 로터 회전면을 Swash–plate를 통해 전, 후로 기우린다. | 기수 상향, 기수 하향 (Pitch/Nose) Up or Down | 전진 속도조절 및 선회를 제어 (Rolled–turn) |
| Cyclic stick (Lateral) | 좌우운동으로 메인 로터 블레이드 피치를 변경 | 메인 로터 회전면을 Swash–plate를 통해 좌우로 기우린다. | 이동방향으로 Roll 현상 | 좌, 우 측면 움직임을 제공 |
| Collective stick | Swash–plate에 의해 메인로터 블레이드 받음각 변경 | 모든 메인 로터 블레이드 피치 피치각을 동일하게 증가/감소시켜 상승 하강 | Torque를 증가 또는 감소시켜 비행 중 메인 로터 회전수를 일정하게 유지 | 메인 로터 블레이드 피치 변경으로 수직 상승, 하강 속도 조절 |
| Anti–torque pedal | 테일 로터 블레이드에 피치 제공 | 요 속도(Yaw rate) 제어 | Torque 및 엔진 속도 증가 감소 | 선회각 조절 및 방향 제어 |

조종사가 원하는 비행자세 및 방향으로 비행하기 위해서는 조종사가 조작하는 비행 조종간(Flight control stick)과 비행자세 및 방향을 제어하는 장치인 메인 로터 계통(Main rotor system), 테일 로터 계통(Tail rotor system), 항법장치(Navigation system) 등과 같이 관련된 구성요소와 연동이 되어 수직 상승, 하강 및 전, 후, 좌, 우 비행을 하여 원하는 목표지점에 착륙할 수 있다.

## 01 비행자세(Flight Attitude)

### 1. 제자리 비행 제어(Hovering Control)

제자리 비행은 헬리콥터가 지면으로 부터 이륙하여 원하는 고도에서 Collective stick 위치를 고정시키면 양력과 추력의 합이 항력과 무게의 합과 같아서 상승이나 하강, 전, 후진 없이 공중의 한 지점에서 일정한 고도와 방향을 유지하는 비행 자세를 말한다.

제자리 비행 시에는 메인 로터 블레이드 회전면(Blade disk)을 통한 수직방향의 공기흐름인 유도흐름(Down wash/Indused flow)이 회전 상대풍 방향을 변경시켜 받음각이 감소하는 효과로 양력 감소와 함께 블레이드 날개 끝 소용돌이(Wing tip vortices)의 연속적인 재순환 흐름으로 인해 날개 끝 효율이 감소하고 선행 블레이드의 와류는 후행 블레이드의 양력 발생에 영향을 주므로 고도유지에 필요한 양력을 증가시키기 위해서는 제자리 비행 시에는 동력이 더 필요하다.

(1) 수직 상승 및 하강

Collective stick을 올리면 모든 Blade pitch가 동시에 증가하여 양력을 증가시키므로 양력과 추력의 합이 항력과 무게의 합보다 크면 수직 상승하고 반대로 Collective stick을 내리면 블레이드 피치가 동시에 감소하면서 양력을 감소시켜 양력과 추력의 합이 항력과 무게의 합보다 작으므로 수직 하강한다.

이렇게 Collective stick을 위로 올리면 동시에 모든 Blade pitch angle이 증가하고 아래로 내리면 동시에 모든 Blade pitch angle이 감소하는데 Collective stick을 상승, 하강시킬 때마다 모든 Blade pitch angle이 동시에 변하는 것을 Collective feathering이라 한다.

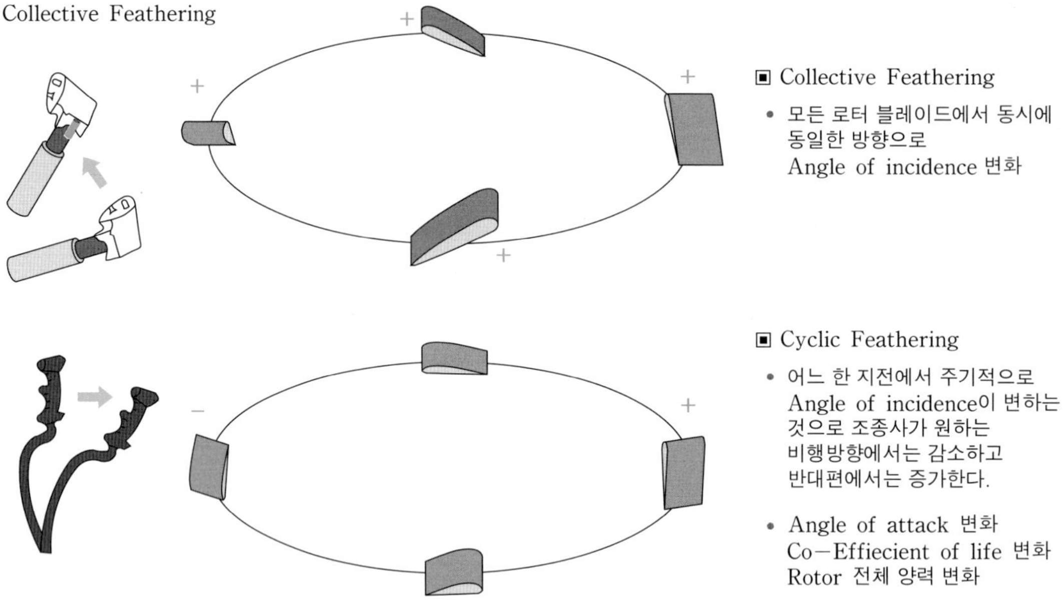

Collective Feathering
■ Collective Feathering
• 모든 로터 블레이드에서 동시에 동일한 방향으로 Angle of incidence 변화
■ Cyclic Feathering
• 어느 한 지전에서 주기적으로 Angle of incidence이 변하는 것으로 조종사가 원하는 비행방향에서는 감소하고 반대편에서는 증가한다.
• Angle of attack 변화
Co−Effiecient of life 변화
Rotor 전체 양력 변화


[그림 3-1]

(2) 지면효과(Ground effect)

(a) 지면효과 받을 때(IGE/In Ground Effect)

블레이드 지름보다 낮은 고도에서의 공기흐름은 지면으로 내려간 공기가 지면과 부딪쳐 블레이드 아래로 내려오는 유도흐름을 방해하므로 유도흐름 속도가 감소하여 받음각이 증가하는 효과와 날개 끝 와류(Blade tip vortex)가 감소하여 블레이드 효율이 증가되어 양력이 20[%] 증가되는 효과를 발생시킨다.(Cushion effect)

(b) 지면효과 받지 않을 때(OGE/Out of Ground Effect)

블레이드 아래로 내려오는 유도흐름이 방해받지 않기 때문에 유도흐름 속도가 증가하여 받음각이 감소하는 효과와 블레이드 효율이 감소하여 양력이 감소되므로 일정한 고도유지를 위해서는 블레이드 피치각을 증가해야 하므로 더 많은 동력이 필요하다.

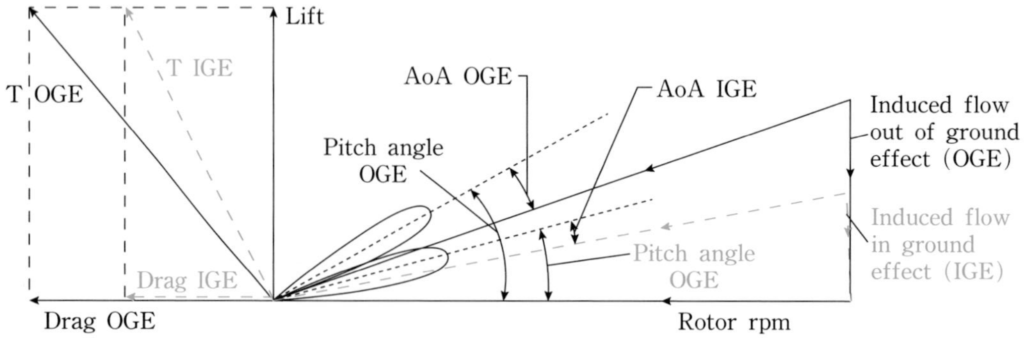

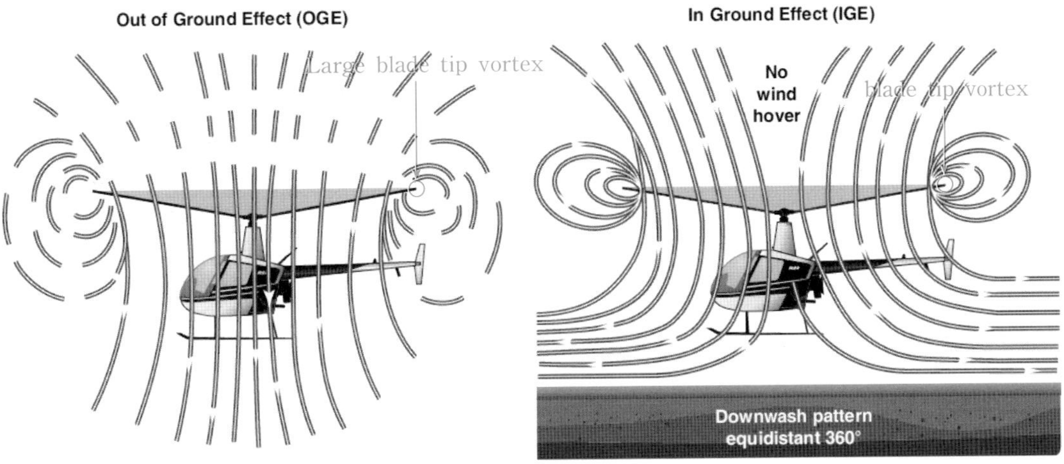


[그림 3-2 IGE & OGE 효과]

(c) 지면효과 증가요인

메인 로터 회전면의 반경 높이에서 제자리 비행 시에는 양력은 대체로 10[%] 정도 증가하고 1/2 반경 높이에 있으면 20[%] 정도 증가하며 지면에 가까울수록 유도흐름 속도(유도항력) 감소로 양력과 항력$\left(\dfrac{LIFT}{DRAG}\right)$ 비율인 양항비가 증가하고 무풍 시에는 유도흐름이 직 하방으로 흐르게 되어 날개 끝 주위의 와류가 감소되는 효과로 지면효과가 증대되어 적은 동력으로도 제자리 비행이 가능하며 특히 장애물이 없고 평탄한 단단한 지형(콘크리트)에서는 지면효과가 제일 크다.

> 참고 **양항비(Lift/Drag Ratio) 증가**
>
> 양력은 증가하는데 비해 항력은 감소하는 것을 말한다.

(d) 지면효과 감소요인

지면효과는 고도가 높아질수록 감소하는데 메인 로터 블레이드 회전면 직경의 $1\dfrac{1}{4}$ 이상 높이일 때는 메인 로터 블레이드에서 발생되는 하향풍인 유도흐름이 지면으로 바로 향하지 못하고 비산 되므로 지면효과가 감소하여 지면효과가 "0"으로 되며 특히 평탄하지 않은 지역이나 수면 상공, 풀, 숲 상공 등은 지면효과가 부분적으로 와해되거나 감소된다.

(3) 제자리 비행 한계고도/임계고도(H.C/Hover ceiling)

비행고도가 높아질수록 필요마력이 증가하게 되므로 이용마력과 필요마력이 같아져서 더 이상 상승할 수 없는 비행고도를 말하며 기체 중량 및 추력이 일정한 조건에서는 제자리 비행 한계고도(H.C. in ground effect)는 지면효과 받을 때는 지면효과로 인해 필요마력은 감소하므로 제자리 한계고도는 높아지며 지면효과 없을 때는 제자리 비행 상승한도(H.C. out of ground effect)는 지면효과가 없어서 제자리 비행 한계고도가 낮아진다.

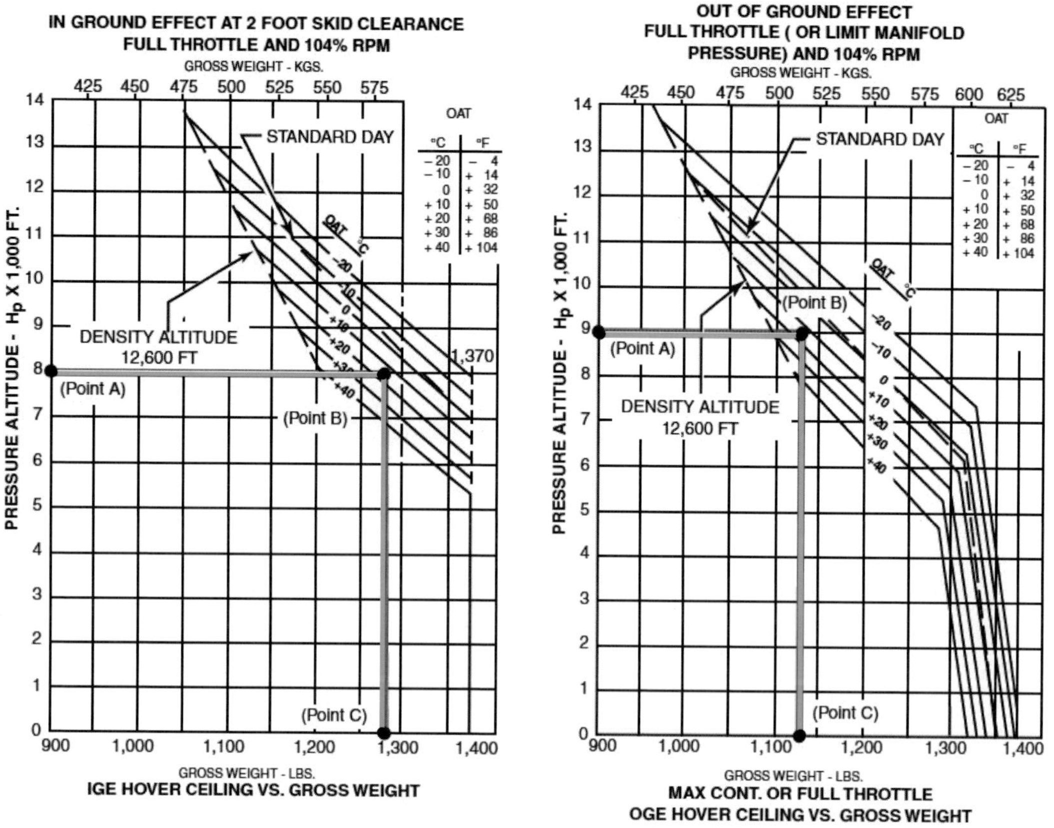


[그림 3-3]

## 2. 전, 후, 좌, 우 비행 제어(Pitching 및 Rolling Control)

비행속도 변화가 없는 수평 전진 비행 상태에서는 양력, 추력, 항력 및 무게의 4가지 힘이 균형을 이루고 있으며 Cyclic stick을 전, 후, 좌, 우로 이동시키면 Swash-plate 회전면이 전, 후, 좌, 우로 기울어지므로 블레이드 회전면은 기울어진 방향에 따라 수직방향으로 작용하는 양력과 비행 방향인 수평 방향으로 작용하는 추력의 두 힘의 합성력이 작용하는 방향에 따라 추력이 발생하며 기울어진 방향에서 양력과 무게의 크기는 같고 추력이 항력보다 크면 추력 방향이 블레이드 회전면의 기운 방향으로 발생되어 수평 전, 후, 좌, 우 비행을 할 수 있으며 기울어진 쪽은 피치 각이 감소하여 양력이 감소하고 반대쪽은 피치 각이 증가되어 양력 증가가 주기적으로 발생하여 회전면이 기울어진 방향으로 비행을 할 수 있다.

(1) 전, 후진 비행

전진비행은 Cyclic stick을 전방 쪽으로 밀면 Swash-plate 회전면이 전방으로 기울어져 양력과 추력의 합성력의 방향이 회전면 축 전방 쪽으로 작용하여 전진비행을 할 수 있으며 후진 비행은 반대 현상으로 합성력 방향이 후방 쪽으로 작용하므로 후진 비행을 할 수 있으므로 헬리콥터 세로 운동인 Pitching moment를 제어한다.

(2) 좌, 우측 비행

좌측비행은 Cyclic stick을 좌측으로 밀면 Swash-plate 회전면이 좌측으로 기울어져 양력과 추력의 합성력의 방향이 회전면 축 좌측으로 작용하여 좌측비행을 할 수 있으며, 우측비행은 반대 현상으로 합성력 방향이 우측으로 작용하므로 우측비행을 할 수 있으므로 헬리콥터 가로운동인 Rolling moment를 제어한다.

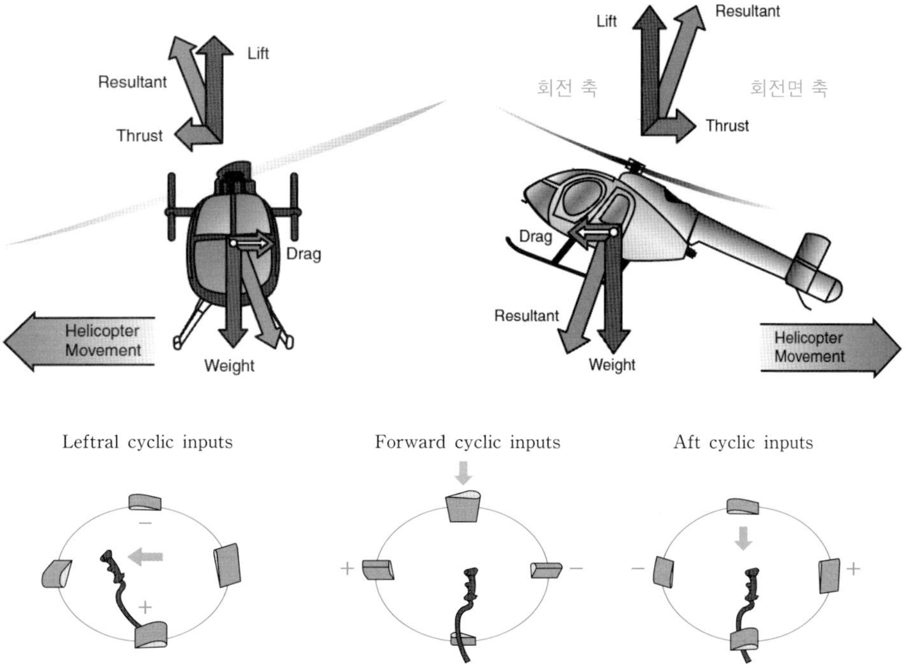


[그림 3-4]

## 3. 방향전환(Yawing/Heading Control)

(1) 동체에 작용하는 회전력(Torque)

엔진 동력이 양력 발생을 위해 메인 로터 블레이드를 회전시키면 양력 발생과 함께 회전으로 인하여 동체는 뉴톤의 제3법칙(New's law)인 작용과 반작용의 법칙에 따라 동체는 메인 로터 블레이드 회전방향에 반대 방향으로 동체를 회전하려는 회전력이 무게중심 점에서 발생하는데 자유 활강(Auto-rotation) 시에는 회전력은 발생하지 않고 변속기 항력(Transmission drag)으로 인해 메인 로터 블레이드가 회전하는 방향으로 움직이려는 요(Yaw) 현상이 발생하므로 이를 상쇄하기 위해 반대 방향으로 테일 로터 추력을 발생시킬 수 있도록 테일 로터 블레이드 피치가음의 각인 역 피치 각(Reverse pitch angle)으로 되어 있다.

(2) Anti-torque(반 회전력) 작용과 방향제어

Tail rotor pitch 제어는 Tail rotor pedal을 조작함으로써 Anti-torque 작용이 이루어지는데 평형 상태에 있는 Pedal 중립 상태에서 우측 Pedal을 작동하면 Tail rotor pitch가 감소되어(Negative pitch) Moment 균형이 변해서 기수는 우측으로 회전하게 되며, 반대로 좌측 Pedal을 작동하면 Tail rotor pitch가 증가되어(Positive pitch) 기수가 좌측으로 회전하게 되므로 Tail rotor pitch를 증가, 감소시켜 기수방향을 좌, 우로 회전하게 하여 방향을 유지할 수 있다.

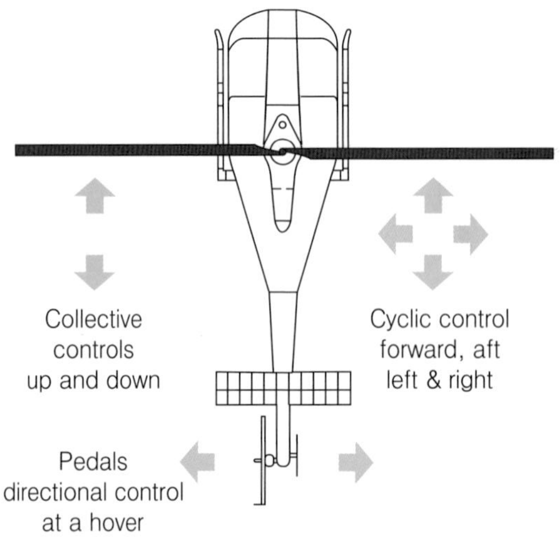


[그림 3-5]

## 02 전진비행 시 비행특성(Flight Property)

가속하지 않은 수평 전진비행에서 양력은 무게와 같고 추력은 항력과 같으며 양력이 무게보다 크면 힘이 균형을 이룰 때까지 수직으로 상승하고 추력이 항력보다 작으면 힘이 균형을 이룰 때까지 속도가 감소하며 전진비행 시에는 추력 방향이 앞쪽으로 바뀌므로 양력감소 효과로 인해 동체가 하강하는 경향이 있으므로 동력을 증가시켜야 한다.

### 1. 전진비행 시 공기흐름 속도

제자리 비행 상태의 수직적 공기흐름이 전진 비행 시에는 수평적 흐름으로 변하며 전진 비행에서는 공기흐름이 비행 방향의 반대 방향으로 흐르는 공기 속도는 헬리콥터 전진 속도와 동일하나 블레이드 회전속도는 원 운동을 하므로 어느 한 지점에서 블레이드를 가로 지르는 공기 속도는

회전면에서의 블레이드 위치, 회전 속도 및 비행 속도에 따라 달라지므로 각 블레이드가 만나는 상대풍은 블레이드가 회전함에 따라 변하므로 상대풍 속도는 블레이드가 어느 한 지점인 방위각 $\phi$에 있을 때 블레이드 반경 위치 $r$에 있는 블레이드 점 $p$에서 블레이드 루트(Root)로 부터의 거리 $r$, 회전 각속도 $\omega$이라면 블레이드 $p$에서 $v$ : 항공기 속도, $\alpha$ : 회전날개 받음각, $\beta_0$ : 원추각일 때 상대풍 속도 식은 $V_\phi = V \times \cos\alpha \times \sin\phi + r \times \cos\beta_0 \times \omega$이 되므로 상대풍 최고속도는 블레이드가 회전함에 따라 헬리콥터의 오른쪽(전진익 3시 위치/sin 90°=1)에서 발생하며 기수 쪽으로 회전할수록 상대풍 속도가 점점 감소하면서 왼쪽 방향(후퇴익 9시 방향/270°)에서는 최저속도가 발생한 후 상대풍 속도는 점점 다시 증가하기 시작해서 블레이드가 3시 방향 까지 계속 증가하여 최대로 된다.

## 2. 양력 불균형(Dissymmetry of Lift) 현상

제자리 비행 시에는 회전속도만 있고 전진속도가 없으므로 상대풍에 대한 전진익과 후퇴익의 상대속도는 차이가 없어 양력 불균형 현상이 발생하지 않으나 전진비행 시에는 상대풍에 대한 전진익과 후퇴익의 상대속도 차이가 발생하여 회전면에서 발생하는 양력은 전진익은 상대속도 증가로 양력이 증가하고 후퇴익은 상대속도 감소로 양력이 감소하여 전진익과 후퇴익의 양력 불균형 현상을 말한다.

(1) 양력 불균형 해소 방법

(a) Main rotor blade flapping 운동

양력 불균형 현상으로 메인 로터 블레이드가 같은 속도로 회전하더라도 균등한 양력의 분포를 얻지 못하여 비행 중에 블레이드 회전방향으로 뒤집어지려는 Rolling 현상이 발생하므로 전진익은 양력증가로 인해 블레이드가 위로 올라가는 현상(Up-flapping)이 상대풍 방향 변화로 유도흐름(유도속도)이 증가해서 받음각을 감소시켜 양력이 감소하고, 후퇴익은 반대현상으로 양력감소로 인해 블레이드가 아래로 내려가는 현상(Down-flapping)이 상대풍의 방향 변화와 유도흐름(유도속도)이 감소해서 받음각을 증가시켜 양력을 증가시키는 효과로 양력 불균형을 블레이드 상, 하 운동인 플래핑(Blade flapping) 운동이 해소한다.

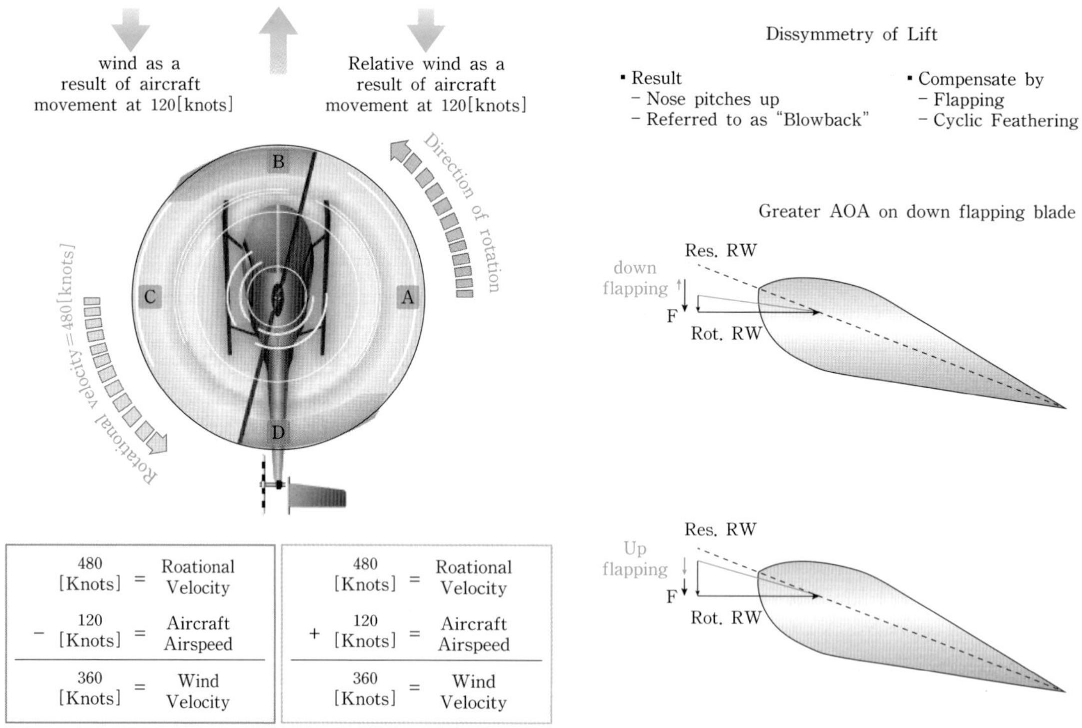


[그림 3-6]

(b) Cyclic feathering

제자리 비행에서는 Cyclic stick이 중앙에 위치하므로 전진익 및 후퇴익의 피치 각은 동일하나 전진비행 시 Cyclic stick을 전진시키면 전진익의 피치 각은 감소하고 후퇴익은 증가하여 회전면의 기울기가 앞쪽으로 기울어지는데 헬리콥터 속도가 증가할수록 전진익에서 피치각은 더 감소하게 되고 후퇴익은 피치 각이 더 증가되어 회전면의 기울기가 더 커지므로 전, 후, 좌, 우, 비행 시에 Cyclic stick이 위치한 비행방향에서는 회전면 경사로 인해 주기적으로 피치 각이 감소하고 반대 방향에서는 피치 각이 증가하는 것을 Cyclic feathering이라 하며 Main rotor blade flapping 운동과 함께 양력 불균형을 해소하므로 원하는 비행 자세를 유지할 수 있으며 기울어짐은 추력 벡터의 방향을 제어하는 수단이다.

**참고** **컬렉티브 페더링(Collective Feathering)**

컬렉티브 스틱(Collective stick)을 위로 올리면 동시에 모든 블레이드 피치 각(Blade pitch angle)이 증가하고 아래로 내리면동시에 모든 블레이드 피치 각이 감소하는데 컬렉티브 스틱을 상승, 하강시킬 때마다 모든 블레이드 피치 각이 동시에 변하는 것을 말하며 상, 하로 움직이는 것은 추력 벡터의 크기를 제어하는 수단이다.

① 메인 로터 블레이드 피치(Main rotor blade pitch 변화)

메인 로터 블레이드가 반시계 방향으로 회전하면서 전진 비행 시(Cyclic stick 전방 쪽) 블레이드 회전면 움직임을 보면

- A : Negative(Max amplitude/최저 위치)
- B : Zero
- C : Positive(Max amplitude/최대 위치)
- D : Zero

전진 비행이므로 Swash-plate를 앞으로 기울이면 회전면 위치는 세차성(Gyroscope precession)으로 인한 위상지연 현상으로 Swash-plate와 회전면의 경사 방향이 90° 차이가 나타나서 9시 방향인 B점에서 가장 낮은 위치에 있고 3시 방향인 점 D에서 가장 높은 위치에 있게 되어 좌측 비행이 되어 전진비행을 할 수 없으므로 실제로 전진 비행 시에 회전면이 전방이 낮고 후방이 높아야 하므로 90° 지난 A지점에서 가장 낮고 C지점에서 가장 높게 나타나도록 해야 하므로 헬리콥터 반응이 Cyclic stick 위치와 일치되려면 회전면이 90° 앞이나 뒤에 위치시키지 않으면 원하는 방향으로 비행을 할 수 없다.

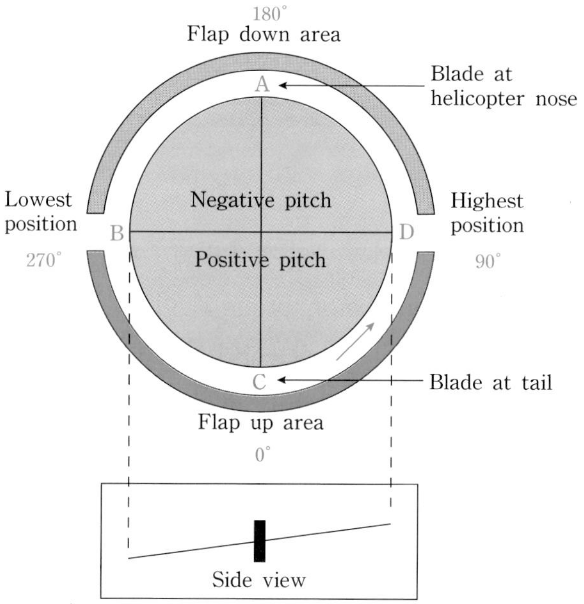


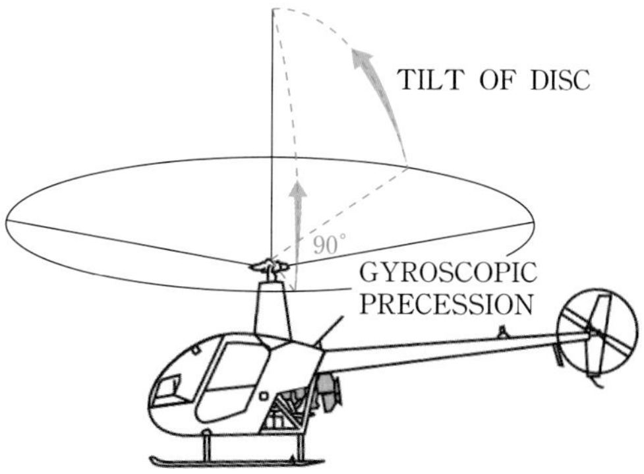


[그림 3-7]

## 3. 블로우 백(Blow/Flap Back 현상)

제자리 비행에서 전진익은 Blade up-flapping 현상으로 양력이 증가하여 3시 방향에서 최대로 올라가고 후퇴익은 Down flapping 현상으로 양력이 감소하여 9시 방향에서 최대로 내려가는 현상이 자이로 섭동성(Gyroscopic precession)으로 인해 위상지연 현상이 일어나 전진익의 최대 Blade up-flapping 현상이 90° 지난 후인 12시 방향인 전방에서 높고, 후방에서는 낮아서 블레이드 회전면이 뒤쪽으로 기울어지는 현상으로 세로방향에서 좌, 우 양력 불균형 현상을 블레이드 세로방향 플래핑 운동이 해소하며 전진 비행 시(가속)에는 헬리콥터의 기수 상향(Pitch up)현상과 후진 비행 시(감속)에는 기수 하향(Pitch down)현상이 발생하여 전진비행을 방해하므로 이를 보상하기 위해 Cyclic stick을 전방으로 기울어야 하므로 Cyclic feathering으로 해소할 수 있다.

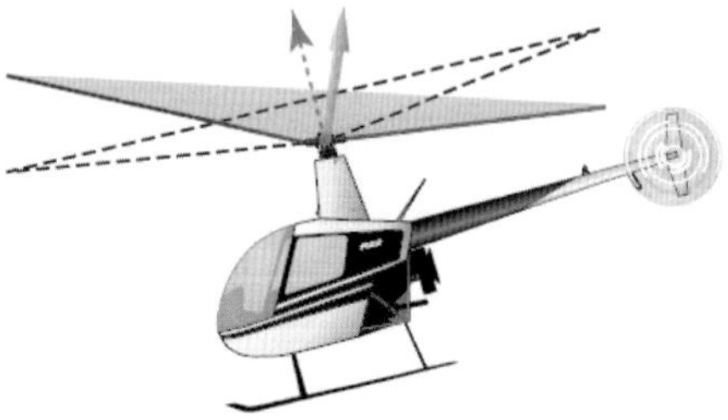

Blow Back 현상

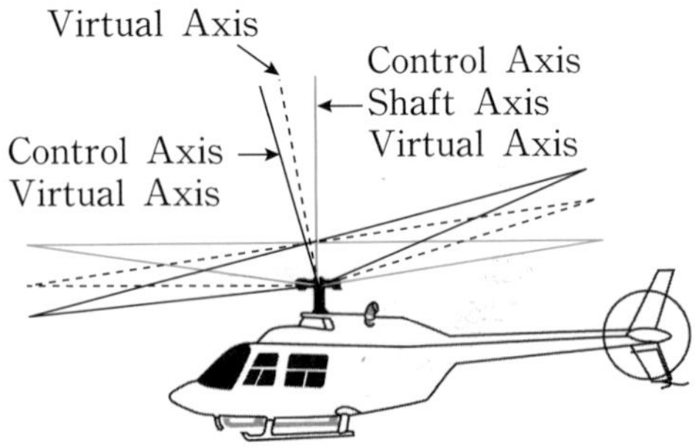


[그림 3-8]

## 4. 전이성향/편류(Translating Tendency/Drift)

제자리 비행 중 메인 로터 블레이드가 반시계 방향으로 회전하는 단일 회전익 계통(Single rotor system)에서는 동체를 우측으로 회전시키려는 회전력(Main rotor torque)과 이를 상쇄시키기 위해 작용하는 tail rotor 추력이 같은 방향인 우측으로 복합적으로 작용하여 동체가 우측으로 밀리는 현상을 말하며 이러한 현상을 막기 위해 회전면을 좌측으로 경사지도록 Cyclic stick을 좌측으로 이동시킨다.

(1) 전이성향을 상쇄시키는 방법

(a) 비행계통 조절(Flight control rigging)시 Cyclic stick을 중앙에서 약간 왼쪽으로 기울어지도록 한다.

(b) Collective pitch 제어 계통은 제자리 비행 시 Collective pitch가 증가함에 따라 회전면이 약간 왼쪽으로 기울어지도록 한다.

(c) 메인 기어 박스(Main gear box)는 메인 로터 회전축(Main rotor drive shaft/Mast)가 왼쪽으로 약간 기울어져서 장착되도록 한다.

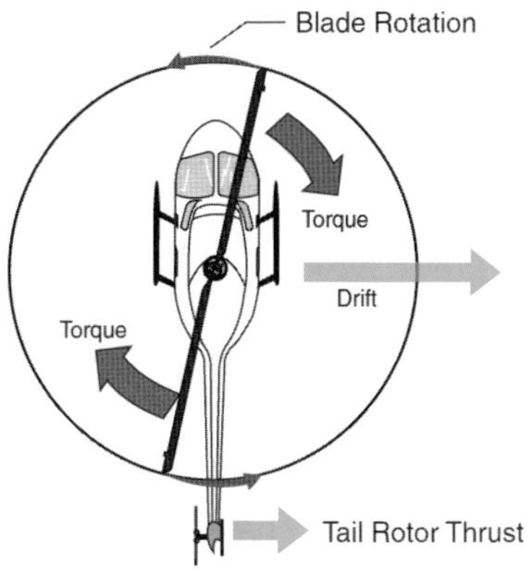


[그림 3-9]

## 5. 전이양력(Translational lift)과 유효 전이양력(E.T.L/Effective Translational Lift)

제자리 비행에서 나타나던 수직 방향의 유도흐름 증가와 블레이드 팁 볼텍스의 재순환 흐름 상태에 있던 난류 흐름이 전진비행으로 전이 비행 시에는 회전면이 앞으로 기울면서 전진속도가 증가하면 전진익은 수직방향의 유도흐름이 점점 수평으로 유입되면서 블레이드 효율을 저해하던 난류흐름이 소멸되고 유도흐름속도가 감소되어 받음각 증가효과와 블레이드 효율이 증대되어 부가적으로 얻어지는 양력을 전이양력이라고 하며 비행 속도가 16~20[knots]정도 도달하면(블레이드 면적 및 RPM에 따라 다름) 전이양력 효율이 향상되어 발생되는 양력을 유효 전이양력이라 하며 약 5~10[knots] 에서 시작하여 최대 약 20[knots]까지 크기가 증가하고 40~60[knots]에서는 거의 완전히 사라진다.

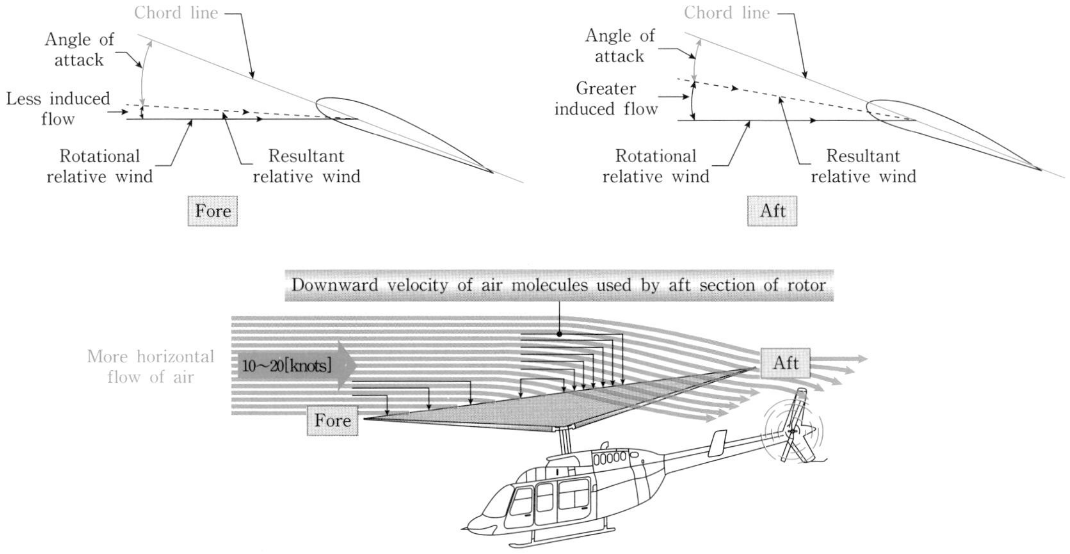


[그림 3-10]

## 6. 가로흐름 효과(Transverse Flow Effect)

제자리 비행에서 전진 비행으로 전환 시에 속도가 약 10~20[kt]에 도달하면 후퇴익의 유도흐름 속도는 전진익의 유도흐름 속도보다 거의 2배 빠르므로 메인 로터의 후방 부분을 통과하는 공기흐름은 전방 부분을 통과하는 공기흐름보다 수직적이므로 유도흐름 속도가 커서 받음각 감소효과를 가져와 양력이 감소하고(Down flapping 현상과 동일) 전방부분의 공기흐름은 수평적이어서 유도흐름 속도가 작아서 받음각 증가효과로 더 많은 양력이 발생하여(Up flapping 현상과 동일) 가로 방향에서 전, 후방 양력 불균형 현상이 위상 지연으로 인해 로터 회전방향으로 90° 지난 지점인 9시 방향에서 양력 증가 현상으로 회전면이 상승하고 후방 부분은 3시 방향에서 양력 감소 현상으로 회전면이 하강하여 회전면이 우로 기울어지는 우측 롤링 현상과 함께 기체에 진동을 일으키는 현상을 말하며 이를 해소하기 위해서 Cyclic stick을 좌측으로 작동시키거나 제작 시에 Cyclic stick을 약간 좌측으로 위치시키거나 조절(Rigging) 작업 시에 좌측으로 편향되게 한다.

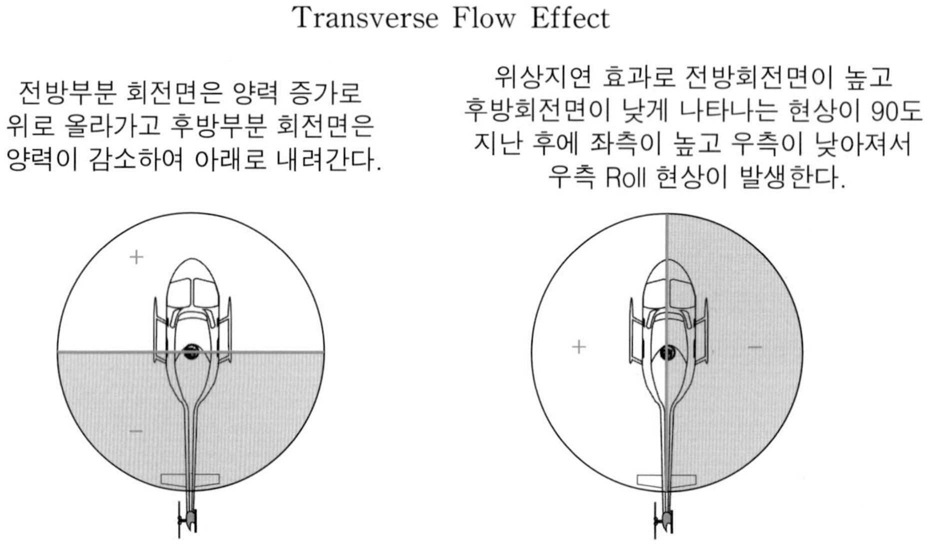
Transverse Flow Effect
전방부분 회전면은 양력 증가로
위로 올라가고 후방부분 회전면은
양력이 감소하여 아래로 내려간다.
위상지연 효과로 전방회전면이 높고
후방회전면이 낮게 나타나는 현상이 90도
지난 후에 좌측이 높고 우측이 낮아져서
우측 Roll 현상이 발생한다.
+
−
+
−

(그림 3-11)

## 7. 테일 로터 전이추력(Tail Rotor Translational Thrust)

제자리 비행 시에 테일 로터는 메인 로터 내리 흐름 영향으로 난기류 상태에 있었으나 전진비행으로 전환 시 유효 전이 양력(E.T.L) 상태에 도달하면 테일 로터가 점차적으로 난기류가 적은 공기흐름에서 작동하므로 공기역학적으로 테일 로터 블레이드 효율이 증가하여 테일 로터 추력이 증가하는 것을 말하며 이로 인해 기수가 왼쪽으로 돌아가려는 현상을 해소하기 위해 테일 로터 블레이드 추력감소(피치각을 감소)를 위해 오른쪽 페달을 작동하여야 한다.

## 03 헬리콥터는 고속비행이 불가능한 이유

고정익은 저속 비행 상태에서 실속이 일어나지만 헬리콥터는 고속 전진비행 시 실속이 발생하는 이유는 블레이드 회전 시 공기 밀도, 블레이드 면적 및 모양은 변화가 없으나 전진익과 후퇴익의 상대속도 차이로 발생되는 양력 불균형 현상을 블레이드 플래핑 운동으로 받음각을 변화시켜 해소시키는데 전진속도가 증가할수록 양력불균형 해소를 위해 전진익은 플래핑 운동으로 받음각을 더 감소시켜야 하고 블레이드 팁 쪽은 상대속도가 커져서 마하수 영역에 도달하여 충격파를 발생시켜 항력이 급증하여 Blade tip stall이 발생하고 후퇴익은 속도가 증가할수록 상대속도가 더 느려져서 플래핑 운동으로 받음각을 계속 증가시켜야 하므로 뿌리(Root) 부분에서 역류 흐름지역(Reverse flow region)이 확산되어 실속범위로 들어가게 되므로 어느 일정속도 이상에서는 비행이 불가하여 속도제한이 있는 단점이 있다.

### 1. 전진익의 블레이드 팁 충격파(Blade Tip Shock Wave)발생

상대풍 속도 식은 $V_\phi = V \times \cos\alpha \times \sin\phi + r \times \cos\beta_0 \times \omega$에서 전진익은 $\phi = 90°$일 때 상대속도는 회전속도와 전진속도가 같은 방향이므로 합이 최대가 되며 위의 식에서 상대속도는 $\sin\phi$ 값이 1로써 최대가 되므로비행속도 $V$가 커지면 커질수록 상대속도는 더욱 더 커지게 되어 비행 속도가 음속에 가까워지게 되는데 $r$ 값이 큰 블레이드 팁 부분에서 먼저 음속에 도달하게 되어 충격파가 발생하여 소음이 발생하고 항력이 급격히 증가하여 실속에 들어가게 되므로 수평최대속도에 제한을 받아 비행 속도 한계는 약 300[km/h] 정도이다.

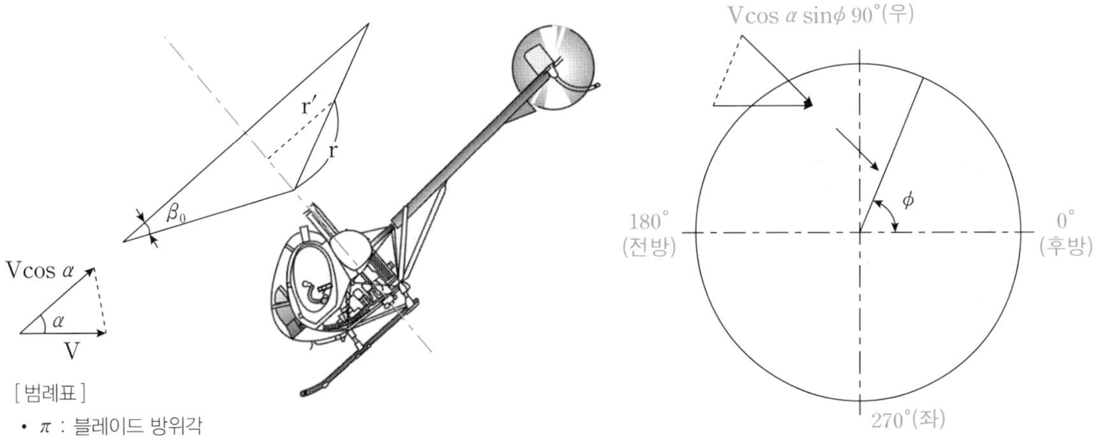


[범례표]

- $\pi$ : 블레이드 방위각
- $\alpha$ : 받음각
- $\beta_0$ : 원추각
- $r$ : 블레이드 루트로부터거리
- $V$ : 헬리콥터 속도
- $\omega$ : 회전 각속도

[그림 3-12]

## 2. 후퇴익 블레이드 팁 실속(Blade Tip Stall)과 뿌리(Root)부분의 역류 흐름지역(Reverse Flow Region)발생

(1) 후퇴익 블레이드 팁 실속(Blade tip stall)

블레이드 상대속도 방정식에서 $V_\phi = V \times \cos\alpha \times \sin\phi + r \times \cos\beta_0 \times \omega$에서 $\phi = 270°$일 때 상대속도는 $\sin\phi$ 값이 $-1$로써($\sin 270 = \sin(180+90) = -\sin 90 = -1$)최소가 되며 비행속도 $V$가 커지면 첫 번째 항의 음(−)의 값은 더욱 더 커지게 되므로 양력을 얻기 위해서 블레이드 받음각을 증가시키면 끝 부분에서 최대 받음각이 되어 익단 실속에 들어가게 되므로 비행속도 $V$는 제한을 받게 된다.

(2) 후퇴익의 뿌리(Root) 부분의 역류 흐름지역(Reverse flow region) 발생

후퇴익 ($\phi = 270°$일 때)의 상대속도는 첫 번째 항의 $\sin\phi$ 값이 $-1$로써 최소가 되며 두 번째 항의 $r$ 값이 적은 뿌리 부분(Blade root)에서는 두 번째 항의 크기가 첫 번째 항 보다 작아서 전체 블레이드 상대속도가 음(−)의 값을 갖게 되어 역류가 발생하므로 비행속도 $V$가 커질수록 더욱더 심하게 역류지역이 넓어지므로 블레이드 루트 부분에 발생하는 역류에 의해 비행속도 $V$는 제한을 받게 된다.

(3) 후퇴익 실속 발생 시 나타나는 현상

(a) 비정상 진동(Abnormal vibration) 발생

(b) 기수 들림 현상(Pitch up of the nose) 발생

(c) 실속 지역으로 롤링(Rolling) 현상 발생

(4) 후퇴익 실속 발생원인

(a) 블레이드 과도한 부하(High blade loading) 시

(b) 과도한 중량(High gross weight) 시

(c) 고속비행(High airspeed) 시

(d) 낮은 회전수(Low rotor rpm)일 때

(e) 고밀도 고도 비행 시(High density altitude)

(f) 과격하고 급격한 선회 시(Steep/Abrupt turns)

(g) 와류(Turbulent ambient air) 발생 시

(5) 후퇴익 실속 방지

블레이드 실속이 의심 될 때는 출력 및 비행 속도 감소, 기동 시에 G-부하를 감소시키고 회전수는 허용 한도까지 증가시키면서 페달 트림(Pedal trim/메인 로터 회전력에 따라 테일 로터 피치를 조절하는 것)을 확인하면서 조절해야 하며 다음과 같은 경우에는 정상속도보다 느리게 비행해야 한다.

(a) 밀도 고도가 표준보다 훨씬 높을 때

(b) 최대 중량 하중 운반할 때

(c) 고 항력 장비를 장착하고 비행할 때

(d) 난기류 비행 시

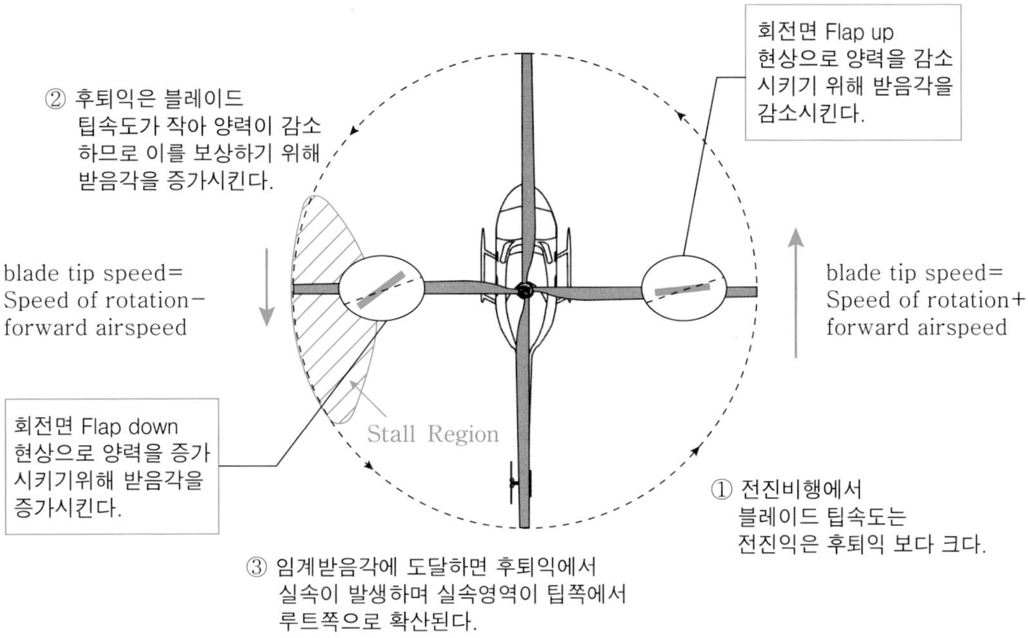
회전면 Flap up
현상으로 양력을 감소
시키기 위해 받음각을
감소시킨다.
② 후퇴익은 블레이드
팁속도가 작아 양력이 감소
하므로 이를 보상하기 위해
받음각을 증가시킨다.
blade tip speed=
Speed of rotation−
forward airspeed
blade tip speed=
Speed of rotation+
forward airspeed
회전면 Flap down
현상으로 양력을 증가
시키기위해 받음각을
증가시킨다.
Stall Region
① 전진비행에서
블레이드 팁속도는
전진익은 후퇴익 보다 크다.
③ 임계받음각에 도달하면 후퇴익에서
실속이 발생하며 실속영역이 팁쪽에서
루트쪽으로 확산된다.

[그림 3-13]

## 04 선회비행(Turning Flight)

### 1. 선회비행 원리

전진 비행하면서 우측 선회 시 양력 발생 분포는 전방보다 후방에 더 많은 양력을 발생시키고 오른쪽보다 왼쪽에서 양력이 더 크며 선회비행 시에는 회전면이 옆으로 기울어져서 양력은 무게와 반대방향이면서 위쪽으로 작용하는 양력의 수직성분과 원심력과 반대방향이면서 수평으로 작용하는 양력의 수평 성분(구심력/Centripetal force)으로 나누어지며 선회각(Bank angle)이 클수록 총 양력이 수평 방향으로 더욱 기울어져서 수직으로 작용하는 양력 효과가 감소하므로 고도와 속도를 유지하려면 Collective stick을 더 올려서 Main rotor blade pitch angle을 더 증가시켜야 하므로 엔진 동력도 더 필요하며 좌 선회 시에는 기울어진 테일로터로 인한 테일로터추력(양력)이 증가하여 기수하향(Nose down/Pitch down) 현상 발생으로 우 선회 시에 나타나는 기수상향(Nose up/Pitch up)보다 고도 유지가 더 필요하다.

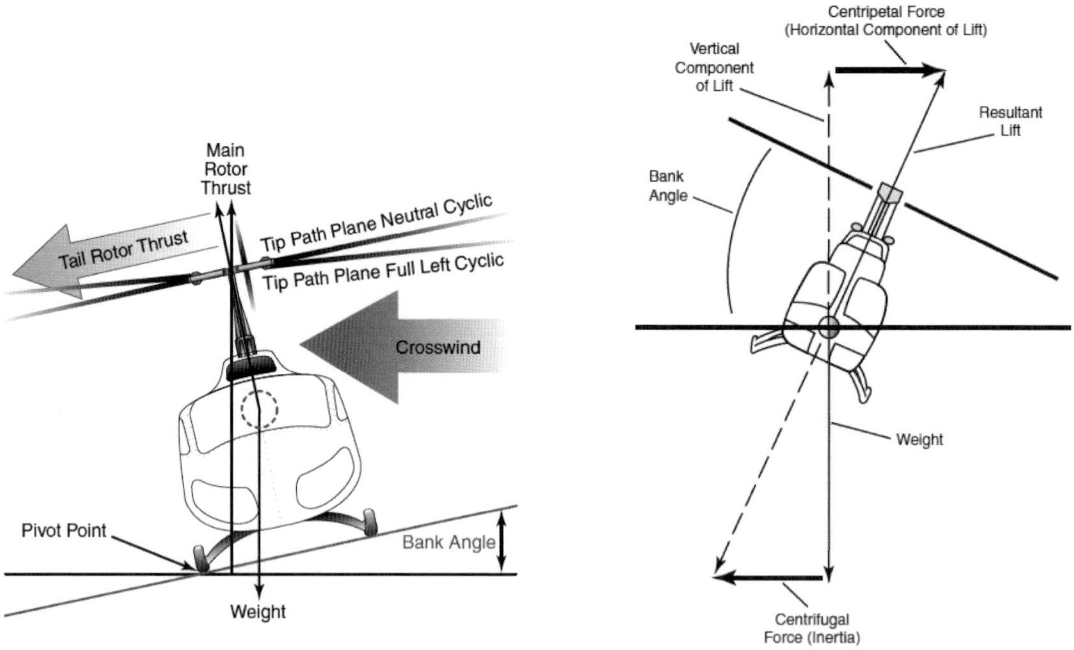


[그림 3-14]

## 2. 균형 수평 선회(Coordinated Turn)와 불균형 선회(Uncoordinated Turn)

(1) 균형 선회

균형 선회는 양력의 수평 성분(구심력)과 원심력이 같아 균형을 이루며 선회하는 것으로 경사지시계의 Ball이 어느 쪽으로도 치우치지 않고 중앙에 위치하며 Ball의 위치 표시는 후미(Tail) 위치를 기준으로 나타낸다.

(2) 불균형 선회(Uncoordinated turn)

구심력과 원심력이 균형을 이루지 못해 경사지시계 Ball이 어느 한쪽으로 치우치게 선회하는 것으로 경사지시계의 Ball이 좌, 우 어느 한 쪽으로 치우쳐 나타나며 Slip과 Skid 현상이 있다.

(a) Slip 현상

우 선회 시에 선회각(Angle of bank)에 비해 선회속도(Rate of turn)가 작아서 원심력이 양력 수평성분인 구심력보다 작은 경우로 비행경로가 정상선회 바깥쪽(Tail이 선회반경 안쪽/선회계기 Ball이 Right)을 향하며 우측 옆 미끄림이 발생하는 현상으로 Collective stick 작동 양(Power)과 비례하여 선회 방향으로 우측 Tail rotor pedal량이 부족하거나 좌측 Tail rotor pedal(선회 반대방향)양이 너무 많을 때와 선회각에 비해 선회 속도(Rate of turn)가 너무 느려서 선회 반경이 커지므로 이를 해소하기 위해서는 선회각을 더 감소시키거나 우측 Tail rotor pedal 량을 증가시키면 균형 선회를 할 수 있다

① 원인

ⓐ 상승 우 선회 시(Right climbing turn)에 증가된 토크 효과를 상쇄시키기 위해 과도한 왼쪽 Pedal을 적용 할 때와 하강 우 선회 시(Right descending turn)에 감소된 토크 효과를 상쇄시키기 위해 부족한 오른쪽 Pedal을 적용할 때 발생한다.

ⓑ 상승 좌 선회 시(Left climbing turn)에 증가된 토크 효과를 상쇄시키기 위해 부족한 왼쪽 Pedal을 적용할 때와 하강 좌 선회 시(Left descending turn)에 감소된 토큐 효과를 상쇄시키기 위해 과도한 오른쪽 Pedal을 적용 할 때 발생한다.

(b) Skid 현상

우 선회 시에 선회각(Bank of angle)에 비해 선회속도(Rate of turn)이 커서 원심력이 양력의 수평성분인 구심력보다 큰 경우에 발생하며 비행경로가 정상선회 안쪽(Tail이 선회반경 바깥 쪽/선회계기 Ball이 Left)으로 향하며 좌측 옆 미끄림 현상이 발생하는 것을 말하고 Collective stick 작동 량과 비례하여 선회 방향으로 우측 Tail rotor pedal 작동량이 너무 많거나 선회 좌측 Tail rotor pedal 작동 량(반대 방향)이 너무 작을 때 발생하므로 선회 반경이 작아지므로 이를 해소하기 위해서는 선회각을 더 증가시키거나 우측 Tail rotor pedal 작동 량을 감소시키면 균형 선회를 할 수 있다.

① 원인

ⓐ 상승 우 선회 시(Right climbing turn)에 증가된 토큐 효과를 상쇄하기 위해 왼쪽 Pedal 적용이 부족할 때와 하강 우 선회 시(Right descending turn)에 감소된 토큐 효과를 상쇄하기 위해 오른쪽 Pedal 적용이 과도할 때 발생한다.

ⓑ 상승 좌 선회 시(Left climbing turn)에 증가된 토큐 효과를 상쇄하기 위해 왼쪽 Pedal 적용이 과도할 때와 하강 좌 선회 시(Left descending turn)에 감소된 토큐 효과를 상쇄시키기 위해 오른쪽 Pedal 적용이 부족할 때 발생한다.

**참고** 일정한 비행 조건에서 동체와 Sideslip 사이의 각도를 고유 사이드슬립(Inherent sideslip)이라고 하며, C.G(무게중심), 동력 및 무게에 따라 변화한다. 중형 헬리콥터 및 무게중심에서 순항하는 대부분의 헬리콥터의 일반적인 값은 3~4°이다.

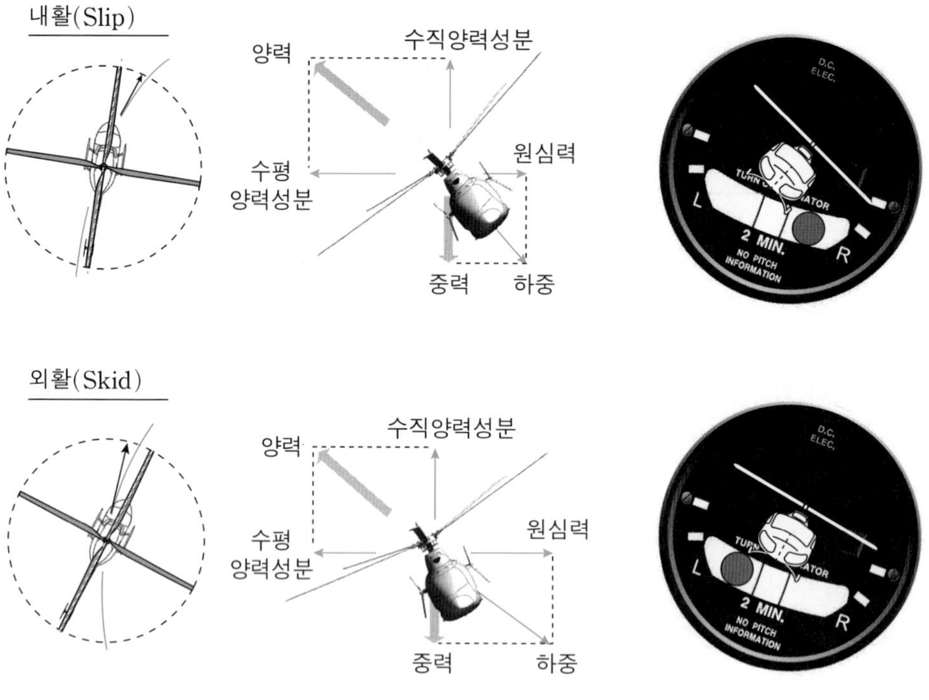


[그림 3-15]

## 05 자동회전/활강(Auto Rotation)

### 1. 자동회전 목적

엔진 정지(Engine failure) 또는 테일 로터 작동정지(Tail rotor failure) 시 지상에 안전하게 비상착륙을 위한 방법으로 테일 로터는 메인 로터의 자동회전에 의해 구동되므로 회전력(Torque)이 없으며 관성력과 동체 하강으로 인한 상승풍으로 메인 로터 회전수를 일정하게 유지하면서 일정한 하강율로 착륙하는 것으로써 진입 상태(Entry), 정상 하강 상태(Steady state descent), 감속 및 착륙(Deceleration & touchdown)으로 4가지 단계로 구분할 수 있다.

### 2. 자동회전 절차

(1) 진입 상태(Entry) 및 정상 하강 상태(Steady state descent)

조종사는 즉시 컬렉티브 스틱를 내려 평 피치로 하여 자동회전 회전수(Auto-rotation rpm) 및 일정한 전진속도를 유지하면서 엔진 정지로 발생되는 오른쪽 롤 발생과 테일 로터 추력(Tail rotor thrust)이 발생되지 않도록 오른쪽 테일 로터 페달로 조절한다.

(2) 감속(Deceleration) 및 착륙(Touchdown)

고도 약 100[ft]에서 전진속도를 줄이기 위해 사이클릭 스틱을 후방으로 당겨 전진 속도가 거의 없는 상태로 하면서 약 15[ft]에서 수직 하강을 멈추기 위해 컬렉티브 스틱을 위로 당겨 양력을 발생시켜서 플레어 모션(Flare motion) 착륙해야 한다.

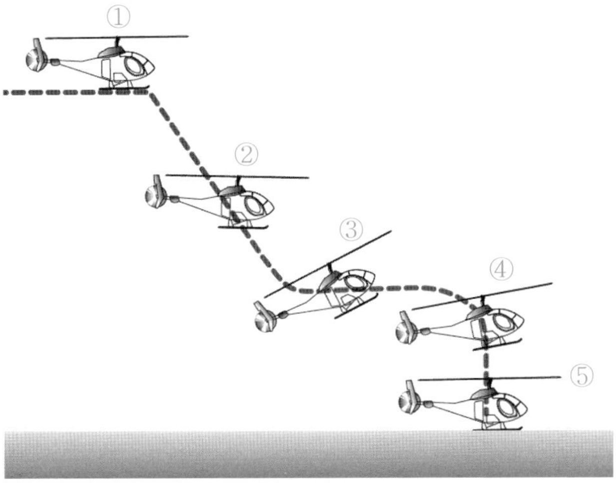


[그림 3-16]

## 3. 제자리 비행에서 자동회전(Hovering Auto-Rotation)

전진속도가 없는 수직하강에서는 블레이드에서 양력 불균형은 일어나지 않으며 정상적인 동력 비행에서는 공기가 메인 로터 블레이드 위에서 아래쪽으로 향하지만 엔진 정지 시에는 아래에서 위로 움직이는 공기의 작용으로 블레이드가 회전하며 동력차단 장치(Free wheeling system)는 엔진 동력을 자동으로 분리하여 메인 로터 블레이드가 자동회전 회전수로 자유롭게 회전 할 수 있게 한다.

(1) 수직 자동 회전 중에 회전면은 구동 영역, 주행 영역 및 실속 영역 등 3개의 영역으로 구분하며 A 부분은 구동 영역(Driven region), B와 D는 평형점, C 부분은 주행 영역(Driving region), E 부분은 실속 영역이라 하며 회전 상대 속도가 블레이드 뿌리 근처에서는 느리고 끝 쪽으로 갈수록 빨라지며 블레이드 비틀림은 주행 영역에서 구동 영역보다 더 큰 양의 받음각(Positive angle of attack)을 제공하도록 만들어진다.(그림 3-17)

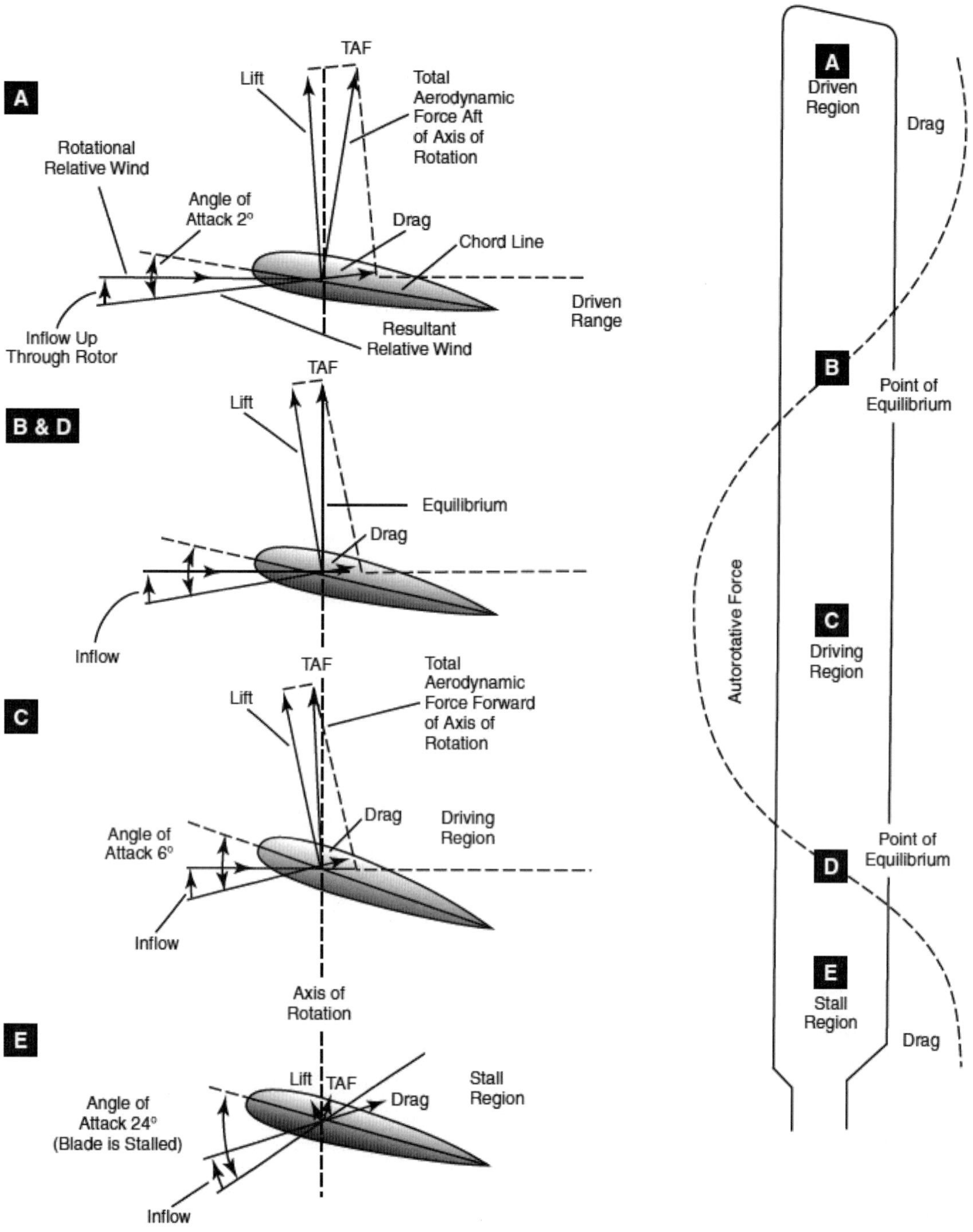


Force vectors in vertical autorotation descent.

[그림 3-17]

(1) A영역(Driven/구동 영역)

프로펠러(Propeller) 영역이라고도 하며 블레이드 끝 부분 30[%] 지점으로 총 공기 역학적 힘(TAF/Total Aerodynamic Force)이 회전축 뒤에 작용하며 약간의 양력과 항력을 발생하지만 양력은 항력에 의해 상쇄되어 결과적으로 블레이드 회전을 감속시키며 구동영역의 크기는 블레이드 피치, 하강 속도 및 블레이드 회전수에 따라 다르므로 자동회전시에는자동회전수, 블레이드 피치와 하강 속도를 변경하면 구동 영역의 크기도 변한다.

(2) B와 D지점(평형점)

구동 영역과 주행 영역 사이와 주행 영역과 실속 영역 사이에 있는 평형지점을 말하며 평형지점에서 총 공기 역학적 힘은 회전축과 일치되어양력 및 항력이 생성되지만 가속 또는 감속도 하지 않는다.

(3) C영역(Driving/주행/자전)

일반적으로 블레이드 반경의 25~70[%] 사이에 있으며 자유회전 시에 블레이드를 회전시키는데 필요한 힘을 발생하며 총 공기 역학적 힘은 회전축보다 약간 앞으로 경사져서 지속적으로 블레이드 회전을 가속시키는 추력을 제공하며 영역크기는 블레이드 피치, 하강 속도 및 블레이드 회전수에 따라 다르므로 자동회전시에는자동회전수, 블레이드 피치와 하강 속도를 변경하여 영역의 크기를 제어함으로써 조종사가 자유회전을 조절할 수 있다. 따라서 컬렉티브 스틱을 올리면 피치각이 모든 지역에서 증가함에 따라 평형점이 블레이드 스팬(Span)을 따라 뿌리 쪽으로 이동하므로 구동 영역 크기와 스톨 영역이 커지면서 주행 영역은 작아지므로 주행영역의 크기가 감소하면 주행 영역의 가속력과 블레이드 회전수가 감소하므로 일정한 회전수를 유지하기 위해서는 구동 영역과 실속 영역의 감속력과 균형을 이룰 수 있도록 주행 영역의 블레이드 가속력은 컬렉티브 스틱으로 피치 각을 조정함으로써 달성된다.

(4) E영역(Stall 영역)

블레이드의 뿌리 쪽 25[%] 지점에 위치하며 최대 받음각(Stall angle/실속각) 이상으로 작동하여 항력을 발생시켜 블레이드 회전수를 감소시킨다.

## 4. 전진 비행 시 자동회전(Forward Flight Auto-Rotation)

전진 비행에서의 자동 회전은 정지 상태에서 수직으로 하강할 때와 똑같으나 전진비행 시에는 회전면 위로 통과하는 공기흐름이 받음각을 변화시키므로 세 영역에서 받음각이 큰 후퇴익 쪽의 공기흐름은 블레이드 스판(Blade span)을 따라 바깥쪽으로 이동하므로 블레이드 실속 영역이 넓어져서 뿌리 부분에서 역류 현상이 발생하고 구동 영역의 크기가 감소하고 전진익은 받음각이 작을수록 블레이드 구동 영역이 넓어진다.

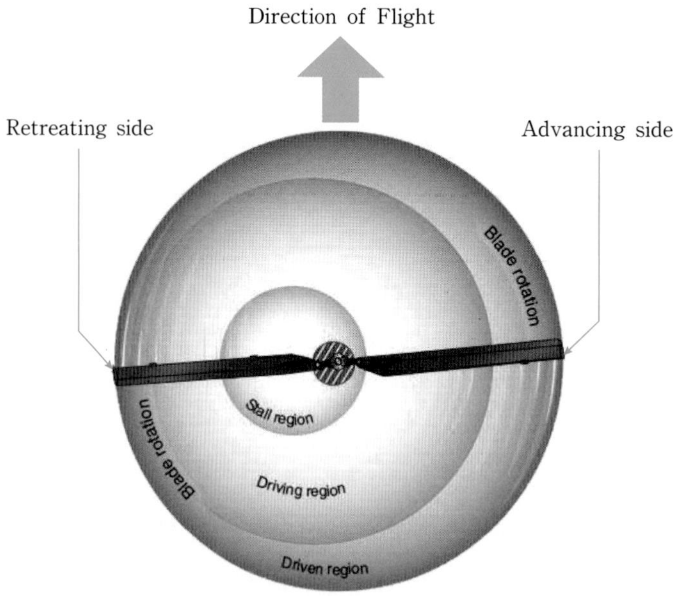


Blade regions in forward autorotation descent.

[그림 3-18]

## 5. 자동회전 시 메인 로터 블레이드 기능

(1) 전진익과 후퇴익

전진익은 낮은 받음각으로 인해 구동 영역이 더 많은 영역으로 넓어지고 후퇴익은 실속 범위가 더 많은 영역으로 넓어져서 블레이드 뿌리 부근에서 역류 현상 흐름(Reversed flow)이 발생하므로 후퇴익 주행 영역의 크기가 감소된다.

(2) 메인 로터 블레이드 비틀림(Main rotor blade twist)

블레이드 끝(Blade tip)부분에서 앞전(Leading edge)이 아래로 향하고 뿌리(Root) 부분은 앞전이 위로 향하게 비틀어져 있는 것은 자동회전 성능 향상을 위한 것이며 블레이드 끝 부분은 컬렉티브 스틱을 아래로 내리면 평 피치(Flat pitch)로 되어 헬리콥터가 하강할 때 블레이드 회전수를 높이거나 유지하는 역할을 한다.

## 6. 자동 회전에 영향을 주는 요소

Free wheeling unit는 자동으로 엔진을 변속기에서 분리하기 때문에 rpm은 변하지 않으며 메인 로터는 일정한 각운동량을 가지고 있기 때문에 관성에 의해 계속 회전하며 블레이드의 질량 또는 중량이 클수록 관성 모멘트가 커져서 관성에 의해 회전이 지속되는 시간이 길어지므로 무거운 블레이드는 Autorotation할 때 유리하다.

(1) 항공기 속도는 하강율에 가장 큰 영향을 미치며 비행속도 "0"일 때 최대이고 일반적으로 50~60[knots]일 때 최소가 된다.
(2) 밀도 고도(Density altitude)
(3) 헬리콥터 총 무게(Gross weight)
(4) 메인 로터 블레이드 회전수(Main rotor blade rotor rpm)



## 7. 자동회전 시 속도 대 고도 한계

안전하게 자동회전을 하여 지상에 착륙하려면 적절한 고도와 전진속도가 필수적이므로 안전착륙 조건인 속도 대 고도 한계는 헬리콥터마다 다르므로 그림에서 보는 바와 같이 사선으로 된 지역은 비행금지 구역으로써 왼쪽의 사선지역은 자동회전을 하기 위한 고도는 있으나 전진속도가 충분하지 못하고 아래쪽 사선지역은 전진속도는 있으나 고도가 충분하지 못한 것을 알 수 있으므로 사선지역 내에서는 자동회전을 할 수 없으므로 비행을 해서는 안 된다.

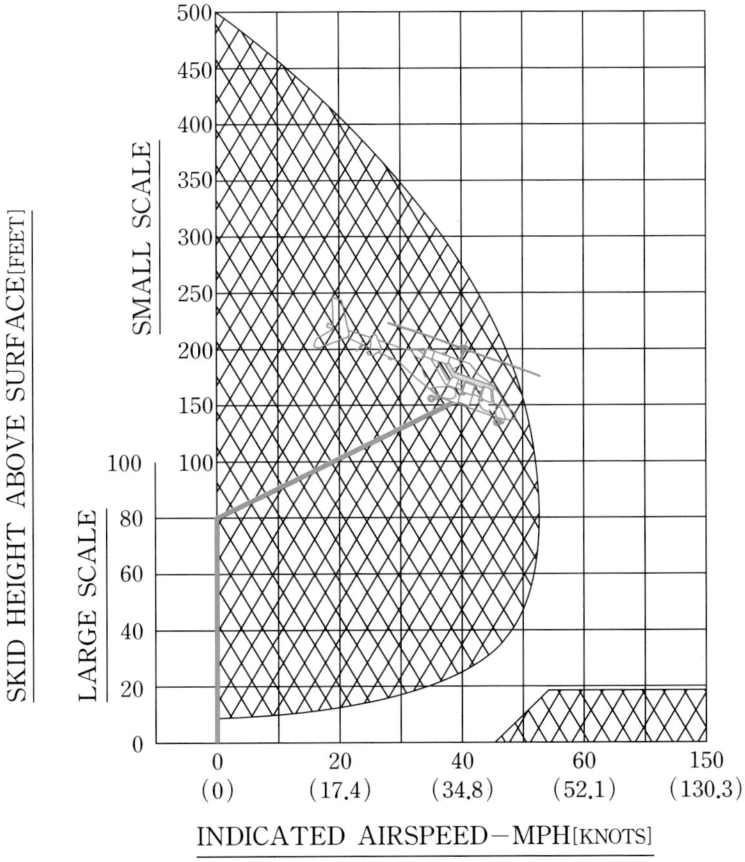


[그림 3-19]

## 06 지상공진(Ground resonance)

착륙 시 어느 한 쪽 착륙장치(Landing gear)가 먼저 접지되면서 발생된 충격이 메인 로터 계통에 전달되어 블레이드와 블레이드 사이 간격이 벗어나게 되어(Out of phase) 회전면 불균형으로 인한 진동과 동체의 고유진동수와 중첩되어 진동수가 일치하여 기체가 파손되는 큰 진동으로 발전되는 것을 말하며 메인 로터 헤드 형식(Main rotor head type)중 고정식(Rigid type) 및 반 고정식(Semirigid type)에서는 발생하지 않고 완전 관절형(Fully-articulated rotor type)에서만 발생하며 스키드 형(Skid type) 착륙장치는 바퀴 형(Wheel type) 착륙장치 보다 지상공진 영향이 적다.

### 1. 원인

(1) 부정확한 타이어 압력(Tire pressure)
(2) 메인 로터 블레이드 댐퍼(Main rotor blade damper) 결함
(3) 착륙장치의 충격 흡수 장치(Landing gear shock struts) 결함

### 2. 조치사항

메인 로터 회전수가 낮을 때는 엔진을 정지시키고 컬렉티브 스틱을 아래로 내려 저 피치로 하며 회전수가 높을 때는 재이륙 후 메인 로터 블레이드가 정상 회전할 때를 기다린 후에 재착륙 한다.

[그림 3-20]

## 07 동적 측면 뒤집힘 현상(Dynamic Rollover)

### 1. 발생조건

착륙 시에 어느 한 쪽 착륙장치(Skid, Wheel)가 먼저 지면에 닿을 때 롤링 모멘트(Rolling moment)로

인해 롤 현상이 발생되는 것과 기동 중 추력과 무게 같을 때, 경사진 측면에서 급격한 컬렉티브 스틱을 아래로 내려 착륙 시에 발생한다.(헬리콥터 기종마다 다르지만 보통 Slope angle은 8° 정도)



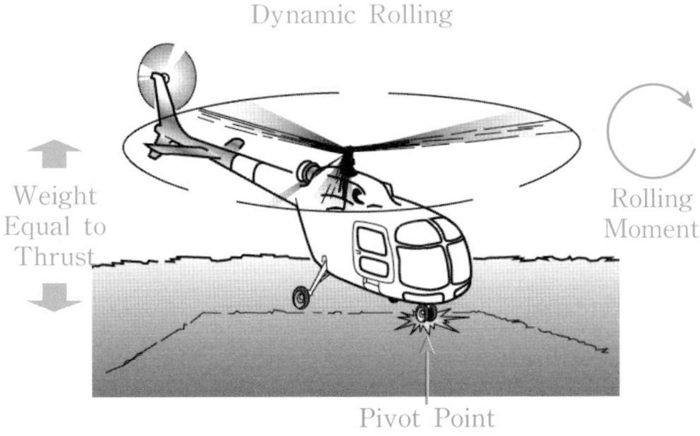


[그림 3-21]

## 2. 조치사항

컬렉티브 스틱을 아래로 내려 추력 대 무게 비율을 감소시켜 헬리콥터가 수평 자세로 되돌아 갈 수 있다.

## 08 메인 로터 회전축 부딪힘 현상(Main Rotor Mast Bumping)

반 고정형 메인 로터 계통(Semi-rigid rotor system)에서 과도하게 플래핑 각(Flapping angle)이 커져서 메인 로터 회전축(Main rotor mast)에 메인 로터 헤드가 부딪치는 현상을 말하며 주요 원인으로는 낮은 G기동(Low G maneuvers), 전진비행 시 과격한 싸이클릭 스틱 움직임에 의한 높은 전진 속도, 가로, 세로 방향무게중심 한계치(Longitudinal/Lateral C.G limits) 근처에서 비행, 과도한 경사지 착륙 시(High-slope landings) 등이 있다.

> **참고** Slope Landings 및 Takeoffs(경사면 이·착륙)
>
> 헬리콥터가 경사면에서 이·착륙할 때 회전면은 평평한 지면과 평행을 유지하지만 메인 로터 회전축은 경사면에 수직이므로 회전면을 기우릴 수 있는 사이클릭 스틱 작동범위(Cyclic stick margin) 한계치를 제한한다.
> 그러므로 바람이 불어오는 조건 및 경사면에서는 과도한 가로방향 무게중심(Lateral C.G) 하중이 더해지면 더 빨리 한계치에 도달하여 제어 성능의 움직임이 제한되어 발생할 수 있다.

## 09 동력 고착(Settling with Power)

### 1. 메인로터 계통

동력 고착은 수직하강 시 공기로부터 받게 되는 공기 저항속도와 메인 로터 블레이드 회전에 의해 발생되는 공기의 하강속도가 같을 때 발생하는데 메인 로터 블레이드 회전에 의해 발생하는 공기의 하강흐름이 헬리콥터 주위에서 벗어나지 못해서 헬리콥터 주위에 공기막을 형성하여 공기흐름이 원활하지 못하여 와류 고리상태(Vortex ring state)를 발생시킬 때 항력이 증가시키고 양력을 감소시킨다. 이런 현상은 하강할수록 블레이드 팁 쪽으로 공기가 더 많이 흘러 들어와서 와류의 강도와 크기가 증가하며 하강속도가 너무 빠르면 블레이드 뿌리 부분에서 공기 흐름이 하향이 아닌 상향으로 바뀌어 블레이드 뿌리 부근의 받음각을 증가시켜 실속에 이르러 블레이드 회전을 멈추게 하므로 엔진 동력이 있으면서도 메인 로터 블레이드가 양력을 발생하지 못해서 상승하지 못하고 동체가 수직 하강하는 현상을 말한다.

### 2. 테일 로터 계통

테일 로터에서도 어느 한 방향으로 선회 시 또는 좌, 우로 측면 비행 시에 발생하는데 테일 로터는 수직 안정판이 좌측에 장착되어 있을 때 측풍이 좌에서 우로 불고 테일 로터 후류 속도 방향은 우에서 좌측일 때 좌측으로 측면 비행 시 메인 로터 블레이드와 마찬가지로 좌측에서 우측으로 불어오는 공기속도와 테일 로터에서 발생한 공기속도가 같아져서 발생되는데 이런 상태를 벗어나기 위해서는 테일 로터 추력을 더 많이 증가시켜야 하므로 작동한계에 들어가서 토크를 상쇄하지 못해 왼쪽으로 계속 선회할 수 있다.

### 3. 발생원인

헬리콥터가 다른 항공기의 난기류 속에서 날아가고 있을 때, 또는 배풍으로 접근 중에 발생하며 특히 항공기가 저속으로 높은 질량 또는 하향 풍에서 작동하는 경우 3가지 조건이 서로 조합될 때 발생한다.

(1) 수평 속도가 ETL보다 느릴 때 전진 속도가 더 크면 공기의 수직 흐름이 수평적으로 바뀌어 와류 고리 상태(Vortex ring)을 만들 수 없다.

(2) 최대 100[%]의 동력을 사용 자동 회전 시에는 하강으로 인한 공기 상향흐름이 메인 로터를 회전시키므로 와류 고리를 만들 수 없다.

(3) 분당 300[feet] 이상의 하강 속도일 때 발생하며 하강 속도가 낮으면 상향 흐름이 없으며 블레이드 뿌리 부분에서 공기 흐름이 바뀌지 않으므로 와류 고리 상태를 만들 수 없다.

## 4. 조치사항

진동(Vibration) 및 버핏(Buffet) 현상이 증가하고 세로, 가로 및 방향 불안정성이 증가하므로 회복방법으로는 모든 속도에서 약 30° 보다 작은 비행 경로에서 하강을 해야 한다.

(1) 컬렉티브 스틱을 내려서 피치를 감소시킨다.

피치가 증가하면 블레이드 받음각이 증가하여 와류 고리(Vortex ring) 범위가 블레이드 끝에서 부터 뿌리까지 전 부분으로 (Main rotor root stall) 확산되어 끝 부분에서는 양력 손실이 증가하고 양력를 발생시키는 중간 부분 영역이 감소되어 총 양력이 감소되고 하강속도가 가속되어 비행제어가 불능상태까지 도달한다.

(2) 블레이드 주변의 공기 흐름을 변경한다.

대기 속도를 높이거나 측면 비행으로 전환 또는 자동 회전을 실시하여 와류 고리 상태를 벗어날 수 있다.

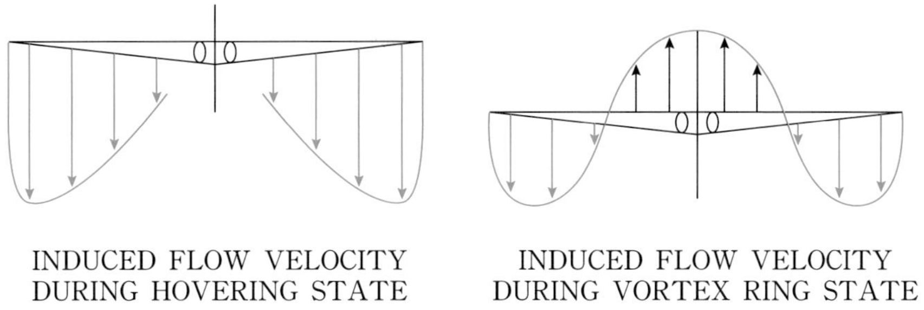


[그림 3-22]

항공기는 속도가 빠르고 항속 거리가 매우 길기 때문에 지역에 따라 항공기에 미치는 영향도 다양하므로 항공기 성능은 무게와 균형뿐만 아니라 Engine의 동력과 Rotor의 양력 발생에 따라 달라진다. Engine 및 Rotor 효율에 영향을 미치는 요인은 성능에 영향을 주며 주요 요인은 공기의 밀도, 습도(Humidity), 바람, 활주로 경사도 및 표면 상태에 따라 영향을 받는다.

## 01 항공기 성능에 영향을 주는 요소

### 1. 밀도고도(Density Altitude)와 압력고도(Pressure Altitude)

(1) 밀도고도(Density altitude)

공기의 밀도는 단위 면적당 공기의 양으로 해수면 위의 평균 해수면에서 표준대기(15[°C] 대기압 29.92[in HG])에서 공기의 밀도에 따른 고도이며 공기의 밀도는 엔진의 성능, 프로펠러의 효율 등 항공기 성능에 직접적으로 영향을 미치는 요소로써 고밀도고도가 되는 조건은 높은 고도, 낮은 기압, 높은 온도, 높은 습도에서 발생된다.

온도가 높아짐에 따라 공기는 팽창되어 공기의 밀도가 희박해져서 밀도고도는 높아지면서 항공기 성능이 감소하고 반대로 저밀도고도는 낮은 고도, 높은 기압, 낮은 온도 및 낮은 습도에서 발생되어 항공기 성능인 Engine 출력, Rotor 효율 및 공기 역학적 양력이 모두 증가하며 특히 더운 날에는 낮은 고도에서도 고밀도고도 현상이 나타날 수 있으므로 밀도고도를 계산하고 비행 전에 성능을 결정하는 것이 중요하다.

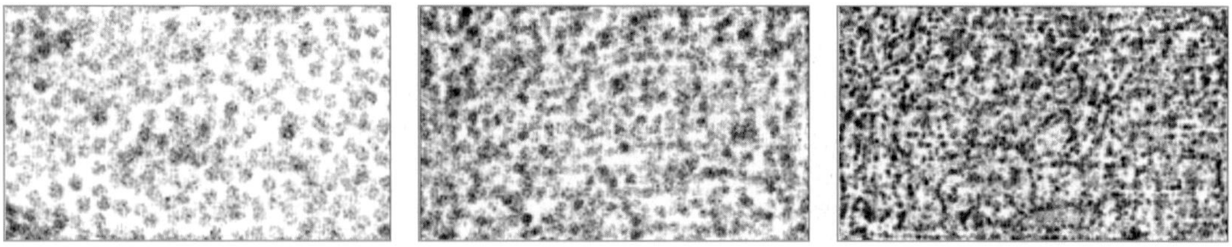

높은기온 표준기온 낮은기온

[그림 4-1 온도에 따른 공기 밀도]

(a) Density altitude(밀도고도) 계산 방법

이륙 장소 고도가 1,165[feet] MSL(Mean Sea Level/평균해수면)이고 고도 설정이 30.10이고 온도가 21[°C]인 공항을 비행하고자 할 때 현지공항 밀도고도는 얼마입니까?

① Chart에서 오른쪽 표를 보면 Field elevation는 Altimeter setting(Nonstandard pressure/비표준압력)이 30.10인 Pressure altitude conversion factor(압력 고도 변환 지수)을 165[feet]를 뺀 값으로 고도는 1,000[feet]이다.

② 온도 21[°C]와 고도 1,000[feet] 교차점을 찾으면 밀도고도는 약 2,000[feet]이며 비행 시 2,000[feet] MSL(Mean Sea Level/평균해수면)로 비행을 해야한다.

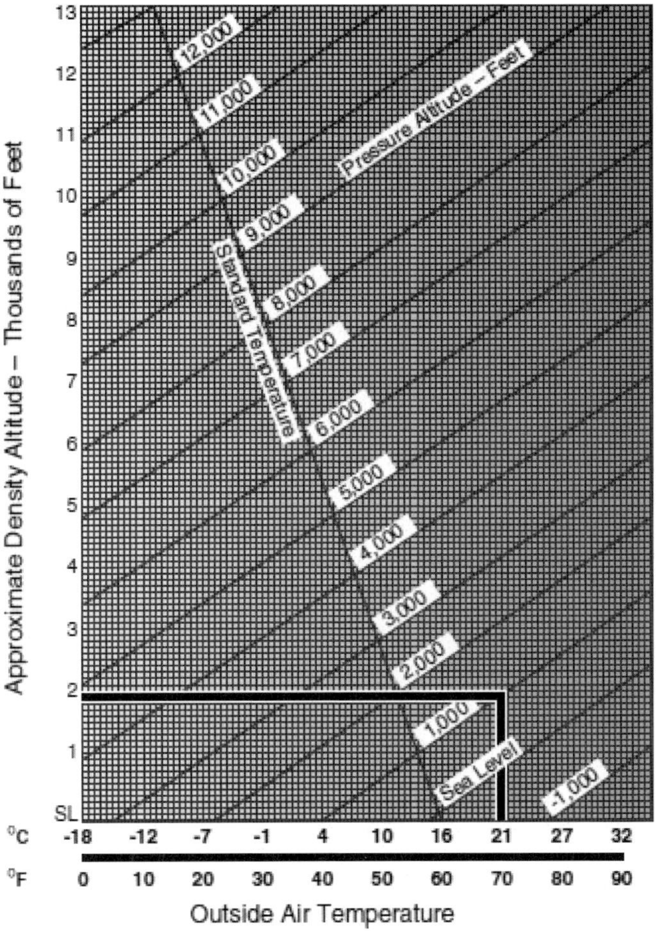

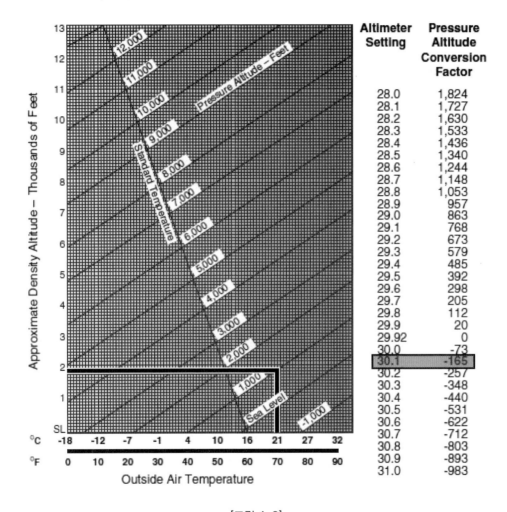

| Altimeter Setting | Pressure Altitude Conversion Factor |
|---|---|
| 28.0 | 1,824 |
| 28.1 | 1,727 |
| 28.2 | 1,630 |
| 28.3 | 1,533 |
| 28.4 | 1,436 |
| 28.5 | 1,340 |
| 28.6 | 1,244 |
| 28.7 | 1,148 |
| 28.8 | 1,053 |
| 28.9 | 957 |
| 29.0 | 863 |
| 29.1 | 768 |
| 29.2 | 673 |
| 29.3 | 579 |
| 29.4 | 485 |
| 29.5 | 392 |
| 29.6 | 298 |
| 29.7 | 205 |
| 29.8 | 112 |
| 29.9 | 20 |
| 29.92 | 0 |
| 30.0 | -73 |
| 30.1 | -165 |
| 30.2 | -257 |
| 30.3 | -348 |
| 30.4 | -440 |
| 30.5 | -531 |
| 30.6 | -622 |
| 30.7 | -712 |
| 30.8 | -803 |
| 30.9 | -893 |
| 31.0 | -983 |

[그림 4-2]

(b) 밀도고도에 영향을 미치는 요소

① 대기압

고도가 높으면 압력이 낮아져서 공기 밀도가 낮아지므로 Helicopter 성능이 떨어진다.

② 고도

고도가 올라감에 따라 공기량이 적어져서 밀도가 낮아지며 고도가 높아지면 밀도고도가 증가합니다.

③ 온도

일정한 면적의 공기의 밀도는 온도가 높아짐에 따라 공기는 팽창되어 공기의 밀도는 희박해진다. 밀도고도가 높아지면 항공기 성능이 감소하고 반대로 온도가 낮아짐에 따라 공기는 수축되어 공기의 밀도는 증가하고 밀도고도는 낮아지면서 항공기 성능이 증가한다.

④ 상대습도(RelatIve humidity)

RelatIve humidity(상대습도) 대기에 포함된 수증기의 양을 나타내며 공기가 보유 할 수 있는 최대 수증기 양의 백분율로 표시된다. 따뜻한 공기는 더 많은 수증기를 저장하므로 공기량이 적게 되어 습도가 높으면 Hovering 및 Take off 성능이 저하(이륙거리를 증가)되고 상승각을 감소시킨다.

(2) 압력고도(Pressure altitude)

"Standard datum plane"(표준 Datum 평면/공기 압력이 29.92[inch HG] 이론적 평면) 위의 높이로 표시되고, 고도계 설정을 조정할 때 Altimeter에 표시된 값이며 실제 고도와는 달리 기압 고도는 특정 Level의 공기 함량을 보다 정확하게 나타내기 때문에 성능을 계산하는데 중요한 값이다.

(a) Pressure altitude 계산법

해발 고도에서 1,000[feet]가 증가 할 때마다 수은주 높이가 1[inch] 정도 변화한다.

예를 들어, 4,000[feet] 고도에서 Local altimeter setting이 30.42이면 압력 고도는 30.42−29.92=0.50[inch]×1,000[feet]=500[feet]가 되므로 4,000에서 500[feet]를 빼면 3,500[feet]이다.

## 2. 바람

바람의 영향은 이륙 및 착륙 시에는 정풍(Up wind)으로 이륙함으로써 양력을 보다 쉽게 얻을 수 있고 이·착륙 거리를 짧게 할 수 있으므로 높은 밀도고도 지역에서는 바람에 의해 성능 상실을 보상할 수 있으나 순항비행 시 정풍(Head wind)은 지면 속도(Ground speed)를 감소시키고 총 연료 소모량을 증가 시킨다. 배풍(Tail wind)으로 비행 시는 지면속도를 증가시키고 연료량을 감소하면 항공기 성능이 증대된다.

## 3. 활주로 표면상태 및 경사도(Runway Surface Condition and Gradient)

활주로 표면에 따라 항공기 성능에 영향을 미치는데 활주로 표면이 잔디, 흙 등에서는 이륙 거리가 증가하고 표면 상태가 젖어 있거나 얼어 있을 경우는 착륙 시 착륙 거리가 증가 하고, 위로 경사진 (Up slope)활주로에서의 이륙 시는 이륙 거리가 증가하고 반대로 착륙 시는 착륙 거리를줄이는 효과를 얻는다.

# 02 Performance Chart

## 1. 수평 등속도 비행성능

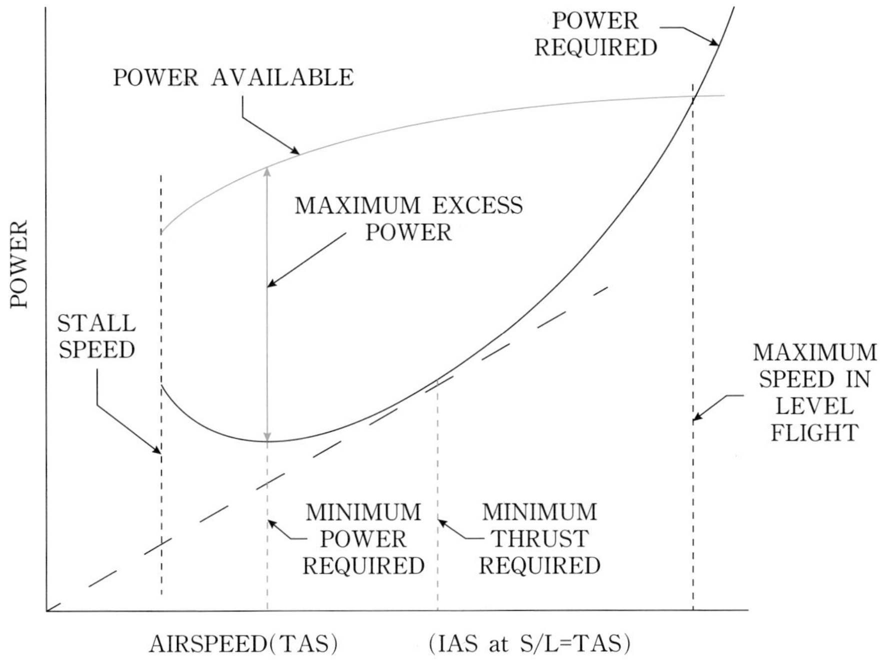


[그림 4-3]

(1) 필요마력(Horse required)

필요마력은 헬리콥터가 수평등속도 비행을 유지하기 위해서 항력을 이겨내기 위한 동력을 말한다. 수평등속도 비행시 밀도고도에 영향을 받으므로 고도가 증가하거나 온도가 높을 때는 밀도가 감소하므로 감소한다.

> **참고** 마력은 힘이 작용하여 시간당 하는 일의 양이고, 힘에 의한 일의 양은 힘 곱하기 거리이며 마력은 일률이므로 힘에 속도를 곱한다.

(2) 이용마력(Power available)

이용마력은 헬리콥터에 장착된 엔진의 출력중 추진력으로 비행에 사용될 수 있는 동력을 말하며 밀도고도에 영향을 받는다.

(3) 여유마력(Excess power)

여유마력은 항공기가 수평 등속도 비행에서 가속 상승이 가능한 동력을 말하며 이용마력에서 필요마력을 뺀 마력을 말한다.

(4) 수평최대속도

필요마력 곡선과 이용마력 곡선이 만나는 속도를 말하며 항공기 구조 및 조종성에 영향을 미치므로 후퇴익(Retreating blade)의 실속으로 인하여 초과금지속도(Vne/Never exeed speed)가 있다.

(5) 최대항속시간속도(Maximum endurance airspeed)

필요마력이 최저일 때의 연료소모율이 최저인 속도를 말하며 최대항속거리를 갈 수 있다.

(6) 최대항속거리속도(Maximum range airspeed)

최대비행거리를 얻을 수 있는 속도로써 속도가 "0"인 지점에서 필요마력 곡선으로 그은 직선과 접하는 속도를 말하며 항공기 무게가 감소할수록 감소한다.

**참고 실속과 스핀(Stall & Spin)**

- 실속(Stall)

  전진 비행 시에 항공기 날개에는 상대풍과의 적절한 각을 형성하였을 때 양력을 발생시킬 수 있지만 항공기 날개와 상대풍의 각인 받음각이 거의 수직을 이루고 있다면 받음각은 최대가 되나 공기의 저항이 최대가 되어 양력을 발생할 수 없는 임계각(18~20°)이면 항공기는 속도를 상실하게 되는 것을 말한다. 항공기의 실속은 이·착륙 시에 많이 발생하게 되는데 이륙 시 가속 단계에서 항공기의 부양에 필요한 충분한 양력을 얻기 위해 보다 큰 받음각이 필요하기 때문이며, 착륙 시는 감속단계에서 항공기 중량을 지탱하기 위한 충분한 양력을 얻기 위해 영각의 증가가 요구되기 때문이다.

  실속은 속도와 자세에 관계없이 발생하며 항상 동일한 실속각에서 발생하며 항공기의 실속은 기종별 특정자세(Particular configulation)에서 실속되나 비행고도와는 무관하다.

- 스핀(Spin)

  비행기가 실속에 들어간 상태에서 실속 축을 따라 바깥쪽 날개의 양력이 안쪽 날개의 양력보다 계속적으로 많이 발생될 때 나타나는 현상으로 계속 이어진다.

## 2. 제자리 비행 성능표(Hovering Performance Chart)

제자리 비행 성능은 다른 비행 자세보다 더 많은 Engine power를 필요로 하며 총 중량, 고도, 온도 및 Power의 다양한 조건에서 지면효과가 있을 때 제자리 비행 고도(I.G.E. hovering ceiling) 및 지면효과가 없을 때 제자리 비행 고도(O.G.E. hovering ceiling performance chart)로 구분한다.

(1) I.G.E. hovering ceiling

I.G.E. hover ceiling은 지면 효과로 인한 추가 상승효과로 인해 일반적으로 O.G.E hover ceiling보다 높으며 밀도고도가 높아지면 더 많은 동력이 필요하고, 총 중량이 클수록 Hover ceiling 낮아진다.

(a) Gross weight는 1,200[lbs] 압력고도는 8,000[feet] 온도는 15[˚C]일 때 I.G.E 가능여부 판단하는 법

① 압력고도 8,000[feet]를 찾은 다음에(A지점) 온도 +10[˚C]와 +20[˚C]의 중간선인 15[˚C]를 찾는다(B지점).

② (B지점)에서 I.G.E 가능여부는 최대 총 중량이 약 1,280[lbs](C지점)이므로 총중량이 이 값보다 낮기 때문에 Hovering를 할 수 있다.

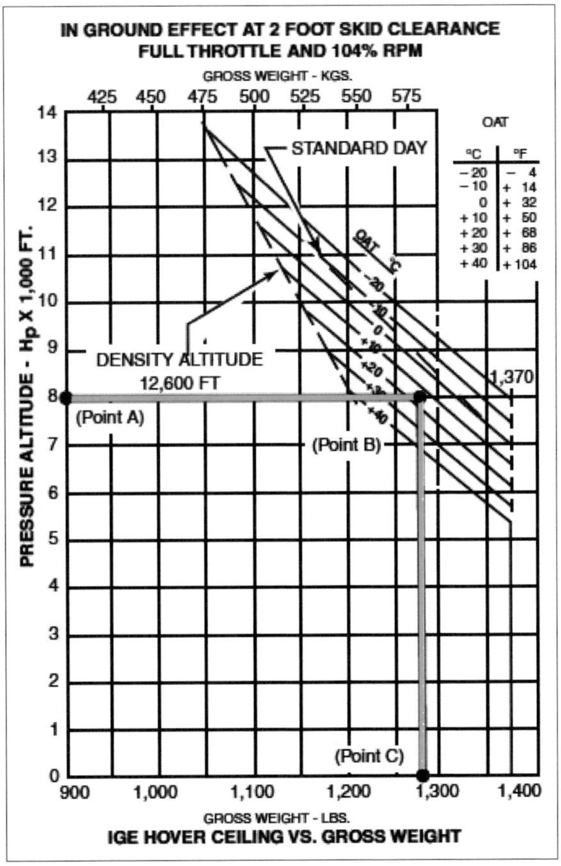


[그림 4-4]

(2) O.G.E. hovering ceiling

(a) Gross weight는 1,200[lbs], 목적지 압력고도는 9,000[feet], 목적지에서의 연료량은 50[lbs] 온도는 15[˚C]일 때 O.G.E 가능여부 판단하는 법

① Chart에서 압력고도 9,000[feet] (A지점)에 찾은 다음에 온도 15[℃]을 찾는다.(B지점)

② B지점에서 O.G.E 가능여부는 최대 총 중량이 약 1,130[lbs](C지점)이므로 총중량이 이 값보다 높기 때문에 Hovering를 할 수 없으며 비행 전 약 70[lbs]를 제거해야합니다.

③ 이륙 시에는 비행이 가능하더라도 목적지의 비행조건(고도, 온도 및 상대습도)이 다르므로 비행하기 전에 목적지의 비행조건을 알고 목적지에서의 성능 예측을 하기 위해서 Flight manual의 Performance charts를 사용하여 Gross weight 및 Hover ceiling을 결정하는 것이 중요하다.

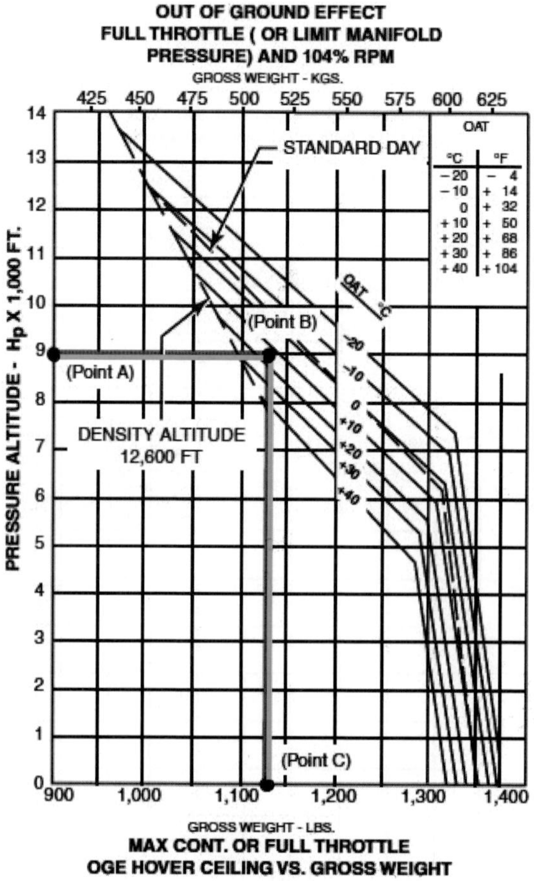


[그림 4-5]

## 3. Take-off Performance Chart

이륙 차트가 Flight manual에 일반적으로 무게, 압력, 고도 및 온도의 다양한 조건에 따라 50[feet] 장애물을 제거하는데 걸리는 거리를 나타내며 또한 Takeoff charts에서 계산된 값은 비행이 가능한 Height-velocity diagram(높이-속도 도표)에 따른다.

(1) 50[feet] 장애물 회피 결정하는 방법

Gross weight는 2,850[lbs], 압력고도 5,000[feet], 온도는 35[˚C]일 때

(a) Chart에서 첫 번째 열에 2,850[lbs]를 찾은 다음에 압력고도 5,000[feet]를 찾기위해 4,000에서 6,000[feet] 중간선을 찾는다.

(b) 95[˚F]를 찾으면 4,000[feet]는 1,102[feet]이고 6,000[feet]는 1,538[feet]이므로 5,000[feet]는 4,000~6,000 사이의 중간 값이 되므로 두 값의 중간 값은 (1,102+1,538)/2=1,320[feet] 거리가 있어야 한다.

**TAKE-OFF DISTANCE (FEET TO CLEAR 50 FOOT OBSTACLE)**

| Gross Weight Pounds | Pressure Altitude Feet | At −13°F −25°C | At 23°F −5°C | At 59°F 15°C | At 95°F 35°C | |
|---|---|---|---|---|---|---|
| 2,150 | SL | 373 | 401 | 430 | 458 | |
| | 2,000 | 400 | 434 | 461 | 491 | |
| | 4,000 | 428 | 462 | 494 | 527 | |
| | 6,000 | 461 | 510 | 585 | 677 | |
| | 8,000 | 567 | 674 | 779 | 896 | |
| 2,500 | SL | 531 | 569 | 613 | 652 | |
| | 2,000 | 568 | 614 | 660 | 701 | |
| | 4,000 | 611 | 660 | 709 | 759 | |
| | 6,000 | 654 | 727 | 848 | 986 | |
| | 8,000 | 811 | 975 | 1,144 | 1,355 | |
| 2,850 | SL | 743 | 806 | 864 | 929 | |
| | 2,000 | 770 | 876 | 929 | 1,011 | |
| | 4,000 | 861 | 940 | 1,017 | 1,102 | 1,320 |
| | 6,000 | 939 | 1,064 | 1,255 | 1,538 | |
| | 8,000 | 1,201 | 1,527 | – | – | |

[그림 4-6]

## 4. Climb Performance Chart

Hover 및 Takeoff performance에 영향을 미치는 대부분의 요인도 Climb performance에 영향을 미치며 또한 난기류, 조종 기술 및 Helicopter의 전반적인 상태에 따라 상승 성능이 달라진다. "Best rate-of-climb speed"(최고 상승 속도)는 일반적으로 모든 장애물이 제거 된 후 상승과정 중에 사용되며 일반적으로 순항 고도에 도달 할 때까지 유지된다.

(1) Best rate-of-climb speed(최고 상승률/비 속도)

주어진 단위 시간당 최대로 상승할 수 있는 속도를 말하며 이용동력에서 필요동력을 뺀 수평 비행 여유동력이 최대일 때(최저필요동력)인 지점을 의미하고, 고도와 항공기 무게의 증가는 필요마력 증가로 인해 여유마력이 감소하여 상승률을 감소시킨다. Best rate of Climb speed는 가장 높은 상승 속도를 나타내지만 가파른 상승각은 아니므로 장애물을 피하기에 충분하지 않을 수있다.

(2) Best angle-of-climb speed(최고 상승각 속도)

주어진 거리에서 최대의 고도를 얻을 수 있는 속도를 말하며 사용할 수 있는 잉여 동력이 있다면 수직 상승이 가능하고, 최고 상승각 속도는 "0"이며 바람의 방향과 속도는 상승 성능에 영향을 미치지만 바람의 영향을 받는 것은 "Rate of climb"이 아니라 "Angle of climb"이다.

> 참고 **상승률(R/C, Rate of Climb)과 절대상승한도(Absolute Ceiling)**
>
> - 상승각은 항공기의 비행경로 각이며(수평속도 성분과 수직속도성분 사이의각) 상승률은 속도의 수직성분을 말한다.
> - 상승한도는 밀도고도에 따라 고도가 증가하면 여유마력이 감소하여 더 이상 상승을 할 수 없는 고도를 말한다.

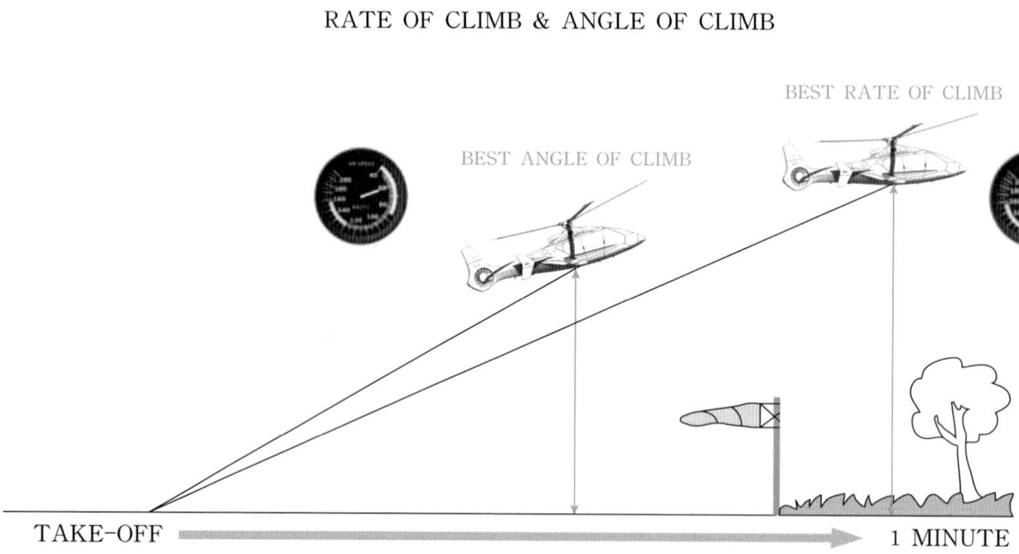


[그림 4-7]

(3) Best rate-of-climb speed 결정하는 법(온도는 10[°C] 고도는 12,000[feet])

(a) 온도 10[°C]의 온도를 찾은 다음(A지점)에 고도 12,000[feet](B지점)를 찾는다.

(b) B지점에서 Gross weight 3,000[lbs]를 찾은 다음에 (C지점) 상승 비율은 Anti-ice system을 작동하지 않은 상태에서의 Rate-of-climb speed를(분당 890[feet]) 결정한 다음에 작동했을 때의 값(분당 240[feet]/E지점)을 감해주면 Anti-ice system 작동상태에서 분당 650[feet] Best rate-of-climbspeed를 얻는다.(그림 4-8)

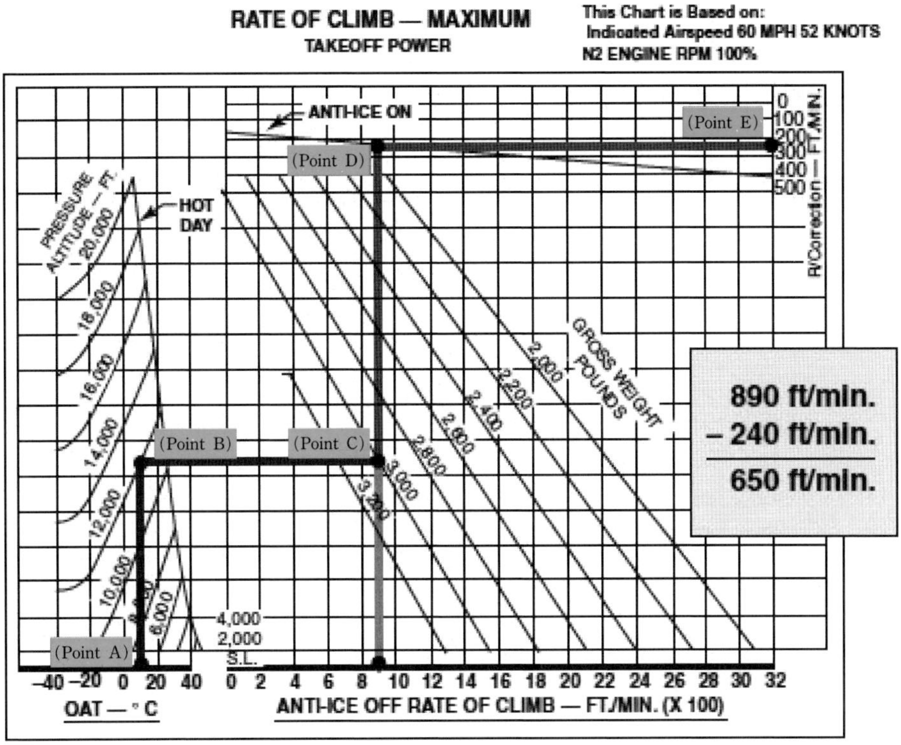


[그림 4-8]

(4) 밀도고도로 결정하는 방법

밀도 고도는 주어진 고도의 표준 조건에서 존재하는 이론적인 공기 밀도를 말하며 해수면의 표준 조건은 대기압은 29.92 [inch hg], 온도는 59[°F](15[°C])이며 해발 5,000[feet]에 위치한 공항의 대기압은 표준대기압(29.92[inch hg])에서 고도가 1,000[feet] 증가할 때마다 대기압이 약 1[inch hg]씩 감소하므로 감소한 것을 빼면(5×1[inch hg]) 24.92[inch hg]이며 표준온도 59[°F](15[°C])에서 고도 1,000 [feet] 증가할 때마다 3.5[°F]가 감소하므로 감소한 것을 빼면(55.5[°F]=17.5[°F]) 41.5[°F](5[°C])이다.

(a) 대기온도는 15[°C]이고 압력고도는 6,000[feet]일 때 밀도고도는 Chart에서 15[°C] 수직선을 찾은 다음에 6,000[feet] 대각선과의 교차점을 찾은 다음에 밀도고도(5,000 [feet])를 읽는다.

밀도 고도 도표
(DENSITY ALTITUDE CHART)

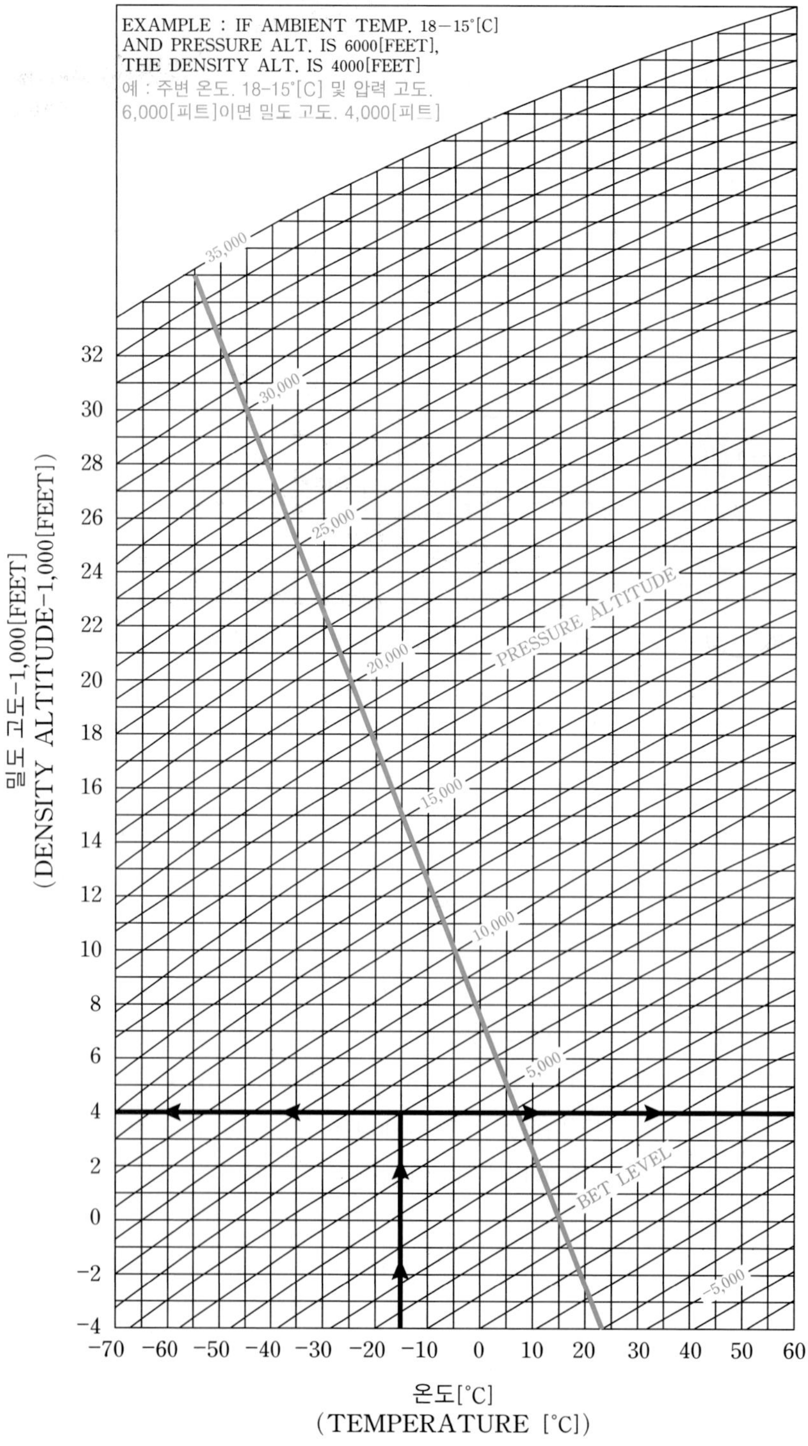


[그림 4-9]

(b) Hovering flight

① 고밀도고도는 헬리콥터의 Hovering기능을 감소시키는데 임의의 주어진 하중 조건 하에서, 밀도고도가 높을수록 Hovering ceiling이 낮아진다.

② 상대 습도 80[%]의 공기와 건조한 공기일 때 총 중량과 온도에서 I.G.E에서의 Hovering ceiling을 보여준다.

③ 온도가 상승하면 Hovering ceiling이 감소하는데 예를 들어, 상대습도 80[%]인 공기일 때 총 중량이 1,600[lbs]인 경우 온도가 −20[°F]에서 100[°F]로 상승함에 따라 Hovering ceiling이 6,500[feet]에서 1,300[feet]로 감소한다.

④ 공기 중 습기의 양이 많아지면 Hovering ceiling이 감소하는데 예를 들어 총 중량이 1,600[lbs]이고 100[°F]일 때 수분 함량이 건조한 공기에서 상대습도 80[%]로 바뀌면 Hovering ceiling이 3,000[feet]에서 1,300[feet]로 감소한다.

⑤ 온도가 높을수록 공기가 저장할 수 있는 수분의 양이 많아지며 100[°F] 및 80[%] 상대습도에서의 공기 중의 수분 량이 60[°F] 이하의 수분 량보다 훨씬 많음을 나타낸다.

Hovering ceiling(In ground effect) chart

| Gross Weight Lbs. | Temperature | | Hovering Ceiling Hp–Ft | |
|---|---|---|---|---|
| | | | Dry Air | 80% R.H. |
| 1600 | −20[°F] | −28.9[°C] | 6700 | 6500 |
| | 20[°F] | −6.7[°C] | 5500 | 5200 |
| | 60[°F] | 15.6[°C] | 4300 | 3900 |
| | 100[°F] | 37.8[°C] | 3000 | 1300 |
| 1500 | −20[°F] | −28.9[°C] | 8100 | 7900 |
| | 20[°F] | −6.7[°C] | 7100 | 6800 |
| | 60[°F] | 15.6[°C] | 5900 | 5600 |
| | 100[°F] | 37.8[°C] | 4800 | 2900 |
| 1400 | −20[°F] | −28.9[°C] | 9900 | 9700 |
| | 20[°F] | −6.7[°C] | 8700 | 8400 |
| | 60[°F] | 15.6[°C] | 7400 | 7100 |
| | 100[°F] | 37.8[°C] | 6300 | 4400 |
| 1300 | −20[°F] | −28.9[°C] | 11700 | 11400 |
| | 20[°F] | −6.7[°C] | 104 | 10100 |
| | 60[°F] | 15.6[°C] | 9400 | 9000 |
| | 100[°F] | 37.8[°C] | 8200 | 6100 |

[그림 4-10]

## 5. Auto-Rotational Performance

자동 회전 중에 소비된 위치 Energy는 Flare 및 Touchdown 단계에서 운동 에너지로 변환되며 Rotor disk(Rotor 회전면)는 Helicopter의 하향 운동량을 극복하고 착륙을 완충시키기에 충분한 양력을 제공 할 수 있어야 하므로 증가된 밀도고도와 총중량은 위치 Energy(Lift)를 감소시키고 높은 Collective pitch angle(Angle of incidence/입사각)이 요구된다.

Chapter 02 FLIGHT PRINCIPLE & CONTROL & ATTITUDE

# 단원별 출제 예상문제

제1장 FLIGHT PRINCIPLE
제2장 FLIGHT CONTROL SYSTEM
제3장 FLIGHT ATTITUDE
제4장 HELICOPTER PERFORMANCE

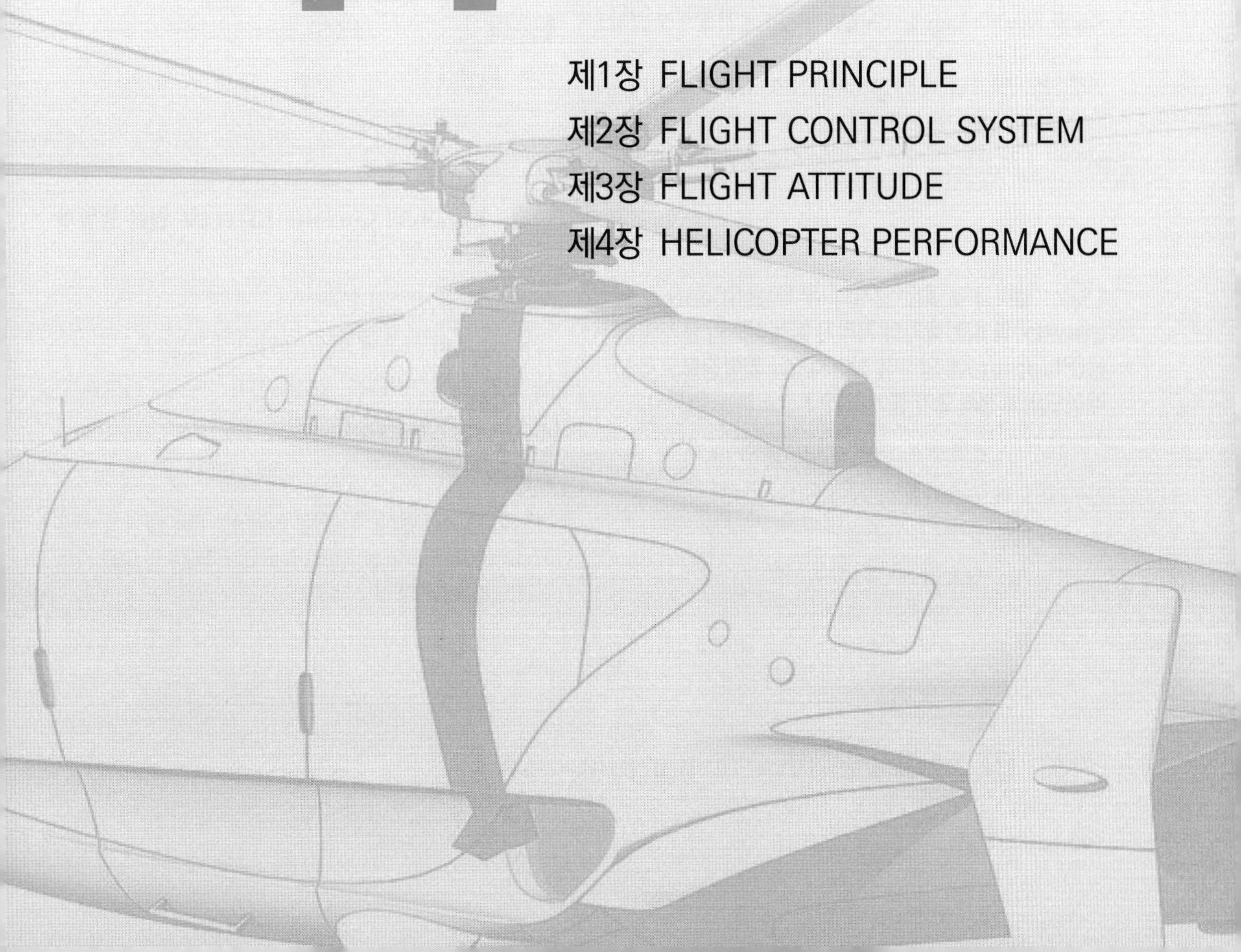

# 1장 FLIGHT PRINCIPLE

## 1. Blade 운동과 Hinge

**01 Blades에서 일어나는 위상지연(Phase lag)은 무엇 때문에 일어나는가?**

① 관성력(Inertia)
② 헬리콥터 무게
③ 회전속도(Rotational velocity)
④ 전진속도

해설

엔진 동력에 의해 Main rotor head에 장착된 블레이드가 회전하는 회전체 이므로 블레이드 회전 시 발생되는 Blade up-flapping일 때는 블레이드 무게중심이 회전축에 가까워져서 회전속도가 증가하고 Lead 현상이 발생하고 Blade up-flapping일 때는 무게중심이 회전축에 멀어져서 회전속도가 감소하여 Lag 현상이 발생하는 것은 각 운동량 법칙인 Coriolis effect라 하며 Gyroscope 특성인 섭동성으로 인해 위상지연이 발생한다. 이러한 Lead lag 현상이 블레이드와 블레이드 위치를 변화시켜 블레이드 사이 각(Phasing angle) 불일치로 가로 진동을 발생시키는 원인이 된다.

**02 헬리콥터 회전날개의 무게중심(Center of gravity)과 회전축과의 거리가 블레이드의 플래핑 운동(Flapping)에 의하여 길어지거나 짧아짐으로서 블레이드의 회전속도가 증가하거나 감소하는 현상은?**

① 자이로스코픽 힘(Gyroscopic Force)
② 코리오리스 효과(Coriolis Effect)
③ 추력편향 효과
④ 회전축 편심효과

해설

문제 1번 해설 참조

**03 헬리콥터에서 나타나는 Coriolis Effect는?**

① Advancing blade는 Up-flapping 현상으로 회전축 중심에 가까워져서회전속도가 증가한다.
② Advancing blade는 Down-flapping 현상으로 회전축 중심에 가까워져서 회전속도가 증가한다.
③ Retreating blade는 Up-flapping 현상으로 회전축 중심에 가까워져서회전속도가 증가한다.
④ Retreating blade는 Down-flapping 현상으로 회전축 중심에 멀어져서 회전속도가 증가한다.

해설

문제 1번 해설 참조

**04 헬리콥터의 Coriolis Effect로 인한 영향과 관계가 없는 것은?**

① 가로방향 진동이 발생한다.
② 깃의 뿌리 부근에 이상 응력이 발생한다.
③ 전진 깃은 가속되어 앞서 간다.
④ 연료가 절약된다.

해설

전진익은 Lead 현상, 후퇴익은 Lag 현상으로 응력 발생 및 Main rotor blade phasing 불균형을 초래하여 수평(가로 방향)진동을 초래한다.

[정답] 1장 1. Blade 운동과 Hinge 01 ③ 02 ② 03 ① 04 ④

**05 로터 블레이드의 위상지연이 90°이고 제어 진행 각도가 15°라고 가정하면 Pitch control rod는 Swashplate의 가장 높은 지점의 어디에 있어야 하는가?**

① 가장 높은 플래핑 위치보다 75° 앞섰다.
② 가장 높은 플래핑 위치보다 90° 앞섰다.
③ 가장 높은 플래핑 위치보다 105° 앞섰다.
④ 가장 높은 플래핑 위치보다 105° 뒤에 있다.

해설

블레이드 위상지연 현상을 해소하기 위해 원하는 비행방향보다 미리 90° 전에 회전면이 비행방향 위치로 내려가므로 반대 방향은 올라간다.

**06 전진 비행하는 헬리콥터의 주 회전 날개에서 플래핑 운동에 대한 설명으로 틀린 것은?**

① 전진익과 후퇴익의 받음각을 변화시킨다.
② 전진익과 후퇴익의 상대속도 차이에 의해 양력 차이가 발생한다.
③ 전진익과 후퇴익의 양력차이를 해소한다.
④ 전진익과 후퇴익의 회전수 차이에 의해 발생한다.

해설

**Flapping 운동**

전진익과 후퇴익의 상대속도차이로 전진익은 속도가 커서 양력 증가로 Up-flapping 현상이, 후퇴익은 속도가 작아서 양력 감소로 Down-flapping 현상이 발생한다.

**07 헬리콥터의 Main rotor blade에 Flapping hinge를 장착함으로써 얻을 수 있는 장점이 아닌 것은?**

① 돌풍에 의한 영향을 감소시킨다.
② 지면 효과를 발생시켜 양력을 증가시킬 수 있다.
③ 회전축을 기울이지 않고 회전면을 기울일 수 있다.
④ Main rotor blade root 부분에 걸리는 굽힘 모멘트를 줄일 수 있다.

해설

**플래핑 힌지(Flapping hinge) 장점**

블레이드가 회전 운동할 때 발생되는 블레이드 상, 하 운동을 허용하는 Flapping hinge, 전, 후 운동을 허용하는 Lead-lag hinge, Pitch angle을 변경시키는 회전운동을 허용하는 Feathering hinge는 메인 로터 헤드에 장착되어 블레이드에 하중이 걸리지 않아야 블레이드 굽힘력과 피로 응력(Fatigue stresses)이 감소되어 블레이드 사용 수명이 길어지며 방위각 변화에 의한 블레이드 추력 변동과 돌풍에 의한 진동을 감소시키고 정적 안정성을 증가시킨다.

**08 헬리콥터 Flapping hinge에 작용하는 모멘트 원인에 속하지 않는 것은**

① 양력 ② 원심력
③ 깃의 무게 ④ 헬리콥터 무게

해설

헬리콥터 무게는 동체 무게중심에 작용한다.

**09 헬리콥터에서 플래핑 힌지를 사용하므로써 생기는 장점이 아닌 것은?**

① 회전축을 기울이지 않고 회전면을 기울일 수 있다.
② 기하학적인 불평형을 제거할 수 있다.
③ 뿌리부위에 발생되는 굽힘력을 없앨 수 있다.
④ 돌풍에 의한 영향을 제거할 수 있다.

해설

기하학적 불평형(Blade phasing이 어긋나는 현상)은 Lead-lag hinge에 의해 발생되며 가로방향 진동(Lateral vibration)의 원인이 된다.

[정답] 05 ① 06 ④ 07 ② 08 ④ 09 ②

**10** **헬리콥터에서 회전날개의 회전 위치에 따른 양력 비대칭 현상을 없애기 위한 방법은?**

① 회전 깃에 비틀림을 준다.
② 플래핑 힌지를 사용한다.
③ 꼬리 회전날개를 사용한다.
④ 리드-래그 힌지를 사용한다.

해설

양력 비대칭 현상은 블레이드 플래핑 운동에 의해서 해소되며 전진익은 Up-flapping 운동으로 받음각 감소효과를 가져와 양력이 감소하고 후퇴익은 반대 현상이 일어난다.

**11** **블레이드가 Flapping Hinge에 대해 움직일 때 어떤 변화가 있는가?**

① 블레이드에 작용하는 양력과 받음각이 변한다.
② 블레이드 피치각이 항상 감소한다.
③ 블레이드에 작용하는 항력이 변한다.
④ 블레이드 피치각이 항상 증가한다.

해설

문제 10번 해설 참고

**12** **리드-래그 힌지를 장착한 목적으로 맞지 않는 것은?**

① 기하학적인 불평형 제거
② 회전날개의 뿌리 부분에 발생되는 굽힘 모멘트 제거
③ 헬리콥터의 양력 증가
④ 모든 위치에서 Main rotor blade에 발생되는 항력의 크기를 일정하게 한다.

해설

전진 비행 시 날개의 받음각은 회전자의 추력의 비대칭을 해소하기 위해 변하므로 블레이드 항력 변화를 초래하여 블레이드 무게중심이 회전축과 가까우면 빨라지고 멀어지면 느려지는 Lead-lag 현상 발생을 허용하여 Blade root에서 Bending stress를 감소시키며 Blade phasing angle(블레이드 위상)이 벗어나는 기하학적 불균형은 가로방향 진동이 발생한다.

**13** **헬리콥터 회전날개의 기하학적 불평형을 제거하고 항력의 크기를 균일하게 하기 위해 장착되는 힌지는?**

① 플래핑 힌지 ② 리드-래그 힌지
③ 페더링 힌지 ④ 경사판(Swash plate)

해설

문제 12번 해설 참고

**14** **헬리콥터에서 전진익은 항력의 증가로 후방으로 쳐지고 후퇴익은 항력의 감소로 앞서는 현상을 무엇이라 하는가?**

① 코리올리 효과 ② 리드 래그 효과
③ 페더링 효과 ④ Magnus 효과

해설

**Blade 운동**

Flapping 운동은 상, 하 운동, Lead-lag 운동은 전, 후 운동, Feathering 운동은 회전운동을 한다.

**15** **Delta 3 hinge의 기능은 무엇인가?**

① 블레이드 회전 시 플래핑 운동으로 블레이드 받음각(Blade angle of attack)을 변경시킨다.
② 블레이드를 좁은 공간에 주기 시에 접을 수 있게 한다.
③ 테일 로터가 최적의 속도로 회전하게 한다
④ 자이로스코픽(Gyroscopic)운동을 제어한다.

해설

[정답] 10② 11① 12③ 13② 14② 15①

**Delta 3 hinge**

Main rotor blade folding system은 대부분은 헬리콥터의 메인 로터 블레이드를 자동으로 접는 Motor, Gear, 연결장치 및 제어 시스템으로 구성되며 Bearing 및 Rotor blade spindle을 지지하는 Bearing housing이 포함되어 있어 로터 허브 어셈블리가 접히는 축을 기준으로 접히며 Main rotor blade는 주기하는데 필요한 공간을 줄이는 것과 접힌 블레이드가 강풍 또는 블레이드의 움직임을 유발하는 기타 조건에서 블레이드가 서로 부딪쳐서 발생하는 손상을 방지하기 위해 고정된다.

## 16 Delta three hinge는 Off-set hinge 형태로 안정성은 무엇을 기반으로 하는가?

① 플래핑 힌지
② 페더링 힌지
③ 리드 래그 힌지
④ 플래핑 액츄에이터(Flapping actuators)

해설

Delta hinge는 플래핑 시에 블레이드가 Up-flapping하면 피치각이 감소하고 블레이드의 받음각이 감소하는 경향이 있어 양력 비대칭 해소를 위한 플래핑 운동으로 인해 회전면의 경사가 크게 발생하지 않기 때문에 헬리콥터 로터 헤드의 안정성이 향상된다.

## 17 Horizontal hinge(Flapping hinge)수평힌지를 사용하였을 때의 장점이 아닌 것은?

① 블레이드 Root에서의 추력 굽힘 모멘트가 "0"이 되어 Root 부분을 무부하 상태로 한다.
② 블레이드 굽힘력이 감소되고 피로 응력이 감소된다.
③ 블레이드 수명이 증가된다.
④ 블레이드 추력 모멘트는 방위각에 따라 진동이 증가한다.

해설

**Horizontal hinge(Falpping hinge) 장점**

- 블레이드 루트 부근에서 추력-굽힘 모멘트(Thrust-force bending moment)가 발생되지 않아 블레이드 굽힘력과 피로 응력(Fatigue stresses)이 감소되어 블레이드 사용 수명이 길다.
- 방위각 변화에 의한 블레이드 추력 변동과 진동을 감소시킨다.
- 메인 로터 및 헬리콥터 제어를 단순화하고 정적 안정성을 증가시킨다.

## 18 Feathering 운동에 대한 설명 중 틀린 것은?

① Collective feathering은 모든 Main rotor blade pitch angle이 동시에 변화하는 것을 말한다.
② Collective feathering은 비행방향의 Main rotor blade pitch angle을 변화시킨다.
③ Cyclic feathering은 전진익과 후퇴익의 피치각이 어느 한 지점에서 주기적으로 증가, 감소하는 것을 말한다.
④ Cyclic feathering 운동은 양력 불균형 현상을 해소한다.

해설

**Collective feathering**

모든 Main rotor blade pitch angle이 동시에 같은 크기로 변화시켜 추력의 크기가 변하는 것을 말하며 Cyclic feathering은 Main rotor blade pitch angle이 어느 한 지점에서 주기적으로 증가, 감소시켜서 추력의 방향을 변화시키는 것을 말한다.

[정답] 16 ① 17 ④ 18 ②

## 19 헬리콥터의 Main rotor blade가 Up-flapping하여 위로 올라간 경우 일어나는 현상으로 적당하지 않는 것은?

① 유도속도가 증가하여 받음각이 커진다.
② 양력계수가 작아진다.
③ 양력이 줄어든다.
④ 유도속도가 증가하여 받음각이 커진다.

해설

상대풍은 메인 로터 유도흐름(Indused flow/Down wash) 영향으로 상대풍 방향이 변하는데 Blade up-flapping 발생 시에는 유도흐름 속도이 커져서 받음각이 감소효과로 양력이 감소하고 반대로 Blade down-flapping 발생 시에는 유도흐름 속도이 작아져서 받음각이 증가효과가 있어 전진비행 시 양력 불균형 현상을 해소시킨다.

## 20 Main rotor blade의 Pitch angle을 변화시키는 운동을 무엇이라 하는가?

① Pitching ② Rolling
③ Feathering ④ Yawing

해설

문제 18번 해설 참고

## 21 전진 비행 중에 헬리콥터의 전진익과 후퇴익의 양력차를 보정하기 위한 방법으로 가장 올바른 것은?

① Main rotor blade feathering 운동에 의해
② Main rotor blade flapping 운동에 의해
③ Main rotor blade lead-lag 운동에 의해
④ 양력이 작은 Main rotor blade rpm을 증가시킨다.

해설

**Main rotor blade 운동**

- Flapping 운동
  Blade 회전 시 상, 하 운동으로 전진익에서는 Up-flapping 후퇴익에서는 Down-flapping을 하여 양력 불균형 현상을 해소시킨다.
- Lead-lag 운동
  Blade 회전 시 전, 후 운동으로 Coriolis effect로 인해 Blade가 앞서려는 경향과 뒷서려는 경향으로 Blade phase angle를 유지한다.
- Feathering 운동
  Blade 회전 시 회전 운동으로 Blade pitch angle을 변경시켜 상승, 하강, 전, 후, 좌, 우 비행을 제어한다.

## 22 블레이드 페더링(Blade feathering)에 대한 설명 중 틀린 것은?

① Pitch change rod의 상하운동에 의해 블레이드 길이 방향(Span-wise)의 축을 중심으로 회전하여 Blade angle이 변하는 것을 말한다.
② 블레이드 각이 변하도록 회전운동을 허용하는 장치를 페더링 힌지라 한다.
③ Collective feathering은 모든 Main rotor blade pitch angle이 동시에 서로 다른 크기로 변화시켜 추력의 크기가 변하는 것을 말한다.
④ Cyclic feathering은 Main rotor blade pitch angle이 어느 한 지점에서 주기적으로 증가, 감소시켜서 추력의 방향을 변화시키는 것을 말한다.

해설

**Collective feathering**

모든 Main rotor blade pitch angle이 동시에 같은크기로 변화시켜 추력의 크기가 변하는 것을 말한다.

[정답] 19 ① 20 ③ 21 ② 22 ③

**23 메인 로터 블레이드에서 나타나는 공기 압축성(Compressibility of air) 영향으로 틀린 것은?**

① 전진익은 후퇴익보다 상대속도가 빠르므로 마하 0.5정도에서는 공기가 압축되기 시작하여 블레이드 아랫면(Lower chamber)에서는 충격파가 발생하고 마하 0.9부터는 윗면(Upper chamber)에서도 충격파가 발생되는 현상을 공기 압축성이라 한다.
② 헬리콥터의 비행속도는 회전속도가 추가되므로 전진익 팁 속도는 상대속도가 커져서 음속에 근접하게 되어 공기 압축성 효과가 빨리 나타난다.
③ 헬리콥터의 비행속도는 회전속도가 추가되므로 후퇴익 팁 속도는 상대속도가 커져서 음속에 근접하게 되어 공기 압축성 효과가 빨리 나타난다.
④ 마하 0.9에 도달하면 블레이드에서 충격파가 발생되어 응력을 견디지 못하므로 훨씬 낮은 속도로 비행해야 하므로 최대속도에 제한을 받는다.

해설

전진익은 후퇴익보다 상대속도가 빠르므로 마하 0.5정도에서부터 고압이 작용하는 전진익 Low chamber부터 공기가 압축되기 시작하여 마하 0.9 정도의 음속에 가까워지면 블레이드 위, 아래면에서 공기 압축 현상으로 충격파가 발생하여 실속 상태로 이르므로 헬리콥터는 전진속도 제한이 있다.

## 2. 원심력(Centrifugal Force)과 원추각(Conning Angle) 현상

**01 헬리콥터에서 Main rotor blade가 회전할 때 Collective stick 올리면 원추형을 만들면서 회전을 하는데 이때 회전면과 원추형 모서리가 이루는 각을 무슨 각이라 하는가?**

① 받음각(Angle of attack)
② 코닝각(Coning angle)
③ 피치각(Pitch angle)
④ 플래핑각(Flapping angle)

해설

메인 로터 블레이드가 평 피치(Flat pitch/Zero pitch)로 회전할 때는 양력을 발생하지 않지만 이륙 시와 비행 중에는 블레이드 피치 증가로 수직방향으로 발생하는 양력과 수평방향으로 작용하는 원심력에 의해 블레이드 회전면이 수평원판을 이루지 못하고 원추형으로 되는 현상을 Corning이라 하며 수직방향으로 작용하는 양력과 수평으로 작용하는 원심력과의 두 힘의 합성력이 회전면과 이루는 각을 원추각(Corning angle)이라 하며 양력과 무게에 비례하며 회전수(Revolution per minute), 총 무게 및 비행 중 발생되는 G 부하에 따라 결정된다.

**02 헬리콥터의 Coning angle을 설명한 내용으로 틀린 것은?**

① 원심력과 Blade chord line과 이루는 각이다
② 헬리콥터에 무거운 하중을 매달았을 때는 Coning angle이 크게 된다.
③ 원심력과 양력의 합성력 때문에 생기는 각이다.
④ 원심력이 일정하다면 Coning angle도 일정하다.

해설

Collective stick를 들면 피치각이 증가하여 양력이 발생되고 중력에 작용하는 무게에 의해 회전면이 원추형으로 되는데 원심력은 블레이드를 회전면과 일치시키려는 힘을 발생시키므로 무게가 클수록 Coning angle이 커진다.

**03 헬리콥터 Main rotor blade의 Coning angle을 결정하는 요소는?**

① 항력과 원심력의 합력
② 양력과 추력의 합력
③ 양력과 원심력의 합력
④ 양력과 항력의 합력

해설

문제 1번 해설 참고

[정답] 23 ③ 2. 원심력(Centrifugal force)과 원추 각(Conning angle) 현상 01 ② 02 ① 03 ③

## 04 Coning 현상은 언제 발생하는가?

① 조종사가 테일 로터 속도를 증가시킬 때
② 조종사가 메인 로터에 컬렉 티브를 적용 할 때
③ 메인 로터 토크가 감소한 경우
④ 테일 로터 피치에 변화가있는 경우

해설

평 피치일 때는 양력의 발생이 없지만 Collective stick를 들면 피치각이 증가하여 양력이 발생된다.

## 05 과도한 원추형 현상의 원인이 아닌 것은?

① 회전수가 일정할 때 총 무게와 중력(G-force)이 증가할 때
② 총 중량과 중력이 일정 할 때 회전수를 감소될 때
③ 비행 중 갑작스런 돌풍을 맞을 때
④ 전진 속도를 증가시킬 때

해설

**과도한 원추 현상의 원인**

- 회전수가 일정할 때 총 무게와 중력(G-force)이 증가할 때
- 총 중량과 중력이 일정 할 때 회전수를 감소될 때
- RPM이 너무 낮을 때, 회전면에 작용하는 원심력이 적을 때
- 비행 중 갑작스런 돌풍을 맞을 때
- 과격한 기동 시에

## 06 과도한 원추형 현상의 결과로 틀린 것은?

① 블레이드에 과도한 하중이 작용하여 블레이드 응력이 발생되어 손상을 초래한다.
② 원추각이 너무 크게 되면 블레이드 유효 회전 면적이 감소하여 양력 발생이 적어진다.
③ 원추각이 너무 크게 되면 블레이드 유효 회전 면적이 증가하여 양력 발생이 적어진다.
④ 원추각이 작을수록 블레이드 유효 회전 면적이 증가하여 양력 발생이 증가한다.

해설

**과도한 원추 현상의 결과**

- 블레이드에 과도한 하중이 작용하여 블레이드 응력이 발생되어 손상을 초래한다.
- 원추각이 너무 크게 되면 블레이드 유효 회전 면적이 감소하여 양력 발생이 적어진다.

## 07 Main rotor blade가 저속 회전하게 되면 Blade droop(Blade 처짐 현상)이 발생되는데 수평 상태가 되게 하는 힘은?

① 압축력 ② 원심력
③ 전단력 ④ 양력

해설

저속으로 회전할 때는 블레이드 무게가 원심력보다 커서 블레이드가 아래로 처지므로 회전 시 작용하는 원심력은 블레이드 회전면과 일치시키려 한다.

# 3. 헬리콥터에 작용하는 힘과 영향

## 01 다음 중 수평 비행에서 헬리콥터에 작용하는 힘은 어느 것인가?

① Lift, drag, thrust
② Lift, thrust, weight
③ Lift, thrust, weight, drag
④ Lift, drag

해설

**비행 중에 항공기에 작용하는 기본적인 4가지 힘**

- 양력(Lift)
  헬리콥터가 전진하면 날개 위, 아래면의 공기속도 차이가 압력 차이를 발생시켜 수직상방으로 작용하는 공기력을 말한다.

[정답] 04 ② 05 ④ 06 ③ 07 ② 3. 헬리콥터에 작용하는 힘과 영향 01 ③

- 무게(Weight)
  헬리콥터가 지구 중심으로 작용하는 중력(Gravity)으로 양력과는 반대방향이며 양력이 무게보다 크면 상승한다.
- 추력(Thrust)
  메인 로터 블레이드를 회전시켜 헬리콥터 진행 방향의 반대 방향으로 공기를 밀어내어 작용-반작용에 의해 진행방향으로 비행할 수 있는 힘을 말한다.
- 항력(Drag)
  헬리콥터 진행 방향의 반대 방향으로 작용하는 힘으로 공기에 의한 마찰력으로 생기는 힘이며 공기가 없으면 항력도 없으며 항력에는 유해항력, 형도항력, 조파항력 등이 있다.

**02 헬리콥터 로터 블레이드에서 양력이 발생되는 원리는?**

① Blade flapping 운동을 증가시켜서
② 대량의 공기를 아래쪽으로 빠르게 이동시켜서
③ 블레이드 아래면 보다 블레이드 윗면에 더 낮은 압력을 발생시켜서
④ Magnus effect 증가시켜서

해설

Bernoulli's theorem에 의해 공기흐름은 Airfoil의 위 부분에서는 속도가 빨라서 압력이 낮고, 아래 부분은 속도가 느려서 압력이 높으므로 위, 아래 표면에 작용하는 압력의 차이로 발생되는 수직상방으로 작용하는 공기력을 양력이라 한다.

**03 헬리콥터에서 양력을 증가시키기 위한 방법으로 맞는 것은?**

① 테일 로터의 블레이드 각도를 증가시킨다.
② rpm 증가 또는 감소를 보상하기 위해 테일 로터 피치를 변경한다.
③ 테일 로터 회전속도를 변경한다.
④ 메인 로터 블레이드 받음각(피치각)을 증가시킨다.

해설

메인 로터 블레이드 피치각을 증가시키면 받음각이 같이 변하므로 증가시킨다.

**04 헬리콥터 로터에 의해 발생하는 양력 증가에 대한 설명 중 맞는 것은?**

① Main rotor blade 길이를 작게 할 때
② Main rotor blade tips 속도가 음속에 근접할 때
③ Main rotor blade leading edges에 작용하는 Parasite drag이 적을수록 양력을 많이 발생한다.
④ Main rotor blade 회전속도를 증가시킬수록

해설

$L=C_L\rho V^2S$에서 공기밀도($\rho$), 회전속도($V^2$), 날개면적($S$)은 양력발생에 직접 관련되며 유해항력(Parasite drag)은 양력 발생에 상관없이 비행을 방해하는 표면 마찰 및 표면의 모양 등에 의해 발생되는 공기 저항으로 유해항력 크기는 공기 흐름의 속도의 제곱으로 비례하여 증가하며 유도항력은 속도의 제곱에 반비례 한다.

**05 Blade의 받음각은 무엇인가?**

① 시위선과 회전면 사이의 각도
② 회전축과 상대풍 사이의 각도
③ 시위선과 상대풍 사이의 각도
④ 시위선과 회전축 사이의 각도

해설

Airfoil leading edge 쪽으로 들어오는 공기흐름을 상대풍이라 하는데 헬리콥터에서는 Main rotor blade가 회전할 때 발생되는 상대풍을 회전 상대풍이라 하며 회전 상대풍은 유도흐름에 의해 변경되어 수평 및 수직 방향의 두 힘의 합성력을 합성 회전 상대풍이라 하며 일반적으로 헬리콥터에서는 Main rotor blade가 회전할 때 발생되는 합성회전 상대풍을 상대풍이라 하며 합성 회전 상대풍과 시위선과 이루는 각을 Angle of attack(받음각)이라 한다.

[정답] 02 ③ 03 ④ 04 ③ 05 ③

**06 헬리콥터의 메인 로터 블레이드의 상대풍과 회전면 사이 각을 무엇이라 하는가?**

① 붙임각 ② 코닝각
③ 받음각 ④ 피치각

해설

- 받음각은 공기역학적인 각으로 시위선과 상대풍 사이 각
- Blade angle(Incidence angle)은 회전면과 시위선 사이각
- Pitch angle은 상대풍과 회전면 사이 각을 말하는데 Blade angle은 기계적인 각(장착 시 설정)으로 Blade angle 증감은 Pitch angle도 같이 증감시키므로 동일시 한다.

**07 메인 로터 블레이드에서 발생되는 Induced flow(유도흐름)은 증가하면 어떤 영향을 주는가?**

① 날개의 받음각을 감소시킨다.
② 날개의 받음각을 증가시킨다.
③ 날개의 받음각에 영향을 주지 않는다.
④ 날개의 받음각을 증가시키다가 감소시킨다.

해설

**Induced flow(유도 흐름)**

Main rotor blade downwash (내리흐름)이라고도 하며 유도 흐름속도가 증가할수록 유효 받음각을 감소시키는 효과를 일으킨다.

**08 헬리콥터에서 유도 속도를 가장 올바르게 표현한 것은?**

① 제자리 비행 중의 Main rotor blade 회전면의 하류 쪽의 풍압이다.
② Main rotor blade 회전면의 상류 쪽의 공기의 풍압이다.
③ Main rotor blade 회전면의 하류 쪽의 공기의 속도이다.
④ Main rotor blade 회전면의 상류 쪽의 공기의 흐름이다.

해설

공기흐름은 블레이드 상부로부터 블레이드 윗면을 거쳐 아랫방향으로 흐르게 되는데 블레이드 면을 지날 때 블레이드 면에서의 공기흐름 속도를 유도속도($V_i$), 점점 가속되어 아랫방향으로 흐르는 공기흐름 속도를 후류속도($V_f$)가 되어 지면으로 흐르며 후류속도는 블레이드 면에서의 유도속도의 두 배가 된다.

**09 다음의 항력을 설명한 것 중 틀린 것은?**

① 유도항력(Induced drag)은 내리 흐름(Down-wash)에 의해 발생되며 양력 발생에 따라 불가피하게 발생되는 항력이다.
② 유해항력(Parasite drag)은 양력에는 관계하지 않고 비행을 방해하는 표면 마찰 및 표면의 모양 등에 의해 공기의 저항으로 인해서 생기는 항력을 말한다.
③ 유해항력은 공기 흐름의 속도의 제곱으로 반비례하여 증가한다.
④ 유도항력은 속도의 제곱에 반비례 한다.

해설

유해항력은 공기 흐름의 속도의 제곱으로 비례하여 증가하며 유도항력은 속도의 제곱에 반비례 한다.

**10 헬리콥터의 속도가 증가하면 Profile drag는?**

① 처음에 감소했다가 증가한다.
② 증가한다.
③ 감소한다.
④ 변화가 없다.

[정답] 06 ④ 07 ① 08 ③ 09 ③ 10 ②

해설

Profile drag는 속도가 증가할수록 증가한다.

**11 Parasite drag는 어떤 항력의 유형으로 구성되어 있는가?**

① Profile, Induced drag
② Profile, Induced, Friction drag
③ Profile, Pressure, Shock wave, Friction drag
④ Profile, Shock wave

해설

Parasite drag는 Profile drag(Form Drag), Pressure drag, Shock wave, Friction drag, Interference drag로 구성

**12 다음 중 항력과 속도와의 관계 설명 중 맞는 것은?**

① Induced drag과 Profile drag은 모두 비행속도의 제곱에 따라 증가한다.
② Profile drag은 비행속도의 제곱에 따라 증가한다.
③ Induced drag은 비행속도의 제곱에 따라 증가한다.
④ Induced drag과 Profile drag은 모두 비행속도의 제곱에 따라 감소한다.

해설

Profile drag은 비행속도의 제곱에 따라 증가하지만 유도항력은 비행속도의 제곱에 따라 감소한다.

**13 다음 중 헬리콥터가 고도를 올릴 때 증가하는 항력은 무엇인가?**

① Interference drag
② Parasite drag
③ Induced drag
④ Shock wave drag

해설

고도에 따라 밀도가 감소하므로 받음각을 높여 양력을 보상해야 하는데 유도 항력은 받음각 증가에 따라 양력이 증가하므로 유도 항력은 고도에 따라 증가한다.

**14 충격파에 의해서 생기는 항력으로 날개면상에 초음속 흐름이 형성되면 발생되는 항력은?**

① 형상항력 ② 간섭항력
③ 조파항력 ④ 램항력

해설

초음속 비행 시 나타나는 항력은 충격파로 발생되는 조파항력이다.

**15 Streamlining하면 어떤 현상이 일어나는가?**

① Induced drag를 감소시킨다.
② Skin friction drag를 감소시킨다.
③ Profile(Form) drag를 감소시킨다.
④ Induced drag를 증가시킨다.

해설

Streamlining은 유체흐름을 좋게 하기 위해 형상을 유선형으로 하므로 Form drag는 형상의 함수다.

[정답] 11 ③ 12 ② 13 ③ 14 ③ 15 ③

## 4. Disk load

### 01 다음 설명 중 틀린 것은?

① 원판하중(Disk load)은 헬리콥터 무게[w/kg]를 Main rotor blade 회전 면적[㎡]으로 나눈 값을 원판하중이라 한다.
② 원판 하중이 클수록 정지 비행을 하거나 수직으로 상승할 때 큰 동력을 필요로 한다.
③ 원판 하중이 클수록 정지 비행을 하거나 수직으로 상승할 때 작은 동력을 필요로 한다.
④ 마력하중(Horse power loading)은 헬리콥터 무게를 마력으로 나눈 값을 말한다.

해설

헬리콥터 무게[W/kg]를 메안 로터 회전면적[$m^2$]으로 나눈 값을 원판하중이라 하며 원판 하중이 클수록 정지 비행을 하거나 수직으로 상승할 때 큰 동력을 필요로 한다.

$$DL = \frac{\text{항공기 무게}}{DISK\text{면적}} = \frac{W}{\pi R^2}\,[\mathrm{kg/m^2}]$$

### 02 헬기 중량이 7,500[lb], 브레이드가 3개일 때 깃 하나에서 최소 얼마의 양력이 발생하는가?

① 1,500[lb]
② 2,000[lb]
③ 2,500[lb]
④ 3,000[lb]

해설

블레이드 하나가 중량을 들러 올리는 것이므로
중량÷블레이드 수이다.
7,500÷3=2,500[lb]

### 03 다음과 같은 [조건]에서 헬리콥터의 원판하중은 약 몇 [$kgf/m^2$]인가?

[조건]

- 헬리콥터의 총 중량 : 800[kgf]
- 엔진 출력 : 160[HP]
- 회전 날개의 반지름 : 2.8[m]
- 회전날개 깃의 수 : 2개

① 25.5　　② 28.5
③ 30.5　　④ 32.5

해설

$$DL = \frac{\text{항공기 무게}}{DISK\text{면적}} = \frac{W}{\pi R^2}\,[\mathrm{kg/m^2}]$$

[정답] 4. Disk load 01 ③ 02 ③ 03 ④

# 2장 FLIGHT CONTROL SYSTEM

## 1. Flight Control Method

**01 비행제어 방식(Flight control system method) 설명 중 틀린 것은?**

① 기계적 케이블 제어 방식은 조종간의 움직임을 기계적인 움직임으로 조종력을 전달하는 방식
② 기계적 유압 제어 방식은 기계적인 움직임을 유압으로 작동되는 전기 유압 작동기(Electro-hydraulic actuator)를 이용한다.
③ 플라이 바이 와이어 제어 방식은 조종사와 조종면 사이에 전자 인터페이스를 사용하여 조종간 움직임에 의해 생기는 각 변위, 감지된 신호 등을 수신하여 컴퓨터에 의해 제어되는 전기적인 신호를 유압으로 작동된다.
④ 플라이 바이 라이트 제어 방식은 비행제어를 위해 많은 자료를 신속하게 감지, 수신, 분석하여 조종면을 움직이기 위해 불빛을 이용한다.

해설

구리선 대신 광섬유로 대체해 보다 높은 신뢰성과 안전성을 높이고 기상이변이나 인위적인 전파의 간섭에 의한 자료 손실을 최소화 할 수 있는 장점이 있다.

**02 플라이 바이 와이어 제어 방식의 특징이 아닌 것은?**

① 조종사의 조종력을 경감시켜준다.
② 인공감각장치(Ariticicial feel system)를 사용하므로 무게가 감소한다.
③ 전기신호를 이용하므로 물리적인 조정(Rigging) 불필요하다.
④ 전원 차단 시에도 조종이 가능하므로 Back up system이 불필요하다.

해설

전원 차단 시에는 조종이 불 가능하는 단점을 보완하기 위해 이중 삼중의 Back up system으로 되어 있다.

**03 조종 계통에서 혼합장치(Mixing unit)은 어느 부품하고 연결되어 있는가?**

① 엔진 연료와 공기 혼합 장치에
② 싸이클릭과 컬렉티브 조종계통에
③ 피토트와 스태틱 계통에(Pitot & static systems)
④ Main rotor head와 Blade

해설

Main rotor blade를 제어하기 위해 Cyclic 및 Collective 조종계통에 연결되어 작동 시에 상호 간섭현상을 최소화하는 기능

**04 기계적 혼합장치 기능(MMU : Mechanical Mixing Unit)이 아닌 것은?**

① Collective to pitch mixing
② Collective to roll mixing
③ Collective to airspeed to yaw
④ Collective to hovering

해설

MMU(Mechanical Mixing Unit) 기능
- Collective to pitch mixing
- Collective to roll mixing
- Collective to yaw mixing
- Yaw to pitch mixing
- Collective to airspeed to yaw

[정답] 2장 1. Flight control method 01 ④ 02 ④ 03 ② 04 ④

## 05 기계적 혼합장치 기능 설명 중 틀린 것은?

① Collective to pitch mixing은 Collective pitch 증감에 따라 기수 상향, 기수 하향 현상을 보상한다.
② Collective to roll mixing은 테일 로터 추력 변화에 따른 Rolling moment와 전이 성향(Translating tendency)인 우측 편류 현상을 보상한다.
③ Yaw to pitch mixing은 Tail rotor pitch가 증가함에 따라 테일 로터 추력 및 양력이 증가하여 기수 상향을 보상한다.
④ Collective to yaw mixing은 Collective pitch가 증가함에 따라 Torque 상쇄를 위해 Tail rotor 추력이 동체 측면으로 작용하는 힘의 증감에 따라 메인 로터 회전력 효과를 보상한다.

해설

**Canted tail rotor type**

Vertical fin과 테일 로터가 위로 20도 기울임으로 인해 Anti-torque 작용 및 추가 양력이 발생한다.

▶ **장점**

① 제자리 비행에서 기수 상승 현상을 감소시켜 세로방향 균형 유지가 쉽다.
② C.G 범위가 넓어져 Main rotor mast(Shaft) 뒤에 더 많은 부하(병력, 연료 등)를 적재할 수 있다.

## 06 Collective to airspeed to yaw(Airspeed-electronic coupling)에 대한 설명 중 틀린 내용은?

① 기계적 혼합 장치 기능은 아니지만 SAS/FPS 컴퓨터와 별개의 기능으로 Canted tail rotor의 효율성이 높아져서 테일 로터 피치가 더 많이 필요하다.
② 컬렉티브 위치가 일정할 때 속도가 0~60[KIAS]에서는 속도-전자 커플링(Airspeed-electronic coupling)은 요 트림 서보에 테일 로터 블레이드 피치가 최대 입력 값이 적용된다.
③ 컬렉티브 위치가 일정할 때 속도가 60~100 [KIAS]에서는 속도-전자 커플링(Airspeed-electronic coupling)은 요 트림 서보에 테일 로터 블레이드 피치입력 값이 감소하기 시작한다.
④ 100[KIAS] 이상에서는 테일 로터 블레이드 피치 입력 값은 "0"으로 한다.

해설

속도가 증가할수록 테일 로터 블레이드와 캠버(Camber)를 갖고 있는 수직 페어링(Cambered vertical fairing/Vertical stabilizor 역할)의 효율성이 높아져서 테일 로터 피치가 더 적게 필요하므로 100[KIAS] 이상에서는 테일 로터 블레이드 피치 입력 값은 "0"으로 한다.

# 2. 메인 로터 제어 계통(Main Rotor Control System)

## A. Cyclic Stick Control

## 01 Cyclic stick을 움직일 때 조종력 전달 부품 순서로 맞는 것은?

① Cyclic stick → Mixing unit → Swashplate → Main rotor head → Main rotor blade
② Cyclic stick → Swashplate → Mixing unit → Main rotor head → Main rotor blade
③ Cyclic stick → Swashplate → Mixing unit → Main rotor head → Main rotor blade
④ Cyclic stick → Mixing unit → Swashplate → Main rotor blade → Main rotor head

해설

[정답] 05 ③ 06 ① 2. 메인 로터 제어 계통(Main rotor control system) A. 01 ①

**제어력 전달**
Cyclic(Collective) stick → Mixing unit → Swashplate → Main rotor head → Main rotor blade

## 02 Cyclic stick control 계통 기능 설명 중 틀린 내용은?

① Cyclic stick을 전, 후, 좌, 우로 움직이면 Swash-plate의 회전면과 Main rotor blade 회전면이 움직인 방향으로 경사지게 한다.
② 경사진 방향은 Blade pitch angle이 감소하고 반대편은 증가시켜서 전, 후, 좌, 우 비행이 가능하게 하며 세로방향 Pitching 운동을, 가로방향 Rolling 운동을 제어한다.
③ 전, 후, 좌, 우 비행 시에 수평성분으로 작용하는 힘인 추력과 수직방향으 로 작용하는 힘인 양력과의 합성력은 회전면에 항상 수평으로 작용한다.
④ 추력 크기에는 영향을 주지만 힘의 방향 변화로 속도와 자세에는 영향을 주지 않는다.

**해설**

Cyclic 계통은 Swashplate 기울기를 변경하여 추력의 방향에 영향을 주어 세로방향 Pitching 운동인 전진, 후진 비행을 제어, 가로방향 Rolling 운동인 좌측, 우측 비행을 제어하며 Collective 계통은 Swashplate를 상승, 하강시켜 Pitch를 증가, 감소시키므로 추력의 크기를 결정한다.

## 03 Cyclic stick에 장착되는 선택 장비 작동 스위치가 아닌 것은?

① Radio & Ics(Internal communication sys-tem) switch
② Cyclic trim actuator switch
③ Starter switch
④ Hoist switch

**해설**

일반적으로 Engine power control 관련 Switch 및 Landing light switch가 장착되고 Cyclic stick에는 비행 임무 수행 시 필요한 선택장비 관련 작동 Switch가 장착되어 있다.

# B. Collective Stick Control

## 01 헬리콥터 조종 장치 중 Throttle과 연동되는 것은?

① Collective stick
② Cyclic stick
③ Anti-torque pedal
④ Free-wheel clutch

**해설**

Collective stick을 올리면 움직임 크기에 비례해서 피치가 증가하면 항력이 증가하므로 회전수가 감소하므로 일정한 회전수를 유지하기 위해 FCU(Fuel control system)에 연료량을 즉시 증가시키고 내리면 반대현상으로 항력이 감소하여 엔진 동력에 여유가 있어서 연료량을 감소시키는 장치를 Droop compensa-tor(Anticipator system)이라 한다.

## 02 헬리콥터 조종 장치 중 Throttle lever와 연동되어 Main rotor blade rpm 을 일정하게 유지하는 것은?

① Collective stick
② Cyclic stick
③ Anti-torque pedal
④ Free-wheel clutch

**해설**

문제 1번 해설 참고

[정답] 02 ④ 03 ③ B. 01 ① 02 ①

## 03 Droop compensator(Anticipator system) 기능을 틀리게 설명한 것은

① 비행 중에 블레이드에 걸리는 부하에 상관없이 메인 로터 블레이드 회전수를 항상 일정하게 유지한다.
② 블레이드 피치 증감에 따라 엔진 동력이 증감하는 현상을 Static droop이라 한다.
③ 컬렉티브 스틱을 들어 올리면 블레이드 피치각과 받음각 증가와 함께 항력도 증가하여 블레이드 회전수 및 엔진 회전수가 감소되는 것을 보상한다.
④ 연료조절장치의 거버너(Governor)와 싸이클릭 스틱과 직접 연동시켜 움직임에 따라 엔진 동력을 자동으로 증감시켜 주는 장치이다.

해설

문제 1번 해설 참고

## 04 Throttle control lever position이 아닌 것은?

① Cut off position
② Neutral position
③ Idle position
④ Flight position

해설

Throttle control lever position

- Cut off position
  연소실의 연료 노즐로 들어가는 연료를 차단하여 엔진 정지 시에 사용한다.
- Idle position
  엔진 자립회전속도를 유지하기 위해 일정한 연료량을 제어한다.
- Flight position
  연료제어장치(Fuel Control Unit)의 Metering valve를 완전히 열어 엔진 출력이 최대가 되도록 연료량을 제어한다,
- Emergency position
  비상시에는 엔진 rpm 및 EGT, Torque를 정상 작동범위 내에서 작동하도록 수동으로 연료량을 조절하며 총 연료 흐름양을 늘릴 수는 없다.

## 05 Throttle control lever position 설명 중 틀린 것은?

① Cut off position은 연소실의 연료 노즐로 들어가는 연료를 차단하여 엔진 정지 시에 사용
② Idle position은 엔진 자립회전속도를 유지하기 위해 일정한 연료량을 제어한다.
③ Emergency position은 엔진 회전수를 정상 작동범위 내에서 작동하도록 자동으로 엔진으로 가는 연료량을 조절한다.
④ 연료제어장치의 Governor는 Main rotor 부하에 상관없이 항상 Main rotor rpm를 일정하게 유지하기 위해 Idle position부터 연료 양을 제어한다.

해설

FCU(Fuel control unit)에서 Main rotor rpm을 일정하게 유지할 때는 Flight position에서부터 자동으로 연료량을 제어한다.

## 06 Collective stick에 있는 제어장치 설명 중 틀린 내용은?

① Idle release button은 엔진 동력 증가를 위해 Throttle lever를 Off 위치에서 Idle 위치로 전진시킨 후에 Off 위치로 되돌아오는 Roll back을 방지하여 Flame out 발생을 방지하는 Stopper 역할 해제 장치이다.
② Power trim switch는 엔진 회전수를 증가, 감소시켜 조종사가 원하는 회전수를 설정하여 일정하게 유지할 수 있다.

[정답] 03 ④ 04 ② 05 ④ 06 ④

③ Collective stick load 경감 장치는 비행 중 메인 로터 블레이드에서 오는 공기역학적인 힘이 컬렉티브 스틱에 전달되어 컬렉티브 스틱이 올라가거나 내려오려는 경향을 방지하기 위해 힘의 균형을 유지해 준다.
④ Collective stick load 경감 장치에는 Collective 1G spring assembly, Collective bungee spring, One way lock 등이 있다.

해설

One way lock은 Cyclic stick load 경감장치이다.

## C. Swash-Plate Assembly

**01 경사판(Swash-plate assembly)에 대한 설명 중 틀린 것은?**

① Stationary swash-plate와 Rotating swash plate로 구성되며 한 쌍의 Spherical bearing으로 서로 연결되어 있다.
② Collective와 Cyclic stick의 움직임을 Pitch change rod(link)를 통해 Main rotor pitch horns(Housing)과 연결되어 메인 로터 블레이드에 전달한다.
③ Stationary swash-plate는 Collective feathering과 Cyclic feathering을 하게 한다.
④ Rotating swash plate는 Stationary scissors link에 연결되어 Main rotor 회전축과 같이 회전을 하지 못한다.

해설

**Rotating swash plate**

Pitch change rod로 Blade pitch horn에 연결되어 각 Blade의 Pitch angle를 변화시키고 추력 벡터의 크기와 각도를 변화시킬 수 있으며 Rotating scissors link와 연결되어 Main rotor 회전축과 같이 회전을 한다.

**02 Swash plate에 있는 Scissor links의 목적은?**

① Swash plate의 구동부를 구동하며 고정부는 고정한다.
② Swash plate의 양쪽 부분을 함께 고정시킨다.
③ 메인 기어 박스에서 Swash plate의 구동부에 구동력을 증가시킨다.
④ 메인 기어 박스에서 Swash plate의 구동부에 구동력을 감소시킨다.

해설

**Scissors links 기능**

- Stationary scissors link와 Rotating(upper) scissors link로 구성
- Swashplate가 Main rotor 회전축을 따라 상하운동 및 회전을 할 수 있게 한다.
- Stationary scissors link는 Stationary swashplate에 장착되어 회전하지 못하도록 회전축에 고정되어 있다.
- Rotating scissors link는 위쪽에 Rotating swashplate에 연결되어 Main rotor blade와 같은 각속도로 회전을 한다.

**03 헬리콥터 회전날개의 조종 장치 중 Cyclic pitch 조종과 Collective pitch 조종을 할 때 사용되는 장치는?**

① 안정 바(Stabilizer Bar)
② 트랜스미션(Transmission)
③ 평형 탭(Balance Tab)
④ 회전 경사판(Swash Plate)

해설

**Swash plate**

Collective stick과 Cyclic stick에 연결되어 있어서 수직 상승, 하강 및 전, 후, 좌, 우 비행을 하도록 한다.

[정답] C. 01 ④ 02 ① 03 ④

## 04 다음 헬리콥터 조종계통의 고장 탐구에 관한 사항들 중 조종레버를 작동할 때 sponge 현상이 발생하는 원인으로 적당한 것은?

① 유압기능 계통의 기능 불량
② 윤활유 압력 스위치 및 전기적 회로의 이상
③ 조종계통의 리그상태 불량
④ 조종계통의 유압 장치에 공기가 많이 차 있음

해설

**Sponge 현상**
유압계통 또는 조종계통에서 기계적인 방법은 Sponge 현상이 없지만 유압을 사용할 경우에는 계통내에 공기가 있으면 압력전달이 원활하지 않아 나타나는 현상이다.

# 3장 FLIGHT ATTITUDE

## 1. Cyclic Control System (Pitch, Roll Control)

### 01 헬리콥터 비행에 필요한 양력을 발생하는 것은?

① Fixed airfoil surface
② Main rotor blades
③ Tail rotor
④ Wings

해설

엔진 회전수를 감속시키는 Main rotor transmission을 통해 Main rotor head(hub)에 장착된 Main rotor blade를 회전시켜서 양력을 얻는다.

### 02 전진 비행중인 헬리콥터의 진행방향 변경은 어떻게 이루어지는가?

① 꼬리 회전 날개를 경사시킨다.
② 꼬리 회전 날개의 회전수를 변경 시킨다.
③ 주 회전 날개깃의 피치각을 변경 시킨다.
④ 주 회전 날개회전면을 원하는 방향으로 경사시킨다.

해설

Cyclic stick을 원하는 비행방향으로 작동하면 Swash-plate 회전면이 원하는 방향으로 기울어져 메인 로터 추력 방향이 변하여 전, 후, 좌, 우 비행을 한다.

### 03 헬리콥터의 가로방향 움직임을 제어하는 조종계통은 무엇인가?

① Collective pitch control system
② Cyclic pitch control system

[ 정답 ] 04 ④ 3장 . FLIGHT ATTITUDE 1. Cyclic control system 01 ② 02 ④ 03 ②

③ Main rotor control system
④ Rotary rudder control system

해설

Cyclic pitch control system은 전, 후 방향인 Pitch 제어와 좌, 우 방향인 Roll 제어 기능이 있다.

**04 헬리콥터 진행 방향에 따라 Main rotor blade의 회전면을 경사지게 하는 조종계통은?**

① 사이클릭 피치 조종계통
② 컬렉티브 피치 조종계통
③ 방향 조종계통
④ 회전 날개 깃 조종계통 Cyclic control(Pitch, Roll Control)

해설

**Cyclic stick의 cyclic feathering 기능**

조종사가 Cyclic stick을 원하는 방향으로 움직이면 원하는 방향은 Swashplate가 아래로 기울어져서 피치각이 최소(감소)하고 반대방향은 Swashplate가 위로 올라가서 피치각이 최대(증가)로 되는 것이 주기적으로 일어난다.

**05 헬리콥터에서 Cyclic picth stick을 사용하여 조종할 수 없는 비행은 어느 것인가?**

① 전진 비행 ② 상승비행
③ 측면비행 ④ 후퇴비행

해설

**문제 2번 해설 참고**

**06 헬리콥터의 Cyclic stick에 대한 설명으로 옳은 것은?**

① 기관회전수를 조절한다.
② 수직상승비행을 가능하게 한다.
③ Tail rotor의 pitch를 조절한다.
④ Main rotor blade pitch를 주기적으로 변화시키며 원하는 수평방향으로 비행하게 한다.

해설

문제 5번 해설 참고

## 2. Collective Sontrol System (Climbing, Diving Control)

**01 다음 설명 중 틀린 내용은?**

① Collective Feathering은 컬렉티브 스틱을 상승, 하강시킬 때마다 모든 블레이드 피치각이 동시에 증가, 감소한다.
② Collective Feathering은 컬렉티브 스틱을 위로 올리면 전진익은 블레이드 피치각이 증가하고 아래로 내리면후퇴익은 블레이드 피치각이 감소한다.
③ Cyclic Feathering은 전진 비행 시에는 회전면 경사로 인해 주기적으로 12시 방향에서는 피치각이 감소하고 반대 방향에서는 피치각이 증가한다.
④ Cyclic Feathering은 후진 비행 시에는 회전면 경사로 인해 주기적으로 12시 방향에서는 피치각이 증가하고 6시 방향에서는 피치각이 감소한다.

해설

**Collective stick 기능**

- Collective stick up → Swashplate up → 모든 블레이드 피치각이 동시에 같은 크기로 증가 → 양력 증가 → 상승
- Collective stick down → Swashplate down → 모든 블레이드 피치각이 동시에 같은 크기로 감소 → 양력 감소 → 하강

[ 정답 ] 04 ① 05 ② 06 ④ 2. Collective control system 01 ②

**02 헬리콥터에서 Collective stick(동시피치 제어간)을 가장 올바르게 설명한 것은?**

① 전진하는 주회전날개 깃의 피치를 증가시킨다.
② 후진하는 주회전날개 깃의 피치를 증가시킨다.
③ 주회전날개 깃 모두의 피치를 동시에 증가, 감소시킨다.
④ 주회전날개 깃의 피치를 주기적으로 증가, 감소시킨다.

해설

**Collective feathering**

모든 블레이드가 Collective stick을 들어 올린 만큼 동시에 같은 크기로 피치가 증가, 감소하는 것을 말한다.

**03 Collective Stick을 들어 올리면 토크가 증가하는데 나타나는 현상은?**

① 테일 로터의 토크 감소
② 테일 로터의 피치 증가
③ 테일 로터의 속도 증가
④ 테일 로터의 피치 감소

해설

Collective stick을 들어 올린 크기만큼 토크가 증가하는데 이를 상쇄시키기 위해 테일 로터 추력이 증가해야 하므로 Pitch를 증가시켜야 한다.

**04 헬리콥터에서 콜렉티브 피치 조종(Collective pitch control)이란 무엇인가?**

① 메인 로우터 브레이드의 회전각에 따라 받음각을 조절하는 조작
② 메인 로우터 브레이드가 전진 회전시 받음각을 감소시키는 조작
③ 메인 로우터 브레이드의 양력을 증가, 감소시키는 조작
④ 로우터 브레이드 회전축을 운동하고자 하는 방향으로 기울이는 조작

해설

문제 1, 2번 해설 참고

**05 Collective stick을 과도한 작동으로 모든 Blade가 Over-pitch 했을 때 일어나는 현상은?**

① 엔진 RPM이 증가하면서 양력은 감소
② 엔진 RPM이 증가하면서 양력도 증가
③ 엔진 RPM이 감소하면서 양력이 감소
④ 엔진 RPM이 감소하면서 양력도 증가

해설

받음각 증가에 따라 항력이 증가하여 엔진 회전수 및 양력이 감소한다.

**06 헬리콥터의 Collective stick을 올리면 나타나는 현상에 대하여 가장 올바르게 설명한 것은?**

① 피치가 커져 전진 비행을 가능하게 한다.
② 피치가 커져 수직으로 상승할 수 있다.
③ 피치가 작아져 추진비행을 바르게 한다.
④ 피치가 작아져 수직으로 상승할 수 있다.

해설

**Collective stick 기능**

- Collective stick up → Swashplate up → 모든 블레이드 피치각이 동시에 같은 크기로 증가 → 양력 증가 → 상승
- Collective stick down → Swashplate down →모든 블레이드 피치각이 동시에 같은 크기로 감소 → 양력 감소 → 하강

[정답] 02 ③ 03 ② 04 ③ 05 ③ 06 ②

**07 비행제어 시스템에서 헬리콥터의 수직방향 움직임을 제공하는 것은?**

① Collective pitch control system
② Cyclic pitch control system
③ Main rotor control system
④ Rotary rudder control system

해설

문제 6번 해설 참고

**08 헬리콥터의 Collective pitch stick(동시피치 제어간)을 올리면 나타나는 현상에 대하여 가장 올바르게 설명한 것은?**

① 피치가 커져 전진 비행을 가능하게 한다.
② 피치가 커져 수직으로 상승할 수 있다.
③ 피치가 작아져 추진비행을 바르게 한다.
④ 피치가 작아져 수직으로 상승할 수 있다.

해설

문제 6번 해설 참고

**09 Collective stick을 움직이면 나타나는 현상은?**

① 모든 블레이드의 피치(Pitch)를 균등하게 변경한다.
② 후퇴익보다 전진익의 피치를 더 많이 변경된다.
③ Swash plate를 앞으로 기울인다.
④ 전진익보다 후퇴익의 피치를 더 많이 변경된다.

해설

문제 6번 해설 참고

**10 Collective stick은 블레이드 피치각(Pitch angle of the blades)을 어떻게 조절을 하는가?**

① 모든 블레이드를 동시에 똑같이 조절한다.
② 전진익은 블레이드 피치각을 증가하고 후퇴익은 감소시킨다.
③ 전진익은 블레이드 피치각을 감소하고 후퇴익은 증가시킨다.
④ 전진익 블레이드 피치각만 증가시킨다.

해설

Collective stick을 상승, 하강하면 모든 블레이드가 동시에 같은 크기로 증가, 감소시키는 것을 Cyclic feathering이라 한다.

**11 헬리콥터에서 동시 피치조종(Collective pitch control)을 가장 올바르게 설명한 것은?**

① 전진하는 주회전날개 깃의 피치를 증가시킨다.
② 후진하는 주회전날개 깃의 피치를 증가시킨다.
③ 주회전날개 깃 모두의 피치를 동시에 증가, 감소시켜 양력을 증가, 감소시킨다.
④ 주회전날개 깃의 피치를 주기적으로 증가, 감소시킨다.

해설

문제 10번 해설 참고

## 3. Tail Rotor Control System(Yaw Control)

**01 비행제어 시스템에서 Tail rotor blade는 헬리콥터의 어느 움직임을 제공하는가?**

① Directional heading
② 지상에서의 움직일 때
③ Lateral movement
④ Vertical movement

[정답] 07 ① 08 ② 09 ① 10 ① 11 ③ 3. Tail rotor control system 01 ①

**해설**

Tail rotor pedal은 tail rotor pitch change rod와 연결되어 tail rotor blade 피치각을 증가, 감소시켜 tail rotor 추력을 증가, 감소시켜 Yaw 운동인 기수 방향을 제어한다.

## 02 다음 헬리콥터의 운동 중 페달로 조종하는 운동은?

① 전, 후진 운동
② 좌우 운동
③ 기체의 방향 조종 운동
④ 수직 방향 운동

**해설**

문제 1번 해설 참고

## 03 공중 정지비행 시 방향을 변경시키기 위한 방법은?

① 메인 로터 블레이드의 회전수를 변경
② 메인 로터 블레이드의 피치각를 변경
③ 테일 로터 추력을 가감한다.
④ 회전날개의 코닝각를 변경

**해설**

**Positive pitch**

왼쪽 페달을 작동하면 Tail rotor blade pitch angle이 증가하여 테일 로터 Pitch가 증가하여 왼쪽으로 발생시키는 추력이 메인 로터의 회전력보다 커서 후미를 Anti-torque 방향인 오른쪽으로 이동시켜서 기수가 왼쪽으로 이동하게 되며 오른쪽 페달을 작동하면(Negative pitch) 반대 현상이 발생한다.

## 04 Tail rotor에 관한 내용 중 맞는 것은?

① 양력 불균형 현상이 일어나지 않는다.
② 토큐에 반대되는 힘을 발생한다.
③ 토크와 같은 방향으로 힘을 발생한다.
④ Cyclic feathering 기능이 있다.

**해설**

Tail rotor 기능은 Anti-torque 작용 및 방향 제어를 하며 Tail rotor swashplate는 Main rotor swashplate처럼 Collective feathering 기능은 있지만 회전면이 기우려서 주기적으로 피치가 변하는 Cyclic feathering 기능은 없다.

## 05 다음 중 꼬리 회전날개의 역할로 맞는 것은?

① 추력, 양력 발생
② 기하학적 불평형 제거
③ 굽힘 모멘트 제거
④ 토크 상쇄, 방향 조종

**해설**

문제 4번 해설 참고

## 06 방향 제어 성능이 우수한 Single rotor system 구성품 중에 방향제어를 제공하는 것은?

① Collective pitch ② Cyclic pitch
③ Main rotor ④ Tail rotor

**해설**

**Tail rotor 기능**

Anti-torque 작용과 수직축에 대해 Yaw 운동을 제어하여 기수 방향을 유지시킨다.

[정답] 02 ③ 03 ③ 04 ② 05 ④ 06 ④

**07 헬리콥터의 동체는 주 회전날개가 회전하는 반대방향으로 회전한다. 이를 막기 위한 방법은?**

① 꼬리회전날개의 피치를 변화시켜
② 꼬리회전날개의 회전력으로
③ 주회전날개의 피치를 변화시켜
④ 주회전날개의 회전력으로

해설

Torque를 상쇄하기 위해 Tail rotor pitch를 증가시키는 Positive pitch를 적용한다.

**08 방향 제어(Directional control)는 헬리콥터의 어느 축에 의해 제어되는가?**

① Lateral axis
② Normal(Vertical) axis(법선 축)
③ Longitudinal axis
④ Collective axis

해설

- Normal(Vertical) axis 운동은 Yawing
- Lateral axis 운동은 Rolling
- Longitudinal axis 운동은 Pitching
- Collective axis 운동은 Hovering 이다.

## 4. IN-FLIGHT

**01 헬리콥터의 전진 비행성능에 영향을 가장 적게 주는 요소는?**

① 밀도, 고도　② 바람의 속도
③ 지면효과　④ 헬리콥터의 총 중량

해설

지면효과는 제자리 비행 시에 나타난다.

**02 헬리콥터를 전진시키는 힘으로 가장 올바르게 표현한 것은?**

① 회전판을 경사시켜 발생하는 추력의 수평성분
② 로우터 블레이드에서 나오는 유도속도 성분
③ 테일 로우터의 회전력
④ 터보샤프트 엔진의 배기가스 추력

해설

Cyclic stick을 전방으로 밀면 Swashplate가 전방으로 기우려져 추력 방향이 전방으로 향하게 되어 전진 비행을 할 수 있다.

**03 헬리콥터가 반 시계 반대 방향으로 회전하는 메인 로터가 있는데 비행 중 순항 속도에서 Tail rotor 기능이 상실되면 나타나는 현상은?**

① 눈에 띄는 큰 변화가 없다.
② 기수는 오른쪽으로 회전을 한다.
③ 기수는 왼쪽으로 회전을 한다.
④ 순항속도로 전진 비행이 가능하다.

해설

메인 로터 회전 반대방향으로 Torque가 작용하므로 오른쪽으로 회전한다.

**04 메인 로터가 시계 반대 방향으로 회전하는 헬리콥터에서 어떤 방향으로 Drift(표류) 현상이 발생하는가?**

① 테일 로터가 왼쪽에 장착된 경우왼쪽으로
② 테일 로터가 오른쪽에 장착된 경우 왼쪽으로
③ 테일 로터가 어느쪽에 장착되어 있는지에 관계없이 오른 쪽으로
④ 테일 로터가 어느쪽에 장착되어 있는지에 관계없이 오른 쪽으로

[정답] 07 ① 08 ② 4. IN-FLIGHT 01 ③ 02 ① 03 ② 04 ③

해설

**전이성향/편류(Translating tendency/Drift)**

제자리 비행 중 메인 로터 블레이드가 반시계 방향으로 회전하는 단일 회 전익 계통(Single rotor system)에서는 동체를 우측으로 회전시키려는 회전력(Main rotor torque)과 이를 상쇄시키기 위해 작용하는 Tail rotor 추력이 같 은 방향인 우측으로 복합적으로 작용하여 동체가 우측으로 밀리는 현상을 말하며 이러한 현상을 막기 위해 회전면을 좌측으로 경사지도록 Cyclic stick을 좌측으로 이동시킨다.

## 05 전진 비행 시 나타나는 현상이 아닌 것은?

① 테일 로터 전이추력
② 전이양력(Translational Lift)
③ 전이성향(Translating Tendency)
④ 양력 불균형

해설

문제 3번 해설 참고

## 06 제자리 비행 시 나타나는 전이성향 현상에 대한 설명 중 틀린 것은?

① 메인 로터 블레이드가 회전하는 방향으로 밀리는 현상으로 단일 로타 계통에서만 발생한다.
② 메인 로터 회전력과 이를 상쇄시키기 위해 작용하는 Tail rotor 추력이 복합적으로 작용하는 현상을 말한다.
③ 전이성향 현상을 막기 위해 회전면을 메인 로터가 회전하는 같은 방향으로 경사지도록 Cyclic stick을 이동시킨다.
④ 동체가 메인 로터 회전 반대방향으로 밀리는 현상으로 Dual rotor계통에는 발생하지 않는다.

해설

Dual rotor 계통에는 2개의 Main rotor가 서로 반대방향으로 회전하므로 Torque가 발생하지 않아 Tail rotor가 불필요하여 추력발생이 없으므로 발생하지 않는다.

## 07 전진 비행 시 나타나는 현상을 설명한 것 중 틀린 것은?

① 제자리 비행 시 나타나던 수직 방향의 유도흐름 증가와 블레이드 팁 볼텍스의 재순환 흐름 상태에 있던 난류흐름이 전진 비행 시 점진적으로 층류흐름으로 변하는 현상을 말한다.
② 유효 전이양력은 전진속도가 증가하면 전진익은 수직방향의 유도흐름이 점점 수평적으로 유입되면서 블레이드 효율을 저해하던 난류흐름이 소멸되고 유도흐름속도가 감소되어 받음각 증가효과와 블레이드 효율이 증대되어 부가적으로 얻어지는 양력을 말한다.
③ 테일 로터 전이추력은 전진 비행으로 전환 시 유효 전이 양력(E.T.L) 상태에 도달하면 테일 로터가 점차적으로 난기류가 적은 공기흐름에서 작동하므로 공기역학적으로 테일 로터 블레이드 효율이 증가하여 테일 로터 추력이 증가하는 것을 말한다.
④ 가로흐름 효과는 제자리 비행에서 전진 비행으로 전환 시에 일정속도에 도달하면 전진익과 후퇴익의 유도흐름 속도 차이로 가로방향에서 전, 후방 양력 불균형 현상이 위상 지연으로 인해 회전면이 좌로 기울어지는 좌측 롤링 현상과 함께 기체에 진동을 일으키는 현상을 말한다.

해설

전, 후방 양력 불균형 현상이 위상 지연으로 인해 회전면이 우로 기울어지는 우측 롤링 현상과 함께 기체에 진동을 일으키는 현상을 말한다.

[정답] 05 ③ 06 ① 07 ④

**08 전진 비행 시 공기흐름에 대한 설명 중 틀린 것은?**

① 제자리 비행 상태의 수직적 공기흐름이 전진 비행 시에는 수평적 흐름으로 변하며 전진 비행에서는 공기흐름이 비행 방향의 반대 방향으로 흐르는 공기 속도는 헬리콥터 전진 속도와 동일하다.
② 블레이드 회전속도는 원 운동을 하므로 어느 한 지점에서 블레이드를 가로 지르는 공기 속도는 회전면에서의 블레이드 위치, 회전 속도 및 비행 속도에 따라 달라진다.
③ 메인 로터가 반시계 방향으로 회전할 때 상대풍 최고속도는 전진익 3시 위치에서 발생하며 후퇴익 9시에서는 최저 속도가 발생한다.
④ 상대풍 속도는 블레이드 회전수가 일정하므로 항상 동일하다.

해설

상대풍 속도는 회전면에서의 블레이드 위치(방위각), 회전 속도 및 비행 속도에 따라 달라진다.

**09 양력 불균형(Dissymmetry of lift) 현상에 대한 설명 중 틀린 것은?**

① 제자리 비행 시에는 회전속도만 있고 전진속도가 없으므로 상대풍에 대한 전진익과 후퇴익의 상대속도는 차이가 있다.
② 제자리 비행 시에는 양력 불균형 현상이 발생하지 않는다.
③ 전진 비행 시에는 상대풍에 대한 전진익과 후퇴익의 상대속도 차이로양력 불균형 현상이 발생한다.
④ 전진익은 상대속도 증가로 양력이 증가하고 후퇴익은 상대속도 감소로 양력이 감소한다.

해설

전진 비행 시에는 상대풍에 대한 전진익과 후퇴익의 상대속도 차이로 양력 불균형이 일어나지만 제자리 비행에서는 전진속도가 없으므로 전진익, 후퇴익의 상대속도는 같아서 양력 불균형이 발생하지 않는다.

**10 양력 불균형 해소 방법을 설명한 것 중 틀린 내용은?**

① 양력 불균형은 블레이드 전, 후 운동인 Lead-Lag 운동이 해소한다.
② 전진익은 양력증가로 인해 블레이드가 위로 올라가는 현상(Up-Flapping)이 상대풍 방향 변화로 유도흐름이 증가해서 받음각을 감소시켜 양력이 감소한다.
③ 후퇴익은 양력감소로 인해 블레이드가 아래로 내려가는 현상(Down-Flapping)이 상대풍의 방향 변화와 유도흐름이 감소해서 받음각을 증가시켜 양력을 증가시킨다.
④ Cyclic Stick이 위치한 비행방향에서는 회전면 경사로 인해 주기적으로 피치각이 감소하고 반대 방향에서는 피치각이 증가하는 Cyclic Feathering으로 해소한다.

해설

양력 불균형 현상은 Blade flapping 운동과 Cyclic feathering으로 해소한다.

**11 Blow back 현상에 대한 설명 중 틀린 것은?**

① 제자리 비행에서 전진익의 최대 Blade up-flapping 현상이 90° 지난 후인 12시 방향인 전방에서 높고 후퇴익은 6시 방향에서는 낮아서 블레이드 회전면이 뒤쪽으로 기울어지는 현상을 말한다.
② 세로방향에서 좌, 우 양력 불균형 현상을 블레이드 세로방향 플래핑 운동이 해소한다.
③ 전진(가속) 시에는 헬리콥터의 기수 상향 현상과 후진(감속) 시에는 기수 하향 현상이 발생하여 전진 비행을 방해하므로 이를 보상하기 위해 Cyclic stick을 전방으로 기울어야 한다.
④ Blow back현상은 Collective feathering으로 해소할 수 있다.

[정답] 08 ④ 09 ① 10 ① 11 ④

해설

세로방향에서 좌, 우 양력 불균형 현상이 위상지연으로 회전면이 전방 쪽은 높고, 후방 쪽은 낮아서 전진 비행을 방해하므로 이를 보상하기 위해 Cyclic stick을 전방으로 기울어야 하므로 Cyclic feathering으로 해소할 수 있다.

## 12 헬리콥터는 고속비행이 불가능한 이유로 틀린 내용은?

① 전진익의 뿌리 부분에서 역류 흐름지역 발생
② 후퇴익의 블레이드 팁 부분에서 최대 받음각으로 실속 발생
③ 후퇴익의 뿌리 부분에서 역류 흐름지역 발생
④ 전진익의 블레이드 팁 부분에서 충격파 발생

해설

**고속비행이 불가능한 이유**

- 전진익의 블레이드 팁 충격파(Blade tip shock wave) 발생
- 후퇴익 블레이드 팁 실속(Blade tip stall) 발생
- 뿌리(Root) 부분의 역류 흐름지역(Reverse flow region) 발생

## 13 후퇴익 실속 발생 시 나타나는 현상으로 틀린 것은?

① 비정상 진동(Abnormal Vibration) 발생
② 기수 상향 현상(Pitch up of the nose) 발생
③ 실속 지역으로 롤링(Rolling) 현상 발생
④ Pitching 모멘트 증가로 기수 하향 현상 발생

해설

**후퇴익 실속 발생 시 나타나는 현상**

- 비정상 진동(Abnormal vibration) 발생
- 기수 들림 현상(Pitch up of the nose) 발생
- 실속 지역으로 롤링(Rolling) 현상 발생

## 14 헬리콥터가 고속비행을 할 수 없는 이유로서 가장 관계가 먼 것은?

① 후퇴익의 날개 끝 실속
② 후퇴익의 뿌리 부분의 역풍범위의 영향
③ 전진익의 깃 끝의 마하수 영향
④ 회전하는 날개깃의 수

해설

**고속비행이 불가능한 이유**

- 전진익의 블레이드 팁 충격파(Blade tip shock wave) 발생
- 후퇴익 블레이드 팁 실속(Blade tip stall) 발생
- 뿌리(Root) 부분의 역류 흐름지역(Reverse flow region) 발생

## 15 헬리콥터의 최대 전진 속도는 무엇에 의해 제한되는가?

① 동체의 모양
② 후퇴익의 역류 흐름 및 전진익의 초음파 발생
③ 엔진 출력 감소
④ 엔진 출력 증가

해설

**문제 14번 해설 참고**

## 16 선회에 대한 설명 중 틀린 내용은?

① 균형 선회는 양력의 수평 성분(구심력)과 원심력이 같아 균형을 이루며 선회하는 것을 말한다.
② 불균형 선회는 구심력과 원심력이 균형을 이루지 못해 경사지시계 Ball이 어느 한쪽으로 치우치게 선회하는 것을 말한다.
③ Slip현상은 좌선회 시에 선회각에 비해 선회속도(Rate of turn)가 작아서 원심력이 양력 수평성

[정답] 12 ① 13 ④ 14 ④ 15 ② 16 ③

분인 구심력보다 작은 경우로 비행경로가 정상선회 바깥쪽을 향하는 선회를 말한다.

④ Skid 현상은 우 선회 시에 선회각에 비해 선회속도가 커서 원심력이 양력의 수평성분인 구심력보다 큰 경우에 발생하며 비행경로가 정상선회 안쪽으로 향하는 선회를 말한다.

해설

- 균형 선회 조건
  선회각(Angle of bank)과 선회속도(Rate of turn)와 원심력과 구심력의 균형이 이루면서 선회가 이루어질 때를 말한다.
- 우 선회 시 Slip 상태
  선회각(Angle of bank)〉선회속도(Rate of turn)와 원심력<구심력 일 때 발생하며 Skid 상태는 반대 조건일 때 발생한다.

## 17 Skid 현상의 원인으로 틀린 것은?

① 상승 우 선회 시(Right climbing turn)에 증가된 토큐 효과를 상쇄하기 위해 왼쪽 Pedal 적용이 과도할 때

② 하강 우 선회 시(Right descending turn)에 감소된 토큐 효과를 상쇄하기 위해 오른쪽 Pedal 적용이 과도할 때

③ 상승 좌 선회 시(Left climbing turn)에 증가된 토큐 효과를 상쇄하기 위해왼쪽 Pedal 적용이 과도할 때

④ 하강 좌 선회 시(Left descending turn)에 감소된 토큐 효과를 상쇄시키기 위해 오른쪽 Pedal 적용이 부족할 때

해설

상승 시에는 피치각이 증가하여 Torque가 증가하며 Skid 현상은 원심력이 구심력보다 큰 상태이므로 기수를 왼쪽으로 하기 위해서는 왼쪽 페달 적용이 부족할 때이다.

## 18 자동 회전 시에 블레이드 회전면 영역에 대한 설명 중 틀린 것은?

① 구동 영역은 프로펠러 영역이라고도 하며 블레이드 끝 쪽 부분으로 일반적으로 반경의 30% 지점으로 블레이드 회전을 증가시킨다.

② 평형점은 구동 영역과 주행 영역 사이와 주행 영역과 실속 영역 사이에 있는 평형지점을 말하며 평형 지점에서 총 공기 역학적 힘은 회전축과 일치되어 양력 및 항력이 생성되지만 가속 또는 감속도 하지 않는다.

③ 주행 영역은 블레이드 반경의 25~70[%] 사이에 있으며 자유회전 시에 블레이드를 회전시키는데 필요한 힘을 발생하며 총 공기 역학적 힘은 회전축보다 약간 앞으로 경사져서 지속적으로 블레이드 회전을 가속시키는 추력을 제공한다.

④ 실속 영역은 블레이드의 뿌리 쪽 25[%] 지점에 위치하며 최대 받음각 이상으로 작동하여 항력을 발생시켜 블레이드 회전수를 감소시킨다.

해설

총 공기 역학적 힘(TAF/Total Aerodynamic Force)이 회전축 뒤에 작용하며 약간의 양력과 항력을 발생하지만 양력은 항력에 의해 상쇄되어 결과적으로 블레이드 회전을 감속시킨다.

## 19 자동회전 시 메인 로터 블레이드 기능에 대한 설명 중 틀린 내용은?

① 전진익은 낮은 받음각으로 인해 구동 영역이 더 많은 영역으로 넓어진다.

② 후퇴익은 실속 범위가 더 많은 영역으로 넓어져서 블레이드 뿌리 부근에서 역류 현상 흐름(Reversed flow)이 발생하여 후퇴익 주행 영역의 크기가 감소된다.

[정답] 17 ① 18 ① 19 ③

③ 블레이드 뿌리 부분에서 앞전이 아래로 향하고 끝 부분은 앞전이 위로 향하게 비틀어져 있는 것은 자동회전 성능 향상을 위한 것이다.
④ 블레이드 끝 부분은 컬렉티브 스틱을 아래로 내리면 평 피치(Flat pitch)로 되어 헬리콥터가 하강할 때 블레이드 회전수를 높이거나 유지하는 역할을 한다.

해설

자동회전 성능을 향상시키기 위해서 Main rotor blade 형상은 Root쪽은 앞전이 위로, Tip쪽은 아래로 향하게 비틀어서 제작한다.

## 20 자동 회전 시에 회전수에 영향을 주는 요소가 아닌 것은?

① 항공기 속도와 밀도 고도(Density altitude)
② 엔진 회전수
③ 헬리콥터 총 무게(Gross weight)
④ 메인 로터 블레이드 회전수(Main rotor blade rotor rpm)

해설

메인 로터 블레이드 회전수는 비행 중이거나 자동회전 시에도 항상 일정하므로 엔진 회전수와는 관련이 없다.

## 21 자동회전 시에 대한 설명 중 틀린 내용은?

① 적절한 고도와 전진속도가 필수적이므로 안전착륙 조건인 속도 대 고도 한계는 항공기마다 동일하다.
② 메인 로터는 일정한 각운동량을 가지고 있으므로 블레이드 중량이 클수록 관성 모멘트가 커져서 관성에 의해 회전이 지속되는 시간이 길다.
③ Collective stick을 완전히 내린 상태인 평 피치로 하여 자동 회전수를 유지한다.
④ 전진속도를 얻기 위해 Cyclick stick을 전진방향으로 한다.

해설

자동회전 시에 안전착륙 조건인 속도 대 고도 한계는 헬리콥터마다 다르므로 Flight manual에 따라 비행을 해야 비상시에 안전하게 착륙할 수 있다.

## 22 지상공진(Ground Resonance)에 대한 설명 중 틀린 것은?

① 착륙 시 어느 한 쪽 착륙장치가 먼저 접지되면서 충격이 메인 로터 계통에 전달되어 블레이드와 블레이드 사이 간격이 벗어날 때 발생한다.
② 회전면 불균형으로 인한 진동과 동체의 고유진동수와 중첩되어 진동수가 일치하여 큰 진동으로 발전되는 것을 말한다.
③ 메인 로터 헤드 형식 중 고정식 및 반 고정식에서는 발생하지 않고 완전 관절형에서만 발생한다.
④ 스키드 형 착륙장치는 바퀴 형보다 지상공진 영향이 많다.

해설

바퀴 형(Wheel type) 착륙장치는 부정확한 타이어 압력이나 탄성력이 Skid type 착륙장치보다 지상공진 영향이 많다.

## 23 다음 중 헬리콥터의 비행 시 발생할 수 있는 현상이 아닌 것은?

① 턱언더
② 코리오리스 효과
③ 지면효과
④ 자이로 세차운동

[정답] 20 ② 21 ① 22 ④ 23 ①

해설

**Tuck under의 원인**

항공기가 초음속 비행 시에 날개에 형성되는 충격파가 후방으로 이동하면서 심해지는데 압력의 중심이 후방으로 이동하게 되어 Mach tuck이라고 하며 기수가 아래로 내려가거나 반대로 풍압중심이 앞으로 이동하면 기수상향의 피칭 모멘트가 발생한다.

**24 비행 중에 Main rotor blade가 위로 접히는' 것(Folding up)을 방지하는 것은?**

① 무게 ② 원심력
③ 양력 ④ 양력과 추력

해설

Main rotor head를 중심으로 하여 블레이드가 회전하므로 원심력이 발생되어 블레이드를 회전면과 평행하도록 한다.

**25 Main Rotor tip vortices가 가장 강할 때는 언제인가?**

① 무게가 많고 제자리 비행 시
② 직진 및 수평 비행으로 고속 비행 시
③ 정풍으로 비행 시
④ 선회 비행 시

해설

제자리 비행 시에는 메인 로터 블레이드 내리흐름으로 인해 유도흐름 영향으로 소용돌이가 발생하지만 전진 비행 시에는 공기흐름이 층류형태로 변한다.

## 4장 HELICOPTER PERFORMANCE

**01 헬리콥터가 항력을 이겨서 계속 비행하는데 필요한 동력을 마력으로 표시한 것을 무엇이라 하는가?**

① 이용마력 ② 제동마력
③ 여유마력 ④ 필요마력

해설

- 필요마력(Horse required)
  헬리콥터가 수평 등속도 비행을 유지하기 위해서는 항력을 이겨내기 위한 동력을 말한다.
- 이용마력(Power available)
  헬리콥터에 장착된 엔진 출력중 추진력으로 비행에 사용될 수 있는 동력을 말한다.
- 여유마력(Excess power)
  여유마력은 항공기가 수평 등속도 비행에서 가속 상승이 가능한 동력을 말하며 이용마력에서 필요마력을 뺀 마력을 말한다.
- 제동마력(Brake horse power)
  왕복엔진에서 생산된 마력(IHP/Indicate horse power)에서 Piston의 왕복운동과 Crankshaft의 회전운동으로 소비된 마찰마력을 제외한 마력으로 실제 엔진에서 생산된 마력을 말한다.

**02 헬리콥터의 제자리 비행 상승한도(Hovering ceiling)를 가장 올바르게 표현한 것은?**

① 이용마력＞필요마력
② 이용마력＝필요마력
③ 이용마력＜필요마력
④ 유도항력마력＝이용마력＋필요마력

해설

**Hovering ceiling**

비행고도가 높아질수록 필요마력이 증가하게 되므로 이용마력과 필요마력이 같아져서 더 이상 상승할 수 없는 비행고도를 말하며 기체 중량 및 추력이 일정한 조건에서는 제자리 비행

[정답] 24 ② 25 ① 4장. 01 ④ 02 ②

한계고도(H.C. in ground effect)는 지면효과 받을 때는 지면효과로 인해 필요마력은 감소하므로 제자리 한계 고도는 높아지며 지면효과 없을 때는 제자리 비행 상승한도(H.C. out of ground effect)는 지면효과가 없어서 제자리 비행 한계고도가 낮아진다.

**03 일반적인 헬리콥터 비행 중 주 회전날개에 의한 필요마력의 요인으로 보기 어려운 것은?**

① 유도 속도에 의한 유도항력
② 공기의 점성에 의한 마찰력
③ 공기의 박리에 의한 압력항력
④ 경사 충격파 발생에 따른 조파항력

해설

일반 헬리콥터는 초음속 비행이 불가하므로 조파항력은 존재할 수 없다.

**04 필요마력에 대한 설명으로 옳은 것은?**

① 속도가 작을수록 필요마력은 크다.
② 항력이 작을수록 필요마력은 작다.
③ 날개하중이 작을수록 필요마력은 커진다.
④ 고도가 높을수록 밀도가 증가하여 필요마력은 커진다.

해설

문제 1번 해설 참고

**05 헬리콥터가 전진 비행 시에 때 속도와 유도마력과의 관계로 가장 올바른 것은?**

① 전진속도가 증가하면 유도마력은 증가한다.
② 전진속도가 증가하면 유도마력은 감소한다.
③ 전진속도가 증가하면 유도마력은 변화하지 않는다.
④ 전진속도가 증가하면 유도마력도 느리게 증가한다.

해설

헬리콥터의 경우는 회전날개를 포함한 기체가 필요로 하는 1초간 일(Kg×m/sec)을 필요마력(유도항력마력[Pi]이라 하며 메인 로터 회전에 필요한 일정량의 힘이므로 유도마력이 높을수록 이륙 속도, 상승속도가 높아진다.

**06 Gliding angle(활공각)은?**

① 지상과 활공 경로
② 헬리콥터와 비행 경로
③ 헬리콥터와 공기 흐름
④ 메인 로터의 받음각

해설

지상과 활공 경로를 말하며 L/D이 클수록 활공각이 적어지므로 더 멀리 갈 수 있다.

**07 다음 설명 중 틀린 것은?**

① 원판하중(Disk load)은 헬리콥터 무게[w/kg]를 Main rotor blade 회전 면적[㎡]으로 나눈 값을 원판하중이라 한다.
② 원판 하중이 클수록 정지 비행을 하거나 수직으로 상승할 때 큰 동력을 필요로 한다.
③ 원판 하중이 클수록 정지 비행을 하거나 수직으로 상승할 때 작은 동력을 필요로 한다.
④ 마력하중(Horse power loading)은 헬리콥터 무게를 마력으로 나눈 값을 말한다.

해설

항공기무게/회전면(Disk) 넓이 $= W/\pi \times r^2$이므로
원판하중이 클수록 무게가 크므로 더 큰 동력이 필요하다.

[정답] 03 ④ 04 ② 05 ② 06 ① 07 ③

**08 Main rotor blade 실속 속도(Stalling speed)는 언제 빨라지는가?**

① 헬리콥터 무게가 증가함에 따라 감소한다.
② 헬리콥터 무게 변화에 영향을 받지 않는다.
③ Main rotor blade 받음각하고는 무관하다.
④ 헬리콥터 무게가 증가함에 따라 증가한다.

해설

실속속도는 총 중량, 하중 계수, 동력 및 무게중심 위치와 같은 요소는 상당한 영향을 미치며 Stall speed는 무게가 증가함에 따라 증가하는데, 이는 날개가 주어진 비행 속도에 충분한 양력을 발생시키기 위해 더 높은 공격 각도로 비행해야 하기 때문이다.

**09 헬리콥터의 마력하중이 5[kgf/hp], 양력이 1,800[kgf], 항력이 900[kgf] 그리고 추력이 2,100[kgf] 이며 기관의 출력이 300[hp]일 때, 이 헬리콥터의 하중은 몇 [kgf/hp]인가?**

① 3,000 ② 3,900
③ 1,500 ④ 1,800

해설

마력 하중＝W/HP이므로 5＝X/300＝1,500[kgf]

[정답] 08 ④ 09 ③

# HELICOPTER GENERAL

## Chapter 03

# MAIN ROTOR & TAIL ROTOR SYSTEM & POWER TRAIN SYSTEM

제1장 MAIN ROTOR HUB & MAIN ROTOR BLADE SYSTEM

제2장 TAIL ROTOR SYSTEM & TAIL ROTOR BLADE

제3장 POWER TRAIN SYSTEM

제4장 TRACKING & BALANCING

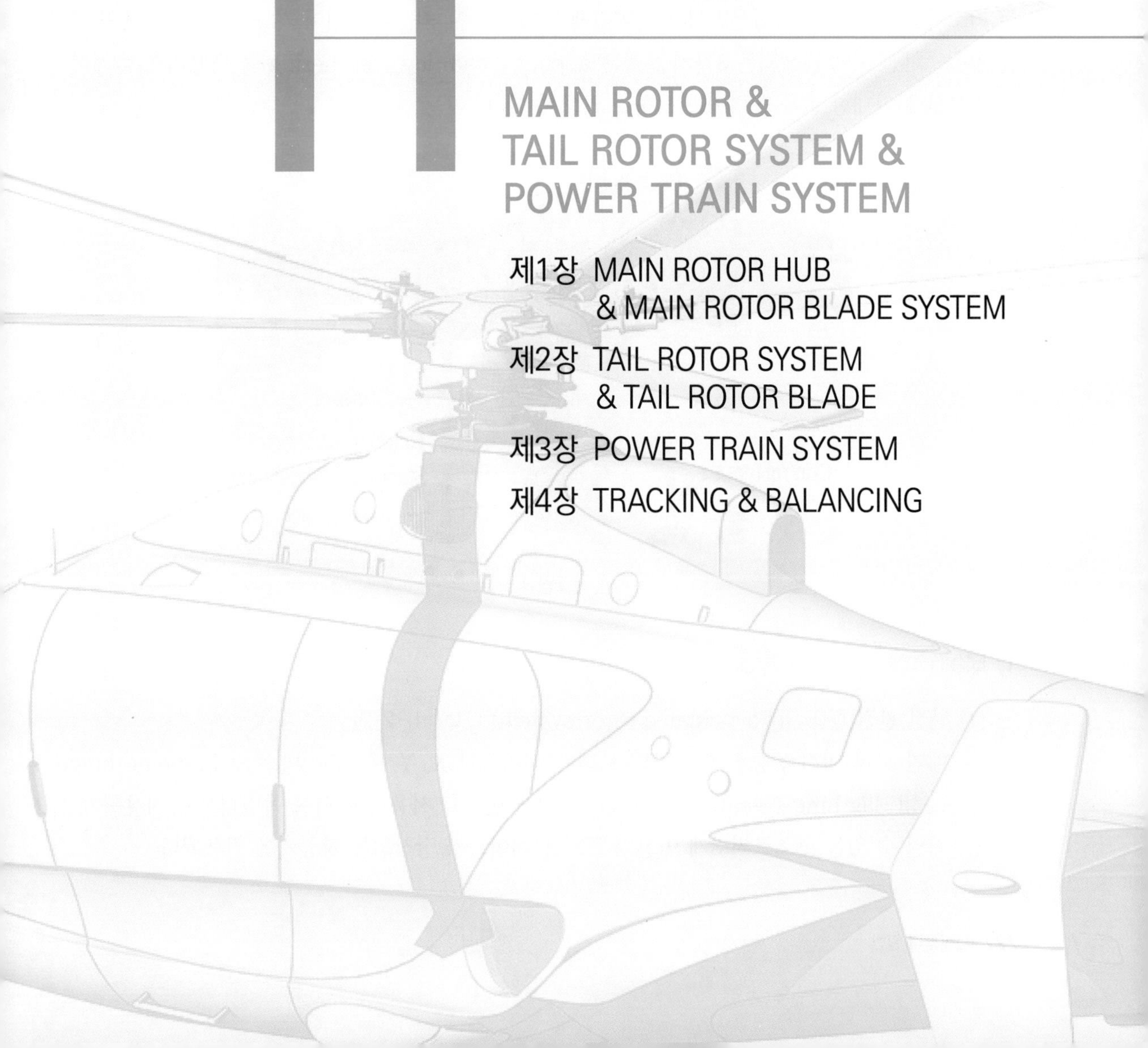

Main rotor 계통은 엔진 회전수를 Main gear-boxes(transmission)를 통해 감속된 동력이 Main rotor drive shaft에 연결된 Main rotor head(hub)와 Main rotor blade를 회전시켜 헬리콥터의 무게를 지탱하는 양력과 추력을 발생하며 비행을 위해 Blade pitch angle을 조절하는 Pitch horn (Housing) 및 회전면을 변경시키는 Swash-plate와 메인 로터 블레이드 회전 시 발생되는 진동을 흡수하는 Bifilar vibration absorber로 구성된다.

## 01 Main rotor head(Hub)

Main rotor blade가 회전할 때 임의의 회전위치에서 한 쪽은 받음각을 최대로 하고 그 반대쪽에서는 최소가 되어 블레이드 회전면이 기울어지게 되어 전, 후, 좌, 우 비행이 가능하게 하며, 메인 로터 블레이드 회전 시에 발생되는 3가지 운동(Flapping, Lead-lag, Feathering)을 허용하여 블레이드 뿌리 부분에 과대한 굴곡 응력이 발생하지 않도록 한다.

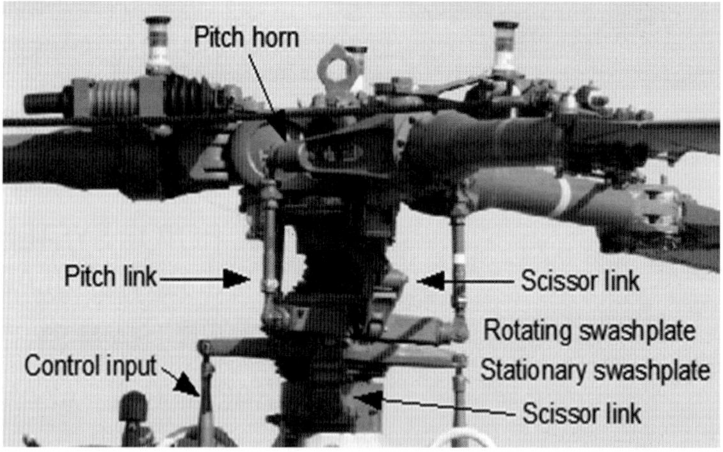


[그림 1-1]

### 1. Main rotor head type

(1) 완전 관절 형(Fully articulated rotor system) (그림 1-2)
메인 로터 회전축 중심에 각각의 로터 블레이드가 X, Y, Z 3축 방향으로 Flapping hinge, Lead-lag hinge, Feathering hinge의 3개 힌지를 사용하여 서로 독립적으로 자유롭게 움직일 수 있는 구조로써 3개 이상의 로터 블레이드가 장착되는 항공기에 적용된다.

(a) 장·단점

고속 및 조종간 움직임에 반응력이 좋으며, 공기저항이 크고, Ground resonance 및 Coriolis's Effect에 민감, 복잡하고 유지비용이 많다.

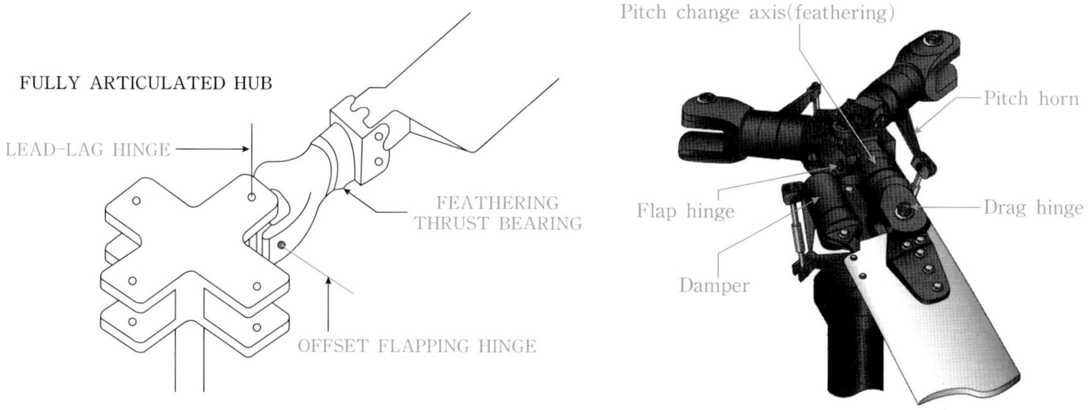


[그림 1-2]

(2) 반관절형(Semi-rigid rotor system) (그림 1-3)

(a) 특징

① Blade flapping 운동으로 인해 각운동량 법칙을 만족시키기 위해서는 운동량은 각속도와 블레이드의 Center of mass(질량 중심)에 따라 달라져야 하므로 Blade 속도 증가 및 감소를 용이하게 하기 위해 리드/래그 힌지가 필요하는데 반관절형은 메인 로터 회전축 중심에 2개의 블레이드가 메달린 상태(Under-slung)로 장착되어 회전축과 블레이드 질량 중심까지의 거리가 일정하여 Coriolis's Effect가 거의 없어서 각운동량이 변하지 않는 Rotor head type이다.

② Up-flapping일수록 위쪽으로 원뿔형이 되어 블레이드의 압력 중심이 Head와 거의 같은 평면에 있어서 굽힘 응력이 발생되는것에 반해 반관절형은 회전평면보다 약간 낮게 장착하여 Lead-lag 힘이 최소화되므로 Blade 자체 유연성으로 흡수하므로 기하학적 불균형이 해소되므로 Lead-lag hinge가 필요 없으며 Feathering과 Flapping 운동을 허용하며 2개 블레이드가 장착되는 헬리콥터에만 적용된다.

③ Teetering/Flapping hinge

See-saw와 같이 한 쪽 블레이드가 Down-flapping이면 다른 쪽 블레이드는 Up-flapping이 되는 Flapping 운동을 허용하는 Flapping hinge 역할을 하며 Flapping 운동 중에 두 블레이드의 질량 중심이 회전 중심축으로 부터 동일한 거리로 변하도록 설계되어 있다.

④ Coning/Rocking hinge

Teetering hinge에 수직이고 블레이드에 평행하고, Cyclic stick 움직임에 의해 Swash-plate를 경사시켜서 한쪽 블레이드 피치각이 감소되면 다른 쪽 블레이드 피치각이 증가되는데 원심력과 양력이 균형을 이룰 때 까지 각 블레이드가 Up-flapping 하여 원추형을 발생시키며 양력이 높거나 RPM이 낮으면 블레이드 Up-flapping이 커서 Coning angle이 크고, 양력이 낮거나 RPM이 크면 블레이드 Up-flapping이 작아서 Coning angle이 작다.

(b) 장점

구조가 간단하고 유지 보수가 용이하며 메인 로터 블레이드를 일직선으로 할 수 있어 격납고의 공간을 거의 차지하지 않으며 제자리 비행성능이 좋다.

(c) 단점

진동이 발생하기 쉬우며, 두 개의 블레이드로 소음 발생이 크고, Mast bumping이 발생하며 낮은 'G' 비행 조건을 허용하지 않는다.

참고 **Mast bumping**

Maximum flapping angle을 초과한 과도한 Down flapping으로 Static stop(기계적인 Flapping 제한장치)이 Mast와 부딪히는 현상으로 Mast에 손상을 주어 심할 경우에는 절단되므로 비행 중에 일어나지 않도록 해야 한다.

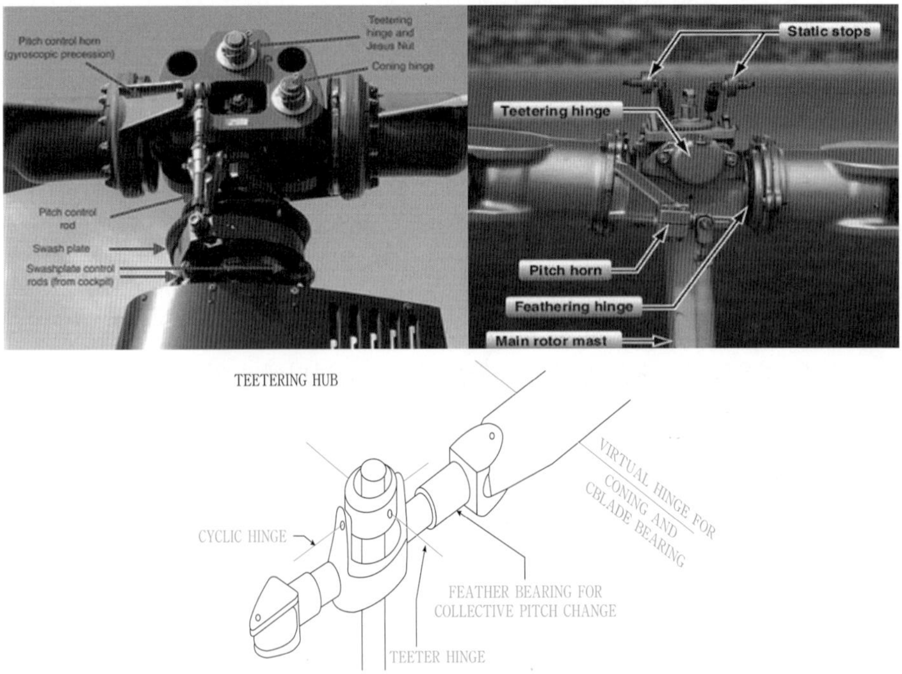


[그림 1-3]

(3) 고정형(Rigid rotor system) (그림 1-4)

메인 로터 헤드는 필요한 강도를 제공하기 위해 티타늄으로 만들어진 하나의 단조 부품이며, 로터 블레이드는 강도와 유연성을 제공하기 위해 섬유 강화 복합소재로 제작되어 블레이드의 Flapping 하중과 Lead-lag 하중을 메인 로터 헤드와 블레이드의 자체 유연성으로 흡수하므로 메인 로터 헤드와 회전축이 서로 고정되어 수평, 수직방향의 Hinge가 없고 Feathering 운동만 허용하는 Feathering hinge만 있다.

(a) 장점

① 메인 로터 헤드의 무게와 항력이 감소

② 큰 Flapping arm의 제어 입력을 감소

③ 복잡한 힌지가 없으므로 훨씬 안정적이고 유지 보수가 쉽다.

(b) 단점

① 큰 하중을 흡수하는 힌지가 없어 진동이 크다.

② 난기류 또는 돌풍에 의한 탑승감이 나쁘다.

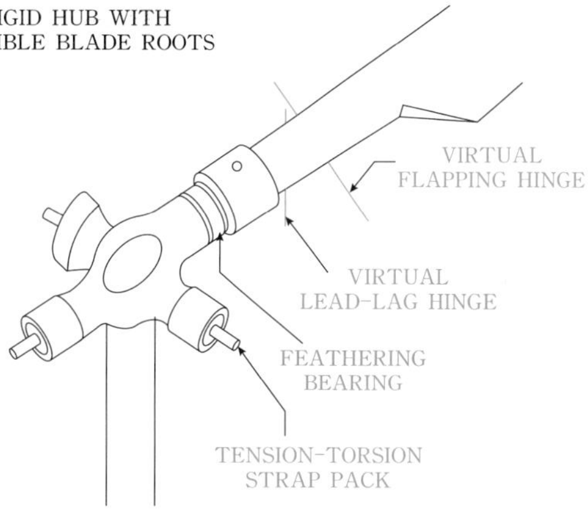


[그림 1-4]

(4) 무 관절형(Hingeless/Bearingless/Combination rotor system) (그림 1-5)

메인 로터 헤드와 블레이드를 유연성(Flexibility)이 높은 재질인 섬유 복합소재로 제작되므로 기계적인 플래핑 힌지, 리드래그 힌지와 페더링 힌지 없어도 메인 로터 헤드와 블레이드 자체 탄성력, 굽힘력으로 블레이드 운동을 허용하며 Rigid type과 다른 점은 Pitch change arm의 작용으로 피치를 변경하므로 Feathering hinge가 없다.(BO-105기종)

참고 Bearingless rotor system은 Hingeless rotor system과 비슷한 구조이며 블레이드 페더링 운동을 위한 기계적인 베어링 대신에 복합소재로 제작된 Elastomer bearing이 사용되며 소형 헬리콥터에만 적합하다.

(a) 장점

① 윤활작용이 필요 없는 Elastomeric bearing으로 대체하여 유지보수가 쉽다.

② Elastomeric bearing과 블레이드가 자체적으로 진동을 흡수하여 피로 현상이 적어 수명이 길다.

(b) 단점

① 전진 비행 시 양력 불균형이 생겨서 비행하기 어렵다.

② 메인 로터 헤드 및 메인 로터 회전축에 무리가 있다.

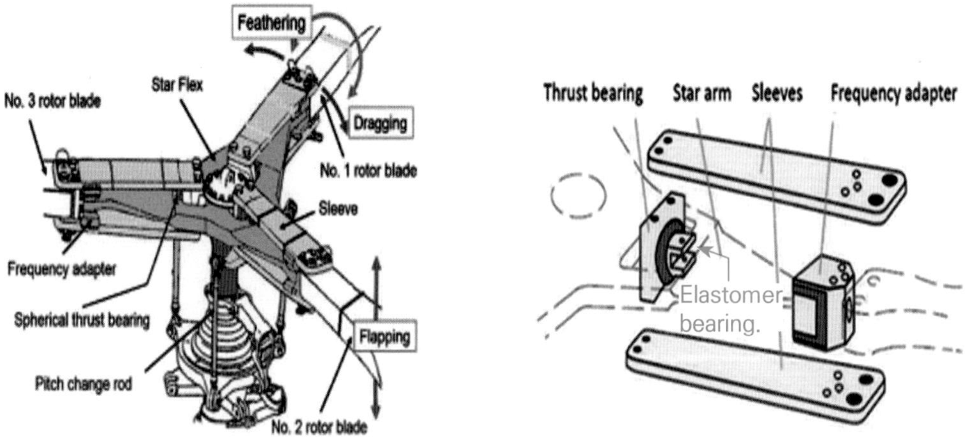


Hingeless(Bearingless) main rotor system

[그림 1-5]

참고 **Main Rotor Head Type 장·단점**

| Rotor system | Rigid type | Semi-rigid type | Fully articulated type |
|---|---|---|---|
| Advantage | • Corilious effect에 민감하지 않다.<br>• Lead lag는 Feathering으로 보정할 수 있다. | • High inertia rotor sys<br>• Auto-rotation performance가 양호.<br>• 간단한 구조로 유지 보수 용이<br>• Under slung 구조로 Corilious effect에 민감하지 않음<br>• Ground resonance 영향이 적다. | • High air speed<br>• Heavy lifting<br>• 낮은 G조건에서는 Mast bumping이 없다.<br>• 기동력(반응)이 좋다. |
| Disadvantage | • 전진 비행 시 양력불균형이 생겨서 비행하기 어렵다.<br>• 메인 로터 헤드 및 회전축에 무리가 있다. | • Fully articulated type에 비해 반응이 느리고 진동이 많다.<br>• 저 G상태에서 Mast bumping 발생<br>• Low air speed | • 공기저항이 크다.<br>• Low inertia rotor sys<br>• 복잡하고 높은 유지 비용<br>• Ground resonance에 민감하다.<br>• Corilious effect에 민감하다. |

## 2. 메인 로터 헤드(Main Rotor Head) 구성품과 기능

(1) Main rotor drive shaft(Main rotor mast)

엔진 회전수를 감속하는 Main gear box(Main rotor transmission)의 Bevel gear에 연결되어 Main rotor head를 구동하여 메인 로터 블레이드를 회전시켜 양력을 발생시켜 동체에 전달한다.



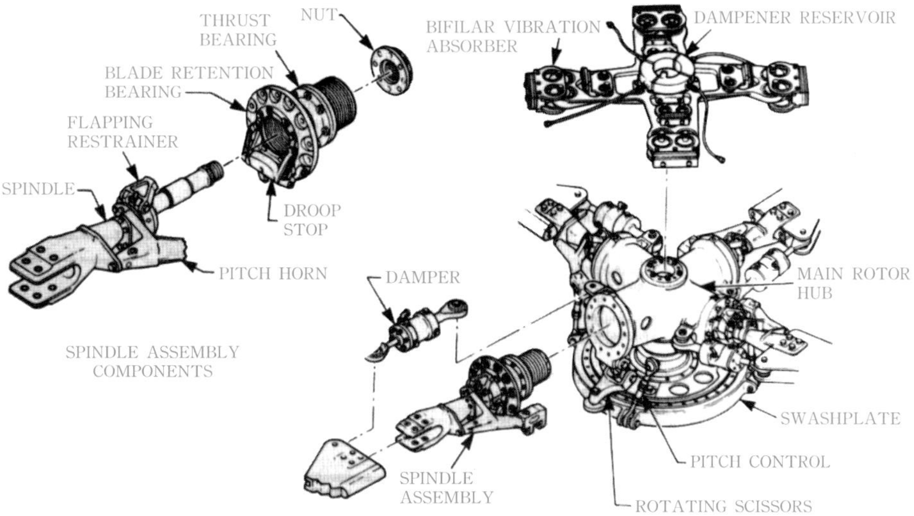


[그림 1-6]

(2) Main rotor blade spindle(Pitch horn/Pitch housing)

메인 로터 블레이드 피치각 변화를 제어하며 자이로 세차성(Gyroscopic precession) 때문에 블레이드 90° 앞 또는 뒤쪽으로 장착하는데 두 경우 모두 블레이드 피치 감소는 Cyclic stick이 기울어진 위치보다 90° 앞서고 (기울어진 방향을 통과 시 발생)블레이드 피치 증가는 Cyclic stick이 기울어진 위치를 통과한 후 90° 뒤(기울러진 반대 방향에서 발생)에서 발생하며 블레이드 최대 하향은 Cyclic stick이 변위와 동일한 방향에서 발생하고 최대 상향은 반대 방향에서 발생한다.

(a) 피치 혼이 블레이드보다 90° 앞에 있을 때

피치 혼이 싸이클릭 스틱이 기울어진 방향을 통과 시에 블레이드 피치각 감소가 일어나고 피치 혼이 싸이클릭 스틱 변위와 반대 방향을 통과할 때 피치각이 증가한다.

(b) 피치 혼이 블레이드보다 90° 뒤에 있을 때

피치 혼이 싸이클릭 스틱이 기울어진 방향의 반대 방향을 통과 시에 블레이드 피치 감소가 일어나고 피치 혼이 기울어진 방향을 통과 시에 블레이드 피치가 증가한다.

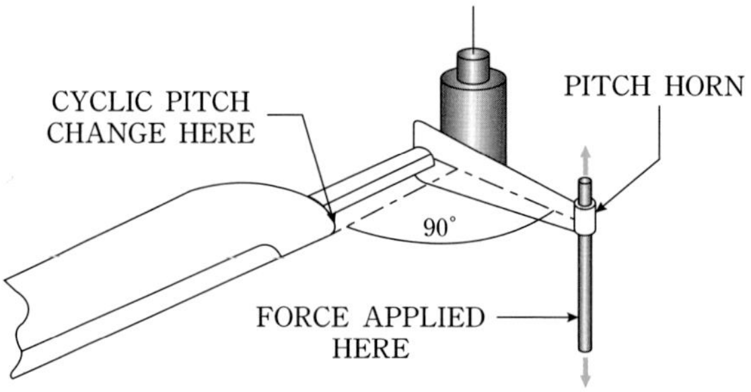


Rotor blade pitch horns are located 90° ahead of or behind(depending on the manufacturer) the rotor blade so that helicopter reaction will be in the direction of cyclic stick displacement.

[그림 1-7]

(3) Main rotor damper

Coriolis's Effect로 발생되는 블레이드 가속 및 감속으로 인한 Lead-lag hinge에서 지나치게 블레이드가 앞, 뒤로 움직임은 착륙 시에 어느 한 쪽 착륙장치가 지면에 먼저 접지되는 충격으로 발생되는 기하학적 불균형으로(Out of phasing) 인한 가로방향 진동(Lateral vibration)이 지면 공진으로 이어지는 현상을 조절하여 흡수하며 회전 및 정지 시 또는 가·감속 시 및 비행 중 돌풍의 관성에 대한 갑작스런 블레이드 수평운동으로 부터 충격을 흡수하는 완충장치로써 Blade chord 방향으로 발생하는 굽힘력과 블레이드 뿌리 부근에 응력 발생을 제거한다.

(a) Friction damper(그림 1-8a)

Rotor disk에 마찰판(Friction disc)들이 끼워진 팩(Pack) 형태가 밀폐된 공간 안쪽에 위치해 있고, Rotor disk는 Lead-lag hinge arm에 연결된 축의 중심에 있으며 마찰판은 Spline에 의해서 Rotor head에 고정된 밀폐 Housing 안에 냉각과 윤활작용을 하는 오일로 채워져 있고 마찰 팩은 미리 설정된 충격 흡수력을 위한 스프링에 의해서 부하가 걸려있으므로 Lead-lag hinge 주위의 블레이드에 작용하는 어떠한 움직임에도 중심의 Spline axis을 회전시켜 Pack 안에서 마찰을 발생시켜 움직임 충격을 흡수하게 된다.

(b) 탄성 댐퍼(Elastomeric/Rubber damper) (그림 1-8b)

탄성체인 고무와 금속으로 구성되어 정비가 간단하고, 부하(압축하중 또는 전단하중)를 받으면 고무의 특성인 탄성으로 부하가 걸리지 않거나 정확한 중립 위치가 없는 Friction damper와 Hydraulic damper와는 다르게 원래의 위치로 되돌아오므로 무부하(Unloading) 상태에서의 Damper 중립위치와 블레이드가 같은 선상에 장착되어야 하며 그렇지 않을 경우에는 댐퍼 기능 불량을 초래하여 메인 로터의 기하학적 불균형을 초래하여 Lateral vibration과 지상공진 현상을 일으킨다.

(c) Hydraulic damper(그림 1-8c)

메인 로터 댐퍼는 각 메인 로터 스핀들 모듈과 허브 사이에 장착되어 각 댐퍼의 측면에 장착된 탱크로부터 가압된 유압이 공급되어 회전 중 메인 로터 블레이드의 헌팅(리드 및 래그 운동)을 억제하고 시동 시 로터 헤드 부하를 흡수한다.

(a) 구조

유압 댐퍼는 실린더와 피스톤 및 Reservoir와 indicator로 구성되고, 내부엔 질소로 충전되어 있으며 Damper piston shaft가 Main rotor lead-lag 운동에 따라 확장 수축 작용을 하고, 일정한 압력을 유지해야 하므로 Reservoir에는 질소 충전 상태를 육안으로 점검할 수 있도록 Indicator가 있으며, 부족 시에 사전에 충전할 수 있도록 되어 있고, 완전히 수리되면 Indicator 표시등이 완전한 금색으로 표시된다.

Differential check valve는 댐퍼 실린더 벽의 통로를 통과하는 오일의 속도와 흐름을 제어하며 댐퍼 피스톤에 있는 두 개의 Relief valves는 반대 방향으로 작동하고, 로터 속도의 급격한 변화 중에 오일이 빠르게 이동할 수 있도록 한다.

① 유압 댐퍼 단점

ⓐ 수직 Hinge에 비해 낮은 블레이드 회전 속도에 대한 낮은 Damping moment

ⓑ 빠른 회전 시에 댐핑 모멘트가 현저하게 증가 함

ⓒ 액체 점도의 변화 때문에 온도에 대한 Damping moment의 의존성이 높음

ⓓ 공기가 Cylinder chamber로 들어가면 Damping moment의 현저한 변화

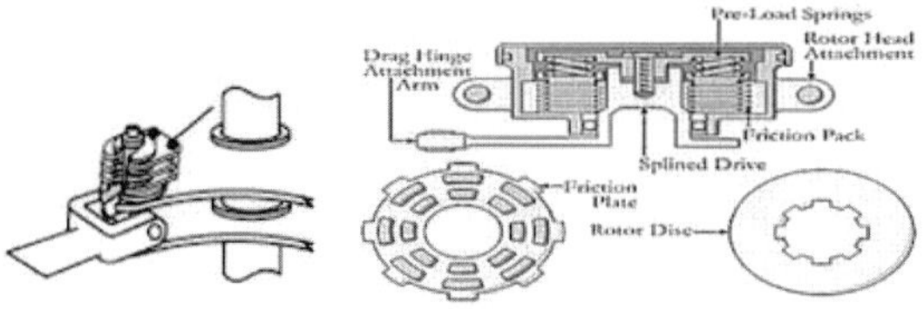


[그림 1-8 a Friciton type drag damper]

[그림 1-8 b Main rotor rubber(elastomeric) damper]

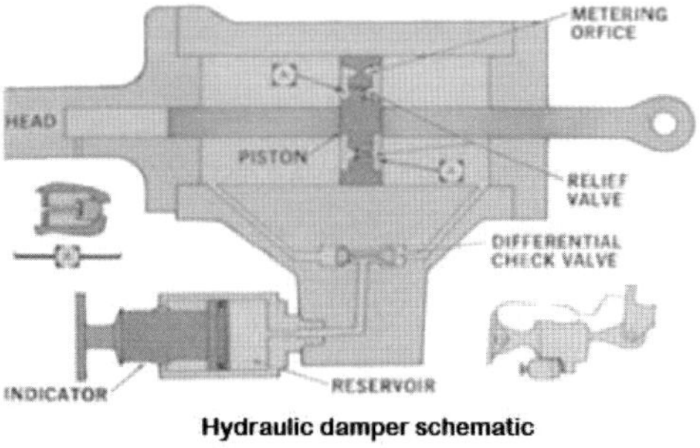


[그림 1-8 c]

(4) Flap(droop) restrainer(그림 1-9)

메인 로터 블레이드가 정지 시에는 스프링 힘에 의해 잠김 위치에 있다가 블레이드 회전에 의한 원심력이 잠김 위치를 해제하며 완전 관절식(Fully articulated systems)의 메인 로터 계통에서는 엔지 시동 또는 정지 시에는 낮은 회전수로 회전하기 때문에 원심력이 작아지고 블레이드 무게로 인해 블레이드가 처진 상태로 너무 낮게 회전하면서 동체에 충돌하는 것을 방지하는 처짐 방지 장치이다.

(a) Up stop

시동 시 돌풍에 의한 블레이드가 과도한 Flapping으로 상승하여 회전하는 것을 제한한다.

(b) Down stop

정지 시, 저속 회전 시에 블레이드의 중력과 유연성으로 인한 아래로 처지는 것을 제한하여 테일 붐 스트라이크(Tail boom strike)을 방지한다.

(5) Anti-flapping assemblies

메인 로터가 35[%] 이상 회전할 때 원심력이 Anti-flapping assemblies을 바깥쪽으로 당겨서 잠긴 위치에서 블레이드 Flapping과 Coning을 허용하며 메인 로터 헤드가 70~75[%] Nr 회전할 때 원심력이 드롭 스톱을 밖으로 밀어 블레이드가 수직 방향으로 움직일 수 있도록 한다.

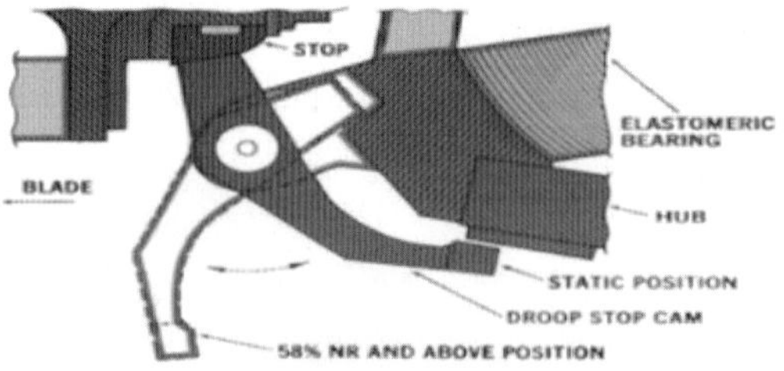

Droop Stop Operation

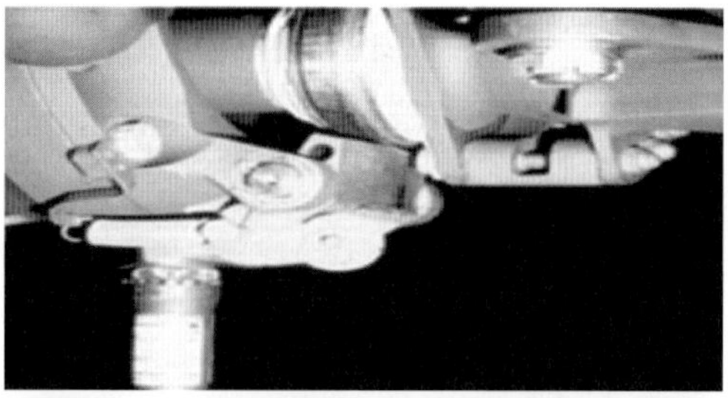
Droop Stops

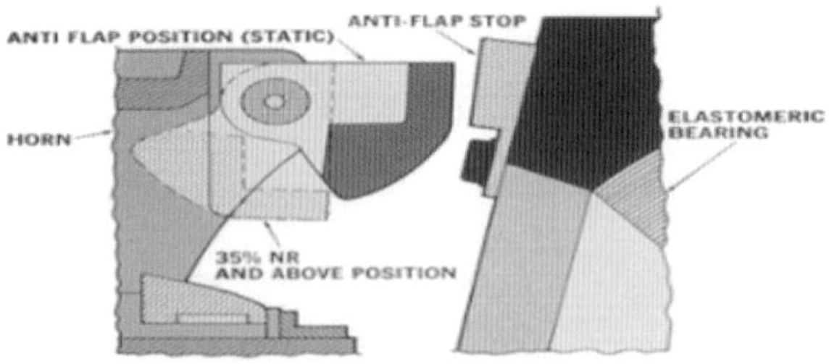

Anti-Flap Operation

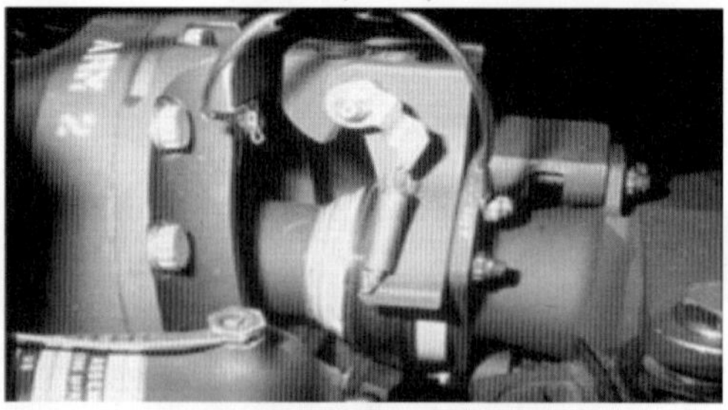
Anti-Flap Restrainer

[그림 1-9]

(6) Bifilar vibration absorber(그림 1-10)

Main rotor head 상단에 장착되며 재질이 Tungsten으로 된 Weight가 장착된 4개의 Arm plate의 끝 두 지점에서 회전하여 로터의 진동 및 응력을 줄여 구성품의 수명 연장과 탑승감을 향상시키고, Bifilar vibration support는 십자 모양의 알루미늄 단조로 제작되어진다.

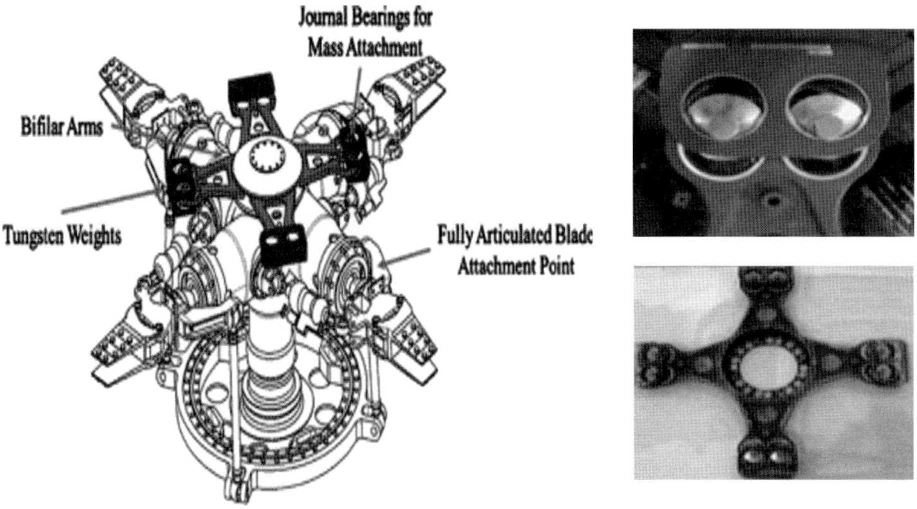


[그림 1-10]

(7) Main Rotor Gust Lock(그림 1-11)

(a) 돌풍 잠금장치는 헬리콥터가 주기되어 있을 때 메인 로터 블레이드 회전을 방지하며 Idle 상태에서 한 엔진 작동시에도 발생하는 토크를 견딜 수 있도록 설계되어 엔진 유지 관리가 가능하며 Power train 회전과는 독립적으로 점검한다.

(b) Cockpit 후면의 잠금 핸들, GUST LOCK 주의 사항 및 Main transmission의 Tail rotor takeoff flange에 있는 잠금 장치 및 Teeth로 구성된다.

(c) 로터 시스템이 정지해 있을 때만 적용되어야 하고, 두 엔진이 모두 정지된 경우에만 해제할 수 있다.

(d) 주의등 작동을 위한 전원은 No. 1 dc primary bus에서 "LIGHTS ADVSY"로 표시된 회로 차단기를 통해 공급된다.

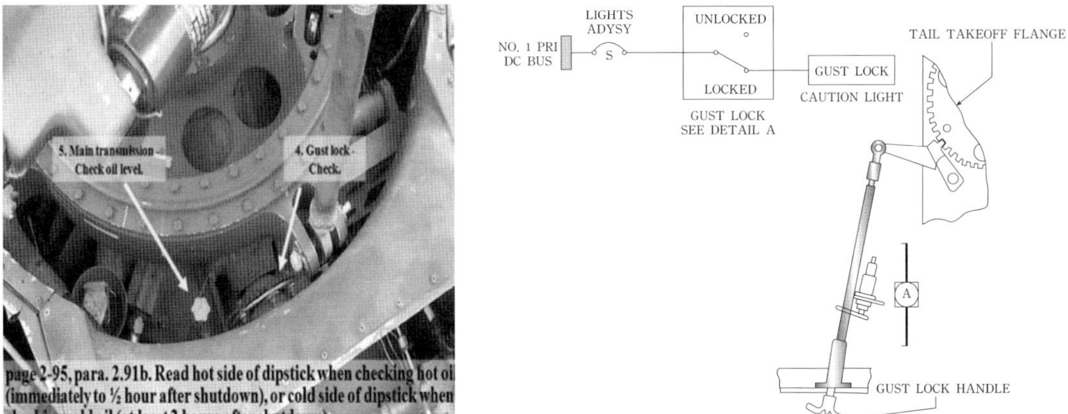


[그림 1-11]

## 02 Main rotor blade

공기 역학적 안정성은 무게중심(C.G/Center of Gravity), 풍압중심(CP/Center of Pressure) 및 Blade feathering 축이 동일한 지점에서 작용할 때 이루어지며 회전 시에 Blade span 방향으로는 원심력과 굽힘력, 비틀림력, 전단력, 인장력이 발생되는데 이런 응력에 대응하기 위해서는 Bain rotor blade 구조는 강도가 크면서 가볍고 내구성과 유연성이 좋아야 하고, 세로방향(Chordwise)과 가로방향(Spanwise) 균형은 제작 시에 이루어지며 초기 헬리콥터에는 가로 축 운동인 피칭 모멘트를 줄이기 위해서 대칭형 익형을 사용하였으나 현재는 복합 소재 개발로 인해 비대칭형 익형도 사용한다.

### 1. Main rotor blade 조건

(1) 회전면 직경이 클수록 제자리 비행 성능이 좋다.

(2) 블레이드 면적은 클수록 고속에서의 기동성은 좋지만 제자리 비행 성능과 무게와 비용을 위해서는 작아야 한다.

(3) 블레이드 수가 많으면 진동이 적고 전진비행 시에는 피칭 모멘트(Pitching moment)에 저항하기 위한 비틀림 강성이 적고, 블레이드 수가 적으면 와류 영향이 적으나 시위가 커져 큰 레이놀즈 수를 가져 최대양력계수를 크게 하므로 보통 4개로 한다.

(4) 깃 끝 속도는 전진비행 시에는 전진익의 공기역학적 한계인 음속 돌파와 저 소음을 위해서 느려야 하고, 후퇴익의 성능은 높아야 하며 회전날개와 구동계통의 무게가 가벼우면 깃 끝 속도는 빨라야 한다.

(5) 비틀림 각이 크면 제자리 비행 성능 향상과 후퇴익 실속을 지연시키지만 블레이드 양력중심이 좌·우로 이동하여 블레이드가 휘게 되고, 메인 로터 헤드(Main rotor head)에 진동을 유발하며, 작으면 전진비행 시에 작은 진동 발생과 블레이드 하중(Blade loading을 잘 견딘다.

(6) 블레이드 모양은 압축성 효과를 지연시키고, 소음 감소와 적당한 동적 비틀림을 갖기 위해서는 직사각형이 되어서는 안 되므로 Taper를 주거나(클수록 제자리 비행 성능이 좋다) 위 젖힘을 준다.

(7) 날개 뿌리부분 길이는 전진익의 항력 감소를 위해 짧을수록 좋으며 후퇴익의 항력 감소를 위해서는 짧을수록 좋다.

## 03 Main rotor blade 형상

### 1. 메인 로터 블레이드 비틀림(Main rotor blade twist)

메인 로터 블레이드는 공기 역학적 힘으로 인해 압력 중심과 시위선(Chord line)의 질량 중심 사이에 비틀림 모멘트(Moment)가 발생하므로 높은 비틀림 강성을 가져야 하며, 또한 블레이드 회전속도는 Root 쪽에서 Tip 쪽으로 갈수록 크므로 양력 불균형 상태가 일어나 이를 해소하기 위해서 블레이드 전체에 걸쳐 내부 응력 완화 및 양력을 일정하게 분산시키고, Root 부분은 속도가 느리므로 양력을 증가시키기 위해 두껍게 하여 Pitch angle(받음각)을 크게 하고 Tip 부분은 속도가 빠르므로 양력을 감소시키기 위해 얇게 하고, 받음각을 작게 하여 비틀림(Twist)을 준다.

(1) Twist blade 특징

비틀림 없는 블레이드(Untwisted blade)보다 Root 부근에서 더 많은 양력을 발생시키고 Tip 쪽에서는 양력이 작아져 감소된 받음각으로 인해 고속 비행에서는 후퇴익 실속을 지연시키는 장점이 있으나 20~30°의 높은 비틀림 각은 제자리 비행에는 최적이지만 고속에서는 심한 진동을 발생하고, 낮은 비틀림 각은 고속에서 진동을 감소시킨다. 제자리 비행에서는 비효율적이므로 일반적으로 비틀림 각을 6~12°를 사용 한다.

> **참고** Rotor blade solidity(고형비)
>
> Rotor disc 면적에 대한 Main rotor blade의 총 면적의 비율로 고형비가 커질수록 주어진 회전수에서 Main rotor blade에 의해 흡수되는 엔진동력이 증가하고, 더 많은 추력을 발생할 수 있다.
>
> $A$(Disk 면적)$=S$(Blade 면적)$=b$(Blade 수)$\times c$(Blade chord)$\times R$(Blade radius)
>
> 이므로 $A_b$=총 Blade 면적이면
>
> Rotor blade solidity$=\frac{A_b}{A}=\frac{bcR}{\pi R^2}=\frac{bc}{\pi R}$ 이다.

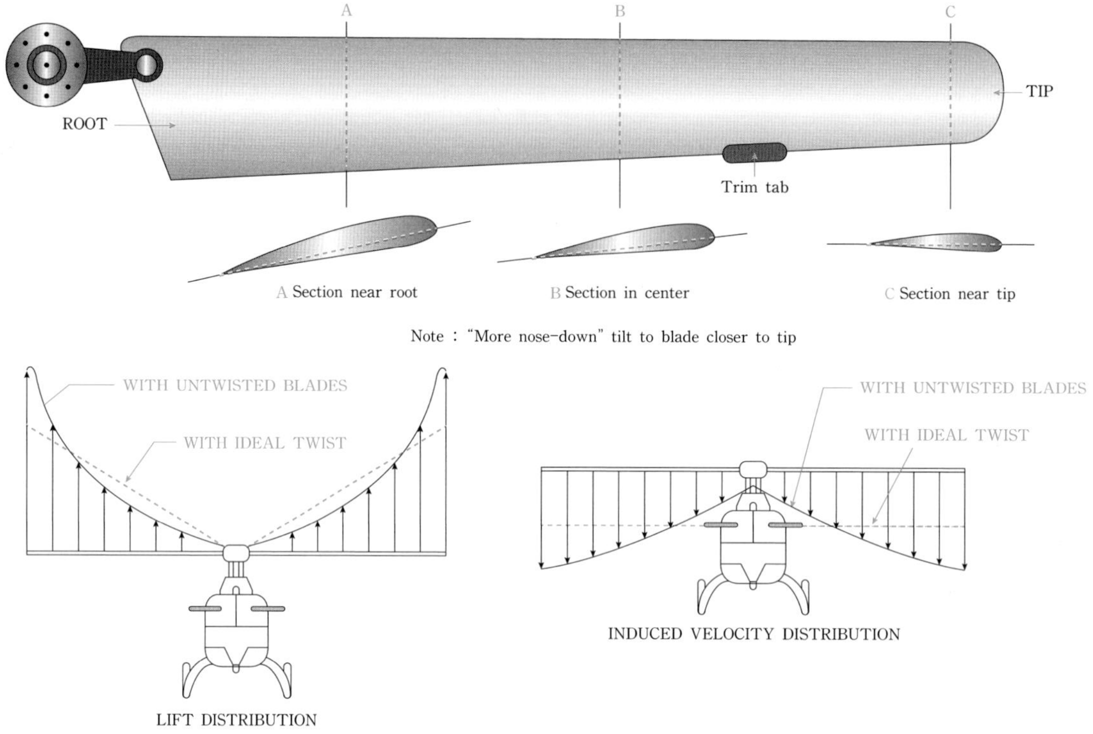


[그림 1-12]

## 2. Blade root cut out

Taper blade root 쪽에서는 큰 받음각과 블레이드 면적이 큰 것에 비해서 Root 쪽의 내리흐름(Down wash)이 양력(추력)에 기여하지 못하므로 Blade root 부분을 잘라내어 고속으로 비행 할 때는 후퇴익의 역류 현상을 줄여 추력을 증가시키는 장점이 있다.

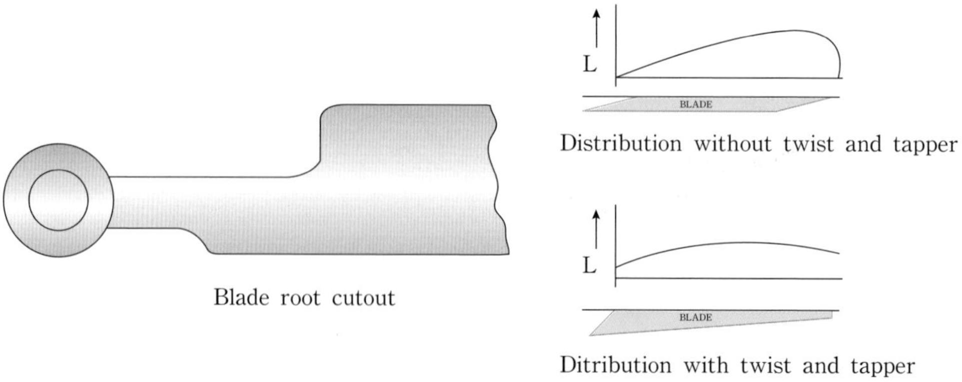


[그림 1-13]

## 3. Blade tip speed와 소음(Noise) 감소

블레이드 길이가 길거나 높은 회전수로 회전하게 되면 블레이드 끝 속도가 음속에 도달하여 충격파 발생으로 인해 항력 증가 및 많은 소음이 발생하므로 낮은 회전수와 양항비(L/D)가 큰 블레이드를 사용하면 효율성 증가 및 비행성능이 향상되어 소음이 감소된다.



## 4. 복합소재 블레이드(Composite material blade)

유리 섬유 및 탄소 섬유와 같은 복합 재료 블레이드는 내부식성이 크고 피로 수명이 금속 재질 블레이드보다 훨씬 길고 강성이 높지만 금속 블레이드에 비해 복합 소재의 전기 저항이 훨씬 크기 때문에 번개를 맞을 경우 전류 경로를 따라 많은 열을 발생하여 블레이드에 큰 손상을 줄 수 있다.

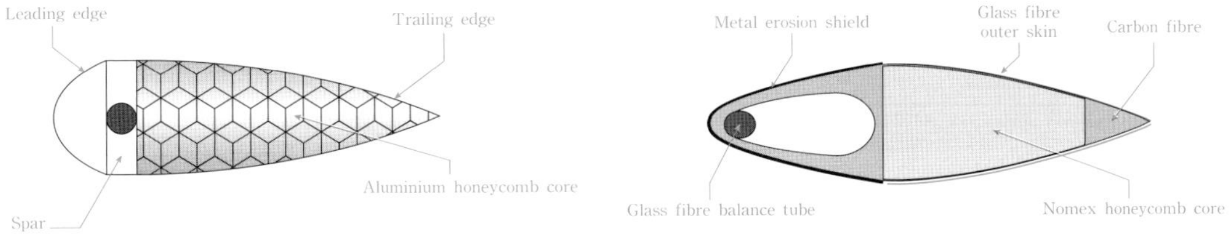


All metal design　　Composite design

[그림 1-14]

## 5. 보호강판(Abrasion strip)

비행 환경이 모래지역에서 메인 로터 블레이드가 회전 할 때 모래가 블레이드에 부딪쳐서 블레이드 앞전(Blade leading edge) 부분에 발생되는 마모 및 침식을 방지하기 위해 Nickel 또는 Titanium으로 덮어 씌워 앞전을 보호한다.

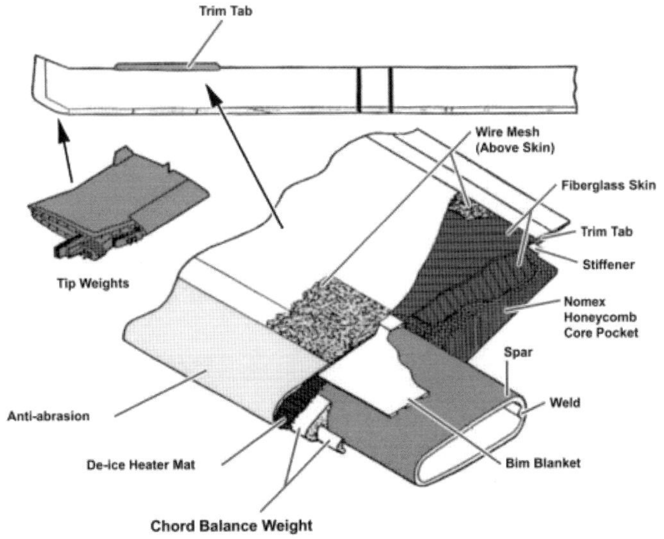


[그림 1-15 Rotary wing blade]

## 6. BIM(Blade Inspection Method)

(1) 블레이드 검사 방법으로 Pressure indicator는 내장된 기준 압력을 블레이드 스파 압력과 비교하여 스파의 압력이 필요한 서비스 한계 이내일 경우 표시기에 3개의 흰색 줄무늬가 표시되고 스파의 압력이 최소 허용 서비스 압력 아래로 떨어지고, 표시등에 검은색 줄무늬가 3개 표시된다.

(2) 검은색 줄무늬 수는 블레이드의 압력에 따라 달라지고, 압력 표시기가 검은색으로 표시되는 블레이드는 사용할 수 없으며 수리 후에 다시 사용할 수 있다. 오작동 표시기일 경우에는 스파 압력이 허용 한계 이내인 경우에만 교체할 수 있다.

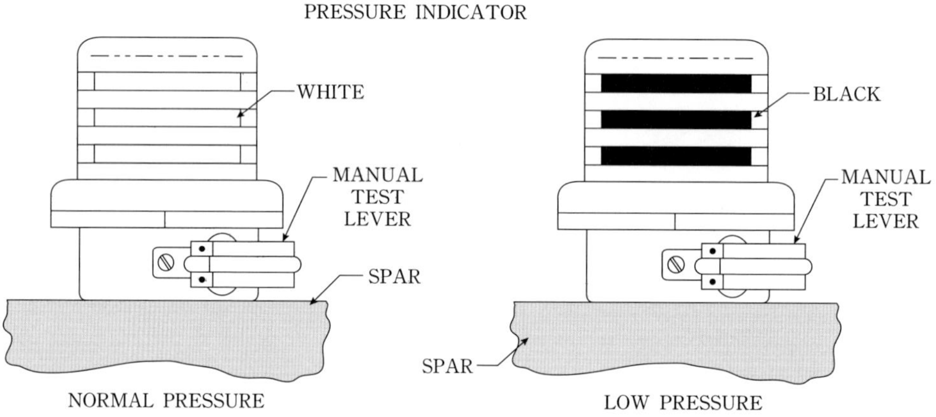


[그림 1-16]

# 04 메인 로터 블레이드 양력에 영향을 미치는 요소

## 1. 블레이드 면적(Blade area)

블레이드 회전면(Blade disk)의 반경은 블레이드 길이와 같고, 양력은 블레이드 회전속도 제곱과 면적에 비례하여 증가하며 회전면이 클수록 발생되는 양력과 항력이 커지면 커질수록 보다 큰 동력을 필요로 한다.

## 2. 블레이드 피치(Pitch of rotor blades) & 메끄러움(Smoothness of blades)

블레이드가 평 피치(Flat pitch)일 때는 양력 발생이 없지만 피치 증가 시 에는 받음각이 실속각(Stall angle)에 도달할 때까지 양력이 증가하며 블레이드 표면이 메끄러워 질수록 유해항력(Parastic drag)이 감소하여 양력이 증가한다.

### 3. 밀도 고도(Density altitude)

공기의 밀도는 양력 및 항력에 영향을 주는 중요한 요소로서 높을수록 양력이 증가하고, 밀도는 두 변수인 고도, 대기 변화에 따라 다르므로 온도, 압력 또는 습도의 변화로 인해 동일한 고도에서도 공기의 밀도가 다를 수 있다.



## 05 Main rotor blade anti-icing & De-icing

방빙, 제빙 계통은 헬리콥터가 얼음 생성 조건에서 비행 할 때에 메인 로터 블레이드에 얼음 형성을 방지하거나 얼음을 제거하는 장치로써 얼음이 형성이 되면 블레이드 표면의 모양이 변경되어 항력 증가로 인한 양력 감소와 무게 차이로 인한 진동을 발생시키므로 메인 로터 블레이드 효율성 감소와 불균형을 최소화하기 위해 동시에 동일하게 작동하여야 한다.

### 1. 전기-기계식(Electro-mechanical type)

표면에 형성된 얼음을 제거하기 위해 기계적인 힘을 사용하며 블레이드의 표면(Skin) 아래에 작동기(Actuator)를 장착하여 표면에 충격을 주어 얼음을 제거한다.

### 2. 전기식(Electric type)

Blade abration strip(앞전 보강판) 안쪽으로 열선(Heating element)을 블레이드 스팬(Span-wise) 방향으로 장착하여 가장 얼음 형성이 심한 블레이드 뿌리(Root) 부분은 고온으로 하고 끝(Tip) 쪽으로 갈수록 저온으로 가열하고, 전원은 메인 로터 헤드에 장착된 분배기(Distributor)에서 공급한다.

### 3. 공기 압력식(Air pressure type)

전기 가열식은 전기를 제공하는 발전기가 필요로 하는 단점을 해소하기 위해 중량 감소를 목적으로 블레이드 앞전(Leading edge) 부분에 장착된 Blade abration strip(Errosion shoe)를 팽창시키는 방법으로 팽창 시 에어포일 변형으로 진동을 유발하므로 Span 방향으로 연결된 한 개의 Tube가 Chord 방향으로 가늘게 배치되어 수축, 팽창을 반복한다.

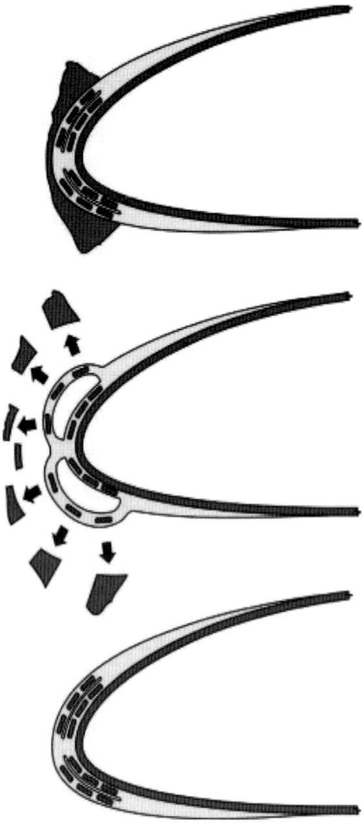

Ice shattering using the
Electro-Expulsive Separation System

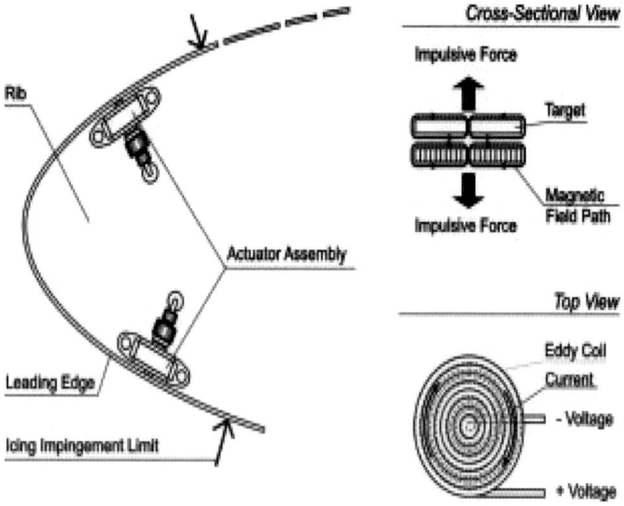


Impulsive coil in a leading edge(Eddy current)

[그림 1-17]

## 06 메인 로터 계통 조절(Main rotor system rigging)

모든 헬리콥터의 비행 제어 장치는 거의 동일하므로 기종에 관계없이 메인 로터 제어 계통 조절(Main rotor flight controls rigging)은 비행 시 조종사가 조종간을 움직였을 때 비행제어 계통이 정확히 원하는 만큼 작동되도록 메인 로터 제어 계통과 관련 제어 계통 부품 사이의 관계(AFCS servo, Primary servos, Cyclic stick, Collective stick)를 Rigging pins 및 기타 리깅 보조 장비(Special tool/Jig)를 사용하여 Rigging 절차에 따라 간격 및 공차를 정밀하고 정확하게 조절해야 하며 조절이 끝나면 기능 점검을 위해 시험 비행을 수행해야 한다.

## 1. 조절 시 주의사항 및 준비

(1) Flight control rod는 모두 장착 전에 Manual에 정해진 치수를 갖어야 하고, Control rod는 0.020[inch] 안전선이 Inspection hole을 통과해서는 안 되며 Bell cranks와 Mixing units에는 중립 위치를 확인해주는 Rigging pins을 삽입하기 위한 구멍이 있다.

(2) Rigging pins은 구부러진 핀을 사용해서는 안 되며 Pin의 길이와 위치는 Manual에 따라 사용해야 하고, 절대로 Rigging hole에 힘을 가하거나 조절계통을 움직여 맞추어서는 안 된다.

(3) Rigging blocks은 해당 부품 번호와 높이 및 위치가 식별되어야 하며 사용 전에 필히 확인하여야 한다.

## 2. Rigging 절차

(1) Rigging pins과 Rigging blocks 장착(그림 1-18)

Manual에 따라 지정된 위치에 Rigging pins과 Rigging blocks을 설치하고, Rigging pins이 안 들어갈 경우에는 Bell-crank에서 Control rod를 분리하여 Bell-crank를 고정시킨 후 Control rod를 재조절하여야 하며 조절 후 Control rod는 0.020[inch]이다. 또한 안전선이 Inspection hole을 통과해서는 안 된다.

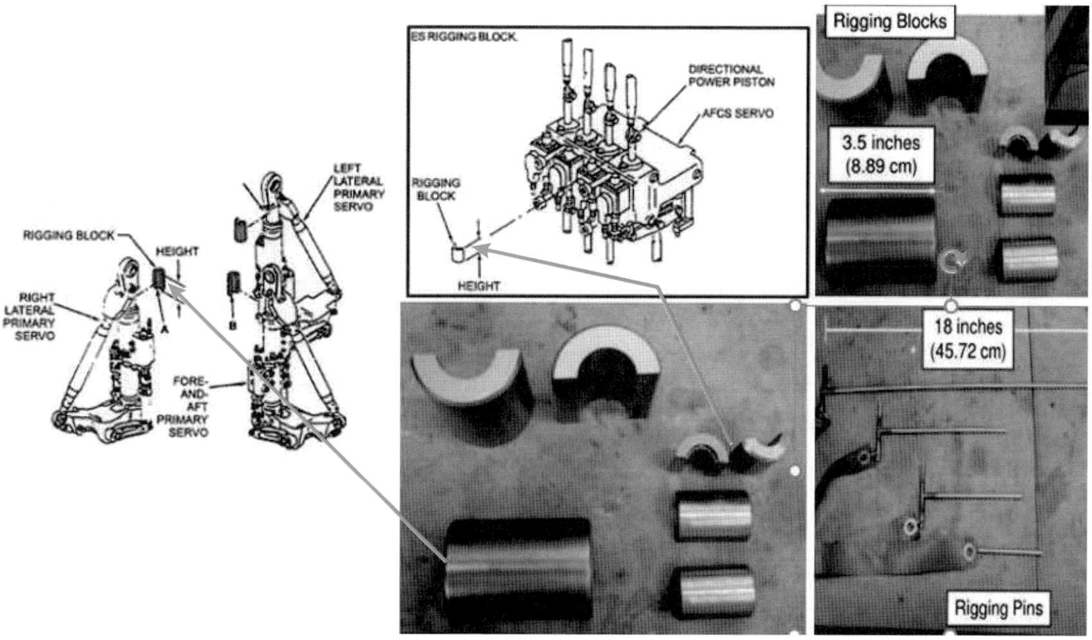


[그림 1-18]

(2) Main rotor blade angles check(그림 1-19)

비행조종 계통 Rigging 완료 후 Blade angle 및 작동범위를 확인하여야 하고, 작동범위는 Cyclic stick(Fore-Aft, Lateral) 및 Collective stick을 최대한으로 움직였을 때 이동거리 또는 Sleeve & Spindle(Pitch housing)이 회전하는 총 각도이며 Primary servos의 특정한 위치에 대한 Main rotor head로 측정된다.

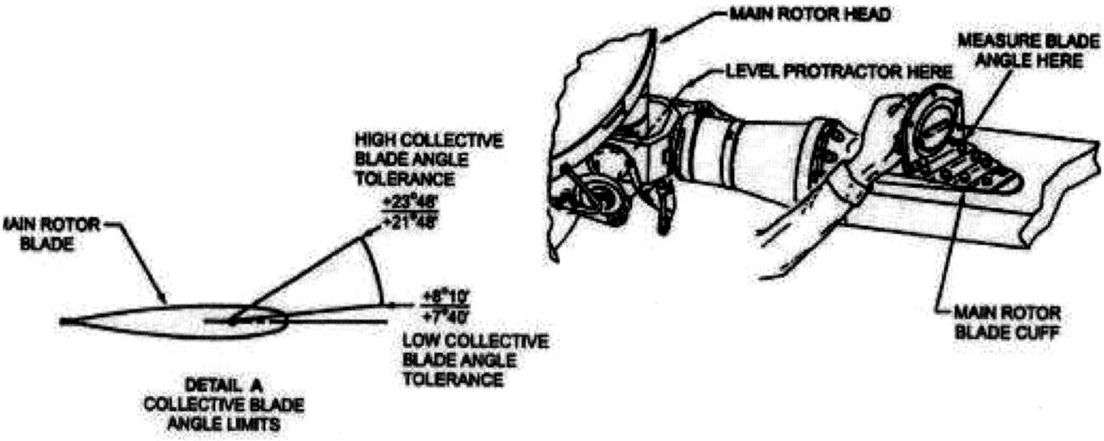


[그림 1-19]

(3) 이차 정지 장치(Secondary stops) 조절(그림 1-20)

제어 범위(Control range)와 Blade angle을 점검하거나 Cyclic 또는 Collective housing이 교환 시마다 Secondary stops를 점검하고 필요할 경우에는 조정해야 한다.

(a) Cyclic housing

왼쪽 및 오른쪽 Cyclic mixing units에는 4개의 조정 가능한 정지 점(Stop)이 있으며 정지 점은 AFCS(Auto Flight Control System)의 Primary stop이 접촉된 후 0.010[inch] (.025[cm])의 Cyclic stick 움직임을 물리적으로 정지하도록 설정된다.

(b) Collective housing

왼쪽과 오른쪽 Collective stick에는 각각 2개의 정지 점이 있으며 high stop은 AFCS (Auto Flight Control System)의 Primary stop을 지나 0.010[inch]로 설정되고 Low stop은 AFCS(Auto Flight Control System)의 Primary stop을 지나 0.125[inch]로 설정된다.

(4) Bottoming check

내부 Piston이 완전히 위로(Full up) 또는 완전히 아래로(Full down) 내려가지 않도록 하기 위해 Primary servos에서 수행되며 Main rotor control rigging을 수행해야 한다.

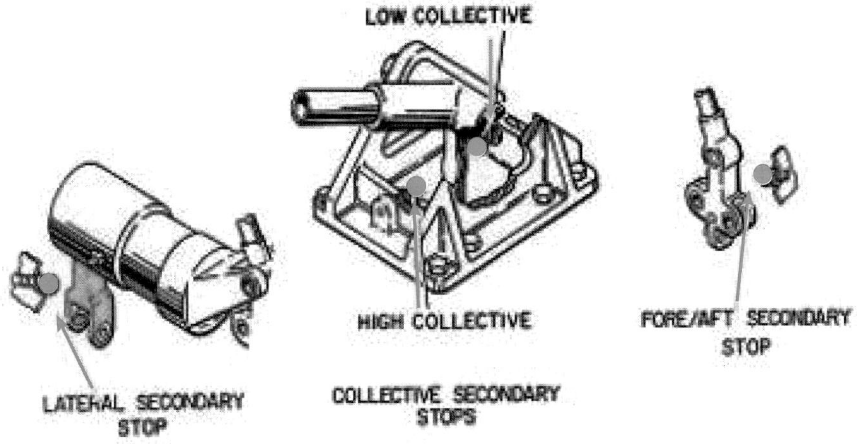
LOW COLLECTIVE
HIGH COLLECTIVE
FORE/AFT SECONDARY STOP
LATERAL SECONDARY STOP
COLLECTIVE SECONDARY STOPS

[그림 1-20]

## 01 테일 로터 기능

테일 로터계통은 메인 로터 계통과 같이 전진익(Advancing blade)은 헬리콥터 진행방향으로 회전하는 블레이드이며 후퇴익(Retreating blade)은 진행방향과 반대방향으로 회전하는 블레이드를 말하며 공기역학적으로도 많은 부분이 같으나 메인 로터 계통과 달리 Pitch angle을 동시에 변경시키는 Collective feathering 기능은 있지만 주기적으로 Pitch angle을 변경시킬 필요가 없으므로 Cyclic feathering 기능이 없어서 구조가 간단하다.

### 1. 방향 제어(Heading control)

테일 로터는 Main rotor torque를 상쇄시키는 것과 전진비행 시에 기수방향 유지 및 제자리 비행에서 동체를 360° 방향 전환 기능이 있고, 전이양력(Translational lift)이 발생하는 속도에서 비행 시에는 토큐 증가에 따른 방향 유지를 위해서는 오른 쪽 테일 로터 페달을 작동시켜야 한다.

(1) 양의 피치각(Positive pitch angle/Left position)

왼쪽 페달을 작동하면 Tail rotor blade pitch angle이 증가하여 테일 로터추력을 왼쪽으로 발생시켜 후미를 Anti-torque 방향인 오른쪽으로 이동시켜서 기수가 왼쪽으로 이동하며 자동 회전(Auto-rotation) 시에는 메인 로터 회전이 테일 로터를 회전시켜 방향 제어를 하며 메인 로터 토큐가 발생되지 않으나 Main gear box에 의해 회전하는 Main rotor thrust bearing의 마찰력이 동체를 메인 로터 회전 방향(왼쪽)으로 회전 시키므로 자세 유지를 위해서는 우측 테일 로터 페달을 작동시켜 왼쪽으로 추력을 발생하는 기능(Negative pitch angle)이 필요하므로 최대 양의 피치각(Maximum positive pitch angle)은 최대 음의 피치각(Maximum negative pitch angle)보다 크다.

(2) 영의 피치각(Zero pitch angle/Neutral position)

테일 로터 페달이 중립 위치에서는 방향 유지를 위해 중간 크기의 피치각(Nedium positive pitch angle)을 갖고 있으므로 테일 로터 추력은 제자리 비행 및 순항 비행(Cruise flight) 중에는 메인 로터 토큐와 같기 때문에 수평 비행에서 기수를 유지할 수 있다.

(3) 음의 피치각(Negative pitch angle)/Right position)

오른쪽 페달을 작동하면 테일 로터 블레이드 피치각이 감소하여 테일 로터 추력을 오른쪽으로 발생시켜 미부를 왼쪽으로 이동시켜서(Main rotor torque 방향) 기수가 오른쪽으로 이동한다.

### 2. Tail rotor blade coning

테일 로터 블레이드는 메인 로터 블레이드보다 블레이드 길이가 짧기 때문에 Coning hinge가 없는 대신에 블레이드가 원추형으로 되는 것을 방지하기 위해 대부분 테일 로터 블레이드에는 Pre-coning으로 제작고, 2개 이상의 테일 로터 블레이드가 장착된 헬리콥터는 Coning hinge 역할을 하는 Flapping hinge를 가지고 있다.

### 3. Tail rotor blade 양력 불균형(Dissymmetry of lift) 현상

테일 로터 블레이드는 메인 로터 블레이드처럼 전진 비행 중 전진익 및 후퇴익에서 발생되는 양력 불균형 현상을 Flapping hinge에 의해 Flapping 운동으로 해소되며 Fenestron(Fan-in-tail) tail rotor 계통은 Duct 내부 공기 흐름이 회전면에 수직이고 공기 상대 속도는 모든 블레이드에 동일하므로 Cyclic feathering hinge가 필요 없다.

### 4. 테일 로터 전이 양력(Tail rotor translational lift)

메인 로터가 층류 흐름 상태에서 비행할 때 더 많은 양력을 발생하는 것처럼 테일 로터도 층류를 지날 때 테일 로터 추력(Anti-torque) 증가 효과가 나타나 요(Yaw) 현상을 일으키는 것을 말하며 이를 해소하기 위해서는 조종사가 테일 로터 피치를 조절해야 한다. 최근에는 Gyroscope 원리를 이용하여 원하지 않은 요 현상을 감지하여 테일 로터 피치를 자동으로 변경해주는 요-댐퍼(Yaw-damper)를 사용한다.

## 02 Tail rotor hinge type

### 1. Plain flapping hinge

Tail rotor head 안쪽으로 반대편 블레이드와 서로 연결되어 있는 Tension-torsion strap assembly에 Bolt로 고정되며 블레이드 축과 일직선으로 장착되어(Feathering 축과 수직) Flapping이 발생했을 때 생기는 양력 불균형을 해소하기에 어려운 단점이 있다.

### 2. Off set flapping hinge

테일 로터 블레이드가 동체를 움직이기 위해(방향전환) 힘을 가하는 플래핑 힌지와 로터 헤드 중심까지의 일정 거리에 장착되며 Tail rotor head에 양력에 영향을 주지 않는 원심력을 이용하여 Tail rotor blade를 제어하며 2개의 블레이드가 장착되는 Teetering rotor head type에는 Off-set hinge를 사용하지 않고 Articulated rotor head type에는 사용된다.

## 3. Delta-3 flapping hinge

Flex-beamed type 또는 Grooved yoke type의 테일 로터 헤드에 적용되고, Blade chord line과 평행하지 않고 약간의 Off-set이 되어 있으며 Pre-cone(Split cone)으로 장착되어 있어서 전진비행 시 전진익의 Up-flapping 운동은 Blade pitch spindle(Horn)과 Pitch link rod 사이의 거리가 멀어져서 Pitch link rod가 Blade pitch spindle을 더 가까이 당겨져서 Blade pitch angle이 감소하여 양력(추력)을 감소시키고 후퇴익의 Down-flapping은 거리가 짧아져서 Pitch link rod가 Blade pitch spindle을 더 멀리 밀어내어 Blade pitch angle이 증가하여 양력(추력)을 증가시켜 양력 불균형을 해소한다.

(1) 장점

Flapping 운동을 최소화하여 테일 로터의 양력 불균형을 해소하므로 회전 시에 Tail boom을 치지 않고 Tail boom에 더 가까이 Tail rotor blade를 장착할 수 있고 진동을 줄일 수 있으며 힌지에 가해지는 응력이 감소한다.

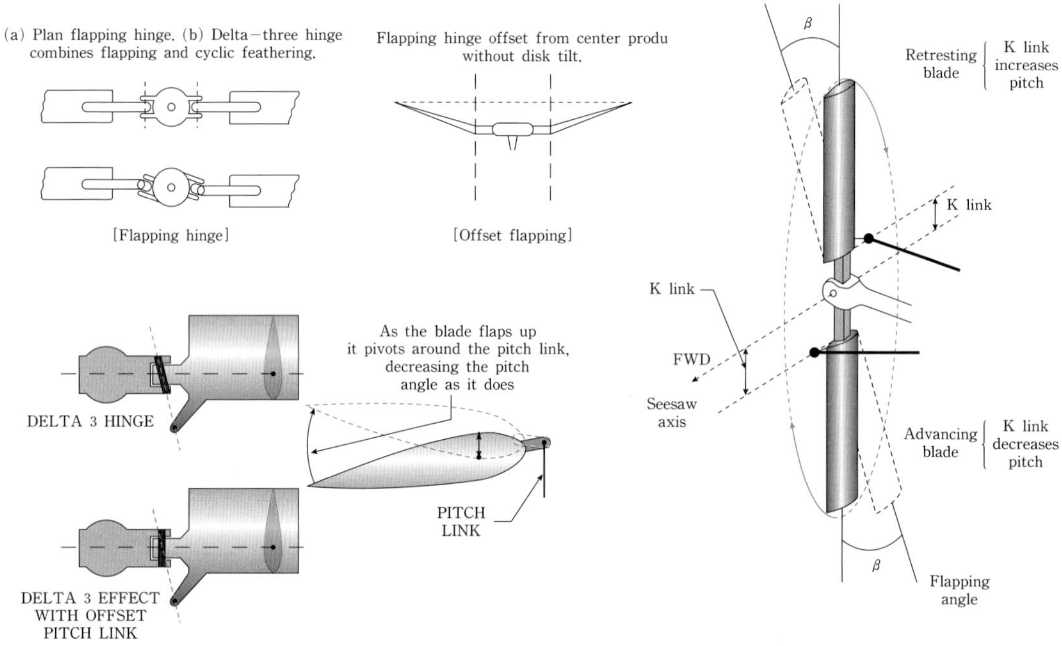


[그림 2-1]

## 03 테일 로터 제어 계통(Tailrotor control system)

### 1. Tail rotor(Anti-torque) pedal

테일 로터 페달은 Tail rotor gear box와 Tail rotor swash-plate에 연결된 Pitch change rod에 의해 테일 로터 블레이드 피치각을 증가 또는 감소시켜 테일 로터 추력을 제어하여 방향 제어를 한다.

### 2. Tail rotor control rod

Tail rotor pedal의 조종력을 Tail boom을 통해 Tail rotor blade pitch angle을 증가, 감소시켜 방향 유지 및 전환을 할 수 있도록 한다.

### 3. Tail rotor pylon

Airfoil 형태로 제작되어 수직 안정판(Vertical stabilizer) 기능을 하고, 전진 비행에서 테일 로터 추력 증가효과를 가져오며 테일 로터 제어 계통 고장 시에는 특정 속도 범위 내에서 제한된 Anti-torque를 제공하는 역할을 한다.

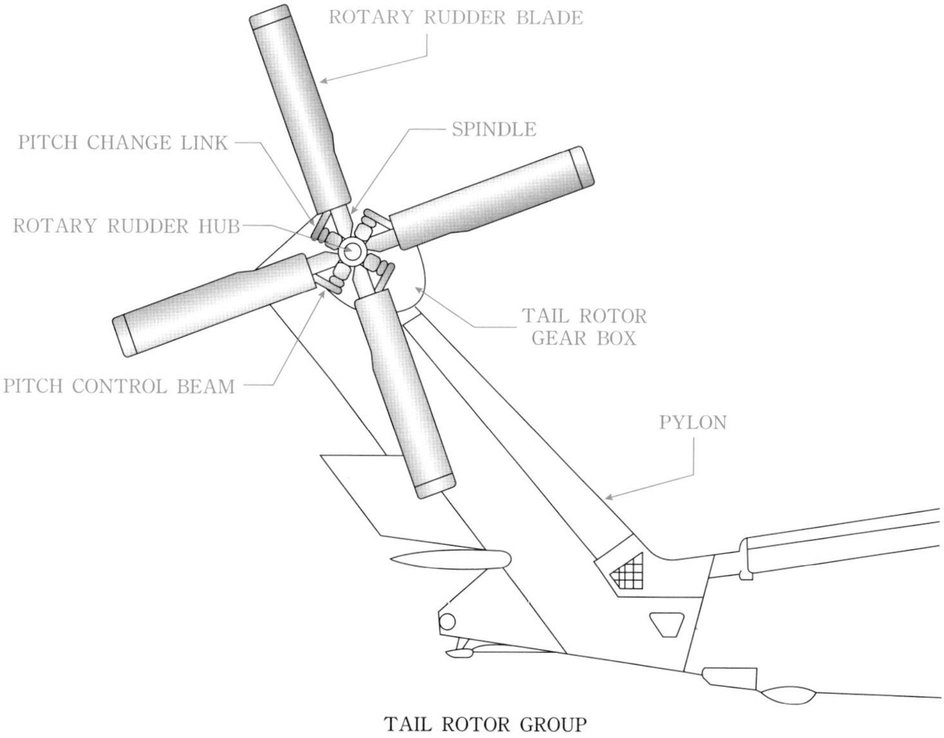


[그림 2-2 TAIL ROTOR GROUP]

## 4. Tail rotor head(Hub)

테일 로터 헤드는 테일 로터 블레이드가 같은 축을 중심으로 회전하도록 중심축 역할을 하며 원심력, 굽힘력 및 테일 로터 추력에 견디어야 하고, 메인 로터 계통 회전에 의해 발생되는 토큐를 상쇄하기 위해 추력변화에 따른 피치를 변경 할 수 있도록 설계되어 있다.

(1) Tail rotor head 형식

(a) Hinge-mounted type

두 개의 블레이드가 장착되는 계통에 적용되며 테일 로터 헤드는 전진익 및 후퇴익의 추력 불균형을 자동으로 보상하고, Pitch control rod(Link)는 모든 블레이드가 같은 피치로 동시에 변하도록 하며 테일 로터 기어 박스를 통해 구동된다.

(b) Flex-beamed type

Tail rotor head는 복합소재로 제작되어 Head와 2개의 블레이드로 구성되며 Head assembly는 Pre-coned yoke와 Two-piece trunnion으로 구성되어 있다. Two-piece trunnion는 Tail rotor gear box shaft에 Spline으로 연결되어 블레이드를 구동하고 테일 로터의 Flapping stop 역할을 하며 Yoke에는 각 로터 블레이드의 부착 지점으로서 두 개의 자체 윤활 구형 베어링(Self-lubricating, Spherical bearings)이 있으며 로터 피치 변경을 한다.

> **참고** Conning & Pre-conning
>
> 로터 블레이드에 작용하는 양력과 원심력 때문에 로터 블레이드가 위로 구부러지는 현상을 Conning이라고 하며 양력이 원심력보다 거의 7[%]나 커서 칼날이 3°에서 4° 정도 위로 꺾이는 것을 블레이드가 구부러지지 않고 정상적인 원추 각도로 작동할 수 있도록 하여 응력을 줄여 주기 위해 미리 Head에 각도를 주어 제작한다.

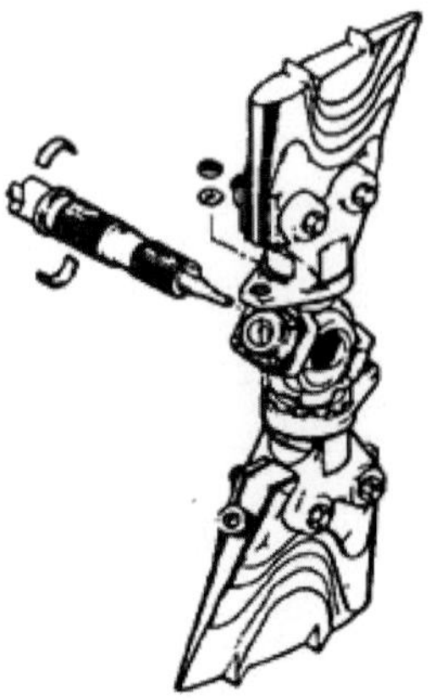

Hinge-mounted tail rotor system

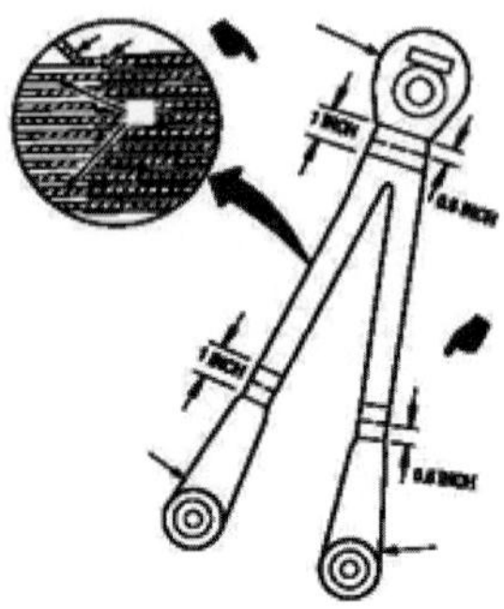

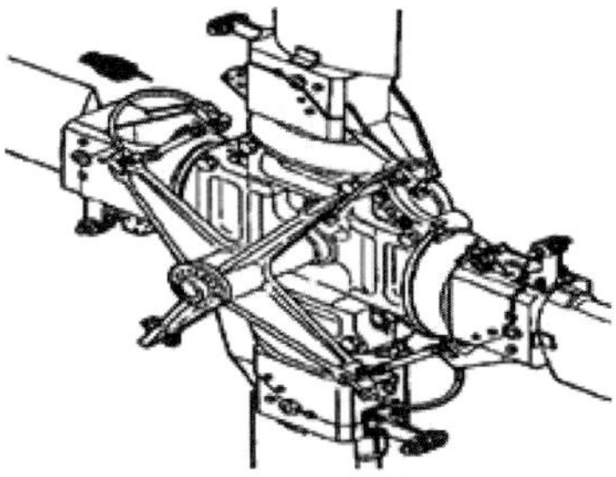

Fully articulated tail rotor system

Flex-beamed type tail rotor system

[그림 2-3]

(c) 완전 관절 식(Fully articulated type) (그림 2-4)

완전 관절식 Tail rotor head에는 2개의 Fork와 각 Fork에는 두 개의 블레이드가 장착되며 Head와 블레이드는 See-saw 운동으로 안쪽과 바깥쪽으로 움직일 수 있도록 탄성적인 마운트(Resilient mounts)로 되어 있어서 Hinge-mounted 형식과 같으나 주요 차이점은 블레이드가 회전하는 동안에 개별적으로 Lead-lag 현상이 발생하며 Stainless steel strap pack은 Tail rotor head와 로터 블레이드에 연결해주고, 블레이드에 걸리는 원심력 및 비틀림 응력을 반대 쪽 블레이드로 전달하여 Tail rotor head 자체에 걸리는 힘을 제거하며 블레이드 비틀림은 Bearing 없이 피치 변경을 허용한다.

(2) Pitch beam

테일 기어 박스의 피치 컨트롤 사프트에 장착된 Tail rotor servo cylinder의 유압으로 피치 체인지 로드가 작동되어 (Sleeve & Spindle)이 테일 기어 박스 쪽으로 회전하면 피치가 감소하고 반대쪽으로 움직이면 피치가 증가한다.

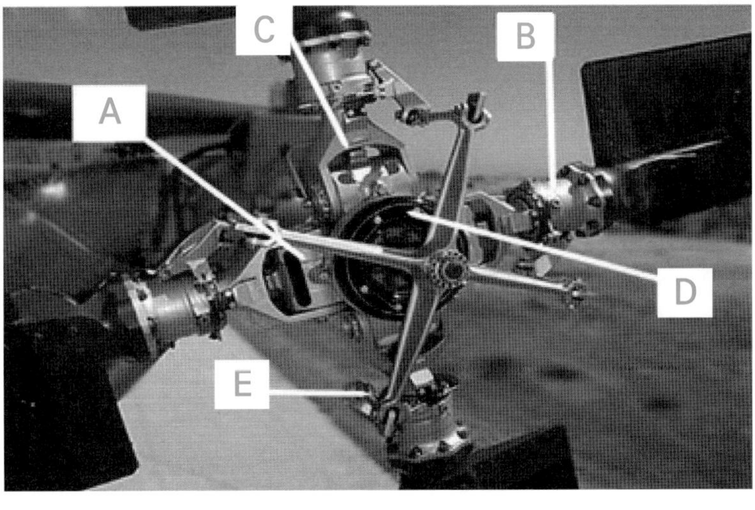


A. Hub

B. Sleeve & Spindle

C. Flap Restrictor

D. Oil Reservoir

E. Pitch change link

[그림 2-4]

(3) Anti-flapping plunger(그림 2-5)

Spindle 중앙에 위치하며 비행 중 과도한 블레이드 Flapping 운동을 방지하고 낮은 회전수이거나 정지시킬 때 블레이드를 고정시키고, Plunger는 원심력으로 이중 스프링을 압축하여 Flapping을 허용하며 메인 로터 회전수가 50～60[%]이면 완전히 들어와서 +10° 또는 −10° 까지 Flapping 범위를 허용한다.

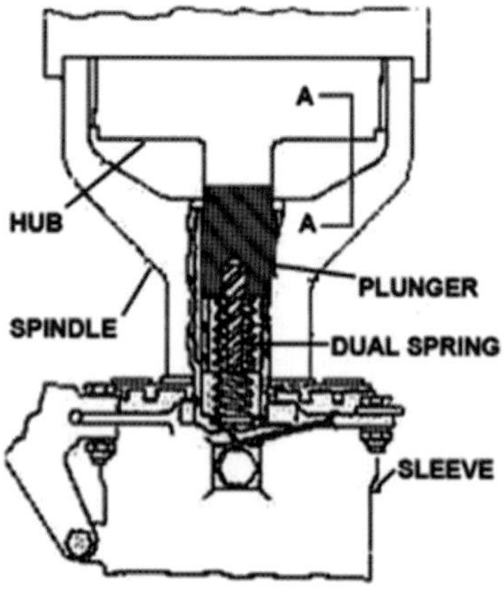


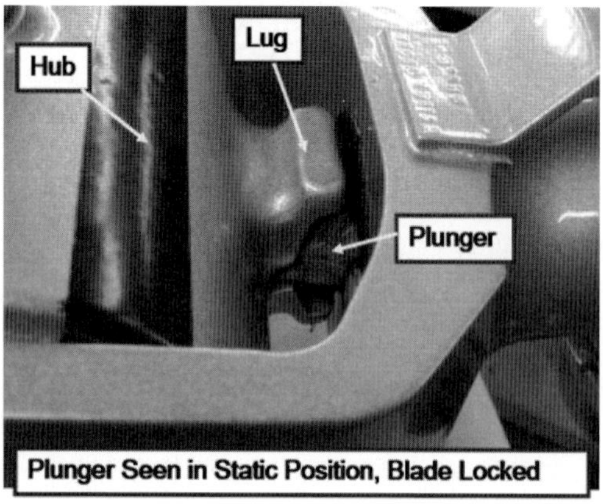


[그림 2-5]

## 04 Tail rotor blade

테일 로터 블레이드는 메인 로터 블레이드와 동일한 기본 형태를 가지고 있으나 길고 좁은 종횡비가 높은 에어포일이며 Tip vortex로 인한 항력을 최소화하며 비행 방향에 수직인 회전축으로 장착되어 작동하므로 전방 비행 성능을 최적화하고 형상항력(Profile drag)를 줄이기 위해 비틀어져 있지 않다(Un-twist).

### 1. 테일 로터 블레이드 재질

(1) 금속 블레이드(Metal blades)

가장 보편적으로 사용되는 금속으로 Stainless steel로 이루어진 Spar와 Honeycomb core로 구성된다. Skin은 블레이드 앞전(Blade leading edge)를 형성하는 Spar 주위를 금속으로 둘러 쌓여있으며(Metal bonded) 외부에는 앞전 마모방지를 위해 재질이 Stainless steel인 Abrasion strip(보강판)이 있으며 내부에는 Aluminum honeycomb과 Ribs로 구성되어 있다.

(2) 유리 섬유 블레이드(Fiberglass blades)

수명이 길고 가볍고 강도가 강하고 부식 및 충격에 잘 견딜 수 있는 장점이 있다. 블레이드를 유리섬유(Fiberglass) 또는 탄소 섬유(Carbon fiber)로 에어포일을 형성하는 H자 모양의

Titanium spar와 Shin으로 주위를 감싸고 있으며 내부에는 Aluminum honeycomb으로 지지되고 있으며 유리 섬유는 실제로 무게와 강도가 탄소 섬유와 비슷하지만 더 유연성이 있고, 엄격한 온도와 압력으로 제작되므로 작업공정이 어려운 것이 단점이다.

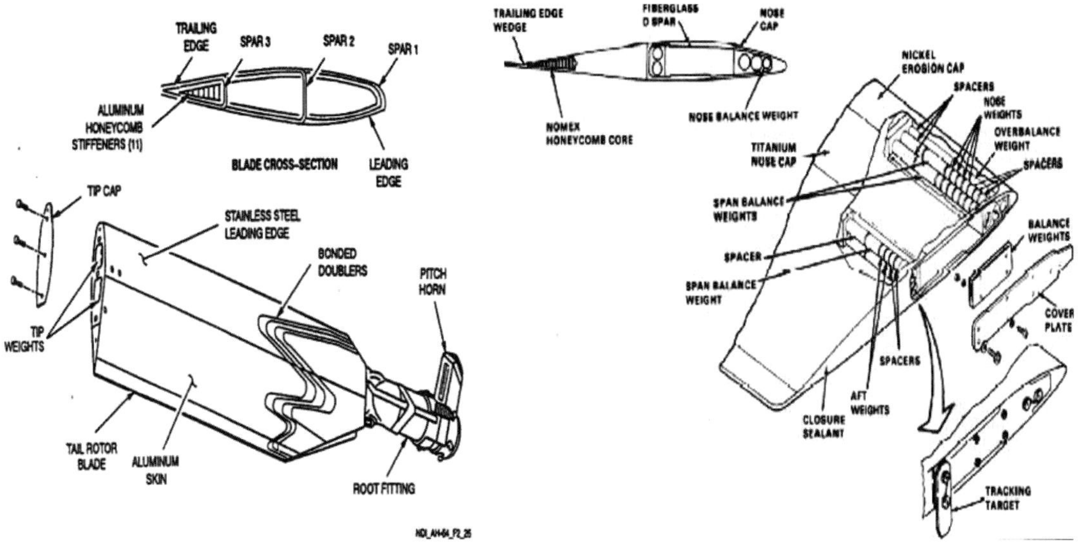


[그림 2-6]

## O5 Tail rotor system rigging

Tail rotor rigging은 Main rotor control rigging 완료 후에 또는 Tail rotor control 계통이 정상적인 작동에 의심이 가는 경우와 Automatic flight control system servo(자동비행조종계통), Tail rotor servo, Tail gear box를 교환 후에 해야 하며 AFCS servo 및 Tail rotor controls의 중립 위치와 함께 Tail rotor pedals 및 Forward & Aft quadrants의 중립 위치 조정이 필요하다.

### 1. Tail rotor blade angle range

(1) Tail rotor rigging이 완료되면 Blade angles을 설정해야 한다.

(2) Blade angles는 Tail rotor head grip에서 Propeller protractor(각도 측정기)로 측정되며 Tail blade angle 점검은 Main rotor controls rigging이 완료 후에 수행된다.

### 2. Forward quadrant stops

Blade angle range를 설정하기 위해 Forward quadrant stops을 조절한다.

# 3. Pedal stops

Blade angle 점검 또는 Pedal stop bolt가 교체될 때마다 조절되어야하며 Forward quadrant에 대한 Secondary stop으로 설정된다.

(1) Pedal stops 위치는 Pedal을 Full travel position(최대 행정거리 위치)로 밀고 AFCS internal stop에 있음을 확인 후에 0.010[inch](0.025[cm]) 간격으로 설정한다.

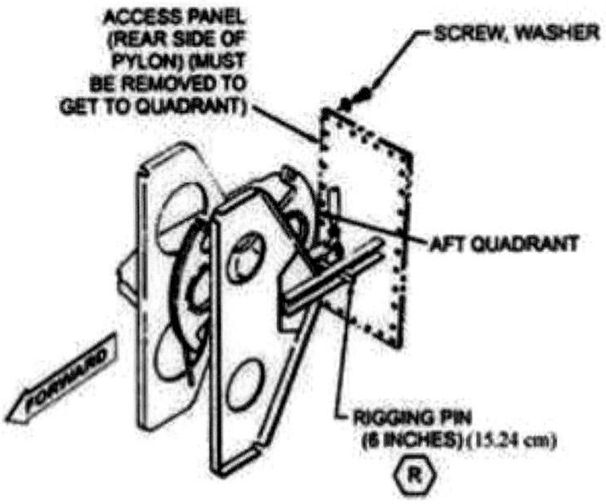


Pylon quadrant

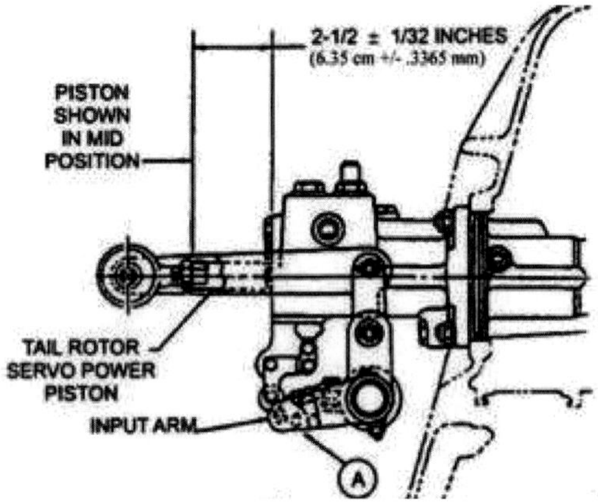


Tail Rotor Servo

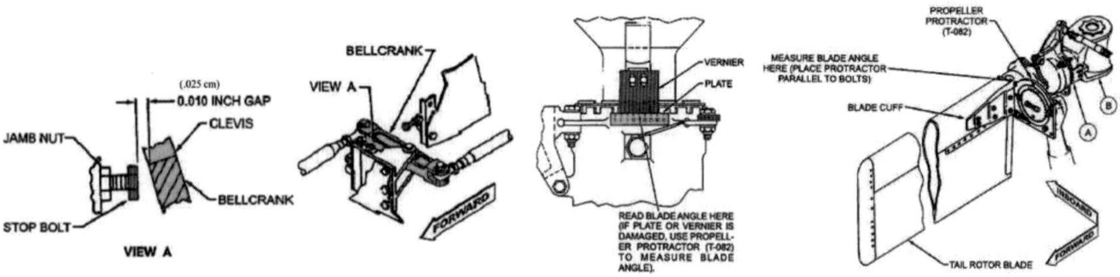


[그림 2-7]

# 4. Tail rotor cables

(1) Flight control cables은 장력 측정치에 영향을 미치지 않는 Plastic coating이 있는 직경 5/32[inch]이며 Cable에 맞는 올바른 Risers를 사용하여 Tension-meters(장력계)로 측정해야 하고, Risers는 Cable 외경에 맞는 크기이어야 한다.

(예 5/32 Uncoated cable의 경우 5/32 NO 2 risers 사용, 5/32 Coated cable의 경우 7/32 Risers NO 3 사용)

(2) Plastic coating이 없거나 Coating을 통해 Cables을 볼 수 없는 경우 Control cables을 교체해야 한다.

(3) 조절을 할 때 Forward와 Aft quadrant에 Rigging pins이 필요하며 Cable tension 조절이 끝나면 Rigging pins이 자유롭게 움직이어야 한다.

# Check and Adjust after Rigging

Table 11-11. Checks and Adjustments After Rigging Main or Tail Rotor Controls

| System Rigged | Checks/Adjustments |
| --- | --- |
| | 1. Check/adjust engine collecitive bias sigging. |
| | 2. Check/adjust main rotor control range and blade angles. |
| | 3. Adjust cyclic and collective stick stops. |
| MAIN | 4. Adjust cyclic stick balance spring. |
| ROTOR | 5. Check/adjust AFCS servo collective stick low pitch stop. |
| CONTROLS | 6. Do rigging check of tail rotor controls. |
| | NOTE<br>If any requirement of this procedure ccannot be met, a complete rig of tail rotor controls is required. |
| | 7. If a new main rotor head or new main rotor blades are installed, check main rotor blades for proper track. (Refer to Chapter 5.) |
| | 8. Do an autorotation check. |

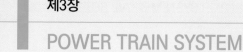

엔진 전방에 장착되어 엔진 동력을 구동 각도를 변화시키는 Spiral bevel gears 및 Planetary gears로 구성된 Main rotor transmission(Gear box)는 메인 로터 회전축(Main rotor drive shaft)을 통해 최적의 메인 로터 회전수로 감소시켜 메인 로터 블레이드을 구동하여 양력을 발생시켜 동체에 전달하며 또한 테일 로터 회전축(Tail rotor drive shaft)을 회전시켜 중간 기어 박스(Intermediate gear box), 테일 기어 박스(Tail gear box), 테일 로터 블레이드를 회전시키고, 오일 쿨러 팬(Oil cooler fan), 유압 펌프(Hydraulic pump), 교류 발전기(AC generator)을 구동하는 동력 전달계통을 말한다.

## 01 주요 구성품 기능

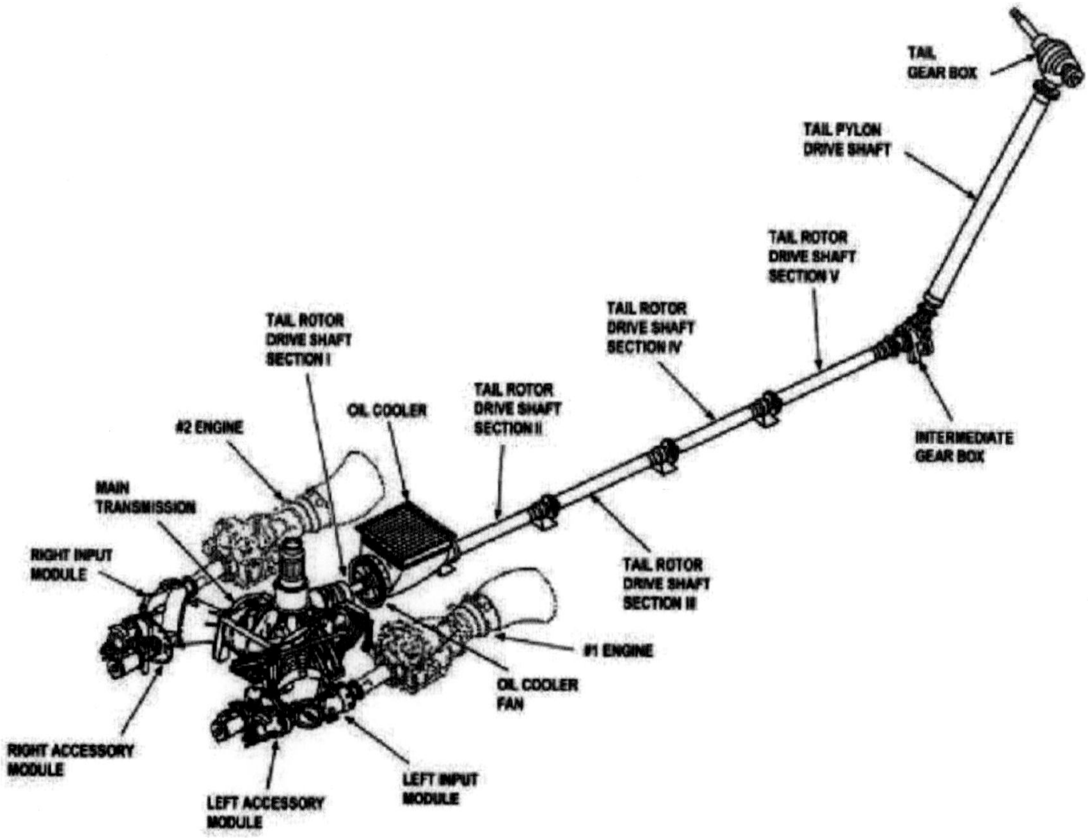


[그림 3-1]

## 1. Main gear box(Transmission)

엔진 전방에 장착되어 Main rotor control system을 지지하며 Main rotor drive shaft와 함께 동체를 연결해주고, 엔진 구동각도를 변화시키며 Spiral bevel gears 및 Planetary gears를 통해 엔진 회전수를 최적의 메인 로터 회전수로 감소시켜 Main rotor drive shaft, Tail rotor drive shaft, Oil cooler fan, Hydraulic pump, AC generator을 구동한다.

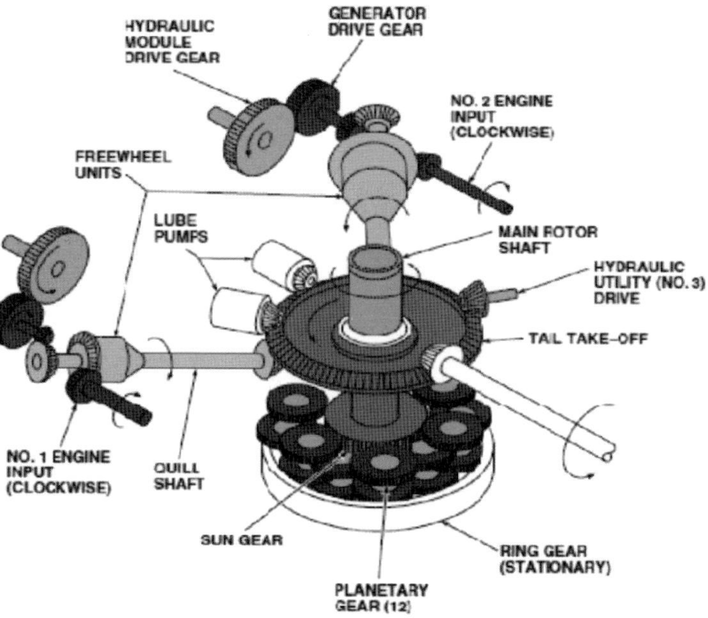


(그림 3-2)

(1) Main module(메인모듈)

Main module은 동체 상부에 장착되며 Main rotor head를 지지하고 메인 로터 회전수(258[rpm])를 감속시켜 구동하고, 메인 로터 블레이드에서 발생된 양력을 동체에 전달하며 테일 로터 시스템을 구동한다.

(2) Input module(입력모듈)

두 개의 Input module은 엔진과 Main module 사이에서 Spiral bevel gear를 구동하여 1단계로 엔진 회전수를 감소시키고(5750[rpm]) Main module의 왼쪽(NO1) 및 오른쪽(NO2) 앞면에 장착되어 엔진 출력을 Main module로 전달하며, 각 Input module은 동일하여 상호 교환이 가능하다. Freewheeling unit(Over-runing clutch)은 엔진 출력축(Output shaft)과 Input module input shaft 사이에 엔진 마다 장착되어 엔진 정지 시에는 엔진 출력을 차단하여 자동회전을 할 수 있도록 하고 Accessory module(보조 모듈)을 메인 로터 회전에 의해 계속 구동되도록 한다.

(3) Accessory module(보조모듈)

Accessory module은 각 Input module의 전면에 장착되어 자동회전 시(Auto-rotation), 엔진 완속 시(Idle speed)에 계기, 무전기(Radio), 전기로 작동되는 연료 펌프(Electrical fuel pumps)를 작동하기 위해 NO1, 2 교류 발전기를 구동하고 독립적인 두 개의 비행 제어 계통(Flight control servo system)에 유압을 제공하는 NO1, NO2 유압 펌프 모듈을 구동한다. 메인 로터 속도 센서(Main rotor speed sensor)는 Collective stick을 상승, 하강 시에 회전수 변화를 감지하며 DEC(Digital engine control/전자 엔진 제어 장치)에 신호를 제공하여 일시적인 메인 로터 회전수 증감 현상(Transient droop response)에 대응하여 항상 일정한 회전수를 유지하도록 하며 각 모듈은 동일하여 상호 교환이 가능하다.

## 2. Main drive shaft

정적, 동적으로 균형이 잡힌 튜브 형태로(Statically & Dynamically balanced hollow tube) 엔진 출력축과 Input module에 동력을 전달하며 두 축을 연결해주는 Flexible coupling은 두 축 사이의 Misalignment(순간적인 축간 어긋남) 및 비틀림 진동(Torsional vibration)를 흡수한다.

## 3. Main rotor drive shaft

엔진 회전력과 동체에 양력을 전달함으로써 비틀림과 인장하중을 받으며 메인 로터 블레이드의 양력을 두 개의 Thrust bearing을 통해 동체에 전달하는 Tubular steel shaft(원형 강철 축)으로써 Planetary gear와 맞물려서 시계 반대 방향으로 회전을 한다.

## 4. Tail rotor drive shaft

Main gear box의 Tail rotor out-put shaft(출력축)와 연결되어 Oil cooler fan을 구동하고 Intermediate gear box, Tail rotor gear box를 통해 Tail rotor blade에 회전력을 전달하며 재질은 원형 형태로 Aluminum 또는 Stainless steel로 제작되어 정적, 동적균형(Static, Dynamic balancing)이 이루어진 것으로 소형기에는 긴 단일축(Long drive shaft)으로, 대형기에서는 여러 개의 짧은 축(Short drive shaft)으로 구성되어 4개 구역으로 나누어져 있고 각 구역의 축은 상호교환이 가능하며 점성 진동 흡수 베어링(Viscous damped bearings)이 장착되어 있어 회전 시 발생되는 축 진동을 흡수하고 축을 지지한다.

(1) Tail rotor drive shaft damper/Viscous damped bearings(Hanger bearing)

Tail rotor drive shaft가 회전 중 축 출렁거림과 진동을 방지하고 Tail rotor drive shaft를 지지해주는 역할을 한다.

(2) Flexible coupling(Thomas coupling)

축과 축 사이를 연결해주며 Universal joint 기능을 대신하여 회전력 전달, 비틀림 및 충격 하중을 흡수하고 비행 중에 순간적인 메인 기어 박스 움직임에 의해 발생되는 축의 미세한 축이 어긋나는 현상(Mis-alignment)을 흡수한다.

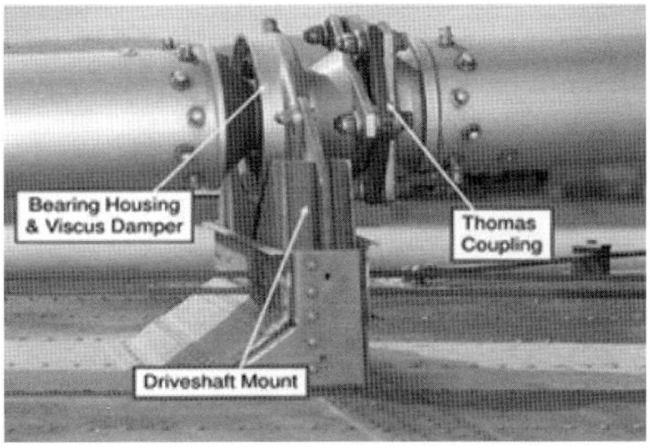


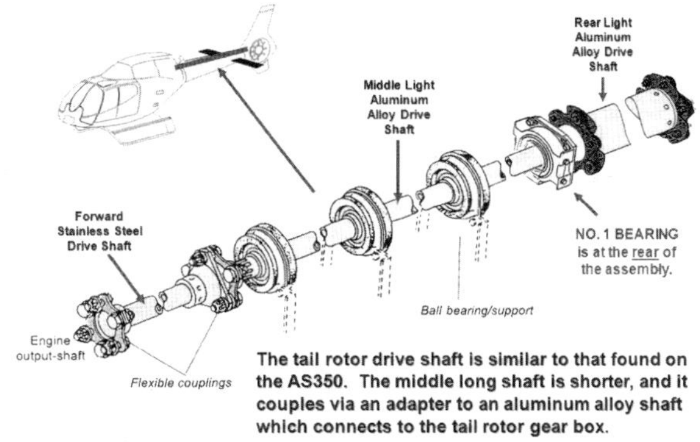


Tail Rotor Drive Shaft Assembly

Long Shaft-Aluminum Alloy

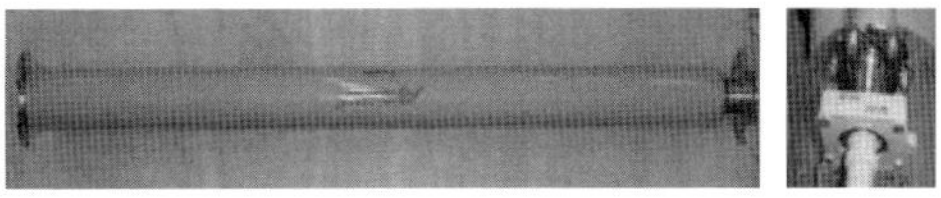

Short Rear Shaft-Aluminum Alloy

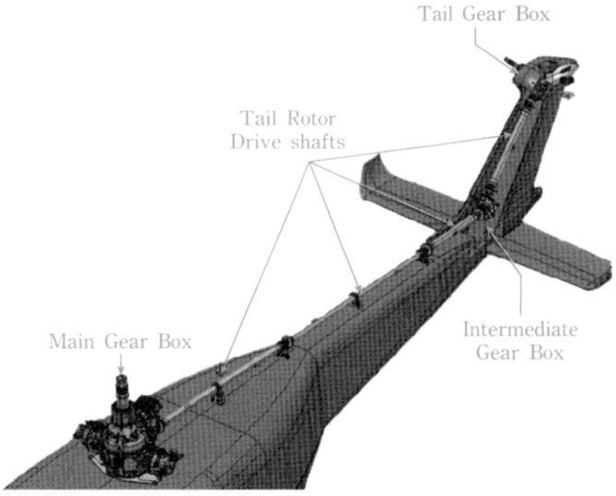


AW189 Rotorcraft Drive System Layout

[그림 3-3]

## 5. Tail gear box/Transmission

(1) Intermediate Gear box(중간 기어 박스) (그림 3-4)

회전 각도를 변경하며 Main gear box에서 Tail gear box까지 Shaft 속도를 3,319[rpm]으로 감소시켜 회전력을 전달하고 Tail gear box와 같이 오일 손실이 있어도 30분간 순항비행을 할 수 있다.

(a) 구성품

입력 쪽(Input housing)에는 Input gears와 Flanges로 구성되어 있고, 중간 쪽(Center housing)에는 Idler gear, Oil pump, Oil level sight glass, Breather type oil filler, Chip detector, Drain valve 및 Oil pressure switch로 구성되어 있으며 출력 쪽(Output housing)에는 Output gears와 Flanges로 구성되어 있다.

(b) 기능

Tail boom과 Tail rotor pylon(Vertical stabilizer 기능)사이의 각도와 일치하도록 Tail rotor drive shaft 방향을 변경하고 1:1의 기어 비(Gear ratio)를 제공하며 입력 축과 출력 축은 Flexible coupling으로 연결되어 있고, 윤활작용은 공랭식의 Splash-lubricated wet sump type이다.

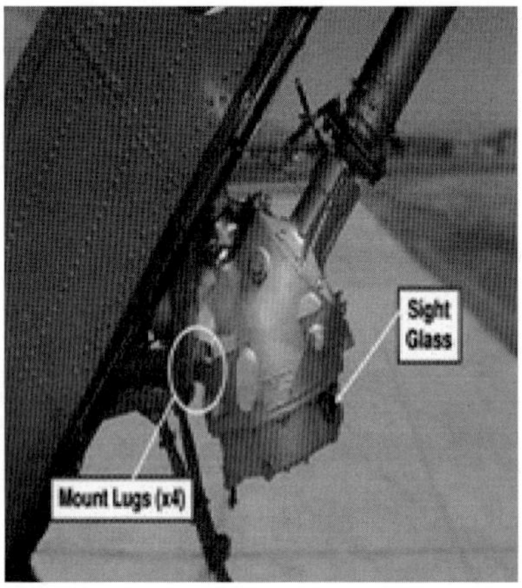


Intermediate Gear Box

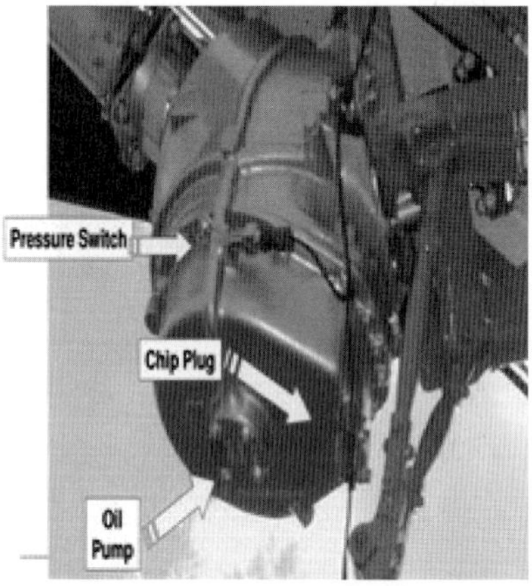


Intermediate Gear Box Right Side

[그림 3-4]

(2) Tail rotor gearbox(그림 3-5)

Tail gear box housing 재질은 마그네슘이며 Vertical stablator/Fin(수직 안정판) 상부에 위치하여 구동 각도를 변경하여 1,190[rpm]으로 감소시켜 테일 로터 헤드에 동력을 전달하고 테일 로터 블레이드 제어 장치인 테일 로터 헤드가 장착되어 회전력 전달 및 테일 로터 블레이드 피치를 제어하고, 테일 로터 블레이드는 Tail rotor blade span 길이가 메인 로터 블레이드 보다 작아서 더 높은 회전 속도로 회전해야 하며 윤활방법은 Self-contained wet sump 형식이며 주요 구성품으로는 Oil sight gage, Vented filler cap, Magnetic chip detector가 있다.

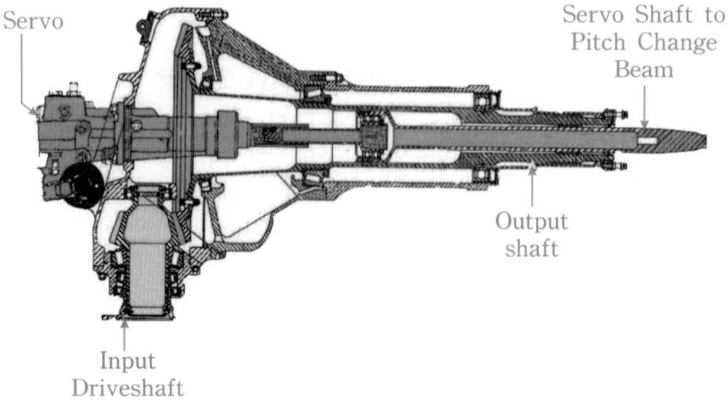


[Tail rotor Gear Box Cut Away]

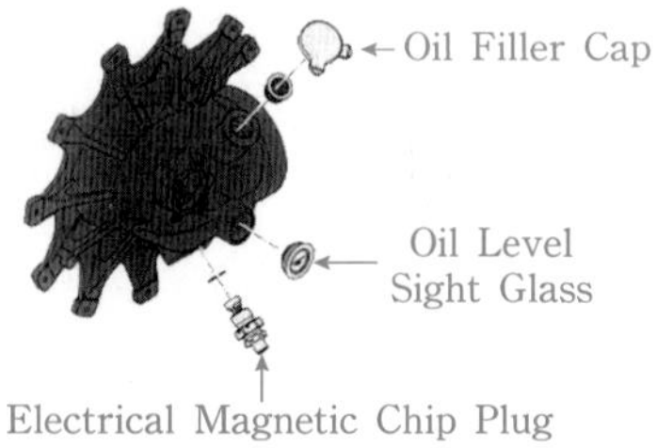


[Tail rotor Gear Box Chip Detection]

[그림 3-5]

## 6. Freewheeling unit(Over running clutch)

Engine output shaft와 Main gear box input shaft 사이에 엔진 수만큼 장착되며 메인 로터 회전수가 엔진 회전수보다 클 경우(Engine 정지 시) 메인 로터 및 테일 로터가 자동회전 하도록 정지된 엔진과 자동 분리하여 일정고도와 전진 비행 속도가 있으면 자동회전(Auto-rotation)에 의해 안전하게 지상에 착륙할 수 있도록 하는 장치, 작동원리는 동일하지만 작동방법에 따라 Roller type, Sprag type으로 분류된다.

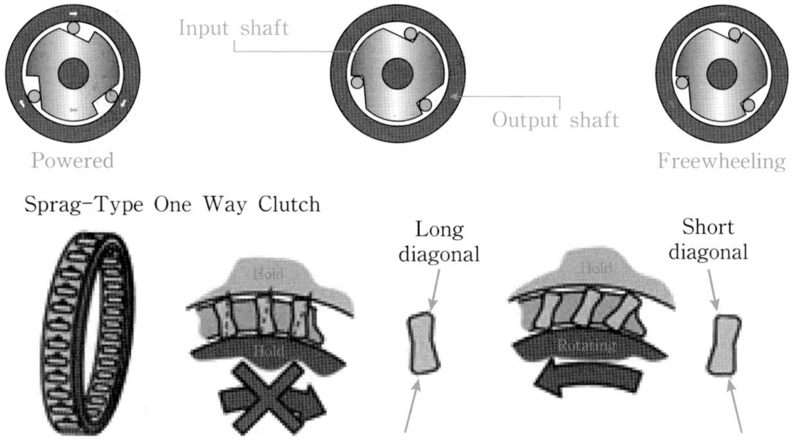


[그림 3-6]

## 7. Main rotor brake

Engine output shaft와 Main gear box input shaft 사이에 장착되며 엔진 정지 시에 메인 로터 정지에 필요한 시간을 단축하고, 관성에 의한 힘으로 인해 일정 회전수까지 감속된 후에 작동시켜야 한다. Brake control lever의 Micro-switch는 Brake가 작동할 때는 엔진 시동 회로를 차단하는 기능이 있어서 해제시킨 후에 작동시켜야 하며 유압 계통의 작동유를 사용하지 않고 별도로 작동유를 저장할 수 있는 Reservoir를 갖고 있다.

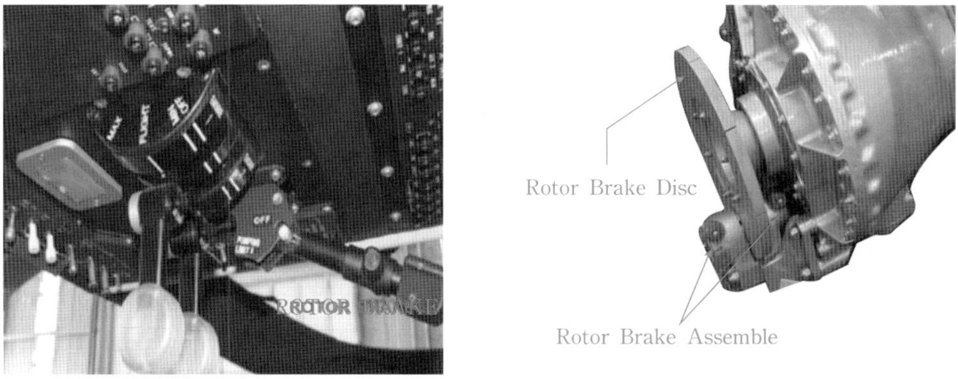


[그림 3-7]

## 8. Gust lock

메인 기어 박스의 테일 로터 드라이브 샤프트 쪽에 장착되어 지상 주기 시 돌풍으로 인해 블레이드가 회전하여 동체에 부딪혀서 일어나는 손상을 방지하기 위한 잠금장치이며 조종석 천장(Cabin ceiling)에 있는 Gust lock control handle로 제어하고, Micro-switch는 Release button을 누른 후 작동해야 하며 작동 시에는 Micro-switch plunger가 눌려져서 Gust lock 주의등이 점등되고 정지 시에는 플런저가 해제되어 주의등이 꺼진다.

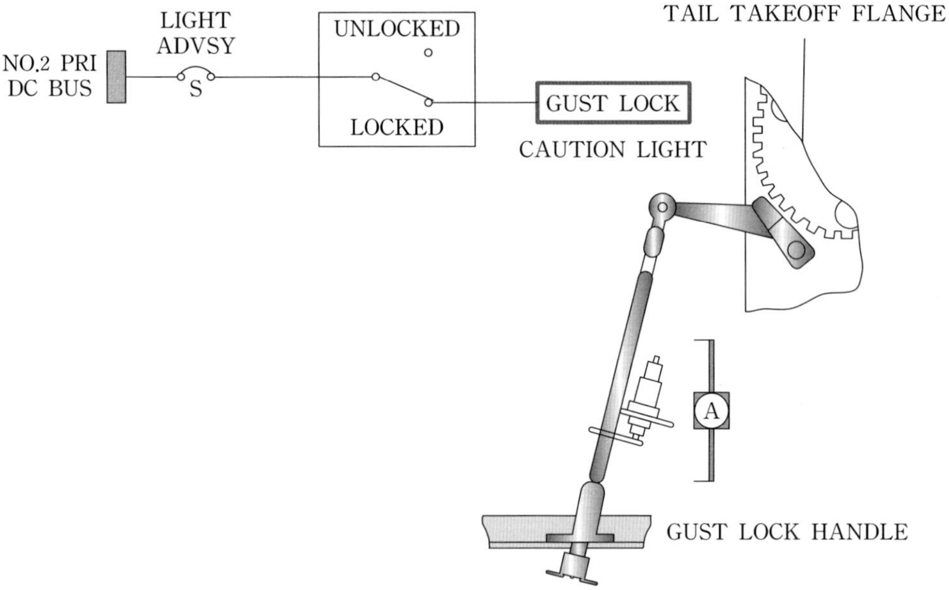


Gust Lock Warning System Schematic

[그림 3-8]

# 02 Oil system

오일 계통은 엔진 오일 계통과는 독립적이고 자체 윤활하는 습식 오일 계통(Wet sump)으로 오일을 냉각시키고 Oil film(오일 막)을 형성하여 접촉면 사이의 마찰 및 마모를 감소시켜 부품이 임계 온도에 도달하는 것을 방지하고 오일 량이 적을 경우 오일 막(Oil film)은 점점 얇아지고 열 발산을 감소시키며 금속과 금속 접촉으로 Rubbing, Scuffing, Scoring, Seizing 및 Galling 같은 결함을 발생시킨다. Main gear box 및 Engine oil coolers는 동일한 Fan을 사용하여 냉각하며 오일 압력 및 오일 온도 지시 및 경고 계통과 기어 또는 베어링의 마모상태 및 금속 조각을 감지하기 위한 Chip detector을 갖추고 있다.

## 1. 주요 구성품

(1) Oil cooler fan/Blower(그림 3-9)

Oil cooler fan, Distribution lines, Cooling shrouds로 구성되어 있으며 엔진 뒤쪽에 장착되어 Tail rotor drive shaft에 의해 구동되고, 엔진 및 Main gear box oil cooler, AC generator, Hydraulic pump 등을 냉각하는 기능이 있다.

Oil cooler fan을 점검 할 때 Fan blade 사이에 이물질 등이 쌓이면 회전 시에 Oil cooler fan의 균형에 영향을 주어 진동의 원인이 될 수 있다.

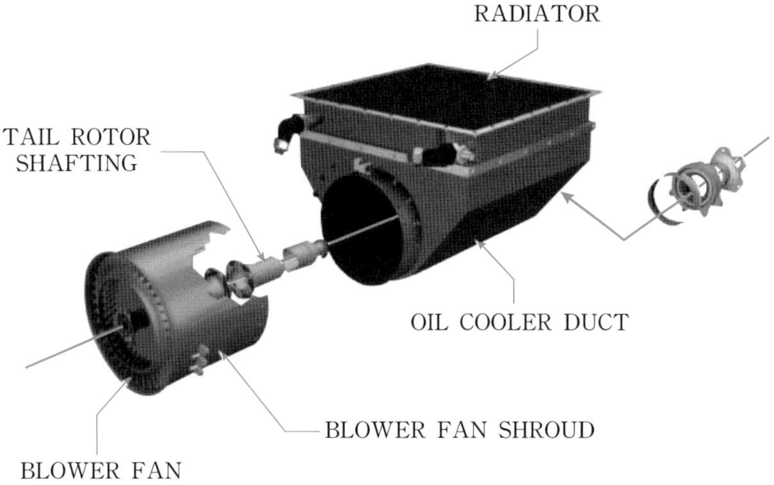


[그림 3-9]

(2) Oil pump & Oil cooler(그림 3-10)

펌프 형식은 기어 형으로 오일 공급 계통에는 Pressure pump가 있으며 Manifold에는 계통 압력을 조절하는 Relief valve가 있고, Oil jet 및 내부 통로를 통해 오일을 내부의 베어링과 기어에 오일을 공급하며 오일 회수 계통에는 Oil sump로 보내기 위한 Scavenge pump가 있다. Sump oil 공급은 Gear-driven pump 압력으로 내부 통로 및 Filter를 통해 Sump 출구로 순환되며 Sump 출구에는 Thermostatic bypass valve가 있어 70℃ 이상일 때는 Oil cooler로 전달되어 냉각되어지고 70℃ 이하일 때 Oil cooler를 통하지 않고 우회시켜 오일 탱크로 보내진다.

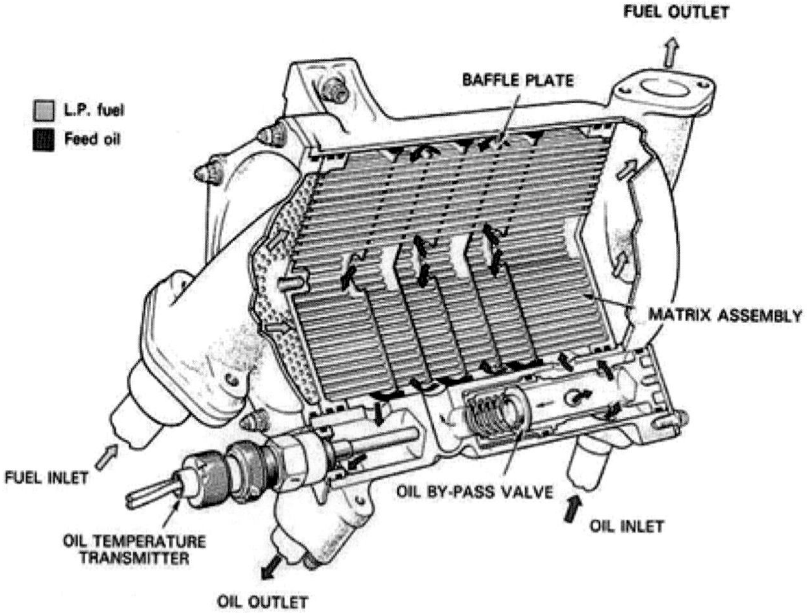


[그림 3-10]

(3) Oil filter bowl(그림 3-11)

1단계 Filter의 크기는 3-micron, 2단계 Filter의 크기는 75-micron이며 정상작동 중에 오일은 1단계 Filter를 통과 한 후 2단계 Filter를 통과하는데 1단계 Filter가 막히기 시작하면 시각적 경고를 주기 위해 "Pop out button"이 튀어 나오고, Filter가 막히면 흐름을 보장하기 위해 Filter 입구와 출구의 일정 압력차가 발생하면 Differential pressure switch가 작동되어 경고등을 점등시키고 유로를 형성하도록 Bypass valve가 장착되어 있다.

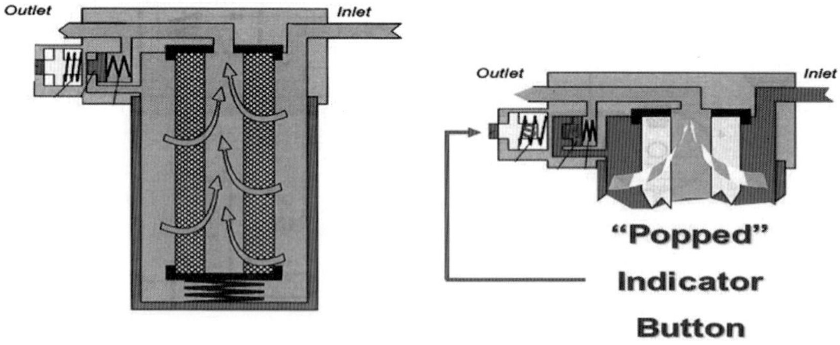


[그림 3-11]

(4) Oil level sight gages/Dipstick

시각적으로 오일 량을 점검할 수 있도록 투명 유리 또는 막대 형태로 되어 있어 부족량을 보급할 수 있도록 한다.

## 03 주의 경고등 계통(Caution & Warning system)

메인 기어 박스 오일 계통은 오일 온도를 감지하는 Thermo-bulb와 압력을 감지하는 Pressure switch가 있어서 오일 온도 및 압력이 한계치를 넘으면 주의등이 점등되며 또한 Chip detector는 금속 입자가 탐지되면 주의등이 점등된다.

### 1. Chip detector

Bearing이나 Gear의 비정상 마모 상태를 알기 위해 Main module, R/H, L/H Input modules, R/H, L/H Accessory modules에 있으며 Main module의 Chip detector를 제외하고는 오일 누설 없이 육안 검사를 할 수 있도록 Self-sealing sleeve를 갖고 있다.

(1) 종류

(a) Magnetic chip detector

(b) Electrical chip detector

철 입자가 양극(+, −)에 접촉이 되면 주의등이 점등되어 조종사에게 금속 탐지를 알려준다.

(c) Fuzz burn-off detector

작은 금속조각으로 인한 오류 경고를 방지하기 위해 30 second time delay relay(30초 지연 릴레이)가 있어서 작은 금속은 태워버리고 태워지지 않으면 Module별로 CHIP 주의등이 나타나며 "CHIP DET"라고 표시된 Upper console에 있는 회로 차단기를 통해 직류 필수 분기점(DC essential bus)에서 전원을 공급받는다.

### 2. Built in test(BIT)

Chip detector 회로의 정상작동 유무를 자체진단 기능으로써 BIT 회로는 전원이 처음 공급될 때 각각의 Chip detector 회로를 자동으로 점검하며 점검 중에는 Caution/Advisory(주의, 권고 등) Panel에서 금속 탐지기 주의 권고등은 점등되고 정상적으로 완료되면 소등된다.

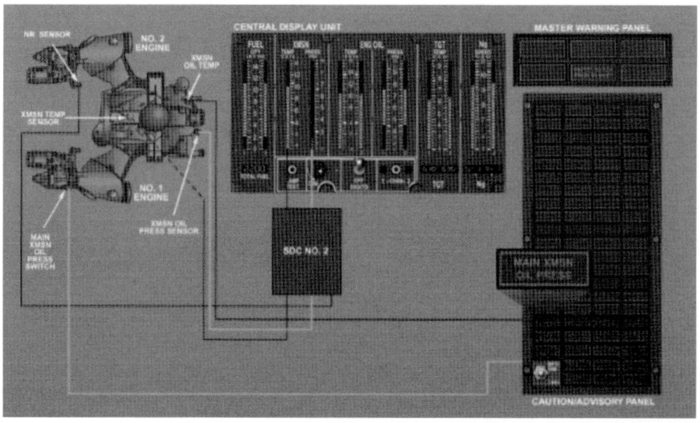


[그림 3-12]

## 3. Oil temperature monitoring system

오일 온도 계통을 작동시키는 전원은 MAIN XMSN으로 표시된 회로 차단기를 통해 NO2 DC primary bus에서 제공되는 오일 온도 센서는 온도에 반응하는 Bimetal strip 형식으로 오일 온도가 140[℃]에 도달하면 Switch가 닫혀서 INT(TAIL) XMSN OIL TEMP 주의등이 점등된다.

(1) Oil temperature switch, Sensor, Indicator 및 Caution light로 구성되며 Sensor는 Main module oil sump 하단 전방에 위치한 습식 벌브 형식(Wet bulb type) 감지기이며 오일 온도가 증가하면 Bulb에서 가스를 팽창시켜 전기적 신호(Electrical impulse)를 증가시켜 계기에 전달하고 Oil 흐름과 열이 없으면 감지기가 작동 불능 상태가 되며 Main gear box input 쪽에 있는 온도 스위치는 Oil cooler를 통과시킨다.

(2) 정상 작동 중에는 Thermostatic bypass valve는 규정 온도보다 높으면 Oil cooler로 보내 냉각시켜 작동 온도를 유지하고, 낮으면 Thermostatic bypass valve가 작동되어 Oil cooler를 거치지 않고 Main gear box로 들어간다. 오일 온도 스위치는 오일 온도가 규정된 작동 온도(120[℃])를 초과하면 "MAIN XMSN OIL TEMP" 주의등이 점등된다.

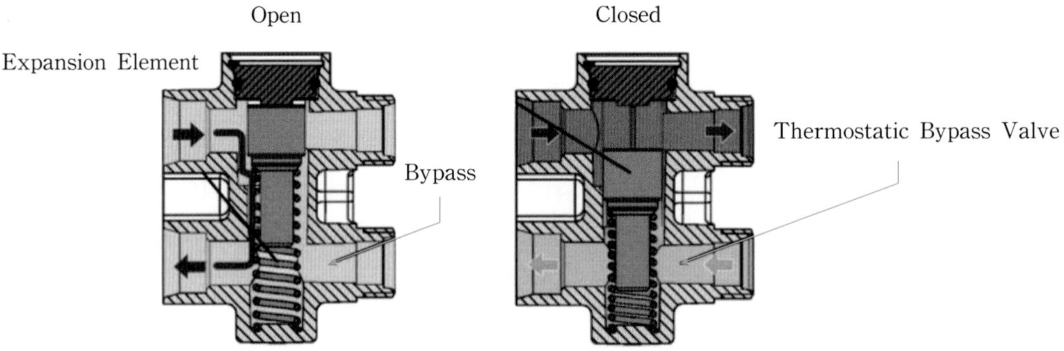


[그림 3-13]

## 4. Oil pressure monitoring system

Oil pressure switch, Sensor, Indicator와 Caution light으로 구성되며 Oil pressure switch는 일정 압력에 이르면 회로가 열리고 오일 압력이 최소 14±2[psi]로 떨어지면 닫혀서 "MAIN XMSN OIL PRESS" 주의등이 점등되고, 감지기는 Main module 왼쪽 후면에 위치한 Transmitter(전송기)로 Oil 압력을 전기 신호로 변환하여 계기로 전달한다.

## 04 기어의 기능과 종류(Gear functions & Types)

기어의 기능은 회전속도를 감소하거나 증가시키고 운동 방향을 바꾸어서 회전력 방향을 분할하거나 결합하는 역할을 하고, Parallel axis gear(평행축 기어)는 평행한 축을 따라 회전력을 전달하여 Intersecting axis bearing(교차 축 베어링)은 교차 축을 따라 Torque를 전달한다.

### 1. 기어 종류(Gear type)

(1) Parallel axis gear(평행 축 기어)

(a) Spur gear

Spur gear는 각이 0°인 Helicalgear의 특수한 형태로 직선 치차(Straight teeth)을 가지며 평행 축 사이에 회전력을 전달하며 접촉면이 작고, 소음이 크며 Helical, Bevel gears처럼 축 하중(Axial load)이 없어 Thrust bearing의 필요성이 없으므로 무게를 줄일 수 있어 Planetary gear에 적합하다.

(b) Helical gear

원심 하중(Radial load)과 축 하중(Axial loads)을 발생시키며 Spur gear에 비해 접촉선이 길어 하중 전달 및 분배가 좋으며 같은 면 접촉의 동일한 크기의 Spur gear보다 소음이 적고 치차가 회전축에 대해 15~30°로 꼬여 있다.

(c) Epi-cyclic gear(Planetary gears/유성기어)

Sun gear, Ring gear, Planetary gear를 동심선상에 배치하여 맞물리는 한쌍의 기어로 한쪽은 고정되어 있는 sun gear이고, 다른 쪽은 sun gear와 맞물린 상태로 그 주위를 회전하는 ring gear, planetary gear로 구성되어 있으며 동일 변속인 경우 체적이 작고 입·출력이 동심축이고 접촉선 속도가 작고, 전달하중의 분산으로 마찰손실이 감소하여 소음이 적고, 효율이 높아 소형 경량화가 요구 되는 헬리콥터에 많이 사용되고 있다.

① Planetary type

가장 일반적인 배치 형태로 Sun gear와 Carrier가 회전하고 Ring gear는 고정되며 맞물려 돌아가는 기어는 자전과 공전을 동시에 하는 형태이다. 가공이 용이하고, 접촉 선속도가 작고, 전달하중의 분산으로 마찰손실이 감소하여 소음이 줄어들고, 효율이 높아진다.

| 참고 | Carrier는 Planetary gears를 동일한 간격으로 지지하는 부품 |
|---|---|

② Star type

Sun gear와 Ring gear가 회전하고, Carrier가 고정되며 맞물려 돌아가는 기어는 자전만 하고, Carrier는 고정되어 공전하지 않는다.

③ Solar type

Carrier와 ring gear가 회전을 하고 Sun gear가 고정되어 맞물려 돌아가는 기어는 자전과 공전을 하게 된다.

(d) 기어 비(Gear ratio) (그림 3-14)

단순 Planetary gears 계통의 기어 비는 기어 치차 수로부터 구하는데 Ring gear 치차 수는 $Tr$ : 링 기어 치차 수, $Ts$ : 선 기어 치차 수, $Tp$ : 1개의 Planetary gears 치차 수라 할 때 $Tr=Ts+(2\times Tp)$이며 Planetary gears 계통에서 Ring gear는 Planetary gears와, Planetary gears는 Sun gear와 맞물려 있으므로 기어 치차의 크기는 서로 같으므로 서로 맞물려 있는 기어에서 기어 치차 수는 기어 직경(또는 반경)에 비례하며 Planetary gear carrier는 기어가 아니므로 기어 치차가 없으나 일정한 기어 치차 수에 상당하는 값으로 회전하게 되므로 이것을 Carrier 유효 치차 수라고 한다.

Ring gear=Sun gear×(2×Planetary gears 직경)이 되므로 $Tc$를 Carraer 유효 치차 수라 하면 $Tc=Ts+Tr$이 된다.

| 선 기어 | 케리어 | 링 기어 | 기어 비 | 결과 |
|---|---|---|---|---|
| 고정 | 구동 | 피동 | $Tr/Tc$ | 증속 |
| 고정 | 피동 | 구동 | $Tc/Tr$ | 감속 |
| 피동 | 고정 | 구동 | $Ts/Tr$ | 역 방향 증속 |
| 구동 | 고정 | 피동 | $Tr/Ts$ | 역 방향 감속 |

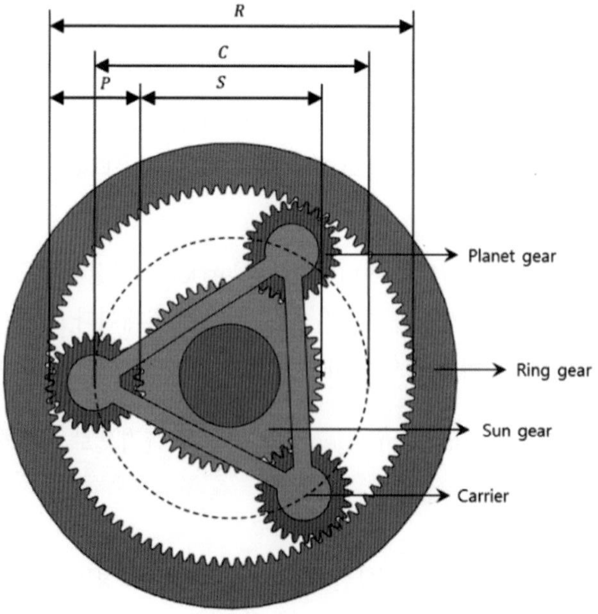


[그림 3-14]

(2) Intersecting axis gear(교차 축 기어) (그림 3-15)

(a) Bevel gear

교차 축 사이에서 방향을 바꾸며 교차 축 사이 축 각도는 0°에서 115° 사이이고, 일반적인 각도는 90°이다. Straight bevel gear는 원주방향 치차(Radial teeth)을 가지고 피치 선속도(Pitch line velocity)가 1,000[fpm] 미만으로 제한되므로 Helicopter에 부적합하며 Spiral bevel gears는 굴곡 치차(Curved teeth)을 가지고 피치 선속도(Pitch line velocity)는 30,000[fpm] 이상으로 작동하므로 동일한 접촉 응력에 대해 굽힘 강도를 높이기 위해 낮은 직경 Pitch를 사용할 수 있어 고속 고 출력에 적합한 헬리콥터 동력 전달 계통에 가장 적합하다.

(b) Worm gears

Screw 형태인 Worm drives(Screw)와 Spur gear 형태인 Worm grar(Wheel)로 구성되며 회전 속도를 줄이거나 더 높은 회전력를 전달할 수 있고, 운동방향을 90°로 변경할 수 있다.

(c) Face gears(면 기어)

운동축을 90°로 변경하는 교차 축(Intersecting shafts)간에 동력 전달 및 윤활유 부족상태에서도 효과적으로 작동하므로 신뢰성과 안전성이 좋아서 Main gear box의 동력전달 계통에 사용된다. 장점으로는 높은 강도의 치차와 비스듬한 접촉선과 높은 접촉비 때문에 맞물림이 부드러워 Backlash 없이 높은 회전력을 제공하므로 고 출력, 고 정밀에 사용되며 Pinion은 보통 Spur gear로서 조립할 때 Face gear의 축 위치만 설정하므로 조립 시간이 단축되고, Pinion의 축 방향 하중이 없다.

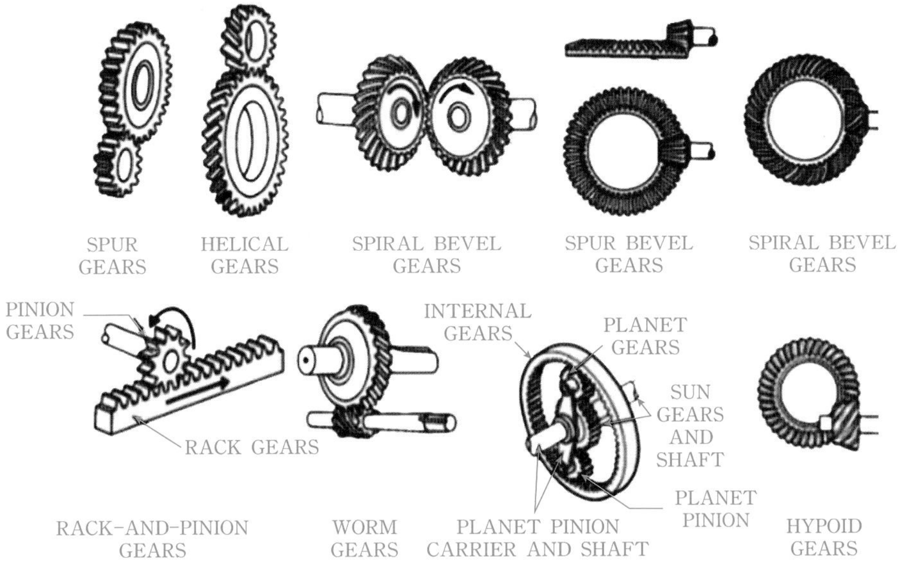


[그림 3-15]

## 05 Bearing 기능과 종류

### 1. 기능

마찰 및 응력을 줄이면서 회전 또는 직선 운동을 가능하게 하여 속도와 효율성을 향상시키는 장치로써 회전축 지지, 축에 작용하는 하중을 흡수하며 하중이 걸리는 방향에 따라 원주방향 하중(Radial load)은 하중이 걸리는 방향이 축에 직각인 방향(가로/지름방향)의 하중을 말하며 축 방향 하중(Axial/Thrust load)은 하중이 축의 중심선 방향(세로 방향)으로 작용하는 힘을 말한다.

### 2. Bearing 종류

(1) 구조(축과 베어링의 접촉방법)에 의한 분류

(a) Plain(Sliding) bearing)

면 접촉이기 때문에 축이 회전할 때 마찰 저항이 Rolling bearing보다 크지만, 하중을 지지하는 능력이 크고, 원주방향 하중(Radial load)만을 담당하므로 저 출력 엔진의 Crankshaft 또는 Cam shaft에 적용한다.

(b) Rolling bearing

Bearing의 접촉면인 내륜(Inner race)과 외륜(Outer race)사이에 Ball, Roller, Niddle을 넣어 마찰저항을 작게 하므로 Plain bearing보다 마찰이나 동력 손실이 적다.

① Roller bearing

선 접촉으로 회전마찰이 적어 고속 회전에 적합하고 고 출력 엔진의 크랭크 사프트(Crankshaft)를 지지하는 주 베어링으로 사용되고, 롤러가 마찰을 제거하며 직선 롤러 베어링(Straight roller bearing)은 원주방향 하중(Radial load)만 담당하고 경사 롤러 베어링(Taper roller bearing)은 원주방향 하중과 축 방향 하중(Axial/thrust load)을 동시에 담당한다.

② Ball bearing

점 접촉으로 고속 저 하중에 적합하여 대형 성형기관이나 Gas turbine engine에 적용되며 마찰이 적고 원주방향 하중과 축 방향 하중을담당한다.

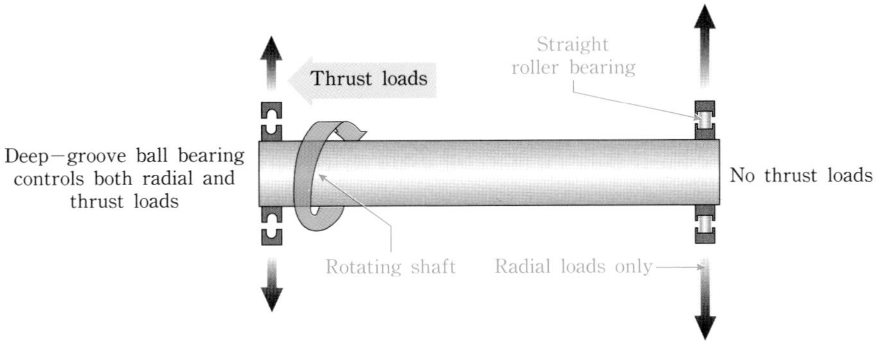


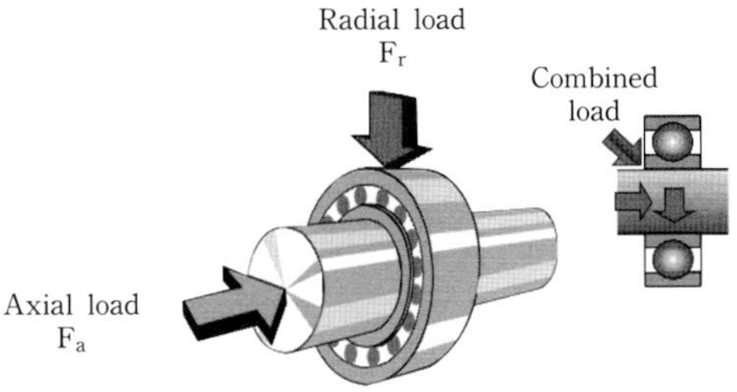


[Bearing loads]

[그림 3-16]

## 01 헬리콥터 진동(Helicopter vibration characteristics)

헬리콥터는 고정익과 달리 날개가 회전하는 복잡한 구조로 인해 과도한 진동으로 회전 부품의 조기 마모 및 고장의 원인이 되므로 기체의 진동 수준을 최소화하여 비행하는 것이 헬리콥터의 안전성 및 부품 수명을 보장하기 위해 필수적이다.
진동의 원인이 되는 회전부품으로는 메인 로터 계통, 테일 로터 계통, 메인 기어 박스, 엔진 및 오일 쿨러 팬 등이 있으며 기체에 전달되는 진동에는 메인 로터 계통에서 오는 수직 진동과 수평 진동(Main rotor vertical vibration 및 Lateral vibration) 및 테일 로터 계통에서 오는 고주파 진동이 있고, 이런 진동을 감소시키거나 제거하지 않으면 구조적 부품의 피로 현상 누적과 승무원 탑승감 저하, 계기 판독 어려움 등이 있으므로 진동 해소를 위해서는 진동이 어떤 종류의 진동인지를 알아야 한다.

## 02 진동의 형태(Vibration type)

### 1. 주파수에 따른 빈동(Frequency vibration)

(1) 극 저주파 진동(Extreme low frequency)
극 저주파 진동은 1회전 당 진동(1/Revolution vibration)이 한번 미만의 진동으로 메인 기어 박스 장착 방식인 서스펜드 기어 박스 마운트(Suspended gear box mount type/Bell206)에서 메인 로터, 메인 로터 회전축, 기어 박스 계통에서 초당 2~3회 주기적으로 발생하는 진동을 파일런 록(Pylon rock)이라 하며 이러한 진동을 흡수하기 위해 기어 박스 마운트에 진동 흡수장치인 댐퍼(Dampers)가 장착되어 있고, 제자리 비행 시에 사이클릭 스틱을 초당 약 1회의 앞, 뒤로 이동하면 진동이 발생하다가 사이클릭 스틱 움직임을 멈추면 진동이 없어진다.

(2) 저주파수 진동(Low frequency vibration)
메인 로터 회전 시에 Gust로 인한 양력 불균형으로 발생하는 1/rev 및 2/rev 진동을 말하며 1/rev 진동은 메인 로터가 1회전할 때마다 1회씩 진동이 발생하는 것으로 수직 또는 수평 진동의 두 가지 유형이 있다.

**참고** **N(Blade 수) Per Rev vibration**

메인 로터 헤드에 장착된 블레이드 수의 함수관계로써 블레이드가 4개가 장착되어 있으면 고유의 4/rev(4 Per revolution frequency)이고 5개가 장착되어 있으면 5/rev 진동이 발생하는데 주 원인은 블레이드가 회전하는 동안 하향풍(Down-wash)으로 인해 상대풍이 변함에 따라 받음각이 변하게 되어 양력 불균형이 발생되는데 이를 해소하기 위해 일어나는 블레이드의 플래핑(Blade up-down flapping) 운동과 블레이드 회전 시 하향풍이 기체에 영향을 주는 기체간섭(Airframe interference)으로 블레이드 뿌리(Root) 부분이 팁(Tip)쪽보다 양력 발생이 적어 발생한다.

(a) 수직진동(Vertical vibration)

어느 하나의 블레이드가 다른 블레이드에 비해 더 많은 양력 차이로 발생하는 궤적의 불일치(Out of track)에서 오는 진동으로 메인 로터 헤드(Main rotor head) 교환 및 메인 로터 블레이드 등을 교환 시에는 메인 로터 트랙킹(Main rotor tracking)을 수행해서 해소해야 하며 수직진동 해소 시에는 Span 축에 대한 블레이드의 C.G 불일치로 Chord balancing에 영향을 미친다.

(b) 수평진동(Lateral vibration)

수평진동은 블레이드 회전면(Main rotor blade disk)의 질량 분포의 불일치, Span moment arm의 차이, 또는 허브의 불균형 때문에 발생하고, 메인 로터 블레이드 가로방향 불평형(Blade span-wise unbalance) 및 세로 방향 불평형(Chord-wise unbalance)에서 오는 진동으로 메인 로터 평형(Main rotor balancing)작업을 수행해서 해소해야 한다.

(3) 중 주파 진동(Medium frequency)

1회전 시 4~6회 진동(6,000~12,000회/분)을 말하며 3개 이상 장착된 블레이드 계통(Multi-bladed systems)에서 발생되는 구조적 손상, 또는 외부 부하로 인한 진동으로 진동의 주 원인으로는 진동을 흡수하는 동체 또는 착륙장치와 같은 부품의 느슨한 장착 상태(Loose hardware) 또는 부품 및 베어링 마모 등에서 오는 것이다.

(4) 고 주파 진동(High frequency vibration)

테일 로터와 같이 고속으로 회전하는 부품인 엔진, 오일 쿨러 팬 등에서 발생되는 것으로 구성품 마모 방지 및 고정부품이 회전부품과 공진하여 피로파괴를 일으키므로 진동을 최소의 수준으로 유지해야 하며 관련 부품의 장착 상태, 부품 마모 및 베어링 유격여부 등이 원인이므로 교범에 따라 검사하여야 한다.

**참고**

- 주파 진동은 일반적으로 메인 로터의 회전이 방해받을 때 발생
- 중 주파 진동은 항공기 부품의 장착상태 및 부품마모 여부 등으로 인해 발생
- 고 주파 진동은 고속으로 회전하는 부품에서 발생

## 03 트랙킹(Tracking/궤적점검) 방법과 절차

### 1. 트랙킹(Tracking/궤적점검) 방법

메인 로터 블레이드가 회전할 때 모든 블레이드가 같은 회전면 안에서 움직이는지 궤적을 검사하는 것으로 블레이드가 궤적을 벗어나면(Out of track) 1:1 수직 진동이 발생하고, 메인 로터 헤드(Main rotor head), 피치 컨트롤 로드(Pitch control rod) 및 블레이드 교환 시에는 트랙킹을 해야 한다.

(1) 스틱(Stick/막대) 방식

지상에서만 가능하며 물감을 고무조각에 묻혀 회전중인 블레이드에 접촉시켜 블레이드가 지나가는 궤적을 비교하는 방식으로 한쪽 블레이드만 닿았을 경우에는 다른 쪽 블레이드의 정확한 위치 결정이 안 되는 단점이 있다.

(2) 프래그(Flag/깃발) 방식

지상에서만 가능하며 천으로 된 프래그에 블레이드 팁(Tip) 쪽에 서로 다른 색깔로 칠을 하여 블레이드에 닿게 하여 블레이드 위치를 알 수 있다.

(3) 광 반사 방식(Light reflector method)

지상 및 공중 모두 가능하며 반사판을 블레이드 팁 쪽에 기내를 향하게 장착하여 불빛을 반사판에 비추어 회전하는 블레이드 궤적(Blade track)을 비교하여 조절할 수 있다.

(4) 전자 스트로브 방식(Electronic strobe method)

지상 및 공중 모두 가능하며 블레이드 팁 쪽에 반사판을 부착하여 회전 중에 Strobe beam을 발사하여 일정한 지점을 지날 때마다 정확히 궤적이 일치하는지를 판단해 조절하는 방법이다.

### 2. 메인 로터 블레이드 트랙킹 절차

(1) 메인 로터 블레이드 트랙킹 준비

(a) 관련 궤적 및 균형 점검 장비를 제작사 교범에 따라 장착을 한다.

(b) 각각의 블레이드와 관련된 진동의 위치를 제공하는 마그네틱 픽업(Magnetic pick up)과 진동의 크기를 제공하는 가속도계(Accelerometer/Velocimeter)와 간격을 맞추어 장착하며 가로방향 가속도계(Lateral accelerometer)는 헬리콥터 진행 방향의 수평방향으로 메인 기어 박스 좌측에 장착하고 수직방향 가속도계(Vertical accelerometer)는 조종석 계기판 좌측 하부에 헬리콥터 진행 방향의 수직방향으로 장착한다.(그림 4-1)

(c) 타겟 블레이드(Target blade/표식)의 장착

마그네틱 픽업과 이중 인터럽터(Double interrupter)가 일치하는 블레이드를 타겟 블레이드로 정하여 회전방향 순서대로 블레이드 팁쪽에 반사판(Reflector)을 조종석에서 볼 수 있도록 장착한다.

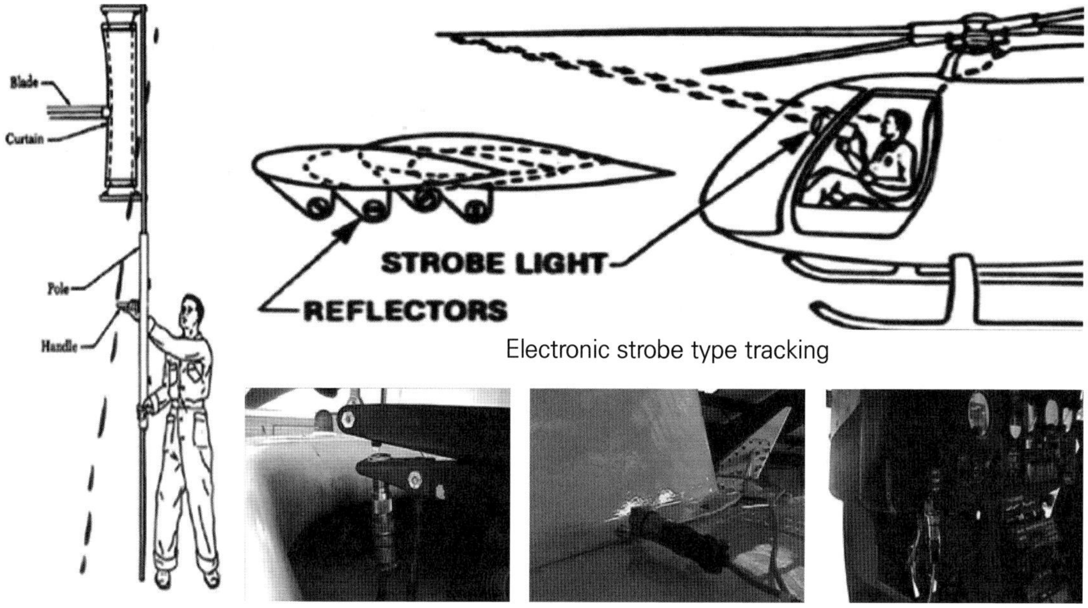


Electronic strobe type tracking

Flag type tracking　Magnetic pick up　Horizontal accelerometer　Vertical accelerometer

[그림 4-1]

(2) 작업조건

(a) 무풍이어야 하고 항공기는 정풍이여야 하며 풍속은 6노트를 초과해서는 안 된다.

(b) 사용된 블레이드는 트림 탭(Trim tab)이 중립위치(Neutral position)로 일치하는지 확인하고 그렇지 않으면 일치시킨다.

(c) 시동 시에 Cyclic stick rocking(Stick이 안 움직이는 현상) 또는 Cyclic stick shaking (스틱이 떨리는 현상) 현상은 블레이드 위치(Blade phasing) 불량이므로 궤적 점검 시작하기 전에 블레이드 페이징(Blade phasing) 작업을 수행해야 하며 메인 로터 계통 균형점검(Main rotor system balance)은 궤적 점검 완료 후에 수행한다.

(3) 메인 로터 블레이드 트랙킹 절차(369D MODEL)

어느 한 블레이드와 다른 블레이드에 의해 발생된 양력 불균형으로 인해 발생되는 수직진동(Vertical vibration)은 블레이드가 회전하는 동안 공기 역학적으로 일치하면 블레이드가 단일 궤적 내에서 움직이게 되어 진동이 감소하며 부적절한 피치 체인지 로드(Pitch change rod) 및 트림 탭(Trim tab) 조절 불량이 주 원인이므로 메인 로터 조종계통의 작업을 했을 경우에는 트랙킹과 바란싱을 수행하여야 한다.

(a) 지상 트랙킹(Ground tracking)

헬리콥터 정비 후 처음 시동 시에 진동에 의한 손상을 최소화하는데 있으므로 트랙킹하기 전에 모든 블레이드의 피치 체인지 로드 길이 조절이 정확한지 확인하여야 한다.

① 지상 저 회전 궤적 점검(Ground idle rpm tracking)

ⓐ 헬리콥터 총 무게(Gross weight)를 교범에 따라 맞춘다.

ⓑ 모든 피치 체인지 로드 길이는 블레이드 각(받음각과 동일 시)을 변화시키므로 똑같이 맞추어야 하며 같지 않으면 길이를 조절을 한다.

ⓒ 메인로터 회전수를 완속(Idle speed)으로 조절한다.

ⓓ 컬랙티브 스틱을 최대 하향(Full down)시켜 블레이드 각(Blade angle)을 평 피치(Flat pitch)로 한다

ⓔ 피치 체인지 로드 조절은 로터 헤드에서의 블레이드 각을 변화시켜 블레이드 양력을 변화시키고 또한 비행속도 전반에 걸쳐 팁 경로 평면(Tip path plane)이 변경되어 큰 항력 변화가 수평 방향 불균형을 초래해 수평 진동(Lateral vibration) 발생에 영향을 주므로 블레이드 궤적을 보면서 궤적이 불일치(Out of track)하면 피치 체인지 로드 길이를 조절하여 궤적을 일치(On track)시킨다.

- 피치 체인지 로드 조절 방법

  궤적을 일치시키기 위해 블레이드를 올리려면 피치 체인지 로드를 1/6 돌리면(One flat) 블레이드가 약 1/4[inch] 올라가고 반대로 1/6 돌리면 피치 체인지 로드 길이가 짧아져 블레이드가 약 1/4[inch] 내려가며 피치 체인지 로드 엔드 베어링(End bearing) 움직임이 자유로워야 하며 잼 너트(Jam nut)를 조인 후에 안전선(Safety wire)을 한다.

② 지상 고 회전 궤적 점검(Ground flight rpm tracking) (그림 4-2)

ⓐ 컬랙티브 스틱을 최대 하향으로 하여 블레이드 각을 평 피치로 한다.

ⓑ 교범에 따라 메인 로터 회전수(NR/N2 rpm)을 비행 회전수(Flight rpm)으로 증가시킨다.

ⓒ 궤적이 불일치하면 궤적이 허용치 이내 일 때까지 블레이드 탭을 조절해야 하며 허용치는 반사경(Reflector) 직경의 1/4[inch]이므로 이내이면 제자리 비행을 하면서 블레이드 궤적이 변하였는지를 확인한다(Hover verification).

| | |
|---|---|
| 참고 | One full reflector diameter가 1/2[inch]이므로 Tip cap reflector가 1/2[inch] 정도 차이가 나면 블레이드 팁은 1/4[inch]정도 올라가거나 내려간 상태가되므로 궤적이 불일치된 상태이고, Blade track tolerance는 일반적으로 ±25[inch]이다. |

㉠ 블레이드 트림 탭(Blade trim Tab) 조절

블레이드 트림 탭 조절은 공기 역학적으로 블레이드의 비틀림과 양력을 변화시키고 고속에서는 팁 경로 평면이 변화되므로 작은 항력 변화로 인해 수평 진동(Lateral vibration)에 영향을 주고, 블레이드를 올리려면 트림 탭을 중심위치에서 위쪽으로 구부리고(Bending up) 반대로 내릴려면 Trim tab을 중심에서 아래쪽으로 구부린다(Bending down).

㉡ 트림 탭을 조절 할 때 과도한 구부림(Bending)은 블레이드 팁 쪽에서 트림탭이 분리되는(De-bonding) 현상이 발생하므로 중립위치를 중심으로 5° 이상 위, 아래쪽으로 구부려서는 안 되며 트림 탭 조절 후 컬렉티브 스틱이 가벼워지는 현상(Collective stick up-load) 또는 무거워지는 현상(Collective stick down load)이 일어날 수 있으나 궤적 점검 과정에서 해소될 수도 있다.

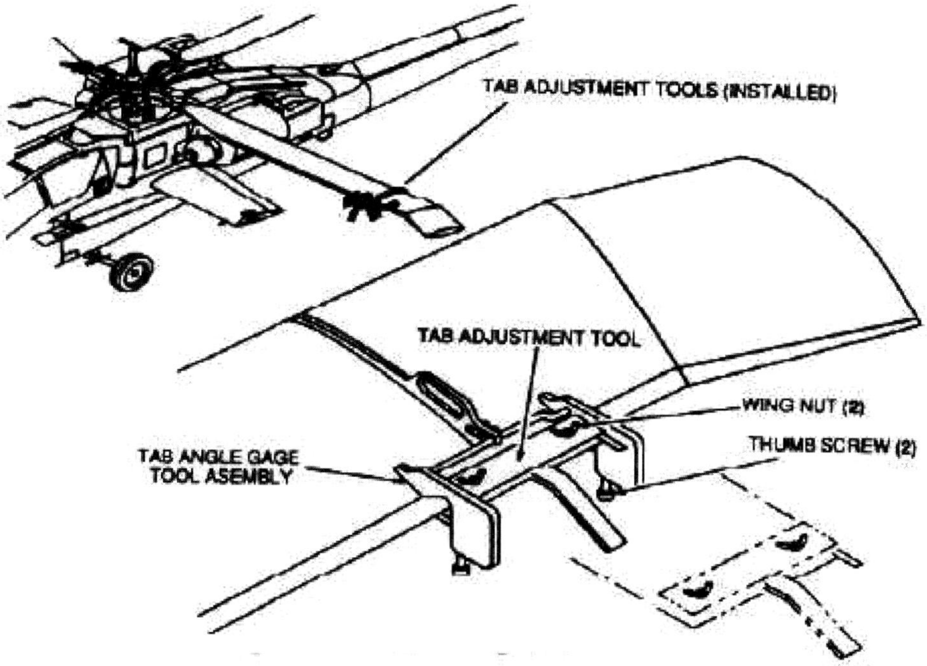


(그림 4-2)

(b) 제자리 비행 궤적 점검(Hovering track verification/Check)

지상 궤적점검은 블레이드를 평 피치(Flat pitch) 상태에서 수행하였지만 제자리 비행에서는 헬리콥터가 블레이드 각을 갖고 양력을 발생시켜 헬리콥터가 상승을 한 상태이므로 비행 중 궤적점검(Forward flight tracking)을 하기 전에 제자리 비행 시에 궤적 변화를 확인하여야 하며 궤적의 큰 변화는 블레이드 리드-래그(Lead-lag) 운동으로 인한 수평 진동의 원인인 블레이드 세로방향 균형(Chord-wise balance)이 허용치를 벗어난 것으로

비행중 궤적점검 시에 해소 될 수 있으므로 피치 체인지 로드 또는 블레이드 트림 탭을 조절해서는 안 되며 비행 중 Tracking 완료 후에 수직 진동이 없을 경우에 수행해야 하고, 과도한 수평 진동이 발생한 경우에만 수정을 한다.

(c) 전진비행 중 궤적점검(Forward flight tracking)

전진 비행 중에 전진익은 후퇴익보다 훨씬 높은 대기 속도로 회전하기 때문에 더 큰 양력 발생과 더 큰 항력을 발생하므로 로터 블레이드의 트림 탭을 조정하면 블레이드의 공기역학적인 비틀림력 변화로 양력 계수가 수정되어 양력 변화가 발생하므로 양력 대 대기속도가 다른 블레이드와 일치하도록 수정되어 블레이드가 일정한 궤적을 갖고 회전을 하여야 전진 비행 시 진동이 최소화된다.

① 교범에 따라 속도별로 궤적 점검을 수행한다.

② 속도에 따라 블레이드 트림 탭 위치를 선택하여 조절한다.

비행 중 궤적점검에서 블레이드 탭 조절은 블레이드 받음각(피치 각)이 변하여 메인 로터 팁 경로가 변하여 블레이드 항력이 증가하거나 감소하며 항력의 변화는 블레이드가 앞으로 가려는 경향(Lead) 또는 뒤로 가려는 경향(Lag)이 있어서 수평방향 불균형을 초래하여 수평 진동을 발생시킨다.

③ 항공기 속도가 빠를수록 블레이드 뿌리(Root )쪽으로 트림 탭을 상, 하로구부리며 하강 블레이드(Diving blade)와 상승 블레이드(Climing blade)는 지상궤적 점검 또는 제자리 비행 시 궤적 확인 시에 어느 한 블레이드가 궤적은 맞았지만 전진비행 시에 궤적이 맞지 않는 하강, 상승하는 블레이드를 말하며 이러한 현상이 나타나는 것은 블레이드의 탄력성으로 인해 생기는 것으로 금속 재질인 블레이드 보다 목재 블레이드에서 더 자주 발생한다. (그림 4-3)

(d) 45° 선회(Bank turn) 비행

① 100[knots]에서 45° 선회 비행(Banked turns)을 하면서 블레이드 궤적을 관찰하면서 전진수평 비행 시와 궤적을 비교한다.

② 어느 한 블레이드가 1[inch] 이상 궤적이 벗어나면 블레이드 세로방향 불균형(Chord-wise unbalance/Center of gravity)이므로 조절을 하지 말고 제작사로 보낸다.

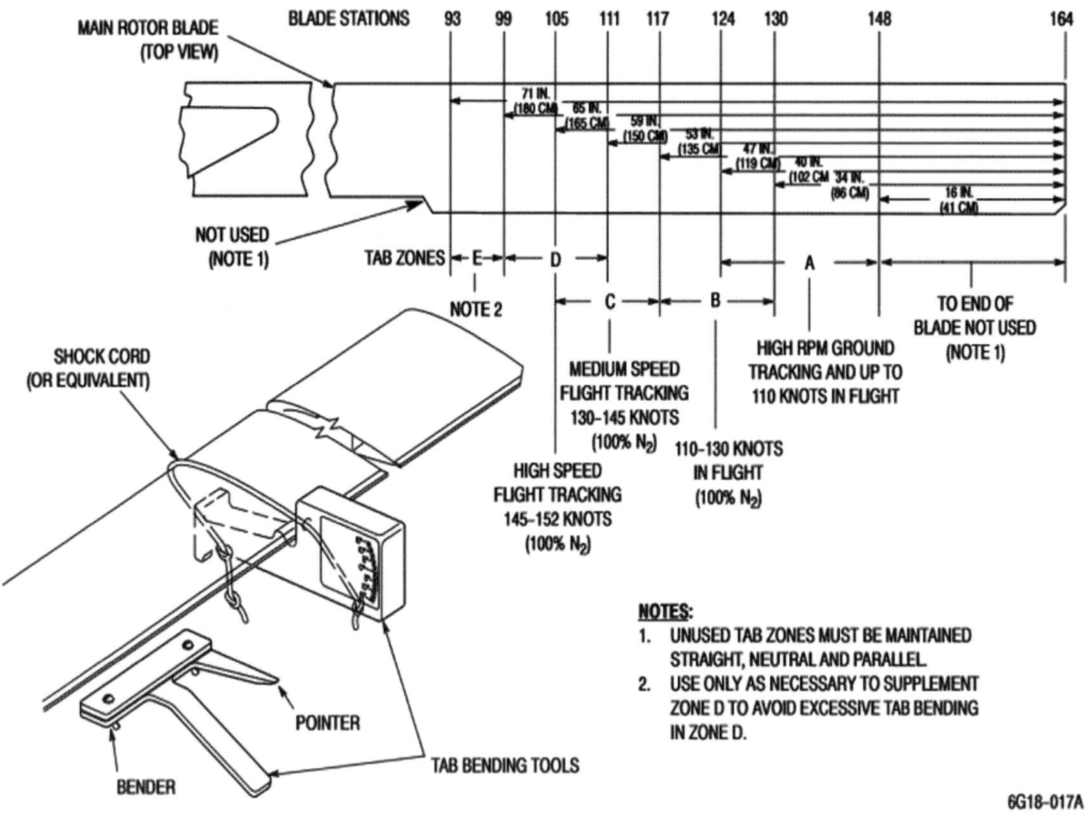


[그림 4-3]

## 3. 메인 로터 블레이드 바란싱(Main rotor blade balancing)

공기역학적 불균형(Aero-dynamic un-balancing)에서 발생하는 수직진동의 원인은 궤적을 벗어난 블레이드에서 오는 것이며 블레이드의 질량 불균형에서(Un-balancing) 오는 수평진동은 블레이드의 질량분포(Distribution of mass) 불균형이 원인으로 세로 방향(시위 방향/Chord-wise) 및 가로 방향(날개 방향/Span-wise)과 두 가지 조합으로 나누어지며 제작 공정 시에 질량 및 가로 방향 무게중심(Span-wise C of G), 모멘트 암(Moment arm)과 세로 방향 무게중심(Chord C of G)/모멘트 암(Moment arm)을 측정하여 허용치 이내로 만들어지므로 헬리콥터 운영자는 거의 수행하지 않는다.

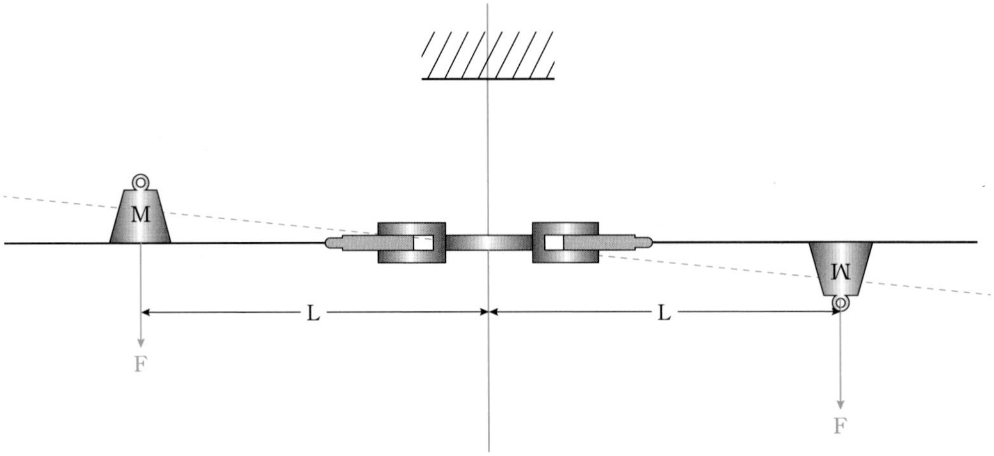


[그림 4-4]

> **참고** **동적 균형**
>
> 블레이드가 정적 균형으로 힘과 모멘트는 안정되어 있어도 한 블레이드의 무게중심이 Up flapping 운동이면 회전축과 가까져서 회전속도가 빨라지고(Lead 현상) Down flapping이면 멀어져서 회전속도가 느려지므로(Lag 현상) 동적으로 불균형한 상태가 되며 블레이드가 회전하면서 두 무게중심이 블레이드 회전 평면을 따라 일치되려고 시도하면서 블레이드의 무게중심이 각 운동량(무게를 맞추기 위해)을 같게 하기 위해 경로를 변경하게 되어 가로방향 진동을 유발되고, 동적 균형이 필요하게 되므로 Main rotor balancing을 수행해야 한다.

## 4. 메인 로터 블레이드 정적 균형(Static balancing)

(1) 세로방향 균형(Chord-wise balancing) (그림 4-5)

블레이드 무게중심이 트레일링 에지(Blade trailing edge) 쪽으로 다른 블레이드보다 더 무거워 발생하고, 블레이드의 진동과 비틀어짐의 결과를 가져오므로 모든 블레이드가 동일한 궤적으로 회전하려면 정적 세로 방향 모멘트(Static chord moment)는 제작 시에 블레이드 스파의 앞전(Leading edge)을 따라 무게 추(Balance weight)로 조절하며 평형 작업 시에 메인 로터 헤드(Main rotor head) 또는 블레이드 뿌리(Blade root)쪽에서 무게 추(Balance weight)로 조절할 수 있다.

(a) 이상적인 정적 균형(Ideal chord C of G)일 때

컬렉티브 피치가 증가하거나 감소해도 블레이드 궤적이 일정, Under-balance는 바람직

하지 않은 비행 성능이 유발되어 허용되지 않으며 Overbalance로 조절되어야 비행 성능이 향상된다.

(b) 무게중심이 뒤에(Aft chord C of G) 있을 때(Under-balance)

블레이드를 Balance stand에 놓았을 때 수평 위치 아래로 Trailing edge가 아래로 이동하는 것으로(+ 부호) 메인 로터 블레이드 궤적이 컬렉티브 피치가 증가하면 블레이드가 상승하려는 경향(Climbing blade) 경향이 발생하므로 세로방향 무게중심(Chord C of G)을 앞쪽으로 이동시켜 블레이드 상승하려는 경향을 감소시킨다.

(c) 무게중심이 앞에(Forward chord C of G)있을 때

블레이드를 Balance stand에 놓았을 때 수평 위치 위로 Trailing edge가 올라가는 것으로(- 부호) 메인 로터 블레이드 궤적이 컬렉티브 피치가 증가하면 블레이드를 하강시키려는 경향(Diving blade)이 발생하므로 무게중심을 뒤쪽으로 이동하여 블레이드가 하향하려는 경향을 감소시킨다.

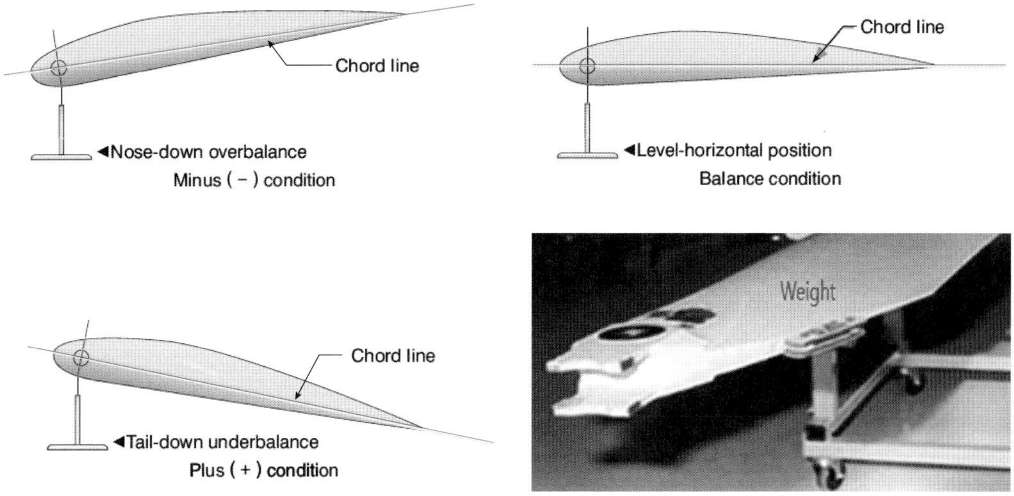


[그림 4-5]

(2) 가로방향 균형(Span-wise balancing) (그림 4-6)

가로 방향 불균형(Span-wise unbalance)은 로터의 회전축이 실제 회전면 축과 어긋나는 결과를 가져오며 하나의 블레이드 또는 메인 헤드가 다른 블레이드보다 무겁거나 하나의 블레이드의 가로방향 거리(Span moment arm)가 다른 블레이드와 상이하기 때문에 발생하므로 블레이드 스파(Blade spar)의 바깥쪽과 뒷전 부분에 또는 메인 로터 블레이드 장착 볼트에 무게를 추가 또는 제거하여 조절을 할 수가 있고, 정적 균형이 완료된 후에 동적 균형(Dynamic balancing)을 실시하며 동적 가로방향 균형은 메인 로터 블레이드 댐퍼 길이를 길게 또는 짧게 하여 수행한다.

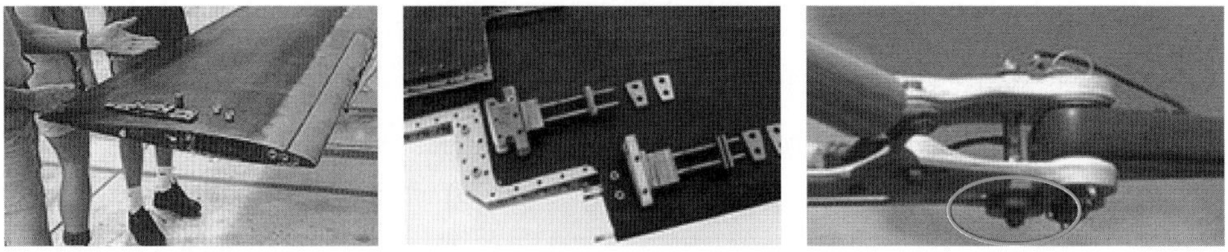

[그림 4-6]

(a) 가로방향 모멘트 변화(Span moment arm migration)

메인 로터 블레이드를 장시간 사용하므로 발생되는 결함에 따른 수리시 무게 변화로 정적 불균형을 초래하는 원인은 다음과 같다.

① 운용 중 블레이드 앞전(Leading edge)에 모래 및 이물질에 부딪혀 일어나는 마모와 침식(Blade wear/Erosion)으로 인해 블레이드 수리 후 페인트로 표면 처리할 때 블레이드 무게가 표면에서 불규칙적으로 증가하여 이동 한다.

② 부적절한 블레이드 무게 조절

관성 모멘트 및 각 운동량은 무게중심하고 거리와 관련이 있으므로 세로방향(Chord-wise) 쪽에는 모멘트 암(Moment arm)의 변화는 거의 없으나 반대로 가로 방향(Span-wise)쪽에는 모멘트 암이 크므로 가로방향의 수리는 세로방향 수리보다 관성 모멘트 및 각 운동량이 훨씬 더 큰 영향을 미친다.

③ 블레이드 내부에 고인 물

블레이드 내부로 물의 침투 및 내부에 고인 물은 블레이드 수리와 같이 무게 변화를 초래한다.

## 5. 메인 로터 블레이드 동적 균형(Main rotor blade dynamic balancing)

(1) Vertical vibration(수직진동)

사이클릭 스틱이 밀리거나 컬랙티브 스틱이 내려가려는 현상은 메인 로터 블레이드 궤적 점검 과정에서 트림 탭을 조절함으로써 나타나는 현상이므로 블레이드 스위핑(Blade sweeping)을 실시하면 해소되어진다.

(2) Lateral vibration(측면진동)

수직 진동이 완료된 후에 실시하여야 하며 세로 방향 균형보다는 가로 방향 균형을 먼저 수행해야 하며 최대 진동 허용치는 0.2[ips](inches persecond) 이하이며 로터 헤드 쪽 또는 블레이드 끝에 무게를 추가하거나 감소시키면 블레이드 질량만 변하므로 팁 경로 평면(Tip path plane)에는 변화가 없어서 영향을 주지 않으나 수평 진동에는 큰 영향을 주는 특징이 있으며 세로방향의 무게변화(Chord-wise weight)는 컬렉티브 스틱에 작용하는 힘의 변화에 따라 팁 경로가 변하므로 수직 진동을 발생시키고 정지 시, 지상 작동 시 또는 제자리 비행에서는 수평진동을 발생시킨다.

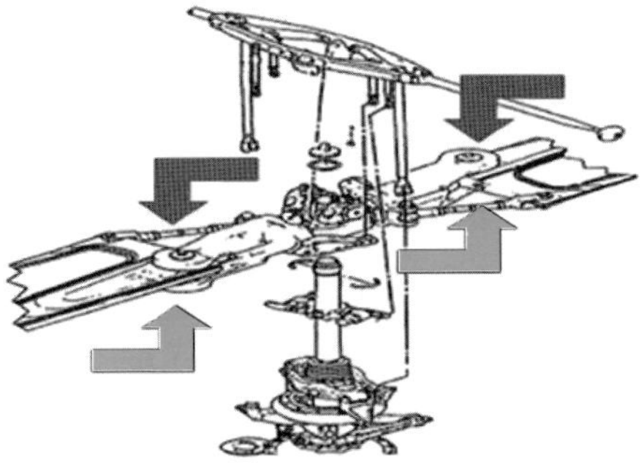

➡ Span Moment Static Balance Correction Weights
-M/R BLADE INSTALLATION BOLT에 WEIGHT추가

➡ Dynamic RTB Lateral Corrention Weights
-M/R BLADE BLADE LEAD-LAG HINGE 조절

[그림 4-7]

(a) 블레이드 세로 방향(Chord-wise) 및 가로방향(Span-wise) 불균형 구별법

테이프를 한쪽 블레이드 끝에 붙이고 제자리 비행을 실시했을 때 측면 진동이 감소했다가 잠시 후 다시 증가하면 Chord-wise 불균형이므로 블레이드의 Chord-wise 무게 중심을 조정해야 하며 테이프를 한쪽 블레이드 끝에 붙이고 제자리 비행을 실시했을 때 진동이 증가하면 테이프를 제거하고 반대쪽 블레이드에 붙인 후 제자리 비행을실시했을 때 진동이 감소하면 Span-wise 불균형이다.

(b) 가로방향 동적 균형(Span-wise dynamic balancing) 수정 절차

블레이드 팁 쪽 무게를 조절하면 로터 블레이드 질량이 변하므로 팁 경로에는 영향을 주지 않지만 수평진동에는 큰 영향을 미친다. 임의로 어느 한 메인 로터 헤드 쪽의 블레이드 장착 볼트(Blade retaining bolt) 또는 블레이드 팁 쪽에 무게를 추가 후 제자리 비행을 실시했을 때 진동이 증가하면 블레이드 선택을 잘못한 것이므로 무게를 제거하고 반대편 쪽 블레이드에 추가하면서 진동을 한계치 이내로 줄이고, 조절이 불가할 경우 메인 로터 헤드 또는 블레이드를 교환해야 하며 메인 로터 헤드 쪽의 블레이드 장착 볼트에 무게를 추가, 감소하는 것은 수평진동에 팁 쪽 무게를 추가, 감소하는 것보다 큰 영향을 준다.

(c) 세로방향 동적 균형 수정 방법

임의로 어느 한 메인 로터 블레이드 댐퍼(Main rotor blade damper) 길이를 짧게 하여 블레이드를 뒤쪽으로 이동시킨 후 다시 제자리 비행을 했을 때 수평진동이 증가하면 블레이드 선택을 잘못한 것이므로 댐퍼 길이를 원위치 시키고 반대 방향의 블레이드 댐퍼를 선택하여 원하는 진동 허용치에 도달할 때 까지 반복 수행하고,(Blade sweeping) 조절할 때는 블레이드를 앞으로 이동시키는 것보다 뒤로 움직이는 것이 비행 안정성이 좋으며 수정하기 전 블레이드 댐퍼를 잘못 선택했을 경우에 원 위치시키기 위해 작업 편의 상 모든 댐퍼 힌지(Damper hinge)에 표시를 하고 완료되면 안전결선(Safety wire)을 한다.

(4) 복합적 불균형(Combined unbalance) 수정 방법

메인로터 계통에 복합적으로 발생되는 세로방향과 가로방향 불균형이 있을 때는 가로방향 균형이 이루어 졌어도 세로방향 불균형이 내재되어 있으므로 개별적으로 수정해야 하며 해소되지 않으면 메인 로터 헤드 및 비행제어 계통(Flight control system)의 부품을 검사한다. (Loose, Worn, Crackedparts, Teflon bearings 등)

## 6. Main rotor blade alignment(블레이드 정렬)

메인 로터 계통은 무게가 크고 거리가 길어 균형에 많은 영향을 주며 질량 분포가 회전 축 중심을 가로질러 균형을 이루도록 하는 것으로 메인 로터 고정형(Rigid rotor type) 및 반고정형(Semi-rigid rotor type) 계통에서만 적용된다.

완전 관절형(Fully articulated rotor type) 계통은 회전 시에 원심력이 증가하면서 블레이드를 방사형 위치로 당겨져서 회전축 중심을 가로지르게 되어 자동으로 정렬되어 일치하고 회전축 중심의 한쪽의 무게가 큰 것으로 인한 불일치로 균형에 영향을 주는 것이 수평 진동의 원인이며 지상에서 수행되는 일종의 세로방향의 불균형을 해소하는 방법을 말한다.

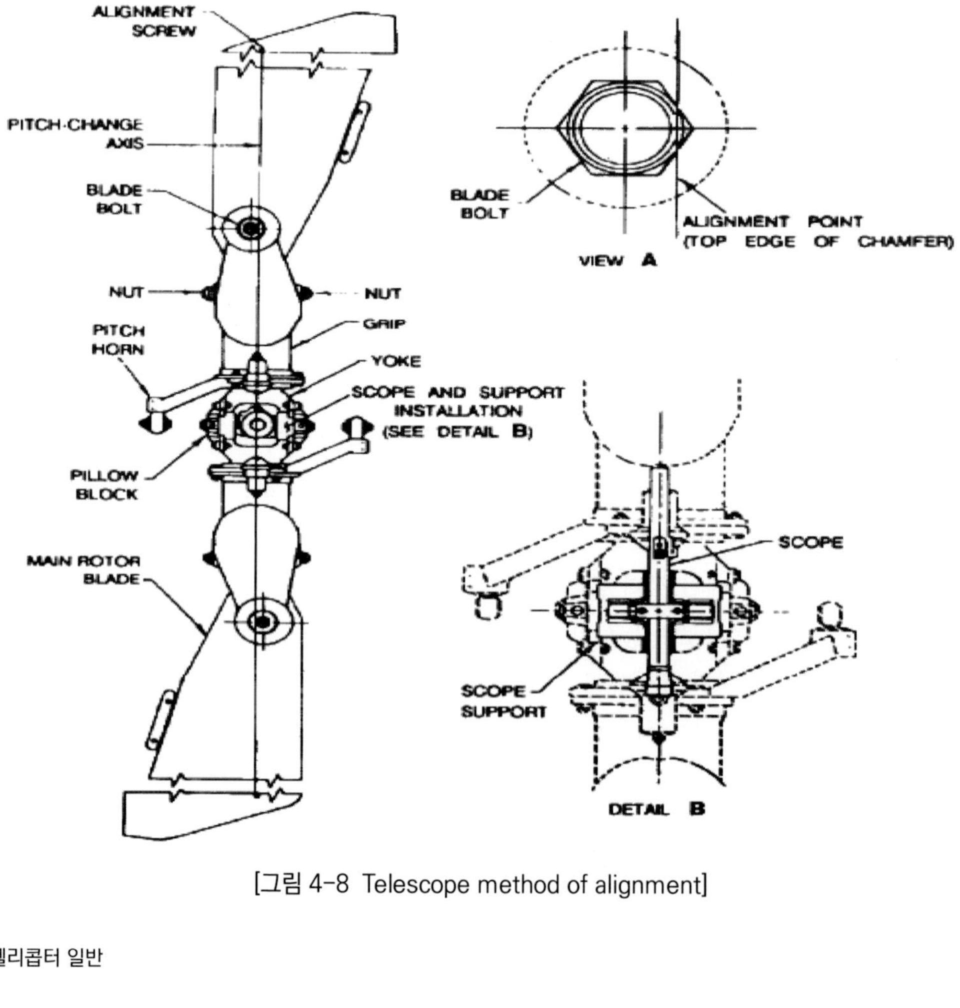


[그림 4-8 Telescope method of alignment]

(1) 텔레스코프 방식(Telescope method)

(a) 텔레스코프를 고정하기 위한 고정 장치(Fixture)를 메인 로터 헤드의 회전 축 중심 위에 장착하여 텔레스코프의 수직 십자선(+)이 메인 로터 블레이드 정렬점(Main rotor blade alignment point)과 일치하는지 확인한다.

(b) 정렬점이 드래그 브레이스(Drag brace/Latch pin)을 조절하여 짧게 또는 길게하여 블레이드를 블레이드의 정렬점 표시인 페더링 축(Feathering axis)에 맞춰 블레이드 팁 쪽에 있는 리벳(Rivet)과 일치시키면 블레이드와 메인 로터 헤드와의 관계를 일정하게 하여 블레이드 무게중심과 압력 중심이 일치시키는 것으로 한쪽 블레이드가 완료된다. 같은 방법으로 반대편 블레이드도 정렬점과 일치시키고 텔레스코프의 수직 십자선이 두 블레이드의 리벳 중심과 일치하는지 확인한다.

## 7. Blade sweeping

Semi- rigid type head 계통에서 New blade나 M/R head 구성품의 장착 후에 Blade alignment가 완료 된 후에 Lead-lag 축에 대해 Main rotor damper(Drag brace) 길이를 길게 또는 짧게 하여 Blade 회전면을 앞, 뒤로 이동시켜 세로 방향 동적 균형(Chord-wise balance)을 해소하기 위해 하는 것으로 블레이드 무게 중심이 변하면 로터 헤드의 무게 균형이 변하게 되어 모든 헬리콥터 속도에서도 질량 중심이 변하게 되고, 양력 및 수직 진동에 영향을 주게 되며 또한 블레이드 무게중심이 뒤쪽에 있으면 회전 중에 상승(Climbing blade), 무게중심이 앞쪽에 있으면 하강하려는 블레이드(Diving blade) 성질로 인한 컬렉티브 스틱이 상승, 하강하는 힘(Collective up/Down load)이 발생하는 현상을 컬랙티브 스틱이 가볍고, 무거운 현상이 발생하게 되고, 팁 경로 변화를 일으키게 되어 수직진동에 영향을 주거나 또는 지상 시운전, 제자리비행 시에 수평 진동에 영향을 준다.

## 8. 메인 로터 헤드 균형 절차(Main Rotor head Balancing(369D MODEL)

스와시플레이트에 시저스 링크(Scissors link) 무게를 상쇄시키기 위해 장착된 무게(Weights)가 없을 경우에는 그린 피치 하우징(Green pitch housing) 볼트에 3개의 AN970-3 와셔를 장착하여야 하며 절차는 아래와 같다.

(1) 메인 로터블레이드와 댐퍼를 메인 로터 헤드에서 장탈한 후 궤적 및 균형 점검(Tracking & Balancer) 장비 교범에 따라 장착하라.

(2) 엔진 회전수를 파워 터빈 회전수(N2[rpm])를 103[%]에 맞춘 후에 메인 로터 헤드 균형 점검표(Main rotor head balance chart)에 진동크기 값(Inch perseconds/IPS)과 진동방향을 분석한 후 무게(weight)와 방향을 선택하여 리드-래그 볼트(Lead-lag bolt)에 장착하며 최대 허용 중량은 150[g]을 초과해서는 안 되며 무게 조절은 리드-래그 볼트안의 스크류(Screw)

를 조이고 록크 너트(Locknut)을 느슨하게 한 후 필요에 따라 평 워셔(Flat washers)를 추가하거나 제거하면서 스크류를 고정한 다음 록크 너트를 다시 조인다.(그림 4-10)

(3) 진동크기가 0.15[ips]보다 작을 때까지 (2)항을 반복 수행하며 무게균형이 진동크기가 0.15[ips] 이하이면 록크 너트를 20~35[lbs] 토큐(Torque)로 고정시킨 후에 불균형이 발생하지 않을 정도로 씰링 컴파운드(Sealing compound)을 한 후 메인 로터 블레이드를 장착한다.(그림 4-9)

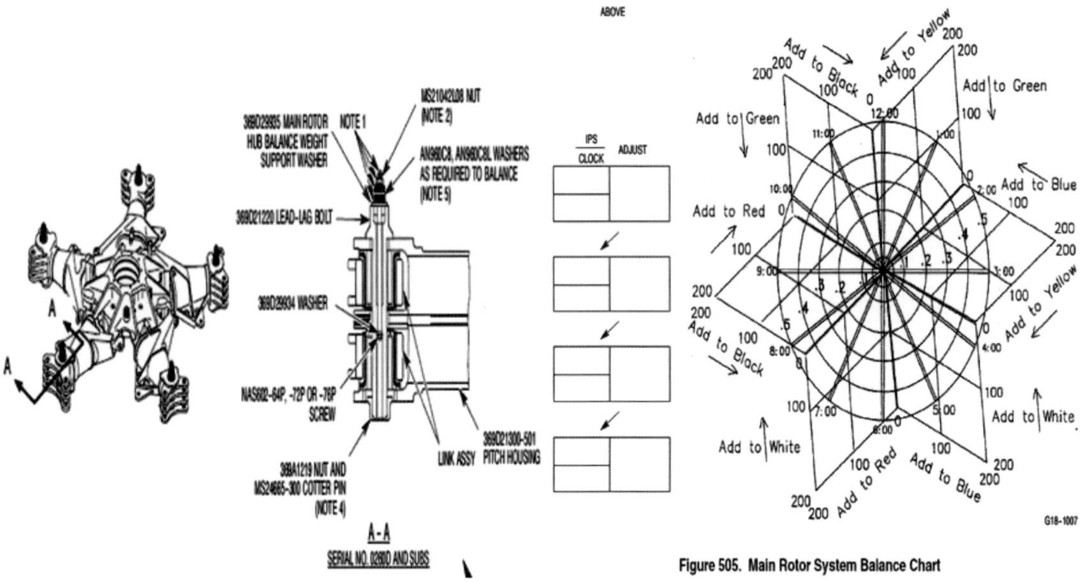


[그림 4-9 main rotor blade dynamic balancing chart]

## 04 메인 로터 자동회전 회전수(Auto-rotation rpm) 조절. (369D MODEL)

메인 로터 블레이드 궤적 점검 및 균형 점검 완료 후 또는 자동회전 회전수가 한계치를 넘었을 때 실시하며 자동회전 회전수가 규정치보다 클 경우에는 후퇴익에서는 실속이 발생하고 작으면 양력발생이 적으므로 헬리콥터 총 무게와 밀도와의 상관관계를 고려하여 교범에 의거 정확하게 맞추어 실시해야한다.

### 1. 자동회전 회전수 조절 절차

(1) 수평 비행 중에 비행 회전수(Flight rpm) 위치에서 완속 회전수(Idle rpm)으로 낮추면서 컬랙티브 스틱을 최대 하향시킨다.(Full down)

(2) 헬리콥터 총 무게(Gross weights)가 너무 무겁거나 또는 고밀도 고도에서는 메인 로터 회전수가 과속(Over speed)되면 컬랙티브 스틱을 상향시켜 메인 로터 블레이드 피치를 증가시켜 메인 로터 회전수 계기(NR indicator)를 보면서 한계치 내로 유지하면서 자동회전을 실시하여야 한다.

(3) 메인 로터 회전수 계기 지침(Needle)과 파워 터빈 회전수 계기 지침(Power turbine rpm indicator needle)이 분리 되는지를 확인하고 분리되지 않으면 프리 휠링 장치(Free wheeling unit)가 오작동일 수도 있으므로 점검을 해야 한다.

(4) 메인 로터 회전수 계기의 회전수를 기록한 후 비교표(Chart)와 비교하여 한계치 이내 인가를 확인한 후 벗어나면 메인 로터 회전수를 조절한다.



## 2. 메인 로터 회전수 조절

(1) 메인 로터 피치 컨트롤 로드(Pitch control rod)로만 회전수를 조절해야 하며 완료 후에는 재조절해서는 안 된다.

(2) 자동회전 회전수가 한계치 이상일 때는 메인 로터 피치 컨트롤 로드를 길게 해서 메인 로터 블레이드 피치를 증가시키면 항력을 증가하므로 회전수가 감소하고, 한계치 이하일 때는 메인 로터 피치 컨트롤 로드를 짧게 해서 메인 로터 블레이드 피치를 감소시키면 항력이 감소하므로 회전수가 증가한다.

(3) 조절 시에는 모든 블레이드의 메인 로터 블레이드 피치를 똑같이 길게 하거나 짧게 해야 하며 메인 로터 피치 컨트롤 로드의 한 플랫(One flat/6분의 1바퀴)은 회전수가 1[%] 변한다.

**Table 502. Autorotation Rpm Chart (369D/E)**

| Gross Wt lb/kg | Stabilized Autorotation Rpm at Density Chart | | | | | |
|---|---|---|---|---|---|---|
| | Sea Level | 1000 Ft | 2000 Ft | 3000 Ft | 4000 Ft | 5000 Ft |
| 2050/930 | 460 – 470 | 466.5 – 476.5 | 473 – 483 | 479.5 – 489.5 | 486 – 496 | 492.6 – 502.6 |
| 2150/975 | 470 – 480 | 476.5 – 486.5 | 483 – 493 | 489.5 – 499.5 | 496 – 506 | 502.6 – 512.6 |
| 2250/1021 | 480 – 490 | 486.5 – 496.5 | 493 – 503 | 499.5 – 509.5 | 506 – 516 | — |
| 2350/1066 | 490 – 500 | 496.5 – 506.5 | 503 – 513 | 509.5 – 519.5 | — | — |

NOTES:

(1) Chart values based upon 15°C (59°F) outside air temperature. At sea level, 8°C (14°F) temperature change is equal to 1000 feet (305 M) of change in density altitude.

(2) Perform autorotation rpm checks at gross weight/density altitude combinations for which rpm values are given. Blank spaces indicate that application of collective pitch may be necessary to avoid rotor overspeed.

[그림 4-10]

## 05 테일 로터 궤적 점검 및 균형 점검(Tail rotor tracking & Balancing)

테일 로터 블레이드는 메인 로터 블레이드에 비해 회전 속도가 빠르므로 테일 로터 블레이드가 불균형이면 고 주파 진동이 발생하게 되어 기체 구조 및 비행 안전에 막대한 영향을 미치므로 균형 점검 시에는 무게를 추가하는 것보다 항상 제거하는 쪽을 택하고, 최소한의 무게를 사용하여야 한다.

### 1. 테일 로터 블레이드 궤적 점검(Tail rotor blade tracking)

평형 작업하기 전에 테일 로터 블레이드를 서로 동일한 거리로 일치시켜 궤적을 일치시키는 것으로 완전 관절형 테일 로터 계통(Fully articulated tail rotor systems)은 블레이드 앞전(Leading edge)을 2° 각도로 일치시키는 것이다.

(1) 트레멜링(Trammeling) 방법

테일 로터 궤적을 트레맬 바(Trammel bar)를 사용하여 테일 로터 피치 체인지 로드(Tail rotorpitch change rod) 길이를 조절하여 궤적을 일치시키는 장치이며 트레멜 헤드(Trammel heads)에 있는 축 핀(Shaft pins)은 테일 로터 피치 체인지 로드가 교체될 때 로드 길이를 정확히 하기 위해 피치 체인지 로드의 클레비스 홀(Clevis holes)에 끼워서 조절해야 한다.

(2) 전자식(Electronic method/Strobex type) 방법

엔진을 교범에 따라 회전수를 일정하게 고정시킨 후 스트로벡스(Strobex)의 불빛을 테일 로터 블레이드에 비춰서 각각의 테일 로터 블레이드 회전하는 모양(Image)이 서로 겹쳐서 하나로 보일 때 까지 피치 체인지 로드 길이를 조절하는 방법이다.

### 2. 테일 로터 균형 점검(Tail rotor balancing)

(1) 정적 균형 점검(Static balancing)

테일 로터 균형 점검 장비인 유니버설 밸런서(Universal balancer)를 이용하여 공기 영향이 없는 밀폐된 곳에서 수직방향 및 수평방향으로 놓고서 균형을 맞추는 것으로 가로방향 균형(Span-wise balancing) 점검은 블레이드 팁 쪽이나 블레이드 장착 볼트(Blade attaching bolts)쪽에 무게(Balance washer)를 추가하거나 제거하여 수행하며 세로방향(Chord-wise balancing) 점검은 피치 암(Pitcharm/Pitch horn-to-pitch link)쪽, 또는 블레이드 뒷전(Trailing edge) 쪽에 있는 무게(Balance washers)를 추가 또는 제거하는 것이고, 볼트 길이에 따라 무게가 다르므로 볼트와 무게(Balance washers)는 필요에 따라 교범에 의거 선택하여 사용할 수 있다.

(2) 동적 균형 점검(Dynamic balancing) 절차

(a) 메인 로터 균형 점검과 같은 방법으로 블레이드 회전 모양(Blade image)을 보면서 "Verify-to-tune" 버튼을 눌러 블레이드 회전하는 모양이 어느 한 방향에서 일정하게 회전할 때

까지 조절한 후에 회전 모양의 방향이 일정하면 균형 점검 표(Balancing chart)에 따라 무게와 방향을 파악한 후 무게를 추가 또는 제거하며 "Verify-to-tune" 버튼을 눌렀을 때 회전모양의 방향이 변하면 회전수 조절기를 방향이 변하지 않을 때 까지 조절한다.



## 06 Tracking & Balancing equipment 사용법

### 1. Strobex Blade Tracker(Strobex 135M) 사용 절차

(1) 항공기의 28 VDC 전원을 연결한다.

(2) • "A"는 Tracking and balancing 조정을 위해 "Slave" Mode에서 낮은 광도(밝기)로 작동한다.

• "B"는 높은 광도에서 작동하며 "Locking oscillator"기능을 갖추고 있어 "Stacking" 및 "Spreading" Main rotor tip targets기능을 제공한다.

• "C"는 Free-running oscillator로서 1,000 광속(1,000[rpm])으로 높은 밝기로 빛을 작동하며 RPM 측정 및 테일 로터 Tracking에 사용된다.

• "D"는 저 광도에서 10,000[rpm]으로 작동한다는 점을 제외하면 "C"와 동일하다.

(3) Turn dial은 RPM 단위가 10 배수이며 RPM을 조절하여 Tail rotor tracking 할 수 있으고, RPM을 측정할 수 있다.

### 2. Balancers(177M-6A and 8350) 사용 절차

(1) 전원 케이블

항공기의 28 VDC 공급 장치에 연결한다.

(2) Receptacles

왼쪽 Transducer and Magnetic pickup에서의 케이블을 연결한다.

(3) Receptacles

오른쪽 Transducer and Magnetic pickup에서의 케이블을 연결한다.

(4) Magnetic Pickup Switch

(a) Independent position

두 개의 독립적인 회로를 생성하여 사용자가 하나의 "실행"에서 두 개의 프로펠러로부터 균형 판독(Balance reading) 값을 기록 할 수 있게 한다.

(b) Common position

두 개의 트랜스 듀서가 하나의 "Magnetic pickup"을 기준으로 하는 헬리콥터 Balancing 작업에 사용된다.

(5) Function Switch

Propeller track function 또는 좌우 Balance circuits를 선택한다.

(6) IPS 측정기

진동 수준을 보여준다.

(7) RPM Tune Dial

Band pass filter를 진동의 RPM으로 조정한다.

(8) RPM Range Switch

RPM tune dial 판독 값의 RPM에 1, 10 및 100 인수를 곱한다.

(9) Push For Scale #2

누를 때마다 IPS 계측 감도가 0~1.0[IPS]에서 1.0~10.0[IPS]로 변경된다.

(10) Verify Tune Button

RPM tune dial과 함께 사용되며 Balancers band pass filter를 정확한 프로펠러 또는 진동 주파수로 조정한다.

(11) Interrupter Logic Switch

Single position는 프로펠러 균형 작업에 사용되고 Double position은 대부분의 헬리콥터 작업에 사용된다.

(12) Test Button

Magnetic pickup signal 및 적절한 Phazor 작동을 확인한다.

(13) Phazor

Transducer 및 Magnetic pickup signals 사이의 위상 각(Clock angle)을 알려준다.

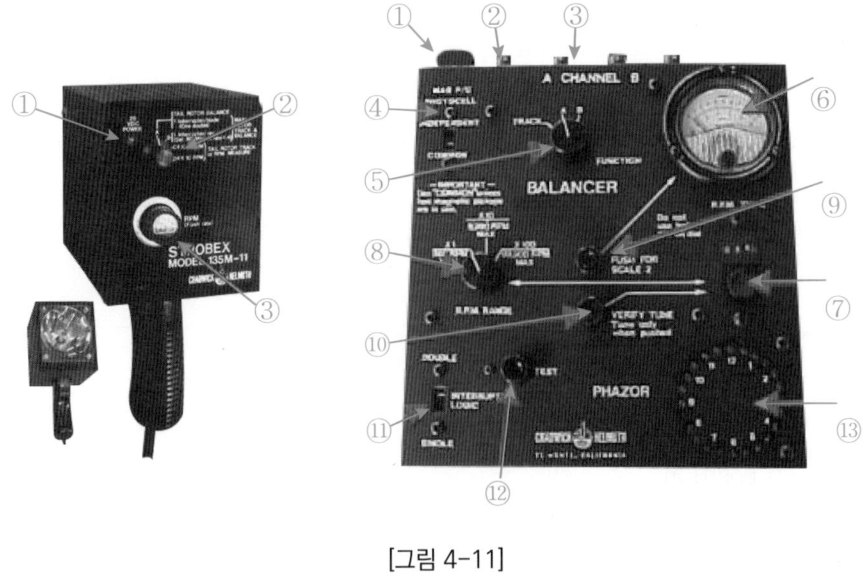


[그림 4-11]

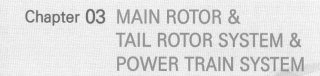

Chapter 03 MAIN ROTOR & TAIL ROTOR SYSTEM & POWER TRAIN SYSTEM

# II 단원별 출제 예상문제

## 1장 MAIN ROTOR HEAD(HUB) & BLADE

### 1. Main rotor head

**01 헬리콥터의 회전날개 중 허브에 플래핑 힌지와 페더링 힌지는 가지고 있으나 항력힌지가 없는 형식의 회전날개는?**

① 관절형 회전날개
② 반고정형 회전날개
③ 고정식 회전날개
④ 베어링리스 회전날개

해설

Main rotor head type

| | Flapping hinge | Lead-lag (drag/hunting) hinge | Feathering hinge |
|---|---|---|---|
| Fully articulated | ● | ● | ● |
| Semi-rigid type | ● | × | ● |
| Rigid type | × | × | ● |

**02 반 강성(Semi-rigid) 로터 계통에서 각각의 블레이드는 개별적으로 어떻게 작동 할 수 있는가?**

① 플래핑, 페더링 및 리드-래그
② 플래핑만 해당
③ 플래핑과 페더링
④ 페더링 및 리드-래그

해설

문제 1번 해설 참고

**03 각각의 메인 로터 블레이드가 다른 블레이드와 독립적으로 Flapping, Lead-lag, Feathering 운동을 할 수 있는 로터 시스템은?**

① Semi-rigid type
② Universal type
③ Full articulated type
④ Rigid type

해설

문제 1번 해설 참고

**04 Fully articulated(완전 곤절형) Rotor head가 가지고 있는 힌지(Hinge)는?**

① Flapping hinges, Feathering hinges, Delta hinges
② Flapping hinges, Delta hinges, Drag hinges
③ Feathering hinges, Lead lag(Drag) hinges, Flapping hinges
④ Flapping hinges, Feathering hinges

해설

문제 1번 해설 참고

**05 리드 래그 댐퍼(Lead lag dampers)의 기능은 무엇인가?**

[정답] 1장 1. Main rotor head 01 ② 02 ③ 03 ③ 04 ③ 05 ①

① 블레이드 리드 래그 운동을 제어한다.
② 페더링 힌지의 운동을 감소시킨다.
③ 로터 헤드의 유도항력(Induced drag)을 감소시킨다.
④ 플래핑 운동을 제어한다.

해설

회전 및 정지 시 또는 가속·감속 시 및 비행 중 돌풍에 의한 관성에 대한 갑작스런 블레이드 수평운동으로 부터 충격을 흡수하는 완충장치로써 Blade chord 방향으로 발생하는 굽힘력과 블레이드 뿌리 부근에 응력 발생을 제거한다.

**06 유압 댐퍼 단점에 대한 설명 중 틀린 것은?**

① 고속 회전 시에 Damping moment가 현저하게 증가한다.
② 유체 점도의 변화 때문에 온도에 대한 Damping moment의 의존성이 높다.
③ 공기가 Cylinder chamber로 들어가면 Damping moment의 현저한 변화가 있다.
④ 수직 Hinge에 비해 낮은 블레이드 회전 속도에 대한 Damping moment가 높다.

해설

**유압 댐퍼 단점**

ⓐ 수직 Hinge에 비해 낮은 블레이드 회전 속도에 대한 낮은 Damping moment
ⓑ 빠른 회전 시에 댐핑 모멘트가 현저하게 증가 함
ⓒ 액체 점도의 변화 때문에 온도에 대한 Damping moment의 의존성이 높음
ⓓ 공기가 Cylinder chamber로 들어가면 Damping moment의 현저한 변화

**07 헬리콥터 회전날개 허브에 요구되는 특징들에 속하지 않는 것은?**

① 가벼운 무게 ② 적은 비용
③ 정비의 용이성 ④ 많은 부품수

해설

부품수 증가는 무게 증가, 정비 시간 및 비용 증가

**08 로터 블레이드의 RPM은 저속에서 회전수가 한계치 내에서 일정한 이유로 맞는 것은?**

① 비행 중에 블레이드가 접히는 것(Folding up)을 방지
② 토크 부하를 줄인다.
③ 블레이드 과속을 방지한다.
④ 토크 부하를 증가시킨다.

해설

저속에서 회전 시에는 회전수가 적어 원심력이 적어서 블레이드 무게에 의해 처지는 것을 방지

**09 다음 중 헬리콥터의 허브에 장착되어 있지 않는 것은?**

① 프리 휠 유닛 ② 리드-래그 힌지
③ 플래핑 힌지 ④ 항력 댐퍼

해설

Free wheeling unit(Over running clutch)는 엔진 정지 시에 Auto rotation을 하기 위해 자동으로 메인 로터 블레이드가 엔진을 회전시키는 것을 방지한다.

**10 헬리콥터 기관에서 조종기구와 더불어 구동축에 연결되어 메인 로터 블레이드에 조종변위와 동력을 전달할 수 있는 것은 무엇인가?**

① 변속기 ② 파일론
③ 회전날개 헤드 ④ 기어박스

[정답] 06 ④ 07 ④ 08 ① 09 ① 10 ③

해설

Main rotor blade 동력 전달 및 Pitch 변경은 Main rotor head에서, Tail rotor blade 동력 전달 및 Pitch 변경은 Tail rotor head에서 한다.

**11 메인 로터 헤드는 어떤 부품을 통해 엔진에 의해 구동되는가?**

① 테일 로터 감속기어(Reduction gearbox), 스왓시 플레이트와 피치 변경 장치(Swash plate & Pitch change assembly)
② 보조 기어 박스(Auxillary gearbox), 구동축(Drive shaft)과 스왓시 플 레이트(Swash plate)
③ 메인 감속 기어 박스와 구동축(Drive shaft)
④ 감속기어와 Pitch change rod

해설

**Power train system(동력전달계통)**

Turbo shaft engine의 Power turbine → Free wheeling unit → Main rotor gear box → Main rotor drive shaft → Main rotor head → Main rotor blade로 전달된다.

**12 Flap(Droop) restrainers의 목적은 무엇인가?**

① 낮은 로터 RPM에서 블레이드 플래핑을 제한하기 위해
② 비행 중 블레이드 플래핑을 제한하기 위해
③ 비행 중 블레이드 플래핑 할 때 블레이드 속도를 증가하기 위해
④ 비행 중 블레이드 플래핑 할 때 블레이드 속도를 감소하기 위해

해설

**Flap(Droop) restrainer**

메인 로터 블레이드가 정지 시에는 스프링 힘에 의해 잠김 위치(In)에 있다가 블레이드 회전에 의한 원심력이 잠김 위치를 해제하며(Out) 완전 관절식(Fully articulated systems)의 메인 로터 계통에서는 엔지 시동 또는 정지 시에는 낮은 회전수로 회전하기 때문에 원심력이 작아지고 블레이드 무게로 인해 블레이드가 처진 상태로 너무 낮게 회전하면서 동체에 충돌하는 것을 방지하는 처짐 방지 장치이다.

**13 비행 중 처짐 방지 장치(Droop stops)는 어느 위치에 있는가?**

① 전진 비행 중에만 'In'위치
② 비행 중 항상 'In'위치
③ 비행 중에는 항상 'Out'위치
④ 비행 중에는 중립위치

해설

문제 12번 해설 참고

**14 메인 로터 헤드 유압 댐퍼(Main rotor head hydraulic damper)이 과도하게 팽팽해져 있는 원인은?**

① 과도한 안정성과 과도하게 제어계통이 민감하다.
② 과도한 안정성과 과도하게 제어계통이 둔감하다.
③ 불안정성과 과도하게 제어계통이 민감하다.
④ 정상적으로 작동하고 있다.

해설

Lead lag 현상에 의한 Main rotor blade phasing 불균형으로 Lead lag damper가 민감하게 작동하여 팽창된다.

**15 로터 헤드에 있는 탄성 베어링(Elastomeric bearings)의 장점이 아닌 것은?**

[정답] 11 ③ 12 ① 13 ③ 14 ③ 15 ④

① 일반 베어링에 비해 수명이 길다.
② 윤활이 필요 없고 유지 보수가 필요 없다.
③ 탄성체이므로 진동과 충격에 강하며 고착(Seizure)이 없다.
④ 양력을 증가시키고 항력을 감소시킨다.

해설

**탄성 베어링(Elastomeric bearings)**

구조 강도 및 하중계수에 따라 알루미늄, 스테인리스 스틸, 티타늄 등과 같은 얇은 금속 층(Metal laminate)과 탄성체인 고무(Rubber)층으로 제작되며 가로, 세로방향의 하중과 충격에 의한 손상(Brinelling 현상) 등에 견디며 진동 차단 기능이 있어서 메인로터 헤드, 엔진 마운트, 계기판의 충격흡수 장치 등에 사용된다.

▶ **장점**

㉠ 윤활이 필요 없으며 장착이 간단하고 유지 보수가 필요 없다.
㉡ 베어링이 노출되어 있어서 분해 없이 검사를 할 수 있다.
㉢ 탄성체이므로 진동과 충격에 강하며 고착(Seizure)이 없다.
㉣ 일반 베어링에 비해 수명이 길다.

▶ **단점**

㉠ 시간이 지남에 따라 성능이 저하되므로 교환이 필요하다.
㉡ 제작공정이 복잡하여 가격이 비싸다.
㉢ 하중이나 움직임에 크기가 변수이므로 일반 베어링에 비해 크다.

## 2. Main Rotor Blade

**01 헬리콥터의 회전날개 지름에 관한 설명 중 맞는 것은?**

① 무게에 비례하여 지름을 크게 할수록 좋다.
② 좋은 정지비행 성능을 위해서는 크게 할수록 좋다.
③ 성능만 우수하다면 비용 관계는 전혀 고려할 필요가 없다.
④ 필요한 성능을 낼 수 있는 최대 지름이 회전날개를 설정한다.

해설

회전면 직경이 클수록 제자리 비행 성능이 좋고 블레이드 면적은 클수록 고속에서의 기동성은 좋지만 제자리 비행 성능과 무게와 비용을 위해서는 작아야 하고 블레이드 수가 많으면 진동이 적고 전진 비행 시에는 피칭 모멘트(Pitching moment)에 저항하기 위한 비틀림 강성이 적다.

**02 헬리콥터의 회전날개 설계 시 회전날개 지름에 대한 설명으로 가장 올바른 것은?**

① 비용면을 고려하여 가능한 한 크게 한다.
② 좋은 정지성능을 위하여 가능한 작게 한다.
③ 필요한 성능을 낼 수 있는 최소의 크기로 한다.
④ 성능과는 상관없이 임의로 만든다.

해설

문제 1번 해설 참고

**03 Pitching moment를 해소하기 위한 Main rotor blade 형상은?**

① Symmetrical blade
② Non-symmetrical blade
③ Taper blade
④ Neutral stability blade

해설

**Symmetrical blade 특징**

압력중심은 받음각이 커짐에 따라 앞으로 이동하여 압력중심이 날개의 앞전을 더 들어 올리는 기수 상향 Pitching moment 현상으로 날개에 잠재된 불안정성을 발생시키며 양력을 발생하지 않는 받음각일 때는 기수 하향 피칭 모멘트가 발생하는데 날개 끝 앞쪽의 하향력(Down-force)은 뒤쪽의 상향력(Up-force)에 의해 균형을 이루므로 서로 같이 상존한다.

[정답] 2. Main Rotor Blade 01 ② 02 ③ 03 ①

**04 대부분의 헬리콥터 회전날개는 받음각의 변화에 따른 압력중심의 이동을 방지하기 위해 어떤 날개골을 사용하였는가?**

① 앞전반지름이 큰 날개골
② 두께가 두꺼운 날개골
③ 대칭형 날개골
④ 캠버가 작은 날개골

해설

**Symmetrical blade 장점**

- 받음각이 변해도 압력중심이 변하지 않는다.
- 받음각의 범위를 크게 갖도록 설계가 가능하다.
- 받음각이 변하면 압력 분포가 변하지만 양력 위치 및 압력중심이 어떤 받음각에도 공기력 중심(Aerodynamic center)에 위치한다.
- 안정적이고 블레이드 플래핑 현상(Flapping)과 리드 래그 현상(Lead-lag) 현상이 적다

**05 메인 로터 블레이드 비틀림(Twist)을 주는 이유 중 틀린 것은**

① 메인 로터 블레이드는 공기 역학적 힘으로 인해 압력중심과 시위선의 질량 중심 사이에 비틀림 모멘트(Moment)가 발생하므로 높은 비틀림 강성을 가져야 한다.
② 블레이드 회전속도는 Root 쪽에서 Tip 쪽으로 갈수록 크므로 양력 불균형 상태가 일어나므로 비틀림을 준다.
③ 내부 응력 완화 및 양력을 일정하게 분산시키기 위해 Root 부분은 속도가 느리므로 양력을 증가시키기 위해 Pitch angle(받음각)을 크게 한다.
④ Tip 부분은 속도가 빠르므로 양력을 감소시키기 위해 Pitch angle을 크게 한다.

해설

**메인 로터 블레이드 비틀림(Main rotor blade twist)**

압력중심과 시위선의 질량 중심과의 불일치로 비틀림 모멘트가 발생하고 Root 쪽과 Tip 쪽의 블레이드 회전속도 차이로 양력 불균형 상태가 일어나서 블레이드 내부 응력 완화 및 양력을 일정하게 분산시키기 위해서 Root 쪽은 양력 증가를 위해 Pitch angle(받음각)을 크게 하고 Tip 부분은 양력 감소를 Pitch angle을 작게 하기 위해 비틀림(Twist)을 준다.

**06 Twist blade 특징이 아닌 것은?**

① 비틀림 없는 블레이드(Untwisted blade)보다 Root 부근에서 더 많은 양력을 발생시킨다.
② Tip 쪽에서는 양력이 작아져 감소된 받음각으로 인해 고속 비행에서는 후퇴익 실속을 지연시키는 장점이 있다.
③ 비틀림 각이 크면 제자리 비행에는 최적이지만 고속에서는 심한 진동을 발생한다.
④ 비틀림 각이 작으면 제자리 비행에서는 효율적이지만 고속에서 진동을 감소시킨다.

해설

**Twist blade 특징**

- Root 부근에서 더 많은 양력을 발생시키고 Tip 쪽에서는 양력이 작아져 감소된 받음각으로 인해 고속 비행 시에 후퇴익 실속을 지연시킨다.
- 비틀림 각이 크면 제자리 비행에는 최적이지만 고속에서는 진동 발생
- 비틀림 각이 작으면 제자리 비행에서는 비효율적이고 고속에서 진동이 감소

**07 Main rotor blade에 대한 설명 중 틀린 것은?**

① 고형비가 커질수록 주어진 회전수에서 Main rotor blade에 의해 흡수되는 엔진동력이 증가하며, 더 많은 추력을 발생할 수 있다.
② Blade root 쪽은 큰 받음각과 블레이드 면적이 큰 것에 비해서 Root 쪽의 내리흐름(Down wash)이 양력(추력)에 기여한다.

[정답] 04 ③ 05 ④ 06 ④ 07 ②

③ Blade root 부분을 잘라내어 고속으로 비행 할 때는 후퇴익의 역류 현상을 줄여 추력을 증가시키는 장점이 있다.
④ 낮은 회전수와 양항비(L/D)가 큰 블레이드를 사용하면 효율성 증가 및 비행성능이 향상되어 소음이 감소된다.

해설

Blade root 부분은 큰 받음각과 블레이드 면적이 큰 것에 비해서 Root 쪽의 내리흐름(Down wash)이 양력(추력)에 기여하지 못하므로 Blade root 부분을 잘라내어 고속으로 비행 할 때는 후퇴익의 역류 현상을 줄여 추력을 증가시키는 장점이 있다.

**08 깃 테이퍼(Blade taper)를 크게 하는 이유 중 가장 적합한 것은?**

① 비행성능을 좋게하기 위해
② 제작 비용을 절약하기 위해
③ 소음을 줄이기 위해
④ 설계를 용이하게 하기위해

해설

Blade taper를 두는 이유는 Tip 부분은 공기속도가 Root 부분보다 더 빠르므로 공기 압축성으로 인해 충격파가 발생을 늦추어 속도를 증가시킬 수 있으며 항력 및 소음이 감소한다.

**09 메인 로터 블레이드 고형비(Solidity)는?**

① 블레이드 면적과 회전면 면적
② 모든 블레이드 무게
③ 헬리콥터 무게와 회전면 면적
④ 블레이드 무게와 무게중심

해설

**Rotor blade solidity(고형비)**

Rotor disc 면적에 대한 Main rotor blade의 총 면적의 비율로 고형비가 커질수록 주어진 회전수에서 Main rotor blade에 의해 흡수되는 엔진동력이 증가하며, 더 많은 추력을 발생할 수 있다.

**10 종횡비(Aspect ratio)는?**

① 블레이드 스팬(Blade span)과 시위선(Chord line)
② 회전면 직경과 시위선
③ 블레이드 시위와 회전면 면적
④ 블레이드 시위와 풍압중심

해설

종횡비는 에어포일의 가로 세로의 비율을 말하며 클수록 받음각이 커지면서 상승하는 양력에 비해 항력이 작게 되어 그만큼 양력의 효율이 좋다

**11 종횡비가 높은 블레이드의 특징은?**

① 높은 형상항력(Profile drag) 및 낮은 유도 항력(Induced drag)
② 낮은 형상항력(Profile drag) 및 높은 유도 항력(Induced drag)
③ 낮은 형상항력(Profile drag) 및 낮은 유도 항력(Induced drag)
④ 높은 형상항력(Profile drag) 및 높은 유도 항력(Induced drag)

해설

높은 종횡비는 날개 팁 효과가 적어 유도항력이 적고 전면적이 높아 Profile drag가 더 크다.

**12 헬리콥터 회전날개의 각 요소를 결정하는 것에 대한 설명으로 틀린 것은?**

[정답] 08 ① 09 ① 10 ① 11 ① 12 ②

① 진동을 줄이기 위해서는 깃의 수는 많아야 한다.
② 깃의 면적은 고속에서의 기동성을 위해서는 작아야 한다.
③ 회전날개 지름은 좋은 정지비행성능을 위해서는 커야 한다.
④ 전진 비행 시 작은 진동과 균일한 깃 하중을 위해서는 깃 비틀림 각은 작아야한다.

해설

회전면 직경이 클수록 제자리 비행 성능이 좋고 블레이드 면적은 클수록 고속에서의 기동성은 좋지만 제자리 비행 성능과 무게와 비용을 위해서는 작아야 하고 블레이드 수가 많으면 진동이 적고 전진 비행 시에는 피칭 모멘트(Pitching moment)에 저항하기 위한 비틀림 강성이 적다.

**13 헬리콥터에서 후퇴익의 성능을 좋게 하기 위한 방법은?**

① 깃이 얇아야 한다.
② 캠버가 없어야 한다.
③ 깃도 얇고 캠버도 없어야 한다.
④ 적당한 속도에서 큰 받음각을 가져야 한다.

해설

양력불균형해소를위해속도가증가할수록받음각을증가시키면후퇴익실속발생을지연시키기위해적당한속도에서받음각이클수록좋다.

**14 헬리콥터 회전익의 깃의 수에 대한 설명 중 잘못된 것은?**

① 정비를 쉽게 하기 위해서는 깃의 수가 적어야 한다.
② 진동을 작게 하기 위해서는 깃의 수가 적어야 한다.
③ 깃의 수가 적으면 시위가 커져 항력계수 증가를 가져온다.
④ 4개 깃이 가장 많이 사용된다.

해설

블레이드 수가 많으면 진동이 적고 전진 비행 시에는 피칭 모멘트(Pitching moment)에 저항하기 위한 비틀림 강성이 적다.

**15 헬리콥터 회전날개 깃의 면적을 정하는데 있어서 고려해야 할 사항이 아닌 것은?**

① 무게　　② 비용
③ 정지비행시의 성능　　④ 재질

해설

블레이드 면적 결정 시 고려사항은 재질하고는 무관하지만 무게는 고려사항이다.

**16 헬리콥터의 회전날개 지름에 대한설명으로 맞는 것은?**

① 정지비행 성능을 위해서는 클수록 좋다.
② 무게를 고려하여 가능한 한 크게 한다.
③ 비용을 고려하여 가능한 한 크게 한다.
④ 필요한 성능을 낼 수 있는 최대의 크기로 한다.

해설

회전면 직경이 클수록 제자리 비행 성능이 좋고 블레이드 면적은 클수록 고속에서의 기동성은 좋지만 제자리 비행 성능과 무게와 비용을 위해서는 작아야 하고 블레이드 수가 많으면 진동이 적고 전진 비행 시에는 피칭 모멘트(Pitching moment)에 저항하기 위한 비틀림 강성이 적다.

**17 메인 로터 블레이드 양력에 영향을 미치는 요소가 아닌 것은?**

① 회전력　　② 밀도고도
③ 회전수　　④ 블레이드면적

[정답] 13 ④ 14 ② 15 ④ 16 ① 17 ①

해설

**양력 공식**

$L=\frac{1}{2}C_L\rho V^2S$

## 18 복합소재(Composite material) 블레이드에 대한 설명 중 틀린 것은

① 유리 섬유 및 탄소 섬유와 같은 복합 재료 블레이드는 내부식성이 크다.
② 피로 수명이 금속 재질 블레이드보다 훨씬 길고 강성이 높다.
③ 금속 블레이드에 비해 복합 소재의 전기 저항이 작다.
④ 전류 경로를 따라 많은 열을 발생하여 블레이드에 큰 손상을 주므로 번개에 취약하다.

해설

복합소재(Composite material) 블레이드는 재질이 탄소 섬유이므로 전기저항이 크다.

## 19 B.I.M. indicator의 기능은?

① 배터리 전해액이 부족할 경우 경고등이 점등된다.
② Hoist cable에 균열이 발생하면 경고등이 점등된다.
③ Blade spar에 균열이 발생하면 시각적으로 표시한다.
④ Blade에서 진동이 증가하면 경고등이 점등된다.

해설

**블레이드 검사 방법**

- Pressure indicator는 내장된 기준 압력을 블레이드 스파 압력과 비교하여 스파의 압력이 필요한 서비스 한계 이내일 경우 계기에 세 개의 흰색 줄무늬가 표시되고 스파의 압력이 최소 허용 서비스 압력 아래로 떨어지면 표시등에 검은색 줄무늬가 3개 표시된다.
- 검은색 줄무늬 수는 블레이드의 압력에 따라 달라지며 압력 표시기가 검은색으로 표시되는 블레이드는 사용할 수 없으며 수리 후에 다시 사용할 수 있으며 오작동 표시기일 경우에는 스파 압력이 허용 한계 이내인 경우에만 교체할 수 있다.

## 20 BIM(Blade Inspection Method)에 대한 설명 중 틀리 것은?

① 블레이드 검사 방법으로 Pressure indicator는 내장된 기준 압력을 블레이드 스파 압력과 비교한다.
② 스파의 압력이 한계치 이내일 경우 Indicator에 세 개의 흰색 줄무늬가 표시된다.
③ 스파의 압력이 최소 허용치 압력 아래로 떨어지면 Indicator에 검은색 줄 무늬가 3개 표시된다.
④ 검은색 줄무늬 수는 블레이드의 압력에 따라 달라지며 압력 표시기가 검은색으로 표시되는 블레이드는 사용할 수 있다.

해설

문제 19번 해설 참고

## 21 Main rotor blade anti-icing & De-icing에 대한 설명 중 틀린 것은?

① 헬리콥터가 얼음 생성 조건에서 비행 할 때에 메인 로터 블레이드에 얼음 형성을 방지하거나 얼음을 제거하는 장치이다.
② 얼음이 형성되어도 메인 로터 블레이드 효율성 및 불균형에 영향을 주지 않는다.
③ 얼음이 형성이 되면 블레이드 표면의 모양이 변경되어 항력 증가로 인한 양력이 감소한다.
④ 블레이드 무게 차이로 인한 진동을 발생시키므로 동시에 동일하게 작동하여야 한다.

[정답] 18 ③ 19 ③ 20 ④ 21 ②

해설

얼음이 형성이 되면 블레이드 표면의 모양이 변경되어 항력 증가로 인한 양력 감소와 블레이드 무게 차이로 인한 진동을 발생시켜 메인 로터 블레이드 효율성 감소와 불균형으로 인한 진동이 발생하므로 진동 최소화를 위해 동시에 동일하게 작동하여야 한다.

**22 Main rotor blade anti-icing & De-icing 방법이 아닌 것은?**

① 전기-기계식(Electro-mechanical type)
② 전기식(Electric type)
③ 유압-기계식(Hydro-mechanical type)
④ 공기 압력식(Air pressure type)

해설

전기-기계식(Electro-mechanical type), 전기식(Electric type), 공기 압력식(Air pressure type)이 있다.

# 2장 TAIL ROTOR SYSTEM

## 1. Tail rotor control system

**01 Tail rotor pedals이 중립 위치에 있을 때 Tail rotor blade pitch는?**

① Neutral Pitch
② Negative Pitch
③ Positive Pitch
④ Negative Pitch와 Positive Pitch

해설

Tail rotor pedals이 중립 위치에 있을 때는 Neutral pitch position 이다.

**02 헬리콥터의 Tail rotor Blade의 Pitch angle이 감소하면?**

① 동체가 Main Rotor Torque 방향과 반대로 회전한다.
② 동체가 Main Rotor Torque 회전 방향과 같은 방향으로 회전한다.
③ 헬리콥터가 전방으로 전진한다.
④ 헬리콥터가 후방으로 후진한다.

해설

Tail rotor pitch

- Positive pitch → Main rotor blade 회전방향 → Pitch 증가 → 추력 증가
- Negative pitch → Torque 방향 → Pitch 감소 → 추력 감소

**03 테일 로터 페달이 중립인 상태일 때 테일 로터 블레이드 피치는 어떤 상태인가?**

[정답] 22 ③ 2장 1. Tail rotor control system 01 ① 02 ② 03 ③

① 중립위치의 피치 ② 음의 피치
③ 양의 피치 ④ 음과 양의 피치

해설

자동 회전(Auto-rotation) 시에는 메인 로터 회전이 테일 로터를 회전시켜 방향 제어를 하며 메인 로터 토큐가 발생되지 않으나 Main gear box에 의해 회전하는 Main rotor thrust bearing의 마찰력이 동체를 메인 로터 회전 방향(왼쪽)으로 회전 시키므로 자세 유지를 위해서는 우측 테일 로터 페달을 작동시켜 왼쪽으로 추력을 발생하는 기능(Negative pitch angle)이 필요하므로 최대 양의 피치각(Maximum positive pitch angle)은 최대 음의 피치각(Maximum negative pitch angle)보다 크다.

### 04 테일 로터 피치는 어느 피치가 적용되는가?

① 음의 피치(Negative torque)
② 음과 양의 피치(Positive & Negative torque) 모두
③ 양의 토큐(Positive torque)
④ 양의 피치

해설

Positive pitch는 왼쪽 페달 적용할 때, Negative pitch는 오른쪽 페달 적용할 때, Neutral pitch는 Neutral position이다.

### 05 Tail rotor 계통에 대한 설명 중 틀린 것은?

① 테일 로터 블레이드는 메인 로터 블레이드보다 블레이드 길이가 짧기 때문에 Coning hinge가 없는 대신에 블레이드가 원추형으로 되는 것을 방지하기 위해 Preconing으로 제작된다.
② 2개 이상의 테일 로터 블레이드가 장착된 헬리콥터는 Coning hinge 역할을 하는 Flapping hinge를 가지고 있다.
③ 전진 비행 중 전진익 및 후퇴익에서 발생되는 양력 불균형 현상을 Flapping hinge에 의해 Flapping 운동으로 해소한다.
④ Fenestron tail rotor 계통은 Duct 내부 공기 흐름이 회전면에 수직이고 공기 상대 속도는 모든 블레이드에 동일하므로 Cyclic feathering hinge가 필요하다.

해설

**Tail rotor 계통**

Main rotor 계통과는 달리 Collective feathering 기능만 있으며 주기적으로 피치가 변하는 Cyclic feathering은 없다.

## 2. Tail rotor head & rigging

### 01 Tail rotor hinge type이 아닌 것은?

① Plain flapping hinge
② Off set flapping hinge
③ Taper flapping hinge
④ Delta-3 flapping hinge

해설

Tail rotor hinge type에는 Plain flapping hinge, Off set flapping hinge, Delta-3 flapping hinge가 있다.

### 02 Delta-3 flapping hinge에 대한 설명 중 틀린 내용은?

① Flex-beamed type 또는 Grooved yoke type의 테일 로터 헤드에 적용되며 Blade chord line과 평행하지 않는다.
② Pre-cone으로 장착되어 있어서 전진 비행 시 전진익의 Up-flapping 운동은 Blade pitch

[정답] 04 ② 05 ④ 2. Tail rotor head & rigging 01 ③ 02 ④

spindle(horn)과 Pitch link rod 사이의 거리가 멀어져서 Blade pitch angle이 감소하여 추력을 감소시킨다.

③ 장점은 flapping 운동을 최소화하여 회전 시에 Tail boom을 치지 않고 Tail boom에 더 가까이 Tail rotor blade를 장착할 수 있다.

④ 단점은 힌지에 가해지는 응력이 감소하며 진동이 증가한다.

해설

**Delta-3 flapping hinge 장점**

블레이드에 가해지는 응력 및 진동을 감소시키는 역할을 한다.

## 03 Tail rotor hinge에 대한 설명 중 틀린 내용은?

① Plain flapping hinge는 Tail rotor head 안쪽으로 반대편 블레이드와 서로 연결되어 있는 Tension-torsion strap assembly에 bolt로 고정되며 블레이드 축과 일직선으로 장착되어 양력 불균형을 해소하기가 어렵다.

② Off set flapping hinge는 블레이드가 동체를 움직이기 위해 힘을 가하는 플래핑 힌지와 로터 헤드 중심까지의 일정거리에 장착된다.

③ Off set flapping hinge는 양력에 영향이 없는 Tail rotor head에 작용하는 원심력을 이용하여 Tail rotor blade를 제어한다.

④ Off set flapping hinge는 2개의 블레이드가 장착되는 Teetering rotor head type에는 Off-set hinge를 사용한다.

해설

2개의 블레이드가 장착되는 Teetering rotor head type에는 Off-set hinge를 사용하지 않는다.

## 04 테일 로터 전이 양력은 테일 로터가 층류흐름 상태에 있을 때 테일 로터 추력(Anti-torque) 증가 효과가 나타나 요(Yaw) 현상을 일으키는 것을 말하는데 이를 해소시키는 장치는?

① Yaw damper

② Roll damper

③ Pitch damper

④ Main rotor damper

해설

**테일 로터 전이 양력(Tail rotor translational lift)**

메인 로터가 층류 흐름 상태에서 비행할 때 더 많은 양력을 발생하는 것처럼 테일 로터도 층류를 지날 때 테일 로터 추력(Anti-torque) 증가 효과가 나타나 요(Yaw) 현상을 일으키는 것을 말하며 이를 해소하기 위해서는 조종사가 테일 로터 피치를 조절해야 하며 최근에는 Gyroscope 원리를 이용하여 원하지 않은 요 현상을 감지하여 테일 로터 피치를 자동으로 변경해주는 요-댐퍼(Yaw-damper)를 사용한다.

## 05 Tail rotor head type이 아닌 것은?

① Semi-rigid type

② Fully articulated type

③ Hinge-mounted type

④ Flex-beamed type

해설

Tail rotor head type에는 Fully articulated type, Hinge-mounted type, Flex-beamed type이 있다.

## 06 Hinge-mounted head type에 대한 설명 중 틀린 것은?

① 블레이드가 회전하는 동안에 개별적으로 Lead-lag 현상이 발생한다.

② 두 개의 블레이드가 장착되는 계통에 적용된다.

[ 정답 ] 03 ④ 04 ① 05 ① 06 ①

③ 전진익 및 후퇴익의 추력 불균형을 자동으로 보상한다.
④ Pitch control rod는 모든 블레이드가 같은 크기의 피치로 변한다.

해설

Fully articulated type은 블레이드가 회전하는 동안에 개별적으로 Lead-lag 현상이 발생한다.

**07 헬리콥터 조종계통의 작동점검 및 조절에 대한 설명 중 잘못된 것은?**

① 조종계통의 작동점검과 조절은 리깅(Rigging) 작업을 의미한다.
② 테일 로터 조종계통의 리깅 작업을 한 후에 메인 로터 리깅 작업을한다.
③ 조종계통 리깅 작업을 할 때 먼저 조종기구의 중립상태와 메인 로터블레이드의 각도를 점검한다.
④ 테일 로터 조종계통의 리깅 작업을 컬렉티브 스틱의 중립위치에서 방향조종 페달을 작동시켜 블레이드의 각도를 점검하는 것이다.

해설

Tail rotor rigging은 Main rotor rigging 완료 후에 시행한다.

**08 헬리콥터의 테일 로터가 메인 로터의 토큐를 정확히 보상할 수 없을 때 그 원인은?**

① Tail Rotor의 Rigging 불량
② Power Transmission의 고장
③ Engine 출력의 감소
④ Main Rotor가 Track를 벗어남

해설

Tail rotor rigging 불량 시에는 Tail rotor pitch 변경이 맞지 않아서 Tail rotor 추력이 Main rotor torque를 보상하지 못한다.

**09 테일 로터 컨트롤 계통 조절 시(Tail rotor rigging)에 양의 피치(Positive pitch)에서, 중립 피치(Neutral pitch)에서, 음의 피치(Negative pitch)에서 조절을 하는데 음의 피치를 조절하는 이유는?**

① 동력 비행에서 모든 비행 제어를 하기 위해서
② 제자리 비행에서 모든 비행 제어를 하기 위해서
③ 자동 회전 시 모든 비행 제어를 하기 위해서
④ 선회 비행 시에 선회 균형을 위해서

해설

Auto rotation 시에는 Engine stop 상태여서 Torque가 발생하지 않는 대신에 Gear box gear 회전방향으로 동체가 회전하려는 힘을 상쇄시키기 위해서

**10 Tail rotor rigging을 수행해야 할 시기가 아닌 것은?**

① Tail rotor 회전수가 일정하지 않을 때
② Tail rotor control 계통이 정상적인 작동에 의심이 가는 경우
③ Automatic flight control system 부분품 교환 시
④ Tail rotor servo 교환 시

해설

**Tail rotor rigging 수행 시기**

Tail rotor blade pitch 변경에 관련된 Tail rotor 계통 부품 교환 시에 수행해야 하며 Pitch 변경에 무관한 회전수는 관련이 없다.

[정답] 07 ② 08 ① 09 ③ 10 ①

# 3장 POWER TRAIN SYSTEM

## 1. Main gear box(Main transmission)

**01 헬리콥터 기관에서 감속장치의 기본구조에 속하지 않는 것은?**

① 드라이 기어 ② 링 기어
③ 선 기어 ④ 유성 기어

해설

Main gear box는 Sun gear, Ring gear, Planetary gear로 구성

**02 Main gear box(Transmission)에 대한 설명 중 틀린 것은?**

① 엔진 전방에 장착되어 Main rotor control system을 지지하며 Main rotor drive shaft를 회전시켜 양력을 전달하며 동체와 연결되어 진동을 흡수한다.
② 엔진 구동각도를 변화시키며 Spiral bevel gears 및 Planetary gears를 통해 엔진 회전수를 최적의 메인 로터 회전수로 증가시킨다.
③ Main rotor drive shaft, tail rotor drive shaft, Oil Cooler fan, Hydraulic pump, AC generator을 구동한다.
④ Main gear box는 Main module, 2개의 Module, 2개의 Accessory module로 구성된다.

해설

엔진 회전수를 감속시켜 메인 로터 블레이드 Tip 실속을 방지한다.

**03 헬리콥터 기관에서 발생된 출력을 회전 날개에 전달하는 장치는?**

① 동력 구동 장치
② 자유 회전 장치
③ 회전 날개 헤드
④ 기관 진동 장치

해설

Power train system(동력 전달 계통)은 엔진에서 발생된 동력을 메인 로터와 테일 로터를 구동하는 장치를 말한다.

**04 헬리콥터에 최소한 2개 이상의 회전속도 계기가 필요하다. 그 이유는?**

① Main Rotor 회전속도와 Tail Rotor 회전속도 측정
② Engine Rotor 회전 속도와 Main Rotor 회전속도 측정
③ Engine Rotor 회전 속도와 Tail Rotor 회전속도 측정
④ Main Rotor 회전 속도와 트랜스미션 회전속도 측정

해설

엔진 및 메인 로터 회전상태를 알기 위해서는 Power turbine rpm과 Main rotor rpm 계기가 필요하다.

**05 다음 중 회전익 항공기의 계기와 관계없는 것은?**

① 회전계 ② 고도계
③ 대기 속도계 ④ 마하계

해설

헬리콥터는 초과금지 속도를 넘으면 메인 로터 블레이드 Tip 부분에서 음속에 가까워져 충격파가 발생하여 실속으로 들어가기 때문에 마하계기는 필요 없다.

[정답] 3장 1. Main gear box(Main transmission) 01 ① 02 ② 03 ① 04 ② 05 ④

**06 Main Rotor Blade가 제한 속도 이상으로 회전하였을 경우 점검 사항이 아닌 것은?**

① 동력 구동축의 손상과 변형 여부 점검
② 구동축 Coupling의 균열 여부 점검
③ Tail Rotor 구동 축 지지 Bracket Bolt의 균열여부 점검
④ Magnetic Chip Detector의 금속 입자 성분 검출 여부 점검

해설

Magnetic Chip Detector는 Gear, Bearing의 마모상태를 알기 위한 것으로의 금속 입자 성분 검출 여부 점검하는 장치이다.

**07 Main module(메인모듈)에 대한 설명 중 틀린 것은?**

① Main module은 동체 상부에 장착되며 Main rotor head를 지지한다.
② 메인 로터 회전수(258[rpm])를 감속시켜 구동하며 메인 로터 블레이드에서 발생된 양력을 동체에 전달한다.
③ Main rotor drive shaft, Tail rotor drive shaft, Oil cooler fan, AC generator, Hydraulic pump을 구동한다.
④ AC generator, Hydraulic pump은 Accessory module이 구동한다.

해설

**Main module(메인모듈) 기능**

- Main module은 동체 상부에 장착되며 Main rotor head를 지지
- 메인 로터 회전수(258[rpm])를 감속시켜 구동
- 메인 로터 블레이드에서 발생된 양력을 동체에 전달
- 테일 로터 시스템을 구동한다.

참고

Oil cooler는 Tail rotor drive shaft가 구동한다.

**08 Input module에 대한 설명 중 틀린 것은?**

① 각 Input module은 상호 교환이 불가능하다.
② Freewheeling unit(Over-runing clutch)는 엔진 출력축(Output shaft)과 Input module input shaft 사이에 엔진 마다 장착되어 엔진 정지 시에는 엔진 출력을 차단하여 자동회전을 할 수 있도록 한다.
③ 두 개의 Input module은 엔진과 Main module 사이에서 Spiral bevel gear를 구동하여 1단계로 엔진 회전수를 감소시킨다.
④ Input module은 Main module의 왼쪽(NO1) 및 오른쪽(NO2) 앞면에 장착되어 엔진 출력을 Main module로 전달한다.

해설

**Input module(입력모듈) 기능**

- 두 개의 Input module은 엔진과 Main module 사이에서 Spiral bevel gear를 구동
- Main module의 왼쪽(NO1) 및 오른쪽(NO2) 앞면에 장착되어 엔진 출력을 Main module로 전달
- 각 Input module은 동일하여 상호 교환이 가능
- Freewheeling unit(Over-runing clutch)는 엔진 출력축(Output shaft)과 Input module input shaft 사이에 엔진 마다 장착되어 엔진 정지 시에는 엔진 출력을 차단하여 자동회전을 할 수 있도록 한다.
- 엔진 정지 시에도 Accessory module(보조 모듈)이 메인 로터 구동에 의해 계속 구동되도록 한다.

**09 Accessory module 설명 중 틀린 것은?**

① Accessory module은 각 Input module의 전면에 장착되어 자동회전 시(Auto-rotation), 엔진 완속 시(Idle speed) 작동하기 위해 NO1, 2 교류 발전기를 구동한다.
② 독립적인 두 개의 비행 제어 계통(Flight control servo system)에 유압을 제공하는 NO1, NO2 유압 펌프 모듈을 구동한다.

[정답] 06 ④ 07 ③ 08 ① 09 ④

③ 각 모듈은 동일하여 상호 교환이 가능하다.
④ 엔진 정지 시에는 메인 로터가 회전해도 작동되지 않는다.

해설

Accessory module(보조모듈) 기능
- 각 Input module의 전면에 좌, 우 2개 장착
- NO1, 2 교류 발전기를 구동
- 독립적인 두 개의 비행 제어 계통(Flight control servo system)에 유압을 제공하는 NO1, NO2 유압 펌프 모듈을 구동
- 각 모듈은 동일하여 상호 교환이 가능하다.
- 엔진 정지 시에는 NO1, 2 교류 발전기를 구동하여 전기 공급 및 NO1, NO2 유압 펌프 모듈을 구동하여 비행제어 계통에 유압을 공급

## 10 다음 설명 중 틀린 것은?

① Main drive shaft는 정적, 동적 균형이 잡힌 튜브 형태로(Statically & Dynamically balanced hollow tube) 엔진 출력축과 Input module에 동력을 전달한다.
② 두 축을 연결해주는 Flexible coupling은 두 축 사이의 순간적인 축간 어긋남(Misalignment) 및 비틀림 진동(Torsional vibration)를 흡수한다.
③ Main rotor drive shaft는 엔진 회전력과 동체에 양력을 전달함으로써 비틀림과 압축 하중을 받는다.
④ Main rotor drive shaft는 두 개의 Thrust bearing을 통해 동체에 전달하는 Tubular steel shaft(원형 강철 축)으로써 Planetary gear와 맞물려서 시계 반대 방향으로 회전을 한다.

해설

메인 로터 블레이드에서 받는 양력과 중력방향으로 작용하는 헬리콥터 무게에 의한 인장력이 발생한다.

## 11 Tail rotor drive shaft에 대한 설명 중 틀린 내용은?

① Main gear box의 Tail out-put shaft로 부터 Intermediate gear box, Tail rotor gear box를 통해 Tail rotor blade에 회전력을 전달한다.
② 재질은 원형 형태로 Aluminum 또는 Stainless steel로 제작되어 정적, 동적균형(Static, Dynamic balancing)이 이루어진다.
③ 소형기에는 긴 단일축(Long drive shaft)으로, 대형기에서는 여러 개의 짧은 축(Short drive shaft)으로 4개 구역으로 나누어져 있으며 각 구역의 축은 상호교환이 불가능하다.
④ 점성 진동 흡수 베어링(Viscous damped bearings)이 장착되어 있어 회전 시 발생되는 진동을 흡수하고 축을 지지한다.

해설

동일한 Section에서는 Shaft가 동일하므로 서로 교환이 가능하다.

## 12 헬리콥터의 Tail Rotor Gear Box에 대한 설명 중 잘못된 것은

① 헬리콥터 뒤쪽에 위치한다.
② 변속기로부터 구동력을 Tail Rotor에 전달하는 역할을 한다.
③ Tail Rotor Blade의 Pitch를 조정하는 역할을 한다.
④ 회전축의 회전방향을 변경시킨다.

해설

Tail Rotor Gear Box 기능
- Tail gear box housing 재질은 마그네슘
- Vertical stablator/Fin(수직 안정판) 상부에 위치하여 회전방향 변경

[정답] 10 ③ 11 ③ 12 ③

- Tail rotor head에 동력을 전달
- 윤활방법은 Self-contained wet sump 형식
- 주요 구성품으로는 Oil sight gage, Vented filler cap, Magnetic chip detector가 있다.

참고

**Tail rotor blade pitch 변경 경로**

Tail rotor pedal → Tail rotor control rod → Tail rotor head → Tail rotor pitch change rod → Tail rotor blade pitch 증가, 감소

## 13 Main gear box(MGB) 기능이 아닌 것은?

① Engine 구동각도를 변화시키고 Main rotor drive shaft(mast)를 구동하며 Spiral bevel gears 및 Planetary gears를 통해 Engine rpm을 감소시킨다.
② Tail rotor system을 구동한다.
③ 보기류를 구동한다.
④ Main rotor system을 구동하기 위해 Engine rpm을 증가시킨다.

해설

- 엔진 전방에 장착되어 Main rotor control system을 지지하며 Main rotor drive shaft를 회전시켜 양력을 전달하며 동체와 연결되어 진동을 흡수한다.
- Main gear box는 Main module, 2개의 Module, 2개의 Accessory module로 구성된다.
- Main rotor drive shaft, tail rotor drive shaft, Oil Cooler fan, Hydraulic pump, AC generator을 구동한다.

## 14 헬리콥터에 있어서 트랜스미션에 대한 설명 중 틀린 것은?

① Engine의 출력을 Main Rotor에 전달한다.
② Engine 회전수를 감속하여 Main Rotor Blade가 실속되는 것을 방지한다.
③ 발전기, 유압 펌프, 오일 펌프 등의 부품을 구동시킨다.
④ 자체 윤활 장치가 없어 별도의 윤활 장치가 요구된다.

해설

Main rotor gear box, Tail rotor gear box는 자체 윤활계통을 가지고 있다.

## 15 헬리콥터의 동력구동축 중에서 기관의 동력을 변속기에 전달하는 구동축은?

① 액세서리 구동축
② 메인 로터 블레이드 구동축
③ 꼬리 회전날개 구동축
④ 엔진 구동축

해설

- **Power train system(동력 전달 계통)**
  Engine power turbine → Engine drive shaft → Free wheeling unit → Main rotor gear box(Main input module → Main module) → Main rotor drive shaft → Main rotor head → Main rotor blade
- **Tail rotor 전달 계통**
  Engine power turbine → Engine drive shaft → Free wheeling unit → Main rotor gear box(Main input module → Main module) → Tail rotor drive shaft → Tail rotor gear box → Tail rotor head → Tail rotor blade

## 16 메인 로터 속도 센서(Main rotor speed sensor)는 collective stick을 상승, 하강 시에 회전수 변화를 감지하여 항상 일정한 회전수를 유지하는 데 어느 모듈에 장착되어 있는가?

[정답] 13 ④ 14 ④ 15 ④ 16 ③

① Main module
② Input module
③ Accessory module
④ Tail rotor input module

해설

Accessory module에 장착되어 메인 로터 회전수를 감지하여 EEC(Electronic Engine Control)에 신호를 제공하여 연료량을 제어하여 엔진 출력을 증감한다.

## 2. FREE WHEELING(OVER RUNING CLUTCH) SYSTEM

**01 헬리콥터 구동 계통에서 자유회전장치(Free wheel-ing Unit)의 주목적으로 옳은 것은?**

① 메인 로터 블레이드 제동장치를 풀어서 작동을 가능하게 한다.
② 기관이 정지되거나 제한된 주 회전날개의 회전수보다 느릴 때 메인 로터 블레이드와 엔진을 분리한다.
③ 시동 중에 주 회전날개 깃의 굽힘 응력을 제거한다.
④ 착륙을 위해서 기관의 과회전을 허용한다.

해설

엔진 정지 시에 Engine drive shaft와 Main input module 사이에 장착되는 Free wheeling unit가 작동되어 연결 축을 분리하여 Main rotor blade가 자동으로 회전하도록 한다.

**02 헬리콥터는 자동회전을 행하기 위하여 프리 휠 장치를 필요로 한다. 이 장치의 가장 중요한 역할은?**

① 회전날개는 기관에 의해서 구동되나 회전날개가 기관을 구동시킬 수 없도록 하는 장치
② 회전날개는 기관에 의해 구동되며, 기관정지시 회전 날개가 기관을 구동시킬 수 있도록 하는 장치
③ 회전날개는 기관에 의해서 구동되나, 자전강하시 회전날개가 엔진을 구동시킬 수 있는 장치
④ 엔진 정지 시 회전날개의 회전력으로 비상 장비를 작동시킬 수 있게 만든 장치

해설

문제 1번 해설 참고

**03 헬리콥터 구동 계통에서 Freewheeling Unit 또는 Freewheeling Clutch의 목적은?**

① Engine 시동 중에 Rotor 브레이크를 풀어서 시동을 가능하게 한다.
② Engine 시동 중에 Rotor Blade의 굽힘 응력을 제거한다.
③ Engine이 정지하거나 Engine 회전속도가 Main Rotor 회전속도보다 느릴 때 자동으로 Rotor를 분리하여 Autorotation 착륙이 가능하도록 한다.
④ 안전한 착륙을 위해서 Engine의 과회전을 허용한다.

해설

문제 1번 해설 참고

**04 헬리콥터 Engine 시동 시 Clutch로 동력을 차단하는 이유는?**

① 충분한 Engine 회전속도에 도달하지 않으면 양력이 원심력보다 커져 지나치게 위로 들리기 때문
② Engine 시동 시 Engine에 부하를 주지 않기 위해
③ Tail Rotor Blade로 동력이 전달되는 것을 방지하기 위해
④ 지상의 안전성이 확립된 후 동력을 연결시키기 위해

[정답] 2. FREE WHEELING(OVER RUNING CLUTCH) SYSTEM 01 ② 02 ① 03 ③ 04 ②

해설

문제 1번 해설 참고

## 3. ROTOR BRAKE

**01 가스터빈 Engine을 장착한 헬리콥터의 Engine을 시동하기 전에 회전 날개제동 장치의 Lever 위치는?**

① 최소 열림 ② 정상
③ 작동 ④ 차단

해설

**Rotor brake 기능**

- Engine drive(Out put) shaft와 Main gear box input shaft 사이에 장착
- 엔진 정지 시에 메인 로터 정지에 필요한 시간을 단축
- Brake control lever의 Micro-switch는 Brake가 작동할 때는 엔진 시동 회로를 차단하는 기능
- 유압 계통의 작동유를 사용하지 않고 별도로 작동유를 저장할 수 있는 Reservoir를 갖고 있다.

**02 회전날개 제동장치의 구성요소가 아닌 것은?**

① 작동유 저장탱크 및 유압 실린더
② 제동 장치 Lever
③ 제동 원판
④ 기어 박스

해설

**Rotor brake 구성품**

작동유를 저장하는 Reservoir, Rotor brake lever, Micro-switch, Brake disk, Hydraulic master cylinder, Caliper로 구성된다.

**03 로터 브레이크(Rotor brake)는 어디에 위치하는가?**

① 엔진과 자유 동력 터빈 사이(Free power turbine)
② 메인 로터 기어 박스와 로터 헤드 사이
③ 자유 동력 터빈과 메인 로터 기어 박스 사이
④ 엔진과 메인 로터 기어 박스 사이

해설

**Rotor brake 기능**

- Engine drive(Out put) shaft와 Main gear box input shaft 사이에 장착
- 엔진 정지 시에 메인 로터 정지에 필요한 시간을 단축
- Brake control lever의 Micro-switch는 Brake가 작동할 때는 엔진 시동 회로를 차단하는 기능
- 유압 계통의 작동유를 사용하지 않고 별도로 작동유를 저장할 수 있는 Reservoir를 갖고 있다.

**04 다음 중 Main Rotor 제동장치를 사용할 경우가 아닌 것은?**

① Engine 정지 시 Main Rotor의 회전을 방지하기 위하여
② 헬리콥터를 계류 시에
③ Autorotation 시에
④ Engine 작동 점검 시

해설

Auto-rotation 시에는 지상에서만 작동되어야 하며 Main Rotor blade 회전을 위해 해제하여야 한다.

[정답] 3. ROTOR BRAKE 01 ④ 02 ④ 03 ④ 04 ③

## 4. Oil System

**01 윤활유 오염 상태 점검에 대한 설명으로 옳지 못한 것은?**

① 금속 입자의 양으로 윤활 계통의 상태를 판단한다.
② 윤활유의 비중으로 윤활 계통의 상태를 판단한다.
③ 오염 상태는 경고 장치에 의해 확인된다.
④ 금속 입자는 윤활유 Filter, Magnetic Chip Detector로 수집한다.

해설

Chip detector는 Oil scavenge line 쪽에 장착되어 Gear Teeth, Bearing 마모 상태를 알기 위해서 있으며 이물질이 있을 경우에는 경고등이 점등된다.

**02 헬리콥터 변속기 Oil 압력이 낮게 지시되는 경우의 고장 원인이 아닌 것은?**

① 변속기 구동축 Coupling의 손상
② 윤활유 Pump의 윤활유 보급량이 부족하다.
③ 윤활유 Pump의 고장
④ 오일 쿨러가 막혔다.

해설

Coupling은 축과 축 연결 시 사용되는 것으로 Flexible coup-ling은 순간적인 축간 불일치(Misalignment)를 흡수한다.

**03 Oil 계통 작동상태를 알기 위한 것이 아닌 것은**

① Oil pressure indicator
② Oil temperature indicator
③ Chip detector
④ Oil viscosity indicator

해설

점도를 측정하는 계기는 없으며 일정한 온도 범위와 압력으로 작동하면 점도에 영향을 주지 않도록 Oil temperature indicator, Oil temperature indicator가 있다.

**04 조종 계통 Oil 압력 계기의 지시값이 부정확하거나 불량할 경우 고장의 원인이 아닌 것은?**

① Oil 량 부족
② 조종 계통의 Rigging 상태 불량
③ 유압 배관 계통의 기능불량
④ Oil Pressure Switch 불량

해설

조종 계통의 Rigging 상태 불량은 비행 제어 계통에 영향을 주므로 비행시에 비행 조종성 및 안정성에 영향을 준다.

**05 헬리콥터의 변속기에서 오일 계기가 흔들리고 있다. 원인은 무엇인가?**

① 오일 량이 부족하다.
② 계기 및 변환기에 이상이 있다.
③ 오일 펌프가 고장이다.
④ 오일 쿨러가 막혔다.

해설

Oil 량이 부족할 경우에는 계기 떨림 현상(Fluctuation)이 발생한다.

**06 헬리콥터 기어 박스에 사용되는 무슨 오일 시스템인가?**

① 오일 계통은 엔진 오일 계통과는 독립적이고 자체 윤활하는 습식 오일 계통(Wet sump)이다.
② 스플래시 형태(Splash type)로 오일을 공급한다.
③ 교체 불가능하고 조정이 가능한 특정 노즐(Nozzle)를 통해 오일을 공급한다.
④ Engine oil 계통과 동일하게 작동한다.

[정답] 4. Oil System 01 ② 02 ① 03 ④ 04 ② 05 ① 06 ①

해설

Main rotor gear box, Tail rotor gear box는 엔진 오일 계통과는 독립적이고 자체 윤활 습식이며 Pump 압력으로 작동된다.

**07** 변속기의 고장원인은 다음 무엇과 관련이 많은가?

① 연료 ② 윤활유
③ 배기가스 ④ 메인로터

해설

**변속기의 고장원인**

윤활유 부족으로 인해 윤활기능이 저하되므로

# 4장 TRACKING & BALANCING

## 1. GENERAL

**01** 헬리콥터의 주 회전 날개 깃이 5개인 경우 주 회전 날개가 1회전하는 동안에 중간 주파수의 진동은 얼마인가?

① 1 ② 2.5
③ 5 ④ 10

해설

**N(blade 수) per Rev vibration**

메인 로터 헤드에 장착된 블레이드 수의 함수관계로써 블레이드가 4개가 장착되어 있으면 고유의 4/rev(4 per revolution frequency) 진동이 발생하고 주 원인은 블레이드의 플래핑(Blade up-down flapping) 운동과 블레이드 회전 시 하향풍이 기체에 영향을 주는 기체간섭(Airframe interference)으로 블레이드 뿌리(Root) 부분이 팁(Tip)쪽보다 양력 발생이 적어 발생한다.

**02** 회전 날개의 저주파 진동으로 옳지 않은 것은?

① 주 회전날개 1회전 당 1번 일어난다.
② 종 진동 궤도와 관계 있고 횡진 동 깃에 평형이 맞지 않을 때
③ 길이 방향과 시위방향으로 평형
④ 식별하기 어려우며 페달을 통해서 얻어진다.

해설

**저주파수 진동(Low frequency vibration)**

메인 로터 회전 시에 Gust로 인한 양력 불균형으로 발생하는 1/rev 및 2/rev 진동을 말하며 수직 또는 수평 진동의 두 가지 유형이 있다.

- 수직진동(Vertical vibration)
  어느 하나의 블레이드가 다른 블레이드에 비해 더 많은 양력 차이로 발생하는 궤적의 불일치(Out of track)에서 오는 진동

[정답] 07 ② 4장 1. GENERAL 01 ③ 02 ④

- 수평진동(Lateral vibration)
  수평진동은 블레이드 회전면(Main rotor blade disk)의 질량 분포의 불일치, Span moment arm의 차이, 또는 허브의 불균형 때문에 발생한다.

참고

고주파 진동은 대부분 Tail rotor system에서 오는 것이며 Tail rotor pedal에 전달된다.

## 03 다음 중 고 주파수 진동의 발생요인이 아닌 것은?

① 주 회전날개의 손상
② 기어박스의 고장
③ 구동축의 장착 상태 불량
④ 구동 축 커플링의 손상

해설

**고 주파 진동(High frequency vibration)**
테일 로터와 같이 고속으로 회전하는 부품인 엔진, 오일 쿨러 팬 등에서 발생되는 진동을 말한다.

## 04 헬리콥터의 진동 중 저 주파수 진동을 가장 올바르게 표현한 것은?

① 꼬리회전날개 1회전 당 한번 일어나는 진동
② 주 회전날개 1회전 당 한번 일어나는 진동
③ 꼬리회전날개 1회전 당 두 번 일어나는 진동
④ 주 회전날개 1회전 당 두 번 일어나는 진동

해설

문제 2번 해설 참고

## 05 회전날개 계통의 작동 점검과 조절에 포함되는 작업은?

① 시동 점검　　② 궤도 점검
③ 정시 점검　　④ 기능 점검

해설

Main rotor blade, Tail rotor blade에 대한 작동 점검 및 조절 작업은 Tracking & balancing이다.

## 06 헬리콥터에서 진동이 가장 심한 곳은?

① 주 회전 날개　　② 꼬리 회전 날개
③ 트랜스미션　　④ 꼬리 회전 날개 구동축

해설

Main rotor blade는 날개 수가 많고 크기가 크므로 공기역학적으로 공기흐름 간섭과 양력불균형을 해소하기 위한 Flapping 운동에 의해 진동 발생

## 07 헬리콥터에 기체진동을 주는 원인 중 한 가지로 래그각(Lag angle)이 주기적으로 증가하는 운동을 의미하는 것은?

① 위빙(Weaving)　　② 플래핑(Flapping)
③ 헌팅(Hunting)　　④ 페더링(Feathering)

해설

**Hunting**
Main rotor blade 회전 시 양력 불균형을 해소하기 위한 Flapping 운동으로 인한 Coriolis effort로 Blade가 앞서가는 Lead 현상과 Blade가 뒤처지는 Lag 현상이 나타나는 것을 말한다.

## 08 헬리콥터의 저주파 진동은?

① 변속기나 기관에 이상이 있을 때 발생한다.
② 주로 Tail Rotor의 Tracking 이상이나 평형 이상시 또는 Pitch 변환장치 이상 시 발생한다.
③ Main Rotor 1회전 당 한번 일어나는 진동으로 1:1 진동이라 한다.

[정답] 03 ① 04 ② 05 ② 06 ① 07 ③ 08 ③

④ 착륙장치나 냉각 팬 같은 부품의 고정 부분이 이완되었을 때도 발생한다.

해설

저 주파 진동은 일반적으로 메인 로터의 회전이 방해받을 때 발생하며 중 주파 진동은 항공기 부품의 장착상태 및 부품마모 여부 등으로 인해 발생하며 고 주파 진동은 고속으로 회전하는 부품에서 발생한다.

**09 Flapping 현상에 의해서 Blade Tip의 회전 방향이 전후로 떨리는 진동을 없애기 위해 사용되는 것은?**

① Flapping Hinge
② Lead-Lag Hinge
③ Feathering Hinge
④ Swash Plate

해설

Main rotor blade 회전 시 운동

- Flapping Hinge
- Lead-Lag Hinge
- Feathering Hinge

**10 헬리콥터의 동력 구동축에 고장이 생기면 고주파수의 진동이 발생하게 되는데 이 원인으로서 적당하지 않은 것은?**

① 평형 스트립의 결함
② 구동축의 불량한 평형상태
③ 구동축의 장착상태의 불량
④ 구동축 및 구동축 커플링의 손상

해설

Shaft에서 발생되는 진동 원인

- Shaft unbalance 상태
- Shaft 연결 상태 불량 및 구성품 불량
- Shaft bearing 불량

**11 지상진동시험을 할 경우 외부 하중의 진동수와 고유 진동수가 같게 되어 구조물에 큰 변위를 발생시키는 현상을 무엇이라 하는가?**

① 공진 현상
② 단주기 진동
③ 돌풍 하중
④ 착륙시의 충격

해설

헬리콥터는 착륙 시 어느 한 쪽 착륙장치(Landing gear)가 먼저 접지되면서 발생되는 충격이 메인 로터 계통에 전달되어 블레이드와 블레이드 사이 간격이 벗어나게 되어(Out of phase) 회전면 불균형으로 인한 진동과 동체의 고유진동수와 중첩되어 진동수가 일치하여 기체가 파손되는 큰 진동으로 발전되는 것을 말한다.

**12 헬리콥터의 저 주파수 진동에 대한 설명으로 틀린 것은?**

① 1:1 진동이라 한다.
② 주로 꼬리회전날개의 회전속도가 빠를 때 발생한다.
③ 가장 보편적인 진동으로 쉽게 느낄 수 있다.
④ 주 회전날개 1회전 당 한 번 일어나는 진동이다.

해설

문제 8번 해설 참고

**13 로터 헤드의 진동을 감소시켜주는 장치는?**

① Swashplate
② Scissor link
③ Bifilar Pendulum Absorber
④ Pitch change rod

해설

[정답] 09 ② 10 ① 11 ① 12 ② 13 ③

Bifilar vibration(Pendulum) absorber main rotor head 상단에 장착되며 재질이 Tungsten으로 된 Weight가 장착된 4개의 Arm plate의 끝 두 지점에서 회전하여 로터의 진동 및 응력을 줄여 구성품의 수명을 연장과 탑승감이 좋다.

## 2. VERTICAL VIBRATION(수직 진동)

**01 다음 중 헬리콥터에 발생하는 종진동과 가장 관계 깊은 것은?**

① 깃의 궤도 ② 회전면
③ 깃의 평형 ④ 리드래그

해설

**수직진동(Vertical vibration)**
헬리콥터 주회전 날개의 불균형 트래킹(Out of track) 때문에 발생하는 상하 진동(각 블레이드 위치를 불일치로 발생하므로 일치시켜서 해소하는 작업을 Tracking이라 한다.)

**02 Main Rotor Blade의 Tracking 점검에 대한 설명 중 잘못된 것은?**

① 메인 로터 블레이드 교환 시에만 수행한다.
② Tracking을 벗어난 Rotor Blade는 Trim Tap의 각도를 조절하여 Tracking을 조절한다.
③ 새 Rotor Blade 또는 오버홀 한 Blade는 Trim Tap의 각도를 0°로 맞출 필요 없이 Tracking 점검을 수행한다.
④ 사용하던 Blade는 Trim Tap 각도를 0°로 맞춘 후 Tracking 점검을 수행한다.

해설

New blade, Overhaul blade는 Trim tab 각도를 0[°]로 제작되며 사용하던 Blade는 0[°]로 맞춘 후 실시하며 메인 로터 조종계통 교환 시에는 필히 수행하여야 한다.

**03 Main Rotor Blade가 회전 중에 같은 크기로 Coning 되지 않는 현상을 무엇이라고 하는가?**

① Tracking 이상 ② Pitch 이상
③ Balance 이상 ④ Trim 이상

해설

Main Rotor Blade의 Track이 불일치는 각 블레이드 양력 불균형 및 상이한 Flapping 운동으로 인한 공기흐름이 서로 달라서 발생한다.

**04 Main Rotor Blade의 Tracking을 점검하는 목적은?**

① 회전 중 Blade 간의 상대 위치를 점검하기 위해
② 회전 중 Blade의 불평형 상태를 점검하기 위해
③ 회전 중 Blade의 무게를 점검하기 위해
④ 회전 중 Blade의 플래핑을 점검하기 위해

해설

Tracking은 회전 중인 블레이드 위치 불일치를 일치시키므로 수직진동을 해소한다.

**05 블레이드 궤적 점검은 언제 하는가?**

① 블레이드 교환 시에
② 엔진 교환 시에
③ 유압장치 교환 시에
④ 랜딩 기어 교환 시에

해설

**Tracking 수행시기**
- Main rotor blade 교환 시
- Main rotor head 교환 시
- Pitch contol rod 교환 시

[정답] 2. VERTICAL VIBRATION(수직 진동) 01 ① 02 ① 03 ① 04 ① 05 ①

### 06 지상에서 블레이드 트랙킹할 때 맞는 내용은?

① 컬렉티브 스틱을 완전히 아래로 내린다.
② 컬렉티브 스틱는 하향 멈춤(Down stop)과 상향 멈춤(Up stop) 사이의 중간에 위치시킨다.
③ 사이클릭 스틱을 완전히 앞으로 이동시킨다.
④ Main rotor torque방지를 위해 테일 로터를 메인로터 회전반대 방향으로 작동시킨다.

해설

**Tracking 조건**

- 무풍이어야 하고 항공기는 정풍이여야 하며 풍속은 6 노트를 초과해서는 안 된다.
- Collective stick은 Full down, Cyclic stick은 Neutral position에 위치
- 사용된 블레이드는 트림 탭(trim tab)이 중립위치(neutral position)로 일치 하는지 확인하고 그렇지 않으면 일치시킨다.
- Tracking 작업 완료 후에 Balancing을 수행한다.
- Cyclic stick shaking, rocking 현상은 Main rotor blade phasing 불량이므로 먼저 수행 후 실시한다.

### 07 Tracking 작업 시 틀린 내용은?

① 무풍이어야 하고 풍속은 6노트를 초과해서는 안 되며 항공기는 정풍이여야 한다.
② 메인 로터 계통 균형 점검(Main rotor system balance)은 궤적 점검 완료 전에 수행한다.
③ 사용된 블레이드는 Trim tab이 중립위치(Neu-tral position)로 일치하는지 확인하고 그렇지 않으면 일치시킨다.
④ 시동 시에 Cyclic stick rocking(Stick이 안 움직이는 현상) 또는 Cyclic stick shaking(스틱이 떨리는 현상) 현상은 블레이드 위치(Blade phasing) 불량이므로 먼저에 Blade phasing 작업을 수행해야 한다.

해설

Tracking 완료 후에 Balancing을 수행하는데 그 이유는 Tracking 작업 시 Trim tab 조절로 인해 공기흐름 변화가 Balancing에 영향을 주어 가로방향 진동이 해소될 수 있으며 Balancing을 먼저 하면 Blade track이 변한다.



## 3. LATERAL VIBRATION(수평 진동)

### 01 다음 중 헬리콥터의 수평 진동이 발생하였을 경우 이를 없애는 방법으로 적당한 것은?

① 회전날개의 플래핑 운동을 감소시켜준다.
② 공중정지비행 상태로 상승
③ 회전날개의 동적 평형을 유지한다.
④ 꼬리회전날개에 의한 교란을 감소시킨다.

해설

**Lateral vibration 발생원인**

한 블레이드의 무게중심이 Up flapping 운동이면 회전축과 가까져서 회전속도가 빨라지고(Lead 현상) Down flap-ping이면 멀어져서 회전속도가 느려지므로(Lag 현상) 동적으로 불균형한 상태가 되며 블레이드가 회전하면서 두 무게중심이 블레이드 회전 평면을 따라 일치되려고 시도하면서 블레이드의 무게중심이 각 운동량을 같게 하기 위해 경로를 변경하게 되어 가로방향 진동을 유발하게 되는 것이므로 동적 균형이 필요하게 되므로 Main rotor balancing을 수행해야 한다.

### 02 헬리콥터의 주회전날개의 정적 평형에 대한 설명 중 가장 관계가 먼 것은?

① 정적평형작업은 동적평형 작업 전에 반드시 실시해야 한다.
② 크고 복잡한 것은 헤드와 깃을 분리하여 평형 작업을 한다.
③ 길이 방향의 평형을 시위 방향의 평형보다 먼저 실시한다.
④ 주회전날개의 형식에 따라 평형장비도 달라진다.

[정답] 06 ① 07 ② 3. LATERAL VIBRATION(수평 진동) 01 ③ 02 ④

해설

Tracking & Balancing 장비는 기종에 관계없이 사용되며 다른 부품인 엔진 진동도 점검할 수 있다.

참고

Spanwise balancing을 먼저 수행하다보면 Chordwise balancing이 해소될 수 있으므로 Chordwise balancing보다 먼저 수행한다.

**03 헬리콥터에 발생하는 횡 진동과 가장 관계가 깊은 것은?**

① 궤도　② 깃의 평형
③ 회전면　④ 리드 래그

해설

문제 1번 해설 참고

**04 헬리콥터의 저주파 진동 중에서 Main Rotor Blade의 평형이 맞지 않을 때 발생하는 진동은?**

① 동체가 좌우로 흔들리는 횡진동
② 동체가 상하로 흔들리는 종진동
③ Tail rotor 1회전 당 Blade 개수만큼 발생하는 진동
④ Tail Rotor 1회전 당 1회의 진동

해설

Main Rotor Blade의 평형 불일치는 Lateral vibration(수평 진동) 발생원인이므로 Main Rotor Blade balancing을 수행한다.

**05 다음 중 헬리콥터의 수평 진동이 발생하였을 경우 이를 없애는 방법으로 적당한 것은?**

① 회전날개의 플래핑 운동을 감소시켜준다.
② 공중정지비행 상태로 상승
③ 회전날개의 동적 평형을 유지한다.
④ 꼬리회전날개에 의한 교란을 감소시킨다.

해설

문제 4번 해설 참고

**06 Semi-rigid rotor head에서 블레이드 무게 중심을 정확하게 위치시키는 작업은 무엇인가?**

① 블레이드 정렬(Blade alignment)
② 추적(Tracking)
③ 플래핑(Flapping)
④ 페더링(Feathering)

해설

**Main rotor blade alignment(블레이드 정렬)**
메인 로터 계통은 무게가 크고 거리가 길어 균형에 많은 영향을 주므로 질량 분포가 회전 축 중심을 가로질러 균형을 이루도록 하는 것으로 메인 로터 고정형(Rigid rotor type) 및 반고정형(Semi-rigid rotor type) 계통에서만 적용된다.

**07 lateral vibration(수평진동) 수정작업 내용 중 틀린 것은?**

① Vertical vibration이 해소된 후에 실시하여야 하며 가로방향(Spanwise) 균형보다는 세로방향(Chordwise) 균형을 먼저 수행해야 한다.
② 최대 진동 허용치는 0.2[ips](Inches per second) 이하이다.
③ 로터 헤드 쪽 또는 블레이드 끝에 무게를 추가, 감소하면 블레이드 질량이 변하므로 수평 진동에는 영향을 준다.
④ 로터 헤드 쪽 또는 블레이드 끝에 무게를 추가, 감소하면 블레이드 질량만 변하므로 팁 경로 평면(Tip path plane)에는 변화가 없다.

해설

[정답] 03 ④　04 ①　05 ③　06 ①　07 ①

Spanwise 균형을 해소하다 보면 Chordwise 균형이 없어질 수 있으므로 먼저 수행해야 하며 운용자는 Chordwise 균형이 해소되지 않으면 제작사로 보내야 한다.

**08 Ground tracking 완료 후에 Hovering track 점검 내용 중 틀린 것은?**

① 비행 중 속도 별 Tracking을 하다 보면 변하므로 그대로 두고 변하는가를 관찰한다.
② Track이 변한 블레이드는 정적 Chordwise 불량이다.
③ Track이 변한 블레이드는 Spanwise 불량이다.
④ 비행 중 속도 별 Tracking 시에도 변하지 않으면 블레이드끼리 조합이 맞지 않으므로 다른 블레이드와 교환 후에 실시한다.

해설

Track 변화는 블레이드 리드-래그(Lead-lag) 운동으로 인한 수평 진동의 원인으로 블레이드 세로방향 균형(Chord-wise balance)이 허용치를 벗어난 것으로 비행중 궤적점검 시에 해소 될 수 있으므로 조절해서는 안 되며 컬렉티브 스틱에 작용에 따라 블레이드 피치각이 변하므로 팁 경로가 변하므로 수직 진동을 발생시키고 정지 시, 지상 작동 시 또는 제자리 비행에서는 수평진동을 발생시킨다.

**09 가로방향 모멘트 변화(span moment arm migration) 요인이 아닌 것은?**

① 블레이드 결함에 따른 수리로 인한 무게 변화
② Tracking & Balancing 작업 시 부적절한 블레이드 무게 조절
③ 블레이드 내부에 고인 물
④ 블레이드 앞전(Leading edge)에 마모와 침식(Blade wear/Erosion)으로 절차에 따라 수리 후 페인트로 표면 처리할 때

해설

Manual에 의거 한계치 이내에서만 수리하므로 가능하다.

**10 블레이드 세로방향(Chord-wise) 및 가로방향(Span-wise) 불균형 구별법에 대한 설명 중 틀린 것은?**

① 세로방향(Chord-wise) 불균형은 테이프를 한쪽 블레이드 끝에 붙이고 제자리 비행을 실시했을 때 수평 진동이 감소했다가 잠시 후 다시 증가하면 Span-wise 불균형이다.
② 세로방향(Chord-wise) 불균형은 테이프를 한쪽 블레이드 끝에 붙이고 제자리 비행했을 때 진동이 감소하면 Span-wise 불균형이다.
③ 세로방향 동적 균형 수정 방법은 임의로 어느 한 메인 로터 블레이드 댐퍼(Main rotor blade damper) 길이를 짧게 하여 수평진동이 감소하면 한계치 이내로 수정하고 증가하면 댐퍼 길이를 원위치 시키고 반대 방향 블레이드를 선택하여 조절한다.
④ 가로방향 동적 균형(Span-wise dynamic balancing) 수정 절차는 블레이드 장착 볼트(Blade retaining bolt) 또는 블레이드 팁 쪽에 무게 추가 후 제자리 비행을 실시했을 때 진동이 감소하면 한계치 이내로 수정하고 증가하면 반대 방향 블레이드를 선택하여 조절한다.

해설

메인 로터 블레이드에 무게를 증가시킨 후 제자리 비행했을 때 진동 크기가 감소하다가 증가하면 Chordwise 불균형이다.

- Spanwise 불균형 조절
  메인 로터 헤드 쪽의 블레이드 장착 볼트에 무게를 추가, 감소하는 것은 팁 쪽 무게를 추가, 감소하는 것보다 수평진동에 큰 영향을 준다.
- Chordwise 불균형
  Main rotor blade damper 조절할 때는 블레이드를 앞으로 이동시키는 것보다 뒤로 움직이는 것이 비행 안정성이 좋다.

[정답] 08 ③ 09 ④ 10 ①

**11** **메인 로터 자동회전 회전수(Auto-rotation rpm) 조절에 대한 설명 중 틀린 것은?**

① Main rotor tracking & balancing 완료 후에 실시한다.
② 시험 비행 시에 자동회전 회전수가 한계치를 넘었을 때 실시한다.
③ 자동회전 회전수가 규정치보다 클 경우에는 후퇴익에서는 실속이 발생하고 작으면 양력발생이 적다.
④ 헬리콥터 총 무게와 밀도와는 관련이 없다.

해설

자동 회전 회전수는 헬리콥터 총 무게와 밀도와는 밀접한 관계가 있으므로 회전수에 영향을 주므로 Maintenance manual에 따라 조절해야 한다.

**12** **메인 로터 자동회전 회전수(Auto-rotation rpm) 조절 방법에 대한 설명 중 틀린 것은?**

① 메인 로터 피치 컨트롤 로드(Pitch control rod)로만 회전수를 조절해야 하며 완료 후에도 재 조절할 수 있다.
② 자동회전 회전수가 한계치 이상일 때는 메인 로터 피치 컨트롤 로드를 길게 한다.
③ 자동회전 회전수가 한계치 이하일 때는 메인 로터 피치 컨트롤 로드를 짧게 한다.
④ 조절 시에는 모든 블레이드의 메인 로터 블레이드 피치를 똑같이 길게 하거나 짧게 해야 한다.

해설

자동회전 회전수는 엔진 정지 시에 비상착륙을 위한 것이므로 조절완료 후에는 회전수가 변하므로 재조절할 수 없다.

[정답] 11 ④ 12 ①

# Chapter 04

## HYDRAULICS SYSTEM & AFCS

제1장 HYDRAULIC SYSTEM
제2장 AUTO FLIGHT CONTROL SYSTEM

## 01 일반사항

헬리콥터는 조종면의 제어력 극복과 조종사의 작업 부하로 인한 피로도를 완화시키기 위해 유압을 이용하여 비행조종(Flight controls) 계통, 착륙장치(Landing gear)계통, 바퀴제동(Wheel brakes) 장치 및 날개접이(Rotary−wing folding) 장치 등에 사용되며 유압 계통 고장 시에는 기계적인 작동으로 제어 할 수 있지만 제어력이 너무 커서 전기, 또는 공압으로 작동할 수 있게 하여 신뢰성 및 안전성 증가를 위해 Back up(보조) 계통으로 두 개 이상의 독립적인 유압계통으로 이중화로 되어 있다.

### 1. 유압 계통 형식

모든 유압 계통에는 작동유가 조종면에 전달되기 위한 일반적인 구성품으로는 Power−driven pump(동력 구동펌프), Hand pump, Accumulator(축압기) 및 작동유를 저장하는 Reservoir, Relief valve(De−pressurizing valve), Check valve, Selector valve(Directional control valve), Filter, actuator가 있으며 Hydraulic pump 고장 시에 Hand pump로 Accumulator에 유압을 저장하여 짧은 시간동안에 유압을 사용할 수 있도록 되어 있다.

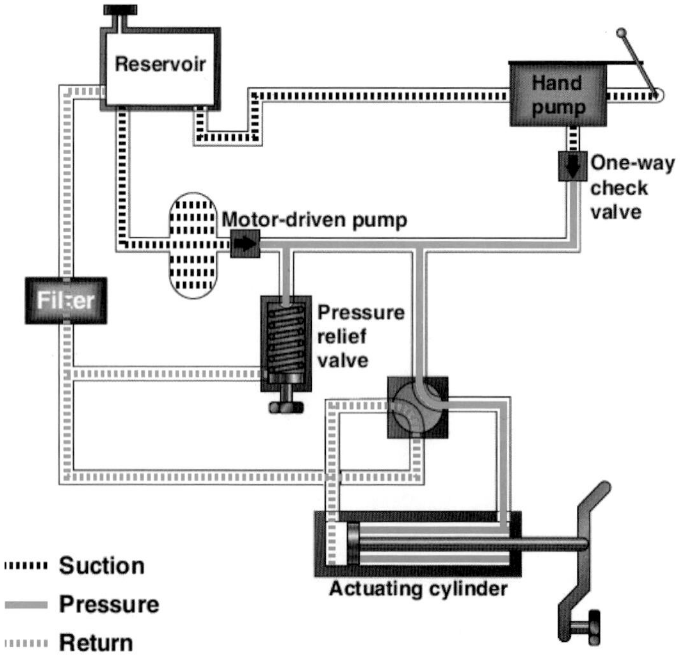


[그림 1-1 기본 유압 시스템]

(1) 개방형 유압 시스템(Open Center Hydraulic Systems)

(a) Selector valves가 유로를 형성하지 않는 경우

개방형 유압 시스템을 작동하지 않을 때는 계통에 압력이 없는 것과 구성품이 서로 직렬로 연결되어 있는 것이 특징이며 Pump는 Reservoir의 작동유를 각 하위 계통마다 Selector valves(Directional control valve)를 통과해 항상 Selector valves 중 하나가 작동장치를 작동하도록 선택될 때까지 각 Selector valves를 통해 자유롭게 통과하고 Reservoir로 되돌려서 순환시킨다.

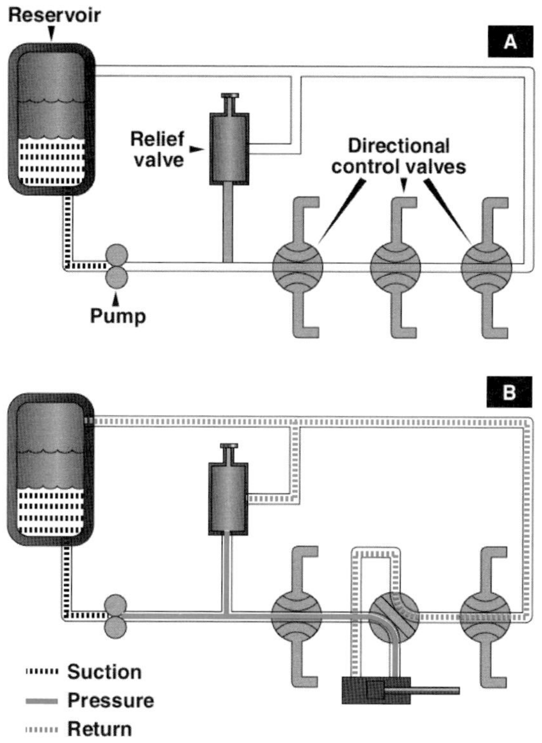


[그림 1-2 개방형 유압 시스템]

(b) Selector valves가 유로를 형성한 경우

Selector valves 중 하나가 작동 장치를 작동하도록 선택한 경우에는 Pump에서 오는 작동유는 Cylinder의 Piston을 움직이며 Actuator의 반대쪽 유로를 형성하여 작동유가 Selector valves로 되돌아와서 Reservoir로 다시 흐르게 한다.

(c) 개방형 유압 시스템 특징

시스템의 지속적인 가압이 제거된다는 것이며 선택 밸브가 작동 위치로 이동 한 후에는 압력이 점차 증가하므로 Pressure surge로 인한 충격은 거의 없어서 원활한 작동을 제공하고, 선택 밸브가 위치한 순간 압력을 사용할 수 있는 폐쇄형 계통보다 느리므로 대부분의 항공기에서는 즉각적인 반응이 필요한 폐쇄형 유압 시스템이 가장 널리 사용된다.

(2) 폐쇄형 유압 계통(Closed Hydraulic Systems)

폐쇄형 유압계통은 Pump 작동 시에는 작동유에 압력이 가해지며 개방형과 달리 각각의 Actuator는 병렬로 연결되고 Actuator B와 C는 동시에 작동하는 반면 Actuator A는 작동하지 않으며 Constant delivery pump(정량 펌프)는 계통 압력을 Pressure regulator(압력 조절기)로 조절되며 Relief valve는 Regulator가 고장 난 경우 Back up으로 안전장치 역할을 한다.

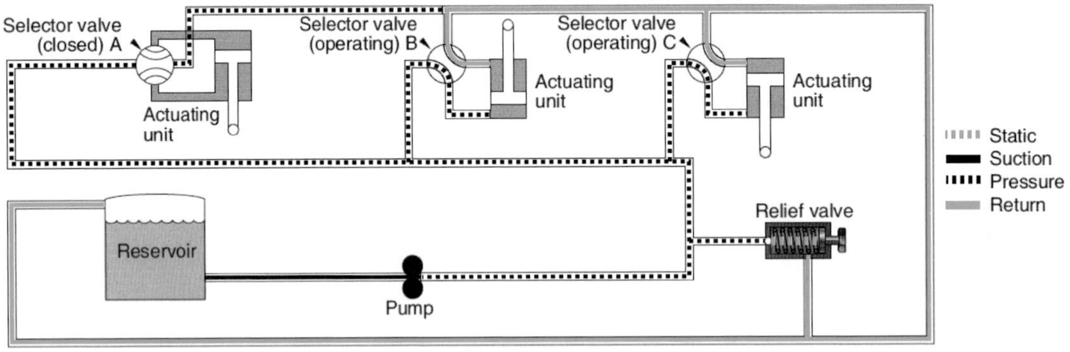


[그림 1-3 variable displacement pump(가변변위 펌프)의 폐쇄형 유압 계통]

Variable displacement pump를 사용하는 경우 계통 압력은 Pump에 내장된 Pressure compensator(압력 보상기)의해 출력량을 자동으로 제어하며 압력이 정상 압력에 도달하면 Pump의 출력량을 줄이기 시작하여 완전 보상 상태에 있을 때 내부 Bypass valve는 냉각 및 윤활을 위해 Pump를 통해 작동유 순환을 제공하며 Relief valve는 계통 안전을 위해 Back-up으로 작동한다.

## 2. 유압계통 장점 및 단점

(1) 장점

(a) 유압은 가볍고, 설치가 쉽고, 검사가 간단하고 유지 보수가 쉽다.

(b) 유압 작동은 유체 마찰로 인한 손실이 거의 없으며 100[%] 효율적이다.

(2) 단점

(a) 작동유 누출로 인해 전체 계통이 작동 불능 상태가 될 수 있다.

(b) 계통에 이물질에 오염이 되면 장치가 오작동 할 수 있다.

## 3. 작동유 오염(Hydraulic contamination)

작동유 오염은 항공기의 유압 계통에서 외부 이물질인 모래, 흙, 먼지, 녹, 물 또는 유압유에 용해되지 않는 물질이 혼합되는 것을 말하며 계통 구성 요소에 의한 정상적인 마모를 통해 발생되는 자체적인 오염과 물을 포함하여 이물질이 유체와 혼합하는 것이 있으며 작동유 오염 시에는 성능 저하 및 비행안전에 심각한 영향을 미친다.

(1) 작동유 오염방지 주의사항

(a) Manual에 승인된 규격의 작동유를 사용해야 한다.

(b) 일정 시간 공기에 노출된 작동유는 먼지와 오물을 흡수하므로 절대로 사용해서는 안 된다.

(c) 한 용기의 유체를 다른 용기에 혼합하지 않는다.

(d) 작동유 취급 시에는 항상 청결을 유지해야 한다.



## 02 유압계통 기본구성 요소

### 1. Reservoir 기능과 종류

대부분의 항공기에는 주 계통 고장 시 비상 유압 계통이 사용되는데 두 계통의 Pump는 단일 Reservoir로 부터 작동유를 공급 받으며 주요 기능으로는 해당 계통에 작동유(Hydraulic fluid)를 공급 및 저장, 누출 및 증발로 인한 손실을 충당, 유체 팽창을 위한 공간을 제공, 작동유에 포함된 공기를 배출(Vent system) 및 유체를 냉각시키는 기능을 갖고 있으며 Non-pressurized reservoir(비 여압 저장소)와 Pressurized reservoir(여압 저장소)가 있다.

(1) Non-pressurized reservoir

과도한 기동 및 고고도 비행을 하지 않는 저고도 항공기에 사용되며 원통형으로 외부 하우징(Housing)은 강한 내 부식성 금속으로 만들어진다.

(2) Pressurized reservoir

대기압이 낮은 고고도에서 Pump로 유체가 흐르기에 충분하지 않으므로 고고도 비행을 목적으로 사용되며 Engine compressor bleed air에 의해 가압된 공기 압력은 공기 압력 조절기에 의해 조절되며 일반적으로 약 10~11[psi]이다.

(3) 주요 구성품 기능(그림 1-4)

(a) Baffle/Fin

Reservoir에 내부에 위치하며 내부의 작동유 유동으로 Return 계통에 작동유에 기포가 발생되는 것을 방지하며 기포 발생은 공기로 인해 Pump 방출 압력이 감소하고 작동유 부족으로 Pump 고장을 방지하기 위해 공기가 작동유와 함께 계통으로 들어가지 않도록 소용돌이 및 Surge 현상을 방지한다.

(b) Standpipe

주 계통이 정상 작동 시에는 Standpipe 높이보다 높은 위치에서 작동유를 공급 받으나 작동유 누설로 EDP(Engine-Driven Pump/엔진 구동펌프)가 더 이상 작동유를 공급할 수 없을 때 Standpipe 높이 보다 낮은 위치에 저장된 작동유를 공급할 수 있도록 ACMP (Alternating Current Motor-Driven Pump/교류 모터 구동 펌프)가 있다.

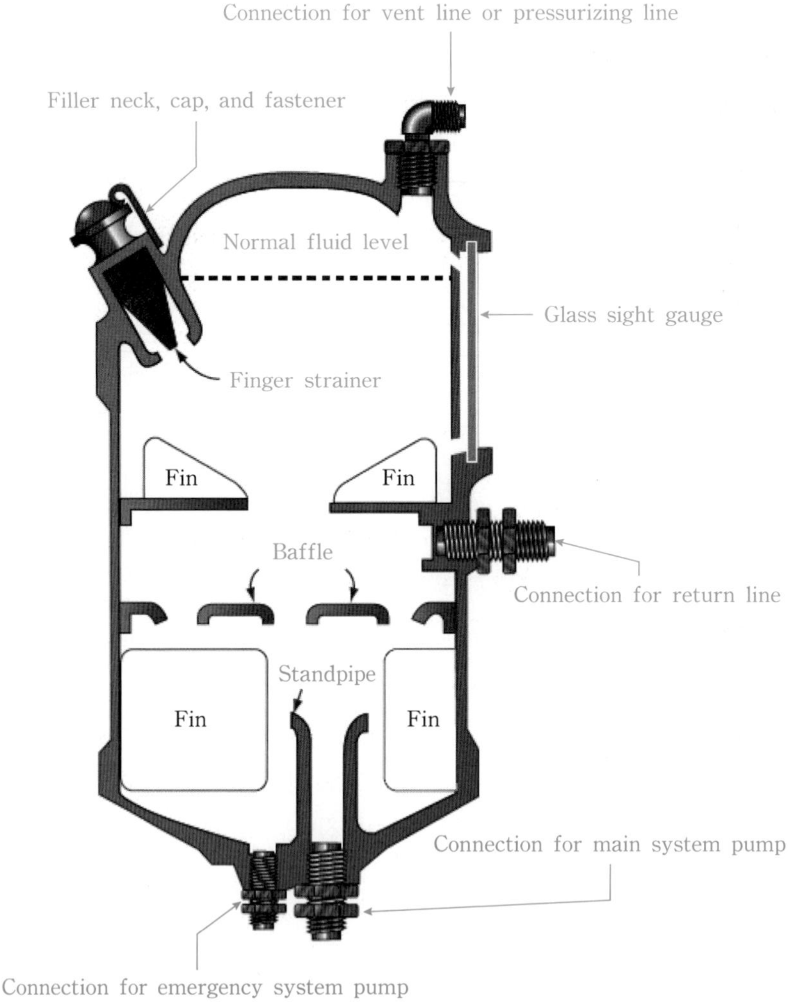


[그림 1-4]

(c) Reservoir level sensing switch

각 Pump 상부에 장착되어 Reservoir의 작동유량을 감지하며 Refill, Full 및 Expansion 이라고 표시된 Level indicator window가 있으며 NO1 유압계통에서 유압 손실 시 재 보충 표시(Refill mark/60[%]) 까지 떨어지면 "RSVR LOW" 주의 등(Caution light)이 점등된 후 Logic module에 신호를 보내며 Logic module은 작동유가 손실되는 계통의 Shutoff valve를 차단하여 작동유 손실을 막고 관련 부품 작동을 위해 다른 계통의 Shutoff valve을 열어 준다.

(d) Temperature sensitive labels

각 Hydraulic pump에 부착되어 온도 변화에 따라 변색되며 일정 온도에 도달하면 검은 원형(Black circle)이 나타난다.

## 2. Pump

현재 사용되는 동력 구동 유압 펌프에는 대부분 작동원리가 동일한 가변 용량 공급 펌프(Variable delivery pump)과 정량 공급 펌프(Constant delivery pump)가 사용되며 엔진 구동식 파워 펌프, 전기 구동식 파워 펌프, 공기 구동식 파워 펌프 등에 의해 구동되는 펌프의 조합을 하여 사용한다.



(1) Constant delivery(정량 공급) pump

계통 내 압력에 관계없이 1회전 당 주어진 양의 유체를 전달하며 분당 전달되는 유체의 양은 분당 펌프 회전수 [rpm]에 따라 다르므로 일정한 압력을 필요로 하는 계통에서는 압력 조절기(Pressure regulator)와 함께 사용해야 한다.

(a) Vane type

원통형 Case 안에 편심된 Rotor가 회전을 하면 Vane은 Casing 안벽과 밀착 상태가 되어 기밀이 유지되며 반 회전 시에는 Rotor와 Cam ring 사이의 체적이 증가하므로 압력이 감소하여 작동유가 흡입되고 반 회전 시에는 체적이 감소하므로 작동유가 배출되며 비교적 낮은 압력으로 많은 작동유가 사용되는 경우에 사용된다.

(b) Ge-rotor type

내부 및 외부 Rotor로 구성되며 내측 회전자에는 N개의 치차가 있고, 외측 회전자에는 N+1개의 치차가 있으며 회전자는 각 축에서 회전하며 주어진 체적이 증가하면 진공이 발생하여 작동유를 흡입하고 체적이 감소하면 압축이 발생하여 작동유를 공급한다.

(c) Gear type

한쪽 Gear는 엔진에 의해 구동되며 한쪽 기어는 맞물려 회전하며 입구 쪽에서는 체적이 증가하여 압력이 감소하여 작동유가 흡입되고 출구 쪽에서는 체적이 감소되어 밀려 나가게 되며 중간정도의 압력과 용량의 작동유를 제공하며 Relief valve는 일정 압력에서만 열리도록 한다.

(d) Piston type

높은 압력에서보다 효율적으로 작동하고 고장이 적어 긴 수명을 갖는 장점이 있으며 축 중앙에는 전단력에 약한 부분(Shear section)으로 설계되어 있어서 정상적인 상황에서 펌프를 가동하기에 충분한 강도를 제공하지만 펌프 내에서 문제가 발생하면 전단 부분이 파손되어 펌프 또는 구동 장치가 손상되는 것을 방지한다.

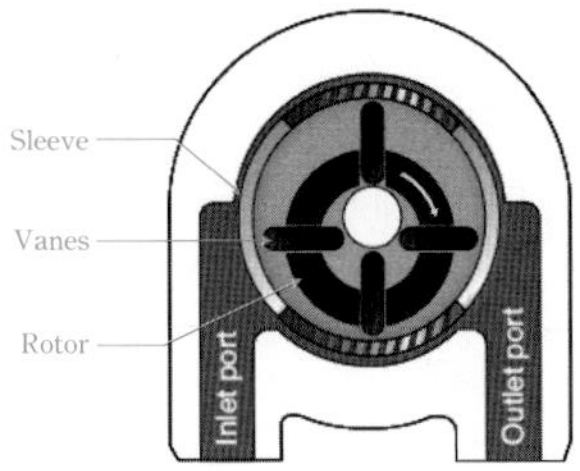

Vane-type power pump

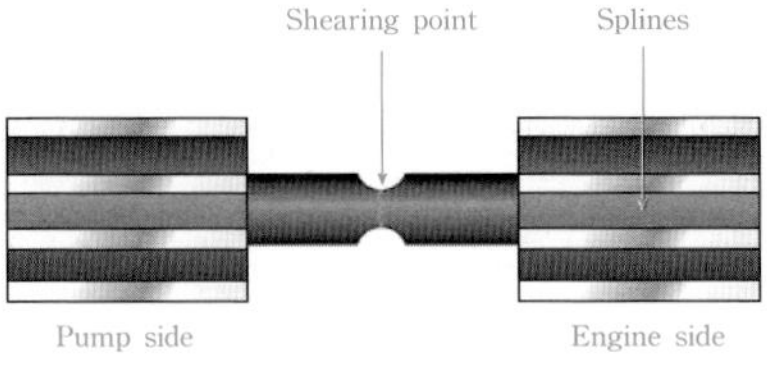

Hydraulic pump shear shaft

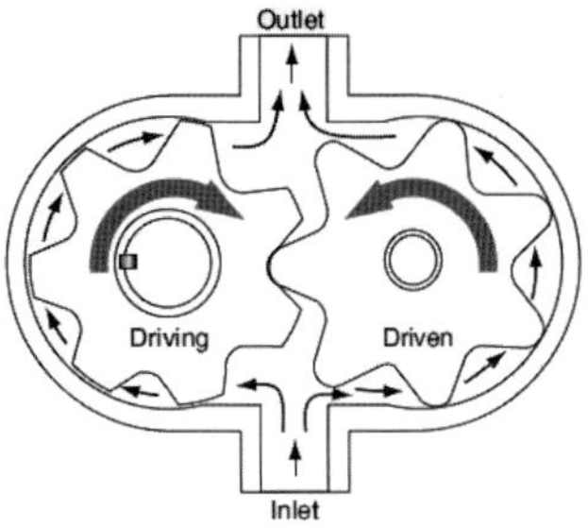

Gear-type power pump

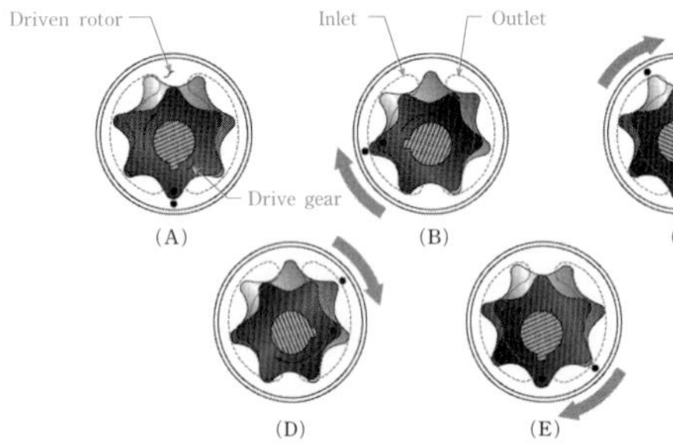

Gerotor pump

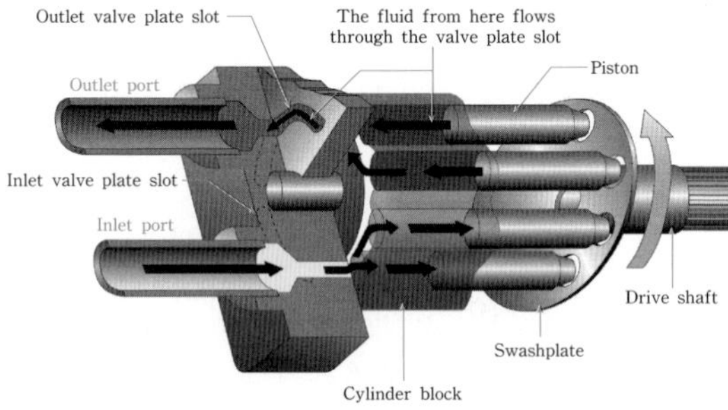

Axial inline piston pump

[그림 1-5]

(2) Variable-delivery(가변 용량) piston pump

다양한 유압계통 요구 사항을 충족시키기 위해 전달되는 유체의 양을 자동으로 즉시 변경하며 Pressure compensator(압력 보상기)는 펌프 및 유압 계통에 있는 압력의 양에 반응하여 계통 압력이 상승하면 펌프 출력을 낮추고, 계통 압력이 떨어지면 출력을 증가시킨다.

(a) 출력 요구 원리(Output demand principle)

Piston 행정을 다양한 각도에서 계통이 요구하는 변화에 효율적으로 다양한 Pump 출력을 발생한다.

(b) 행정 감소 원리(Stroke-reduction principle)

각 Pump에서 Cylinder block의 각도를 변경하여 계통이 요구하는 변화에 효율적으로 다양한 Pump 출력을 발생하며 Piston 행정의 길이와 행정 당 부피를 제어한다.

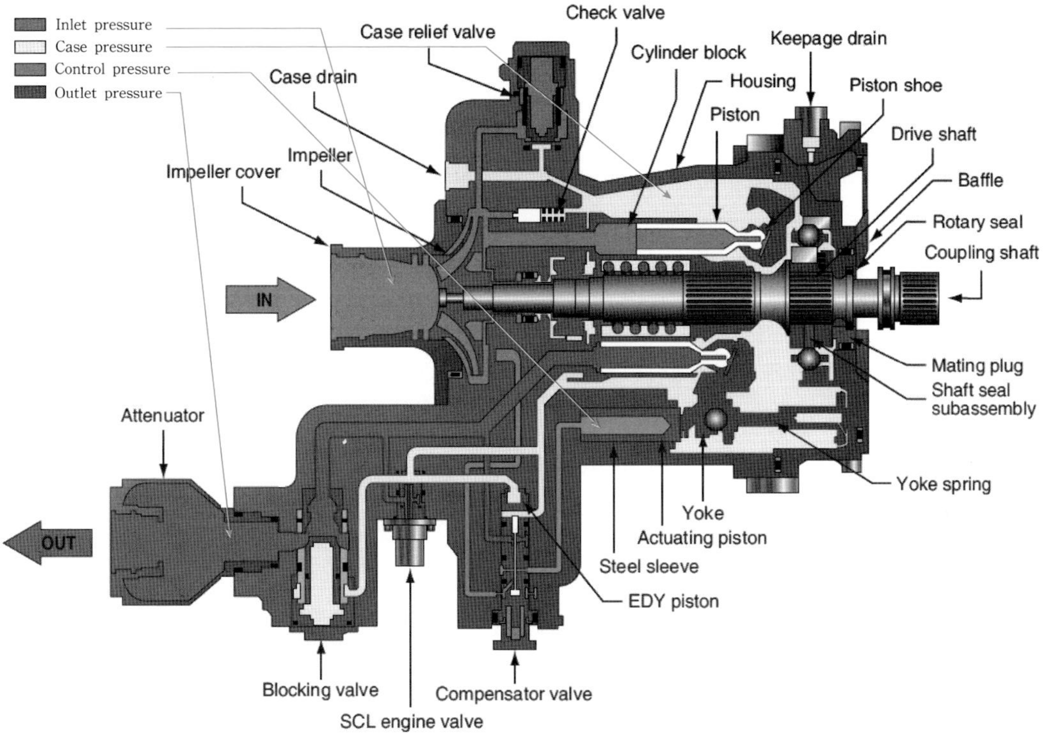


가변 변위 펌프
(VARIABLE DISPLACEMENT PUMP)

[그림 1-5]

(3) Hand pumps(그림 1-6)

유압 핸드 펌프는 유압 서브시스템의 작동을 위해 백업(Back up) 장치로서 사용되며 일반적으로 비상 시, 기능 점검 및 Reservoir를 정비 시 사용한다.

(a) Single action hand pumps(단일 작동 핸드 펌프)

한 행정으로 작동유를 Pump에 흡입하고 다음 행정에서 작동유를 배출하는 비효율성 때문에 항공기에서는 거의 사용되지 않는다.

(b) Double-action hand pumps(이중 작동 핸드 펌프)

기본적으로 Cylinder, Check valve가 내장된 Piston, Piston rod, Handle, Inlet port의 Check valve(B)로 구성되며 각 행정마다 작동유 흐름과 압력을 발생시키며 Piston의 O-ring은 Piston cylinder bore의 두 Chamber 사이의 누출를 방지하며 Handle를 작동시킬 때마다 연속적으로 출력을 발생시키는 것과 Handle을 회전시켜 출력을 발생시키는 Rotary(회전식)hand pump가 있다.

(c) 작동원리

이중 작동 핸드 펌프는 피스톤이 왼쪽으로 이동하면 출구 챔버(Chamber)에 작용하는 힘과 스프링 장력에 의해 체크 밸브(Check valve) A가 닫혀서 피스톤이 출구 포트를 통해 유체를 유압계통으로 보내지고 이 때의 피스톤 상태는 흡기 챔버에 저압 영역을 발생시키고, 체크 밸브 B에 작용하는 작동유(레저버 대기압 상태)와 흡기 챔버 사이의 압력 차이가 스프링을 압축하여 체크 밸브를 열어 작동유가 입구 챔버로 들어오며 피스톤이 좌측 끝까지 이동하면 흡기 챔버에 작동유가 들어와 가득 차므로 흡기 챔버와 레저버 사이의 압력 차이를 제거하여 스프링 장력이 체크 밸브 B를 닫으며 피스톤이 우측으로 이동하면 입구 챔버에 있는 제한된 작동유의 힘이 체크 밸브 A에 작용하여 스프링을 압축하므로 작동유가 흡기 챔버에서 출구 챔버로 유입되도록 체크 밸브 A를 열며 피스톤 로드에 의해 점유되는 출구 챔버 면적이 입구 챔버 면적보다 적으므로 입구 챔버에서 들어오는 모든 액체를 포함할 수 없어 작동유가 압축되지 않으며 여분의 작동유는 출구 포트에서 계통으로 배출된다.

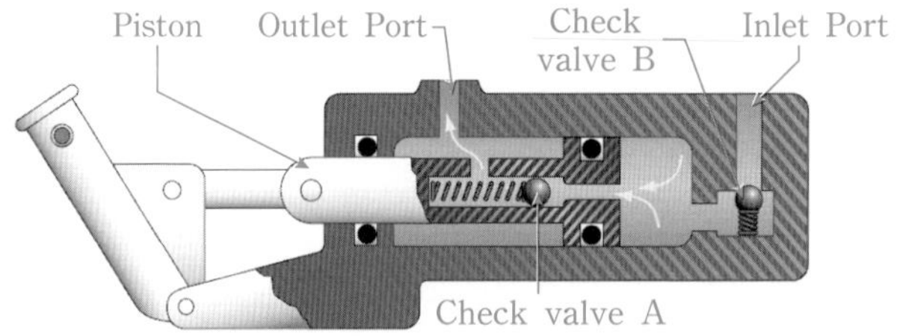


Double Action Hand Pump

Rotary Hand Pump

[그림 1-6]

## 3. Pressure Control Valves

(1) Check valve

유체를 한 방향으로 자유롭게 흐르게 하고 다른 방향으로는 흐름을 허용하지 않아 유체의 흐름 방향을 제어하며 유압계통 정지 시 역류를 방지한다.

(2) Relief valve(그림 1-8)

Pumping 시 맥동을 방지하며 계통에 과도한 압력으로 작동 시에 구성 요소의 고장 또는 유압 라인의 파열을 방지하기 위해 Reservoir로 보내서 과도한 압력을 방지하는 Safety valve이다.

(a) 사용목적

① 유압 계통을 보호하는데 사용되며 정상적인 작동 압력보다 약간 높은 압력에서 열리도록 조정된다.

② 열팽창으로 인해 압력이 증가할 때 계통을 보호한다.

③ 유압 계통에서 압력 제어 수단으로 사용한다.

(3) Bypass valve

과도한 압력으로부터 계통을 보호하기 위해 유체 압력이 너무 높거나 낮을 때 열리는 Spring 힘에 의해 작동되며 입구 측과 출구 측에서 압력이 동일하면 닫힌 상태를 유지하며 압력이 한 쪽에 너무 많으면 Spring이 압축되어 열려 작동유를 우회시킨다.

(4) Sequence valve(순차 밸브) (그림 1-7)

동일한 계통의 다른 부분이 작동 할 때까지 해당 계통의 한 부분의 작동을 지연시켜 자동으로 다른 장치를 움직이게 할 수 있게 착륙장치 유압 계통에 사용되어 작동순서를 결정하는데 사용한다.

(5) Priority valve(우선 밸브) (그림 1-7)

계통 압력이 정상적인 경우 비 필수 계통으로도 작동유 흐름을 허용하며 압력이 정상 이하로 떨어지면 자동으로 비 필수 계통으로의 작동유 흐름을 제한하며 압력을 2,200[psi]로 설정하면 모든 계통은 압력이 2,200[psi]를 초과할 때 압력이 작용하며 압력이 2,200[psi] 이하로 떨어지면 닫혀서 작동유 압력이 비 필수 계통으로 흐르지 않게 하며 일부 유압 계통에서는 압력 스위치와 전기 차단 밸브를 사용하여 계통 압력이 낮을 때 필수 계통이 비 필수 장치보다 우선함을 보장한다.

(6) Quick Disconnect Valves(그림 1-7)

부품를 제거할 때 유체 손실을 방지하기 위해 압력 및 흡입 라인에 펌프 전, 후에 설치된다.

(7) Hydraulic fuse(그림 1-7)

흐름의 급격한 증가를 감지하고 유체 흐름을 차단하여 작동유를 보존하며 자동 재설정 형식은 분당 일정량의 유체가 통과하도록 설계되어 Fuse를 통과하는 부피가 과도하게 되면 닫히고 흐름이 차단되며 압력이 제거되면 자동으로 개방 위치로 재설정되는 안정 장치이다.

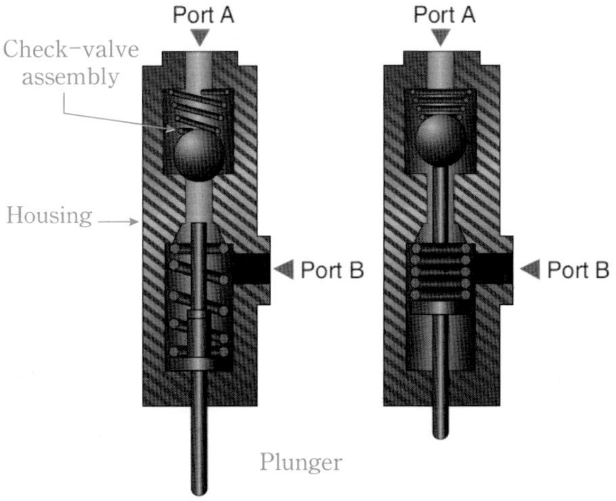


Sequence-Valve

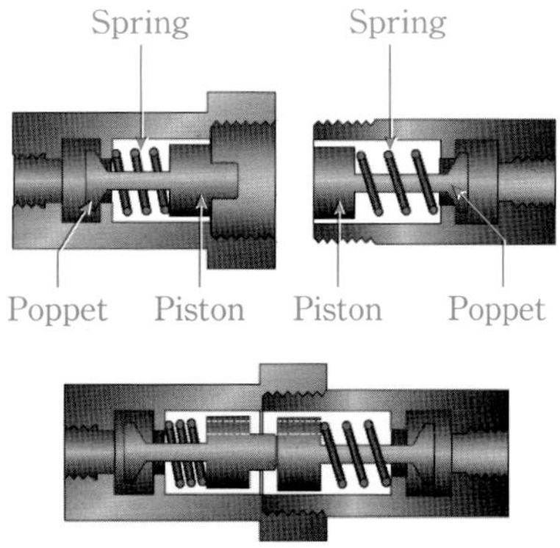


Quick Disconnect-Valve

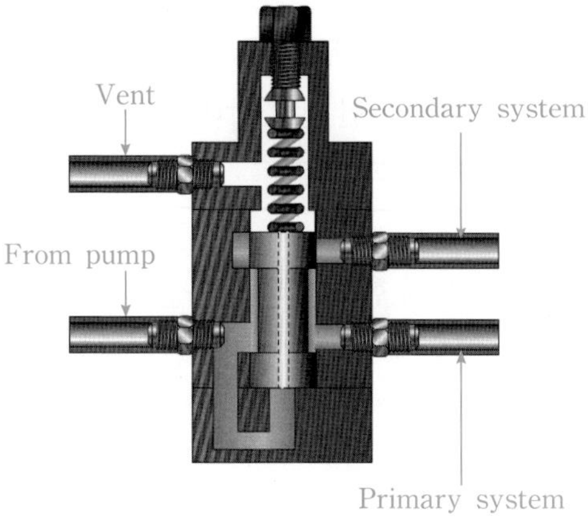

Priority-Valve

Hydraulic-Valve

[그림 1-7]

## 4. Flow control valve(흐름조절 밸브)

유량 제어 밸브는 유압 시스템에서 구성 요소의 작동과 구성 요소가 작동하는 유체 흐름의 속도 및 방향을 제어하기 위해 Selector valves, Check valves, Sequence valves, Priority valves, Shuttle valves, Quick disconnect valves, and Hydraulic fuse가 있다.

(1) Selector valve(Directional control valves/선택, 방향 밸브)

(a) 기능

유압계통에서 기계적 작동 방향을 제어하는데 사용되며 일정한 압력 하에서 한 쪽은 작동 흐름으로, 다른 쪽은 복귀 흐름으로 작동 장치에서 동시에 흐름을 제공한다.

(b) 종류

① Closed selector valve(닫힌 선택 밸브)

정지(Off) 위치에 놓이면 압력 통로가 유체 흐름을 차단하여 유체가 압력 통로(Pressure port)를 통해 흐를 수 없으며 유압계통은 항상 작동 압력을 유지하여야 하므로 유압 계통에서 가장 일반적으로 사용되며 정지 위치에서는 회전자(Rotor)는 모든 통로를 닫으며 첫 번째 작동(On) 위치에서 회전자는 압력 통로를 NO1 Cylinder port와 서로 연결하며 NO2 Cylinder port로는 유체 복귀를 위해 열리며 두 번째 작동 위치에서는 반대 현상이 발생한다.

② Open selector valve(열린 선택 밸브)

닫힌 선택 밸브와 마찬가지로 4개의 통로를 가지며 하나의 정지 위치(Off)와 2개의 작동(On) 위치에서 작동하며 닫힌 선택 밸브와 열린 선택 밸브의 차이는 정지 위치에 있으면 닫힌 선택 밸브에서는 어느 통로도 정지 위치에서는 열리지 않으며 열린 선택 밸브에서는 정지 위치에 있으면 압력 통로와 복귀 통로가 열리며 이 위치에서 펌프의 출력은 Selector valve를 통해 저항 없이 Reservoir로 되돌아가며 작동기가 작동 될 때만 작동 압력이 있다.

(2) Pressure regulator(압력 조절기) (그림 1-8)

Constant-delivery type pumps에 의해 가압되는 유압계통에서 사용되며 설정된 압력에 도달하면 과부하를 방지하기 위해 압력 조절기가 열려서 펌프에서 방출된 작동유를 Reservoir로 되돌리고 설정된 최저치에 도달하면 닫혀서 방출된 작동유를 계통으로 보내는 출력 관리 목적과 Unloading valve(무 부하 밸브)로서 압력이 정상 작동 범위 내에 있을 때 저항 없이 펌프가 회전할 수 있도록 하는 목적이 있다.

(3) Pressure Reducers/De-pressurizing valve(감압 밸브) (그림 1-8)

공급 압력보다 낮은 압력에서 작동하는 유압계통에 일정한 압력만큼 낮추어야 하는 유압 시스템에 사용되며 일반적으로 밸브의 설계 한계 내에서 원하는 Down-stream(하류 흐름) 압력을 설정할 수 있다.

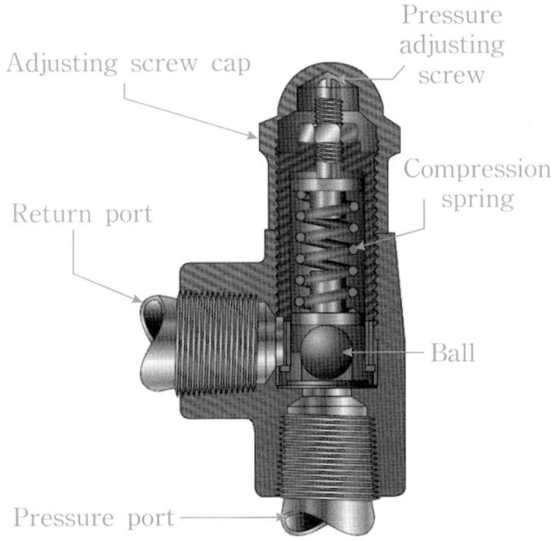


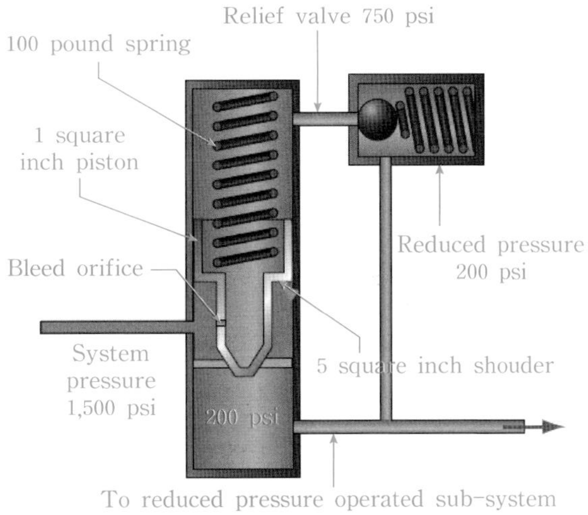


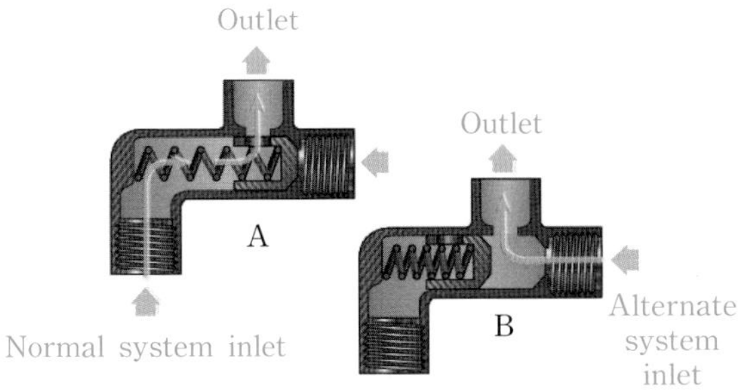


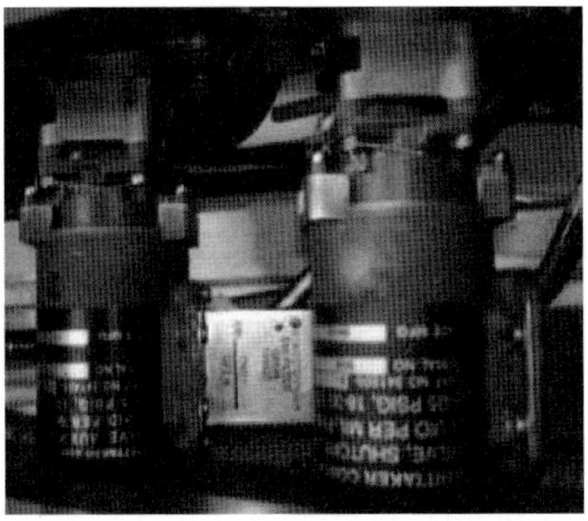

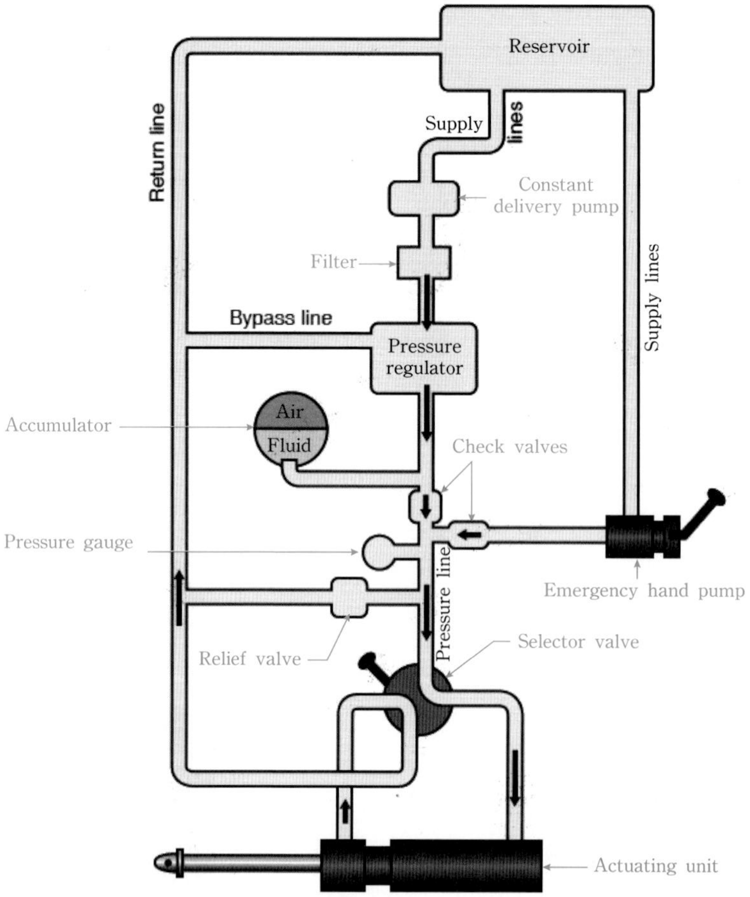


[그림 1-8]

(4) Orifice와 restrictor(그림 1-8)

유압계통에서 작동유 흐름을 제한해서 작동기 속도감속을 목적으로 하며 Pressure reducer(압력 감소기)는 단일 유압 펌프가 있는 계통에서 2단계 이상의 압력을 제공하며 Input pressure port(입력 압력 통로), Reduced-pressure port(감압통로) 및 Return port(복귀 통로)가 있다.

(5) SOV(Shut Off Valve/차단밸브)

특정 시스템 또는 구성 요소로의 유체 흐름을 차단하는데 사용되며 우선 순위를 만드는데 사용되며 압력 스위치로 제어되며 일반적으로 전기로 구동된다.

(6) Shuttle valve

특정 유체 동력 시스템에서 시스템 요구 사항을 충족하려면 하위 시스템에 대한 유체 공급이 둘 이상일 때 또는 일부 시스템에서는 정상적인 시스템 오류가 발생할 경우 압력을 필수 구성 요소만 작동하도록 비상 시스템이 제공된다.

## 5. Accumulator(축압기)

Flexible diaphragm으로 작동유와 분리된 Compressed air chamber로 구성되어 유압 계통 압력을 일정하게 유지하여 충격 완화(Shock absorber) 역할을 하며 작동 장치의 비상 작동을 위해 충분한 압력으로 작동유를 저장한다.

## 6. Actuator와 servo(작동기)

Actuator는 유체 압력을 이용하여 작동되는 직선형 작동기(Liner actuator)와 회전형(Rotary actuator)이 있으며 켜짐 또는 꺼짐만 인식하는 간단한 장치로 스스로 위치를 제어할 수 없으며 Servo는 특정 위치로 이동하라는 명령을 받은 다음 해당 명령에 따라 작동할 수 있다는 점에서 다르다.

(1) Single acting actuator(단일 작동기)

유압에 의해 Piston이 한 방향으로만 작동되며 유압이 제거되면 Spring 힘에 의해 원위치로 되돌아오는 작동기이다.

(2) Double acting actuator(이중 작동기)

유압이 Piston 양방향에서 작동하며 양쪽 유로를 차단하면 그 위치에서 Piston이 정지하며 Balanced type(균형 형)은 Piston 면적을 서로 다르게 해서 작용하는 힘에 차이를 두어 작동하며 착륙장치를 들어 올릴 때는 힘이 크게 작용하는 면적이 넓은 쪽에서 작용하고 내릴 때는 저항이 적고 중력을 이용하므로 힘이 적게 드는 작은 면적 쪽에서 작용하게 하며 Unbalance type(불 균형 형)은 피스톤 면적 양쪽을 같게 하여 양방향에 힘이 작용하므로 자동조종장치의 하위 Actuator(작동기)에 사용된다.

(3) Rotary actuator(회전 작동기)

Piston 움직임에 의해 유로를 변화시켜 작동기를 작동시키며 높은 Torque와 단위 중량 및 부피 당 힘이 크고 높은 동적 반응(Dynamic response)을 제공하고, 완전히 밀폐되어 있어 먼지, 흙 및 습기로 부터 보호되는 장점이 있다.

## 7. Filter(여과기)

Filter case(bowl)과 Filter head로 나누어지며 Filter head에는 Inlet port(입구통로), Outlet port(출구통로), 및 계통내 압력이 한계치 이상이면 Pump출구 쪽으로 되돌리는 Relief valve가 있으며 작동유에서 이물질을 제거하고 습기, 먼지, 및 기타 이물질이 계통에 들어가지 않도록 하며 정상적인 유체 흐름은 입구 통로를 통해 Filter element 바깥쪽에서 들어와서 내부 Chamber를 통해 출구 통로를 통해 공급되며 여과기가 막혀서 일정 압력 이상이면 Bypass valve는 Filter가 막히면 Filter를 거치지 않고 작동유를 우회시키며 붉은색 지시 버튼이 튀어 나오며(Red indicator button pop out) 여과기를 교환하기 전에는 재설정(Reset)이 불가하다.

(1) Filter elements type

(a) Micronic filter elements type

Cellulose로 만들어졌으며 대부분의 Filter element는 10~25[microns] 이상의 모든 오염 물질을 제거 할 수 있다.

(b) Cuno filter elementtype

작동유는 여러 개의 Disk(원판 모양)를 일정한 간격으로 쌓아놓은 것(Disk stack) 사이를 통과하면서 여과된다.

## 03 비행 제어 유압 계통(Flight control hydraulic system/UH-60)

### 1. 주요 구성품 및 기능

(1) 주요 구성품

3개의 Hydraulic pump modules, 2개의 Transfer modules(이송 모듈), 한 개의 Utility module과 3개의 Dual primary servos, 1개의 Dual tail rotor servo, 4개의 Pilot-assist servos, APU accumulator, APU hand pump와 Servicing hand-pump(작동유 보충 핸드 펌프)로 구성되어 있다.

(2) 기능

완전 독립적이고 이중화(Redundancy)로 구성되어 비행 제어 계통에 유압을 제공하며 No. 1 Pump module은 Main gear box의 좌측 Accessory gear module에 장착되고, No. 2 Pump module은 우측 Accessory gear module에 장착되어 작동유의 흐름을 제공 한다.

### 2. No. 1 Hydraulic system(No. 1 Pump system)

엔진 구동에 의해 Main rotor 회전 시 Integrated pump module(내장된 pump에 의해 작동하며 NO1 transfer module, NO1 primary servos(Fwd, Aft 및 Lateral 1st stage)와 Tail rotor servo 1st stage에 유압을 공급한다.

(1) 주요 구성품 및 기능

(a) No. 1 transfer module

Transfer valve pressure switch, 1st stage primary shutoff valve, 1st stage tail rotor shutoff valve, Restrictor & Check valves으로 구성되며 NO1, NO2 transfer module은 상호교환이 가능하다.

(b) Primary servos

① Fwd primary servo, Aft primary servo, Lateral primary servo로 구성되며 상호 교환이 가능하고 Collective stick의 SOV(Shut Off Valve Switch)에 의해 제어되며 Inter-lock system에 의해 Switch는 Primary servo의 1ST 또는 2ND 단계를 정지시킬 수 있으나 동시에 모두 정지시킬 수 없다.

② Reservoir 작동유량이 낮으면 Fluid quantity switch가 1ST stage tail rotor shut off valve를 닫고 계속 손실되면 "NO1 HYD PUMP" 주의등이 점등되며 1st stage tail rotor shut off valve가 열려 Backup pressure가 1st tail rotor로 유압이 공급되며 Pressure switch는 각 단계마다 2,000[PSI] 이하이면 주의등이 점등되고 Logic modules에 의해 자동적으로 Hydraulic system을 제어한다.

③ 1ST, 2ND는 한 쌍이며 Jam test button은 총알 같은 물체가 박히면 Shear point가 파손되어 1, 2단계가 Jamming(작동 시에 걸리는 현상)되는 것을 방지하며 Pilot assist module 출력을 승압(Boost)시켜 메인 로터를 제어하며 Main rotor feed back (비행제어 계통에서 Cyclic stick으로 전달되는 진동)을 방지한다.

(c) Tail rotor servo

① Tail rotor gear box에 장착되어 유압을 승압하여 Tail rotor를 제어하고 Tail rotor feed back을 방지하며 Tail rotor servo shut off valve switch는 수동으로 작동 위치를(Normal, Back up) 선택하여 작동시킬 수 있으며 정상 비행 시에는 Logic module에 의해 자동으로 작동되며 NO1 pump가 유압을 잃으면 Back up pump가 1st stage tail rotor servo에 압력을 공급한다.

② Primary servo는 1, 2 단계 모두 가압되지만 Tail rotor servo는 1, 2단계로 구성되어 있어도 1단계만 가압되며 1st stage tail rotor servo는 Miscellaneous switch panel(여러 스위치가 모여 있는 판넬)의 "TAIL SERVO"라고 표시된 스위치로 수동으로 정지시킬 수 있으며 Cooling restrictor system은 흐름이 정지되어 있을 때 Cooling 회로를 형성시켜 계통을 냉각시킨다.

(2) 작동원리

(a) Transfer valve

정상 상태에서는 스프링 힘(Spring-loaded)에 의해 열려 있으며 NO1 pump module에서 유압을 각각의 Flight control servo 계통에 전달하며 1st 단계 유압 손실 시에는 자동으로 Back up pump 유압을 1st 단계 유압 계통에 전달하며 1st 단계 Primary shut off valve는 조종사는 각각의 Primary servo에 대한 압력을 차단하며 Electric inter lock은 두 단계가 동시에 Shut off 되는 것을 방지한다.

(b) Pressure switch

2,000[psi] 이하로 떨어지면 “NO1 HYD PUMP” 주의등을 점등하고 1st 단계 유압 계통의 손실된 Logic module(LDI 계통)에 신호를 보내며 Back up pump 압력과의 차이가 1,000[PSIG] 이상이면 Back up pump의 유압이 형성되도록 한다.

(c) Shut off valve

Collective stick에 있는 “SOV SW”를 수동(Manual)로 작동하여 1st, 2nd Stage primary servo(1, 2단계 1차 서보) 및 Pilot assist module과 1st stage tail rotor servo(1단계 테일 로터 서보)를 제어한다.

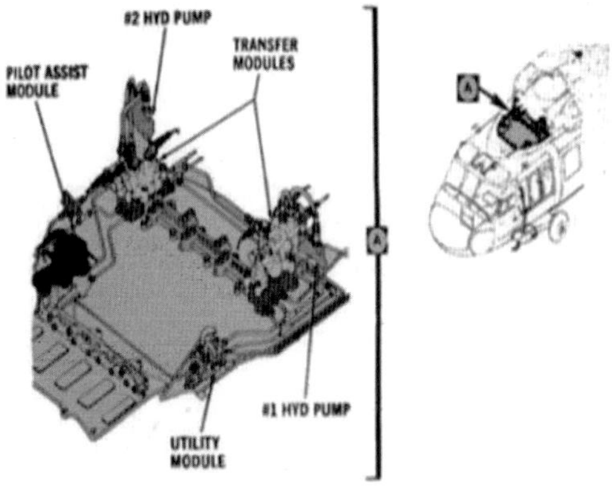


**HYDRAULIC COMPONENTS INSTALLATION**

Component Locations

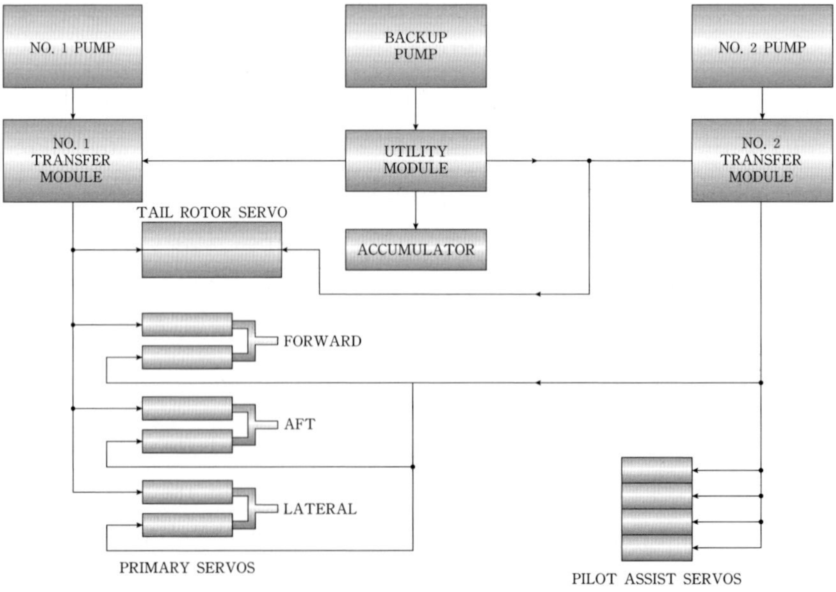


HYDRAULIC SYSTEM BLOCK DIAGRAM

UH-60 Hydraulic System

[그림 1-9]

## 3. No. 2 Hydraulic system(No. 2 Pump system)

(1) 구성품 및 기능

엔진 구동에 의해 메인 로터 회전 시 작동하며 구성품으로는 Integrated pump module(내장된 펌프), Transfer module(이송 모듈), 2nd stage primary servos, Pilot-assist modules이 있으며 2nd 단계 Primary servos(NO2 Fwd, Aft, 및 Lateral primary servos)와 Pilot assist servo(Pitch, Roll, Yaw SAS Actuators, Pitch boost servo, Collective 및 Yaw boost servos, 및 Pitch trim assembly)에 유압을 공급하여 메인 로터를 제어한다.



(2) No. 2 transfer module

2단계에 유압을 공급한다는 점을 제외하고는 No. 1 transfer module과 같으며 2nd stage primary servos는 SOV OFF switch로 수동으로 압력을 차단하여 정지시킬 수 있으나 Pilot-assist modules의 SOV는 정상 상태에서는 항상 열려 있으며 인위적으로 정지시킬 수 없으며 Logic module에 의해서만 가능하며 Pilot assist shutoff valve는 Pilot assist module 압력을 차단한다.

(3) Pilot-assist modules

(a) 기능 및 구성 품

구성품으로는 SAS(Pitch, Roll, Yaw)servo, Collective boost servo, Pitch boost servo, Yaw boost servo, Pitch trim actuator로 구성되어 Pilot-assist module의 SOV에 의해 작동되며 SOV는 SAS actuator, Boost servo(Pitch, Yaw, Collective), Pitch trim actuator를 제어하며 Automatic flight control panel switch에 의해 수동으로 정지시킬 수 있다.

① Collective boost servo와 Yaw boost servo

Collective stick의 작동력을 보조하는 제어 마찰력(Control friction)을 갖고 있으며 Stabilator control panel과 Auto flight control panel의 Boost button으로 제어하며 Collective boost servo와 Yaw boost servo는 동일하여 상호 교환이 가능하며 Yaw axis 제어를 위해 Yaw boost servo와 SAS actuator가 장착되어 Damping(진동 감쇄) 기능을 한다.

② Roll SAS와 Pitch trim actuator

Roll SAS는 Stabilator control panel과 Auto flight control panel의 SAS 1, SAS 2 button에 의해 제어되는 Atability augmentation system(안정성 증가장치)로 Roll axis 제어를 위해 Damping 기능을 제공하며 Roll, Yaw trim actuator는 유압이 아닌 전기적으로 작동하며 Pitch trim actuator는 다른 Button과 연동되어 Longitudinal axis(세로 축)과 고도(Altitude)를 제어한다.

(4) 작동원리

(a) Pressure switch 2 단계 계통 압력이 2,000[psi] 미만이면 “NO2 HYD PUMP” 주의등이 점등되고 2단계 유압 계통의 손실된 Logic module(LDI 계통)에 신호를 보내며 Back up pump 압력과의 차이가 1,000[PSIG] 이상이면 Back up pump의 유압이 형성되도록 유로를 형성시킨다.

(b) Relief valve의 Pressure reducer는 Pitch trim servo를 사용하기 위해 Pump 압력을 3,000[psi]에서 1,000[psi]로 감소시키고 압력이 1,375[psi] 이상이 되면 Relief valve는 작동유를 Pitch trim servo로 우회시키며 SAS pressure switch는 유압이 2,000[psi] 이하이면 주의등이 점등된다.

(c) NO2 pump reservoir 작동유량이 낮으면 작동유량 Switch가 Pilot assist module shut off valve를 닫으며 계속 손실되면 “NO2 HYD PUMP“ 주의등이 점등되고 Pilot assist module shut off valve가 열려서 Back up pump 유압이 공급된다.

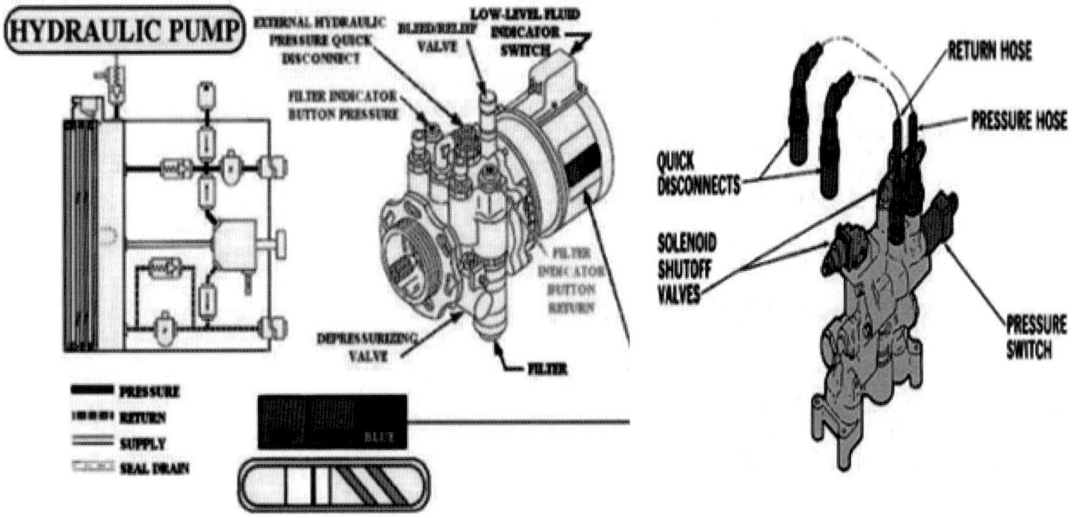


Hydraulic Pump　　　　Transfer Module

[그림 1-10]

## 4. Backup hydraulic system

3상 115[V] AC Electrical motor로 작동하며 NO1, NO2 둘 중 하나 또는 두 개의 Pump 고장 시 NO1과 No2 transfer module, 2단계 Tail rotor servo 및 APU accumulator(축압기)에 유압을 공급하는 Pump이며 자동으로 작동유를 재 충진한다.

(1) Utility module 주요 기능

(a) Pressure switch

Back up pump 작동 상태를 감지하고 Back up pump 출구 압력을 감지하여 2,350[PSI] 이상이면 Back up pump가 작동되고 주의등이 점등되며 NO1, NO2 유압 계통의 Pressure switch는 감지되는 압력이 2,000[PSI] 이하 또는 각 Reservoir가 60[%] 이하일 경우 Logic module에 의해 자동으로 작동되고 유압이 손실된 Transfer module을 통해 각 Servo에 유압을 공급한다.

(b) Tail rotor pressure sensing switch

Tail rotor pressure sensing switch는 1st 단계 Tail rotor servo의 공급 압력을 Monitoring하며 1단계 Tail rotor servo 또는 "NO1 RSVR LOW" 주의등 점등 시에 NO2단계 Tail rotor servo에 유압을 공급한다.

(c) velocity fuse

APU accumulator의 작동유 누설을 방지하며 1.5[GPM] 이상이면 흐름을 차단하고 100[PSI] 이하로 감소하면 재설정(Resetting)되며 NO1 및 NO2 Primary servo가 기계적으로 동시에 정지되는 것을 방지하는 Electrical interlock이 제공된다.

(d) Back up reservoir level sensing switch

Primary servo 계통의 누출로 인해 Back up 계통 작동유가 고갈되면 Back up reservoir level sensing switch가 'BACK-UP RSVR LOW' 주의등을 점등시키고 수동으로 Primary 계통의 유압 누출을 차단한다.

## 5. APU accumulator

(1) 축적된 유압으로 APU(Auxially power unit) 시동 시에 사용하며 시동 후에는 작동유량을 Back up system에 의해 항상 재 충진되며 고장 시에는 Hand pump로 재 충진 할 수 있으며 Nitrogen chamber(질소 방)에는 High pressure charging valve(고압 충진 밸브)를 통해 1,450[PSI]로 질소가, Hydraulic chamber(유압 방)에는 Back up 계통 압력에 의해 3,050±50[PSI]로 작동유가 충진 된다.

(2) Pressure switch는 Hydraulic chamber 압력이 2,650[PSI] 이하이면 닫히면서 주의/권고등이 점등되고 Back up pump가 자동으로 3,050±50[PSI]로 재 충진되며 Flow rate restrictor check valve(흐름율 제한 한 방향 밸브)의 최대 흐름은 1[GPM]이며 Back up 압력이 비행 제어 계통에 사용 될 경우에 작동유 흐름을 차단하며 Hand pump 사용 시에는 무관하며 Piston position indicator는 Accumulator pressure charge 상태를 %로 표시한다.

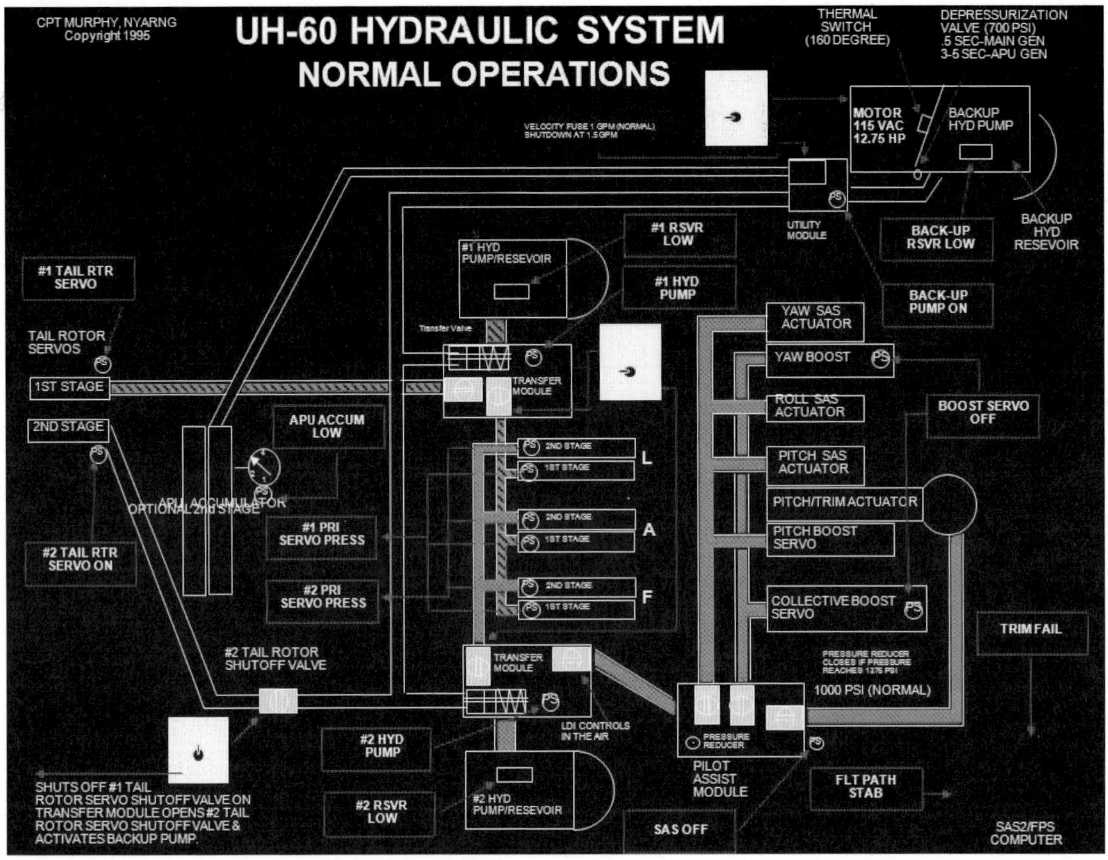


[그림 1-11]

## 04 Leak detection isolation system

L.D.I. 점검 계통 전원은 NO2 "SERVO CONTR"로 표시된 Circuit breaker를 통해 No. 2 Dc primary bus에서 공급되며 1, 2단계 및 Back up 계통으로 구성되어 작동유 손실을 방지하여 비행 제어 계통을 보호하며 Back up pump 및 Shut off valve 작동은 좌, 우 Relay panel의 Logic module에 의해 자동으로 제어하며 Logic module은 계통 고장 시에는 관련 계통의 Shut off valve를 작동시켜 정지시킨다.

(1) Pressure switch 및 Fluid level switch, Control switch로 부터 유압계통에 대한 작동 상태 정보(Primary pump pressure, Tail rotor servo, Pilot assist servo의 Pump 작동유량)을 감시(Monitoring)하여 조종사에게 유압계통 고장을 알리는 주의/권고등(Cautions/Advisories)을 점등시킨다.

(2) Reservoir fluid level switch NO1, NO2 단계 Primary servo에서 누출이 발생 시에는 Logic module은 관련 shut Off valve를 작동시켜 누출을 차단하고 Back up pump를 작동시키며 "RSVR LOW" 주의등을 점등시킨다.

(3) Pressure switch는 WOW(Weight On Wheel Switch)에 의해 비행 중에는 작동하지 않으며 HYD LEAK TEST switch를 test 위치에 놓으면 L.D.I. 계통을 지상에서 전기적으로 점검을 수행한다.

(4) L.D.I. 점검 계통 전원은 NO2 "SERVO CONTR"로 표시된 Circuit breaker를 통해 No. 2 Dc primary bus에서 공급되며 Dc essential bus는 "BACKUP HYD CONTR"로 표시된 Circuit breaker를 통해 전달되며 HYD LEAK TEST switch를 Test 위치에 놓으면 L.D.I. 계통을 전기적으로 점검을 수행한다.

자동조종장치 발달은 1930년 Pneumatically-spun gyroscope(공압 회전 자이로)를 사용하는 자동 조종 장치 개발을 시초로 하여 1947년에 미 공군 C-54는 자동 조종 장치 제어로 이륙과 착륙을 포함한 대서양 횡단 비행에 성공을 한 이후로 각종 센서나 컴퓨터의 발달로 자동 비행 제어 계통은 비행 감독(FD/Flight Director) 기능과 자동 조종(Autopilot) 기능이 내장되어 있어 조종사가 이륙 전에 미리 입력해둔 비행조건에 따라 비행 전 구간(이륙, 상승, 순항, 하강, 접근 및 착륙)에 자동으로 최적의 속도와 고도로 비행을 하면서(Long term memory를 제공) 수시로 변하는 비행 조건에 따라 난기류 및 연료 소모로 인한 무게중심 변화 등을 고려해 헬리콥터 자세를 최적으로 자동 제어하는 Auto flight control system, 정해진 속도와 고도를 유지하기 위해 엔진 출력을 조절하는 Auto throttle system(자동 출력 장치), 순항 시에 발생되는 Dutch roll(rolling과 Yawing을 주기적으로 반복하는 운동)을 감쇄시키는 Yaw damper system과 공기력 중심이 앞으로 이동함에 따라 생기는 Pitching moment를 제어하기 위해 Pitch trim compensator가 있어서 일상적인 반복 작업을 처리하여 조종부하를 감소시키고 안정성 및 조종 품질을 향상시키며 목적지에 도달하면 활주로의 ILS(Instrument Landing System/계기착륙 장치) 전파를 수신하여 진입 방향을 지시 받아 자동으로 조종, 하강하면서 정확하게 활주로에 착륙할 수 있게 한다.

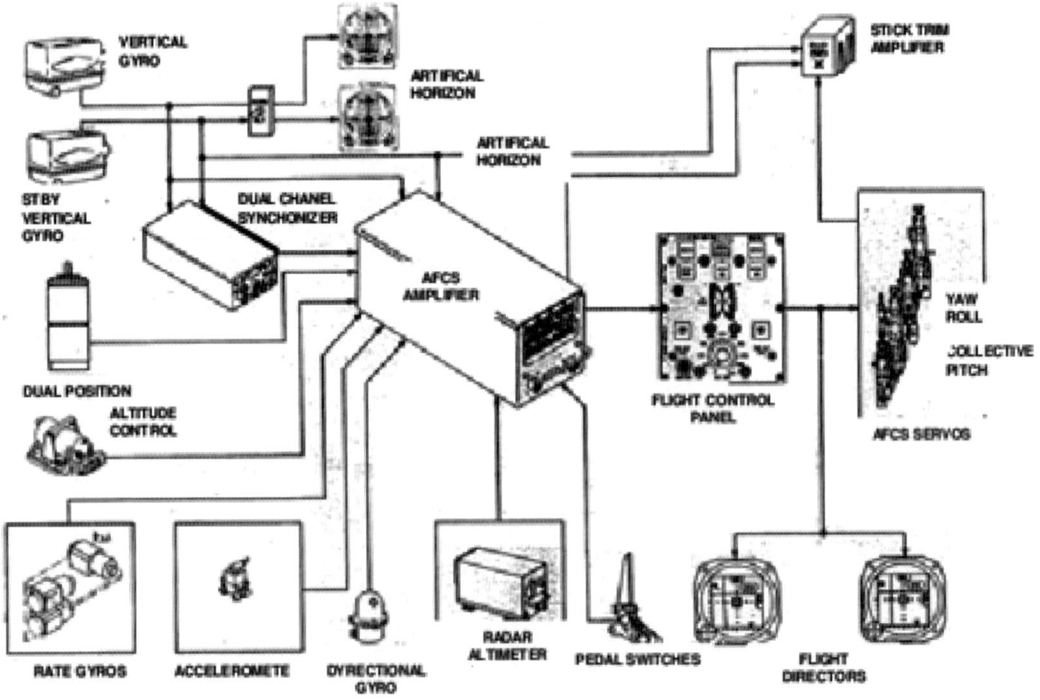


[그림 2-1]

# 01 자동 비행 제어 계통(AFCS/Auto Flight Control System) 일반사항

## 1. Auto pilot(자동조종)와 FD(Flight Director/비행감독) 기능

비행 중 외력에 의해 비행항로를 벗어난 경우에는 적절한 Pitch angle 및 Bank angle을 계산하여 관련된 계기에 전달하여 조종면을 자동으로 입력한 항로로 비행하도록 헬리콥터 방위, 자세 안정, 비행고도유지(Pitch 및 Roll 자세제어) 등을 자동으로 안정성 증가 및 비행을 제어하는 Auto pilot(자동 조종) 기능과 자동 조종 작동 시에 전 구간 비행과정을 조종사가 입력한 비행경로로 비행하는지 여부를 항법 장치를 통해 방위, 고도, 등을 입력된 비행경로로 유도, 지시하는 Flight director(비행 감독 기능)이 있다.

참고

- **Auto pilot computer 기능**

  비행기가 Control mode(제어 모드)에서 설정된 명령에 따라 움직이는지 여부를 결정하며 Servo에 Signal 제공, 수집, 처리하며 4축 Control channel(Pitch, Roll, Yaw, Collective)에서 PBA(Pitch Bias Actuator), Inner-loop correction signals(내부 회로 보정 신호)는 SAS servo로 보내지며 Outer-loop signals(외부 회로 신호)는 Trim servos 및 Servo에 명령하여 작동시키며 자체 감시(Self-monitoring) 기능을 통해 오류를 탐지하여 분리, 경고(Failure advisory) 기능을 제공한다.

- **Auto pilot 작동 과정**

  Sensor가 Error signal(원래 위치에서 변화된 량)를 감지 → Ap computer는 신호를 처리 및 판단 → Servo에 signal 제공 → Servo가 조종면을 반대로 작동 → Position sensor(변위 추적)가 원위치를 감지하면 Servo를 정지시킨다.

## 2. AFCS 제어 형식(Control type)

(1) Inner loop control(내부 회로 제어)

SAS 기능으로 AFCS 내의 센서로부터 정상적인 비행 상태에서 벗어나는 것을 Pitch, Roll, Yaw Attitude와 이와 관련된 Rate 및 Acceleration를 감시(Monitoring)하는 Sensor에 의해 감지되어 자세변화를 수정, 제어하여 헬리콥터의 동적 안정성을 증가시키는 안정화 기능(Rate dampening/속도감쇠)으로 조종계통에 직렬로 연결되어 반응속도가 빠르고 조종 장치 작동 없이 작동하며 속도 또는 자세 자이로를 통해서 경로에서 이탈된 실제 Pitch, Roll, Yaw Attitude를 회복하기 위한 Actuator 제어 입력을 발생한다.

(2) Outer loop control(외부 회로 제어)

AFCS의 auto pilot 하위 기능인 Trim/FPS 기능으로 AFCS 외부 및 통합 Sensor는 외부 입력 신호인 Manual input(조종사 입력), Air speed, Altitude, Sideslip(옆 미끄림), 비행경로(Track), Radio navigation 등에 의한 자세 변화 상태를 감지하여 이탈된 비행 상태를 내부 회로 제어 계통에 신호를 주어 4way switch(전,후,좌,우)로 비행 제어 장치를 Trimming하여 조종사가 선택한 비행 상태를 유지, 제어하는 기능이며 조종계통에 병렬로 연결되어 이동속도는 느리고 Servo의 행정거리는 100[%] 이동 권한으로 비행 제어를 하며 외부 회로 구동속도는 초 당 10[%]로 제한하며 Trim servos and actuators를 제어한다.

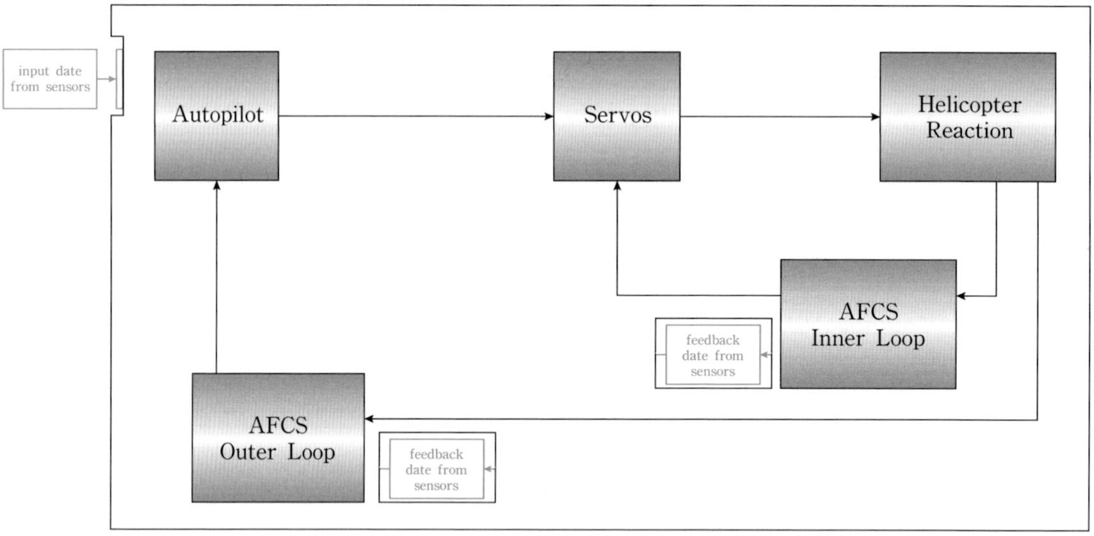


[그림 2-2]

**참고** **직렬 액추에이터 시스템 특성**

- 제어 표면을 이동시키지만 조종석 컨트롤은 이동시키지 않으며 인공 필 시스템을 끄면 조종석 컨트롤을 움직이게 되지만 안정화를 제공하지 않는다.
- 작동되지 않을 때 작동기가 견고한 링크가 될 수 있다.
- 작동기는 작은 장애에 신속하게 대응하기 위해 고속으로 작동한다.
- 작동기 권한은 고장(hardover or runaway)이 치명적이지 않도록 제한된다.(전체 제어 이동량의 약 10[%])

**참고 병렬 액추에이터 시스템 특성**

- 액추에이터는 제어 표면뿐만 아니라 조종석 제어 장치도 움직이며 클러치가 분리되면 액추에이터가 조종석 컨트롤을 이동시키지 않고 클러치 메커니즘만 움직인다.
- 인공적인 느낌 시스템이 필요하다.
- 작동기가 낮은 속도로 작동하기 때문에 완전한 제어 권한(즉, 전체 이동 범위를 통해 조종석 제어를 이동할 수 있음)이 주어질 수 있으며, Hard over가 발생하기 전에 고장을 쉽게 감지해야 한다.
- 일반적으로 스틱 위치 Pick-off이 필요하다.

## 3. Flight control axis(비행 제어 축)

1축(Single axis) 자동 조종장치는 일반적으로 Roll 운동을, 2축(Two axis) 자동 조종장치는 Pitch와 Roll 운동을 제어하며 하나의 Servo가 앞, 뒤 Cyclic(Fore & Aft cyclic)을 제어하고 다른 Servo는 좌, 우 Cyclic(Left & Right cyclic)을 제어하며 3축(Three-axis)자동 조종장치는 Yaw(방향)을 조종 할 수 있도록 Tail rotor(Anti-torque) pedals에 연결된 Servo를 가지고 있어 조종사가 원하는 자세(Attitude)와 방향(Heading)을 Pitch, Roll 및 Yaw 축에 대해 비행 안정화를 제공하며 헬리콥터는 4축(Four-axis) 자동 조종장치로써 Pitch, Roll 및 Yaw 축에 수직 운동을 제어하여 제자리 비행을 할 수 있도록 Collective axis이 추가되어 있다.

**참고 고정익(Fixed wing)과 헬리콥터 비행조종계통(Flight control system) 비교**

| | Lift | Pitch control | Roll control | Yaw control |
|---|---|---|---|---|
| **고정익** | Wing | Elevator | Ailerons | Rudder<br>• Directional control<br>• Yaw damping<br>• Turn coordination |
| **회전익** | Main Rotor Blade | Forward & after cyclic | Right & left cyclic | Tail rotor<br>• Main rotor torque 상쇄<br>• Directional control<br>• Yaw damping<br>• Turn coordination에 사용 |

(1) 주요 3축 Channel

(a) Pitch channel

자이로 감지 장치(Gyro-sensing unit)인 Pitch gyro는 가로축(Lateral axis)에 대한 움직임의 변화를 감지하거나 조종사가 고도 선택 기능(Altitude select function)을 선택하여 고도 압력 다이아프램(Altitude pressure diaphragm)에 선택된 고도에 도달 할 때 까지 또는 고도 변화가 있으면 발생된 Input(Error) signal(입력/오류신호)를 수정하기 위해 Pitch servo로 보내어 Input signal와 반대 방향인 후속 신호(Feed back signal)를 발생시켜서 오류 수정을 하며 두 신호의 크기가 같으면 Servo 작동이 멈추고 수평 비행 자세로 복귀하면 입력 신호가 다시 "0"이 되면서 후속 신호가 "0"이 되어 더 이상 Servo가 작동하지 않으므로 Pitch servos를 제어하여 고도 유지를 한다.

(b) Roll channel

자이로 감지 장치(Gyro-sensing unit)는 세로축(Longitudinal axis)에 대한 움직임의 변화를 감지하여 수평 지시계 자이로(Horizon indicator gyro)의 전송기(Transmitter)로부터 Input signal를 받으며 변위를 수정하기 위해 Roll servo로 보내어 Input signal와 반대 방향인 Feed back signal(후속/수정 신호)를 발생시켜서 오류 수정을 하며 두 신호의 크기가 같으면 Servo 작동이 멈추고 수평 비행 자세로 복귀하면 입력 신호가 다시 "0"이 되면서 feed back signal가 "0"이 되어 더 이상 작동하지 않는다.

(c) Yaw channel

① 방향 변화를 감지하기 위한 신호

ⓐ 나침반 계통(Compass system)에서 신호

헬리콥터의 위치가 원래의 위치(On course)이면 자동조종(Autopilot)기능이 작동해도 오류신호가 발생하지 않으며 편차(Deviation)가 발생하면 나침반 계통에서 미리 설정된 방향(Pre-setting heading)을 제공한다.

ⓑ선회 경사계 자이로(Turn & Bank indicator gyro)의 속도 신호(Rate signal)

헬리콥터가 수직축을 중심으로 선회할 때 선회 경사계 자이로(Turn & Bank indicator gyro)에서 받은 속도신호(Rate signal)와 선회율(Rate of turn)의 변위량에 비례하는 신호를 받으며 두 신호는 Yaw channel amplifier에서 증폭되어 Tail rotor servo를 움직여 Tail rotor blade pitch를 변화시키며 작동 전 입력 신호와 작동 후 후속 신호를 비교하여 두 신호 크기가 같아 원위치로 돌아오면 **"0"**에 도달하여 Servo 작동이 멈추고 후속 신호에 의해 선택한 자기 방향(Magnetic heading)인 원래의 위치로 돌아온다.

## 4. AFCS 기본 구성요소

헬리콥터 움직임을 감지하는 Attitude gyro, Directional gyros는 Turn coordinator(선회 균형), altitude 등을 감지하고, Auto pilot 계통은 전기 신호를 발생시켜서 계획한대로 비행하는데 필요한 수정 작업을 자동으로 수행하도록 한다.

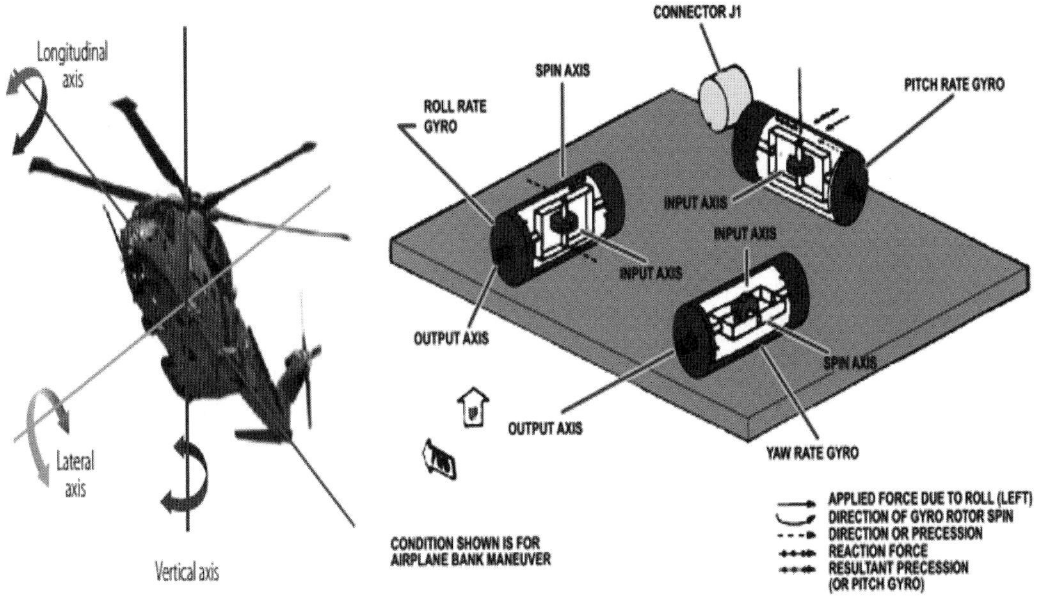


[그림 2-3]

(1) 감지기(Sensing elements)

Sensor는 3축에 대한 비행자세 변화를 감지하는 Gyro 특성을 이용하여 변위량에 비례하는 오류신호(Error signal)를 발생시켜 Computing element(계산요소)로 보내며 조종면 변위를 감지하여 원 위치로 돌아오면 오류신호를 취소하여 조종면 이동을 멈춘다.

(2) Computing element

Analog 또는 Digital computer로써 감지 요소에서 받은 오류신호와 자료를 분석, 명령하고 종합하며 Amplifier(증폭기)는 감지요소에서 받은 신호를 증폭시켜 출력 장치인 Servo (Actuator)로 신호를 보내서 비행자세를 제어하는데 필요한 만큼 조종면을 이동시킨다.

(3) Output elements(출력요소)

Flight control system과 통합되어 각 제어 축에 대해 독립적인 장치로써 조종면을 움직이는 Servo및 Actuator가 있으며 Hydro-mechanical, Electro-hydraulic, Pneumatic을 이용한다.

(4) Command elements(명령 요소)

Flight controller(비행제어기)에서 수평비행, 상승, 하강, 선회 등 원하는 기능을 선택하면 명령 신호는 Auto pilot computer에 보내서 명령을 수행하기 위해 관련된 Servo를 작동시킨다.

(5) Feedback element(후속 요소)

감지된 오류 신호를 감소시켜서 원하는 비행 자세에 도달할 때 까지 조종면 변위를 계속 수정 조치하여 조종면 원하는 위치에 오도록 하는 신호를 말한다.

## 02 AFCS 주요 계통의 기능 및 작동 원리

헬리콥터의 자동비행 조종장치(AFCS)의 주요기능으로는 속도가 증가하면 기수가 내려가는 현상을 방지하는 Stabilator control system(수평 안정판 제어 계통), 돌풍으로 인한 가로 및 세로방향의 불안정성인 Dutch roll 현상은 Yaw damper 기능으로 안정성을 자동으로 증가시키는 SAS(Stabilityaugmentation System/안전성 증가 계통) 기능과 항법계기로부터 위치정보를 받아 자동으로 비행자세를 제어하여 목적지까지 비행할 수 있도록 하는 유도기능인 FPS(Flight Path System/비행경로 장치), Trim system, PBA(Pitch Bias Actuator)의 5가지 주요 하위 시스템으로 구성된다.

### 1. SAS(Stability Augmentation System/안정성 증가 시스템)

전반적인 비행 조건에서 3축(Pitch, Roll, Yaw axis) 자세변화에 대해 정상 비행 상태에서 벗어나는 것은 Inner loop control에 의해 감지, 수정되며 외부 입력신호에 의해 이탈된 비행 상태를 Outer loop control에 의해 교란 및 진동 방지와 동적 안정성을 증가시켜 원하는 비행 상태를 유지하며 조종 부하를 감소시켜준다.

(1) SAS 1(Analog stability augmentation system)

SAS/FPS computer와는 독립적으로 작동하는 Analog 형식으로 자체 오류를 감지하는 자기진단 기능이 없으며 SAS 1 입력신호로는 Pitch rate 신호는 NO1 Stabilator amplifier의 NO1 Pitch rate gyro에서, Yaw rate 신호는 SAS 1 Amplifier의 yaw rate gyro에서, Roll rate 신호는 NO2 Vertical gyro로부터 받으며 추가로 NO1 Filtered lateral accelerometer와 Airspeed transducer로부터 NO1 60 KTS airspeed discrete 신호를 받으며 SAS 1 Analog amplifier에 의해 제어된다.

(a) 주요 구성품과 기능

① Sensor

ⓐ Rate gyros

Gyro 기능은 3축(Pitch, Roll, Yaw)에 대해 변위를 감지한 신호를 Auto pilot computer에 제공하는데 반해 Rate gyros(속도 자이로)는 축의 이동 속도를 감지하여 시간에 따른 각도 변화율을 빠른 응답 속도로 조종면을 이동시키기 위해 + Polarity(극성)과 Magnitude(크기)의 Input(error) Signal(입력/오류 신호)를 수신하여 조종면이 원 위치로 돌아올 때 까지 – 극성의 Feed back signals(후속신호)와 크기를 증가시켜 오류신호(Error signal)를 상쇄시킨다.

ⓑ Vertical gyro

Vertical gyro는 Pitch 및 Bank attitude reference(기준값)을 제공하는 2축 전기구동 Gyro로써 Pitch pivot에 장착된 Pitch synchro는 gyro와 헬리콥터간의 상대 Pitch 각도를, Bank pivot에 장착된 Bank synchro는 Gyro와 헬리콥터간의 상대적인 Bank 각도를 지속적으로 감지하여 Pitch 및 Bank attitude를 Back-up source로 AFCS에 제공한다.



**참고** Gyro는 단주기(Short term)로는 사용이 적합하지만 장주기(Long term)로 사용하기에 부적합하고 Accelerometer(가속도계)는 장주기로는 사용이 적합하지만 단주기에는 부적합하므로 정확한 헬리콥터 방향을 유지하려면 양쪽 모두를 조정해야 하는 문제점이 있는데 Pitch와 Roll에서는 가능하지만 중력에 직각인 Yaw의 경우에는 Gyro drift(편차)로 인하여 Accelerometer는 부적합하다. 현재 대부분 항공기에서는 자기 간섭 및 상호 간섭에 취약한 Electronic compass(전자 콤파스)보다는 Magnetometers(자력계) 또는 GPS(Global Positioning System)를 사용을 하는데 GPS는 비교적 느린 Up-date 속도(1~10[Hz])를 가져서 단주기 오류가 발생할 수 있으므로 Gyro, Accelerometer, Magnetometers 및 GPS와 같은 2개 이상의 Sensor의 정보를 결합하여 지구와 관련된 방향 및 속도 Vector를 결정하는 IMU(Inertial Measurement Unit/관성 측정 장치)를 사용한다.

② SAS 1 Amplifier

SAS 1 Switch는 SAS 1 Amplifier에 SAS 1 작동을 위해 전원을 공급하며 No.1 Pitch, Roll 및 Yaw rate gyro의 신호를 감지해서 Rate 및 비례신호(Proportional signals)를 처리하며 Roll 및 Yaw rate gyro의 출력은 SAS 1 및 SAS 2 Computer에 전송되어 SAS의 Pilot-assist actuator servo를 작동시키는 명령 신호를 발생한다.

③ SAS Servo

ⓐ SAS/FPS Computer의 지시 사항 이행을 위해 유압으로 조종면을 이동시켜 올바른 방향과 자세를 유지시키며 SAS/BOOST HYD Switch를 누르면 SAS Shutoff valve에서 전원이 차단되어 Valve가 열려서 SAS 1, SAS 2 작동을 하며 Servo 유압이 제거되면 Spring 힘에 의해 Servo의 Piston 위치를 중앙에 고정시킨다.

ⓑ Pilot-assist servos

3개(Pitch, Roll, Yaw)의 Servo가 있으며 SAS 1 및 SAS 2의 전기적 신호로 작동되는 Transfer module의 SAS Shutoff valve를 통해 공급되는 유압으로 작동되는 Electro-hydraulic(전기-유압) Servo로서 기계적인 운동으로 변환하여 비행조종 계통을 작동한다.

ⓒ 이동거리 제한(Authority)

조종면을 이동시키는 SAS Servo의 이동거리 제한은 총 이동거리의 백분율로 표시되며 조종사가 조종계통을 어느 정도 이동할 수 있는지와 비교하여 조종사가 입력할 수 있는 양을 말하며 SAS는 이동거리의 총 10[%]에 대해 Pitch, Roll 및 Yaw의 총 이동거리가 5[%]로 제한되지만 오작동으로 인해 어느 하나 시스템만 작동되면 나머지 SAS의 성능이 자동으로 두 배로 증가(Gain)한다.

> **참고** Gain
>
> 시스템 작동에 가장 적합한 신호 비율을 말하며 기어 시스템의 Gear ratio(기어 비) 변화와 유사한 기능으로 한계치내에서 Gain이 증가하면 두 가지 방법으로 성능이 향상된다.
>
> ① 정상 상태의 잔류 오차가 감소하여 장기적인 정확도를 개선한다.
>
> ② 주어진 명령에 대한 초기 응답이 더 빠르다.

(b) 3축 제어

① SAS 1 Pitch channel

NO1 Stabilator amplifier 내부에 있는 Pitch rate gyro로 부터 Pitch 자세변화를 감지하여 SAS Amplifier에 보내지며 7초 Washout circuit(7초 이상 신호는 무시하고 신호를 보정)를 거쳐 반대방향의 신호를 유압 명령으로 변환시키는 SAS Pitch servo Valve로 보내며 Servo는 감지된 Pitch rate와 입력신호에 비례하는 반대되는 신호로 비행조종 계통의 기계적 움직임을 제공하며 SAS 2가 작동하면 단일 강도(Single gain)로, 작동하지 않으면 이중 강도(Double gain/SAS의 강도가 두 배로 증가)로 SAS 1 Servo valve에 전기신호를 공급한다.

② SAS 1 Roll channel

NO2 Vertical gyro와 NO1 EGI(Embedded Global Positioning System/내장형 전역 위치 시스템)과 INS(Inertial Navigation System/관성 항법 시스템) 또는 AHRS (Attitude Heading Reference System/자세 방위 참조 시스템)에서 Roll 축에 대한 roll 자세신호를 감지하여 SAS 1 Amplifier로 제공되며 7° 제한기를 통과한 비례신호는 SAS 2가 작동상태이면 단일 강도로 SAS 2가 작동하지 않으면 이중 강도로 SAS 1 Roll servo valve에 입력 신호에 반대하는 전기신호로 Servo가 조종면를 이동시켜 입력된 Roll rate와 Roll attitude 신호를 감소시켜 원 위치로 복원되도록 속도 감쇄를 제공하여 동적 안정성(Dynamic stability)과 제한된 Roll attitude를 제공하며 Roll 신호 크기가 7° 이상이면 자세 유지(Attitude hold)기능이 없으며 SAS 2가 작동상태이면 단일 강도로 SAS 2가 작동하지 않으면 이중 강도로 SAS 1 roll servo valve에 전기적 입력신호를 보낸다.

③ SAS 1 Yaw channel

Yaw rate을 감지하면 SAS Amplifier가 Long-term yaw rate singal(장주기 요 속도신호)를 제거 후 단주기 보정 신호(Short-term correction signal)를 만들어 SAS Yaw servo valve에 신호를 주어 Yaw 축에 대한 Yaw rate에 반대 방향으로 조종면을 움직여서 동적 안정성을 제공한다.

ⓐ 60[knots] 미만

Airspeed transducer는 대기속도를 NO1 Stabilator amplifier에 전송하면 +12~+15[V] DC의 Discrete signal(이산신호)를 발생시키며 이 신호는 SAS 증폭기의 NO1 Lateral acceleration(가로방향 가속도)와 Roll rate 신호를 억제하고 SAS 1 Amplifier 내부의 Yaw rate gyro를 Yaw channel sensor로서 제어한다.

ⓑ 60[knots] 이상

60[knots] 이상에서 SAS 1 Amplifier 내부에서 얻어진 Roll rate 신호와 NO 1 Stabilator amplifier로 부터 -12~-15[V] DC의 이산신호인 NO1 Lateral acceleration(가로방향 가속도) 신호를 조합하여 SAS 1 Yaw servo valve를 작동시켜 선회 시에 선회균형(Turn coordination)이 되도록 한다.

(2) SAS 2(Digital stability augmentation system)

SAS 2는 SAS 2 Switch에 의해 AC essential bus에서 SAS AMPL이라고 표시된 회로 차단기를 통해 SAS/FPS computer에 전원을 공급하여 SAS/FPS computer로 제어되며 자체 오류를 진단할 수 있는 자체진단 기능이 있으며 SAS 1과 동일한 Servo를 사용하지만 SAS 1과는 독립적으로 작동되어 관련 축에 대해 안정성을 제공한다.

(a) 자기 진단기능

SAS/FPS computer fault monitoring(고장 감시) system은 SAS 명령을 SAS servo 출력 신호와 비교하고 SAS 2 입력 또는 출력 신호 비교 검사가 실패하면 SAS 2 장애(Pitch, Roll, Yaw channel)가 발생하고 해당 Channel의 제어 입력이 제거되면서 Servo는 고장 위치에서 정지되고 AFCS panel failure advisory lights(자동 비행 제어판 고장 경고등)에 SAS 2 경고 표시등이 점등되며 Vertical gyro에 대한 AC 전원 손실, AHRS 또는 SAS amplifier의 입력 손실은 AC 복조기(Demodulators)에 대한 기준 손실(Loss of the reference)로 인해 SAS 1 오작동 발생 시에는 조종사는 수동으로 SAS 1을 해제해야한다.

참고

- **SAS 2/ FPS computer**

  4개의 제어 체널에서 Pitch Bias Actuator(PBA), Inner–loop SAS actuators, Outer–loop trim actuators에 명령을 하고 Self–monitoring, Fault isolation, failure advisory 기능이 있다.

- **Advanced Flight Control Computer(AFCC) 기능**

  ▶ Sensor input signals를 비교
  ▶ Program functions을 test
  ▶ Checking output signals

  Output signals에 대한 Servo 반응을 확인하여 AFCS operation을 지속적으로 Monitoring하며 Fault가 감지되면 AFCC에 영향을 주는모든 기능을 자동적으로 비활성화 시킨다.

(b) 입력신호

SAS 2 명령은 Roll rate gyro로 부터 Roll 산호를, NO2 Stabilator amplifier로부터 Pitch rate gyro에서 Pitch 신호를, 자세 방위 참조 시스템(AHRS) 또는 Magnetic compass gyros(자기 나침반 자이로)로 부터 Yaw rate 신호를, 추가로 NO1 Vertical gyro의 pitch 신호와 NO1 Stabilator amplifier로부터 Roll rate 신호 및 NO2 Filtered lateral accelerometer에서 유도된 신호를 받으며 60[KIAS] 이상의 속도에서는 Yaw channel로 보내지는 NO2 Filtered lateral accelerometer 및 NO1 Vertical gyro(Pitch와 Roll rate)의 입력 신호가 SAS 2 시스템에 제공되어 선회 균형(Coordinated turns) 중에 Yaw 현상을 안정화시킨다.

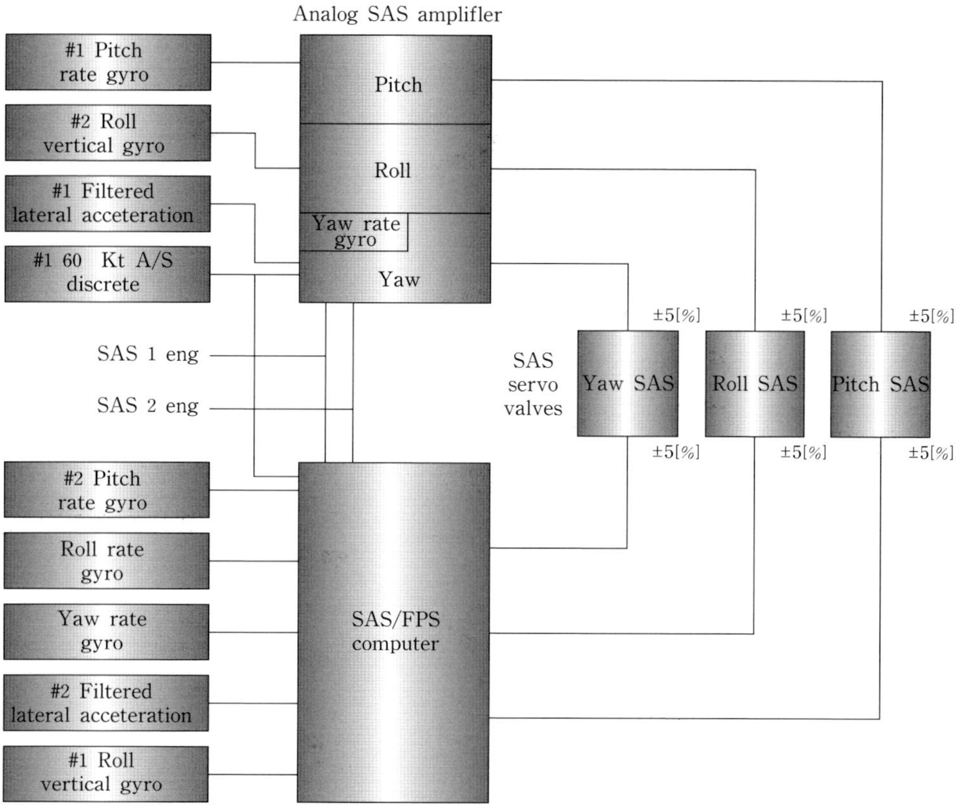


Simplified SAS Block Diagram

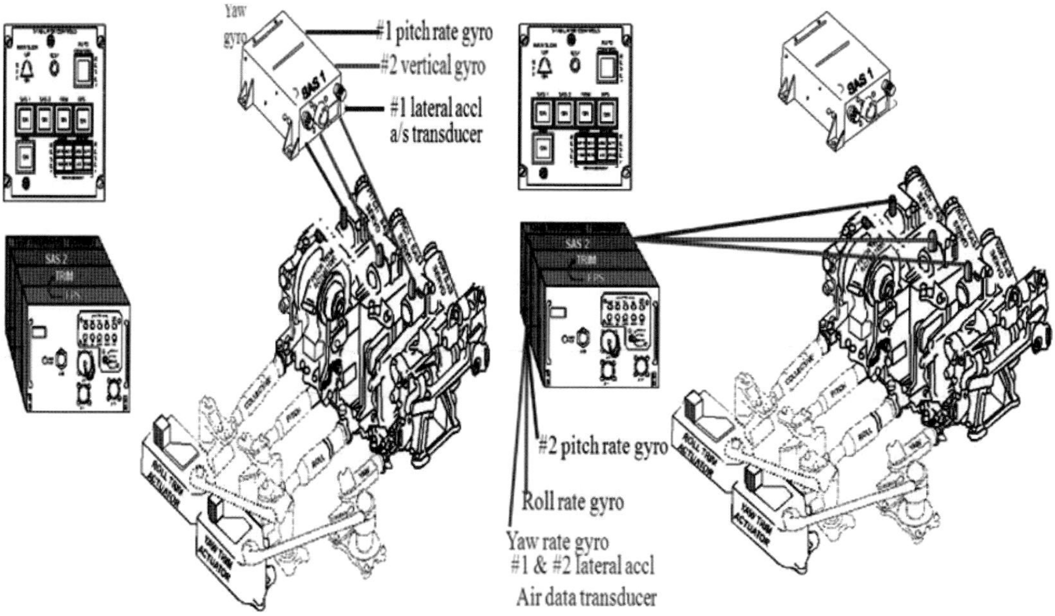


[그림 2-4]

## 2. Stabilator Control System(안정판 제어 시스템)

비행조건에 따른 입력신호를 받아서 Stabilator incidence angle(안정판 붙임각)을 Main rotor blade down-wash 영향에 따라 최적의 각도로 위치시켜(Streamline) 기수 상, 하향(Nose up/Down) 현상을 방지하여 정적 및 세로 방향의 안정성(Pitch 자세안정)을 향상시키며 직렬로 작동하는 2개의 Electric servo(전기 서보)와 안정판 위치를 명령하는 2개의 Analog amplifier로 구성된다.

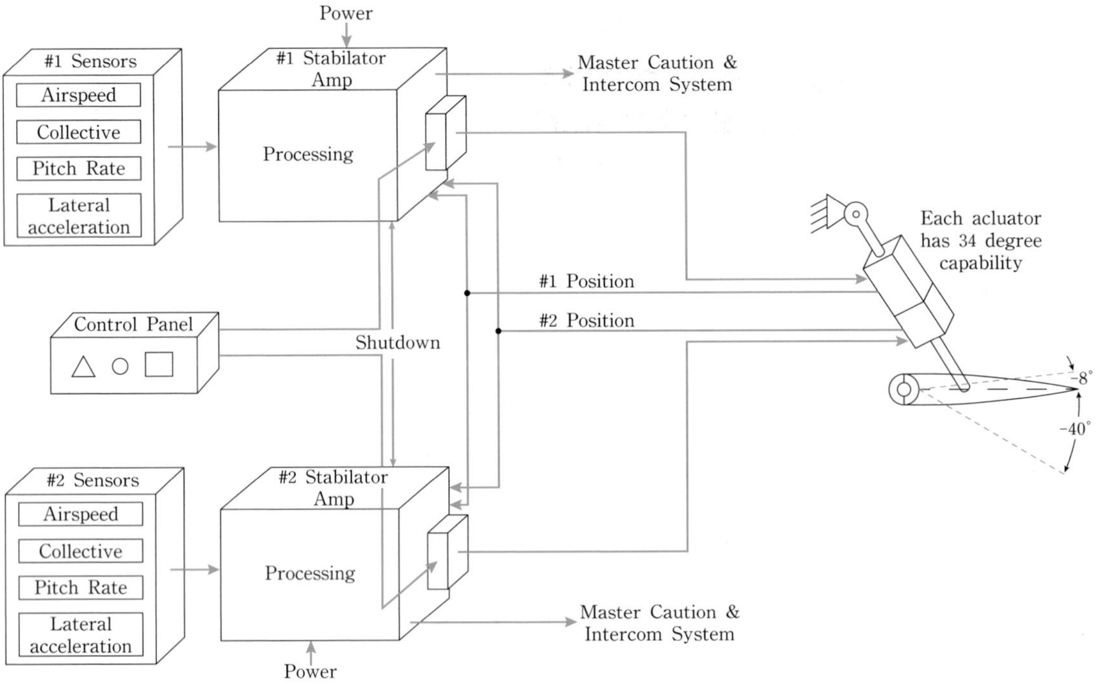


[그림 2-5]

(1) Stabilator 기능

(a) Streamlines to pitch coupling

저속 비행 시(40[KIAS] 이하)에 Stabilator에 작용하는 Main rotor down-wash로 인한 기수 상향자세(Nose-up attitudes)를 최소화하기 Main rotor down-wash와 Stabilator 위치를 자동으로 일치시켜서(Streamline) 더 큰 후방 C.G를 허용할 수 있어서, Main rotor shaft의 굽힘 하중을 낮출 수 있게 하여 Stabilator가 자동으로 움직이는 주된 이유이다.

(b) Collective to pitch coupling(Collective 대 pitch attitude 연동)

Collective stick position transducer에서 오는 Collective stick 위치 신호를 받아서 Collective stick 상, 하 움직임에 따라 Pitch attitude가 변하는데 제자리 비행 또는 40~

60[KIAS]에서는 Collective stick을 올리면 Pitch가 증가되어 Stabilator에 작용하는 Main rotor down-wash로 인한 기수 상향 현상 발생을 최소화하기 위해 자동으로 40° 까지 하향시키고 Collective stick을 내리면 Pitch가 감소하여 Stabilator에 작용하는 Main rotor down wash로 인한 기수 하향 현상을 최소화하기 위해 10° 까지 상향되어 Pitch 자세변화를 최소화한다.

(c) Angle of incidence(붙임각)

Airspeed/Air data transducer 신호를 받아 속도 증가에 따라 붙임각(Angle of incidence)을 감소(Stabilator up)시켜 세로 방향의 정적 안정성을 향상시킨다.

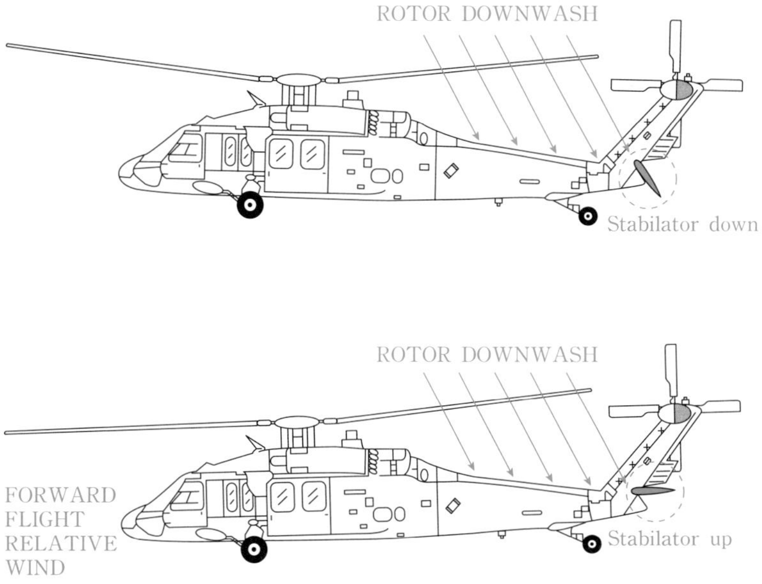


[그림 2-6]

(d) Lateral Sideslip to Pitch Coupling

돌풍에 대한 민감성을 감소시키며 Stabilator에 작용하는 Down-wash와 경사진 Tail rotor의 추력에 의한 양력 발생(Canted tail rotor) 영향으로 Pitch 자세가 변하는 것을 가로방향 가속도계(Lateral accelerometers)가 Stabilator amplifiers에 신호를 보내 Pitch 자세 변화를 보상한다.

① Tail rotor drift(편류) 현상 발생

요 각가속도(Yaw angular acceleration)의 Lateral accelerometers(측면 가속도계)의 입력신호는 Tail rotor 추력 변화와 Pitch response(반응)을 분리하여 Canted tail rotor 추력에 의한 Main rotor torque 방향의 힘(Side force)과 Tail rotor anti-torque 방향의 두 힘의 합성으로 동체가 우측으로 가려는 Tail rotor drift(편류) 현상을 상쇄시킨다.

② 옆 미끌림(Slip과 Skid) 현상 발생

기울어진 테일 로터(Canted tail rotor)와 Main rotor down-wash의 비대칭의 결과로써 테일 로터 추력(양력) 증가는 Pitch down(테일 쪽이 우측 상향) 현상을 발생시키고 Tail boom을 가로지르는 Main rotor down-wash는 Pitch up 현상을 발생시키는 비대칭에 의한 Pitch 변화를 상쇄시킨다.

ⓐ Right side slip(우측 옆 미끄림) 현상 발생

전진비행 시 가로방향 가속도계의 자세변화를 Stabilator amplifiers로 신호를 보내며 후퇴익의 유도흐름은 전진익 쪽 보다 커서 Stabilator에 증가된 유도흐름으로 인한 기수 상향 현상(Transverse effect)과 증가된 유도 흐름이 Tail rotor blade에 영향을 주어 Tail rotor 추력(양력)이 감소하는 효과로 기수가 우측 상향(R/H pitch up) 현상을 방지하기 위해 Stabilator을 아래로 40°까지 위치시킨다.(L/H pedal 적용)

ⓑ Left side slip(좌측 옆 미끄림) 현상 발생

우측 옆 미끄림 발생현상과 반대로 Stabilizer에 감소된 Main rotor 유도흐름과 Tail rotor 추력(양력) 증가로 인하여 기수 좌측 하향 현상을 방지하기 위해 Stabilator를 위로 10°까지 위치시킨다.(R/H pedal 적용)

(e) Pitch rate feedback

피치 자세 속도(Rate of pitch attitude) 변화는 2개의 Stabilator amplifiers의 Pitch rate gyros에 의해 감지되며, 단주기 피치 교란(Short-term pitch disturbances)인 돌풍 시에 Main rotor head가 갑자기 상승할 때 기수상향 현상을 Stabilator를 아래로 작동하여 기수 하향을 유도하여 수평 Pitch 자세를 유지하도록 하며 선회 시에는 동체에 작용하는 "G" 하중(Load)이 증가하여 기수가 하향하는 것을 방지하기 위해 Stabilator를 상향시켜서 Longitudinal 및 Dynamic stability을 향상시키고 돌풍에 대한 민감성을 감소시키며 Pitch rate gyros에 의해 Pitch 자세변화를 흡수한다.

(2) 입력신호(Input signal)

Stabilator amplifiers의 입력 신호는 다른 자동비행 제어계통과 서로 공유하나 독립적으로 Air speed, Air data, Collective stick 위치, Pitch rate 및 Lateral acceleration의 5개의 입력 신호를 받아 Stabilator를 위치시키며 이중 안전장치(Fail-safe) 구조로 이중 전기 서보(Dual electric servo), 이중 감지기(Dual sensors)를 갖고 있다.

(a) Air speed signal

Airspeed transducer는 Pitot-static system(동-정압 계통)에 연결되어 Tail rotor pedals 쪽에 위치하며 NO1 Stabilator에서 Air speed를 감지하여 Air speed에 비례하는 직류 출력 전압을 제공하여 Main rotor downwash와 Stabilator를 일치시키며

Air speed가 40[KIAS] 보다 큰지 아닌지를 결정하는 이산신호(Airspeed discrete)의 극성을 결정하는 신호를 제공한다.

① 속도 100[KIAS] 이하

40[KIAS] 이상의 대기 속도에서는 두 개의 대기속도 신호 중 더 큰 신호를 사용하며 속도 증가에 따라 Stabilator의 Incidence angle를 자동으로 감소시키면서 100[KIAS] 이상에서는 0°로 한다.

② 100[KIAS] 이상

각각의 Stabilator amplifiers로 부터 자체 Air speed signal를 받으며 동적 안정성을 향상시키기 위해 피치 속도 후속신호(Pitch rate feedback)을 제공한다.

> **참고** Pitot tube cover를 제거하지 않고 비행 시에는 주의등 점등이나 음성 경고가 없는 상태에서 Stabilator down 위치에서 비행할 수 있으므로 필히 제거해야 한다.

(b) Air data signal

① Air data transducer는 Pitot-static system에 연결되어 Tail rotor pedals 쪽에 위치하여 입력 신호를 수신하고 처리한 후 조종사에게 제공하며 No. 2 Stabilator 계통에서 속도를 감지하여 Air speed, Altitude 및 Altitude rate(고도 변화율)에 비례하는 직류 출력 전압을 발생시켜 Air speed signal를 NO2 Stabilator amplifiers 및 AFCS computer에 공급한다.

② Altitude와 altitude rate은 고도유지(Altitude hold) 및 출발 모드(Depart modes) 기능에서만 AFCS 컴퓨터에 적용되고 Air speed 및 Pressure altitude signals를 CIS(Command Instrument System/명령 계기계통)에 공급한다.

(c) Pitch rate signal

Pitch rate gyros sensor는 2개의 Stabilator amplifiers에 위치하며 Pitch 자세 변화율을 감지하여 직류 전기신호를 발생하며 신호는 Filter를 통해 각 Stabilator amplifiers에서 증폭되어서 NO1 신호는 SAS 1 Amplifiers에, NO2 신호는 SAS/FPS computer에서 제공되며 신호 품질 비교를 위해 NO1 및 NO2 Filtered pitch rate signals 사용하며 돌풍 시 Main rotor head의 단주기 피치 교란(Short-term pitch disturbances)으로 인한 Pitch 변화를 줄여서 동적 안정성 향상을 위해 Stabilator를 위치시키며 피치 속도 후속신호(Pitch rate feedback)을 제공한다.

(d) Lateral acceleration signal(가로방향 가속도 신호)

조종실 Bulkhead(격막) 쪽에 NO1, NO2 Lateral accelerometers가 있으며 NO1 Lateral accelerometers는 NO1 Stabilator amplifier에 신호를, NO2 Lateral accelerometers는 NO2 Stabilator amplifier에 신호를 제공하며 가로방향 가속도에

비례하는 직류 출력 신호를 발생하여 관련 Stabilator amplifier로 보내지며 Filtered lateral acceleration signals는 trim 이탈 상태(Out of trim condition)을 감지하여 Tail rotor down-wash(stabilator 윗면에 작용)를 상쇄하기 위해 최적의 각도로 안정판을 위치시키며 SAS 1 계통은 Turn coordination(선회 균형) 시에 Bank angle(선회각)과 Turn rate(선회율)의 관계를 나타내는 직류 신호를 SAS 1 Amplifier에, Lateral acceleration signal는 NO1 Stabilator amplifier를 통해 제공하여 동적 안정성을 증가시키며 No. 1과 No. 2 Filtered lateral acceleration signals는 신호 품질 비교 및 작동명령 생성(Software generation)을 위해 SAS/FPS computer에서 사용되며 No. 1 Filtered lateral acceleration signals은 60[knots] 이상에서 Slip 또는 Skid 상태 수정을 위해 SAS 1에도 사용된다.

(e) Collective stick position sensor(그림 2-7)

① MMU(Mechanical Mixing Unit)쪽에 위치하며 동일한 두 개의 NO1과 No2 Collective stick position sensor는 Collective stick position 변화를 감지하여 각각 위치에 비례하는 직류 출력 신호를 발생하여 Pitch 변화에 따라 예정된(Programing) 위치로 Stabilator을 위치시키며 두 신호는 SAS/FPS computer에서 신호크기(Signal level) 비교 및 Collective-to-yaw coupling를 작동하는데 사용된다.

② Collective stick neutral position 위치는 0[Volts]이며 Collective stick 하향은 (+)신호를, 상향은 (-)신호를 주며 출력 전압은 중앙에서 Collective stick 움직임은 1[inch] 당 1.34[Volts]이다.

③ Collective stick position transducer(2개)
Collective stick 위치 감지기로부터 Collective stick 위치 신호에 따른 직류 신호를 Stabilator amplifier, SAS/computer에 제공하고 NO2 Collective stick 위치 전송기는 명령 계기(CIS/Command Instrument System)에 신호를 제공한다.

④ Collective stick position indicators

ⓐ Collective stick 위치 계기는 Tail rotor pylon쪽에 1개의 Stabilator 위치 전송기와 Synchro transmitter에 의해 구동되는 Synchro-type 장치로서 4개의 제한 스위치(Limit switch)가 있으며 입력 신호를 처리, 통합하여 Servo를 작동시키고 후속신호 전위차계(Feedback potentiometer)는 각 증폭기에 서보 위치 후속 신호를 제공하여 Servo 위치 차이가 한쪽 또는 양쪽 증폭기의 결함감시회로(Fault monitor circuit)에서 감지되면 자동 모드 연결을 차단시킨다.

ⓑ 교류 필수 분기점(AC essential bus)에서 "STAB IND"라고 표시된 회로 차단기를 통해 전원이 공급되며 10°(위로)~40°(아래로)사이의 Stabilator 각도를 표시하며 고장원인이 서보 결함인 경우에는 최저 위치(Full-down)에 있으며 이동거리는

35°까지 제한되고 최고 위치(Full-up)에서는 30°로 총 이동거리가 제한되며 Stabilator 제어 변화율(Control rate)는 초당 ±6°로 제한된다.

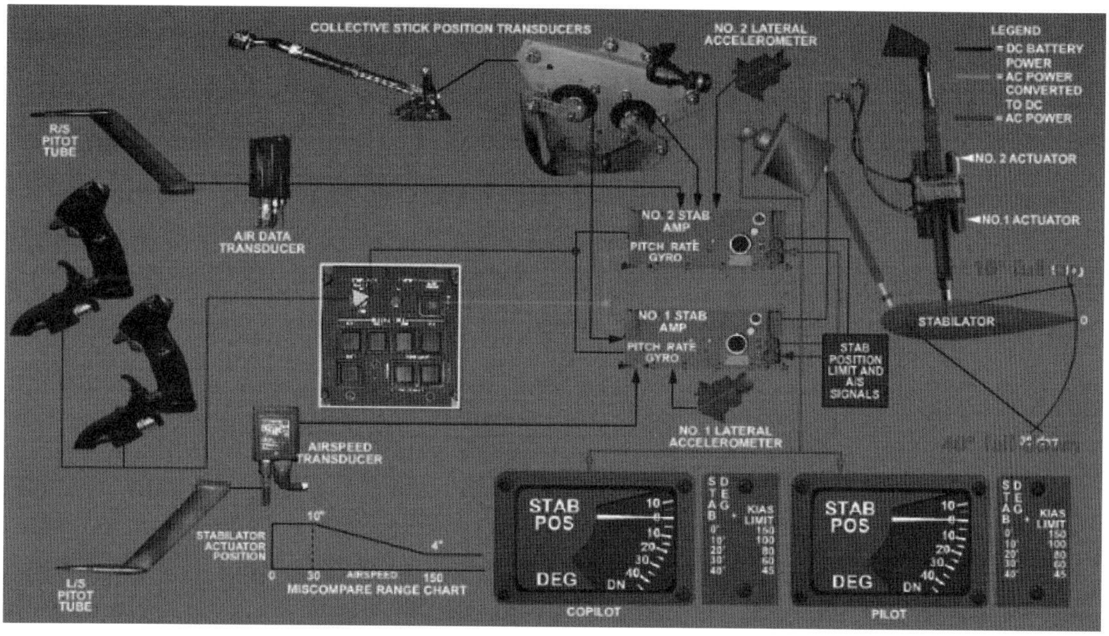


[그림 2-7]

(3) Stabilator control panel(그림 2-8)

(a) Auto control mode(자동제어 모드) 기능

① 전원이 공급되면 자동으로 작동하며 조종사의 입력없이 비행 조건에 따라 Stabilator을 최적의 위치(아래로 약 40°에서부터 위로 10°까지)로 자동으로 선정한다.

② 직류 전원이 방해를 받거나 교류 전원 장애로 인해 비행 중에 Auto control mode가 종료되면 전원이 복구되기 전에는 80[KIAS]로 느려지므로 자동 제어 재설정 스위치(Auto control reset switch)를 눌러 자동 모드를 다시 설정할 수 있으며 자동 모드가 작동 시에는 대기 속도 변환기와 연동되도록 해야 하며 작동 중일 때는 Push-button switch가 켜짐 상태를 나타낸다.

(b) Man slew mode(수동 모드)

Stabilator control pannel과 병렬로 연결되어 있으며 Cyclic stick grip에 있는 수동모드 스위치를 위, 아래로 이동하면 자동 기능은 해제되며 오작동으로 인해 재설정 할 수 없는 경우에는 stabilator 경고등이 켜지고 기내 통화 장치(ICS/Intercommunication System)에서 경고음이 들리며 조종사는 수동으로 Stabilator 위치를 제한 범위인 10°~40° 내에서 Stabilator위치를 선택할 수 있으며 스위치를 놓을 때 까지 상한 정지 까지 위로 작동시킬 수 있으며 No. 1과 No. 2 Stabilator amplifier는 상향 또는 하향 위치에 있을 때 스위치를 정지하면 레버 잠금 스위치 스프링(Lever lock switch spring) 힘에 의해 중앙에 위치시킨다.

① 2개의 "핫 스루(Hot slew)" 접점

스위치가 상향 또는 하향으로 움직일 때마다 NO1과 NO2 Stabilator amplifier에 28[V] DC 전원을 공급하며 증폭기 논리회로(Amplifier logic circuit)가 자동모드를 해제하여 수동으로 전환시킨다.

② 2개의 접점

두 Amplifier의 수동 상, 하향 계전기(Man slew up/Down relays)에 28[V] DC를 공급하며 접점은 잠금장치(Inter−locks) 전원을 Servo motor에 공급하여 Stabilator을 구동시키며 조종사는 계기 표지판(Placards)에 적혀있는 Stabilator 각도에 대해 제한 속도를 초과해서는 안 된다.

(c) Test pushbutton mode 기능

60[knots] 이하에서만 작동되며 안정판 계통 지상 점검 시와 자동 모드 오류 감지 기능을 확인할 때 사용되며 대기속도 유도 시험 신호(Airspeed−derived test signal)는 두 개의 Stabilator 작동 시간에 차이를 두어 Stabilator test button을 누르면 NO1 Stabilator actuator를 구동시켜 NO1 계통 내 결함을 추적(Monitoring)하며 예정된 임계 값에 도달하면 NO1 또는 NO2 Amplfier 또는 둘 다 결함 모니터 회로가 자동 작동 모드를 해제해야 하며 작동 시에는 Stabilator이 위로 올라가면서 자동 모드는 해제되고 Stabilator 제어가 수동 모드로 전환된다.

(d) Degraded operation mode(성능저하)

Stabilator amplifier의 오류 추적 기능에 의해 오작동이 감지되면 자동 모드 스케줄링(Auto mode scheduling)이 비 활성화되고 Collective stick 위치, 속도 및 가로방향 가속도 입력은 SAS/FPS Computer에서 비교되는 이중 입력 신호로써 2개의 Actuator의 위치와 비교한 위치가 작동 정지 임계 값을 초과하는 경우와 NO2 Pitch gyro의 출력 신호가 SAS/FPS Computer에서 얻은 Pitch rate와 비교하여 Computer가 해당 입력신호에서 "비교할 수 없음(No compare)"이 감지되면 Stabilator 경고등 및 Master 경고등이 켜지고 경고음이 울리며 자동 제어 재설정(Auto control reset)을 눌러 Auto control mode로 돌아갈 수 있으며 회복되면 Auto control panel에 작동상태를 알려주는 경고등이 사라지며 Auto control mode가 회복되지 않으면 Master 경고등을 재설정하여 경고음(Beep tone)을 끄고 수동 작동 스위치(Man slew switch)로 범위 내에서 제어할 수 있다.

> 참고 **작동정지 임계값(Shutdown threshold)**
>
> 두 스태빌라이저 액추에이터 위치 사이의 Shut down 임계 값은 40[KAS](Knots-Indicated Air Speed) 미만의 공기 속도의 경우 임계각도는 10°이고 120[KIAS]보다 큰 공기 속도의 경우 임계각도는 4°이며 50[KIAS]와 120[KIAS]사이의 선형 변동이 있다.



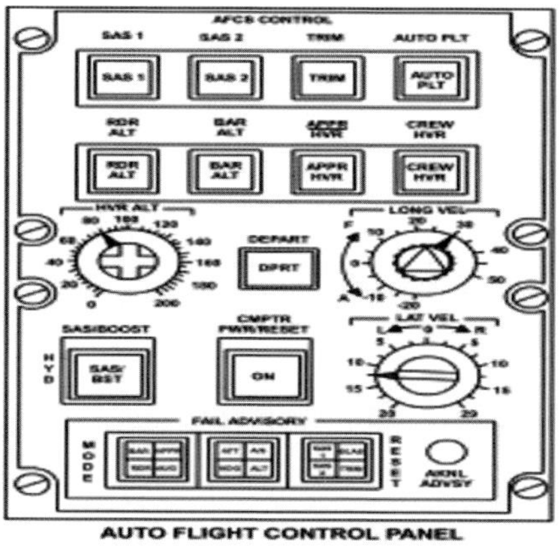


ure 8-30 — Helicopter automatic flight control system panel.

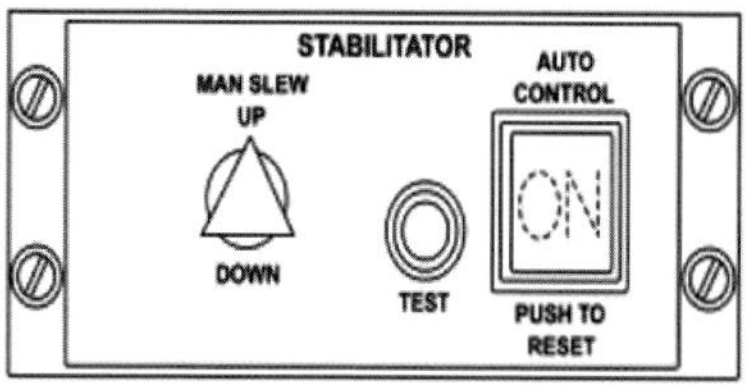


Figure 8-31 — Stabilator control panel.

[그림 2-8]

(4) 전원공급

(a) DC essential bus(직류 필수 분기점) 및 NO2 DC Primary bus(NO2 직류 1차 분기점) Stabilator actuator는 "STAB PWR"이라고 표시된 회로 차단기를 통해 전원이 공급되며 DC essential bus은 Battery에 의해 전원이 공급되므로 Battery 전원으로만 하나의 Actuator를 수동으로 작동할 수 있다.

(b) AC essential bus(교류 필수 분기점) 및 No. 2 DC Primary bus(No. 2 직류 1차 분기점) Airspeed sensors, Pitch rate gyros, Collective position sensor, 및 Lateral accelerometer의 전원은 "STAB CONTR"이라고 표시된 회로 차단기를 통해 공급된다.

## 3. Trim System

AFCS control panel에서 "TRIM"이라고 표시된 Push-on/Off switch로 작동되며 Auto pilot control system에 연결되면 Pitch trim actuator는 Fore & Aft cyclic stick linkage, Roll trim actuator는 Lateral cyclic stick linkage, Yaw trim actuator는 Tail rotor pedal linkage에 연결되어 계통을 활성화시켜 조종사가 작은 힘으로 조종 할 수 있다.

(1) 기능

(a) Trim 계통은 조종사 또는 SAS/FPS 명령에 의해 Trim actuator 위치를 감시(Monitoring) 하며 SAS/FPS computer는 명령된 위치를 세 축의 실제 위치와 비교하여 허용 범위를 벗어나면 벗어난 축은 차단되면서 Trim 오작동 주의 표시등이 켜지며 AFCS control panel의 재설정 버튼을 눌러 재설정 할 수 있다.

(b) Trim actuator 이동거리는 100[%] 제어 권한을 가지고 있으며 최대 변위는 초 당 10[%]로 제한되며 3축 Trim release switch를 누르면 전, 후, 좌, 우 구배력이 해제되어 수동 제어가 가능하며 새로운 Cyclic trim actuator 위치가 설정되며 FPS가 작동할 때는 Cyclic stick 기존 위치 대신에 Pitch 및 Roll 자세 기준을 변경시키며 Trim release switch를 다시 누르면 Trim이 다시 연결된다.

(c) Flight control force gradients, Detent positions, Outer–loop autopilot Control functions을 제공하며 조종사가 설정한 4축에 대해 Trim switch를 놓을 때의 Actuator와 Cyclic stick위치를 유지하는 기능이 있다.

(d) 내장된 Centering springs spring은 제로 힘 제어 트림 위치(Zero force control trim position/중립위치)를 선택할 수 있게 해주는 비행 제어력 대 위치 구배(Control forces versus position gradients) 기능이 있으며 Trim system을 작동하지 않으면 Cyclic control system 또는 Yaw control system을 중립으로 위치시키려는 제어력 구배가 없다.

(e) Roll 및 Yaw actuators는 Slip clutches로 작동하므로 어느 하나가 멈춤(Jamming)일 경우 조종사 제어 입력은 Yaw 축에서 최대 80[lbs], 가로 축 Roll에서는 최대 19[lbs], 세로축 Pitch에서는 최대 20[lbs]의 힘이 가해지면 Slip이 허용된다.

(f) Trim system switch 작동 시

SAS/FPS computer는 Trim actuator를 제어하며 작동되면 Feedback signal 변하며 변화된 신호로 Actuator에 명령을 보내며 Trim 위치로 되돌린 후 Cyclic stick을 고정시키며 초당 0.4[inch]의 속도로 이동한다.

(g) Cyclic stick trim release button 작동 시

SAS/FPS computer는 Trim 해제시키고, Pitch trim actuator에서 유압을 제거하며, Feedback signal가 없으므로 Cyclic stick은 자유롭게 움직일 수 있으며, Cyclic stick은 Release button을 놓은 위치로 트림된다.

(2) 작동

(a) Pitch trim actuator

압력은 트림이 “ON” 상태이고 SAS/FPS Computer가 Pitch trim 오작동을 감지하지 못하는 경우에만 Pilot assist module의 1,000[psi] 유압으로 작동된다.

(b) Roll trim actuators

Electro-mechanical type이며 Servo system이 내장되어 있으며 Cyclic stick trim switch를 사용하면 SAS/FPS Computer가 Actuator에 명령을 제공하며 지상에 있고 FPS가 작동 상태에서 Cyclic trim switch를 좌, 우측으로 회전시키면 Cyclic stick이 중앙으로 돌아온다.

(c) Yaw trim actuator

① Electro-mechanical type이며 Servo system이 내장되어 있으며 Yaw trim actuator을 해제하기 위해서는 60[Kts] 미만의 공기 속도에서는 Pedal micro-switches로 60[Kts] 이상의 공기 속도에서는 Pedal micro-switches와 Cyclic trim switch를 동시에 눌려야 Yaw trim과 선회균형(Turn coordination) 기능이 해제된다.

② SAS/FPS Computer는 Yaw trim actuator에 명령 신호를 제공하고 Stabilator 기능인 Electronic collective to airspeed to yaw coupling 작동 시에 공기 속도로 공급(40[Kts] 미만에서는 최대치, 100[Kts] 이상에서는 0)한다.

③ Boost servo가 작동되어야 하며 Collective stick을 올리면 좌측 페달을 전진시키며 Cambered vertical stabilizer에 의해 제공되는 가로방향 추력 변화를 보상한다.

(3) 오작동이 발생 시

오작동이 간헐적인 경우에는 전원 재설정 스위치(Power on reset switch)를 누르면 없어지며 Trim release switch 외에도 Cyclic stick의 4방향 Trim switch는 trim 해제 없이 Trim 위치를 설정할 수 있다.

(a) Actuator failure

① SAS/FPS computer는 고장 난 Trim system을 비활성화 시키며 Trim 및 FPS 계통이 작동하지 않아 Pedal 또는 Cyclic stick이 자유롭다.

② Pitch trim actuator 고장 시에는 유압이 제거되며 Roll 및 Yaw trim actuators 고장 시에는 Actuator clutch가 해제된다.

③ SAS/FPS computer는 Actuators 위치 신호(Feedback signal)가 명령 신호와 일치하지 않으면 고장을 감지하여 Trim failure advisory light 및 FPS caution lights가 점등된다.

(b) SAS/FPS computer failure 발생 시

① 영향을 받는 트림 축이 정지되며 Pitch trim actuator 고장 시에는 유압이 제거된다.

② Roll 및 Yaw trim actuators 고장 시에는 Cyclic stick 또는 Pedal이 자유롭고 Trim failure advisory light, FPS caution lights, Computer failure가 점등되며 해당 축의 Trim 및 FPS가 작동하지 않는다.

(4) PBA(Pitch Bias Actuator)

(a) PBA(Pitch Bias Actuator) 기능

SAS/FPS computer에 전원 공급 시 자동으로 작동되는 전기 기계식 차등 서보(Electro-mechanical differential servo)이며 비행 매개 변수인 Pitch 자세, Pitch 속도(Rate) 및 대기 속도 변화로 인한 세로방향 Cyclic stick 제어와 Swash-plate 기울기 상관관계에 따라 Cyclic stick의 전, 후 움직임의 길이가 변하는 가변 길이 제어 봉(Variable length control rod)인 PBA를 명령하여 사이클 피치 입력과 동시에 공기 속도 증가에 대응하여 기수 상향이 되도록 명령 신호를 제공한다.

(b) PBA 고장

① 하나의 작동기가 고장나면 완전 하향 위치(Full down)와 완전 상향 위치(Full up)에서 Stabilator의 최대 움직임을 제한하며 세로 방향 움직임의 이동 거리 제한은 총 이동거리의 15[%] 권한을 가지며 Computer에 의해 초당 최대 3[%]속도로 제한된다.

② PBA 입력은 조종간에 Feed-back을 주지 않지만 PBA ±0.42[inch] 이동은 Cyclic stick 움직임의 ±1.5[inch]와 동일하며 명령된 Actuator 위치가 미리 입력된 한계치(Predetermined tolerance)보다 클 경우에는 PBA 전원이 꺼지고 PBA 오작동 주의등이 켜지며 오류 발생 시점의 위치에서 정지되며 Actuator 위치와 명령 비교 시에 비교할 수 없음 표시(No compare)로 인한 일시적인 PBA 오류는 AFCS control panel의 전원 Reset button을 눌러 재설정 할 수 있다.

③ AFCS는 장애 유형에 따라 PBA를 미리 입력된 위치를 지정하며 피치 속도(Pitch rate) 또는 수직 자이로(Vertical gyro) 입력신호 오류로 인한 PBA actuator 위치는 자세 오류(Attitude failure)일 때는 중앙에 위치시키고 속도 오류(Airspeed failure)일 때는 120[knot] 위치로 움직여서 자세 및 속도(Rate)는 계속 유지되며 Actuator 정지 시에는 Actuator 전원이 꺼지며 PBA의 기계적 고장인 경우에는 Actuator가 고장 위치에 있으며 SAS/FPS computer 장애로 인해 PBA에 대한 신호가 과도하게 발생할 가능성은 낮다.

④ 작동 정지를 야기한 오작동이 간헐적인 경우 모드 재설정(Mode reset) Button을 눌러 Actuator를 작동시킬 수 있으며 Stabilator이 수동 상향(Man slewed up)이 되면 Stabilator을 수동으로 최저 하향(Full down)으로 하여 자동 모드 재설정을 두 번 누르면 자동 모드가 회복되며 하나의 Actuator만 상향(Slewed up)이면 두 Actuator의 위치 차이가 발생하므로 오작동 모니터에 의해 감지되고 결합 시도 시에는 자동 모드가 정지된다.

## 4. 비행 경로 안정화 계통(FPS/Flight Path Stabilization System)

(1) FPS 목적

롤, 피치 및 요 트림 액추에이터를 통해 3축 자세와 비행 속도 유지 및 자동 선회 균형(Turn coordination) 기능을 제공하며 3축 자세에 대해 장기 변화율 감쇄(Long term rate dam pening)를 제공하여 정적 안정성(Static stability)을 향상시키는 자세 유지 시스템으로 비행 안전에 대한 오류 및 관련 위험을 줄일 수 있으며 모든 입력 신호는 FPS computer 내부에서 교차 점검(Cross-checks)을 수행하며 각각의 입력신호인 자세, 변화율, 속도 등은 동일한 정보를 다른 계통을 통해 독립적으로 받으며 입력 신호 변화율이 Computer로 산출된 변화율과 비교하여 사전 예정(Pre-programmed)된 허용 오차를 초과하면 FPS의 관련 기능이 정지되고 AFCS 경고 표시등과 FPS의 오작동 주의 표시등(FPS FAIL caution light)이 점등된다.

(2) 3축 제어

자동비행제어판에서 SAS 1, SAS 2, Boost 및 Trim 기능을 선택해야 작동되며 Trim 계통과 연동을 시키면 자동 모드에서 작동하는 Stabilator는 비행경로 안정화 기능을 향상시키며(필수 사항 아님) FPS가 작동되면 SAS 2/FPS computer가 Trim actuator를 지속적으로 감시(Monitoring)하며 FPS는 100[%]병렬 제어 권한(FPS parallel control authority)을 갖고 있어서 AFCS는 Trim 계통에 명시된 최대 무시력 한계(Maximum override force limits)내에서 FPS의 속도를 제한한다.

(a) Pitch channel axis

전기 유압 기계식(Electro-hydro-mechanical) Servo로 작동되며 Trim 계통의 작동은 FPS를 정지 상태에서 Trim 계통을 선택한 후 자동 비행 제어 판넬(Auto flight control panel)의 Push-on/Off trim switch와 Cyclic stick의 네 방향 Trim swtch(전, 후, 좌, 우)로 Trim servo를 전기적으로 일정한 이동속도로 한 번에 한 방향으로 Cyclic trim servo 위치를 변경하며 Trim 조건을 설정한 후 Trim switch를 놓았을 때의 Pitch 자세로 유지되며 조종사가 자세를 바꿀 때 까지 자동으로 현 상태를 유지한다.

① 속도 60[KIAS] 미만일 때

ⓐ 자세유지 기능(Attitude hold mode)를 제공하며 자세 변화는 60[KIAS]의 속도와 선회각 30°에서 Pitch 축을 대기속도에 따라 Trim switch 또는 4방향 트림 스위치(Four-direction trim switch)를 사용해서 Cyclic stick 위치를 변경할 수 있으며 자세변화는 초당 6[KIAS] 대기속도로 변하며 Cyclic stick이동이 멈추면 변화된 위치와 자세를 유지하고 안정화시킨다.

ⓑ 대기속도는 3초 Filter를 통해 장주기 수정(Long-term updates)에 사용되며 돌풍 발생 시에는 동-정압 계통(Pitot-static system)의 변화로 인하여 세로방향 가속도(Longitudinal acceleration)는 단주기 수정(Short term correction)에 사용된다.

② 속도 60[KIAS] 이상일 때

FPS의 Pitch 축은 Pitch 자세 변화에 따라 Trim 자세가 설정된 속도를 유지하려고 하며 조종사가 Trim switch로 기준 Pitch 자세를 변경하면 Trim switch 위치 입력이 제거되고 속도 유지 기능의 시간 지연 회로(Time delay circuit/약 17초 동안 시간 지연 회로)는 새로운 기준 대기 속도가 획득 될 때까지 지연되는 이유는 새로운 Trim speed로 가속 또는 감속하는 시간을 허용하기 위한 것이며 지연 시간 동안에는 자세 및 속도유지 기능을 유지한다.

(b) Roll channel axis

정, 부조종사의 Vertical gyro로부터 자세신호를 SAS/FPS computer에 제공하며 전기-기계적(Electro-mechanical)으로 작동되는 Roll trim servo는 대기속도에 관계없이 필요한 Roll 자세를 조정, 유지한다.

① 명령신호는 SAS 1과 SAS 2 roll 및 Roll trim 계통에 적용되며 조종사가 네 방향 트림 스위치를 작동시키면 Roll 자세가 초당 약 6°가 변경되는 자세 유지기능(Attitude hold mode) 외에도 자동 날개 수평(Automatic wing-leveling) 기능이 포함되어 있다.

② Hovering에서 60[knots] 이상의 대기 속도로 전이 비행 시에 Hovering 시 왼쪽 롤 자세에서 60[knots]의 날개 수준 자세로 기체를 자동으로 재 트림하며 수평 자세를 설정 한 후 자세 유지 기능은 새로운 롤 자세가 조종사에 의해 명령 될 때까지 그 자세를 유지한다.

> 참고 **자동 날개 수평기능**
>
> 제자리 비행에서 60[KIAS] 대기 속도로 전환 시에 제자리 비행에서의 좌측 Roll 자세에서 날개 수평 자세(Wings-level)로 헬리콥터를 자동으로 재 트림(Re-trims)을 하여 수평자세를 취한 후 새로운 롤 자세를 조종사에 의해 명령될 때까지 자세를 유지해준다.

(c) Yaw channel axis

전기-기계적(Electro-mechanical)으로 작동되는 Yaw trim servo를 사용하여 Yaw를 조절하며 FPS의 Yaw channel 축은 60[KIAS] 미만 속도에서는 방향유지(Heading hold)

를 제공하고 60[KIAS] 이상 속도에서는 방향유지 및 자동 선회 균형(Auto turn coordination)의 두 개의 Yaw 제어 기능을 제공한다.

① 속도 60[KIAS] 이하에서의 방향유지

조종사가 Pedal micro-switches를 누르면 해제되며 전자 제어식 Yaw force gradient spring은 Pedal rate damper에 의해서만 대응하는 Pedal 움직임에 의해 위치가 재설정되며 조종사가 Pedal에서 양쪽 발을 떼면 전자 제어식 Yaw force gradient spring이 다시 맞춰지고 새로운 위치에 고정이 된다.



② 속도 60[KIAS] 이상에서의 방향유지

방향유지 기능은 자동으로 해제되고 Cyclic stick switch를 가로 방향으로 약 1/2 [inch] 움직일 때와 선회각(Bank angle/Roll 자세)이 2° 이상일 때 또는 Trim release switch를 누르고 Roll 자세가 규정된 제한치보다 클 때에는 자동 선회 균형(Turn coordination)이 이루어진다.

③ Roll 자세(선회 각이 1° 미만) 및 Yaw 변화율이 규정된 한도(Roll rate가 초당 2° 미만으로 감소) 이내인 경우에는 방향유지 기능이 자동으로 재 연결되고 선회에서 복귀 할 때는 자동 선회 균형이 해제되며 자동 선회 균형은 Trim actuator가 안정판 제어 계통(Stabilator control system)의 가속도계가 감지한 가로 방향 힘을 "0"으로 만드는 방향제어 입력신호에 의해 이루어진다.

(d) 고장 감지 및 조치

① 모든 고장 경고등(Failure advisory light)은 최초 전원 공급 시에 켜지며 조종사는 일시적인 오작동 표시등 점등은 켜진 표시등을 전원 재설정(Power on reset) 눌러 제거할 수 있으며 비행경로 안정화 계통 주의등(FLT PATH STAB caution light)이 사라지면 정상 작동으로 복구된 것으로 간주되며 오작동이 지속적인 경우에는 해당 축을 FPS에서 정지 시킨 후에 구배력 없이 수동으로 제어 할 수 있다.

② 고장이 감지되면 Master warning lights, Trim caution light 및 Flight path stab caution light가 점등되고 FPS는 방향유지 기능 및 대기속도 유지 기능이 상실되므로 성능 저하 모드로 계속 작동하거나 또는 모든 기능이 멈출 수 있으므로 조종사는 FPS을 끄거나 성능 저하 정도와 유형을 확인한 후 나머지 기능으로 수동 비행을 계속할 수 있다.

③ 조종사에게 성능 저하시 Sensor 또는 Actuator의 고장 유형을 알려주며 8개의 고장 경고 지시기(Advisory indicators)가 비행 제어판(Flight control panel)의 2개의 고장 경고 스위치(Failure advisory switch)에 표시된다.

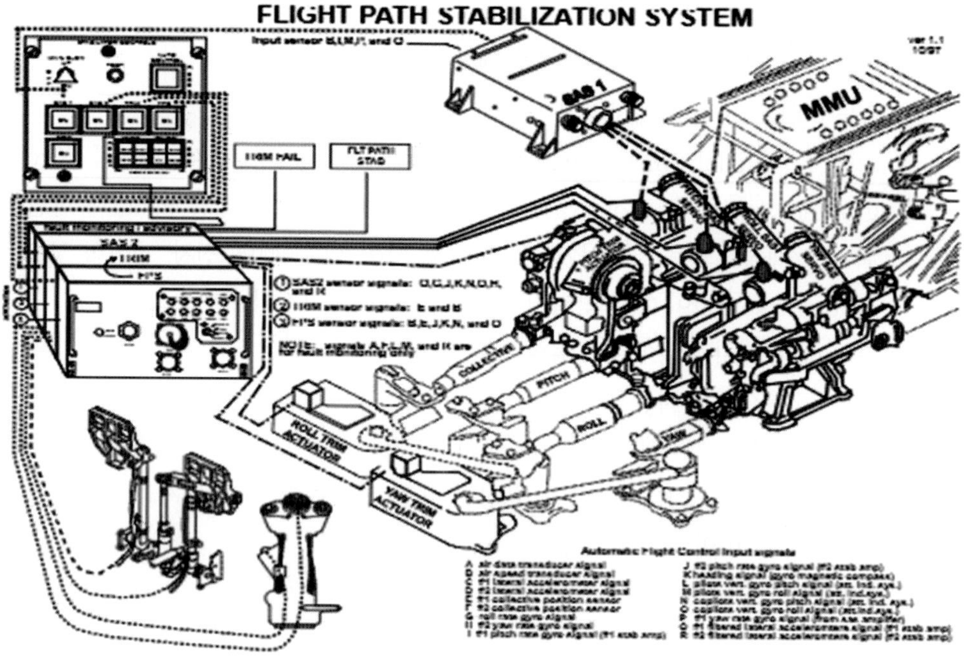


[그림 2-9]

(3) 비행 경로 안정화 모드(FPS MODE) (그림 2-10)

(a) 자세 및 대기속도 모드(Attitude & Airspeed mode)

자동 비행 제어계통(AFCS)의 주요 기능은 Pitch 및 Roll에 대하여 헬리콥터자세 유지 기능이며 비행 시 선회(Bank) 또는 Pitch 정도에 따라 결정되며 Pitch 축에서 ±60° 또는 Roll 축에서 ±70°를 초과하면 자세유지 모드가 해제된다.

(b) 방향 유지 기능 모드(Heading hold mode)

① 헬리콥터가 180°의 방위로 비행할 때 방향유지 기능을 설정하면 자동 비행 제어 계통은 180°의 방위를 유지하며 Auto pilot의 Yaw chanel은 외부 회로(Outer-loop) 기능으로써 Yaw trim actuator를 통해 제자리 비행 및 전진 비행을 위한 방향유지 기능을 제공하며 Tail rotor pedal switch를 놓으면 주어진 방향에 Trim 계통이 동기화되며 헬리콥터가 지상에 있을 때는 Weight-on-wheels switch에 의해 해제된다.

② Yaw trim actuator의 전위차계는 Trim position feedback 신호를 Computer에 제공하며 이 신호는 원하는 위치에서 작동 신호를 취소하고 Actuator작동을 정지시키며 Collective stick position sensor는 Main rotor torque변화로 발생되는 Yaw 편위(Excursions)에 대한 기준방향(Reference heading)를 유지하며 대기 속도가 증가함에 따라 강도(Gain)을 줄이는 대기 속도 신호로 제어되며 방향유지 모드가 작동되면 방향 트림 수동 스위치(HDG TRIM (slew) switch)를 사용하여 조종사는 재설정(Re-trimming)하지 않고 방향을 바꿀 수 있다.

③ 60[KIAS] 미만에서 헬리콥터는 초당 3° 선회, 60[KIAS] 이상에서는 Switch를 1초 미만으로 작동시키면 방향이 1°가 변경되며 2초 이상 다음 조건일 때는 선회(Turn)에 이어 방향유지(Heading holding)가 재개된다.

ⓐ 헬리콥터 Roll 자세는 날개 수평(Wings level)의 2° 이내 일 때

ⓑ 요 속도(Yaw rate)은 초당 2° 미만일 때

(c) 고도유지 기능모드(Altitude hold mode)

① 고도유지 기능(Altitude hold)은 자동비행 조종제어판(AFCS CONTROL panel)의 제자리 비행 고도 전위차(Hover altitude potentiometer)에서 선택한 고도를 기준으로 하며 Collective trim release switch로 해제시키면 자동 비행 조종제어판의 제자리 비행 고도 전위차계에서 선택한 고도까지 자동으로 전파 고도유지(Radar altitude hold)가 유지되고 제자리 비행 연동 모드(Hover coupler mode)에서 자동비행 조종제어판의 제자리 비행 고도 노브(HVR ALT knob)를 사용하여 고도를 전환 할 수 있다.

② 자동 비행 조종 제어판에서 고도유지 모드가 켜지면 기압계(Barometric) 또는 전파 고도계(Radar altitude indicator)를 선택하면 SAS/FPS computer는 기준고도(Reference altitude)로 사용하며 항공기가 상승 또는 하강 시에는 모드 설정 시 고도로 원위치 되며 수직 가속(Vertical acceleration) 고도와 Altitude rate(고도 변화율) 신호는 SAS Collective와 Trim actuator에 명령하며 SAS/FPS Computer는 Collective trim이 Collective stick을 위치 할 때마다 2개 엔진 토큐가 116[%]를 초과하지 않도록 엔진 토큐를 감시(Monitoring)한다.

ⓐ 기압고도유지(Barometric altitude hold)
SAS 2 및 Auto pilot가 작동 상태에서 기압 고도 스위치(BAR ALT PBS/Barometric altitude switch)를 누르면 대기자료 전송기(Air data transducer)에서 신호를 받아 모든 고도 및 속도에서 수행되며 Collective trim release button을 누르면 일시적으로 모드가 해제되면서 기압고도 유지(Barometer altitude hold) 기능이 자동으로 다시 연결되고 고도가 유지된다.

ⓑ 전파고도유지(Radar altitude hold)
SAS 2 및 Auto pilot가 작동된 상태에서 전파 고도 스위치(RDR ALT PBS/Radar altitude switch)를 누르면 전파 고도계(Radar altimeter)에서 입력신호를 받아 절대고도(AGL) 0[feet]~5,000[feet]까지 모든 고도에서 작동되며 작동 실패 시에는 기압고도가 자동으로 유지되며 내장된 수직 가속도(Vertical acceleration)는 단주기 전파고도 보정(Short-term radar altitude corrections)을 제공하고 전파 고도신호의 속도 정보는 장주기 업데이트(Long-term updates)에 사용된다.

| FLIGHT PATH STABILIZATION | | |
|---|---|---|
| BELOW | 60KIAS | ABOVE |
| ATTITUDE HOLD | PITCH AXIS | ATTITUDE HOLD<br>AIR SPEED HOLD |
| ATTITUDE HOLD | ROLL AXIS | ATTITUDE HOLD |
| HEADING HOLD | YAW AXIS | HEADING HOLD<br>TURN COORDINATION |

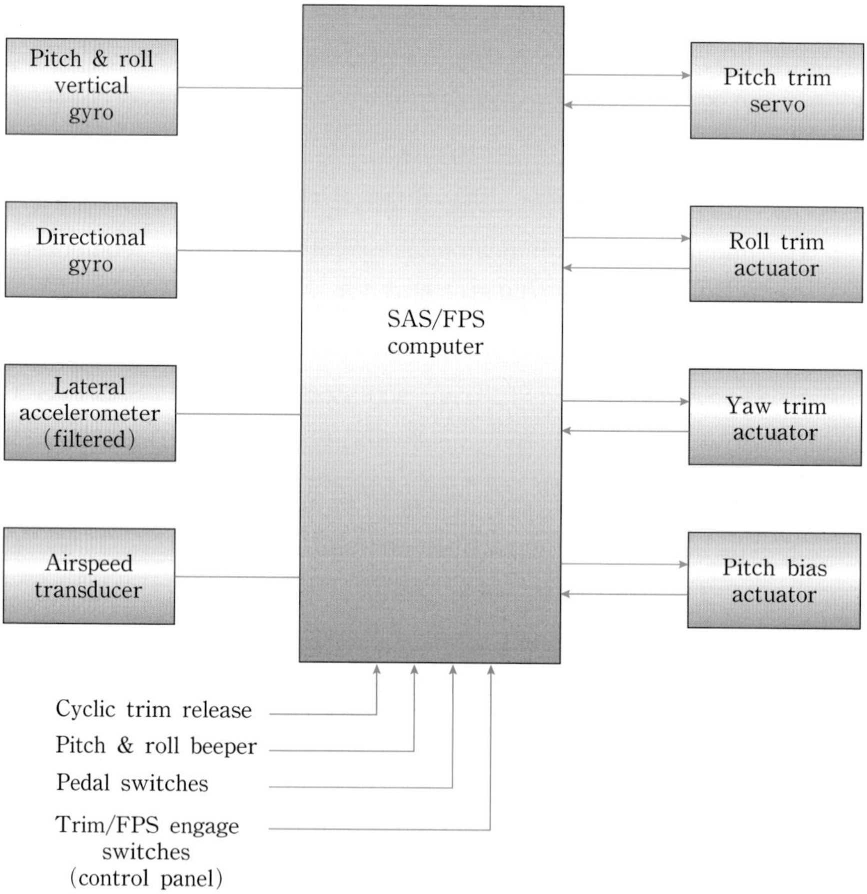


[그림 2-10]

(d) 제자리 비행 연동(Hover coupler)

① 선택한 지상 속도와 자동 고도 유지에 대해 세로 및 가로 방향 지상 속도 제어 및 안정화를 제공하며 세로 및 가로 방향 지상 속도와 고도는 자동비행 제어 Panel에서 선택할 수 있으며 선택한 지상 속도에 대한 Cyclic trim switch를 사용하여 ±10[knots]의 신호음이 울릴 수도 있다.

② 자동 접근 종료 시에는 자동으로 작동 할 수 있으며 헬리콥터가 세로 방향 5[knots] 속도 미만으로 공중 선회 할 때 수동으로 작동시킬 수 있으며 이를 위해 조종사는 SAS 2, TRIM 및 AUTO PLT가 작동된 상태에서 Auto flight control panel의 "APPR/HVR" button을 누른다.

③ 작동 후, 헬리콥터는 Auto flight control panel에서 선택된 세로 및 가로방향 속도로 가속되며 Cyclic trim release button을 누르면 해제되며 바로 전 Trim 상태 입력이 제거되며 Auto flight control panel의 세로방향 속도(LONG VEL) 및 가로방향 속도(LAT VEL) 설정으로 되돌아온다.

④ Doppler noise 때문에 단기 세로 및 가로 방향 지상속도(Short–term longitudinal and lateral ground speed)는 통합된 세로 및 가로방향 관성 가속도로 부터 얻으며 장기 교정(Long–term correction)은 7초 Filter를 사용하여 Doppler sensor로부터 얻어진다.

(e) 제자리비행 기능증대(Hover augmentation)/돌풍 완화기능(Gust alleviation)SAS 2를 통해서만 제공되는 SAS의 추가 기능으로써 자세유지와 편류 현상을 제거하기 위해 세로 및 가로방향 가속도을 사용하여 저속에서 안정성을 더욱 향상시킨다.

(f) 선회 균형(Turn coordination)

① 60[KIAS] 이상의 대기 속도에서 자동 선회 균형이 제공되며 자동비행 제어계통은 동적 수직 감지기(Dynamic vertical sensor)가 가로방향 가속도와 Roll rate을 감지하여 헬리콥터가 수직축으로부터 벗어난 편차 크기에 비례하는 신호를 보내 Slip 또는 Skid 현상을 보정하여 자동선회 균형을 유지하는데 필요한 입력을 Yaw SAS 및 Yaw trim에 제공하여 방향 제어를 하여 선회균형을 할 수 있다.

② Roll 자세가 1° 이상이고 다음 조건 중 하나가 충족되면 자동선회균형이 연결되고 방향유지 기능(Heading hold)이 해제된다.

ⓐ Lateral cyclic force가 3[%] 스틱 움직임보다 클 때

ⓑ Cyclic trim release시

ⓒ Roll 자세가 Bank 각이 2°를 초과하여 경고음이 울릴 때

ⓓ 1초 이상 Collective에 장착된 Heading slew의 작동 시 초당 1[%] Coordinated trim을 제공할 때

(g) 기동 안정성(Maneuvering stability)

① 30° 이상의 Bank 각에서 주어진 피치 속도(Pitch rate)에 피치 제어력(Pitch control forces)이 증가되어 조종사 부하량이 증가하며 더 높은 피치 제어력은 비행 중 조종사에게 G하중(G–loading) 경보를 보내고 Longitudinal trim actuator를 통해 부하량을 감소시킨다.

② 선형 세로 방향 스틱 힘 구배(Linear longitudinal stick force gradient)는 30°에서 75° 사이의 뱅크 각 1.5°에 대해 1[%] Forward stick trimming를 제공하며 Bank 각 75°에서 세로방향으로 작용하는 스틱 힘(Longitudinal stick force)은 Stick 변위의 30[%]와 같으며 기동 안정성 기능은 "AUTO PLT PBS"(Auto flight push button)가 켜질 때마다 실행된다.

(h) 자동접근에서 제자리 비행(Automatic approach to hover)

자동비행 제어 계통은 Lateral velocity control knob에서 선택된 모든 세로방향 및 가로방향 속도 "0"으로 자동 접근을 수행 할 수 있는 기능을 제공하며 또한 제자리 비행고도 제어 노브(HVR ALT control knob)에서 선택한 Radar 고도를 40~200[feet]사이에서 자동으로 접근 할 수 있다.

① 제자리 비행고도(HVR ALT)가 40[feet] 미만으로 설정된 경우

접근 방식은 40[feet]로 변경되고 모드가 접근(APPR)에서 제자리비행(HVR)로 전환될 때 제자리 비행고도 설정으로 계속되며 자동 접근은 어떠한 속도와 고도에서도 시작할 수 있으며 자동 접근 방식은 외부 순환 회로(Outer-loop) 전용 기능이며 접근 모드(Approach mode) 조건을 충족 할 때까지 헬리콥터를 감속 또는 하강하도록 명령한다.

ⓐ 접근 모드가 헬리콥터 접근 모드 아래에 있을 때 선택되면 자동비행 제어 계통은 헬리콥터에 감속을 명령하며 접근 조건이 충족 될 때까지 레이더 고도 유지 모드에서 헬리콥터는 1[knot/second]로 감속하며 접근 모드가 헬리콥터 접근 모드 위에 있을 때 선택되면 자동비행 제어 계통은 헬리콥터가 하강하도록 명령한다.

ⓑ 하강 시 헬리콥터가 접근 모드보다 50[feet] 이상 떨어져있을 때 360[feet/분]으로 발생하며 50[feet] 미만일 때 120[feet/분]으로 발생하며 접근 모드 조건이 충족 될 때까지 자동비행 제어 계통은 레이더 고도계를 사용하여 접근 모드 조건이 충족되면 헬리콥터는 동시에 초당 1[knots]씩 감속하고 분당 120[feet]씩 하강하면서 헬리콥터가 1[knot]의 Doppler 지상 속도에 도달하고 선택된 Radar 고도에서 1[feets] 이내에 올 때까지 유지된다.

② 선택한 고도가 40[feet] 미만이면 헬리콥터는 40[feet]로 비행하고 세로 방향 지상 속도는 "0"이 되어 선택한 자세로 하강하며 지상 속도가 1[knot] 이하이고 헬리콥터 고도가 선택한 고도에서 2[feet] 이내이면 제자리 비행 연동 모드(Hover coupler mode)가 자동으로 작동하며 헬리콥터는 선택된 세로 방향 지상 속도로 가속한다.

(i) 자동 출발(Automatic depart)

제자리 비행 연동(Coupled hover) 또는 자동 접근(Automatic approach)모드에서 자동 출발을 수행 할 수 있는 기능을 제공하며 이 모드에서는 헬리콥터를 100[KIAS]의 순항

속도와 500[feet]의 고도까지 비행 할 수 있으며 조종사는 Cyclic stick의 제자리 비행 출발 버튼(Hover depart button)을 눌러 자동 출발 모드를 작동시킨다.

# HELICOPTER GENERAL

Chapter 04 HYDRAULICS SYSTEM & AFCS

# 단원별 출제 예상문제



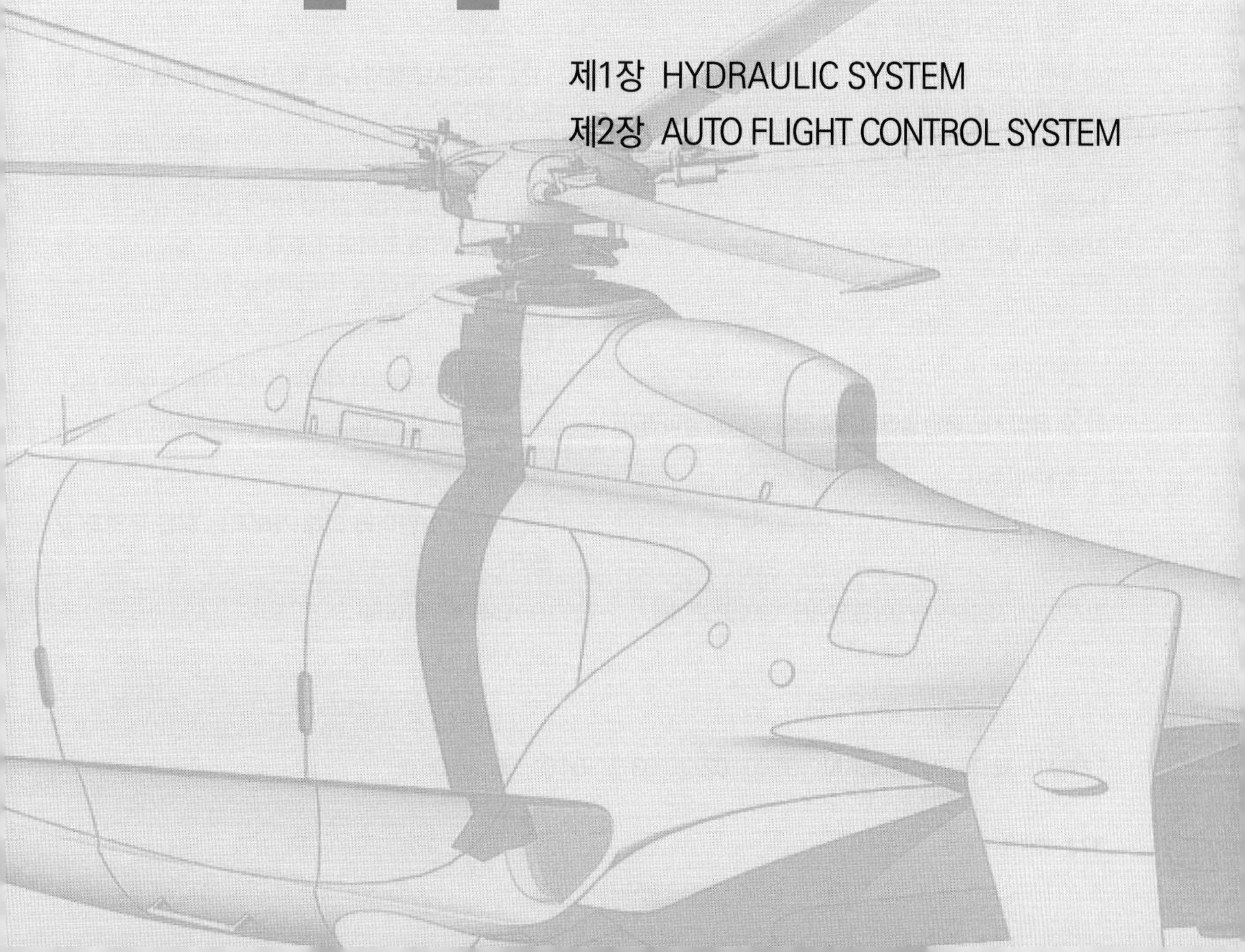

# 단원별 출제 예상문제

## 1장 Hydraulics System

### 1. GENERAL

**01 유압은 어떻게 저장을 할 수 있나?**

① 축압기(Accumulator)에서 공기를 압축한다.
② 압력/열 교환기 사용한다.
③ 저장소(Reservoir)에서 유체를 압축한다.
④ 시스템의 압력을 증가시킨다.

해설

비상 시 사용을 위해 축압기에 작동유와 질소를 저장한다.

**02 유압계통에서 유압 누출이 있으면 어떻게 되는가?**

① 유체 손실이 있다가 정지된다.
② 유체 압력이 증가한다.
③ 유체 온도가 상승한다.
④ 유체 온도가 감소한다.

해설

작동유 누출로 인해 작동 시에 유량 부족으로 온도가 상승한다.

**03 유압 시스템은 일반적으로 작동 압력은 얼마인가?**

① 1,800[PSI] ② 3,000[PSI]
③ 300[PSI] ④ 150[PSI]

해설

항공기에서 사용하는 유압계통 압력은 3,000[PSI]이다.

**04 유압 시스템에서 유압유를 재 보충(Replenishing)할 때 주의사항은?**

① 어떤 유압유를 사용해도 된다.
② 동일한 제조업체에서 제조한 등급이 유압유를 사용한다.
③ 동일하고 올바른 유압유를 사용한다.
④ 재 보충 시에는 다른 유압유를 사용할 수 있다.

해설

**작동유 오염방지 주의사항**
① Manual에 승인된 규격의 동일한 작동유를 사용해야 한다.
② 일정 시간 공기에 노출된 작동유는 먼지와 오물을 흡수하므로 절대로 사용해서는 안 된다.
③ 한 용기의 유체를 다른 용기에 혼합하지 않는다.
④ 작동유 취급 시에는 항상 청결을 유지해야 한다.

**05 유압 시스템의 누출 테스트 중 시스템 압력은 어떤 상태인가?**

① 압력은 중요하지 않는다.
② 압력은 최소 작동 상태이여야 한다.
③ 압력은 최대 값이어야 한다.
④ 압력은 중간 값을 선택하여야 한다.

해설

유압 시스템의 누출 점검 시 압력은 최대 작동 상태에서 한다.

**06 유압 실린더에 의해 가해지는 힘은 무엇과 같은가?**

① Area × Volume
② Area × Pressure

[정답] 제1장 1. GENERAL 01 ① 02 ③ 03 ② 04 ③ 05 ③ 06 ②

③ Pressure × Stroke

④ Pressure × Velocity

해설

유체에 작용하는 힘은 $F = P$(압력) × $A$(면적)이다.

### 07 저장소(Reservoir) 기능이 아닌 것은?

① 계통에 작동유(Hydraulic fluid)를 공급 및 저장

② 누출 및 증발로 인한 손실을 충당

③ 유체 팽창을 위한 공간을 제공 및 Surge 현상 방지

④ 작동유를 가열시키는 기능

해설

**Reservoir 주요 기능**

① 계통에 작동유(Hydraulic fluid)를 공급 및 저장

② 누출 및 증발로 인한 손실을 충당

③ 유체 팽창을 위한 공간을 제공, 작동유에 포함된 공기를 배출(Vent system)

④ 유체를 냉각시키는 기능

### 08 Accumulator가 공기 압력이 손실되면 어떤 현상이 일어나는가?

① 시스템의 빠른 감압

② 펌프 캐비테이션(Pump cavitation)

③ 계기의 과도한 떨림 현상(Fluctuations of instruments)

④ 공기압력 영향을 받지 않는다.

해설

Cavitation은 작동유 내에 공기가 발생되어 계기가 떨리는 현상을 유발하며 이를 해소하기 위해 Accumulator는 대기압이 낮은 고고도에서 Pump 압력만으로 유체 흐름이 불충분하므로 약 10~11[psi]로 가압된 공기 압력으로 해소하며 고고도 비행에 적합하다.

### 09 Reservoir의 구성품 중 Baffle(Fin)에 대한 기능 설명 중 틀린 것은?

① Reservoir에 내부에 위치하며 내부의 작동유 유동으로 Return 계통에 작동유에 기포가 발생되는 것을 방지

② 기포 발생은 공기로 인해 Pump 방출 압력이 감소할 수 있다.

③ 작동유 부족으로 인한 현상을 방지하기 위해 공기가 작동유와 함께 계통으로 들어가야 한다.

④소용돌이 및 Surge 현상을 방지한다.

해설

Baffle/Fin 기능

- Return 계통에 작동유에 기포가 발생 방지
- 기포 발생으로 인한 Pump 방출 압력 감소 방지
- 작동유 부족으로 인한 Pump 고장을 방지
- 공기가 작동유와 함께 계통으로 들어가지 않도록 소용돌이 및 Surge 현상을 방지

### 10 유압 저장소(Hydraulic reservoir)가 가압되는 이유로 틀린 것은?

① 에너지 저장을 제공한다.

② 유압유 레벨을 일정하게 유지한다.

③ Pump cavitation 가능성을 최대화한다.

④ Pump cavitation 가능성을 최소화한다.

해설

- 일정 압력으로 저장 및 유지하여 Cavitation 방지
- Hammering 방지를 위한 자동 차단 밸브에 역압력 제공
- 시스템 압력의 일시적인 저하 보상
- 닫힌 라인에서 유체의 열팽창 흡수

### 11 정량 전송 펌프(Constant delivery pump)의 출력은 무엇에 의해 변하는가?

[정답] 07 ④ 08 ③ 09 ③ 10 ③ 11 ①

① 조정기(Regulators)
② 기어(Gears)
③ 서보 압력(Servo pressure)
④ 작동유 휴즈(Hydraulic fuse)

해설

**정량 공급 펌프(Constant delivery pump)**

계통 내 압력에 관계없이 1 회전 당 주어진 일정량의 유체를 전달하며 분당 전달되는 유체의 량은 분당 펌프 회전수(rpm)에 따라 다르므로 일정한 압력을 필요로 하는 계통에서는 압력 조절기(Pressure regulator)와 함께 사용해야 한다.

참고 **Type**

- Vane Type
- Ge-Rotor Type
- Gear Type
- Piston Type

## 12 가변 각도 펌프(Variable angled pump)는 어떤 위치에서 작동되는가?

① 반쪽 위치(Half way position)에서
② 최소 스트로크(Minimum stroke)에서
③ 최대 스트로크(Maximum stroke)에서
④ 중간 위치에서(Minimum stroke)에서

해설

**가변 용량 공급 펌프(Variable delivery pump)**

다양한 유압계통 요구 사항을 충족시키기 위해 전달되는 유체의 양을 자동으로 즉시 변경하며 Pressure compensator(압력 보상기)는 펌프 및 유압 계통에 있는 압력의 양에 반응하여 계통 압력이 상승하면 펌프 출력을 낮추고 계통 압력이 떨어지면 출력을 증가시키므로 최대 출력을 발생시킨다.

## 13 유압 시스템의 핸드 펌프는 일반적으로 무슨 형태인가?

① Single Acting ② Low Pressure
③ Double Acting ④ High Pressure

해설

**Hydraulic hand pump 기능**

Hydraulic sub-system 작동을 위해 백업(Back up) 장치로서 사용되며 일반적으로 비상 시, 기능 점검 및 Reservoir 정비 시 사용한다.

- Single acting hand pump
  한 행정으로 작동유를 Pump에 흡입하고 다음 행정에서 작동유를 배출하는 비효율성 때문에 항공기에서는 거의 사용되지 않는다.
- Double-action hand pumps(이중 작동 핸드 펌프)
  각 행정마다 작동유 흐름과 압력을 발생시키며 Piston의 O-ring은 Piston cylinder bore의 두 Chamber 사이의 누출을 방지하며 Handle를 작동시킬 때마다 연속적으로 출력을 발생시키는 것과 Handle을 회전시켜 출력을 발생시키는 Rotary hand pump가 있다.

## 14 유압 시스템에서 체크 밸브(Check valve)의 기능은?

① 펌프 캐비테이션(Pump cavitation)
② 역류를 방지
③ 과압을 방지
④ 온도 상승 방지

해설

Check valve는 계통내에서 한 방향으로 흐르도록하며 역류흐름을 방지한다.

## 15 유압계통에서 Thermal relief valve의 기능은?

① 압력 누출 방지
② 과도한 온도를 방지한다.
③ 과도한 온도에 의한 압력을 줄인다.
④ 낮은 압력을 증가시킨다.

[정답] 12 ③ 13 ③ 14 ② 15 ③

해설

**Thermal relief valve**

유압계통에서 유체의 열팽창으로 인해 Closed system에서 과도한 압력 상승을 방지하고 Relief valve는 유압계통에서 미리 설정된 압력에서 열려 압력이 허용 가능한 수준으로 떨어질 때까지 유체를 방출하여 압력상승을 방지한다.

## 16 유압계통에서 Shuttle valve의 기능은?

① 유체 손실 방지한다.
② 비상 시스템 고장 시 유압을 유지한다.
③ 고장 시 메인 시스템에서 보조 시스템으로 전환시킨다.
④ 작동유 방향을 선택할 수 있다.

해설

**Shuttle valve**

정상 작동 시에는 비상 유압 시스템으로부터 정상 상태를 격리하며 정상 시스템에서 압력이 손실되고 비상 압력이 가해지면 Poppet이 반대쪽으로 회전하여 실린더로 흐를 수 있도록 정상 Port를 차단한다.

## 17 유압 계통에서 제한 밸브(Restrictor valves)의 기능은?

① 압력 상승 속도를 제한한다.
② 유압계통에서 Actuator 작동 속도를 제어한다.
③ 최대 압력을 제한한다.
④ 작동유 온도상승을 제한한다.

해설

Restrictor valve와 Orifice는 모두 유량 밸브의 한 종류로써 유체의 흐름을 제한하여 작동기 속도감속을 목적으로 하며 Restrictor valve는 밸브 단면을 감소시켜 흐름 저항을 발생시키고 Orifice는 구멍이 뚫린 얇은 판으로 보통 Pipe 또는 Tube 내부에 설치된다.

## 18 유압계통에서 서로 다른 압력을 요구하는 두 가지 구성품을 작동 할 수 있도록 하는 방법은?

① 감압 밸브(Rpressure educing valve)가 사용된다.
② 압력 조절 밸브(Pressure regulating valve)가 사용된다.
③ 압력 릴리프 밸브(Pressure relief valve)가 사용된다.
④ 우선 밸브(Priority valve)를 사용한다.

해설

공급 압력보다 낮은 압력에서 작동하는 유압계통에 일정한 압력만큼 낮추어야 하는 유압 시스템에 사용되며 일반적으로 밸브의 설계 한계 내에서 원하는 Down-stream(하류 흐름) 압력을 설정할 수 있다.

## 19 릴리프 밸브(Relief valve)의 기능이 아닌 것은?

① 유압 계통을 보호하는데 사용되며 정상적인 작동 압력보다 약간 높은 압력에서 열리도록 조정된다.
② 열팽창으로 인해 압력이 증가하는 계통을 보호한다.
③ 유압 계통에서 압력 제어 수단으로 사용해서는 안 된다.
④ Filter가 막히면 작동유를 우회시킨다.

해설

**Pressure regulator**

Constant-delivery type pumps(일정용량펌프)에 의해 가압되는 유압계통에서 사용되며 설정된 압력에 도달하면 과부하를 방지하기 위해 압력조절기가 열려서 펌프에서 방출된 작동유를 Reservoir로 되돌린다.

## 20 합성 유압유(Synthetic hydraulic fluid)가 과열되면 어떻게 되는가?

[정답] 16 ③ 17 ② 18 ① 19 ③ 20 ①

① 산도(Acidity)가 증가한다.
② 점도(Viscosity)가 증가한다.
③ 알칼리도(Alkalinity)를 증가시킨다.
④ 아무런 변화가 없다.

해설

작동유가 고온에 노출되면 산화현상이 발생한다.

## 21 유압 시스템을 세척(Flushing) 할 때 주의사항은?

① Methylated spirit으로 세척한다.
② 어떤 Hydraulic oil로 세척해도 무방하다.
③ 동일한 등급의 Hydraulic oil로 세척한다.
④ Solvent로 세척한다.

해설

Flushing 작업은 혼용 시 또는 오염이 됐을 때 수행하며 동일한 등급으로 해야 한다.

## 22 유압 폐쇄 회로 시스템(Hydraulic closed circuit system)의 특징은?

① 압력은 항상 선택기 밸브에서 유지된다.
② Relief valve는 Regulator 고장 시에 Back up을 안전장치 역할을 한다.
③ Constant delivery pump는 계통 압력을 압력 조절기로 조절된다.
④ Actuator는 직렬로 연결되어 있다.

해설

개방 루프 유압 시스템과 달리 유체는 Reservoir로 흐르지 않고 펌프로 직접 흐르며 Pump 작동 시에는 직접 작동유에 압력이 가해지며 개방형과 달리 각각의 Actuator는 병렬로 연결되고 Constant delivery pump는 계통 압력을 Pressure regulator(압력 조절기)로 조절되며 Relief valve는 Regulator가 고장 난 경우 Back up으로 안전장치 역할을 한다.

## 23 유압 파워 팩(Hydraulic power pack)의 주요 구성 요소는 무엇인가?

① 가변 사판 펌프(Variable swashplate pump)
② Reservoir, Pump, Selector Valve, Filter
③ Hydraulic accumulator
④ Hydraulic accumulator, Relief valve, Thermal couple

해설

Hydraulic power pack은 Reservoir, Pump, Actuator selector valve, Filter로 구성되어 유압을 이용하여 작은 힘으로 어느 한 위치에서 다른 위치로 이동시키기 위해 유체를 사용하여 유압 작동장치를 말한다.

## 24 자동 차단 밸브 해머링(Automatic cut-out valve hammering) 현상의 원인은?

① 낮은 어큐뮬레이터 압력
② 유압유의 수분
③ 릴리프 밸브가 너무 높게 설정되었다.
④ 높은 어큐뮬레이터 압력

해설

**Hammering**

Valve가 빠르게 잠길 때 또는 급작용하는 솔레노이드 밸브에 의해 발생하는데, 갑자기 작동유가 배관을 통해 이동하는 것을 멈추고 작동유을 통해 충격파를 일으켜 배관이 진동하고 진동하는 것으로 축압기에는 일정한 압력으로 작동유를 저장하여 ACOV(Automatic Cut Out Valve)의 압력 라인 하류에 위치하면서 ACOV가 열릴 때 밸브로 역압력(Back pressure)을 제공하는 동안 가스를 통해 저장된 압력으로 시스템 압력을 유지하여 ACOV가 원활하고 확실하게 작동할 수 있게 하고, 밸브가 Chattering하거나 쿵쿵 소리를 내는 Hammering을 야기하는 단기 사이클링(Short period cycling)을 방지한다.

[정답] 21 ③ 22 ③ 23 ② 24 ①

**25 축압기의 초기 압력을 점검하기 전에 선행되어야 하는가?**

① Reservoir의 레벨이 올바른지 확인해야 한다.
② 유압유 압력을 해제해야 한다.
③ 모든 공기가 시스템에서 배출되어야 한다.
④ 시스템에 압력이 걸린 상태에서 축압기 압력을 조절해야 한다.

해설

고압으로 저장되므로 안전을 위해 압력 제거 후에 수행한다.

**26 유압계통 설명 중 틀린 내용은?**

① 유압은 가볍고, 설치가 쉽고, 검사가 간단하고 유지 보수가 쉽다.
② 유체 마찰로 인한 손실이 거의 없으며 100[%] 효율적이다.
③ 작동유 누출로 인해 전체 계통이 작동 불능 상태가 될 수 없다.
④ 계통에 이물질에 오염이 되면 장치가 오작동 할 수 있다.

해설

**유압계통 장점·단점**

▶ **장점**
- 유압은 가볍고, 설치가 쉽고, 검사가 간단하고 유지 보수가 쉽다
- 유압 작동은 유체 마찰로 인한 손실이 거의 없으며 100[%] 효율적이다.
- 신뢰성 및 안전성 증가를 위해 Back up(보조) 계통으로 두 개 이상의 독립적인 유압계통으로 이중화로 되어 있다.

▶ **단점**
- 작동유 누출로 인해 전체 계통이 작동 불능 상태가 될 수 있다.
- 계통에 이물질에 오염이 되면 장치가 오작동 할 수 있다.

**27 다음 중 설명을 잘못한 것은?**

① Sequence valve(연속 밸브)는 동일한 계통의 다른 부분이 작동 할 때까지 해당 계통의 한 부분의 작동을 지연시키기 위해 유압 계통에 사용되며 작동순서를 결정하는데 사용된다.
② Priority valve(우선 밸브)는 계통 압력이 정상적인 경우 비 필수 계통으로도 작동유 흐름을 제한 없이 허용하며 압력이 정상 이하로 떨어지면 자동으로 비 필수 계통으로의 유체 흐름을 제한한다.
③ 폐쇄형 유압계통은 펌프 작동 시에는 작동유에 압력이 가해지며 개각각의 작동기는 직렬로 연결되어 있다.
④ 개방형 선택 밸브가 유로를 형성하지 안한 경우에는 계통에 압력이 없으며 구성품이 서로 직렬로 연결되어 있는 것이 특징이다.

해설

**Open selector valve(열린 선택 밸브)**

닫힌 선택 밸브와 마찬가지로 4개의 통로를 가지며 하나의 정지 위치(Off)와 2개의 작동(On) 위치에서 작동하며 닫힌 선택 밸브와 열린 선택 밸브의 차이는 정지 위치에 있으면 닫힌 선택 밸브에서는 어느 통로도 정지 위치에서는 열리지 않으며 열린 선택 밸브에서는 정지 위치에 있으면 압력 통로와 복귀 통로가 열리며 이 위치에서 펌프의 출력은 Selector valve를 통해 저항 없이 Reservoir로 되돌아가며 작동기가 작동 될 때만 작동 압력이 있다.

## 2. FLIGHT CONTROL SYSTEM

**01 헬리콥터의 Accessory module에 장착되는 구성품은?**

① 유압 펌프 ② 연료 펌프
③ 흡기 펌프 ④ 오일 펌프

해설

[정답] 25 ② 26 ③ 27 ④ 2. FLIGHT CONTROL SYSTEM 01 ①

좌측에 No.1 Accessory module에서 NO1 Generator와 NO1 hydraulic pump를, 우측에 No.2 Accessory module에서 NO2 Generator와 NO2 hydraulic pump를 구동한다.

**02 No.1 유압 계통(No.1 Hydraulic system/pump)이 작동유를 제공하지 않은 것은?**

① NO1 Primary servos fore, Aft servo
② Tail rotor servo 1st stage
③ Pilot assist module
④ NO1 Primary servos lateral 1st stage

해설

No.1 hydraulic system(No.1 pump system)
NO1 transfer module, NO1 primary servos(fwd, aft 및 lateral 1st stage)와 tail rotor servo 1st stage에 유압을 공급한다.

**03 프라이머리 서보(Primary servos) 계통을 잘못 설명한 것은?**

① Fwd primary servo, Aft primary servo, Lateral primary servo로 구성되며 상호 교환이 불가능하다.
② Collective stick의 Shut off valve switch)에 의해 제어되며 Inter-lock system에 의해 스위치는 Primary servos의 1ST 또는 2ND 단계를 정지 시킬 수 있으나 동시에 모두 정지시킬 수 없다.
③ 레저버 작동유량이 낮으면 작동유량 스위치(Fluid quantity switch)가 1ST Stage tail rotor shut off valve)를 닫고 계속 손실되면 "NO1 HYD PUMP" 주의등이 점등된다.
④ Pressure switch는 각 단계마다 2,000[PSI] 이하이면 주의등이 점등되며 Logic modules에 의해 자동적으로 Hydraulic system을 제어한다.

해설

**Primary servos 기능**
- Fwd primary servo, Aft primary servo, Lateral primary servo로 구성되며 상호 교환 가능
- Collective stick의 SOV(Shut Off Valve switch)에 의해 제어
- Inter-lock system에 의해 Switch는 Primary servo의 1ST 또는 2ND 단계를 정지시킬 수 있으나 동시에 모두 정지시킬 수 없다.

**04 테일 로터 서보(Tail rotor servo) 설명 중 틀린 내용은?**

① 테일 로터 트란스미션에 장착되어 유압을 승압하여 테일 로터를 제어하고 테일 로터 피드 백을 방지한다.
② Tail rotor servo shut off valve switch는 수동으로 작동 위치를(Normal, Back up) 선택하여 작동시킬 수 있다.
③ 정상 비행 시에는 로직 모듈에 의해 자동으로 작동되며 NO1 펌프가 유압을 잃으면 백업 펌프가 1단계 테일 로터 서보에 압력을 공급한다.
④ 테일 로터 서보는 1, 2단계로 구성되어 두 단계 모두 가압된다.

해설

Tail rotor servo는 NO1 HYD 계통에서 1단계로 공급되고 Back up 계통에서 2단계로 공급하기 위해 비상시를 위해 가압되지 않는다.

**05 NO1 유압계통의 주의등이 점등되면 나타나는 현상이 아닌 것은?**

[정답] 02 ③ 03 ① 04 ④ 05 ④

① Logic module에 의해 Back-up pump를 작동시킨다.
② Back-up pump는 NO1 Transfer module의 Transfer valve 위치를 변경하여 NO1 유압 시스템으로 압력을 제공한다.
③ Tail rotor servo에서 압력 강하를 감지하는 Logic module은 NO1 Transfer module에서 1단계를 차단하고 2단계 Shutoff valve를 개방한다.
④ Logic module에 의해 Hand pump를 작동시킨다.

해설

Reservoir 작동유량이 낮거나 압력이 2,000[psi] 이하일 때 점등되며 Logic modules에 의해 자동적으로 Hydraulic system을 제어한다.

**06 NO2 유압계통에서 유압이 공급되는 곳이 아닌 것은?**

① NO2 fwd, Aft, Lateral primary servos와 Utility module
② SAS actuators(Pitch, Roll, Yaw)
③ Pitch boost servo
④ Collective boost servo

해설

**Transfer module(이송 모듈), 2ND stage**

Primary servos, Pilot-assist modules이 있으며 2ND 단계 Primary servos(NO2 fwd, aft, 및 Lateral primary servos)와 Pilot assist servo(Pitch, Roll, Yaw SAS actuators, Pitch boost servo, Collective 및 Yaw boost servos, 및 Pitch trim assembly)에 유압을 공급

**07 비행 조종계통에서 유압계통 설명 중 틀린 내용은?**

① NO1 pump module은 NO1 transfer module를 통해 1 Stage primary servos 및 1 Stage tail rotor servo로 유압을 공급한다.
② NO1과 NO2 hydraulic pumps는 Accessory gearbox modules에 의해 구동된다.
③ NO1 또는 NO2 PRI SERVO PRESS 주의등이 켜지면 Primary servo의 Pilot valve가 Jamming 현상 발생 또는 Collective stick의 1단계 또는 2단계 SVO OFF switch 위치가 잘못 되었을 경우에 발생할 수 있다.
④ NO2 TAIL RTR SERVO ON 권고 등이 커지면 백업 펌프가 NO2 테일 로터 서보에 압력을 제거한다.

해설

NO2 TAIL RTR SERVO ON 권고 등이 커지면 백업 펌프가 NO2 테일 로터 서보에 압력을 제공한다.

**08 유틸리티 모듈(Utility module)의 기능 설명 중 틀린 내용은?**

① 지상에서 유압계통을 점검 시에 유압을 공급한다.
② 백업 펌프 작동 시에 유압을 No1과 NO2 트랜스퍼 모듈, 2단계 테일 로터 서보 및 APU accumulator에 공급한다.
③ Utility module의 Pressure switch는 백업 펌프 작동 상태를 감지하고 백업 펌프 모듈 출구 압력을 감지한다.
④ Utility module의 Velocity fuse는 APU 축압기 작동유 온도 증가를 방지한다.

해설

**Velocity fuse**

[정답] 06 ① 07 ④ 08 ④

Chapter 04

APU accumulator의 작동유 누설을 방지하며 1.5[gpm] 이상이면 흐름을 차단하고 100[psi] 이하로 감소하면 재설정(Resetting)된다.

**09 Logic module의 기능 설명 중 틀린 것은?**

① 유압 계통을 지상 점검 시와 좌, 우 Relay panel에 2개로 구성되어 유압 계통을 제어한다.
② 로직 모듈 출력은 조종사에게 고장을 알리는 Cautions/Advisories을 작동하거나 계통 고장 시에는 하나 이상의 밸브를 정지시킨다.
③ Pressure switch는 WOW(Weight On Wheel) switch에 의해 비행 중에는 작동한다.
④ Logic module은 Pressure switch, Fluid level switch, Control switch로부터 유압 계통에 대한 작동 상태 정보를 감시하여 주의/권고 등을 점등시킨다.

해설

Pressure switch는 WOW(Weight On Wheel switch)에 의해 비행 중에는 작동하지 않는다.

**10 비행 조종계통에서 유압계통 설명 중 틀린 내용은?**

① Hand pumps는 유압 서브시스템의 작동을 위해 Back up 장치로서 사용되며 일반적으로 비상 시, 기능 점검 및 레저버를 수리하기 위해 사용 한다.
② Leak detection isolation system은 작동유 손실을 감지하며 방지한다.
③ Electrical interlock의 기능은 NO1과 NO2 Primary servos가 기계적으로 동시에 분리되도록 한다.
④ Backup hydraulic pump는 NO1 및 NO2 유압 시스템에 독립적으로 또는 동시에 2단계 테일 로터 서보와 APU 축압기에 공급된다.

해설

Electrical interlock의 기능은 Primary servo의 1ST 또는 2ND 단계를 정지시킬 수 있으나 동시에 모두 정지시킬 수 없다.

**11 APU accumulator의 기능 설명 중 틀린 것은?**

① 축적된 유압으로 보조 동력 장비(APU/Auxi-ally Power Unit) 시동 시에 사용한다.
② 시동 후에는 작동유량은 백업 계통(Back up system)에 의해 항시 재충전되며 고장 시에는 Hand pump로 재 충진 할 수 없다.
③ 질소 방(Nitrogen chamber)에는 고압 충진 밸브를(High pressure charging valve)를 통해 1,450[PSI]로 질소가, 유압 방(Hydraulic chamber)에는 백업 계통 압력에 의해 작동유가 충진된다.
④ APU accumulator 압력이 2,650[psi] 이하이면 닫히면서 APU ACCUM LOW 권고등이 점등된다.

해설

Pressure switch는 Hydraulic chamber 압력이 2,650[psi] 이하이면 닫히면서 주의/권고 등이 점등된다.

**12 Backup pump가 작동되면 작동 표시등이 점등되는 이유가 아닌 것은?**

① NO1 Reservoir low caution light
② NO1 Hydraulic pump caution light
③ NO2 Hydraulic pump caution light
④ NO2 Tail rotor servo caution light

해설

Backup hydraulic system은 3상 115 VAC electrical

[정답] 09 ③ 10 ③ 11 ② 12 ④

motor로 작동하며 NO 1, NO 2 둘 중 하나 또는 두 개의 pump 고장 시에 두 계통에 유압을 제공하고 있을 때 표시등이 점등되므로 NO2 Tail rotor servo caution light와는 무관하다.

# 2장 AUTOMATIC FLIGHT CONTROL SYSTEMS

## 1. GENERAL

**01 AFCS의 주요 목적으로 알맞은 것은?**

① 비행 시간 및 유지 관리를 줄이기 위해
② 지휘와 통제를 제공하기 위해
③ 파일럿 조종부하를 줄이고 모든 속도에서 항공기 안정성 제공을 위해
④ 조종면 제어 및 이동을 시작하는데 필요한 시간을 줄이려고

해설

주요 목적은 헬리콥터 성능과 기동성 향상, 비행안전 개선, 조종사의 작업 부하 감소 등이 있다.

**02 AFCS를 작동하기에 전에 Flight controls system과 동기화시키는 이유는?**

① 작동 시 갑작스럽고 거친 기동을 방지
② 항공기를 일정한 고도로 유지
③ 접근 및 착륙 시에 Data-link systems을 사용하여 비행하기위해
④ 시스템의 능력 범위 내에서 조종사가 원하는 기동을 Programing하기 위해

해설

Coupling(연동) 시에 예기치 못한 기동 방지

**03 어떤 AFCS 구성 요소가 Yaw, Pitch 및 Roll rates를 나타내는 신호 출력을 제공하는가?**

① 롤 컴퓨터 증폭기(Roll computer amplifier)
② 피치 컴퓨터 증폭기(Pitch computer amplifier)

[정답] 제2장 1. GENERAL 01 ③ 02 ① 03 ④

③ 헤딩 컴퓨터(Heading computer)
④ 3축 속도 자이로(Three-axis rate gyro)

해설

**레이트 자이로(Rate gyro)**

자이로스코프의 일종으로, 방향을 나타내기보다는 시간에 따른 각도 변화 속도를 나타내며 만약 자이로가 하나의 Gimbal ring을 가진 하나의 자유면 만을 가진다면, Angular movement(각 운동 속도)를 측정하기 위해 속도 자이로로 사용될 수 있으며 각 축에 대해 움직임을 감지하기위해 있다.

**04 자동 조종 장치의 기본 구성 요소를 설명한 것 중 틀린 것은?**

① 감지 요소(Sensing elements)는 항공기의 움직임인 Attitude, Directional, Turn coordinator, Altitude을 감지한다.
② 계산 요소(Computing element)는 감지요소에서 받은 신호를 증폭시켜 출력 장치인 Servo(Actuator)로 신호를 보내서 비행자세를 제어하는데 필요한 만큼 조종면을 이동시킨다.
③ 출력 요소(Output elements)는 Flight control system과 통합되어 각 제어 축에 대해 종속적인 장치로써 조종면을 움직이는 Servo가 있다.
④ 후속신호(Feedback signal/Follow-up)은 감지된 오류 신호를 감소시켜서 원하는 비행 자세에 도달할 때 까지 조종면 변위를 계속 수정 조치하여 조종면 원하는 위치에 오도록 하는 신호를 말한다.

해설

출력요소는 3축에 대해 독립적으로 작동한다.
자동 조종 장치의 기본 구성 요소는 계산 요소, 명령 요소, 출력 요소, 후속신호로 Command elements(명령 요소)는 감지 요소 Flight controller(비행제어기)에서 원하는 기능을 선택하면 명령 신호는 Auto pilot computer에 보내서 명령을 수행하기 위해 관련된 Servo를 작동시킨다.

**05 AFCS의 어떤 장치가 비행 제어면 움직임에 대한 후속 조치로 작동하는 신호를 보내는가?**

① 부스트 패키지(Boost package)의 싱크로 장치(Synchro device )
② 로드 센서(Load sensor)
③ 조종면 위치 송신기(Surface position transmitter)
④ 부스트 패키지(Boost package)

해설

**Surface position transmitter**

AFCS 컴퓨터 명령에 의해 조종면 움직임을 감지하여 후속 신호를 전송하여 조종면이 원하는 위치에 도달할 때 까지 작동시킨다.

**06 헬리콥터의 AFCS를 구성하는 주요 시스템으로 구성된 것은?**

① Longitudinal stick gradient augmentation, Blade-fold assist, Stabilator control
② Stabilator system, SAS system, Trim system, FPS system
③ Stabilator control, Automatic approach to hover, Heading hold
④ Maneuvering stability, Radar altitude hold, Heading hold

해설

**AFCS의 주요 구성 system**

- SAS(Stability Augmentation System) system은 전반적인 비행 조건에서 3축(Pitch, Roll, Yaw axis) 자세변화에 대해 정상 비행 상태에서 벗어나는 것은 Inner loop control에 의해, 외부 입력신호에 의해 이탈된 비행 상태를 Outer loop control에 의해 감지 수정되어 교란 및 진동 방지와 동적 안정성을 증가시켜 원하는 비행 상태를 유지하며 조종 부하를 감소시켜준다.

[정답] 04 ③ 05 ③ 06 ②

- Stabilator control system은 비행조건에 따른 입력신호를 받아서 Stabilator incidence angle(안정판 붙임각)을 Main rotor blade down-wash 영향에 따라 최적의 각도로 위치시켜(Streamline) 기수 상, 하향(Nose up/Down) 현상을 방지하며 정적 및 세로방향의 안정성(Pitch 자세안정)을 향상시킨다.
- Trim system은 Auto pilot control system에 연결되면 Pitch, Roll 및 Yaw trim 계통을 활성화시켜 조종사가 작은 힘으로 조종 할 수 있다.
- FPS(Flight Path Stabilization system/비행경로 안정화 계통)은 조종사가 자세를 변경하지 않는 한 원하는 3축 자세에 대해 장기 변화율 감쇄(Long term rate dampening)를 제공하여 정적 안정성(Static stability)을 향상시키는 자세 유지 시스템이다.

## 07 Autopilot servo-motor torque setting의 목적은?

① 진동 완화
② 자동 조종 장치 피드백을 제공한다.
③ 제어 표면 이탈을 방지한다.
④ 자동 조종 장치에서 회전력을 전달한다.

해설

Servo motor 이동거리 제한을 두어 조종면이 한계치를 넘지 않도록 한다.

## 08 비행 제어 액츄에이터(Fly control actuators)의 기능은?

① 파일럿 입력을 제어 표면에 전송한다.
② 조종사에게 피드백(Feedback)을 제공한다.
③ 자동 조종 장치에 의해서만 작동된다.
④ 수동으로만 작동된다.

해설

Actuator는 출력요소로 계산요소에서 받은 신호로 Actuator를 움직여 조종면을 이동시킨다.

## 09 Autopilot가 연결되면 어떻게 되는가?

① 롤 또는 피치 채널 중 하나만 사용할 수 있다.
② 최소한 롤 채널이 연결되어 있어야한다.
③ 모든 채널이 동시에 연결되어야한다.
④ 최소한 피치 채널이 연결되어 있어야 한다.

해설

자동비행을 위해서는 모든 3축이 연동되어야 한다.

## 10 수직축(Vertical axis/Normal axis)에 대한 헬리콥터의 자세는 무엇에 의해 제어되는가?.

① Tail rotor & cyclic pitch
② Collective pitch
③ Tail rotor & collective pitch
④ Collective pitch & cyclic pitch

해설

수직축에 대한 제어는 Collective pitch를 증가, 감소하여 수직 상승, 하강자세를 유지하며 Tail rotor pitch를 증가, 감소하여 좌, 우 방향을 유지할 수 있다.

## 11 정적 안전성 및 동적 안정성을 설명한 것은?

① 정적 안정성은 Long term 동적 안정성은 Short term이다.
② 정적 안정성은 Short term 동적 안정성은 Long term이다.
③ 정적 안정성 및 동적 안정성은 Short term이다.
④ 정적 안정성 및 동적 안정성은 Long term이다.

해설

헬리콥터가 정적 안정성이 있으면 평형 상태에서 이탈된 후 원래 위치로 되돌아오는데 진동의 진폭이 감소하고 없어지는데 까지 걸리는 시간에 따라 장주기 교란과 단주기 교란으로 구분된다.

[정답] 07 ③ 08 ① 09 ③ 10 ③ 11 ①

(1) 장기 교란
한 주기 또는 발진에 대한 시간 단위가 10초 이상인 경우로 피치 자세변화와 진폭 감쇄율이 서서히 일어나는 현상으로 조종간을 움직여 남아 있 는 진동을 쉽게 제어 할 수 있다.

(2) 단기 교란
한 주기 또는 발진에 대한 시간 단위가 1~2초 미만으로 조종사가 반응 할 시간이 없는 고주파 진동으로 진동이 빠르게 감소하며 대기 속도의 변화 없이 받음각의 변화로 인해 동체와 조종면에 나타나는 현상으로 조종사가 제어하기에 어렵다.

## 12 AFCS 제어회로인 Inner loop control(내부 회로 제어)를 틀리게 설명한 것은?

① Inner loop control(내부 회로 제어)는 SAS 기능으로 Pitch, Roll, Yaw attitude, Rate 및 Acceleration를 정상적인 비행 상태에서 자세가 벗어나는 것을 Sensor에 의해 감지하여 감시(Monitoring)한다.

② Inner loop control(내부 회로 제어)는 자세변화를 수정, 제어하여 헬리콥터의 안정성을 증가시키는 안정화 기능(Rate dampening/속도감쇠)이다.

③ 조종계통에 직렬로 연결되어 반응속도가 빠르고 조종 장치 작동 없이 작동한다.

④ 조종계통에 병렬로 연결되어 반응속도가 느리고 조종 장치 작동 없이 작동한다.

해설

Inner loop control & outer loop control

| | 기능 |
|---|---|
| Inner loop control | • SAS 기능<br>• 3축에 대한 자세, Rate 및 Acceleration를 감시하는 Sensor에 의해 작동<br>• 조종계통에 직렬로 연결되어 반응속도가 빠르다.<br>• Servo의 행정거리는 10[%] 이동 권한으로 제어 |
| Outer loop control | • Auto pilot 하위 기능인 Trim/FPS 기능으로 선택된 비행 자세 유지에 필요한 위치로 Trimming한다.<br>• 외부 입력신호인 조종사 입력, 공기속도, 고도, 옆미끄림(Sideslip), Radio navigation 등에 의한 자세 변화 상태를 감지한다.<br>• 조종계통에 병렬로 연결되어 반응 속도는 느리다.<br>• Servo의 행정거리는 100[%] 이동 권한으로 제어 |

## 13 AFCS 제어회로인 Outer loop control(외부 회로 제어)를 틀리게 설명한 것은?

① Auto pilot 기능으로 Sensor는 외부 입력신호인 Manual input, Air speed, Altitude, 옆미끄림(Sideslip), Radio navigation 등에 의한 자세변화 상태를 감지한다.

② 이탈된 비행 상태를 내부 회로 제어 계통에 신호를 주어 4방향 스위치(전, 후, 좌, 우)로 비행 제어 장치를 Trim-ming하여 외부 입력신호(Manual input, Air speed, Altitude, Radio navi-gation) 등에 의해 이탈된 비행 상태를 내부 회로 제어 계통에 신호를 주어 조종사가 선택한 비행 상태를 유지, 제어하는 기능이다.

③ 조종계통에 병렬로 연결되어 있으며 이동 속도는 느리고 Servo의 행정거리는 100[%] 이동 권한으로 비행 제어를 한다.

④ AFCS의 Auto pilot 하위 기능인 TRIM/FPS 기능으로 외부 회로 구동속도는 초 당 5[%]로 제한한다.

해설

문제 12번 해설 참고

[정답] 12 ④ 13 ④

### 14 다음 설명 중 틀린 것은?

① Static stability (Long term stability)은 조종사가 원하는 Attitude, Airspeed, Heading으로 돌아오려는 경향이다.
② Dynamic stability(Short term stability)은 SAS 기능으로 Pitch, Roll, Yaw 의 움직임에 저항하는 경향이다.
③ Inner Loop 회로는 SAS 기능으로 조종석 제어장치에 Feed back 없이 비행 제어 입력을 최대 10[%]로 제한되며 Long term 입력과 관련된다.
④ Outer Loop 회로는 Trim/FPS 기능으로 선택된 비행 자세 유지에 필요한 위치로 비행 제어를 Trimming하며 Long-term 입력과 관련된다.

해설

Static stability은 Long term, Inner Loop 회로와 관련이 있어 SAS 기능이며 Dynamic stability은 Short term, Outer Loop 회로와 관련이 있어 Auto pilot 기능인 Trim/FPS 기능이다.

### 15 헬리콥터 자동 조종 장치 시스템의 직렬 작동기(Series actuator)의 이동거리 권한은?

① 이동거리의 10[%] 권한
② 이동거리의 50[%] 권한
③ 모든 이동거리 권한
④ 이동거리의 20[%] 권한

해설

이동거리 제어 권한은 조종사가 조종사 계통을 어느 정도 움직일 수 있는지에 비해 시스템이 조종사에게 입력 할 수 있는 양으로 정의되며 3축 관련 Actuator는 10[%] Trim/FPS 관련 Actuator는 100[%] 이동거리 제한이 있다.

## 2. SAS(STABLITY AUGMENTATION SYSTEM)

### 01 SAS 기능이 아닌것은?

① 전반적인 비행 조건에서 3축(Pitch, Roll, Yaw axis) 자세변화에 대해 정상 비행 상태에서 벗어나는 것은 Inner loop control에 의해 감지, 수정된다.
② Pitch, Roll, Yaw의 단기 속도 감쇠(Short-term rate dampening)를 통해 정적 안정성을 향상시킨다.
③ 외부 입력신호에 의해 이탈된 비행 상태를 Outer loop control에 의해 교란 및 진동 방지와 동적 안정성을 증가시켜 원하는 비행 상태를 유지하며 조종 부하를 감소시켜준다.
④ 작동유 부족 및 SAS Actuators 압력이 최소이면 SAS OFF Caution light가 점등된다.

해설

SAS는 3축에 대한 자세변화를 감지하여 동적 안정성을 향상시킨다.

### 02 SAS 1만 사용하는 경우 비행 제어 이동거리 권한(Flight control authority)의 백분율은 얼마인가?

① 5[%] ② 10[%]
③ 12[%] ④ 15[%]

해설

SAS 1만 작동하면 SAS Amplifier의 이득(Gain)은 두 배가 되지만 제어 권한은 5[%]로 제한되며 이득을 두 배로 한다는 것은 단순히 남은 SAS의 감도가 두 배가 되었음을 의미한다.

Chapter 04

[정답] 14 ③ 15 ① 2. SAS(STABLITY AUGMENTATION SYSTEM) 01 ② 02 ①

## 03 SAS System에 대한 설명 중 틀린 것은?

① SAS 1은 Analog 형식, SAS 2 Digital 형식으로 최대 이동 거리 제한은 각각 5[%]이다.
② SAS는 피치, 롤 및 요축에서 댐핑 속도(Rate dampening)를 단기적으로 제공하여 동적 안정성을 제공한다.
③ SAS 1은 Digital 형식, SAS 2 Analog 형식으로 최대 이동 거리 제한은 각각 10[%]이다.
④ SAS Actuators에 작용하는 작동유가 부족하거나 최소 압력이하일 때 SAS OFF Caution light가 점등된다.

해설

SAS는 총 10 [%]에 대해 SAS 1, SAS 2 각각 5[%] 제어 권한이 있다.

## 04 다음 SAS 2 계통 설명 중 틀린 내용은?

① SAS 2 Switch는 SAS AMPL이라고 표시된 회로 차단기를 통해 SAS/ FPS Computer에 전원을 공급한다.
② SAS 2는 SAS/FPS Computer로 제어되며 자체 오류를 진단할 수 있는 자체진단 기능이 있다.
③ SAS 2는 60 KIAS 이하에서는 NO2 Filtered lateral accelerometer 및 NO1 Vertical gyro (Pitch와 Roll rate)의 입력 신호를 받아 선회 균형(Coordinated turns)중에 Roll 현상을 안정화시킨다.
④ SAS 2는 SAS 1과 동일한 Servo를 사용하지만 SAS 1과는 독립적으로 작동되어 관련 축에 대해 안정성을 제공한다.

해설

SAS 2는 60 KIAS 이상에서 작동되며 NO2 filtered lateral accelerometer는 불필요한 신호는 제거한 유도(입력)신호와 NO1 vertical gyro(Pitch와 Roll rate)의 입력 신호를 받아 선회 균형(Coordinated turns)중에 Roll 현상을 안정화를 향상시킨다.

## 05 SAS 1 입력신호를 설명한 것 중 틀린 것은?

① Gyro 기능은 3축(Pitch roll yaw)에 대해 변위를 감지한 신호를 Auto Pilot computer에 제공한다.
② Rate gyros(속도 자이로)는 축의 이동 속도를 감지하여 시간에 따른 각도 변화율을 빠른 응답 속도로 조종면을 이동시킨다.
③ Vertical gyro는 Pitch 및 Bank attitude reference(기준값)을 제공하는 2축 전기구동 Gyro로써 Pitch pivot에 장착된 Pitch syn-chro는 Gyro와 헬리콥터간의 상대 Pitch 각도를, Bank pivot에 장착된 Bank synchro는 Gyro와 헬리콥터간의 상대적인 Bank 각도를 감지한다.
④ Gyro는 장주기(Long term)로는 사용이 적합하지만 단주기(Short term) 사용하기에 부적합하고 Accelerometer(가속도계)는 단주기로는 사용이 적합하지만 장주기에는 부적합하다.

해설

SAS 1 입력 신호
- Pitch signal은 NO1 stabilator amplifier
- Roll signal는 Ppilot's vertical gyro
- Yaw signal은 SAS 1 amplifier의 Rate gyro

[정답] 03 ③ 04 ③ 05 ④

### 06 SAS 2의 Inputs signal이 아닌 것은?

① Pitch – NO2 Stab amp
② Roll–Roll rate gyro(Nose)
③ Yaw–Yaw rate gyro(Nose)
④ Airspeed–Air speed transducer

해설

**SAS 2 Inputs signal**

- Pitch 신호는 NO2 stabilator amplifier의 pitch rate gyro로부터
- roll 산호는 Roll rate gyro로부터
- Yaw rate 신호는 자세 방위 참조 시스템(AHRS) 또는 Magnetic compass gyros(자기 나침반 자이로)로부터
- 추가적인 신호는 NO1 vertical gyro의 Pitch 신호와 NO1 stabilator amplifier로부터 Roll rate 신호 및 NO2 filtered lateral accelerometer에서 유도 신호

## 3. STABILATOR CONTROL SYSTEM

### 01 안정판 시스템(Stabilator system)의 주요 목적은 무엇인가?

① 장기 요 레이트 신호(Long–term yaw rate signals) 제거
② 롤 안정성(Roll stability)을 제한
③ 원하지 않은 기수 상향(Nose–up) 자세 방지하기 위해
④ 내부 요 레이트 자이로(Internal yaw rate gyro) 제어

해설

비행조건에 따른 입력신호를 받아서 Stabilator incidence angle(안정판 붙임각)을 Main rotor blade down–wash 영향에 따라 최적의 각도로 위치시켜(Streamline) 기수 상, 하향(Nose up/down) 현상을 방지하여 정적 및 세로방향의 안정성(Pitch 자세안정)을 향상시킨다.

### 02 2개의 Stabliator amplifiers에서 받는 입력 신호가 아닌 것은?

① Collective Stick Position Transducers
② Lateral Accelerometers
③ Airspeed/Air Data Transducers
④ Roll Rate Gyros

해설

**Stabilator amplifiers의 입력 신호**

- Collective Position Sensor – MMU에 위치하여 Pilot collective displacement 감지
- Lateral Accelerometers – cabin bulkhead에 위치하여 trim 이탈 상태 감지
- Airspeed/Air data Transducers – pilot & Co–pilot pedals에 위치하여 Electronic airspeed 신호 제공
- Pitch Rate Gyros – stabilator amplifiers에 위치하여 Pitch attitude 변화를 감지

참고

입력 신호는 다른 자동비행 제어계통과 서로 공유하나 독립적으로 받아 Stabilator를 위치시킨다.

### 03 Stabilator system은 자동 모드에서 Programing되어 있는 기능이 아닌 것은?

① Collective to Pitch Coupling 기능
② Angle of Incidence 기능
③ Lateral Sideslip to Pitch Coupling 기능
④ Yaw Rate 기능

해설

**Stabilator system 5가지 기능**

- Streamlines to pitch coupling (Airspeed/air data transducer신호로)
- Collective to pitch coupling(Collective position transducer 신호로)
- Angle of incidence(Airspeed/air data transducer 신호로)
- Lateral Sideslip to Pitch Coupling
- Pitch rate feedback

[정답] 06 ④ 3. STABILATOR CONTROL SYSTEM 01 ③ 02 ④ 03 ④

## 04 Stabilator system의 기능 설명 중 틀린 것은?

① Collective to pitch coupling은 Collective stick 위치 신호를 받아서 Collective stick 상, 하 움직임에 따라 Pitch attitude가 변하는 것을 Stabilator를 상, 하향시켜 최소화 한다.
② Angle of incidence(붙임각)은 Airspeed/Air data transducer 신호를 받아 속도 증가에 따라 붙임각을 증가(Stabilator down)시켜 세로방향의 정적 안정성을 향상시킨다.
③ Lateral Sideslip to Pitch Coupling은 돌풍에 대한 민감성을 감소시키며 Stabilator에 작용하는 Down-wash와 경사진 Tail rotor의 추력에 의한 양력 발생(Canted tail rotor) 영향으로 Pitch 자세가 변하는 것을 가로방향 가속도계(Lateral accelerometers)는 Stabilator amplifiers에 신호를 보내 pitch 자세 변화를 보상한다.
④ Pitch rate feedback는 단주기 피치 교란(Short-term pitchdisturbances)인 돌풍 시에 Main rotor head가 갑자기 상승할 때 기수 상향 현상을 Stabilator를 아래로 작동하여 기수 하향을 유도하여 수평 pitch 자세를 유지하도록 한다.

해설

Angle of Incidence는 속도 증가에 따라 감소시켜 세로방향 정적 안정성을 향상시킨다.

참고

**Streamlines to pitch coupling**

저속 비행 시에 Stabilator에 작용하는 Main rotor down-wash로 인한 기수 상향자세(Nose-up attitudes)를 최소화하기 Main rotor down-wash와 Stabilator 위치를 자동으로 일치시킨다.(Streamline)

## 05 Stabilator caution light가 점등되면 나타나는 현상이 아닌 것은?

① Auto mode 고장 시
② AC power 공급 중단
③ Actuator 고장 또는 2개의 Amplifiers가 비교 값이 서로 다를 때
④ 2개의 Amplifiers가 비교 값이 서로 같을 때

해설

비교 값이 서로 같으면 정상신호로 받아드리고 다를 때는 "비교할 수 없음"으로 경고등이 점등된다.

## 06 lateral acceleration signal에 대한 설명 중 틀린 것은?

① 조종실 Bulkhead(격막) 쪽에 NO1, NO2 lateral accelerometers가 있다.
② NO1 lateral accelerometers는 NO1 stabilator amplifier에 신호를, NO2 lateral accelerometers는 NO2 stabilator amplifier에 신호를 제공한다.
③ Filtered lateral acceleration signals는 Trim 이탈 상태를 감지하여 Tail rotor down-wash (Stabilator 윗면에 작용)를 상쇄하기 위해 최적의 각도로 안정판을 위치시킨다.
④ SAS 1 계통은 Turn coordination 시에 Bank angle과 Turn rate의 관계를 나타내는 직류 신호를 SAS 1 amplifier에, Lateral acceleration signal는 NO1 stabilator amplifier를 통해 제공하여 정적 안정성을 증가시킨다.

해설

Lateral acceleration signal는 NO1, 2 lateral accelerometers에서 신호를 받아 Turn coordination 시에 Bank angle과 Turn rate의 관계를 고려하여 동적 안정성을 향상시킨다.

[정답] 04 ② 05 ④ 06 ④

**07 Stabilator control system을 틀리게 설명한 것은?**

① 40 KIAS 이상의 대기속도에서는 두 개의 대기속도 중 큰 것을 선택 사용한다.
② Stabilator의 작동 모드는 Auto control mode, Man slew mode, Test pushbutton mode, Degraded operation mode가 있다.
③ Stabilator를 비행 조건에 따라 자동으로 가장 적합한 받음각으로 하며 조종사는 직접 제어할 수 없다.
④ Collective stick 위치, 속도 및 가로방향 가속도 입력 신호는 SAS/FPS Computer에서 비교되는 이중 입력 신호로 받는다.

해설

두 개의 대기속도 중 큰 것을 선택 사용하며 자동 모드 고장 시에는 수동으로 작동할 수 있다.

**08 Man slew mode(수동 모드)를 틀리게 설명한 것은?**

① Stabilator control pannel과 병렬로 연결되어 있으며 Cyclic stick grip에 있는 수동모드 스위치를 위, 아래로 이동하면 자동 기능을 해제시킬 수 있다.
② Auto mode를 오작동으로 인해 재설정 할 수 없을 때는 Stabilator 경고등이 켜지고 기내 통화장치(ICS/Intercommunication system)에서 경고음이 들린다.
③ 조종사는 수동으로 Stabilator 위치를제한 범위인 10°~40° 내에서 Stabilator 위치를 선택할 수 있다.
④ No.1과 NO.2 Stabilator amplifier는 상향 또는 하향 위치에 있을 때 스위치를 정지하면 레버 잠금 스위치 스프링(Lever lock switch spring) 힘에 의해 정지 위치에 위치시킨다.

해설

**Man slew mode**

Stabilator control pannel과 병렬로 연결되어 Cyclic stick에 있는 수동모드 스위치로 자동 기능을 해제시켜 수동으로 Stabilator 위치를 제한 범위인 상향 10°에서 하향 40° 내에서 Stabilator 위치를 선택할 수 있으며 No.1, NO.2 stabilator amplifier는 상, 하향 위치에 있을 때 스위치를 정지하면 레버 잠금 스위치 스프링 힘에 의해 정지 위치에 위치시키며 Auto mode를 오작동 시에는 Stabilator 경고등이 켜지고 기내 통화 장치(ICS/Inter Communi-cation System)에서 경고음이 들린다.

**09 Auto mode 고장 원인이 아닌 것은?**

① Stabilator Position Transmitter와 Limit Switch가 정상일 때
② 두 Airspeed 신호 값이 서로 다를 때
③ Stabilator actuator position를 알 수 없을 때
④ 두 Airspeed가 서로 같을 때

해설

두 Airspeed가 서로 같을 때는 정상으로 판단함

**10 Test pushbutton mode 기능 설명 중 틀린 내용은?**

① 대기속도 유도 시험 신호(Airspeed-derived test signal)는 작동 시간을 동시에 NO1 Sta-bilator actuator를 구동시켜 NO1 계통 내 결함을 추적(Monitoring)한다.
② 작동 시에는 Stabilator이 위로 올라가면서 자동 모드는 해제되고 수동 모드로 전환된다.
③ Test pushbutton mode 기능은 60[knots] 이하에서만 작동된다.
④ Stabilator 계통 지상 점검 시와 자동 모드 오류 감지 기능을 확인할 때 사용한다.

[정답] 07 ③ 08 ④ 09 ④ 10 ①

해설

**Test pushbutton mode 기능**

60[knots] 이하에서 작동되며 안정판 계통 지상 점검 시와 자동 모드 오류 감지 기능을 확인할 때 사용되며 두 개의 Stabilator 작동 시간에 차이를 두어 실시한다.

**11 자동 모드 해제 시기에 대해 틀린 것은?**

① Stabilator actuators 위치가 전진 속도에 비례하는 양만큼 일치하지 않을 때
② MAN SLEW switch가 UP/Down 위치로 이동할 때
③ MAN SLEW switch가 중립위치에 있을 때
④ Cyclic stick의 Slew up switch를 사용할 때

해설

MAN SLEW switch 위치는 Up/Down 위치만 있다.

## 4. TRIM SYSTEM

**01 오토 파일럿(Autopilot)에서 피치 트림은 무엇에 의해 작동하는가?**

① 지속적인 Pitch 입력신호
② 순항 시 Pitch 자세 변화
③ 무게중심의 변화(C of G movement)
④ 순항 시 Roll과 Yaw 자세 변화

해설

비행 전 구간에 걸쳐 피치자세 이탈을 Pitch 입력신호를 받아 비행 자세 유지 및 안정화를 기여한다.

**02 Trim system에 대한 설명 중 틀린 것은?**

① 조종사 또는 FPS 명령에 의해 Trim actuator 위치를 감시(Monitoring)한다.
② SAS/FPS Computer는 명령된 위치를 세 축의 실제 위치와 비교하여 허용 범위를 벗어나면 해당 축을 차단한다.
③ Trim 오작동 시에는 주의 표시등이 켜지며 AFCS Control panel의 재설정 버튼을 눌러 재설정 할 수 없다.
④ 조종사가 설정한 3축에 대해 Trim switch를 놓을 때의 위치를 유지하는 기능이 있다.

해설

AFCS control panel의 재설정 버튼을 눌러 재설정 할 수 있다.

**03 자동 조종 장치가 작동된 상태에서 Trim switch-(Coolie hat switch)를 움직이면 나타나는 현상은?**

① 자동 조종 장치 명령으로 헬리콥터를 적은 힘으로 피치, 롤, 요를 제어할 수 있다.
② 자동 조종 장치를 해제하고 조종사가 헬리콥터를 수동으로 제어 할 수 있다.
③ 자동 조종 장치 명령으로 헬리콥터를 빠르게 피치와 롤만 제어할 수 있다.
④ Trim system을 작동하지 않으면 Cyclic control system 또는 방향 제어 시스템을 중립으로 위치시키려는 제어력 구배가 있다.

해설

Auto pilot control system에 연결되면 Pitch, Roll 및 Yaw trim 계통을 활성화시켜 조종사가 작은 힘으로 조종할 수 있으며 Trim system을 작동하지 않으면 Cyclic control system 또는 Yaw control system을 중립으로 위치시키려는 제어력 구배가 없다.

[정답] 11 ③ 4. TRIM SYSTEM 01 ① 02 ③ 03 ①

**04 Trim system을 설명한 내용 중 틀린 것은?**

① Trim actuator 이동거리는 100[%] 제어 권한을 가지고 있으며 최대 변위는 초 당 10[%]로 제한된다.
② 3축 Trim release switch를 누르면 각 Trim 기능이 해제되어 수동 제어가 가능하며 Trim release switch를 다시 누르면 Trim이 다시 연결된다.
③ Auto pilot control system에 연결되면 내부 제어회로(Inner-loop) 기능을 제공한다.
④ Auto pilot control system에 연결되면 Pitch, Roll 및 Yaw trim 계통을 활성화시켜 조종사가 작은 힘으로 조종 할 수 있다.

해설

Trim system 기능은 AFCS 계통의 하위 기능으로 외부 제어회로에 의해 외부 입력신호인 조종사 입력, 공기속도, 고도, 옆 미끄림(Sideslip), Radio navigation 등에 의한 자세 변화 상태를 감지하여 자세유지 기능을 한다.

**05 다음 축에서 트림 기능이 없는 축은?**

① Pitch ② Roll
③ Yaw ④ collective

해설

Trim system은 3축에 대한 자세유지 기능이다.

**06 Trim system에 대한 설명 중 틀린 것은?**

① AFCS Panel에서 Trim이 작동하면 피치, 롤 및 요 트림 시스템이 작동하여 Cyclic 및 Tail rotor를 제어한다.
② Yaw trim을 작동하려면 AFCS Panel의 Boost가 켜져 있어야 한다.
③ SAS/FPS 계통과 함께 작동하지 않는다.
④ FPS가 작동되면 TRIM switch는 Cyclic stick 위치 참조가 Pitch, Roll attitude 참조로 바뀐다.

해설

Trim 계통은 조종사 또는 SAS/FPS 명령에 의해 세 축에 대한 Trim actuator 위치를 감시(Monitoring)하며 자세유지 및 안정성을 향상시키며 Trim actuator 이동거리는 100[%]제어 권한을 가지고 있으며 최대 변위는 초당 10[%]로 제한한다.

**07 AFCS trim actuators의 목적은 무엇인가?**

① 액추에이터 위치 피드백(Actuator position feedback) 제공
② 헬리콥터 안정성(Helicopter stability) 향상
③ 단기 피치 교란(Short-term pitch disturbances) 수정
④ 자체 모니터링, 결함 분리 제공(Self-monitoring, fault isolation)

해설

문제 6번 해설 참고

**08 PBA(Pitch Bias Actuator) 기능 설명 중 틀린 것은?**

① SAS/FPS Computer에 전원 공급 시 자동으로 작동되는 전기 기계식 차등 서보(Electro-mechanical differential servo)이다.
② 비행 매개 변수인 pitch 자세, Pitch 속도(Rate) 및 대기 속도 변화로 인한 기수하향 현상을 기수 상향이 되도록 세로방향 Cyclic stick을 제어한다.

[정답] 04 ③ 05 ④ 06 ③ 07 ② 08 ④

③ Swash-plate 기울기에 따라 Cyclic stick의 전, 후 움직임의 길이가 변하는 가변 길이 제어 봉(Variable length control rod) 으로 PBA를 명령하여 세로방향 안정성(Longitudinal stability)을 향상시킨다.
④ Swash-plate 기울기에 따라 Cyclic stick의 좌, 우 움직임의 길이가 변하는 가변 길이 제어 봉(Variable length control) 으로 PBA를 명령하여 가로방향 안정성(Longitudinal stability)을 향상시킨다.

해설

PBA(Pitch Bias Actuator)는 Electro-mechanical differential servo로써 Swash-plate 기울기에 따라 Cyclic stick의 전, 후 움직임의 길이가 변하는 가변 길이 제어 봉으로 세로방향 안정성을 향상시킨다.

### 09 Cyclic stick의 Trim release button를 누르면 나타나는 현상이 아닌 것은?

① Pitch trim actuator의 유압이 제거된다.
② Feedback signal는 "0"으로 변한다.
③ Cyclic stick을 자유롭게 움직일 수 없다.
④ Stick은 해제 시 위치로 Trim된다.

해설

Cyclic stick의 Trim release button를 누르면 나타나는 현상
- Pitch trim actuator의 유압이 제거된다.
- Feedback signal는 "0"으로 변한다.
- Cyclic stick을 자유롭게 움직일 수 있다.
- Trim되거나 참조 위치로 변경된다.
- Stick은 해제 시 위치로 Trim된다.
- Cyclic stick trim switch는 명령신호를 Actuator로 보내 초당 약 0.4[inch]로 이동한다.

## 5. FLIGHT PATH SYSTEM

### 01 비행 경로 모드(FPS MODE) 기능이 아닌 것은?

① 자세 및 대기속도 모드(Attitude & Airspeed mode)
② 방향 유지모드(Heading hold mode)
③ 고도유지 모드(Altitude hold mode)
④ 안정성 증가 모드(Stability augmentation system mode)

해설

**비행 경로 모드(FPS MODE) 기능**
- 자세 및 대기속도 모드(Attitude & Airspeed mode)
  Pitch 및 Roll에 대하여 헬리콥터 자세 유지 기능
- 방향 유지 모드(Heading hold mode)
  외부 회로(Outer-loop) 기능으로써 Yaw trim actuator를 통해 제자리 비행 및 전진 비행을 위한 방향유지 기능을 제공
- 고도 유지 모드(Altitude hold mode)
  자동 비행 조종제어판의 제자리 비행 고도 전위차계에서 선택한 고도까지 자동으로 전파 고도로 유지(Radar altitude hold) 기능

### 02 비행 경로 안정화(FPS) 작동에 대한 설명 중 틀린 것은?

① Trim switch가 반드시 ON 상태이어야 한다.
② Yaw channel 작동을 위해 반드시 Boost servos switch가 ON 상태이어야 한다.
③ 제어 권한은 100[%]이다.
④ 반응 속도 제한이 없다.

해설

비행 경로 안정화 계통은 반응 속도 제한이 있다.
- 최대 반응속도는 초당 10[%]로 제한된다.
- 단기(Short term) 안정성에 필요한 신속한 대응을 위해 적어도 하나의 SAS가 ON 상태이어야 한다.
  추가로 조종사는 Trim force gradient를 통해 무시할 수 있다.

[정답] 09 ③ 5. FLIGHT PATH SYSTEM 01 ④ 02 ④

## 03 FPS 계통에서 pitch channel 제어 설명 중 틀린 내용은?

① 전기 유압 기계식(Electro-hydro-mechanical) Servo로 작동되며 Trim switch를 놓았을 때의 pitch 자세로 유지된다.
② 속도 60[KIAS] 이하일 때 대기속도는 3초 Filter를 통해 단주기 수정(Long-term updates)에 사용되며 돌풍 발생 시에는 세로방향 가속도(Longitudinal acceleration)는 장주기 수정(Short term correction)에 사용된다.
③ 속도 60[KIAS] 이상일 때 Pitch 축은 Pitch 자세 변화에 따라 Trim 자세가 설정된 속도를 유지하려고 한다.
④ 속도 60[KIAS] 이상일 때 속도 유지 기능의 시간 지연 회로는 새로운 기준 대기 속도가 획득 될 때까지 지연되는 이유는 새로운 Trim speed로 가속 또는 감속하는 시간을 허용하기 위한 것이다.

**해설**

속도 60[KIAS] 이하일 때 대기속도는 3초 Filter를 통해 장주기 수정(Long-term updates)에 사용되며 순간적인 돌풍 발생 시에는 동-정압 계통(Pitot-static system)의 변화로 인하여 세로방향 가속도(Longitudinal acceleration)는 단주기 수정(Short term correction)에 사용된다.

## 04 FPS 계통에서 roll channel 제어 설명 중 틀린 내용은?

① 전기-기계적(Electro-mechanical)으로 작동되는 Roll trim servo는 대기 속도에 따라 필요한 Roll 자세를 조정, 유지한다.
② 조종사가 네 방향 트림 스위치를 작동시키면 Roll 자세가 초당 약 6°가 변경되는 자세 유지기능(Attitude hold mode)이 있다.
③ 자동 날개 수평(Automatic wing-leveling) 기능은 60[KIAS] 대기 속도로 전환 시에 제자리 비행에서의 좌측 Roll 자세에서 날개 수평 자세(Wings-level)로 헬리콥터를 자동으로 재 트림(Re-trims)을 하는 것을 말한다.
④ 정, 부조종사의 Vertical gyro로부터 자세신호를 SAS/FPS computer에 제공하며 명령신호는 SAS 1과 SAS 2 roll 및 Roll trim 계통에 적용된다.

**해설**

정, 부조종사의 Vertical gyro로부터 자세신호를 SAS/FPS computer에 제공하며 전기-기계적(Electro-mechanical)으로 작동되는 Roll trim servo는 대기속도에 관계없이 필요한 Roll 자세를 조정, 유지한다.

## 05 FPS의 기능에 대한 설명 중 틀린 것은?

① Pitch, Roll, Yaw axes의 정적 안정성을 위해
② Pitch, Roll, Yaw axes의 동적 안정성을 위해
③ FPS가 작동되면 SAS 2/FPS computer가 Trim actuator를 지속적으로 감시(Monitoring)하며 FPS는 100[%] 병렬 제어 권한(FPS Parallel control authority)을 갖고 있다.
④ FPS는 조종사가 자세를 변경하지 않는 한 원하는 3축 자세에 대해 장기 변화율 감쇄(Long term rate dampening)를 제공하여 자세 유지 시스템이다.

**해설**

**FPS 기능**

롤, 피치 및 요 트림 액추에이터를 통해 3축 자세와 비행 속도 유지 및 자동 선회 균형(Turn coordination) 기능을 제공하며 3 축 자세에 대해 장기 변화율 감쇄(Long term rate dampening)를 제공하여 정적 안정성(Static stability)을 향상

[정답] 03 ② 04 ① 05 ②

## 06 비행 경로 모드(FPS MODE)에서 60[knots] 이상일 때 Yaw 축의 기능은?

① Heading hold & Turn coordination
② Attitude hold & Air speed hold
③ Attitude hold
④ Air speed hold

해설

비행경로 모드(FPS MODE)에서는 60[knots] 이하일 때는 방향유지 기능, 60[knots] 이상일 때는 방향유지 기능과 선회균형 기능이 있다.

## 07 비행 경로 모드(FPS MODE) 설명 중 틀린 것은?

① 자세 및 대기속도 모드(Attitude & Airspeed mode)는 비행 시 선회(Bank) 또는 Pitch 정도에 따라 결정되며 Pitch 축에서 ± 60° 또는 Roll 축에서 ± 70°를 초과하면 자세유지 모드가 해제된다.
② 방향 유지 기능 모드(Heading hold mode)는 Yaw chanel은 외부 회로(Outer-loop) 기능으로써 Yaw trim actuator를 통해 제자리 비행 및 전진 비행을 위한 방향유지 기능을 제공한다.
③ 고도유지 모드(Altitude hold mode)는 기압계(Barometric) 또는 전파 고도계(Radar altitude indicator)를 선택하면 SAS/FPS Computer는 기준고도(Reference altitude)로 사용한다.
④ 전파고도 유지(Radar altitude hold) 기능은 SAS 2 및 Auto pilot가 작동된 상태에서 전파고도 스위치(RDR ALT PBS/Radar altitude switch)를 누르면 전파 고도계(Radar altim-eter)에서 입력신호를 받아 기압고도 0[feet]에서 5,000[feet] 까지 모든 고도에서 작동된다.

해설

**전파 고도계(Radar altimeter)**
입력신호를 절대고도로 나타낸다.

## 08 AFCS가 일정한 고도를 유지하기 위해 사용할 수 있는 두 가지 유형의 고도 신호는 무엇인가?

① Sensor & Amplifier
② Data link & Aileron
③ Radar & Barometric altimeter
④ Fire control system & Weapons control

해설

AFCS 계통에서 고도 수신 신호는 Radar & Barometric altimeter에서 받는다.

## 09 AFCS는 나침반/INS 시스템에서 어떤 유형의 방향(HEADING) 신호를 수신하는가?

① 기어 트레인(Gear train)
② 긴장(Tension)
③ 참조(Reference)
④ 클러치(Clutched)

해설

**AFCS 방향유지**
Auto pilot의 Yaw chanel은 외부회로(Outer-loop) 기능으로써 Yaw trim actuator를 통해 제자리 비행 및 전진 비행을 위한 방향유지 기능을 제공하며 Tail rotor pedal switch를 놓을 때(Reference/참조, 기준치) 주어진 방향에 Trim 계통이 동기화된다.

[정답] 06 ① 07 ④ 08 ③ 09 ③

Chapter 05

# HELICOPTER STABILITY

제 1장 HELICOPTERSTABILITY & EQUILIBRIUM

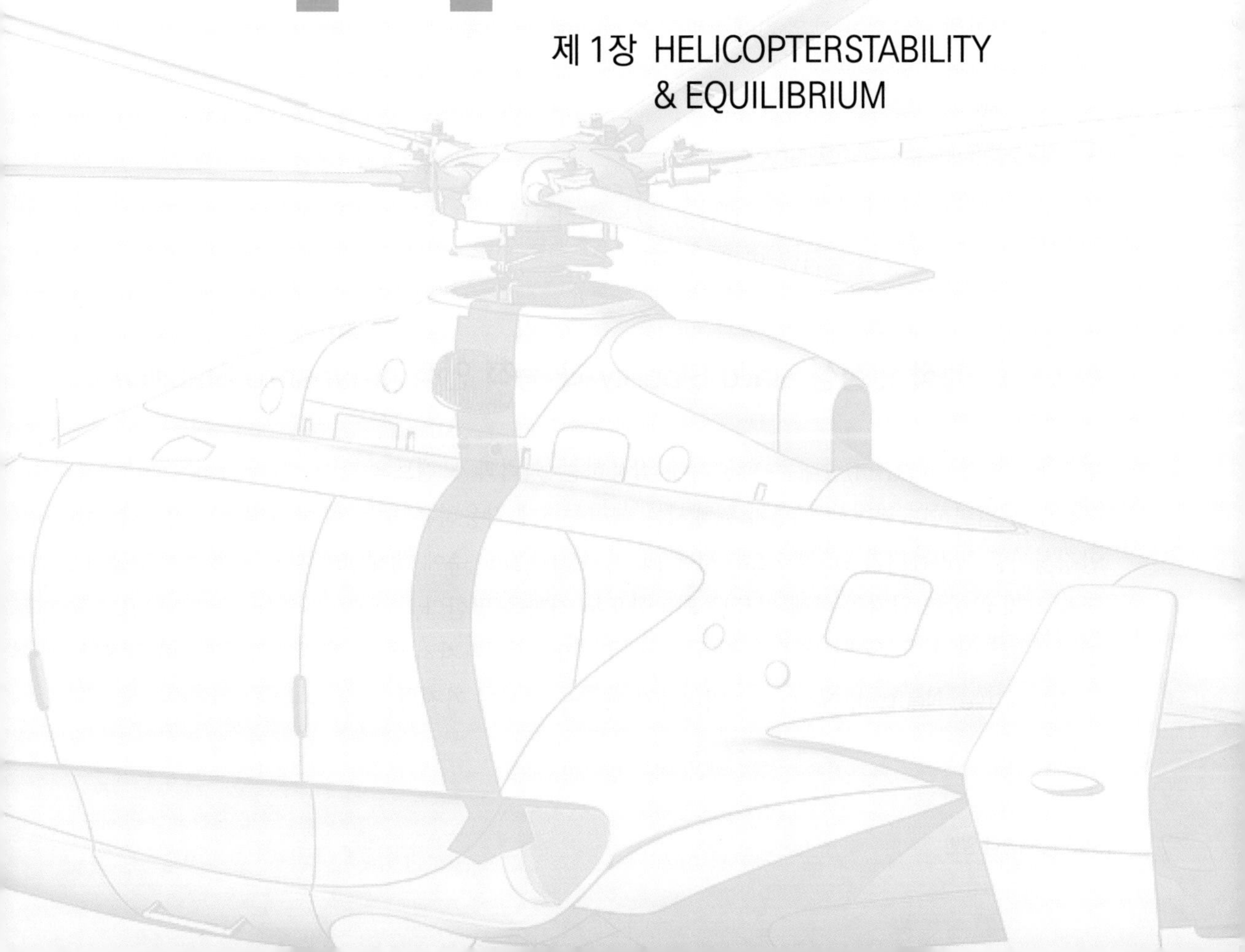

## 01 안정성과 조종성 및 기동성

안정성과 조종성은 서로 상반된 개념으로 안정성이 좋으면 조종성이 나빠지고 조종성이 너무 좋으면 조종간을 조금만 움직여도 반응이 빠르고, 전투기는 조종사가 원하는 대로 급격한 기동이 많으므로 안정성은 낮게 조종성은 높게 설계되어야 하며, 여객기는 승객의 안전을 위해 안정성은 높게 조종성은 낮게 설계된다.

### 1. 안정성(Stability)

일정한 속도와 고도로 비행 중 외력에 의해 평형이 깨져서 무게중심에 대한 힘과 모멘트가 "0"에서 벗어났을 때(트림 상태를 벗어나는 것) 안정적인 기동성(Maneuverability)을 위하여 항상 원래의 자세로 복원하려는 특성을 말한다.

### 2. 조종성(Controllability)

고도나 비행 경로등과 같은 자세변화를 주기 위해 조종사가 조종간 작동 시 헬리콥터가 반응하는 특성을 말한다.

### 3. 기동성(Maneuverability)

기동으로 인한 응력(Stress)에 견딜 수 있는 헬리콥터의 특성으로써 무게, 관성, 비행 제어 장치, 구조적 강도 및 동력 장치에 의해 결정된다.

## 02 정적 안정성(Static Stability)과 동적 안정성(Dynamic Stability)

평형(Equilibrium/trim)상태는 항공기에 작용하는 외력과 모멘트의 합이 "0"(Zero)이 되는 상태(Trim)를 의미하며 평형을 이루기 위해서는 헬리콥터에 작용하는 모든 힘과 반대되는 힘은 같으며, 안정성이란 헬리콥터가 난기류 조우 시에 Pitch, Roll, Yaw 축에 대해 조종사가 지속적인 조종간 조정을 하지 않아도 원래의 비행 자세로 되돌아오는 경향을 말한다.
헬리콥터는 양의 정적 안정성(Positive static stability)를 가지지만, 동적 안정성은 양(+), 중립, 음(−)(Positive, Neutral, Negative)의 3가지 특성을 동시에 가진다.

## 1. 정적 안정성(Static Stability)

정적 안정성은 비행 중 소비되는 연료량 감소에 따라 무게중심(Center of gravity) 이동에 따른 헬리콥터 자세변화를 감지하여 Cyclic stick 위치를 변경시켜서 조종사가 원하는 비행 자세, 속도, 방향으로 되돌아오려는 경향으로 항공기가 안정된 평형 상태에서 외력에 의해 방해를 받았을 때 시간의 개념을 포함하지 않고 초기 성향인 안정적인 비행 상태로 돌아오려는 장기 교란(Long-term disturbances) 상태인 비행자세의 특성을 말한다.

(1) 양적 정적 안정성(Positive static stability)
헬리콥터 자세가 외부의 영향으로 방해를 받았을 때 원래의 상태로 돌아오는 특성을 말한다.

(2) 음적 정적안정성(Negative static stability)
헬리콥터 자세가 외부의 영향으로 방해를 받았을 때 원래 상태에서 더 변화를 하려는 성질을 말한다.

(3) 중립 정적안정성(Neutral static stability)
헬리콥터가 초기의 자세가 변화된 후 새로운 상태를 유지하려는 성질을 말한다.

> **참고** 정적안정성은 사람이 중심을 잡고 서 있는 것 또는 달리기를 하면서 돌 뿌리에 걸려서 넘어질 듯 다시 서면 정적 안정성이 좋고 돌 뿌리에 걸려 넘어지면 정적안정성이 나쁘며, 정적안정성은 평형상태를 벗어난 후 초기 경향에 의해 판단하는 것이고 동적안정성은 시간에 따라 평형상태에 대한 경향성을 판단하는 것을 말한다.

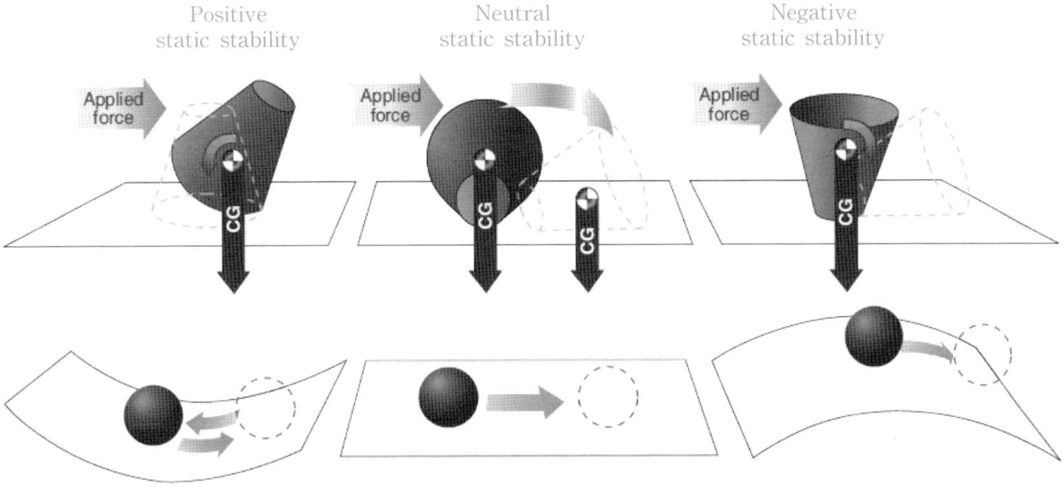


[그림 1-1 Types of stability]

## 2. 동적안정성(Dynamic Stability)

동적 안정성은 난기류 및 돌풍 같은 외부의 영향으로 발생되는 단기 교란(Short-term disturbances)에 의해 동체의 자세변화 및 진동에 대응하려는 경향으로 Cyclic stick의 위치 변화가 없으며 시간의 개념을 포함하여 얼마나 빨리 평형 상태로 되돌아오는지를 고려한 것으로 헬리콥터의 운행 궤적(Trajectory)과 관련이 있다.

(1) 양적 동적 안정성(Positive dynamic stability)
원래의 상태로 곧바로 회귀하려는 성질을 가지거나 그 변화가 진동처럼 시간을 가지면서 작아졌다가 원래의 안정적 상태로 되돌아오는 현상을 말한다.

(2) 음적 동적 안정성(Negative dynamic stability)
변화하는 진동의 폭이 시간에 따라 점점 더 커지는 현상을 말한다.

(3) 중립 동적 안정성(Neutral dynamic stability)
원래의 상태로 돌아오려는 시도를 하지만 그 변화의 진동이 시간에 따라 줄어들지도 않고 늘어나지도 않는 상태를 말한다.

> **참고** 동적안정성은 달리기를 할 때 똑바른 방향으로 나아가는 것 또는 달리기를 하는데 돌뿌리에 걸려도 넘어지지 않고 자세를 잘 잡았으나 목표 지점이 아닌 엉뚱한 곳에 도달하게 된다면 정적으로 안정하나 동적 불안정한 상태를 말하며 동적안정이 있는 경우 정적안정이 있지만, 정적안정이 있는 경우 동적 안정이 있다고 할 수 없다.

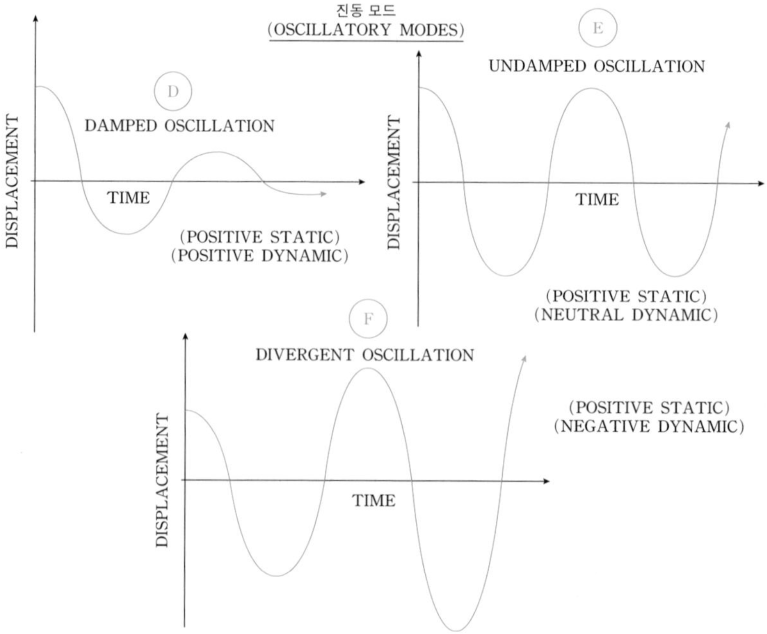

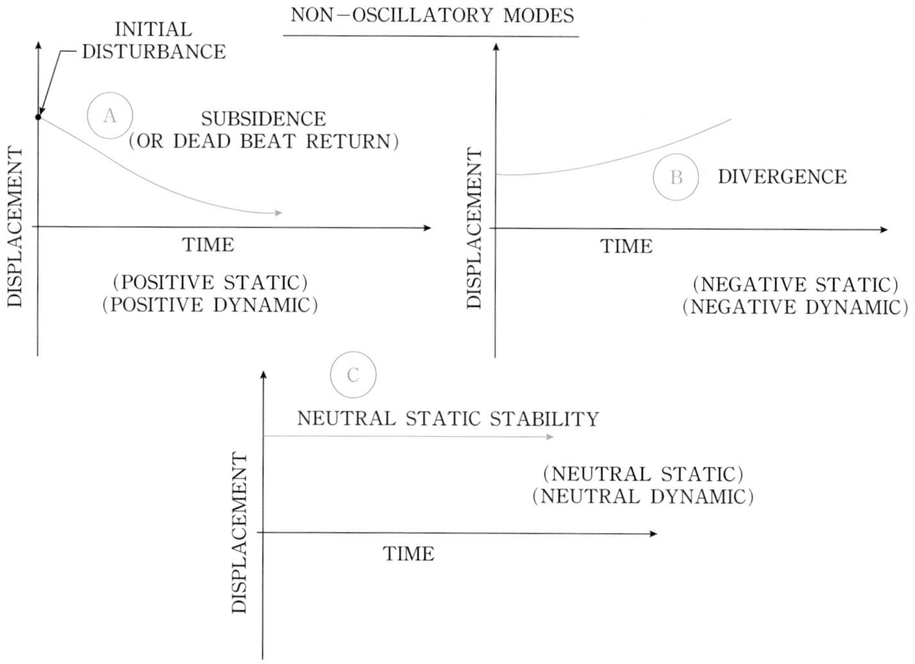


[그림 1-2]

## 3. 장기 교란(Long-term Oscillation)와 단기 교란(Short-term Oscillation)

헬리콥터가 정적 안정성이 있으면 평형 상태에서 이탈된 후 초기에는 원래의 위치를 지나칠 수도 있으나(Overshoot) 원래 위치로 되돌아오는데 진동의 진폭이 감소하고 없어지는데 까지 걸리는 시간에 따라 장주기 교란과 단주기 교란으로 구분된다.

(1) 장기 교란

한 주기 또는 발진에 대한 시간 단위가 10초 이상인 경우로 피치 자세변화와 진폭 감쇄율이 서서히 일어나는 현상이므로 조종간을 움직여 남아 있는 진동을 쉽게 제어 할 수 있다.

(2) 단기 교란

한 주기 또는 발진에 대한 시간 단위가 1~2초 미만으로 짧아서 조종사가 반응하기(제어하기) 어려운 고주파 진동으로 특징은 진동이 빠르게 감소하며 대기 속도 변화 없이 받음각의 변화로 인해 동체와 조종면에 진동이 나타나는 것으로 중성 또는 단기간 진동은 즉시 감쇠되지 않으면 구조적인 문제가 발생하기 때문에 위험하다.

## 03 동체 좌표계(Body Coordinates)와 속도 좌표계(Wind Coordinates)

동체 좌표계는 동체 중심축을 기준으로 안정성을 다루는데 편리하고 속도 좌표계는 헬리콥터에 상대풍이 불어오는 방향을 기준으로 작용하는 공기 역학적 힘과 모멘트를 표현하므로 편리하다.

### 1. 동체 좌표계의 3축과 운동

(1) 세로축(Longitudinal axis)

세로축 $0-X_1$은 대칭 평면에 수직인 무게중심을 통과하고 메인 로터 회전면과 평행한 동체를 따라 앞, 뒤쪽으로 향하는 축을 말하며 모멘트 $M_x$는 세로축 $0-X_1$에 대한 가로 방향 모멘트를 말하며 가로방향 운동인 롤링(Rolling) 운동을 말한다.

(2) 가로축(Lateral axis)

가로축 $0-Z_1$는 대칭 평면에 수직인 무게중심을 통과하고 좌, 우쪽으로 향하는 축을 말한다. 모멘트 $M_z$는 가로방향 $0-Z_1$ 축에 대한 세로방향 모멘트를 말하며 세로방향 운동인 피칭(Pitching)운동을 말한다.

(3) 수직축(Vertical axis)

수직축 $0-Y_1$은 $0-X_1$의 대칭 평면과 가로축 $0-Z_1$의 대칭 평면에 수직이고 무게중심을 통과하고 세로축에 수직인 대칭 평면에 놓이고, 위쪽으로 향하는 축을 말하며 모멘트 $M_y$는 수직축 $0-Y_1$에 대한 모멘트이며 수직방향 운동인 요잉(Yawing)운동을 말한다.

### 2. 속도 좌표계(Velocity Coordinate Systems) (그림 1-3a)

속도 좌표계는 비행 속도 벡터를 고정화한 것으로 세로축은 $0-X$로 표시되며 속도 벡터와 방향이 일치하며 동체와 속도 좌표계의 축 $0-X_1$과 $0-X$ 사이의 각도는 메인 로터의 받음각 $A$와 같고 속도 좌표계의 세로축과 헬리콥터 대칭평면 사이의 각도를 옆 미끌림 각(Sideslip angle)이라 하면 비행 속도 벡터가 대칭 평면에 있으면 가로방향 옆 미끌림이 없으므로 옆 미끌림 각이 "0"이 되어 동체의 가로축과 속도 좌표계가 일치하면 동체와 속도 좌표계의 수직축 $0-Y_1$과 $0-Y$ 사이의 각은 메인 로터의 받음 각과 같다.

### 3. 모멘트 부호 표시

동체축 방향에 따라 동체 각 운동을 발생시키는 외력으로 인해 동체가 가로축을 중심으로 일어나는 피칭 모멘트 부호는 기수가 올라가는 방향은 (+), 기수가 내려가는 방향은 (−)이며 롤링과 요잉 모멘트는 동체가 시계방향(오른쪽)으로 회전하면 (+)이고 반시계 방향(왼쪽)이면 (−) 부호로 하며 각 축에 대한 모멘트 부호는 오른손 법칙에 따른다.

> **참고** 모멘트 부호 "+ 모멘트"는 축 방향을 따라 볼 때 헬리콥터를 시계 방향으로 회전시킨다.

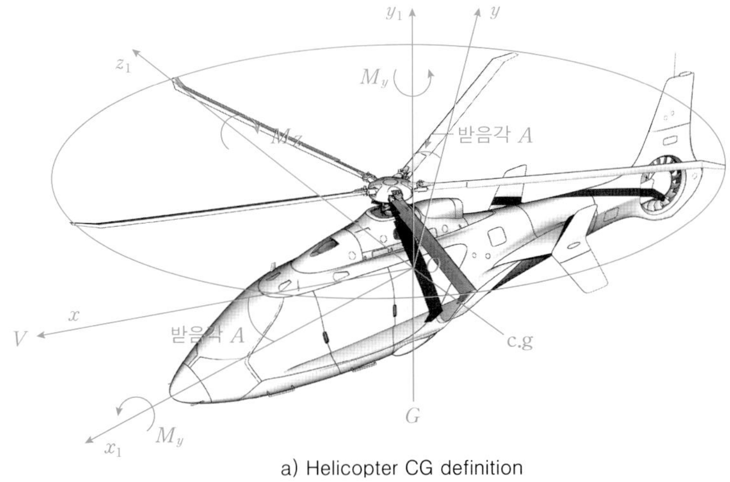


a) Helicopter CG definition

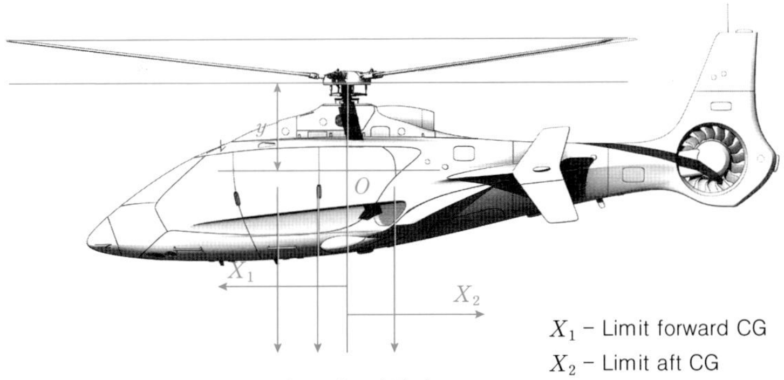


b) 무게중심한계

[그림 1-3]

## 04 헬리콥터 무게중심과 평형조건

### 1. 헬리콥터 무게중심(CG/Center of Gravity Limit) 한계와 안정성

(1) 무게중심한계(그림 1-3b)

헬리콥터는 중량물이 고정되어 있으면 비행자세와 상관없이 무게중심이 움직이지 않으나 중량물이 움직이면 무게중심도 따라서 변하므로 비행 안정성을 위해서는 헬리콥터의 무게중심 위치를 정확히 아는 것이 중요하며 무게중심 위치와 실제 무게중심 위치 사이의 거리를 무게중심 한계라고 하며, 안정적으로 작동하려면 무게중심 여유가 양수(+)이여야 하며 무게중심이 뒤에 있으면 수평 안정판 기능이 떨어져서 헬리콥터가 작은 제어 움직임에 너무 크게 반응하므로 안정성이 떨어지며, 앞에 있으면 안정성이 너무 커서 조종간을 최대로 움직여도 원하는 비행 자세를 유지할 수 없다.

> **참고 무게중심 부호**
>
> 헬리콥터의 무게중심은 모멘트가 작용하는 점으로 무게중심을 통과하는 3개의 회전축(동체 좌표계)은 회전 운동을 특성화하는데 사용된다.
>
> - 평형점은 로터 허브 축에서 무게중심까지의 거리 X는 수평(Horizontal) 무게중심
> - Fuselage line의 기준선 앞쪽을 −, 뒤쪽을 +
> - Water line은 기준면에서 위쪽은 + 부호, 아래쪽은 − 부호
> - Buttock line은 좌측을 −, 우측을 + 부호로 하며 무게중심에서 허브 회전 평면까지의 거리는 y로 표시하며 앞쪽 무게중심 한계(Forward CG limit)는 뒤쪽 무게중심 한계(AFT C.G limit)보다 크다.

(2) 헬리콥터 CG가 앞에 위치할 때(그림 1−4a)

제자리 비행 시에는 전진 속도가 "0"이기 때문에 세로축에 대해 평행한 힘이 없으므로 제 1 세로방향 평형 조건은 $\sum F=0$을 만족하며 제 2 세로방향 평형 조건은 $M_{hh}+M_{st}+M_{rtr}=M_T$ 또는 $N_c+(Y_{st}\times L_{st})+M_{rtr}-M_T=0$이므로 전진 비행 시에는 이 조건을 충족시키려면 전방으로 기울어진 메인 로터 회전면 축(기수하향 상태)을 회전축과 일치시키기 위해 뒤쪽으로 기울어져야하므로($-M_{hh}$ 방향) C.G가 전방으로 더 갈수록 더 큰 회전면 축의 기울기(편향 각/$\eta$)가 있어야 하므로 C.G가 제한된 전방 위치를 넘으면 비행 속도를 최대로 할 수 없고 제자리 비행 시에 세로 방향 평형을 얻을 수 없으며 C.G가 앞에 위치하면 가로축에 대한 세로운동인 피칭에 대해서는 더 안정적이지만 전방한계선을 초과하면 심한 기수 하향 현상이 발생하고 이륙 시에 기수가 무거워 상승 능력 저하로 인해 이륙속도 및 이륙 거리가 길어지고 앞 바퀴의 과도한 하중 증가, 상승 성능 감소, 실속 속도의 증가, 기동성 저하로 조종에 요구되는 힘이 증가한다.

(3) 헬리콥터 C.G 가 뒤에 위치할 때

C.G가 뒤에 위치하면 후방으로 기울어진 메인 로터 회전면 축(기수상향 상태)을 회전축과 일치시키기 위해 앞쪽으로 기울어져야하므로($M_{hh}+$방향) 회전면 축은 기울기가 $\eta$만큼 회전축에 대해 전방으로 편향되면 두 번째 평형 조건은 $M_{st}+M_{rtr}\pm M_T-M_{hh}=0$이므로(그림 1−4b) 회전축과 메인 로터 회전면 축이 일치하면 회전축에 대한 수평 힌지 모멘트 $M_{hh}=0$이 되고 $M_{st}+M_{rtr}-M_T=0$이 되어 메인 로터 추력 모멘트가 기수를 낮춰(그림 1−4c) 세로방향 평형 조건을 만족시키며 메인 로터 추력 모멘트 $M_T$는 양의 값, 음의 값 또는 "0"일 수

있으며 C.G가 뒤에 위치하면 기수상향 현상이 발생하여 세로 방향의 정적 및 동적 안정성이 감소하고, 조종 불능 상태를 초래하며, 실속 특성이 악화되어 실속상태로 들어가기 쉬우며, 조종에 필요한 힘이 감소되어 과도한 조작을 할 수 있다.

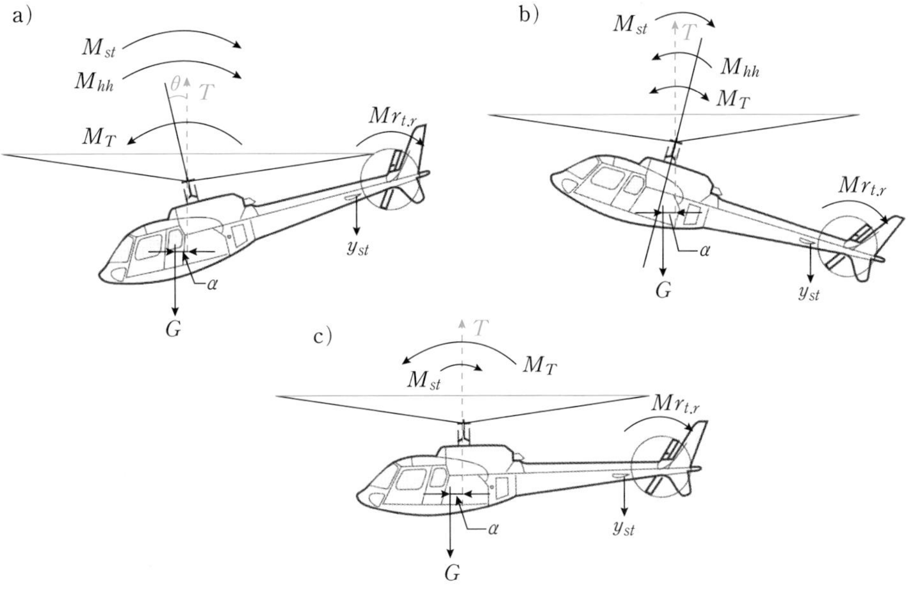


호버상태에서 헬리콥터의 종방향 평형
(Helicopter longitudinal equilibrium in hover)

여기서, $a$ : 무게중심에서 거리, $G$ : 헬리콥터 무게, $L_{st}$ : 수평 안정판까지 거리,
$M_{hh}$ : 수평 힌지 모멘트, $M_{st}$ : 수평 안정판 모멘트, $M_{rtr}$ : 테일 로터 반응 모멘트
$N_c$ : 원심력, $Y_{st}$ : 수평 안정판 수직력, $\eta$ : 기울기

[그림 1-4]

## 2. 헬리콥터 평형의 특징

헬리콥터 평형은 서로 복합적으로 상호 연결(세로, 가로, 수직방향)되어 있어서 붕괴된 평형 상태를 복원하기 위해서는 조종사의 일정한 동작이 필요하는데 예를 들면 세로방향 평형이 붕괴되면(가로축에 대해 회전) 추력(Thrust force) 변화와 메인 로터의 반응 모멘트(Reactive moment)의 변화로 인해 메인 로터 받음각이 변하며 또한 반응 모멘트 변화는 방향 평형(Directional equilibrium)을 붕괴시켜 테일 로터 추력의 변화와 세로방향 축에 대한 모멘트 변화를 발생시켜서 헬리콥터 가로 방향 평형의 붕괴를 가져오므로 헬리콥터의 정적 안정성 여부는 메인 로터의 정적 안정성, 동체의 정적 안정성 및 수평안정판(Horizontal stabilizer)과 테일 로터의 정적 안정성에 달려있다.

(1) 평형을 방해하는 요소

(a) 불안정한 공기 상태

(b) 제어 레버(Control lever)의 임의적인 편향

(c) 무게중심(C.G/Center of Gravity) 위치의 변경

(d) 헬리콥터 일부의 고장

(2) 헬리콥터 평형(Equilibrium) 조건(그림 1-3)

헬리콥터에 작용하는 외력이 헬리콥터 무게중심에 작용하면 모멘트는 "0"이 되어 회전 운동을 하지 않으나 외력이 무게중심을 벗어나서 작용하면 해당 축에 상대적인 모멘트가 발생하여 축을 중심으로 헬리콥터가 회전을 하게되며 헬리콥터가 일정한 속도로 수평비행 시에는 무게중심을 중심으로 회전하지 않는 것을 평형상태라고 한다.

(a) 제 1 평형 조건은 $\sum F_{cg}=0$

뉴톤의 제 1법칙에서 외력이 작용하지 않으면 물체는 일정하게 직선으로 움직이므로 헬리콥터에 작용하는 모든 힘의 합은 "0"이 되어야 한다.

(b) 제 2 평형 조건은 $\sum M_{cg}=0$

해당 축에 대해 회전운동이 없으므로 헬리콥터에 작용하는 힘의 모멘트의 합이 "0"이어야 한다.

(3) 수평비행 조건(Sideslip이 없다고 가정) (그림 1-3b)

속도 좌표계의 수직축, 세로축 및 가로축을 따라 헬리콥터에 작용하는 힘의 합이 "0"이라는 평등성을 알 수 있으므로 작용하는 힘의 합은 "0"이다.

(a) 제 1 평형 조건 ($\sum F_{cg}=0$)

① 수직축

0-$y$1 수직축에 대한 모멘트를 수직방향(Yawing) 모멘트($M_Y$)는모멘트 움직임에 따라 기수 좌측, 우측 방향 운동을 한다.

$Y$(양력)=$G$(헬리콥터 무게) 또는 $Y-G=0$이어야 한다.

② 세로축

0-$x$1 세로축에 대한 모멘트를 가로(Rolling) 모멘트($M_X$)는 모멘트 움직임에 따라 기수 좌, 우 운동을 한다.

$P$(추력/Main rotor propulsive force)=$X_{par}$(유해항력/Parasite drag)이 같아야 하므로 $P-X_{par}=0$이어야 한다.

③ 가로축

o-$z$1 가로축에 대한 모멘트를 세로(Pitching) 모멘트($M_Z$)는 모멘트 움직임에 따라 기수 상, 하 운동을 한다. $T_{tr}$(테일 로터 추력)=$S$(메인 로터 추력의 수평성분)이 같아야 하므로 $T_{tr}-S_s=0$이어야 한다.

(b) 제 2 평형 조건 ($\sum M_{cg}=0$)

세로축은 $0-x$로 표시되며 속도 벡터와 방향이 일치하므로(그림 1-3) 동체 및 속도 좌표계의 축 $0-x_1$과 $0-x$ 사이의 각도는 메인 로터 받음각과 동일하고 속도 좌표계의 세로축과 헬리콥터 대칭면 사이의 각도를 Sideslip angle이라 하고 비행 속도 벡터가 대칭 평면에 있으면 Sideslip angle는 "0"이 되며 Sideslip angle이 없으면 동체 가로축과 속도 좌표계가 일치하므로 동체와 속도 좌표계의 수직축 $0-y_1$과 $0-y$ 사이의 각도는 메인 로터의 공격 각도와 같다. 그러므로 속도 좌표계의 수직, 세로 및 가로축을 따라 헬리콥터에 작용하는 힘의 합계가 "0"이라는 것을 알 수 있으며 결과적으로 수직, 세로 및 가로축은 첫 번째 평형 조건인 $\sum F_{cg}$을 만족하며 네 번째 수평 비행 조건인 무게중심을 중심으로 회전이 없어야 하므로 모멘트의 합은 "0"이므로 $\sum M_{cg}=0$을 만족시킨다.

## 05 제자리 비행 시 평형

제자리 비행 시 평형 상태는 모든 비행 상태에 적용되므로 제자리 비행 시에는 블레이드 회전면 축이 회전축(Main rotor drive shaft)과 일치하므로 회전면과 메인 로터 회전축을 중심으로 한 모멘트는 "0"이 되지만 전, 후, 좌, 우 비행 시에는 회전면 축이 회전축과 일치하지 않으므로 블레이드 추력과 모멘트의 변화가 헬리콥터 평형, 안정성 및 제어 조건에 영향을 미치게 된다. 따라서 Main rotor head(hub)에서 거리가 c인 Flapping(horizontal) off-set hinge로 전달되는 블레이드 원심력은 항상 블레이드 회전면과 평행한 평면에 작용하므로 회전축 중심의 Flapping off-set hinge 모멘트는 회전축이 회전면 축에 일치시키려고 동체를 회전시키려는 힘 ($M_{hh}$)=원심력 모멘트($N_C$)를 발생시키고 제자리 비행에서는 속도가 "0"이므로 3축에 대한 첫 번째 평형 특성인 $\sum F_{cg}=0$을 만족시킨다.

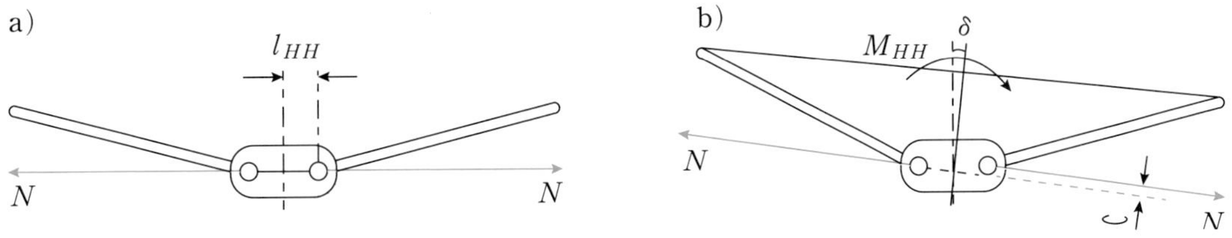


[그림 1-5 Horizontal hinge offset]

### 1. 세로방향 평형(Longitudinal equilibrium)

헬리콥터 세로방향 안정성은 헬리콥터 속도, 받음각과 피칭 모멘트와의 상관 관계가 있으므로 동체에 수평 안정판을 장착하여 피칭 모멘트가 변했을 때 원래의 상태(Trim 상태)로 되돌아오도록 하여(자세변화 후에 세로축을 기준으로 한 받음각 변화가 원래의 상태를 유지하려는 경향) 세로 방향 안정성을 향상시킨다.

(1) 제 1 평형 조건

세로방향 평형은 가로축을 중심으로 회전하지 않는 상태를 말하고, 제자리 비행 시에는 전진 속도가 "0"이기 때문에 헬리콥터 세로축과 평행한 힘은 없으므로 제 1 평형 조건은 $\sum F=0$, 메인로터 추력($T$)∝무게($G$) 이며 $T-G=0$, 테일로터 추력($T_{tr}$)=메인로터 추력 수평성분($S_s$) $T_{rt}-S_s=0$으로 표현된다.

(2) 제 2 평형 조건

세로 방향 모멘트를 발생시키는 것은 회전면을 앞으로 기울여 기수 하향 힘을 발생하려는 것으로 메인 로터 추력(Main rotor thrust force/$M_T$=추력 $T\times$거리 $a$)과 테일 로터 반응 모멘트(Tail rotor reactive moment/$M_{rtr}$)이며, 회전면을 뒤로 기울려 기수 상향 힘을 발생하려는 모멘트는 수평 안정판 양력(Stabilizer lift force/$M_{st}$=안정판 수직력 $Y_{st}\times$무게중심에서 안전판까지 거리 $L_{st}$)과 수평힌지 모멘트(Horizontal hinge moment/$M_{hh}$=원심력 $N_c$)가 있으므로 제 2 평형 조건은 세로방향 모멘트의 합 $\sum M=0$이어야 하며 $M_{hh}+M_{st}+M_{rtr}=M_T$ 또는 $N_c+(Y_{st}\times L_{st})+M_{rtr}-M_T=0$이다.

## 2. 가로방향의 힘과 평형 조건(Lateral equilibrium)

가로방향 평형은 세로방향 축을 중심으로 회전이 없는 비행 상태이고, 첫 번째 가로 방향 평형 조건은 $\sum F_Z=0$와 두 번째 가로방향 평형 조건은 세로방향 축에 대해 회전이 없으므로 $\sum M_x=0$이며 단일 로터(Single-rotor) 계통의 평형 상태는 수직안정판이 없는 것과 수직안정판이 있는 단일 로터 헬리콥터의 평형 조건을 구분해야 한다.

(1) 수직 안정판이 없는 단일 로터(그림 1-6a)

테일 로터가 테일 붐 오른쪽에 장착된 단일 로터 헬리콥터는(그림 1-6a) 제자리 비행 시에 테일 로터 추력과 반대 방향으로 선회 시에만 가로방향 평형을 가질 수 있고(그림 1-6c), 헬리콥터 선회 시에는 무게의 수평분력 $G2=G\sin\gamma$($\gamma$는 선회 각)이 발생하여 테일 로터 추력과 평형을 이루므로 첫 번째 가로 방향 평형 특성은 $T_{tr}=G_2=G\times\sin\gamma$ 또는 $T_{tr}-G\times\sin\gamma(G2)=0$이며 선회각($\gamma$/bank angle)$=\text{arc}\sin\dfrac{T_{tr}}{G}$이다.

추력 벡터는 헬리콥터 대칭 평면에서 벗어나지 않으므로 세로방향 축에 대한 추력 모멘트(Thrust force moment)와 수평힌지 모멘트(Horizontal hinges moment)는 "0"이 되며 테일 로터 추력은 헬리콥터의 세로 방향 축에 가해지므로 테일 로터 추력 모멘트도 "0"이 되어 두 번째 평형 특성인 $\sum M_X=0$을 만족하며 다른 비행 상태에서도 이런 유형의 헬리콥터의 가로방향 평형은 제자리 비행 시와 마찬가지로 선회 시, 또는 테일 로터 추력의 방향으로 헬리콥터가 옆 미끄럼 할 때(Sideslip)와 동일하며(그림 1-6d) 옆 미끄럼 시에는 동체에 측면 공기력 $Z_f$가 형성되며, 이 힘은 테일 로터 추력과 평형을 이루므로$T_{tr}=Z_f$ 또는 $T_{tr}-Z_f=0$이 된다.

(a) 장점

① 테일 로터 추력의 비틀림 모멘트가 없으므로 테일 붐에 대한 부하가 적다.

② 수직 안정판이 없어서 헬리콥터 중량이 적다.

(b) 단점

① 제자리 비행 시 큰 선회 각으로 인해 헬리콥터 제어가 어렵다.

② 전진 비행 시 유해항력이 증가되어 선회 각 또는 옆 미끄림이 크다.

③ 테일 로터가 손상 될 확률이 아주 크다.

④ 테일 로터의 위치가 낮기 때문에 지상안전에 위험 할 수 있다.



(2) 수직 안정판이 있는 단일 로터(그림 1-6b)

선회 각에 대한 필요성은 가로방향 평형 상태에 따르며 선회각은 무게의 측면 성분인 $G_2=G\sin\gamma$를 발생하는 힘과 메인로터 추력 수평성분의 합이므로 첫 번째 가로 방향 평형 조건은 $T_{tr}=S_s+G_2$ 또는 $T_{tr}-(S_s+G_2)=0$이다.

이 조건을 만족시키기 위해 메인 로터 추력 벡터 (회전면 축)는 테일 로터 추력 방향과 반대 방향으로 약간 편향되어 측면에 작용하는 힘($S_s$)를 발생시켜서 $G_2$와 함께 테일 로터 추력과 균형을 이룬다.

테일 로터가 헬리콥터 세로 방향 축 위에(거리 $b$) 장착되기 때문에, 가로 방향의 테일 로터 추력 모멘트는 $M_{Ttr}=T_{tr}\times b$의 Rolling을 발생하고 측면 모멘트($M_S=S_s\times h$)와 세로방향 축에 대한 수평 힌지의 모멘트($M_{hhx}$)에 의해 균형을 이루므로 평형 기준은 $T_{tr}\times b=(S_s\times h)+M_{hhx}$이다.

제자리 비행 시 선회각의 필요성은 선회 각이 없다면 첫 번째 가로평형 조건은 다음과 같이 쓸 수 있으며 $T_{tr}=S_s$ 또는 $T_{tr}-S_s=0$이다.

만약에 $h=b$이면 $T_{tr}=\dfrac{(S_s\times h)+M_{hhx}}{b}=S_s+\dfrac{Mhhx}{b}$ 이다.

$T_{tr}>S_s$ by $\dfrac{Mhhx}{b}$이므로 선회 각이 없을 경우에는 $T_{tr}=S_s$ 또는 $T_{tr}-S_s=0$이 모순되므로 측면 힘 $S_s$를 얻기 위해서는 주 로터 회전면이 기울어져서 수평 힌지 모멘트와 테일 로터 추력 모멘트를 발생시키므로 불가능하지만 테일 로터 추력은 동시에 측면 힘보다 크고 같아야 하므로 작은 선회 각과 무게의 수평성분의 힘(Side weight force) $G_2$가 평형에 필요하다.

전진 비행하는 동안 가로방향 평형은 제자리 비행처럼 선회 각 또는 옆 미끄림의 결과로 인해 동체에 측면 압력을 발생시키므로 가로방향 평형 상태는 $T_{tr}=S_s+Z_f$ 또는 $T_{tr}\times b=S_s\times h+M_{hhx}$으로 표시 된다.

(a) 장점

① 제자리 비행 및 전진비행 시 선회각이 작다.

② 테일 로터가 수직안정판에 장착되므로 지면으로부터 높아 지상안전에 양호하다.

## 3. 수직방향의 힘과 평형 조건(Directional equilibrium)

수직축을 중심으로 회전하지 않는 비행자세를 말하며 수직방향 제 1 평형 조건은 $\sum F_{zy}=0$이고 제 2 평형 조건은 $\sum M_Y=0$이다.

$\sum M_Y=0$을 만족시키기 위해서는 메인 로터 반응 모멘트(Main rotor reactive moment) $M_r$은 테일 로터 추력 모멘트($M_{Ttr}$)와 메인 로터 추력 측면 모멘트($T_{tr}\times L_{tr}$)가 균형을 이루어야 하므로 $M_r=M_{Ttr}=T_{tr}\times L_{tr}$(Tail rotor 거리)이며 메인 로터 추력의 변화로 인해 반응 모멘트의 변화가 방향 평형을 교란시키게 되므로 메인 로터 추력이 변경되면 수직방향 평형을 유지하기 위해 테일 로터 추력을 변경해야 하며 수평 전진 비행 시 수직방향 균형은 제자리 비행과 같은 방법으로 얻어지므로 $M_r=T_{tr}\times L_{tr}\pm Z_\phi\times b$(힘 $Z_\phi$의 적용 지점에서 헬리콥터 수직축까지의 거리)이다.

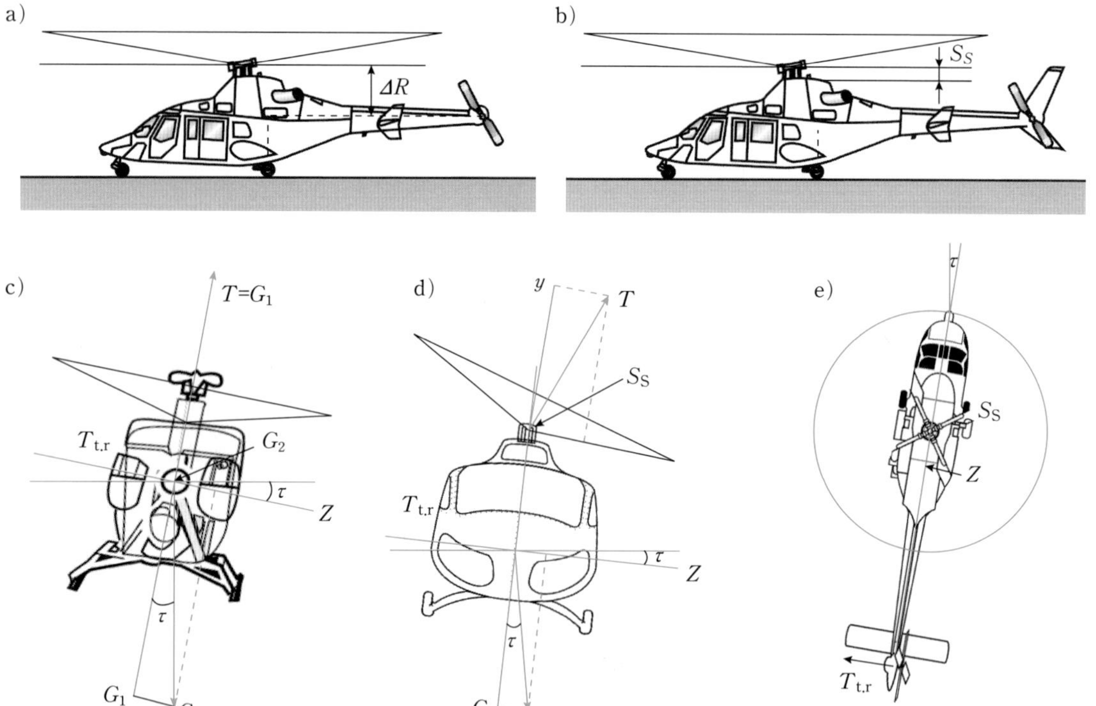


[그림 1-6]

# 06 전진 비행 시 평형과 안정성

## 1. 전진비행 안정성(Stability in forward flight)

(1) 속도에 대한 메인 로터의 안정성 (그림 1-7)

헬리콥터 평형이 붕괴되면 메인 로터 운동의 매개 변수인 비행 속도와 받음각이 변경되는데 수평 비행 시 헬리콥터가 속도 $V$에서 외부교란으로 비행 속도가 $\delta V$만큼 증가하면(그림 1-7a) 플래핑 운동 크기는 로터 추력과 전진속도의 곱에 비례하므로 속도가 증가하면 블레이드 플래핑 운동이 증가하고, 메인 로터의 회전면 축은 그림에서 점선으로 표시된 이전 위치에서 각도 $\varepsilon$ 만큼 뒤쪽으로 편향되어 기수 상향이 되면서 피칭 모멘트가 발생하여 회전면 축의 기울기는 비행 방향의 반대 방향인 뒤로 향하는 힘 $P_x$를 발생시켜서 피치가 증가되어 속도가 감소하게 되고 비행 속도가 $\delta V$ 만큼 감소하면(그림 1-7a) 속도증가의 반대현상으로 회전면 축이 각도 $\varepsilon$ 만큼 앞으로 기울고 비행 방향의 힘 $P_x$가 발생하여 피치가 감소되어 비행 속도가 다시 증가하여 원래의 평형(Trim) 상태로 돌아오기 때문에 평형 상태를 이루므로 메인 로터는 속도에 대해서는 정적으로 안정성을 가진다.

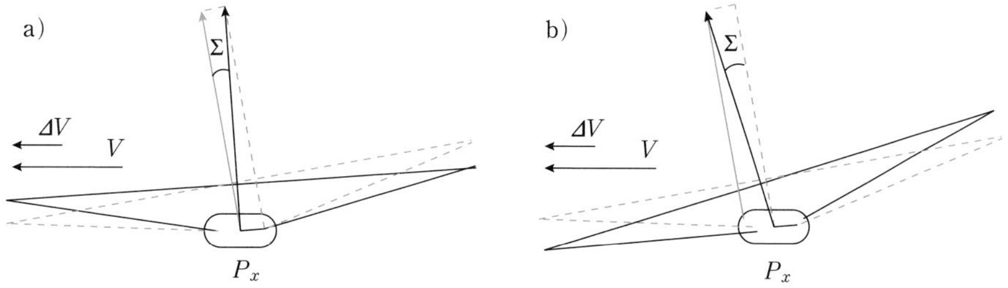


메인 로터 속도 안정성
(Main rotor speed stability)

[그림 1-7]

(2) 받음각(Angle of attack)에 대한 메인 로터 안정성(그림 1-8)

헬리콥터가 메인 로터 받음각 A로 수평비행 시에는 헬리콥터의 무게중심을 통과한 메인 로터 추력 벡터와 추력 모멘트는 "0"이었으나 수직 기류(돌풍)를 만나면 평형이 붕괴되면서 기수 하향 현상이 일어나 추력 벡터 "$T$"가 앞으로 기울어져서 가로축에 대한 추력 모멘트 $M_T = T_1 \times a$가 발생되어 헬리콥터를 회전시켜서 메인 로터 받음각을 $\delta A$ 만큼 감소시키고(그림 1-8a) 기수 상향 시에는 추력 벡터가 후방으로 기울어져서 추력 모멘트 $M_T = T_1 \times a$가 발생되어 $\delta A$ 만큼 받음각이 증가하므로(그림 1-8b) 메인 로터는 불안정한 추력 모멘트를 발생시키므로 받음각에 대해 정적으로 불안정하다.

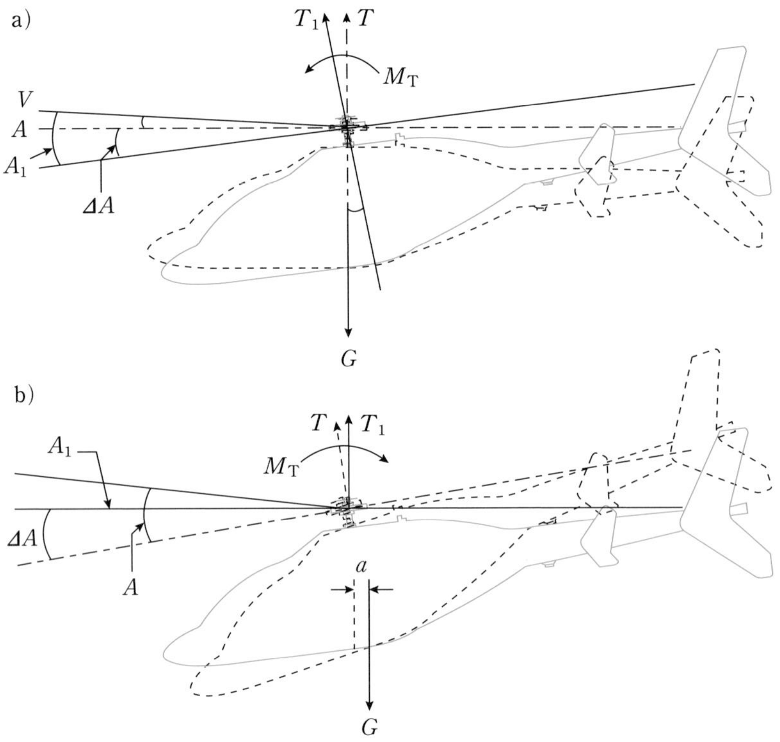


Main rotor angle-of-attack stability

[그림 1-8]

(3) 동체 안정성(Fuselage static stability) (그림 1-9)

헬리콥터의 동체는 메인 로터 다음으로 정적 안정성에 대한 큰 영향을 미치며 단일 로터 헬리콥터의 동체는 3축 모두에 대해 정적으로 불안정하며 수평 안정판은 제자리 비행 및 저속비행 시에는 세로 방향의 정적 안정성에 큰 영향을 미치지 않으나, 비행 속도가 증가하고 받음각이 감소하면 제자리 비행 상태에서 나타나는 세로방향 불안정성이 감소하며 동체와 더불어 수평안정판이 음의 받음각을 갖도록 하여 세로 방향 정적 안정성을 향상시키며 수평 안정판을 장착하여 향상시킨다.

(a) 고정 수평 안정판(Fixed horizontal stabilizer)과 가변(Variable) 수평 안정판

① 고정 수평 안정판(Fixed horizontal stabilizer)

비대칭형 에어포일을 아래로 향하도록 뒤집어 장착하여 양력 발생을 아래로 향하게 하여 전진비행 시 기수 하향 현상을 상쇄시켜 세로 안정성을 향상시키는 역할을 하며 수평 안정판의 효과는 전진속도 제곱에 비례하므로 수평 안정판 면적이 넓을수록, 무게중심에서 장착 위치가 멀수록 효과가 크다.

② 가변 수평 안정판(Variable horizontal stabilizer)

수평 안정판 제어는 컬렉티브 스틱과 연동되어 상승, 하강에 따라 메인 로터 피치 및 수평 안정판 입사각(Stabilizer incidence angle)를 증감시키며 로터 피치가 감소되면, 수평 안정판 입사각이 음의 받음각이 되어 기수상향 모멘트를 발생시킨다.

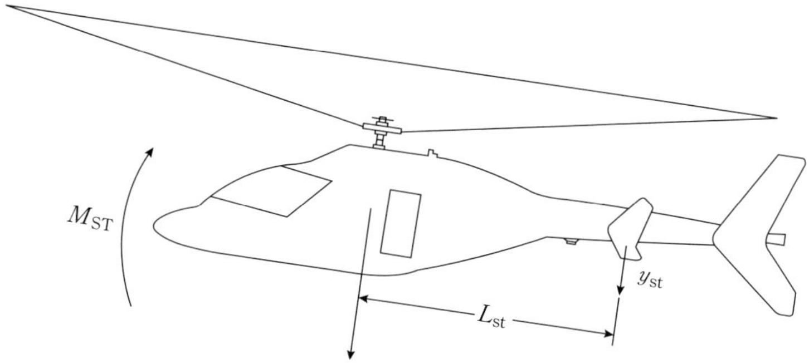


[그림 1-9]

(b) 테일 로터 기능

테일 로터는 동체의 정적 안정성에 영향을 주는데 동체는 테일 로터에 의해 방향 안정성을 얻는데 방향 균형이 깨졌을 때 우선회하면(메인 로터 회전방향이 우회전) 테일 로터 블레이드의 받음각이 증가하여 테일 로터 추력이 증가하므로 테일 로터 모멘트는 메인 로터 반응 모멘트보다 커져서 평형 상태가 회복된다.

또한 테일 로터가 세로방향 축 보다 위쪽에 장착되어 있으면 가로방향 추력 모멘트(Transverse thrust moment)를 발생하기 때문에 가로방향 정적 안정성이 증가하므로 테일 로터는 방향(Heading) 및 가로방향 정적 안정성을 제공한다.

(c) 메인 로터 블레이드 플래핑 운동 기능(그림 1-10)

헬리콥터 안정성 및 조종성에 영향을 주는 메인 로터 허브 수평 힌지에 대한 블레이드 자체 운동인 플래핑 운동은 비행 상태 변화에 따라 발생되는 블레이드 운동으로 피칭, 롤링시에 각속도가 빠르면 각속도에 비례해서 충분한 모멘트를 얻기 위해 회전면 운동이 감속되는 각운동량 법칙(세로방향 플래핑에 의한 롤링 현상)과 자이로 세차성에 의해 지연현상(Lag)이 발생한다.(가로방향 플래핑에 의한 피칭현상)

플래핑 효과는 피치가 증가하는 대신에 무게중심에 대한 기수하향 피칭 모멘트를 만들어 진동을 줄이는 방향으로 움직여서 진동 감쇄 역할을 하며 블레이드 회전면 끝에 수직으로 발생하는 추력으로 인해 추력 방향이 기울어져서 발생되는 모멘트와 수평 힌지 거리에 의한 회전축 모멘트를 발생시킨다.

① 플래핑 각(Flapping angle $\beta$)

플래핑 각은 블레이드 세로방향 축과 회전면과의 사이 각으로 메인 로터 헤드에 작용하는 블레이드 추력 모멘트($M_T=T\times a$)는 플래핑 각을 증가시키려 하고, 무게 모멘트($M_g=G_b\times b$)는 플래핑 각을 감소시키려 하고 원심력 모멘트($M_N=N_C$)는 블레이드를 회전시켜 허브 회전 평면에 가깝게 하려고 하므로 추력 모멘트가 원심력 모멘트와 블레이드 무게 모멘트보다 크다면($M_T>M_G+M_n$) 플래핑 각이 증가(+ 플래핑 각)하여 블레이드는 상향(Up-flapping) 현상이 원심력 모멘트($M_N=M_C$)를 증가시켜 블레이드를 아래로 회전시켜 메인 로터 헤드 회전 평면에 일치시키려는 힘을 발생시키며 반대로 추력 모멘트가 작다면 플래핑 각이 감소(- 각)하여 블레이드 하향(Down-flapping) 현상이 원심력 모멘트($M_N=M_C$)를 감소시켜 블레이드를 위쪽방향으로 회전시켜 메인 로터 헤드 회전 평면과 일치시키는 힘을 발생시키며 추력 모멘트와 원심력 모멘트 및 블레이드 무게 모멘트는 블레이드를 회전 평면과 일치시키기 위해 위, 아래로 플래핑 운동을 제어하여 편향되는 현상을 감소시키려는 한다.

② 메인로터 블레이드 평형

$$N=\frac{\mu^2}{r}=\frac{G_b\times u^2}{gr}=\frac{G_b}{g}\times\omega^2\times r \qquad \sum M_{hh}=0$$

플래핑 각 $\beta>0$일 때 $M_r=M_G+M_n$

플래핑 각 $\beta<0$일 때 $M_G=M_r+M_n$

위의 식을 메인 로터 블레이드 평형 상태라고 하며 평형 조건과 같지 않을 경우에는 블레이드가 새로운 플래핑 각으로 평형이 복원 될 때 까지 회전을 하며 플래핑 각의 변화에 따라 원심력의 거리 및 모멘트의 변화가 발생한다.

(d) 수평힌지(Horizontal hinge) 기능(그림 1-10)

① Horizontal offset hinge가 없는 경우

블레이드에서 발생되는 추력 벡터가 기울어짐으로써 블레이드 무게중심에 대한 모멘트를 발생시켜서 플래핑 효과를 얻으며 조종성 향상을 위해 무게중심보다 높은 위치에 장착해야 하므로 안정성이 결여되어 대부분의 현대 헬리콥터는 수평 옵셋 힌지를 사용한다.

② Horizontal offset hinge가 있는 경우

회전축과 Horizontal offset hinge 사이에 거리($c$)가 있으므로 메인 로터 헤드를 중심으로 수평힌지 모멘트 $M_{hh}=N_c$(블레이드 원심력)를 발생시키므로 수평 힌지 옵셋 거리가 크고 메인 로터 회전수가 높을수록 메인 로터 감쇄 모멘트(Damping moment)

가 커지므로 수평 힌지 옵셋 거리를 증가시키면 헬리콥터의 세로방향 및 가로방향 정적 안정성이 증가하며 플래핑할 때 모멘트는 서로 반대쪽에 있는 블레이드의 원심력 때문에 발생되며 블레이드 추력이 적을 때도 조종 모멘트를 발생시킬 수 있어서 메인 로터를 동체에 가깝게 장착할 수 있는 장점이 있다.

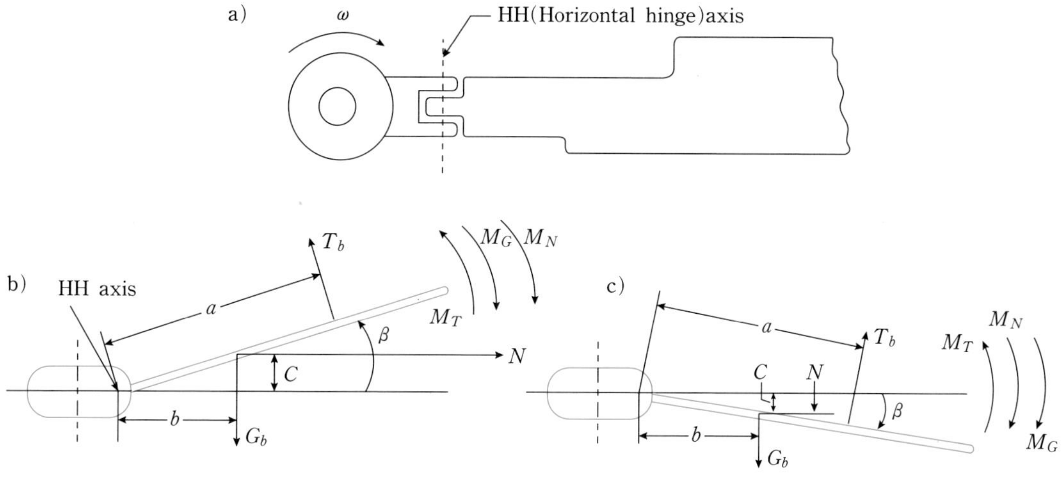


[그림 1-10 Blade equilibrium about horizontal hinge]

(e) 안정화 모멘트(stabilizing moments)와 감쇄 모멘트(damping moments) (그림 1-11)

안정화 모멘트는 교란이 종료된 후에 작용하므로 평형 붕괴의 결과로 발생하는 것이며 감쇄 모멘트는 평형 붕괴 과정에서 교란의 반대 방향으로 작용하여 진동 감소 및 자세 안정화를 하게 되는데 예를 들면 헬리콥터의 세로방향 평형이 붕괴되어 가로축을 중심으로 기수 방향으로 회전하기 시작했다고 가정하면 자이로스코프 강직성은 메인 로터 회전수가 클수록, 수평 힌지 오프셋 거리가 클수록, 헬기 무게중심 위치가 낮을수록 증가하는 추력 모멘트 증가를 발생시켜 회전축과 회전면 축을 기우려지게(불일치) 한다.

이를 상쇄하기 위해 메인 로터는 헬리콥터의 회전보다 늦게 나타나는 세차성은 회전축과 회전면 축 불일치를 상쇄시키기 위해 수평 힌지 모멘트($M_{hh}=N_c$)를 기울기 반대 방향으로 발생시키므로 자이로스코프 효과로 나타나는 감쇄 모멘트는 회전축과 회전면 축 불일치로 인한 추력 모멘트($M_T=T\times a$)와 이를 상쇄시키려는 수평 힌지 모멘트의 합과 균형을 이루므로 $M_{damp}=M_{hh}+M_T=N_c+(T\times a)$와 같다.

| | |
|---|---|
| 참고 | 강직성은 회전체의 질량이 크고 회전수가 높을수록 크다. |

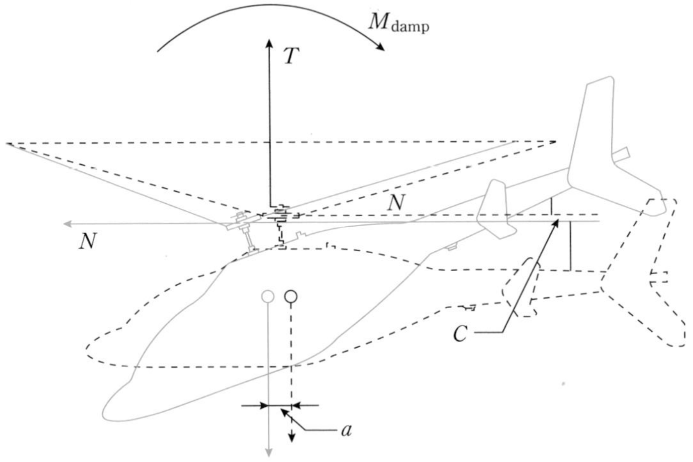


[그림 1-11]

## 07 Helicopter Dynamic Stability

### 1. 제자리 비행(Hovering)에서 가로 안정

제자리 비행에서 헬리콥터가 $\gamma$각으로 기울어진다고 가정해보면 헬리콥터 무게를 구성 요소로 분해하면 대칭 평면에서 작용하는 힘 $G_1$과 이 평면에 수직인 힘 $G_2$($G_2 = G\sin\gamma$)의 불균형으로 헬리콥터 옆 미끌림(Sideslip)이 일어나는데 이는 옆 미끄럼 속도(Sideslip velocity)가 증가한 결과로써 나타나는 현상이므로 메인 로터 회전면 축이 옆 미끌림 반대쪽으로 기울어져서 (그림 1-12b) 힘 $P_x$(Main rotor drag force)를 발생시켜 옆 미끄럼 속도를 감소시키고 이 힘의 모멘트가 선회각 $\gamma$(Bank angle)를 감소시키는데 힘 $P_x$는 힘 $G_2$보다 작으므로 옆 미끄럼 속도는 증가 할 것이고, 헬리콥터 속도는 (그림 1-12c)에 표시된 위치에 도달하는 순간에 속도가 최대가 되며 헬리콥터는 이와 같은 동작을 계속하면서 (그림 1-12d) $G_2$는 속도가 감소하게 되어 그 결과, 회전축의 기울기가 감소하고 세로축에 대한 힘 $P_x$의 모멘트는 헬리콥터를 반대 방향으로 선회하게 되며 헬리콥터가 최대 편차에 도달하면 (그림 1-12e) 추가 동작이 종료되며 회전면 축이 메인 로터 헤드(Main rotor head) 축과 일치하고 힘 $P_x = 0$이 되지만, 힘 $G$는 최대값에 도달하여 역방향으로 동작을 일으키고 전체 사이클이 반복되므로 헬리콥터의 횡단 요동(Transverse rocking)은 지속적으로 증가할 것이고 헬리콥터는 이러한 진동이 시간 내에 종료되지 않으면 뒤집힐 것이고 실제로 가로 방향진동은 세로 방향 진동과 방향 진동과 함께 나타나므로 진동 운동의 형태는 더욱 복잡해진다.

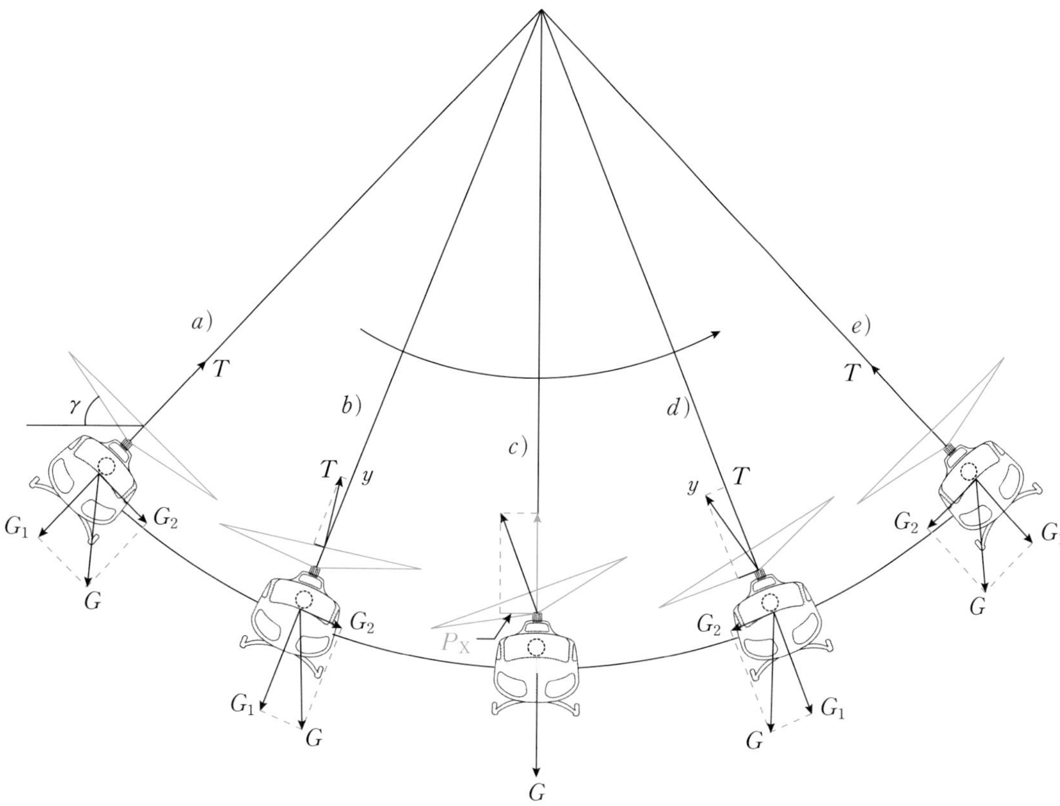


헬리콥터 횡방향 진동
(Helicopter lateral oscillations)

[그림 1-12]

## 2. 수평 비행 시 세로 방향 진동

헬리콥터의 세로 방향 평형이 방해 받으면 헬리콥터가 파도타기처럼 세로 진동이 발생하는데 (그림 1-13) 세로 방향 진동은 가로 진동보다 상당히 긴 주기를 갖으며 세로 진동의 진폭은 가로 진동의 진폭보다 느리지만 시간의 경과에 따라 증가한다.

수직축에 대해서는 가로 진동보다 길고 세로 진동보다는 짧은 주기로 진행되므로 이와 같이 헬리콥터는 동적 불안정성을 가지고 있고 헬리콥터의 평형이 교란되면 진폭이 증가하므로 이러한 진동은 제거 할 수 없지만 평형 파괴를 일으키는 모든 경우에 대해 조종사는 균형을 회복하기 위한 조치를 취해야한다.

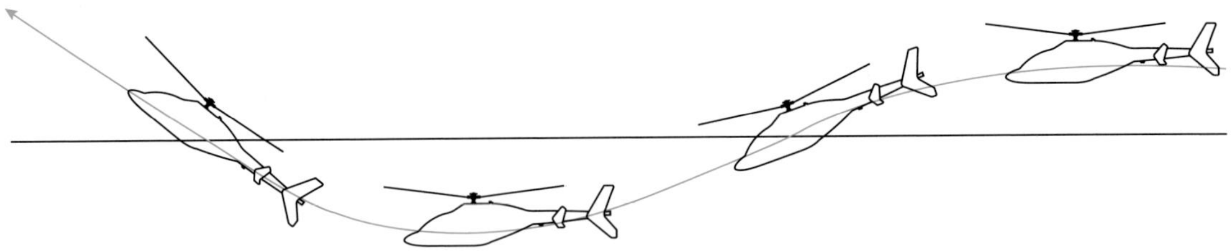

헬리콥터 종방향 진동
(Helicopter longitudinal oscillations)

[그림 1-13]

Chapter 05 HELICOPTER STABILITY

# 단원별 출제 예상문제

## 제 1장 HELICOPTERSTABILITY & EQUILIBRIUM

# 단원별 출제 예상문제

## 1장 STABILITY & EQUILIBRIUM

### 1. 안정성 정의와 무게중심

**01 다음 내용 중 틀린 것은?**

① 안정성과 조종성은 서로 상반된 개념으로 안정성이 좋으면 조종성도좋아진다.
② 안정성(Stability)은 비행 중 외력에 의해 평형이 깨져서 무게중심에 대한 힘과 모멘트가 0에서 벗어났을 때 안정적인 기동성을 위하여 항상
③ 조종성(Controllability)은 고도나 비행 경로등과 같은 자세변화를 주기 위해 조종사가 조종간 작동 시 헬리콥터가 반응하는 특성을 말한다.
④ 기동성(Maneuverability)은 기동으로 인한 응력(Stress)에 견딜 수 있는 헬리콥터의 특성으로써 무게, 관성, 비행 제어 장치, 구조적 강도 및 동력 장치에 의해 결정된다.

해설

안정성을 좋게 설계하면 조종성능이 떨어진다.

**02 정적 안정성에 대한 설명 중 틀린 것은?**

① 양적 정적 안정성(Positive static stability)은 헬리콥터 자세가 외부의 영향으로 방해를 받았을 때 원래의 상태로 돌아오는 특성을 말한다.
② 음적 정적안정성(Negative static stability)은 헬리콥터 자세가 외부의 영향으로 방해를 받았을 때 원래 상태에서 더 변화를 하려는 성질을 말한다.
③ 중립 정적안정성(Neutral static stability)은 헬리콥터가 초기의 자세가 변화된 후 새로운 상태를 유지하려는 성질을 말한다.
④ 정적 안정성은 비행 중 소비되는 연료량 감소에 따라 무게중심 이동이 변하지 않으므로 Cyclic stick 위치 변화가 없다.

해설

비행 중 돌풍에 의한 단기 교란은 동적 안정성과 연료량 감소에 따라 무게중심 이동이 변하는 장기교란은 정적 안정성과 관련이 있으며 무게중심이동으로 Cyclic stick 위치 변화가 있어야 한다.

**03 다음 설명 중 틀린 내용은?**

① 동적안정성(Dynamic stability)은 난기류 및 돌풍 같은 외부의 영향으로 발생되는 단기 교란에 의해 동체의 자세변화 및 진동에 대응하려는 경향이다.
② 동적안정성은 Cyclic stick의 위치 변화가 없으며 시간의 개념을 포함하여 얼마나 빨리 평형 상태로 되돌아오는지를 고려한 것으로 헬리콥터의 운행 궤적(Trajectory)과 관련이 있다.
③ 정적 안정성은 항공기가 안정된 평형 상태에서 개념을 포함하지 않고 초기 성향인 안정적인 비행 상태로 돌아오려는 장기 교란(Long-term dis-turbances) 상태인 비행자세의 특성을 말한다.
④ 헬리콥터는 양의 정적 안정성(Positive static stability)를 가지지만 동적 안정성은 양, 중립, 음(Positive, Neutral, Negative)의 세 가지 특성을 동시에 발생되지 않는다.

해설

헬리콥터는 비행 중 가로방향진동은 세로방향 진동과 방향 진동과 함께 나타나므로 진동 운동의 형태는 더욱 복잡해 진다.

[정답] 1장 1.안정성 정의와 무게중심 01 ① 02 ④ 03 ④

## 04 다음 설명 중 틀린 내용은?

① 동적안정이 있는 경우 정적안정이 있지만 정적안정이 있는 경우에도 동적 안정이 있다고 할 수 있다.
② 음적 동적 안정성(Negative dynamic stability)은 변화하는 진동의 폭이 시간에 따라 점점 더 커지는 현상
③ 중립 동적 안정성(Neutral dynamic stability)은 원래의 상태로 돌아오려는 시도를 하지만 진동이 시간에 따라 감소하지 않고 증가하지도 않는 상태를 말한다.
④ 양적 동적 안정성(Positive dynamic stability)은원래의 상태로 곧바로 회귀하려는 성질을 가지거나 진동이 시간이 지나면서 감소하여 원래의 안정적 상태로 되돌아오는 현상

해설

헬리콥터는 양의 정적 안정성을 가져야 하지만 양의 동적 안정성을 보장하지 않는다. 실제로 양의 정적 안정성이 있지만 진동이 발산하여 음의 동적 안정성을 가질 수 있고 진동이 감소하지 않고 일정한 중립 동적 안정성을 가질 수 있으며 가장 좋은 것은 양의 정적 안정성과 양의 동적 안정성을 갖는 것을 감쇄진동(Damped oscillation)이라 하며 평형상태로 돌아오게 된다.

## 05 헬리콥터의 정적 안정성을 설명한 것은?

① 외부 교란 후 원래의 상태로 되돌아 가려는 경향
② 중립 상태에 도달 할 때까지 진동하는 경향
③ 제자리 비행 시에 헬리콥터의 안정성
④ 외부 교란 후에 진동이 천천히 증가하려는 경향

해설

헬리콥터는 각 진동이 원래 위치로 이동하기 때문에 정적으로 안정적이지만 진동의 진폭이 점진적으로 증가하기 때문에 동적으로 불안정한 이유는 로터 헤드가 헬리콥터와 함께 움직이기 때문에 원하는 자세가 아닌 새로운 자세로 변한다.

## 06 헬리콥터가 평형 위치로 돌아오면 어떤 상태인가?

① 긍정적으로 안정적(Positively stable)이다.
② 중립적으로 안정적(Neutrally stable)이다.
③ 부정적으로 안정적(Negatively stable)이다.
④ 긍정적 안정적이면서 부정적으로 안정적(Negatively stable)이다.

해설

항공기가 안정적으로 안정되면 평형(Trim) 상태로 돌아간다.

## 07 만약 교란 발생 후 헬리콥터가 초기의 평형 상태로 돌아가면 어떤 상태인가?

① 중립 안정성(Neutral stability)이 있다.
② 정적 안정성(Static stability)을 가지며 동적으로 안정적(Dynamically stable) 일 수 있다.
③ 중립적으로 불안정(Neutrally unstable)이다.
④ 정적 불안정성(Static stability)을 가지며 동적으로 안정적(Dynamically stable) 일 수 있다.

해설

정적 안정성은 기체가 평형(Trim) 상태로 돌아갈 때이며 동적 안정성은 항공기가 방해에 대항하는 능력이다.

## 08 헬리콥터가 직진 및 수평 비행으로 인해 교란을 받은 후, 소량의 진동이 줄어들면서 원래의 자세로 돌아오는 상태는 어느 상태인가?

① 정적으로 안정적이지만 동적으로 불안정하다.
② 정적으로 불안정하지만 동적으로 안정적하다.
③ 정적으로 안정적이며 동적으로 안정적이다.
④ 정적으로 불안정하지만 중립적이다.

해설

**정적 안정성**

동체가 트림되지 않은 위치로 돌아갈 수 있는 능력이며 동적 안정성은 기체가 트림된 위치에서 진동하지 않는 능력이다.

[정답] 04 ① 05 ① 06 ① 07 ② 08 ③

## 09 헬리콥터가 정상 비행경로로 비행하다가 방해를 받았으나 조종사가 아무런 조치를 취하지 않고 자동으로 해당 정상 비행경로로 원 위치되었다면 어떤 상태인가?

① 항공기 실속가능성이 있다.
② 항공기 불안정하다.
③ 항공기 안정성이 좋다.
④ 항공기 조종성이 좋다.

해설

안정성은 방해를 받은 후, 정상적인 비행경로로 돌아갈 수 있는 항공기의 능력이다.

## 10 피치가 교란 된 후에도 항공기는 일정한 진폭으로 계속 진동할 때는 어떤 상태인가?

① 세로로 불안정이다.
② 세로방향으로 중립적으로 안정적이다.
③ 가로방향으로 불안정이다.
④ 세로방향으로 안정적이다.

해설

항공기가 진동을 증가 또는 감소시키지 않고 피치가 진동하면 종 방향으로 중립적으로 안정적입니다.

## 11 장·단기 주기에 대한 설명 중 틀린 것은?

① 장기 교란은 한 주기 또는 발진에 대한 시간 단위가 10초 이상인 경우로 피치 자세변화와 진폭 감쇄율이 서서히 일어나므로 현상을 말한다.
② 장기교란 및 단기 교란은 조종간을 움직여 남아있는 진동을 쉽게 제어 할 수 있다.
③ 단기 교란은 한 주기 또는 발진에 대한 시간 단위가 1~2초 미만으로 조종사가 반응 할 시간이 없는 고주파 진동으로 진동이 빠르게 감소한다.
④ 받음각의 변화로 인해 동체와 조종면에 나타나는 현상으로 즉시 감쇠되지 않으면 구조적 문제가 발생하기 때문에 위험하다.

해설

- **장기 교란**
  한 주기 또는 발진에 대한 시간 단위가 10초 이상인 경우로 피치 자세변화와 진폭 감쇄율이 서서히 일어나는 현상으로 조종간으로 진동을 쉽게 제어 할 수 있다.
- **단기 교란**
  한 주기 또는 발진에 대한 시간 단위가 1~2초미만으로 짧아서 조종사가 반응하기(제어하기에) 어려운 고주파 진동으로 특징은 진동이 빠르게 감소하며 대기 속도 변화 없이 받음 각의 변화로 인해 동체와 조종면에 진동이 나타나는 것으로 중성 또는 단기간 진동은 즉시 감쇠되지 않으면 구조적 문제가 발생하기 때문에 위험하다.

# 2. 무게중심과 안정성

## 01 헬리콥터 무게중심이 허용 범위가 후방 쪽으로 벗어난 경우에는 어떤 현상이 발생하는가?

① 조종사가 최대 전진 속도에 도달하지 못한다.
② 특별한 효과는 없다.
③ 조종사가 최대 후진 속도를 얻지 못한다.
④ Gyro 효과로 회전방향으로 90도 이동한다.

해설

무게중심이 후방에 있어서 기수 상향 현상으로 전진속도에 제약을 받는다.

## 02 무게중심이 후미 한계치에 근접하면 나타나는 현상은?

① 낮은 안정성으로 인해 세로방향으로 조작하는 스틱 힘이 낮다.
② 높은 종 방향 안정성으로 인해 스틱 힘이 전, 후방으로 움직일 때 높다.

[정답] 09 ③ 10 ② 11 ② 2. 무게중심과 안정성 01 ① 02 ③

③ 피칭에 의해 기수가 하향될 때 스틱 힘은 매우 높다.
④ 조종성능이 좋아진다.

해설

무게중심이 후미 쪽에 있으면 기수 상향 현상이 발생되므로 수평비행 시에 Cyclic stick을 앞으로 밀어야 하므로 하강 비행 시에는 여유가 없다.

**03 무게중심이 전방한계선을 초과하면 나타나는 현상이 아닌 것은?**

① 기수 하향 현상으로 이륙 시 부양 능력 감소한다.
② 앞바퀴의 과도한 하중 증가한다.
③ 상승 성능이 증가하고 실속 속도가 감소하고 기동성이 좋아진다.
④ 이륙 거리가 길어진다.

해설

기수 하향 현상이 발생되어 상승성능이 감소하고 실속속도가 증가한다.

## 3. 평형조건과 3축 운동

**01 헬리콥터에서 평형의 의미로서 가장 올바른 설명 내용은?**

① 직교하는 2개의 축에 대하여 힘의 합이 "0"이 되는 것
② 직교하는 2개의 축에 대하여 모멘트의 합이 각각 "0"이 되는 것
③ 직교하는 3개의 축에 대하여 힘과 모멘트 합이 각각 "0"이 되는 것
④ 직교하는 3개의 축에 대하여 모든 방향의 힘의 합이 "0"이 되는 것

해설

- 제 1 평형 조건은 $\sum F_{cg}=0$
  뉴톤의 제 1 법칙에서 외력이 작용하지 않으면 물체는 일정하게 직선으로 움직이므로 헬리콥터에 작용하는 모든 힘의 합은 "0"이 되어야 한다.
- 제 2 평형 조건은 $\sum M_{cg}=0$
  해당 축에 대해 회전운동이 없으므로 헬리콥터에 작용하는 힘의 모멘트의 합이 "0"이어야 한다.

**02 헬리콥터에서 직교하는 세개의 X, Y, Z축에 대한 모든 힘과 모멘트 합이각각 0이 되는 상태를 무엇이라 하는가?**

① 전진상태 ② 평형상태
③ 자전상태 ④ 정지상태

해설

1번 문제 해설 참고

**03 제자리 비행 시 평형을 맞추기 위해 M/R 회전면이 회전방향에 따라 동체의 좌측이나 우측으로 기울게 되는데 이는 어떤 성분의 역학적 평형을 맞추기 위해서인가? (단, X축, Y축, Z축은 기체축의 정의)**

① X축 모멘트의 평형
② X축 힘의 평형
③ Y축 모멘트의 평형
④ Y축 힘의 평형

해설

좌, 우측 운동인 Rolling은 세로축의 대한 Y축 힘의 평형이다.

**04 기체의 법선축(Normal axis)은 어디를 통과하는 축인가?**

[정답] 03 ③ 3. 평형조건과 3축 운동 01 ③ 02 ② 03 ④ 04 ①

① 무게중심(Centre of gravity)
② 날개 중앙의 점(Centre of the wings)
③ 풍압중심의 점(Centre of pressure)
④ 풍압중심과 압력중심을 통과할 때

해설

항공기의 모든 축 (수직, 세로 및 가로축)은 무게중심을 통과한다.

**05** **세로축을 중심으로 회전 운동(Rolling motion)을 유발한 교란을 해소되면 다음 중 어떤 것이 다시 설정되는가?**

① 가로방향 안정성(Lateral stability).
② 세로방향 안정성(Longitudinal stability)
③ 방향 안정성(Directional stability)
④ 수직방향 안정성과 세로방향 안정성이 증가한다.

해설

회전에 대한 항공기의 반응은 가로방향 안정성이다.
※ 안정성 유형은 이동 축이 기준이 아니고 제어하는 이동 방향을 나타낸다.

- 세로 안정성
  헬리콥터 기수를 위로, 아래로 움직이는 것으로 Pitch를 제어하는 것으로 세로 안정성이다.
- 방향 안정성
  헬리콥터 기수가 좌, 우측 움직이는 것으로 Yaw를 제어하는 것으로 방향 안정성이다.
- 측면 안정성
  헬리콥터 동체(날개)가 세로축을 중심으로 좌, 우로 움직이는 것으로 Roll를 제어하는 것으로 가로방향 안정성이다.

**06** **헬리콥터의 안정성과 관련된 세 개의 축을 옳게 설명한 것은?**

① 무게중심을 통한 수직축(Normal axis), 가로축(Lateral axis)은 가로방향. 무게중심을 통과 하지 않은 세로축(Longitudinal axis)
② 세로방향, 가로방향 및 수직축은 모두 무게중심을 통과한다.
③ 세로축, 가로축이 압력중심을 통과한다.
④ 수직축(Normal axis)에서만 무게중심을 통과한다.

해설

세로축, 가로축 및 수직축은 모두 항공기의 무게중심을 통과한다.

**07** **수직축(Vertical axis)의 정의는**

① 세로 및 가로축에 직각으로 무게중심이 통과한다.
② 압력중심을 통과하는 수직선
③ 무게중심을 통과하는 좌, 우방향의 평행선
④ 압력중심을 통과하는 좌, 우방향의 평행선

해설

6번 문제 해설 참고

**08** **세로방향으로 안정적인 항공기는 어느 축으로 이동 한 후 수평 비행으로 돌아오는 경향이 있는가?**

① 피치 ② 요
③ 롤 ④ 요와 롤

해설

세로방향 안정성은 피치축에 대한안정성입니다.

**09** **방향 안정성(Directional stability)은 어느 부품에 의해 향상되는가?**

① Pitch dampers
② Horn balance
③ Yaw dampers
④ Main rotor blade damper

[정답] 05 ① 06 ② 07 정답확인 08 ① 09 ③

해설

요 댐퍼는 방향 안정성을 향상시킨다.

**10 세로방향 안정성이 증가할 때는 언제인가?**

① 무게중심이 압력중심보다 앞에 있을 때
② 추력이 항력보다 작을 때
③ 압력중심이 무게중심보다 앞에 있을 때
④ 추력이 회전력보다 작을 때

해설

무게중심이 압력중심보다 앞쪽에 있으면 실속이 지연되고 기수 하향 경향이 있으므로 세로방향 안정성이 더 높아진다.

**11 가로방향 안정성(Lateral stability)은 어느 축에 대한 것인가?**

① Longitudinal axis
② Normal axis
③ Vertical axis
④ Collective axis

해설

측면 안정성은 종축에 대한 안정성이다.

**12 헬리콥터의 진자 효과(Pendulum effect)는 무슨 효과를 주는가?**

① 가로방향 안정성(Lateral stability)에 영향을 미치지 않는다.
② 가로방향 안정성(Lateral stability)을 높인다.
③ 가로방향 안정성(Lateral stability)을 감소시킨다.
④ 세로방향 안정성을 증가시킨다.

해설

헬리콥터는 시계 추와 같이 로터 헤드 아래에 매달려 있어서 흔들리거나 진동하므로 동적인 안정성은 Pitch axial에서 Porpoise 현상(돌 고래 춤), Roll axial에서 Rock 현상(흔들림)과 Yaw axial에서 Fishtail 현상(꼬리 흔들림)을 방지한다.

참고

**Pendulum effect(용골 효과/Keel effect)**

항공기에서 측면력을 발생시키는 표면이 무게중심과 일치할 때 생기는 결과로써 Roll를 제어하여 수평 안정성을 제공하여 난기류와 부딪힐 때마다 회전에 들어가지 않고 직진 비행을 할 수 있도록 도와주므로 진자 효과는 가로방향 안정성을 높인다.

**13 비행 중에 기수방향에 돌풍이 불면, 어떤 특성이 돌풍에 대항하는데(상쇄) 가장 큰 영향을 미치는가?**

① Blade tip sweep
② 수평 안정판과 동체 길이(Horizontal stabiliser and fuselage length)
③ 무게중심에 대한 압력중심의 위치
④ 수직 안정판(Vertical stabilator)

해설

종 방향 안정성은 주로 무게중심 뒤의 안정판과 동체 길이에 의해 영향을 받으며 헬리콥터 Blade tip sweep은 전진익의 압축효과를 줄이고 양력과 최고 속도를 높이기 위한 날개 모양을 말한다.

**14 세로방향 평형 조건을 설명한 것 중 틀린 것은?**

① 세로방향 안정성은 헬리콥터 속도, 받음각과 피칭 모멘트와의 상관 관계가 없다.
② 동체에 수평 안정판을 장착하여 피칭 모멘트가 변했을 때 원래의 상태(Trim 상태)로 되돌아오도록 하여 세로방향 안정성을 향상시킨다.
③ 제 1 평형 조건은 세로방향 평형은 가로축을 중심으로 회전하지 않는 상태를 말하므로 제자리 비행

[정답] 10 ① 11 ① 12 ② 13 ② 14 ①

Chapter 05

시에는 전진 속도가 "0"이기 때문에 헬리콥터 세로축과 평행한 힘은 없다.

④ 제 1 평형 조건은 $\sum F=0$, 메인로터 추력－무게＝0, 테일로터 추력＝메인로터 추력 수평성분으로 표현된다.

해설

세로방향 안정성은 헬리콥터 속도, 받음각과 피칭 모멘트와의 밀접한 상관 관계가 있다.

**15 세로방향 모멘트의 제 2 평형 조건을 설명한 것 중 틀린 것은?**

① 회전면을 앞으로 기울려 기수 하향 힘을 발생하려는 모멘트는 메인 로터 추력과 테일 로터 반응 모멘트이다.

② 회전면을 앞으로 기울려 기수 상향 힘을 발생하려는 모멘트는 수평 안정판 양력과 수평힌지 모멘트가 있다.

③ 회전면을 뒤로 기울려 기수 상향 힘을 발생하려는 모멘트는 수평 안정판 양력과 수평힌지 모멘트가 있다.

④ 세로방향 모멘트 제 2 평형 조건은 세로방향 모멘트의 합＝0이어야 하므로

해설

수평힌지 모멘트+수평 안정판 모멘트(양력)＋테일 로터 반응 모멘트는 메인 로터 추력 모멘트와 같다.

※세로방향 모멘트를 발생시키는 것

- 기수 하향 힘을 발생하려는 모멘트는 메인 로터 추력과 테일 로터 반응 모멘트
- 기수 상향 힘을 발생하려는 모멘트는 수평 안정판 양력과 수평힌지 모멘트
  제 2 평형 조건은 세로방향 모멘트의 합＝0이어야 하므로 수평힌지 모멘트+수평 안정판 모멘트(양력)＋테일 로터 반응 모멘트는 메인 로터 추력 모멘트와 같거나 원심력＋(안정판 수직력×무게중심에서 안전판까지 거리)＋테일 로터 반응 모멘트－메인 로터 추력 모멘트＝0이다.

## 4. 비행 안정성

**01 전진 비행 시에 헬리콥터는 일반적으로 어느 안정성을 갖고 있는가?**

① 가로방향 안정성　② 방향 안정성
③ 세로방향 안정성　④ 제자리 비행 안정성

해설

단일 로터 헬리콥터의 동체는 세 축 모두에 대해 정적으로 불안정하므로 제자리 및 저속비행 시에는 세로 방향의 정적 안정성에 큰 영향을 미치지 않으나 비행 속도가 증가하고 받음각이 감소하면 제자리 비행 상태에서는 세로방향 불안정성이 감소하므로 수평안정판을 음의 받음각을 갖도록 하여 세로방향 정적 안정성을 향상시키기 위해 수평 안정판을 장착한다.

**02 전진 비행 안정성(Stability in forward flight) 중 속도에 대한 안정성 설명 중 틀린 것은?**

① 메인 로터는 속도에 대해서는 정적으로 안정성을 가진다.

② 비행 중 평형이 붕괴되면 메인 로터 운동의 매개 변수인 비행 속도와 받음각은 변하지 않는다.

③ 수평 비행 시 헬리콥터가 속도 $V$에서 외부교란으로 비행 속도가 $V$만큼 증가하면 플래핑 운동 크기는 로터 추력과 전진속도의 곱에 비례한다.

④ 비행 속도가 $\delta V$ 만큼 감소하면 회전면 축이 각도만큼 앞으로 기울고 비행 방향의 힘 가 발생하여 피치가 감소되어 비행 속도가 다시 증가하여 원래의 평형(Trim) 상태로 돌아온다.

해설

비행 중 평형이 붕괴되면 메인 로터 운동의 매개 변수인 비행 속도와 받음각은 변한다.

[정답] 15 ② 4. 비행 안정성 01 ② 02 ②

**03 돌고래 운동(Porpoising)의 진동 운동은 어느 축에서 일어나는 것인가?**

① Yaw 축 ② Roll 축
③ Pitch 축 ④ Collective 축

해설

**Porpoising**

가로축에 대한 피치의 진동 운동으로 헬리콥터의 진행방향에 대해서 계속적으로 상하운동 하는 불안정 비행 상태를 말하며 처음부터 이런 진동이 발생하지 않도록 과도하게 제어하여 진동을 유도한다.

**04 헬리콥터의 세로방향 평형이 방해 받으면 헬리콥터가 파도타기처럼 세로 진동이 발생하는데 틀린 내용은?**

① 세로방향 진동은 가로 진동보다 상당히 긴 주기를 갖는다.
② 세로 진동의 진폭은 가로 진동의 진폭보다 느리지만 시간의 경과에 따라 감소한다.
③ 수직축에 대해서는 가로 진동보다 길고 세로 진동보다는 짧은 주기로 진행된다.
④ 헬리콥터는 동적 불안정성을 가지고 있으며 헬리콥터의 평형이 교란되면 진폭이 증가하는 진동 운동을 가진다.

해설

세로방향 진동은 가로 진동보다 상당히 긴 주기와 가로 진동의 진폭보다 적지만 시간의 경과에 따라 증가하고 수직축에 대해서는 가로 진동보다 길고 세로 진동보다는 짧은 주기로 진행되므로 이와 같이 헬리콥터는 동적 불안정성을 갖는다.

**05 받음각(Angle of attack)에 대한 메인 로터 안정성설명 중 틀린 것은?**

① 수평 비행 중에 수직 기류를 만나면 평형이 붕괴되면서 기수 하향 현상이 일어나 추력 벡터가 앞으로 기울어져서 가로축에 대한 추력 모멘트를 발생시킨다.
② 헬리콥터가 메인 로터 받음각 A로 수평비행 시에는 헬리콥터의 무게중심을 통과한 메인 로터 추력 벡터와 추력 모멘트는 "0"이다.
③ 기수 하향 시에는 추력 모멘트는 헬리콥터를 회전시켜서 메인 로터 받음각을 감소시키고 기수 상향 시에는 추력 벡터가 후방으로 기울어져서 받음각이 증가한다.
④ 메인 로터는 불안정한 추력 모멘트를 발생시키므로 받음각에 대해 정적으로 안정하다.

해설

돌풍 시에는 메인 로터 추력 모멘트는 기수하향일 때는 받음각을 감소시키고, 기수상향일 때는 받음각을 증가시키므로 불안정한 추력 모멘트를 발생시키므로 받음각에 대해 정적으로 불안정하다.

## 5. 동체 안정성

**01 세로방향 안정성과 관련이 있는 것은?**

① 수평 안정판(Horizontal stabilizer)
② 수직 안정판(Vertical stabilizer)
③ 메인 블레이드(Main rotor blade)
④ 테일 로터 블레이드(Tail rotor blade)

해설

세로방향 안정성은 수평 안정판에 의해 제공된다.

**02 수직 안정판의 기능은?**

① 방향 제어를 제공하는 것이다.
② 방향타를 가로 질러 직선 공기 흐름을 제공하는 것이다.

[정답] 03 ③ 04 ② 05 ④ 5. 동체 안정성 01 ① 02 ③

③ 방향 안정성을 증가시킨다.
④ 세로방향 안정성을 증가시킨다.

해설

수직 안정판의 기능은 수직축에 대한 안정성을 제공하는 것이다.

**03 수직 안정판이 없는 단일 로터 계통의 단점이 아닌 것은?**

① 제자리 비행 시 큰 선회 각으로 인해 헬리콥터 제어가 어렵다.
② 전진 비행 시 유해항력이 증가되어 선회 각 또는 옆 미끄림이 크다.
③ 테일 로터 추력의 비틀림 모멘트가 없으므로 테일 붐에 대한 부하가 적다.
④ 테일 로터의 위치가 낮기 때문에 지상안전에 위험할 수 있다.

해설

테일 로터 추력의 비틀림 모멘트가 없으므로 테일 붐에 대한 부하가 적으므로 장점이다.

**04 동체 안정성에 관련된 고정 수평 안정판(Fixed horizontal stabilizer)에 대한 설명 중 틀린 것은?**

① 동체와 더불어 수평안정판이 음의 받음각을 갖도록 하여 세로방향 정적 안정성을 향상시킨다.
② 비대칭형 에어포일을 아래로 향하도록 뒤집어 장착하여 양력발생을 아래로 향하게 하여 전진 비행 시 기수 하향 현상을 상쇄시켜 세로 안정성을 향상시킨다.
③ 수평 안정판의 효과는 전진속도 제곱에 반비례한다.
④ 수평 안정판 면적이 넓을수록, 무게중심에서 장착 위치가 멀수록 효과가 크다.

해설

**수평 안정판 기능**

전진 비행 시 기수 하향 현상을 상쇄시켜 세로 안정성을 향상시키는 역할을 하며 수평 안정판의 효과는 전진속도 제곱에 비례하므로 수평 안정판 면적이 넓을수록, 무게중심에서 장착 위치가 멀수록 효과가 크다.

**05 가변 수평 안정판(Variable horizontal stabilizer) 설명 중 틀린 것은?**

① 수평 안정판 제어는 컬렉티브 스틱과 연동되어 상승, 하강에 따라 메인 로터 피치 증감에 따라 수평 안정판 입사각(Stabilizer incidence angle)를 증감시킨다.
② 메인 로터 피치가 감소되면, 수평 안정판 입사각이 음의 받음각이 되어 기수 상향 모멘트가 발생한다.
③ 메인 로터 피치가 증가하면, 수평 안정판 입사각이 양의 받음각이 되어 기수 하향 모멘트가 발생한다.
④ 수평 안정판 제어는 싸이클릭 스틱과 연동되며 기수 하향 모멘트가 발생하면 블레이드 각이 증가한다.

해설

수평 안정판 제어는 컬렉티브 스틱과 연동되어 메인 로터 피치 증감에 따라 수평 안정판 입사각(Stabilizer incidence angle)를 증감시키는 장치로 블레이드 피치가 감소되면, 수평 안정판 입사각이 음의 받음각이 되어 기수상향 모멘트가 발생시킨다.

[정답] 03 ③ 04 ③ 05 ④ 6. Flapping 운동과 안정성 01 ②

## 6. Flapping 운동과 안정성

**01 메인 로터 블레이드 플래핑 운동에 대한 설명 중 틀린 것은?**

① 플래핑 운동은 각 운동량 법칙을 따르며 세로방향 플래핑에 의한 롤링 현상이 발생한다.
② 플래핑 운동은 자이로 세차성에 의해 지연 현상(Lag)이 발생하며 가로방향 플래핑에 의한 롤링 현상이 발생한다.
③ 플래핑 효과는 피치가 증가하는 대신에 무게중심에 대한 기수하향 피칭 모멘트를 만들어 진동을 줄이는 방향으로 움직여서 진동 감쇄 역할을 한다.
④ 블레이드 회전면 끝에 수직으로 발생하는 추력으로 인해 추력 방향이 기울어져서 발생되는 모멘트와 수평 힌지 거리에 의한 회전축 모멘트를 발생시킨다.

해설

**블레이드 플래핑 운동 시 나타나는 현상**

- 각운동량 법칙은 피칭, 롤링 시에 각속도가 빠르면 각속도에 비례해서 충분한 모멘트를 얻기 위해 회전면 운동이 감속되는 세로방향 플래핑에 의한 롤링 현상 발생
- 자이로 세차성에 의한 지연 현상(Lag)으로 가로방향 플래핑에 의한 피칭현상 발생
- 플래핑 효과는 피치가 증가하는 대신에 무게중심에 대한 기수하향 피칭 모멘트를 만들어 진동을 줄이는 방향으로 움직여서 진동 감쇄 역할.
- 회전면 끝에 수직으로 발생하는 추력으로 인해 추력 방향이 기울어져서 발생되는 추력 모멘트 발생
- 수평 힌지 거리에 의한 회전축 모멘트를 발생

**02 플래핑 각(Flapping angle $\beta$)에 대한 설명 중 틀린 내용은?**

① 플래핑 각은 블레이드 세로방향 축과 회전면과의 사이 각을 말한다.
② 메인 로터 헤드에 작용하는 블레이드 추력 모멘트는 플래핑 각을 증가시키려 한다.
③ 무게 모멘트는 플래핑 각을 증가시키려 한다.
④ 원심력 모멘트는 블레이드를 아랫방향으로 회전시켜 메인 로터 헤드 회전 평면에 가깝게 하려고 하는 힘을 발생시킨다.

해설

플래핑 각은 블레이드 세로방향 축과 회전면과의 사이 각

참고

**메인 로터 헤드에 작용하는 모멘트**

- 블레이드 추력 모멘트는 플래핑 각을 증가
- 블레이드 무게 모멘트는 플래핑 각을 감소
- 원심력 모멘트는 블레이드를 회전시켜 허브 회전 평면에 일치시키려 한다.

**03 블레이드 플래핑 운동 시 발생되는 현상을 잘못 설명한 것은?**

① 추력 모멘트가 원심력 모멘트와 블레이드 무게 모멘트보다 크다면 플래핑 각을 증가시키려 한다.
② 무게 모멘트는 플래핑 각을 감소시키려 한다.
③ 원심력 모멘트는 블레이드를 회전시켜 허브 회전 평면에 가깝게 하려고 한다.
④ 플래핑 각이 감소하면 블레이드는 상향(Up-flapping) 현상이 발생하고 플래핑 각이 증가하면 블레이드는 하향(Down-flapping) 현상이 발생한다.

해설

- **추력 모멘트 > 원심력 모멘트+블레이드 무게 모멘트일 때**
  플래핑 각이 증가(+플래핑 각)하여 블레이드는 상향(Up-flapping) 현상이 원심력 모멘트를 증가시켜 블레이드를 아래로 회전시켜 메인 로터 헤드 회전 평면에 일치시키려는 힘을 발생시킨다.

[정답] 02 ③ 03 ③

- **추력 모멘트 <원심력 모멘트+블레이드 무게 모멘트일 때**
  플래핑 각이 감소(-플래핑 각)하여 블레이드 하향(Down-flapping) 현상이 원심력 모멘트를 감소시켜 블레이드를 위쪽 방향으로 회전시켜 메인 로터 헤드 회전 평면과 일치시키려는 힘을 발생시킨다.
  추력 모멘트와 원심력 모멘트 및 블레이드 무게 모멘트는 블레이드를 회전 평면과 일치시키기 위해 위, 아래로 플래핑 운동을 하여 편향되는 것을 감소시키려는 경향이 있다.

## 04 블레이드 플래핑 운동 시 블레이드를 회전 평면과 일치시키기 위해 발생하는 모멘트로 맞는 것은?

① 추력 모멘트와 원심력 모멘트
② 블레이드 무게 모멘트
③ 원심력 모멘트
④ 원심력 모멘트와 블레이드 무게 모멘트

해설

문제 3번 해설 참고

## 05 수평힌지(Horizontal hinge) 기능에 대한 설명 중 틀린 것은?

① Horizontal offset hinge가 없는 경우는 조종성 향상을 위해 무게중심보다 높은 위치에 장착해야 하므로 안정성이 결여된다.
② Horizontal offset hinge가 있는 경우는 헬리콥터의 세로방향 및 가로방향 정적 안정성이 증가한다.
③ 수평 힌지 옵셋 거리가 작고 메인 로터 회전수가 낮을수록 메인 로터 감쇄 모멘트(Damping moment)가 커진다.
④ 수평 힌지 모멘트는 블레이드의 원심력 때문에 발생되며 블레이드 추력이 적을 때도 조종 모멘트를 발생시킬 수 있어 메인 로터를 동체에 가깝게 장착할 수 있는 장점이 있다.

해설

수평 힌지 모멘트는 자이로스코프 강직성 효과에 의해 발생되므로 강직성 은 회전체의 질량이 크고 회전수가 높을수록 크므로 메인 로터 회전수가 클수록, 수평 힌지 오프셋이 클수록 크다.

## 06 다음 설명 중 틀린 내용은?

① 안정화 모멘트는 교란이 종료된 후에 작용하므로 평형 붕괴의 결과로 발생하는 것이다.
② 감쇄 모멘트는 평형 붕괴 과정에서 교란의 반대 방향으로 작용하여 진동 감소 및 자세 안정화를 시킨다.
③ 자이로스코프 세차성 효과는 회전축과 회전면 축 불일치를 해소하기 위해 수평 힌지 모멘트를 기울기 같은 방향으로 감쇄 모멘트를 발생시킨다.
④ 자이로스코프 강직성 효과는 회전축과 회전면 축을 불일치되게 하는 추력 모멘트 를 발생시킨다.

해설

안정화 모멘트는 교란이 종료된 후에 작용하고 감쇄 모멘트는 평형 붕괴 과정에서 교란의 반대 방향으로 작용하며 예를 들어 가로축을 중심으로 Pitching이 발생될 때 자이로 강직성은 추력 모멘트를 발생시켜 회전축과 회전면 축이 불일치가 발생하는데 이를 해소하기 위해 기울기 반대방향으로 작용하는 수평 힌지 모멘트를 발생시키므로 자이로스코프 효과로 나타나는 감쇄 모멘트는 회전축과 회전면 축 불일치로 인한 추력 모멘트와 이를 상쇄시키는 수평 힌지 모멘트의 합과 같다.

[정답] 04 ④ 05 ③ 06 ③

## [참고 문헌]

| 인용 및 참고 문헌 | 발행 주체 | 발행시기 |
|---|---|---|
| 미 연방항공국(FAA) 교재 | | 2012년 |

## [참고 자료]


- HELICOPTER AERODYNAMICS by D. I, Bazov
- Helicopter Flying Handbook (FAA-H-8083-21B)
  U.S. DEPARTMENT OF TRANSPORTATION FEDERAL AVIATION ADMINISTRATION Flight Standards Service
- NAVAL AIR TRAINING COMMAND
  DEPARTMENT OF THE NAVY CHIEF OF NAVAL AIR TRAINING
  NAVAL AIR STATION CORPUS CHRISTI, TEXAS 78419-5100
- Helicopter Aerodynamics Paul Cantrell
- THE CENTRAL FLYING SCHOOL(CFS) MANUAL OF FLYING
  VOLUME 12 - HELICOPTER
- https://aviationmaintenance.tpub.com/
- https://www.intechopen.com/chapters/57483

## 저　　자

### • 신 성 식

전) 대한항공 테크센터 헬리콥터 제작, 조립, 정비, 품질담당
전) 대구직할시 소방항공대 헬리콥터 운항정비 전문위원
전) 서울특별시 소방항공대 헬리콥터 운항정비 전문위원

### • 이 종 호

전) 대한항공 테크센터 헬리콥터 제작, 조립, 정비
전) 국토교통부 서울항공청 항공안전감독관 및 감항검사관
전) 항공안전기술원 헬리콥터 부가형식증명인증 전문위원
현) 항공우주기술협회 항공기술교육원 항공정비공학과 교수

## 대표감수

항공우주기술협회 항공기술교육원장 이 명 성

## 선임감수위원

홍익항공 헬기정비본부장 김 선 수
대한항공정비본부, (전)통일항공, (현)아세아전문학교 김 성 수
대한항공 테크센터 헬리콥터 제작, 조립, 정비, 기술담당 서 정 학
폴리텍대학교 항공MRO과 교수 신 준 동
헬리원코리아 대표이사 유 철 기

## 집필감수

글로리아항공 정비본부장 경 일 현
세한대학교 항공정비학과 교수 공학박사 권 병 국
유아이헬리제트 정비본부장 권 주 성
헬리코리아 의료헬기본부장 김 득 기
산림청 산림항공본부 박 만 희
한서대학교 항공기술교육원 손 일 원
한국항공대학교 항공기술교육원 안 정 호
에어로피스 정비본부장 엄 문 수
소방청 중앙119구조단 헬기품질 유 득 재
ENB에어 정비본부장 윤 승 원
에어팰리스 헬기안전담당 이 래 영
유아이헬리콥터 품질안전본부장 이 종 철
한국항공서비스 헬기품질팀 이 호 성
경남도립남해대학교 항공정비학부 교수 최 백 호
한국항공우주산업 헬기사업팀 최 후 영

저자와
협의 후
인지생략

# 헬리콥터 일반 기체편
**HELICOPTER GENERAL**

**발행일** 1판1쇄 발행 2022년 4월 20일
**발행처** 듀오북스
**지은이** 신성식·이종호
**펴낸이** 박승희

**등록일자** 2018년 10월 12일 제2021-20호
**주소** 서울시 중랑구 용마산로96길 82, 2층(면목동)
**편집부** (070)7807_3690
**팩스** (050)4277_8651
**웹사이트** www.duobooks.co.kr



**정가** 25,000원 **ISBN** 979-11-90349-41-3 13550